生物数学

MATHEMATICAL BIOLOGY

唐三一　肖燕妮　梁菊花　王　霞　编著

科学出版社

北京

内 容 简 介

本书系统介绍了生物数学的基本建模思路、研究方法、数据处理和数值实现方法. 简明扼要地阐述了数学与生物学交叉融合的必然性与重要性, 以及生物数学在种群生态学、传染病疫情预测预警、药物设计、生物资源管理与有害生物控制、细胞与分子生物学等领域的经典应用, 介绍了数据与生物数学模型对接分析中常用的三种参数估计方法.为了突出生物数学是如何服务于突发重大公共卫生事件或传染病防控的, 实例研究中给出了 2009 年封校策略与甲型 H1N1 流感的控制、2014 年广州登革热疫情大暴发关键因子分析、雾霾防控与流感样病例数据的多尺度模型分析. 本书各章均配备了习题. 为了方便读者和本书的完整性, 第 12 章给出了本书需要用到的各种数学基础知识.

本书可作为高等院校数学、生命科学、生物学、农学、医药和公共卫生等专业的本科生和生物数学方向硕士研究生生物数学课程的教材, 也可供教师和科研人员特别是进行相关数学建模的老师和学生参考.

图书在版编目(CIP)数据

生物数学/唐三一等编著. —北京: 科学出版社, 2019. 9
ISBN 978-7-03-062094-1

Ⅰ. ①生… Ⅱ. ①唐… Ⅲ. ①生物数学 Ⅳ. ①Q-332

中国版本图书馆 CIP 数据核字（2019）第 179190 号

责任编辑: 胡庆家 李香叶 / 责任校对: 邹慧卿
责任印制: 吴兆东 / 封面设计: 蓝正设计

科学出版社 出版
北京东黄城根北街 16 号
邮政编码: 100717
http://www.sciencep.com
中煤（北京）印务有限公司印刷
科学出版社发行 各地新华书店经销
*
2019 年 9 月第 一 版 开本: 720 × 1000 1/16
2025 年 1 月第五次印刷 印张: 25 1/2
字数: 520 000

定价: 168.00 元
(如有印装质量问题, 我社负责调换)

前　言

生物数学 (mathematical biology 或 biomathematics) 是数学与生命科学、生物学、农学、医学和公共卫生等学科互相渗透、融合而形成的交叉学科. 它运用数学方法和技巧研究并解决上述应用领域的具体实际问题, 并对相关的数学方法进行深入理论研究, 兼有生命科学思想和量化科学思想的特征.

生物数学为各学科领域提供了强大的理论保证与快捷的计算工具, 有助于人们更早地发现和掌握自然界的生态规律. 其核心方法为: 将所关心的生物学对象数量化, 并用数量关系来描述这些生物学过程. 数量化的实质就是建立数学模型, 并定量地描述生命运动的过程. 通过数量化, 一个复杂的生物学问题就能转变成一个数学或统计问题, 通过对数学或统计模型的理论分析、求解和数值模拟, 就能够获得对生物现象的深刻认识, 从而揭示生命现象的变化规律, 达到对生命科学问题解释、预测的目的. 例如, 经典 Volterra 模型揭示的 Volterra 原理, 能够帮助生物学家解释生物资源管理与有害生物控制中很多棘手的问题.

生物数学已有百年的历史. 20 世纪初期数学在种群生态学、传染病动力学和数量遗传学中的广泛应用是生物数学发展史上的第一次辉煌. 对上述三个领域系统研究过程中提出的模型思想和研究方法 (比如竞争排斥原理、Volterra 原理、Hardy-Weinberg 平衡原理和传染病模型中的阈值理论) 已经被生物学家广泛接受, 有些原理已经广泛地应用到生物数学的其他分支. 到 20 世纪中叶生物学与其他学科的交叉, 特别是数学和计算机技术的进一步发展, 在人体和细胞等复杂系统研究方面取得的突破性进展, 使生物数学的研究获得了一次新的飞跃. 随着生物数学新的分支: 生物信息学和系统生物学的产生, 特别是数据科学与人工智能在生物数学领域的广泛应用, 生物数学必将成为世界科学研究最为引人注目的交叉研究领域之一.

本书希望能将对生物数学有兴趣的读者从初学引导到科研前沿, 可供从事理论生物学研究者、具有一定数学基础的生态学研究工作者, 以及应用数学研究工作者阅读, 也可供数学、生命科学、生物学、农学、医学、公共卫生专业的本科生和研究生学习参考, 其中部分内容也可作为有关专业高年级本科生的选修课教材. 本书以编者多年来从事生物数学的教学和研究工作为背景, 介绍生物数学的基本概念、研究方法和最新成果. 比如, 数学模型建立的原理、生物学数据处理的方法和数学模型分析的技巧等.

诚然, 由于生物数学涉及的领域众多, 一部基础教材不可能包罗万象. 因此本书的内容将集中于数学模型在种群生态学、传染病动力学、药物动力学、病毒动力学、酶动力学、细胞和分子生物学、生物统计学等领域中的典型实例应用方面. 每一部分的引入和构建都秉承以实际问题为驱动、以解决实际问题为导向, 重点回答: 根据实际问题或数据如何建立、发展适当的数学模型? 是否存在建立此类模型的一般性原理? 改进模型的基本原理是什么? 如果对这些问题有了基本的了解, 这将有助于读者了解数学在生物学中应用的一些基本思想, 理解模型发展的思路: 模型建立—模型求解—模型细化, 掌握处理一些应用问题的方法以及领会理论和方法在解决实际问题中的重要价值. 本书旨在为读者迅速了解生物数学的本质提供素材, 为致力于生物数学研究的读者提供一个掌握研究方法的平台.

本书是在 2012 年肖燕妮、周义仓和唐三一编写的《生物数学原理》一书的基础上改编而来的, 共 12 章, 其中第 2、3、7、12 章由梁菊花系统撰写与修订; 第 4、5、6、10 章和 11.2 节由王霞系统撰写与修订; 其余章节由唐三一系统撰写修订. 全书最后由肖燕妮统稿与整理. 本书的编写力求基础, 突出应用性, 做到内容丰富、论述详细、方法实用、尽量满足不同专业本科生和硕士研究生学习的需要, 力图使只要学过高等数学的学生就能完成本书大部分内容的学习.

书中主要章节的内容相对独立, 有利于不同专业的读者根据需要进行取舍. 再者, 在很多章的最后一或两节增加了国内外有关研究资料和作者所在研究组近几年的研究成果, 力求由浅入深, 通俗易懂, 以便读者能够在生物数学入门的学习阶段就能了解有关最新动态. 此外, 对于相对深奥的数学基础知识, 本书在预备知识中做了梳理. 因此在阅读相关章节之前, 建议读者先阅读第 12 章中给出的相关预备知识. 还有, 书中各章均配备一定数量的习题, 以利于教学与读者掌握书中介绍的方法及其基本原理. 相信读者既能迅速进入生物数学各分支学科的理论及其应用研究, 又能体验其精髓.

本书的完成得益于西安交通大学、陕西师范大学以及国内部分高校生物数学专业的教师、学生提出的宝贵意见. 本书的出版得到了国家自然科学基金 (项目编号: 11631012, 61772017)、陕西师范大学出版基金的资助, 在此一并致谢.

唯水平有限, 心力难济, 疏漏难免, 遗漏亦复不免, 祈盼读者指正.

编　者

2019 年于西安

目　录

第 1 章　生物数学简介

生物数学 (mathematical biology 或 biomathematics) 是生命科学、生物学、农学、医学和公共卫生等学科与数学互相渗透、融合形成的交叉学科. 它不仅用数学方法研究和解决生物学问题, 也对与生物学有关的数学方法进行深入的理论研究. 数学和统计模型能定量地描述生物现象, 生物数学的本质是能够将一个复杂的生物学问题借助数学或统计模型转变成一个数学或统计问题, 通过对数据的分析、模型的逻辑推理、求解和运算, 运用所获得的知识来对生命或非生命现象进行分析. 比如, 描述生物种群增长的连续 Logistic 方程和离散 Beverton-Holt 模型, 就能够比较精确地刻画一些物种增长变化的规律, 并能与实验观测数据很好地拟合; 单种群模型对渔业资源的评估, 特别是渔业资源的分布、存储水平、开发和利用提供了理论指导与参考; 通过描述捕食与被捕食两个种群相克关系的 Lotka-Volterra 方程, 揭示了 Volterra 原理并说明: 农药的滥用, 在毒杀害虫的同时也杀死了害虫的天敌, 从而可能导致害虫大暴发或再度猖獗; 连续时滞 Logistic 模型、Nicholson 时滞模型以及离散时滞模型都能正确地预测和拟合 Nicholson 关于大苍蝇的实验数据等[98–100]. 这些事实说明了生物数学在其经典的研究领域 (种群生态系统), 以及在农业、生态等方面的广泛应用. 近些年来, 生物数学在传染病的预防与控制、资源管理, 以及癌细胞和细菌的增长、血药浓度、细胞周期调节、基因调控等细胞和分子生物学、医学特别是生命科学中的具体问题上, 发挥了非常重要的作用.

在分章节系统介绍生物数学的主要分支领域之前, 有必要首先介绍生物数学的发展历史、研究内容和研究方法, 进而介绍数学与生物学的交叉和融合是生物数学的生命力, 加深读者对生物数学的印象并激发学习兴趣.

1.1　生物数学的发展历史与现状

生物数学产生和发展的历史可以追溯到 16 世纪. 中国明朝的著名科学家徐光启曾用数学的方法估算过人口的增长. 1662 年 Graunt 研究了伦敦人口的出生率和死亡率, 通过计算得到: 在不考虑移民的情况下, 伦敦人口每 64 年将增加一倍. 1760 年, Bernoulli 曾利用数学模型研究过天花的传播. 1789 年英国神父 Malthus 在他的著作中提出了人口按几何级数增长的理论. 但这些都是早期生物数学零碎的工作. 1900 年, 意大利著名数学家 Volterra 在罗马大学做了题目为“应用数学于生物和社会科学的尝试”的演讲[136]. 1901 年英国统计学家 Pearson 创办的《生物统计杂志》(*Biometrics*) 是生物数学发展的一个里程碑. Thompson 对这一阶段的研究成果作了总结, 出版了著作《论生长与形式》, 是生物数学萌芽阶段的代表作. 该著作提出的许多古典生物数学问题, 直到今天仍然得到关注.

从 20 世纪早期, 人们开始使用各种数学工具, 建立起各种各样的数学模型并分析复杂的生物现象, 由此生物数学的发展进入了第二个高潮. 20 世纪 10—30 年代, 这方面的代表性工作主要有: 1911 年公共卫生医生 Ross 博士利用微分方程模型对疟疾在蚊虫和人群间传播的动态行为进行研究, 其结果表明如果将蚊虫的数量减少到一个临界值以下, 那么疟疾的流行将会得以控制, 该研究结果使他第二次获得诺贝尔奖; 1927 年 Kermack 和 Mckendrick[61] 通过构造著名的 SIR 仓室模型, 研究了 1665—1666 年黑死病及 1906 年瘟疫的流行规律, 并在 1932 年提出了著名的 SIS 仓室模型[62, 63], 在此基础上得到了确定疾病流行与否的"阈值理论"; 美国生态学家 Lotka 在 1921 年研究化学反应和意大利数学家 Volterra 在 1923 年研究鱼类捕食关系时分别提出了数学形式完全一致的微分方程模型, 统称为 Lotka-Volterra 系统; 1918 年 Fisher 在"根据孟德尔遗传假设的亲属间相关的研究"中成功地运用多基因假设分析资料, 首次将数量变异划分为各个分量, 开创了数量遗传学研究的思想方法, 并在 1925 年提出方差分析方法, 为数量遗传学的发展奠定了基础. 这些基础性研究促进了早期生物数学最为经典的三个研究领域——种群动力学、传染病动力学和数量遗传学的蓬勃发展.

20 世纪 40 年代末以来, 计算机的发明和应用, 使生物数学的发展进入一个新的时期. 计算机解决了生物数学带来的大量运算, 使一些计算量巨大的生物数学问题的求解成为可能, 因而计算机成为生物数学的发展基础. 在此基础上许多生物数学的分支学科, 如数量分类学、生物控制论、生物信息论等在 20 世纪 50 年代以后相继产生和发展. 从 70 年代开始, 国际上许多著名的生物数学杂志相继创刊, 其中包括 *Journal of Mathematical Biology*, *Bulletin of Mathematical Biology* 和 *Journal of Theoretical Biology* 等, 大型国际生物数学会议的举行和生物数学著作的相继出版, 特别是在 20 世纪 70 年代中期, 微分方程及动力学系统的新理论和新方法以及大型数据库的处理方法开始大量应用于种群生态学、种群遗传学、神经生物学、流行病学、免疫学、生理学以及环境污染等问题的研究中, 有力地推动了这些学科的发展.

20 世纪 80 年代以来, 生物学与数学、物理学、化学等相关学科的交叉, 使其重新焕发了青春. 生物学家们吸收各个学科的研究成果及技术, 特别是统计学和计算机科学的最新研究成果, 开始了分子层面的研究. 利用数学模型研究癌细胞和细菌的增长、血药浓度、细胞周期调节、基因调控等细胞和分子生物学、医学特别是生命科学中萌发的数学问题, 使生物数学获得了一次新的飞跃. 随之生物数学新的分支"生物信息学"应运而生, 并已成为当今生物数学炙手可热的研究领域之一. 系统生物学是继基因组学、蛋白质组学之后一门新兴的生物学交叉学科. 从系统角度来进行生物学研究, 逐步成为现代生物学研究方法的主流. 在研究上, 了解一个复杂的生物系统, 需要整合实验和计算方法、基因组学和蛋白质组学中的高通量方法为系统生物学发展提供大量的数据, 计算生物学通过数据处理、数学模型构建和理论分析, 成为系统生物学发展的一个必不可缺的、强有力的工具, 已经在诸多医学前沿领域的研究中成为重要研究方法并被广泛应用.

国内生物数学起步于 20 世纪 80 年代, 经过几十年的发展, 正在从传统的种群动力学、传染病动力学等领域的研究, 逐渐与国际主流研究方向接轨. 生物数学在国内的研究也已开始展现魅力, 比如西安交通大学传染病研究团队在 2003 年 SARS 流行期间, 通过建立数学模型、数据分析、参数推断和计算机模拟等, 对我国大陆地区 SARS 的流行趋势进行了准确的预测; 我们利用数学模型刻画了甲型 H1N1 流感流行期间预防控制措施, 比如封校、隔离、卫生防御、治疗以及媒体报道和个体行为改变等对甲流疫情的影响, 给出了封校策略实施的最佳起始时间、实施时间长度和强度以及隔离与卫生防疫等对疫情控制的有效性分析, 指出了媒体报道在突发性传染病暴发初期诱导人们行为改变的重要性和媒体报道作用的时效性. 这些成果充分展示了数学在研究实际问题中的重要作用[125].

生物数学在渔业、农业、林业、医学、环境科学、生命科学等方面的应用, 已经成为人类从事生产实践和推动科学研究的工具与手段. 但总体来说, 生物数学还处在探索和快速发展阶段, 虽然众多分支已取得不少成果, 但在生物数学的探索与研究过程中提出了许多新的数学问题, 正吸引着数学家将数学理论研究与生物学应用联系得更加紧密, 使得生物学的研究更多地借助数学的威力进入更高的境界[106].

1.2 生物数学的研究领域和方法

生物学是研究生命现象和生物活动规律的科学, 也是研究生命物质结构、功能、发展规律及与环境之间相互关系的科学. 数学是研究现实世界的空间形式和数量关系的科学. 如前所述, 生物数学是生物学与数学相互融合的交叉学科, 必然产生众多的交叉学科研究领域, 推动这两个学科的快速发展. 近年来生物数学受到众多研究领域科学家的重视, 其主要原因是: ① 由于基因组学和蛋白质组学的发展, 生物学家采集到的大量数据必须通过解析方法加以处理; ② 数学理论, 特别是混沌理论和系统科学的发展, 使人们对复杂性系统的认识更加深刻, 从而提供了研究生物学中非线性动力过程的工具和方法; ③ 计算机科学的发展使大规模计算和模拟成为可能. 特别是大数据和人工智能时代, 数学和统计学在生物医学领域的广泛应用必将吸引更多的生物数学爱好者.

如今, 生物数学的研究已经涉及生态学、流行病学、公共卫生、医学、生命科学等各个领域, 并产生了众多的分支学科. 对于生物数学的主要研究内容应该依据具体的研究问题而确立, 不能一概而定, 比如建立传染病模型的主要目的之一就是分析疾病流行与否的临界条件, 并评估各种干预措施 (疫苗接种、治疗、隔离等) 的有效性. 所以, 有关生物数学的具体研究内容放在相关章节介绍. 这里向大家介绍生物数学的主要研究领域和方法, 主要是数学模型方法.

1.2.1　研究领域

1. *种群动力学和传染病动力学*

种群动力学是生物数学研究最为经典的领域之一[23,122]. Lotka-Volterra 方程早在 19 世纪就被广泛地研究. 由于进化博弈理论的引入, 种群动力学得到了长足的发展. 利用该方法, 进化生物学的概念可以由确定的数学模型来描述. 在种群动力学的发展和应用过程中, 出现了两个非常重要的应用领域: 生物资源最优管理和有害生物综合治理. 生物资源管理的主要研究对象是可再生资源, 比如渔业、农业、林业等的优化管理, 主要研究内容有两个方面: 一是以最大产量为管理目标的最优策略的研究; 二是以最佳经济效益为管理目标的最优策略的研究. 有害生物综合治理主要是研究如何结合各种害虫防控策略, 比如生物防治、化学防治和物理防治方法, 有效地控制害虫的发生或暴发.

与种群动力学密切相关的另一领域是传染病动力学[60,89]. 自 1927 年 Kermack 和 McKendrick 提出著名的 SIR, SIS 仓室模型以来[61–63], 传染病一直是生物数学研究最为活跃的领域之一. 传染病动力学是对传染病进行定量研究的一门重要学科, 是根据种群生长的特性, 疾病的发生及在种群内的传播、发展规律以及与之有关的社会因素等, 建立能反映疾病发展变化的过程和传播规律的数学模型. 通过对模型动力学性态的定性、定量分析和数值模拟分析传染病的发展过程, 预测疾病发生的状态, 揭示其流行规律. 分析疾病流行的原因和关键因素, 评估各种控制措施的效果, 寻求预防和控制的最优策略, 为防治决策提供理论依据. 目前已经有多个病毒传播模型在公共健康政策的决策中产生了重要影响.

传染病的发生是致病微生物、宿主与环境相互作用的结果. 新型的传染性疾病的出现是由微生物在不断地与环境相互作用的过程中对不同的环境信号做出反应, 导致其基因表达方式快速地发生改变, 如艾滋病、2003 年的 SARS 和 2009 年的甲型 H1N1 流感病毒. 另外, 生态环境的变化和致病微生物与人类的生物学特征变异等因素的影响, 使得曾经得以控制的疾病 (疟疾、霍乱、鼠疫) 又重新在小范围内流行. 因此, 人类与致病微生物之间的斗争将是漫长而持久的, 老传染病的死灰复燃和新传染病的不断出现是人类在自身发展和社会发展中不可回避的现实. 因此, 传染病动力学的研究必将在相当长一段时间内都是众多生物数学工作者关注的焦点领域之一.

2. 病毒动力学和药物动力学

艾滋病病毒 (human immunodeficiency virus, HIV)、慢性乙型肝炎病毒 (hepatitis B virus, HBV) 和丙型肝炎病毒 (hepatitis C virus, HCV) 的感染是一个病毒快速地复制和清除的动态过程, 每日有大量病毒产生和消失. 建立病毒动力学数学模型并进行数学分析, 可以了解病毒在人体内的感染、复制、清除的动力学过程[105], 以探索病毒的致病机制, 为临床医师制定合理的治疗方案提供依据.

抗病毒药物的出现促进了病毒动力学的数学分析. 病毒感染者体内病毒的产生、清除处于一种相对稳定状态. 在抗病毒药物作用下, 这种稳定状态被打破, 血清中病毒载量下降. 通过对用药后患者病毒水平一系列变化的观察, 定期检测给药后血液内的病毒载量以收集数据, 进而可以研究药物治疗对病毒的进展情况的影响.

药物动力学与分析化学和传染病的药物治疗等领域密切相关[51, 76, 83, 103], 使得药物动力学模型方法在细胞和分子生物学模型、传染病模型等领域也有广泛的应用, 比如在考虑传染病的治疗时, 就有必要将药物动力学模型、药物效应学模型与传染病动力学模型结合而形成复合动力学模型; 在考虑患者的抗病毒治疗时就有必要将药物动力学、药物效应学与病毒动力学结合起来研究相应的复合模型.

3. 细胞和分子生物学模型

细胞和分子生物学是生命科学中最重要并且发展迅速的学科之一. 细胞生物学研究的是构成所有生命的细胞, 其生物复杂性居于分子与多细胞生物之间. 分子生物学主要致力于对细胞中不同系统之间相互作用的理解, 包括分子生物学中心法则描述的 DNA, RNA 和蛋白质生物合成之间的关系以及了解它们之间的相互作用是如何被调控的[31]. 在分子生物学中大量工作是定量的, 而且最近的许多研究工作是在结合生物信息学和计算生物学的基础之上完成的[15].

为了系统研究细胞与细胞之间、细胞与分子之间和分子与分子之间复杂的作用关系, 数学已经广泛应用到分子和细胞生物学的许多领域. 用系统的方法来理解一个生物系统应当成为并正在成为生物学研究方法的主流, 即系统生物学. 利用系统的方法对其进行解析, 综合分析观察实验的数据来进行系统分析. 具体通过建立一定的数学模型, 并利用其对真实生物系统进行预测来验证模型的有效性, 从而揭示出生物体系所蕴含的奥秘, 这正是生物学研究方法的关键所在. 系统生物学主要研究实体系统 (如生物个体、器官、组织和细胞) 的建模与仿真、生化代谢途径的动态分析、各种信号传导途径的相互作用[2]、基因调控网络[32] 以及疾病机制等.

这一部分主要介绍细胞和分子生物学中常见的几类数学模型建立和研究方法, 其中包括生化反应模型、新陈代谢模型、神经动力学模型、细胞周期调控模型和基因调控网络模型.

1.2.2 数学模型方法

生物数学的一般方法是通过建立数学模型来描述和分析各种生命现象的数量变化规律. 数学模型是以部分现实世界为一定目的而作的抽象、简化的数学结构, 它用数学符号、公式、图表等刻画客观事物的数量变化规律. 数学模型是系统的某种特征的本质的数学表达式, 是科学研究中一种重要的方法. 数学模型主要有解释、判断、预见三大功能, 这三大功能在生物学问题的研究中有重要的意义. 尽管数学模型不能完全解决生物学中的具体问题, 但在描述生命现象数量变化规律方面发挥重要作用, 可以使得人们快速、经济、安全和多角度地探索生物学中的问题, 如何通过合理有效的假设建立符合实际问题的数学模型? 这一问题相信读者在数学建模课程的学习过程中已经有了比较深入的了解. 这里只需强调: 机理分析是建立数学模型的主要方法. 它根据对现实对象特性的认识, 分析其因果关系, 找出反映内部机理的规律. 建立数学模型没有固定的模式, 但一般有模型准备、假设、建立、求解分析、模型验证与识别、修改和应用几个环节.

数学在各领域有着广泛的应用, 数学在生物科学中的应用可以使得生物学的定量化描述更加精确, 也为数学研究开辟了许多新的研究领域. 观察描述、比较和实验是在生物学发展进程中逐步形成的基本研究方法, 运用抽象、归纳和逻辑推理等方法是数学研究的主要特点, 建立所研究生物对象的数学模型并依据该对象所具备的实验、观测数据, 对模型进行分析、辨识、校正并应用于该生物对象是生物数学的主要研究方法.

一般来说, 在生物数学中, 一个生物学的问题往往被抽象转化成为一个方程或方程组, 它描述了所研究问题随时间的动态变化过程, 所以有时也称为动力学或动力学模型. 在不严格的意义下, 往往将“模型”和“动力学”视为同一含义, 即在书中有时称种群模型有时也称种群动力学等. 该方程或方程组的解, 可以描述一个生物系统随时间的演进或在平衡点附近的性态. 根据研究问题的需要, 需要利用数学中不同类型的方程来建立相应的数学模型, 并对模型进行必要的理论和数值分析. 所以本书向大家介绍的主要方法也集中在描述数学模型的具体方程和分析该类方程的必要的数学和统计技巧.

由于生物数学模型可以按照各种方法进行分类, 分类标准也不尽相同, 比如根据系统变量和时间的关系可分为静态模型和动态模型; 根据方程的右端函数可分为线性模型和非线性模型; 根据预测结果可以分为确定性模型和随机模型. 本书采用生物动力学系统中最为流行的分类方式, 把模型分为确定性模型和随机模型.

1. 确定性模型

生物数学中涉及的确定性模型是根据以下假设建立的: 当给定研究对象 (种群数量、药物浓度等) 在某一初始时刻的状态, 就可以精确地预测出该对象未来的发展情况及其增长过程, 即确定性模型的系统状态是由初始值唯一确定的, 微分方程、差分方程、脉冲微分方程就是解关于初始值的存在性和唯一性. 常见的描述确定性模型的方程有以下三类.

1) 微分方程

根据所考虑对象与空间有无关系, 微分方程可分为常微分方程和偏微分方程. 微分方程模型描述研究对象随时间连续变化而变化的规律, 比如在种群动力学中连续模型描述了当种群数量相对较大或世代重叠时的种群增长规律[90, 112].

2) 差分方程

差分方程考虑的时间变量是离散的整数. 利用该类方程可以描述很多不连续增长和变化规律, 比如当种群的各个世代彼此不相重叠 (如一年生植物和许多一年生殖一次的昆虫), 它们的增长是不连续的、分步的, 需要用差分方程描述. 特别地, 如果研究对象数目小, 或出生或死亡过程是在离散时间出现, 或者在某一时间间隔形成一代, 那么离散模型确实比连续模型更能真实地刻画研究对象的变化规律[1].

3) 脉冲微分方程

脉冲微分方程是混合系统中不连续性最强的一类系统, 它是由连续演化与离散事件相互作用而形成的系统, 该类方程很好地刻画了瞬间作用因素对系统状态的影响, 比如口服或静脉推注药物会使体内药物浓度瞬间上升而改变原有的系统状态[6, 7].

上述三类方程所描述的确定性生物数学模型是本书的重点, 当然根据实际的需要, 本书中在某些章节也涉及积分差分方程、非光滑切换系统等. 为了保证本书的系统性和封闭性, 关于这些方程的有关预备知识相应地列在本书第 12 章, 供大家学习参考. 本书也专门介绍一类特殊的偏微分方程描述的模型 (比如反应扩散方程), 在这里单独列出来是因为该类模型在生物数学研究中占有非常重要的地位, 已经形成一个独立的分支学科——生物模式识别或生物斑图. 该领域是 Alan Turing 在 1952 年发表于《器官学》上的文章“器官学的化学基础”之后逐渐发展起来的[132]. 本书将在后面用一个独立的章节介绍这方面的基础工作.

2. 随机模型

确定性模型假设研究对象特定的事件 (比如出生和死亡) 是绝对要发生的. 然而自然界的任何生物个体 (种群数量、细胞数量和基因表达水平等) 都不可避免地受到自身数量变化和外界环境随机因素的影响. 由此可见, 确定性模型存在两个明显的缺点: 一是它对研究对象的笼统描述, 不能反映其增长变化的真实性; 二是它忽略了各种内外在因素随机波动对研究对象的影响.

因此为了更加精确地反映研究对象的变化规律, 生物个体随时间的变化应该是一个随机过程, 即在任意时刻其数量是一个随机分布, 而不是一个确定的值. 比如说, 如果假设生物种群的增长是一个随机事件, 在给定的时间内, 一个有机体 (细胞或寄生虫等) 可以以一定的概率 p 繁殖, 其中 $0 \leqslant p \leqslant 1$. 在上述假设基础上我们可以建立增长的随机模型. 随机模型刻画的研究对象是一个随机分布, 该分布可用两个参数来描述: 一是期望值, 相当于确定性模型给出的增长过程; 二是方差或标准差, 说明了研究对象波动的范围或各种可能的差异程度. 常见的随机模型有随机微分方程 (比如连续马尔可夫过程等) 和随机模拟模型 (Gillespie 随机模拟).

生物数学的本质是生物学与数学的交叉和融合, 其研究是以问题驱动或数据驱动为基础的. 现如今是大数据和人工智能时代, 如何基于数据, 发展相应的统计分析、计算方法对实验、观测等数据进行分析, 特别是通过参数估计与模型辨识如何实现模型与数据的对接, 是生物数学入门阶段必须掌握的技巧和方法, 这些方法和技巧有时称为上述确定性模型或随机模型的逆问题、反向工程等. 如何有效地利用具有随机因素的观察统计和实验数据来确定模型参数, 即模型识别的问题, 需要借助生物统计学、数据处理、参数估计和数值实现等综合的方法进行研究[40, 83, 122, 149]. 关于数据处理和模型参数估计方法将用专门章节介绍, 而数值研究方法则贯穿全书, 书中涉及的数学软件有 MATLAB, Maple 和 Xppaut, 我们将根据具体研究问题介绍有关数学软件在生物数学中的应用.

1.3　数学与生物学的交叉与融合——生物数学

在结束本章之前, 我们通过选取著名的连续 Logistic 模型及其离散模型, 指出简单模型能够刻画复杂种群增长模式并促进混沌理论的发展; 通过介绍生物学家与数学家紧密合作共同提出的在生态学领域具有普适性的 Volterra 原理, 揭示数学与生物学交叉是两个学科相互促进、共同繁荣的必然要求; 选取能够刻画细胞有丝分裂过程中是如何通过各个关卡而正常运转的最简数学模型, 旨在揭示数学与生物的紧密结合、交叉与融合所产生的无穷魅力和巨大推动作用. 尽管这三个著名例子后面还会详细阐述而使得内容有些重复, 在此列举是希望大家初步了解生物数学的本质, 并能以此激发学习兴趣. 如何实现模型和数据的对接, 进行数据驱动的生物数学模型研究, 将在本书实例研究中详细分析.

1.3.1　单种群模型与种群复杂增长模式——混沌理论的发展

Logistic 方程在生命科学的众多领域都有非常广泛的应用, 最早于 1838 年由比利时学者 Verhulst 提出, 但直到 1920 年 Pearl 的工作后才引起生态学家的广泛重视[122], 并相继在草履虫、酵母菌、果蝇等许多具有简单生活史生物的实验培养中证实 S 型增长; 在海岛或新栖息地也具有 Logistic 增长的例证, 如环颈雉 (phasianus colchicus) 和驯鹿 (bangifer farandus); 一些增长迅速的小型动物在适宜的季节同样有 Logistic 增长的记录. 因此, 一些学者甚至将 Logistic 增长视为生物种群增长的

普遍形式, 其最简形式为

$$\frac{\mathrm{d}N(t)}{\mathrm{d}t} = rN(t)\left[1 - \frac{N(t)}{K}\right] \tag{1.3.1}$$

其中参数 r, K 分别为种群的内禀增长率和环境容纳量. 内禀增长率 r 为种群的出生率减去死亡率, 即种群的净增长率, 而环境容纳量 K 刻画了 $\left.\frac{\mathrm{d}N}{\mathrm{d}t}\right|_{N=K} = 0$, 即当种群数量 $N(t) = K$ 时种群增长率为零. 因子 $\left(1 - \frac{N}{K}\right)$ 称为种群增长的调控因子, 即种群增长率随密度上升而降低的变化是按比例的. 从种群增长调节及其空间资源竞争来看, 最简单的生物理解是: 每增加一个个体, 就产生 $\frac{1}{K}$ 的抑制影响. 例如, 当 $K = 100$ 时, 每增加一个体, 产生 0.01 影响, 或者说, 每一个个体利用了 $\frac{1}{K}$ 的"空间", N 个个体利用了 $\frac{N}{K}$ 的"空间", 而可供种群继续增长的"剩余空间"只有 $\left(1 - \frac{N}{K}\right)$.

尽管 Logistic 增长模型 (1.3.1) 能够刻画众多物种的生长变化规律, 并与大量的实验观测数据相吻合. 但是根据文献 [122], 模型 (1.3.1) 是建立在很多假设的基础之上的, 即著名的 Logistic 增长模型也是存在诸多缺陷的. 如何根据实际的生物问题和物种的特有增长变化规律及其相应的生态环境等, 建立符合特定生物背景和实验数据的数学模型, 是数学与生物学交叉的必由之路.

Logistic 增长模型 (1.3.1) 的一个基本假设就是该物种无时无刻不在进行生老病死的连续演变过程. 而一种可能情况就是当物种数量相对较少时, 连续的生老病死过程是不可能维持的, 即只有当种群规模适当大时, 连续的增长假设才有可能. 实际上, 许多一年生植物和许多一年生殖一次的昆虫, 在其生命周期内生命只有一个季节或一年, 且在生命周期内只出生一次. 如一些水生昆虫, 每年雌虫只产一次卵, 卵孵化长成幼虫, 蛹在泥中度过干旱季节, 到第二年蛹才变为成虫, 交配产卵. 因此这些物种的世代是不重叠的, 种群增长是不连续的, 就不能采用连续的增长模型来刻画数量相对较少或世代不重叠的物种动态演化情况.

对于数量相对较少、世代不重叠的物种, 这里不妨假设每个世代的长度为单位 1, 我们所关心的是在任何一个世代 n (n 为正整数) 时物种的数量或密度, 相应的数学模型刻画种群在世代 n 的数量或密度与种群在世代 $n+1$ 时的数量和密度关系, 称为离散增长模型.

1. 等价离散模型——Beverton-Holt 模型

基于连续 Logistic 增长模型 (1.3.1) 的普适性, 我们自然会问: 是否存在一个与之等价的离散模型, 能被用来刻画世代不重叠种群的增长变化规律? 为了说明这一点, 我们从连续模型 (1.3.1) 入手, 找到一个连续变化种群数量 $N(t)$ 在整数时刻 $n+1$ 和时刻 n 的迭代关系, 采用直接的方法得到一个著名的离散模型.

连续模型 (1.3.1) 能够直接求解, 得到其解的解析表达式为

$$N(t)=\frac{KN_0}{N_0+(K-N_0)\mathrm{e}^{-rt}} \tag{1.3.2}$$

记 $c=\dfrac{K-N_0}{N_0}$, 则 (1.3.2) 简化为

$$N(t)=\frac{K}{1+c\mathrm{e}^{-rt}} \tag{1.3.3}$$

因此有

$$N(t+1)=\frac{K}{1+c\mathrm{e}^{-r(t+1)}}=\frac{KR}{R+c\mathrm{e}^{-rt}},\quad R=\mathrm{e}^{r} \tag{1.3.4}$$

由等式 (1.3.3) 有

$$c\mathrm{e}^{-rt}=\frac{K-N(t)}{N(t)}$$

把上式中的时间 t 换成整数时间点 n, 考虑整数时刻种群的数量 N_n, 得到如下的差分方程

$$N_{n+1}=\frac{RN_n}{1+\dfrac{R-1}{K}N_n} \tag{1.3.5}$$

这就是著名的 Beverton-Holt 差分模型, 其中 R 为内禀增长率, K 为环境容纳量. 从模型的构造可以看出, 该模型完全是由模型 (1.3.1) 的解析解在离散点上的值所确定的, 而从模型的构造方法我们也能根据连续模型对 Beverton-Holt 差分模型的两个未知参数给出合理的生物学意义和解释.

该建模思想揭示了连续模型与离散模型的统一性, 二者不仅能用于刻画具有 S 型曲线增长的物种变化规律 (世代重叠或世代不重叠种群的增长), 而且基于这两个模型所发展起来的新模型及其创新数学思想可以相互借鉴和促进. 上述基于种群的自身增长变化规律, 发展和建立的连续 Logistic 模型 (1.3.1) 和离散 Beverton-Holt 模型 (1.3.5), 揭示了生物问题和数学理论的高度一致性[122], 实现了模型思想和理论创新的统一.

2. Ricker 模型与混沌理论

上述推导离散 Beverton-Holt 模型完全是基于相应连续 Logistic 模型的解析解, 寻求其在两个相邻整数点之间的迭代关系而得到的模型. 下面从一个不同的角度来考虑连续到离散的转化, 即在一个单位为 1 的时间区间重新考虑 Logistic 模

型 (1.3.1),

$$\frac{\mathrm{d}N(t)}{\mathrm{d}t} = rN(t)\left[1-\frac{N(t)}{K}\right] \doteq N(t)F(N(t)), \quad t\in[n,n+1] \tag{1.3.6}$$

现在作如下的假设: 在一个单位时间内种群的增长调节因子是一个常数, 即对所有的 $t\in[n,n+1]$ 有 $F(N(t))=F(N_n)$. 然后从 n 到 $n+1$ 积分下面的方程

$$\frac{\mathrm{d}N(t)}{N(t)} = r\left[1-\frac{N_n}{K}\right] = F(N_n),$$

我们得到著名的离散 Ricker 模型[93, 94]

$$N_{n+1} = N_n\exp\left[r\left(1-\frac{N_n}{K}\right)\right] \tag{1.3.7}$$

上述模型不仅广泛用于刻画复杂的物种增长模式, 也帮助生物数学学者首次从理论生态模型的研究中发现了混沌现象. 这不仅揭示了世代不重叠物种可能的复杂增长变化模式, 也促进了一个全新数学领域, 即混沌理论的发展[93, 94]. 通过物种的 S 型增长, 理论生态学家提出 Logistic 增长方程 (即逻辑斯谛方程), 然后根据实际的物种增长规律, 得到了相应的离散模型. 在对离散模型的理论分析中发现了内禀增长率从小到大变化时, 模型出现了倍周期分支到混沌的动态变化 (图 1.3.1), 进而促进了混沌理论的发展. 上述生物问题的刻画和数学理论的协同发展历程充分体现了数学与生物学的交叉和融合.

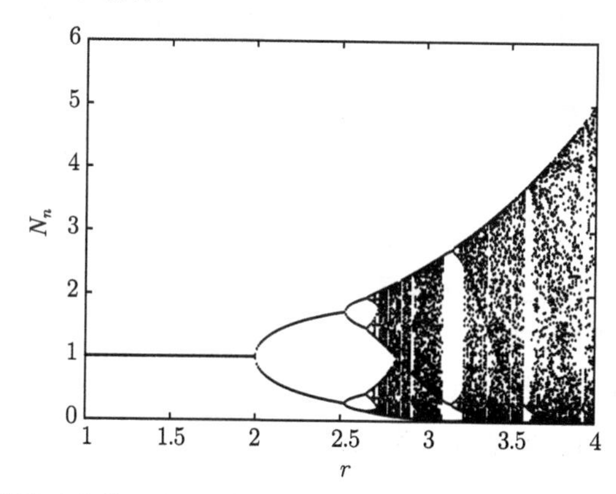

图 1.3.1 Ricker 模型关于参数 r 的分支参数图, 揭示了当内禀增长率由小到大时所呈现的倍周期分支到混沌的过程, 其中 $K=1$

1.3.2 生物学家与数学家的完美结合——Volterra 原理

Volterra 原理不仅是生物数学中较为重要的原理之一, 也是一个最能体现数学家和生物学家完美合作的典型事例. 1925 年, 生物学家 D'Ancona 在研究相互制约

的各种鱼类数目变化时, 在丰富的资料中发现了第一次世界大战前后地中海一带港口中捕获的掠肉鱼 (如鲨鱼等) 的比例有所上升, 而食用鱼的比例有所下降. 意大利阜姆港所收购的掠肉鱼比例的具体数据如表 1.3.1 所示. 为什么战争期间捕获量下降会使得掠肉鱼的比例大幅度增加, 食用鱼的比例下降? 生物学家 D'Ancona 百思不得其解, 就去求教当时致力于微分方程应用研究的数学家 Volterra (沃尔泰拉), 讨论是否能够通过数学模型的方法帮助回答上面的疑惑. 为此, 生物学家与数学家坐在一起分析了掠肉鱼和食用鱼之间的捕食与被捕食关系. 1931 年, 法国数学家 Lotka 在他的书中针对捕食–被捕食系统也提出了同样的问题[122]. Lotka 和 Volterra 独立地提出了著名的 Lotka-Volterra 生态系统, 被视为生物数学理论黄金时代的领路人.

表 1.3.1　意大利阜姆港所收购的掠肉鱼比例的具体数据

年份	1914	1915	1916	1917	1918
比例/%	11.9	21.4	22.1	21.1	36.4
年份	1919	1920	1921	1922	1923
比例/%	27.3	16.0	15.0	14.8	10.7

下面较详细地介绍该系统的建立过程并揭示 Volterra 原理产生的机制, 在此忽略模型的所有数学证明和推导. 海洋中掠肉鱼主要以吃食用鱼为生, 而食用鱼是靠大海中其他资源为生的, 且在大海中生存空间和食物都比较充足, 可以忽略种群内部的密度制约因素. 基于此假设, 在没有捕捞的情况下, 如果用 N_1 和 N_2 分别代表食饵鱼和捕食者鱼的数量, Lotka 和 Volterra 进一步作出了如下假设:

(1) 食饵增长仅受捕食者的影响, 在没有捕食者的情况下, 食饵以指数方式增长, 即 aN_1;

(2) 捕食者的功能反应函数为线性的, 即 bN_1N_2;

(3) 在寻找食饵的过程中, 捕食者之间没有"互扰"现象, 也就是捕食者之间的接触不影响搜寻食物的效率;

(4) 缺少食饵时捕食者将以指数方式灭亡, 即 $\mathrm{d}N_2$;

(5) 每个食饵被捕食者吃掉后可以按照一定比例转化为捕食者, 即 cN_1N_2.

根据上面的假设, 在自然状态下经典的 Lotka-Volterra 生态系统为

$$\begin{cases} \dfrac{\mathrm{d}N_1}{\mathrm{d}t} = aN_1 - bN_1N_2 \\ \dfrac{\mathrm{d}N_2}{\mathrm{d}t} = cN_1N_2 - dN_2 \end{cases} \tag{1.3.8}$$

其中参数 a, b, c 以及 d 都是正常数, 且 $c = kb$ 并满足 $0 < k < 1$.

现在假设对食饵和捕食者的捕获力系数分别为 p 和 q, 捕捞的影响或捕捞强度用 E 表示, 则方程 (1.3.8) 修改为

$$\begin{cases} \dfrac{\mathrm{d}N_1}{\mathrm{d}t} = aN_1 - pEN_1 - bN_1N_2 \\ \dfrac{\mathrm{d}N_2}{\mathrm{d}t} = cN_1N_2 - dN_2 - qEN_2 \end{cases} \tag{1.3.9}$$

此方程有一个不稳定的零平衡态 $(0,0)$ 和一个稳定的内部平衡态 $P(N_1^*, N_2^*)$, 其中

$$N_1^* = \frac{qE+d}{c}, \quad N_2^* = \frac{a-pE}{b} \tag{1.3.10}$$

根据正性保证, 捕捞强度应该满足 $E < \dfrac{a}{p}$, 此时容易看出人为捕捞能使食饵平衡态增大, 而使得捕食者平衡态减小, 即模型从自然生态系统向控制生态系统转化, 使得系统由稳定平衡态 P 变为稳定平衡态 P_1, 如图 1.3.2 所示. 在渔业资源稳定状态下捕捞到的食饵鱼和捕食者鱼的比例表示为

$$P_{qp} = \frac{qEN_2^*}{pEN_1^*} = \frac{qc(a-pE)}{pb(qE+d)}$$

上式是关于捕捞强度 E 的减函数, 当 E 减小 (如在第一次世界大战期间) 时, 捕获到的捕食者鱼的比例就相应增加了. 这也就解释了为什么当捕捞强度减少时, 捕获到的捕食者鱼的比例反而增加了, 即表 1.3.1 中呈现的现象就能容易从数学的角度帮助生物学家理解了. 上述思想是 Volterra 原理的核心, 是生物学家和数学家完美结合的生动事例, 充分体现了交叉学科研究的重大作用.

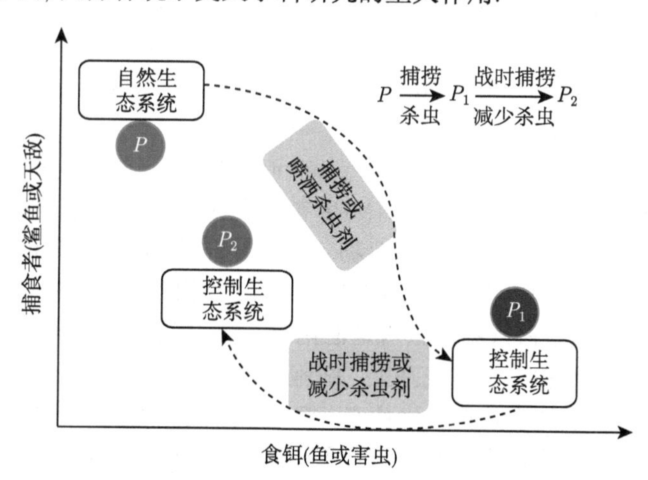

图 1.3.2 Volterra 原理在渔业资源和害虫控制中的应用说明 (彩图见封底二维码)

为了更加深刻地体会 Volterra 原理在生态领域的重要作用, 我们以农业领域中的害虫天敌生态系统为例进一步加以说明. 比如在 1868 年, 一种名叫 *cottony cushion scale* 的害虫对美国柑橘果树产生了很大的危害, 瓢虫作为它的一个天敌被引入, 并成功地控制害虫数量在一定的水平之下. 但是当农药 DDT (Dichlorodiphenyltrichoroethane, 双对氯苯基三氯乙烷) 问世以后, 它被用来实施进一步的控制, 但是结果却令害虫数量得到增加, 这与 Volterra 原理是一致的. 实际上, 在自然状态下, 害虫与天敌构成了一个形如模型 (1.3.8) 的简单捕食与被捕食系统. 农业生产过程中, 农场主需要通过喷洒杀虫剂来控制害虫数量, 殊不知高剂量或频繁地使用杀虫剂不仅在杀死害虫的同时也杀死了天敌, 造成害虫与天敌生态系统的人为破坏. 根据 Volterra 原理, 如果减少杀虫剂的使用量, 将会使天敌数量增加, 而害虫数量减少, 达到一个新的稳定生态系统. 这不仅有利于害虫控制, 也能保护环境实现绿色生态建设.

与 Lotka-Volterra 系统相应的著名原理还有竞争排斥原理, 在理论生态学中发挥了巨大的作用. 通过对 Lotka-Volterra 系统的深入理论研究, 我们完善和发展了微分方程稳定性与定性理论, 并逐步形成了具有广泛应用的单调动力系统理论.

1.3.3　复杂生物问题的简洁数学刻画——细胞有丝分裂

1. 细胞周期关卡的调控

细胞周期的基本功能就是精确地复制基因组, 并把遗传物质平均分配到两个子细胞中去. 为了精准完成复杂的分裂过程, 细胞拥有一系列的调控因子, 来感受细胞周期的进行, 当出现异常情况, 在相应的时期终止细胞周期. 这就是在 20 世纪 70 年代提出的细胞周期关卡 (cell cycle checkpoint) 或细胞周期检测点的概念. 图 1.3.3 中外环给出了细胞有丝分裂经过的四个时期: G1 期、S 期、G2 期和 M 期, 内环给出了 G1 $\rightarrow$ S 期关卡和 M 期关卡蛋白激酶和细胞周期蛋白形成的复合物 (CDK-cyclin) 的调控机理.

MPF 为 M 期促进因子 (M phrase-promoting factor), 是 M 期细胞中特有的物质, 被称为细胞周期调控的引擎分子. MPF 能够促使染色体凝集, 使细胞由 G2 期顺利进入 M 期. 在结构上, 它是一种复合物, 由周期蛋白依赖性激酶 (cyclin dependent kinase, CDK) 和 G2 期周期蛋白 (cyclin) 组成. 其中周期蛋白对周期蛋白依赖性激酶起激活作用, 周期蛋白依赖性激酶是催化亚基, 它能够将磷酸基团从 ATP 转移到特定底物的丝氨酸和苏氨酸残基上. 细胞周期阶段性进行反映了调节不同细胞周期事件中关键分子的不同磷酸化状态. 细胞周期调控的基础是一系列激酶家族, 它们在细胞周期的不同时期程序性合成和降解, 同时作为调节亚基对 CDK 活性进行调节并受磷酸化状态的影响.

G1 $\rightarrow$ S 期关卡是最重要的检测点. 细胞在该检测点对各类生长因子、分裂原以及 DNA 损伤等复杂的细胞内外信号进行整合和传递, 决定细胞是否进行分裂、发生凋亡或是进入 G0 期. 在哺乳动物细胞中, 四个 CDK 在 G1 早期起作用, 它们都与 cyclin D 结合形成 CDK-cyclin 复合物而调节细胞周期顺利通过细胞分裂的起点及 G1 期下游事件, 如图 1.3.3 所示. M 期关卡又叫纺锤体组装检测点, 其重要功能是阻止细胞分裂、阻止细胞两极形成纺锤体、阻止染色体附着到纺锤体上. 后期促进复合物 (anaphase-promoting complex, APC) 是破坏和依赖的泛素连接酶, 有助于有丝分裂细胞周期蛋白的快速降解.

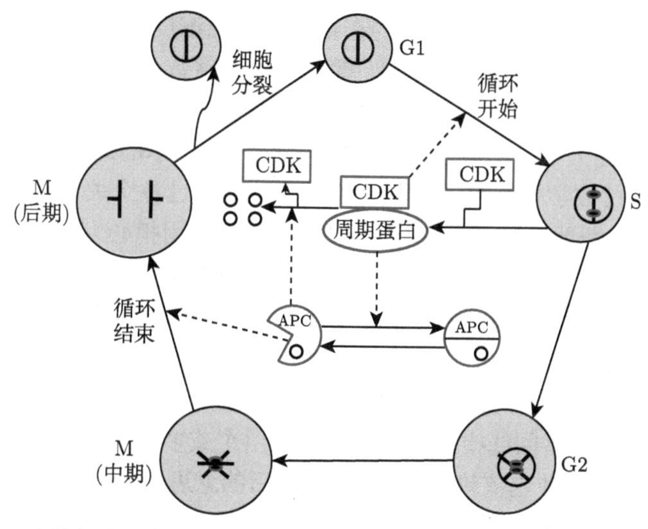

图 1.3.3 真核细胞周期示意图, 外环说明从 G1 → S → G2 → M 的正确运转, 内环中刻画了两个细胞周期关卡的调控. 图片来源于文献 [129, 130]
(彩图见封底二维码)

20 世纪 90 年代, Novak, Tyson 及其合作者对细胞周期调控的数学模型做了详细的研究, 重点讨论了 CDK-cyclin 复合物和其他复合物在细胞周期中的作用, 提出了基于细胞分子调节机制的数学模型. 我们的目的是希望介绍其中一个较为简洁的数学模型[129, 130], 向大家阐述如何用简单的数学模型揭示复杂的生物过程, 进而体现数学与生物学两个学科完美结合的重要性.

2. 细胞有丝分裂关卡的数学刻画

建立细胞周期调控数学模型的核心是寻求细胞周期的关键调控因子, 我们知道: 细胞中周期蛋白含量的周期性变化导致 CDK-cyclin 复合物周期性地装配和降解, 从而使 CDK 的激酶活性发生周期性变化, 触发细胞周期事件周期性的发生.

细胞周期调节过程中 CDK 和 APC 之间的关系是相互拮抗的, 即二者之间为负反馈调控关系 (图 1.3.3). 具体体现在 MPF 使 APC 失去活性, 而 APC 降解

MPF 的 cyclin 亚基实现 CDK-cyclin 的加速降解. 为了使问题简单, 我们把 [ACT] 看作一个参数, 并假设其作用是激活 APC, 而且催化亚基是稳定的并且在细胞内保持恒定的浓度, 则 CDK 和 APC 之间的负反馈作用可以用如下动力学方程表示:

$$\begin{cases} \dfrac{\mathrm{d}[\mathrm{CDK}]}{\mathrm{d}t} = k_1 \cdot \mathrm{size} - [k_2'(1-[\mathrm{APC}]) + k_2'' \cdot [\mathrm{APC}]] \cdot [\mathrm{CDK}] \\ \dfrac{\mathrm{d}[\mathrm{APC}]}{\mathrm{d}t} = \dfrac{(k_3' + k_3'' \cdot [\mathrm{ACT}])(1-[\mathrm{APC}])}{J_3 + 1 - [\mathrm{APC}]} - \dfrac{(k_4' + k_4'' \cdot [\mathrm{CDK}]) \cdot [\mathrm{APC}]}{J_4 + [\mathrm{APC}]} \end{cases} \tag{1.3.11}$$

其中 [CDK] 表示 CDK-cyclin 二聚物在细胞核内的浓度, [APC] 表示所有的 APC 中有活性部分的比例, 方程中的 k_1, k_2' 等都是速率常数.

对于平面系统 (1.3.11), 我们完全可以借助微分方程的几何理论进行分析. 但是这里主要是为了向大家介绍该模型是如何与图 1.3.3 所示的细胞周期关卡及其调控相关联的, 即通过数学模型揭示细胞有丝分裂顺利通过各个关卡是如何体现的. 要想回答这个问题, 需要从数学上进行必要的分析, 但不用担心. 我们仅仅需要理解模型中的变量和参数, 并想知道如果选择其中一个关键参数 (如 $\mathrm{size}/(k_3'+k_3''\cdot[\mathrm{ACT}])$), 当其发生连续变化时, 系统中两个变量 [APC] 或 [CDK] 的稳定状态在图形中是如何发生变化的, 在数学上称之为分支参数图.

而分支参数图就能真实反映真核细胞周期沿着一条滞后回线 (hysteresis loop) 的周期变化情况. 滞后回线指的是当模型存在两个或多个稳定平衡态时, 系统当前状态不仅依赖系统参数也依赖其过去状态 (滞后的意思由此而来), 并且随参数变化而周期变化, 但是系统随着参数的连续变化将在一定范围内处于一个特定的状态, 发生滞后现象.

比如在模型 (1.3.11) 中, 如果细胞周期刚结束, 则由于滞后效应系统在一定时间内处于 G1 期; 同样如果细胞周期顺利通过 G1 期, 则系统在一定时间内处于 S/M 期. 为了得到这样的滞后回线, 我们选取分支参数 $\mathrm{size}/(k_3' + k_3'' \cdot [\mathrm{ACT}])$ 而固定其他所有参数, 仅考虑 [APC] 在平衡态时的值如何随分支参数的变化而变化. 为此设 $k_4' = 0$, 则 [APC] 满足代数方程

$$\frac{\mathrm{size}}{k_3' + k_3''[\mathrm{ACT}]} = \frac{[k_2'(1-[\mathrm{APC}]) + k_2''[\mathrm{APC}]](1-[\mathrm{APC}])(J_4 + [\mathrm{APC}])}{k_1 k_4''[\mathrm{APC}](J_3 + 1 - [\mathrm{APC}])} \tag{1.3.12}$$

当等式 (1.3.12) 左边分母中的分支参数取值发生变化时平衡态个数和稳定性的变化可用图 1.3.4 中的滞后回线表示. 当分支参数 $1.8 < \mathrm{size}/(k_3'+k_3''[\mathrm{ACT}]) < 6.9$ 时, [APC] 有三个平衡态: 两个稳定的结点和一个鞍点. 一个正常细胞的生命周期从 G1 期开始, 图 1.3.4 中的 A 点. 由于一个新生细胞的 size 很小, 具有活性 APC 所占的比例接近于 1, 即 [APC]→ 1. 随着 size 的增大, 控制系统沿着图 1.3.4 的虚线移动, 此时细胞停留在 G1 期 (APC 开启), 直到 G1 到达鞍结点 B 处后消失. 随着

细胞大小的继续增加, 过了鞍结点分支, 控制系统会转向 C 点, 在此点 APC 关闭, CDK 开启. 细胞循环开始发生切换, 此后随着 DNA 的复制和染色体的合成, [ACT] 增加 (即分支参数减小), 但是细胞仍然处于后复制状态, 直到 S/M 在图 1.3.4 中的鞍结点分支 D 点消失. 在通过点 D 时, [ACT] 浓度已经大到可以抑制 [CDK] 并激活 [APC]. 控制系统转换回 G1 即 A 点 (发生切换使细胞循环结束), 然后重复此过程而实现细胞的周期分裂.

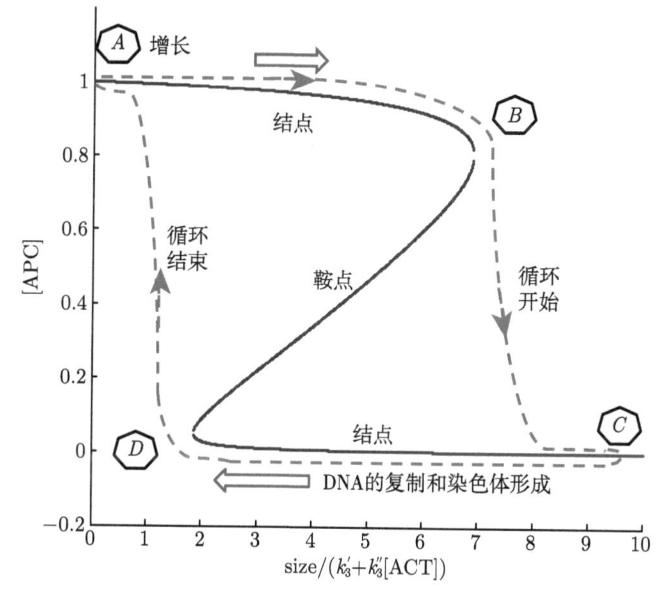

图 1.3.4 模型 (1.3.11) 关于参数 $\text{size}/(k_3' + k_3''[\text{ACT}])$ 的分支参数图, 其中纵坐标表示平衡点处的 [APC] 值 (彩图见封底二维码)

由图 1.3.4 可以看出当分支参数 $1.8 < \text{size}/(k_3' + k_3''[\text{ACT}]) < 6.9$ 时有三个平衡点, 在 B 点和 D 点分别表示 APC 激活和抑制的临界点, 并且通过鞍结点分支使之通过这两个临界的切换. 图片来源于文献 [129, 130].

这一节的应用实例, 充分展示了数学与生物学的紧密联系, 二者的完美结合体现了交叉学科的无穷魅力! 我们不由得感叹一个如此简单的二维微分方程模型所具备的数学行为, 几乎完美地解释了细胞周期的几个主要事件是如何按正确的顺序运转的, 以及相关调控因子是如何有序表达的. 对实际问题如此精确地刻画和简洁表述也正是生物数学发展的巨大动力.

习 题 一

1.1 简述生物数学的发展历史, 并根据自己的经验阐述生物数学的发展应用前景.

1.2　生物数学的主要分支领域有哪些? 生物数学模型如何分类和如何刻画?

1.3　结合自身学习经历, 谈谈如何理解交叉与融合是生物数学的核心与生命力.

1.4　结合学习数学建模的课程和自身的经历, 思考那些发生在自己身边的生物问题能否采用数学方法进行刻画与描述.

1.5　理论生态学中除了本章介绍的 Volterra 原理之外, 还有著名的竞争排斥原理, 请查阅相关资料, 熟悉其本质并掌握如何采用数学模型揭示其原理.

第 2 章　单种群模型

种群 (population) 是指在一定空间范围内同时生活着的同种个体的集合. 例如, 一个国家的人口, 同一鱼塘内的草鱼, 同一树林内的杨树、感染病毒后个体体内病毒粒子等[145]. 生物学中种群是指一切可能交配并繁殖的同种个体的集合, 该定义主要源于对昆虫、鱼、鸟和兽等有性生殖的动物的研究, 此定义不适用于无性生殖的生物, 如植物、病毒、细菌等. 建立和应用数学模型的目的是反映种群随时间在自然或在外部干预条件下的动态发展变化规律. 我们一般用种群的密度、数量或其他的因子, 比如收获率等作为模型的状态变量, 根据影响种群数量发展变化的因素建立模型, 并对其进行分析, 进而预测种群的持久性、灭绝性等, 并能运用其解决或回答生物资源管理和有害生物控制等实际问题中的生物问题. 本章我们先叙述单种群建模的一般原理, 然后再给出一些主要的单种群模型建立方法、理论分析技巧和实际应用, 这是本书建模和理论分析及其应用的基础[122].

2.1　单种群建模的原理和方法

自然界中任何种群都不是孤立的, 而是与生物群落中其他种群密切相关, 因此严格地说, 单种群 (single population) 只在实验室才有可能存在. 但任何一个复杂的生态系统都是由多个单种群相互作用而形成的复杂网络. 所以, 单种群是组成整个生态系统的基本单元, 从单种群建模研究入手符合人们从简单到复杂的认识规律. 单种群模型的建立和理论分析能够帮助我们了解复杂模型的整体结构, 为分析复杂模型的动态行为和一般规律提供条件.

2.1.1　研究单种群模型的主要原因

单种群模型由于其形式简单、参数容易确定、对大量实际数据都能完美地拟合而受到了实验生物学家的青睐. 如美国从 1800 年到 1860 年间, 每 10 年一次的人口统计数据与利用连续的 Malthus 人口模型预测的结果非常一致 (图 2.2.1), 美国近 200 年的人口数据和 Logistic 模型的预测结果也十分接近. 了解生物数学的本质和掌握其精髓就不得不全面了解单种群模型及其理论研究在生物学和生命学科中的应用.

对生物种群增长过程的建模都是在一定的假设基础上先得到各个研究对象自身的增长规律, 然后再考虑环境因素和其他对象对其的影响作用, 即任何复杂的生物学模型都是建立在单种群模型的基础之上的. 例如, 描述单种群增长的 Logistic 模型其形式简单、参数生物意义明确、动态行为清晰明了等特性, 使其在生态学、生物资源管理、细胞和分子生物学、生命科学、医学、生物统计学等众多领域得到了非常广泛的应用. 一方面是单种群模型由于其形式简单, 利用高等数学和线性代数的有关知识就能对其进行全面分析, 得到非常完整的理论结果. 另一方面是由于单种群模型所涉及的参数较少, 容易通过实验观测数据的拟合得到模型的参数. 基于以上原因使得许多单种群模型的成功应用成为生物数学模型的经典范例. 因此对各类与单种群模型有关的理论分析方法的学习能够使读者快速而深入地了解数学各分支学科在生物数学中的广泛应用, 为进一步深入研究生物数学奠定基础.

2.1.2 单种群模型建立的基本原理

在不同的假设下我们对一个生物种群数量变化规律可以用许多模型来描述, 衡量一个模型好坏的标准是看该模型是不是真实、简单和能否用来探索更一般的规律. 一个好的单种群模型应该准确地刻画生物学现象并与实验观察数据相吻合、能够帮助理解未知的种群动态行为, 并能够被推广和改进以研究更复杂的生物学问题. 符合上述基本要求的单种群建模有没有什么基本规律可循? 实际上, 常见的单种群模型建立与发展符合下面三个基本原理.

指数增长原理 Malthus 模型是最早用来预测人口增长变化规律的, 它所给出的指数增长规律是自然界中很多种群都遵循的. 这一原理的基础是假设在单位时间内出生的人口与现有人口数量成比例, 在单位时间内死亡的人口数量也与现有人口数量成比例. 这样人口数量的平衡方程为

$$\text{人口数量的改变} = \text{出生人口} - \text{死亡人口} \tag{2.1.1}$$

若记 $N(t)$ 是 t 时刻人口的数量, b 和 d 分别是人口的出生率和死亡率, 则人口数量 $N(t)$ 满足下面的微分方程

$$\frac{\mathrm{d}N(t)}{\mathrm{d}t} = bN(t) - dN(t) \doteq rN(t) \tag{2.1.2}$$

这里 r 称为内禀增长率. 根据 (2.1.2) 就能得到单位时间内人口数量的改变服从指数 (几何速率) 增长. 指数增长具有普适性, 几乎可应用于刻画所有种群在短时间内的增长. 有时把这一原理称为种群增长原理或 Malthus 原理.

合作原理 (cooperation) 生物种群为了生存、繁殖和防御外敌侵犯, 个体之间需要有共同的合作行动. 例如, 蚂蚁通过群体合作可以把大于或重于自己几十倍的东西搬运回巢; 草食动物群聚, 会减少外敌侵害. 因此当种群密度增加时, 包括群体防御、群体捕食在内的个体间的合作和利他行为有利于种群的生存繁育. 例如, 群

体防御能在一定程度上有效地抵抗天敌; 群体捕食通过与同伴分担捕食风险; 生活在稳定群体中的个体可以获得长期的利益.

数学建模中如何体现种群内部的这种合作效应呢? 我们可以用适当的出生率和死亡率函数来反映当种群数量或密度增加时，由于个体间的合作对种群数量增长的促进作用. 为了反映种群间的合作效应, 通常假设当种群数量大于某一临界值 K_1 时才能激发种群内的合作效应 (称为 Allee 效应), 其变化率可用下面的微分方程来刻画

$$\frac{\mathrm{d}N(t)}{\mathrm{d}t} = rN(t)\left[1 - \frac{K_1}{N(t)}\right] \tag{2.1.3}$$

显然, 当种群数量小于临界值 K_1 时种群随时间的增加趋于灭绝; 而当其数量大于临界值 K_1 时, 种群数量随时间的增加而增加.

种内竞争原理 (intraspecific competition) 物种内竞争也是自然界中普遍存在的规律, 对资源利用的竞争是影响种群数量变化的一个重要因素. 如雄蝗虫争夺雌蝗虫、雌蝗虫争夺产卵场所等都限制了蝗虫的增长. 由此可见, 种群内部的竞争将影响其出生率和死亡率, 进而调节种群数量或密度的大小, 并在一定程度上决定了种群的动态行为. 密度制约是一个生物种群内竞争的常用描述方式, 即种群数量越多, 竞争越激烈, 对生物个体的潜能发挥的限制就越大, 最终导致种群数量下降. 考虑密度制约和拥挤因素时出生率函数一般选取种群密度的递减函数, 而死亡率则选取种群密度的递增函数. 通常地, 当种群数量大于某一临界值 K 时种群的增长变为负的, 即变化率可用下面的微分方程来刻画

$$\frac{\mathrm{d}N(t)}{\mathrm{d}t} = rN(t)\left[1 - \frac{N(t)}{K}\right] \tag{2.1.4}$$

这里 K 称为环境容纳量.

2.1.3 单种群模型的分类

2.1.2 节我们根据模型建立的三个基本原理给出了相应的连续微分方程模型. 实际上, 基于种群自身的增长变化规律和其生存环境以及外界因素的干扰, 可能需要采用不同的数学模型进行刻画和描述, 这将在稍后得到系统介绍.

模型可以按照不同的标准进行分类, 根据变量的类型可以分为离散模型和连续模型. 对于寿命比较短, 世代不重叠的种群, 或者虽然寿命比较长世代重叠的种群, 但数量比较少时, 其数量的变化可用差分方程模型来描述, 这就是在一系列离散时间点上考察种群数量变化的离散模型. 对于寿命比较长, 世代重叠的种群, 而且数量很大时, 其数量的变化常常可以近似地看成一个连续过程, 可以用微分方程模型来描述, 这就是连续模型. 有关差分方程和常微分方程的基础知识参考本书 12.1 节和 12.2 节.

当考虑瞬间作用因素, 比如喷洒杀虫剂、投放天敌、投放鱼苗等对种群数量的影响时, 由于这些人为因素是瞬间产生的, 而种群的数量在自然状态下又符合连续增长规律. 这样为了刻画这种离散事件 (瞬间作用因素) 对种群增长的影响, 就需要建立脉冲微分方程模型. 有关脉冲微分方程的基础知识参看 12.3 节. 无论是连续模型、离散模型还是脉冲模型, 都可以考虑随机因素对种群动态行为的影响, 进而可以发展相应的随机微分、随机差分或随机脉冲模型. 有关随机微分方程的基础知识参看 12.4 节.

当考虑空间异质性时, 种群除了随着时间的演化而动态变化, 还与其生活的空间有关, 即种群能够在空间中移动或扩散. 更重要的是: 不同空间位置由于资源分布、种群分布等不一致, 导致种群在空间不同位置具有不同的出生率、死亡率. 这种空间异质性是如何影响种群的动态行为的? 需要发展和建立具有空间异质性的反应扩散模型或积分差分方程模型进行研究. 有关积分差分方程的基础知识参看 12.5 节.

从第 1 章中的模型分类我们知道如果根据预测结果来分类, 那么种群模型又可分为确定性模型和随机模型. 其他的分类方式还有: 根据系统变量和时间的关系可分为静态模型和动态模型; 根据方程的右端函数可分为线性模型和非线性模型; 根据所采用的数学理论和方法可以分为优化模型、网络模型等; 也可以根据所涉及具体生物对象分类, 比如细胞周期模型、神经动力学模型和基因调控网络模型等.

2.1.4 模型发展原理

影响一个生物种群数量变化的最重要和最直接的因素就是出生、死亡和迁移, 即种群数量变动是由出生和死亡以及迁入和迁出等联合决定的. 只有清楚地了解和精确地刻画这些因素的影响才能得到描述种群数量变化的模型. 在单种群模型建立的基础上, 下面利用大家熟知的 Logistic 模型探讨如何发展单种群模型[122], 当然这些方法也同样适用于多种群模型或其他类型的生物数学模型.

最简单的 Logistic 模型为

$$\frac{\mathrm{d}N(t)}{\mathrm{d}t} = rN(t)\left[1 - \frac{N(t)}{K}\right] \tag{2.1.5}$$

其中 r 是种群的内禀增长率, K 是环境容纳量. Logistic 模型刻画的种群增长规律具有 S-形曲线的特征. 如何根据生物种群的具体情况改进模型使其更加符合实际是一个非常有意义的问题. 为了改进模型就必须先清楚模型 (2.1.5) 是在什么样的假设前提下建立的, 即模型 (2.1.5) 具有哪些局限性. 这样就可以利用其局限性改进模型. Logistic 模型建立时用到下面的基本假设: ① 种群世代是重叠的或数量相对较大; ② 增长率 r 和环境容纳量 K 是与时间无关的常数; ③ 调节因子 $1 - N/K$

与瞬时密度有关, 不考虑滞后效应; ④ 不考虑个体的差异性, 种群的所有个体不分年龄都具有相同的出生率和死亡率; ⑤ 种群的空间分布是匀值的, 不考虑社会功能和空间位置等对种群增长的影响; ⑥ 没有考虑资源的开发或对种群的控制; ⑦ 种群的所有个体在生长期内不受疾病特别是传染病的影响; ⑧ 种群的增长没有受到环境或种群数量随机波动的影响. 这 8 个基本假设是建立 Logistic 模型 (2.1.5) 的前提, 在具体应用时我们要根据所研究的生物种群对一些假设进行改进, 从而得到比较适合实际的模型. 下面简要介绍在改进单一假设下如何发展新的单种群模型.

离散模型 Logistic 模型第一个假设是: 种群增长的世代是重叠的, 且该种群的数量非常大, 因此可以近似地将其看成一个连续变量. 实际上, 在自然界中有许多一年生植物和许多一年生殖一次的昆虫, 它们增长的世代是不重叠的. 在其生命周期内, 生命只有一个季节或一年, 且只出生一次. 如一些水生昆虫, 每年雌虫只产一次卵, 卵孵化长成幼虫, 蛹在泥中度过干旱季节, 到第二年蛹才变为成虫, 交配产卵. 因此世代是不重叠的, 种群增长是不连续的, 称为离散增长, 一般用差分方程来描述. 差分模型实际上早于相应的连续模型, 通常情况下一个连续微分方程模型有一个差分方程模型与之对应, 或给定一个差分方程模型可以相应地找到一个连续微分方程模型. 但二者除了少数模型具有相同的动态行为外, 一般来说, 差分方程的动态行为比相应微分方程要复杂得多, 这也就是为什么差分方程的理论发展要滞后于微分方程的一个重要原因.

非自治模型 Logistic 模型中的参数是与时间无关的常数, 没有考虑环境等随时间变化的情况. 实际上, 种群的出生率和死亡率受到很多外在因素的影响并随时间改变, 然而常数的内禀增长率和环境容纳量不能反映这一变化. 比如一天中的昼夜变化, 一年中的春夏秋冬四季变化都使得模型中的参数按一定规律周期波动. 利用与时间有关的非自治或周期变化环境下种群模型可以更好地描述种群数量的变化. 例如, 对于季节变化影响明显的生物, 可以将 Logistic 模型改进为

$$\frac{\mathrm{d}N(t)}{\mathrm{d}t} = r(t)N(t)\left[1 - \frac{N(t)}{K(t)}\right] \tag{2.1.6}$$

其中内禀增长率 $r(t)$ 和环境容纳量 $K(t)$ 是时间 t 的连续周期函数.

时滞模型 Logistic 模型中 t 时刻种群的密度制约效应只与 t 时刻的种群密度或数量有关, 但在实际情况中, 这种调节效应大多数都有某种滞后效应. t 时刻的调节因子是与 t 时刻前的种群数量或密度有关. 于是模型可以改进为

$$\frac{\mathrm{d}N(t)}{\mathrm{d}t} = rN(t)\left[1 - \frac{N(t-\tau)}{K}\right] \tag{2.1.7}$$

关于时滞 τ 的生物学解释有很多. 如对繁殖期较长的物种, 高密度对于出生率的影响往往出现在较长的时间以后. 又如从节制生育到人口出生率下降同样有时间滞后.

种内的个体差异　Logistic 模型假设种群的个体在生育和死亡方面没有任何差异, 忽略了个体差异对种群数量增长的影响. 当所研究的种群个体的生理与行为特征有较大的差异时, 特别对个体生育、死亡、生长、资源消耗和迁移等关键参数有较大影响时, 就需要根据种群个体的年龄、体积、重量等特征将种群分为若干个组进行讨论, 这就导致了年龄结构、阶段结构、形状结构等种群模型的引入.

空间异质　任何种群在其增长过程中都与所处的环境密不可分, 然而在研究种群动态行为时经常会忽略种群的空间分布. Logistic 模型假设种群在空间分布上是均匀的, 但忽视了个体移动和分布的异质性对种群增长的影响. 实际上, 当种群数量发生变化时, 种群的地理分布也随之变化, 种群的空间分布在调节种群增长过程中可能起到与密度制约相同的调节作用. 这需要考虑扩散对种群数量增长的影响, 需要用包括反应扩散模型、斑块模型或积分差分方程等不同类型的扩散模型来描述.

再生资源的开发和有害动植物的控制　Logistic 模型描述了种群在自然环境下的增长规律, 没有考虑人类活动对有经济价值的动植物种群的开发和利用, 也未考虑对有害生物物种比如害虫等的控制. 当考虑生物资源的最优管理时, 如何控制收获率使得产量达到最大或获得最大的经济效益, 是研究生物资源管理的两个目标. 当考虑到有害生物的综合控制时, 如何考虑控制措施使得害虫完全根除或数量维持在一定的阈值水平下. 考虑这些人为活动对种群动态行为影响时的一般方法是在模型中增加收获项或控制项.

传染病的影响　病毒入侵、传染病在种群中流行是它们在生长过程中难以避免的, 历史上一次又一次的传染病流行对人类生存和健康带来了巨大危害. 如曾四次在欧洲大流行的黑死病使欧洲大陆丧生约一半以上的人口, 在牛群中广泛传播的口蹄疫和家禽中传播的禽流感等都使得种群数量大幅度下降, 并且潜在的最大危险是这些病毒有可能传播到人类而危害人类的健康. 因此在考虑种群长期的增长过程时, 不可避免地考虑各类传染病在种群中的流行对种群增长的影响. 一般方法是将总人口分为易感者类、染病者类和移除者类, 然后根据传染病的机理建立模型, 描述各类人口随时间的变化情况, 研究传染病在什么时候达到高峰, 什么时候传染病能被根除或发展成地方病等核心问题. 同时也根据相关数据对模型参数进行估计, 预测疾病的流行程度, 评判控制策略的有效性等.

随机性　生命现象常常以大量、重复的形式出现, 又受到多种外界环境和内在因素的随机干扰, Logistic 模型等确定性模型不能描述带有随机性的生命现象, 需要发展相应的连续随机模型、离散随机模型等. 随机模型由于对实际数据的对接更加有效, 是生物数学不可缺少的部分, 也是日益引起重视的一个研究领域.

2.1.5 单种群模型研究的主要问题

生物数学的本质是问题驱动和数据驱动的应用研究. 因此, 在建立和应用生物数学模型时, 首先应明白要解决什么样的生物问题, 再带着问题仔细分析实际生物背景而建立合适的数学模型. 将生物问题“翻译”成数学问题, 明白什么样的数学结论才能回答此生物问题. 弄清是否能从数学模型的研究得到相应的结论, 从而确定所建立的数学模型能否达到我们的目的.

对于模型的理论分析, 包括模型的解析解、模型平衡态的存在性和稳定性、周期解的存在性和稳定性、分支分析、随机分析和 Bayes 统计推断等. 由于单种群模型表达形式非常简单, 所以对于一个给定的单种群模型, 首先考虑的是该模型是否能够解析求解. 如果能, 则模型的所有动态行为就迎刃而解; 如果不能就转而研究模型的定性行为, 比如分析平衡态的存在性和稳定性等. 尽管单种群模型形式简单, 但要完整分析每一个建立的模型有时也是不可能的, 此时不得不借助数值分析来帮助我们发现和理解模型所隐含的动态行为和生物意义. 即使是能够从理论上完全掌握模型的动态行为, 数值模拟也能帮助我们从直观上理解模型的动态行为.

对各类单种群模型进行理论研究的一个目的就是应用. 由于单种群模型已经渗入生命科学、医学、生物资源管理、分子生物学等众多的领域, 我们将尽可能介绍它们在这些领域中的广泛应用, 以体现数学模型强大的生命力. 当模型建立以后, 就需要通过实际观测数据估计模型参数和初始值. 在整个生物数学的发展过程中, 根据实际观测数据确定模型参数与对给定模型进行动力学行为分析是同等重要的. 模型的参数估计有更强的应用性并能普遍被生物学家所接受. 根据已知数据对模型参数进行估计, 然后利用模型来预测种群的发展动态, 为决策部门提供理论指导和决策依据. 模型参数估计的方法是多种多样的, 传统的方法包括最小二乘法、回归分析、极大似然法、Bayes 统计等.

2.2 连续单种群模型

连续单种群模型是我们比较熟悉和容易分析的, 用到的基本数学工具是微分方程. 这一节我们介绍和分析几个最为经典的单种群模型, 其中包括自治 Malthus 模型、Logistic 模型及其应用与推广.

2.2.1 Malthus 模型

英国人口学家马尔萨斯 (Malthus, 1766—1834) 根据百余年的人口统计资料, 于 1798 年提出了著名的人口指数增长模型. 这个模型的基本假设是人口的增长率为常数, 或者说, 单位时间内人口的增长量与当时的人口数量成正比. 记 $N(t)$ 表示在

t 时刻的人口数量或密度, b 和 d 分别表示人口的出生率和死亡率, 即每一个个体在时间区间 Δt 内单位时间出生或死亡的个体数. 则有

$$N(t+\Delta t)-N(t)=bN(t)\Delta t-dN(t)\Delta t \tag{2.2.1}$$

方程两边同除以 Δt 并令 $\Delta t\to 0$ 取极限得

$$\frac{\mathrm{d}N(t)}{\mathrm{d}t}=rN(t) \tag{2.2.2}$$

其中 $r=b-d$ 是种群的内禀增长率 (the intrinsic growth rate). 以上简单的微分方程就是著名的 Malthus 人口模型, 其解析解可表示为

$$N(t)=N(0)\mathrm{e}^{rt} \tag{2.2.3}$$

根据参数 b 和 d 的大小, Malthus 人口模型表现出三种不同的动力学行为

$$\lim_{t\to\infty}N(t)=\begin{cases}0, & r<0\\ N(0), & r=0\\ \infty, & r>0\end{cases} \tag{2.2.4}$$

Malthus 人口模型尽管形式非常简单, 但它能非常准确地预测早期美国人口增长规律. 图 2.2.1 中给出了美国在 1790 年到 1860 年间的人口统计数据和相应的模型预测值, 表 2.2.1 给出了相应的数值结果.

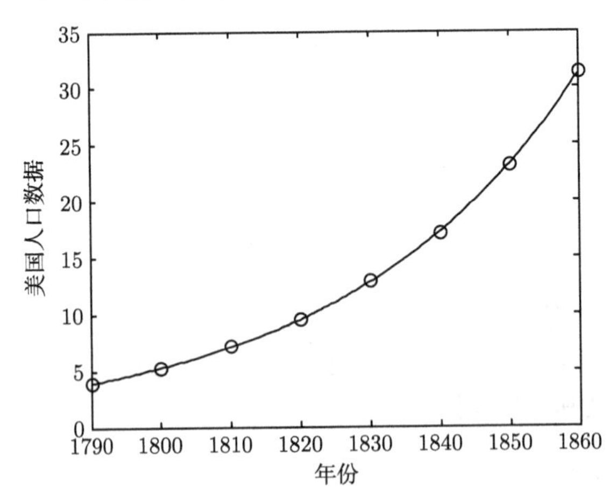

图 2.2.1　Malthus 模型 (2.2.2) 当 $r=0.297$ 时的数值解与美国从 1790 年到 1860 年间统计数据的比较, 具体数据参考表 2.2.1

表 2.2.1 1790 年到 2000 年美国人口统计数据 (单位: 百万)

年份	数据	年份	数据	年份	数据
1790	3.9	1870	38.558	1950	151.33
1800	5.308	1880	50.189	1960	167.32
1810	7.24	1890	62.98	1970	203.3
1820	9.638	1900	76.212	1980	226.54
1830	12.861	1910	92.228	1990	248.71
1840	17.064	1920	106.02	2000	281.42
1850	23.192	1930	123.2		
1860	31.443	1940	132.16		

由 (2.2.4) 可以看出, 无论 r 多小, 只要种群的内禀增长率大于零时, 其数量最终都将趋于正无穷. 但由于环境是有限的, 大多数种群的指数增长都是短时间的, 一般仅发生在早期阶段、密度较低、资源丰富的情况下, 而随着密度增大、资源缺乏、代谢产物积累等势必会影响到种群的增长率 r , 使其降低, 所以常数内禀增长率 r 已不能刻画种群的长时间增长规律.

2.2.2 Logistic 增长模型

当种群数量较少时, 种群增长可以近似地看作常数, 而当种群增加到一定数量后, 增长率就会随种群数量的增加而逐渐减小. 为了使模型更好地符合实际情况, 必须修改指数增长模型关于种群增长率是常数的假设. 根据种内竞争原理或密度制约效应, 我们假设增长率随着数量的增加而降低, 在 Malthus 模型上增加一个密度制约因子 $\left(1-\dfrac{N}{K}\right)$, 就得到生态学上著名的 Logistic 方程:

$$\frac{\mathrm{d}N(t)}{\mathrm{d}t}=rN(t)\left[1-\frac{N(t)}{K}\right] \tag{2.2.5}$$

其中 r 是种群的内禀增长率, K 是环境容纳量. 利用分离变量法求解, 得到 Logistic 模型的解析解为

$$N(t)=\frac{N_0\mathrm{e}^{rt}}{1+N_0(\mathrm{e}^{rt}-1)/K}=\frac{KN_0}{N_0-(N_0-K)\mathrm{e}^{-rt}} \tag{2.2.6}$$

当初始值为正时, Logistic 模型的解总是大于零, 解曲线如图 2.2.2 所示. 可以看出, 任何初值大于零的解当 t 趋向于无穷时都趋向于容纳量 K (实际上可以通过构造 Lyapunov 函数证明其全局稳定性, 留做习题), 并且初值满足 $0<N_0<K$ 时出现 S 型的解曲线. 解曲线存在唯一的一个拐点, 当 N 很小时一定时间范围内解近似于指数增长, 然后密度制约影响发生作用, 减缓种群数量的增长速率, 逐渐趋于稳定值. Logistic 或 S-形曲线常划分为五个时期: ① 开始期, 也可称潜伏期, 种群

个体数很少, 数量增长缓慢; ② 加速期, 随着个体数增加, 种群数量增长逐渐加快; ③ 转折期, 当个体数达到饱和数量一半时种群数量增长最快; ④ 减速期, 种群数量超过 $K/2$ 以后其增长逐渐变慢; ⑤ 饱和期, 种群个体数达到 K 值而饱和, 这意味着 K 是种群的稳定值.

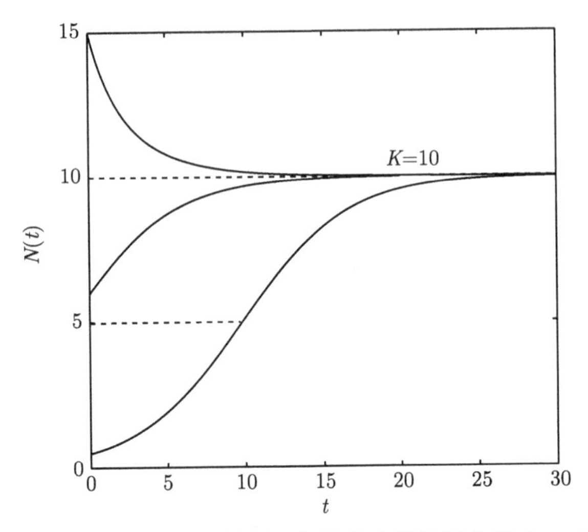

图 2.2.2 Logistic 模型 (2.2.5) 从不同初始值出发的解曲线 ($r=0.3, K=10$)

Logistic 模型的两个参数 r 和 K 均具有重要的生物学意义. r 是物种的潜在增殖能力, K 是环境容纳量, 即物种在给定环境中的平衡数量. 但应注意 K 同其他生态学特征一样, 也是随环境和资源的改变而改变的. Logistic 模型是多种群增长模型的基础. 模型中两个参数 r 和 K 已成为生物进化对策理论中的重要概念.

Logistic 模型作为中长期的预测要比 Malthus 模型好. 例如, 当利用模型来拟合 1790 年到 2000 年美国人口的数量 (表 2.2.1), Logistic 模型就比较合适. 利用美国人口统计资料估计得到 $r=0.03, K=265$ (具体的参数估计方法在本书第 10 章介绍), 选取 1790 年为初始时刻, 1790 年的人口数为初始值, 代入 Logistic 模型解的表达式中得到

$$N(t)=\frac{265}{1-69\,\mathrm{e}^{-0.03(t-1790)}}$$

利用 Logistic 模型预测的美国人口数量变化与实际统计数据的比较见图 2.2.3. 图 2.2.3 中的圆圈为统计数据, 曲线为预测值. 由图 2.2.3 看出在 100 年左右的时间内, Logistic 模型的预测值与实际统计数据很接近. 在 200 年左右的时间内 Logistic 模型的预测值与实际统计数据误差也不大.

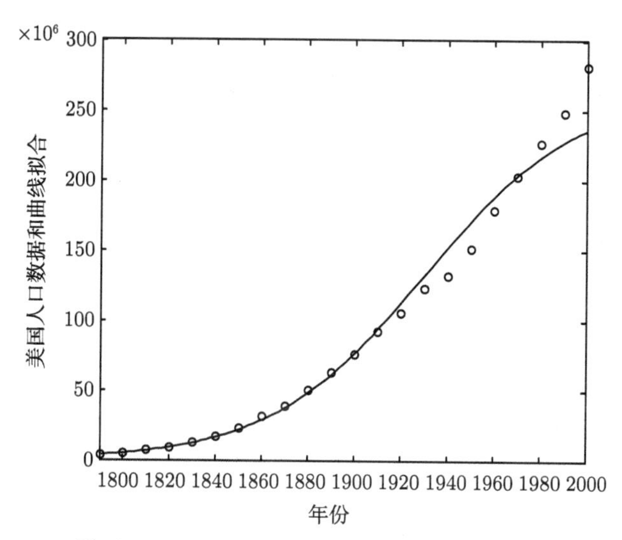

图 2.2.3 Logistic 模型 (2.2.5) 预测值与美国人口统计值的比较 ($r = 0.3, K = 265$)

2.2.3 非自治单种群模型

任何一种生物都不可能脱离特定的生活环境, 环境对生物的生长发育、繁殖以及存活数量有很大的影响. 当考虑生长环境对种群数量或增长规律的影响时, 假设种群的增长率和环境容纳量等参数为常数是不实际的, 我们研究参数随时间改变的 Logistic 模型

$$\frac{\mathrm{d}N(t)}{\mathrm{d}t} = r(t)N(t)\left[1 - \frac{N(t)}{K(t)}\right] \tag{2.2.7}$$

其中内禀增长率 $r(t)$ 和环境容纳量 $K(t)$ 是时间 t 的函数. 该方程是 Bernoulli 型的, 所以对任何定义在 $R_+ = [0, \infty)$ 上的分段连续函数 $r(t)$ 和 $K(t)$, 模型 (2.2.7) 满足初始值 (t_0, N_0) 的解析解为

$$N(t, t_0, N_0) = \frac{N_0 \exp\left(\int_{t_0}^{t} r(s)\mathrm{d}s\right)}{1 + N_0 \int_{t_0}^{t} \exp\left[\int_{t_0}^{s} r(s_1)\mathrm{d}s_1\right] \frac{r(s)}{K(s)}\mathrm{d}s} \tag{2.2.8}$$

如果 $r(t)$ 和 $K(t)$ 满足如下不等式:

$$\begin{cases} 0 < r_* \equiv \inf\limits_{t \in R_+} r(t) \leqslant r(t) \leqslant r^* \triangleq \sup\limits_{t \in R_+} r(t) < \infty \\ 0 < K_* \equiv \inf\limits_{t \in R_+} K(t) \leqslant K(t) \leqslant K^* \triangleq \sup\limits_{t \in R_+} K(t) < \infty \end{cases} \tag{2.2.9}$$

则非自治 Logistic 方程 (2.2.7) 解的渐近行为与自治 Logistic 模型 (2.2.5) 相同[122],

即模型 (2.2.7) 存在一个解

$$
\begin{cases}
\bar{N}(t,N_*) = \dfrac{N_* \exp\left(\displaystyle\int_0^t r(s)\mathrm{d}s\right)}{1+N_*\displaystyle\int_0^t \exp\left(\displaystyle\int_0^s r(\tau)\mathrm{d}\tau\right)\dfrac{r(s)}{K(s)}\mathrm{d}s} \\
N_* = \displaystyle\int_{-\infty}^0 \exp\left(\displaystyle\int_0^s r(\tau)\mathrm{d}\tau\right)\dfrac{r(s)}{K(s)}\mathrm{d}s
\end{cases}
\tag{2.2.10}
$$

是全局渐近稳定的. 进一步, 如果 $r(t)$ 和 $K(t)$ 是周期函数则解 $\bar{N}(t)$ 也是周期的.

例 2.2.1　设 $r(t)=r_0, K(t)=K_0(1+0.5\cos(t))$, r_0 和 K_0 为正常数, 讨论模型 (2.2.7) 解的有界性和渐近稳定性.

解　将 $r(t)=r_0, K(t)=K_0(1+0.5\cos(t))$ 代入模型 (2.2.7) 解的表达式 (2.2.8) 得

$$
N(t,N_0)=\frac{N_0\mathrm{e}^{r_0t}}{1+N_0\displaystyle\int_0^t\frac{r_0\mathrm{e}^{r_0s}}{K_0(1+0.5\cos(s))}\mathrm{d}s}
$$

当初始值 $N_0>0$ 时, 显然有 $N(t,N_0)>0$.

$$
\begin{aligned}
N(t,N_0)&=\frac{N_0\mathrm{e}^{r_0t}}{1+N_0\displaystyle\int_0^t\frac{r_0\mathrm{e}^{r_0s}}{K_0(1+0.5\cos(s))}\mathrm{d}s}\leqslant\frac{K_0N_0\mathrm{e}^{r_0t}}{K_0+N_0\displaystyle\int_0^t\frac{2}{3}r_0\mathrm{e}^{r_0s}\mathrm{d}s}\\
&=\frac{K_0N_0\mathrm{e}^{r_0t}}{K_0+N_02(\mathrm{e}^{r_0t}-1)/3}=\frac{K_0N_0}{K_0\mathrm{e}^{-r_0t}+N_02(1-\mathrm{e}^{-r_0t})/3}
\end{aligned}
$$

由于 $\dfrac{K_0N_0}{K_0\mathrm{e}^{-r_0t}+N_02(1-\mathrm{e}^{-r_0t})/3}$ 是连续函数, 且 $\lim\limits_{t\to\infty}\dfrac{K_0N_0}{K_0\mathrm{e}^{-r_0t}+N_02(1-\mathrm{e}^{-r_0t})/3}=\dfrac{3K_0}{2}$, 所以模型 (2.2.7) 解 $N(t,N_0)$ 是有界的.

将 $r(t)=r_0, K(t)=K_0(1+0.5\cos(t))$ 代入模型 (2.2.7) 解的表达式 (2.2.10) 得

$$
\bar{N}(t,N_*)=\frac{N_*\exp\left(\displaystyle\int_0^t r(s)\mathrm{d}s\right)}{1+N_*\displaystyle\int_0^t\frac{r_0\mathrm{e}^{r_0s}}{K_0(1+0.5\cos(s))}\mathrm{d}s},\quad N_*=\int_{-\infty}^0\frac{r_0\mathrm{e}^{r_0s}}{K_0(1+0.5\cos(s))}\mathrm{d}s
\tag{2.2.11}
$$

对任意的初始值 $N_0>0$, 由模型 (2.2.7) 的解 $N(t,N_0)$ 的有界性知, 有常数 $M^*>0$, 使得

$$
\frac{N_*\exp\left(\displaystyle\int_0^t r(s)\mathrm{d}s\right)}{1+N_*\displaystyle\int_0^t\frac{r_0\mathrm{e}^{r_0s}}{K_0(1+0.5\cos(s))}\mathrm{d}s}<M^*
$$

考虑 $N(t,N_0)$ 和 $N(t,N_*)$ 的差值

$$
\begin{aligned}
&|N(t,N_0)-N(t,N_*)|\\
=&\left|\frac{N_0\exp\left(\displaystyle\int_0^t r(s)\mathrm{d}s\right)}{1+N_0\displaystyle\int_0^t\frac{r_0\mathrm{e}^{r_0 s}}{K_0(1+0.5\cos(s))}\mathrm{d}s}-\frac{N_*\exp\left(\displaystyle\int_0^t r(s)\mathrm{d}s\right)}{1+N_*\displaystyle\int_0^t\frac{r_0\mathrm{e}^{r_0 s}}{K_0(1+0.5\cos(s))}\mathrm{d}s}\right|\\
=&\frac{|N_0-N_*|\,\mathrm{e}^{r_0 t}}{\left(1+N_0\displaystyle\int_0^t\frac{r_0\mathrm{e}^{r_0 s}}{K_0(1+0.5\cos(s))}\mathrm{d}s\right)\left(1+N_*\displaystyle\int_0^t\frac{r_0\mathrm{e}^{r_0 s}}{K_0(1+0.5\cos(s))}\mathrm{d}s\right)}\\
<&\frac{M^*|N_0-N_*|}{N_*}
\end{aligned}
$$

所以, 对任意 $\varepsilon>0$, 可以选取 $\delta=\dfrac{N_*\varepsilon}{M^*}$, 当 $|N_0-N_*|<\delta$ 时, 对一切的 $t\geqslant 0$ 有 $|N(t,N_0)-N(t,N_*)|<\varepsilon$, 则 $N(t,N_*)$ 是稳定的, 并且是全局渐近稳定的[122].

一个有意义的问题: 是否在所有条件下非自治系统 (2.2.7) 的动态行为与经典的自治 Logistic 模型 (2.2.5) 相同? 为了回答这个问题, 我们考虑下面退化环境下的种群增长方程. 退化环境是指函数 $K(t)$ 满足 $K(t)>0, t\in R_+$ 和 $\lim\limits_{t\to\infty}K(t)=0$. 为了描述方便, 不妨假设 $r(t)>0, t\in R_+$. 则有如下两个重要的事实[27, 28]:

(1) 如果 $\displaystyle\int_{t_0}^{\infty}r(s)\mathrm{d}s=\infty$, 则模型 (2.2.7) 过初始值 $(t_0,N_0), N_0>0$ 的解满足 $\lim\limits_{t\to\infty}N(t,t_0,\,N_0)=0$. 因此具有相对大增长率的种群如果在退化环境中生存, 该种群将跟随其环境的退化而绝灭, 这个结果与预想的相吻合, 当然在 (2.2.8) 中利用洛必达法则也容易得到此结果.

(2) 如果 $\displaystyle\int_{t_0}^{\infty}r(s)\mathrm{d}s<\infty$, 则模型 (2.2.7) 过初始点值 $(t_0,N_0), N_0>0$ 的解满足 $\lim\limits_{t\to\infty}N(t,t_0,\,N_0)=N_\infty$, 其中 N_∞ 是一个正常数.

当 K 不满足退化环境的假设时上述第二个结论仍成立. 进一步如果 $K(t)$ 是一个常数, 对任意给定的极限值 N_∞, 如果

$$
N_\infty<K\left[1-\exp\left[-\int_{t_0}^{\infty}r(s)\mathrm{d}s\right]\right]^{-1}\triangleq M
$$

则存在解 $N(t)$ 使得 $\lim\limits_{t\to\infty}N(t)=N_\infty$. 因此如果 $\displaystyle\int_{t_0}^{\infty}r(s)\mathrm{d}s$ 充分小, M 可以任意大且任意初始值大于 K 的解的极限超过 K. 对于退化环境, 一种可能的结果是任意解的极限值超过环境容纳量的极限值.

如果从生物学的角度去解释这两个结论, 就会出现一些有趣的现象. 例如, 一个具有较大增长率的种群可能会绝灭，而一个具有较小增长率的种群却持久且与

初始值无关. 由于 r 是种群在没有环境压力下的自然增长率, 由此可知一个种群具有较小的内禀增长率即使在非常有利的环境下也是很难持久的, 然而它却能够在一个退化环境中生存甚至繁荣. 这说明并非所有条件下非自治系统 (2.2.7) 与经典的 Logistic 模型 (2.2.5) 的动态行为相同.

2.2.4 单种群时滞模型

考虑到密度制约与时滞有关时, Logistic 模型可以改进为

$$\frac{\mathrm{d}N(t)}{\mathrm{d}t} = rN(t)\left[1 - \frac{N(t-\tau)}{K}\right] \tag{2.2.12}$$

其中正常数 r 和 K 与没有时滞的模型的生物意义一致. 模型 (2.2.12) 表明 t 时刻种群的增长不仅与时刻 t 的种群数量的大小有关, 而且与此前溯时刻 τ 的种群密度有关. 根据时滞微分方程初始函数的定义[66], 结合生物背景方程 (2.2.12) 的初始函数满足

$$N(\theta) = \phi(\theta) \geqslant 0, \quad \theta \in [-\tau, 0], \quad \phi(0) > 0 \tag{2.2.13}$$

其中 ϕ 是定义在 $[-\tau, 0]$ 上的连续函数. 模型 (2.2.12) 的求解是利用初始函数代入后逐步进行的.

例 2.2.2 设 $r = 1, K = 1, \tau = 1, \phi(\theta) = C, \theta \in [-1, 0]$, 求模型 (2.2.12) 的解.

解 由于在 $[-1, 0]$ 上的解是已知的, 当 $t \in [0, 1]$ 时, $t - 1 \in [-1, 0]$, 所以方程 (2.2.12) 简化为 $\dfrac{\mathrm{d}N(t)}{\mathrm{d}t} = N(t)(1 - C)$, 它在 $[0, 1]$ 上的解为 $N(t) = C\mathrm{e}^{(1-C)t}$. 当 $t \in [1, 2]$ 时, $t-1 \in [0, 1]$, 所以方程 (2.2.12) 简化为 $\dfrac{\mathrm{d}N(t)}{\mathrm{d}t} = N(t)(1 - C\mathrm{e}^{(1-C)t})$, 它在 $[1, 2]$ 上的解为 $N(t) = C\mathrm{e}^{1-C}\exp\left(\displaystyle\int_1^t (1 - C\mathrm{e}^{(1-C)s})\mathrm{d}s\right)$. 一般地, 当 $t \in [m-1, m]$ 上方程的解已知时, 可以利用简单的积分法得到

$$N(t) = N(m)\exp\left(\int_m^t (1 - N(s-1))\mathrm{d}s\right), \quad t \in [m, m+1]$$

将这个过程重复下去, 就可以得到方程当 $t \geqslant 0$ 时的解.

在实际应用中, 可利用计算机循环计算求得方程 (2.2.12) 满足初始条件 (2.2.13) 的解.

2.3 离散单种群模型

由于许多观测和统计数据是在一些离散时间点上获得的, 利用离散模型描述生物种群的数量变化规律就是一种自然的选择. 离散模型是在一系列离散时间点上

记录和描述生物种群数量的变化规律, 像一年生植物、一年生殖一次的昆虫、世代不重叠的生物等的增长规律一般用差分方程模型描述. 如果种群数目小、出生或死亡是在离散时间出现, 或者在某一时间间隔形成一代, 则离散模型比连续模型能更好地刻画种群的增长规律.

2.3.1 离散 Malthus 和 Logistic 模型

离散单种群模型就是通过该生物种群以前一些时间点的数量推算下一时间点上的数量. 如果记 t 时刻生物种群的数量为 N_t, 则离散模型的一般形式是

$$N_{t+1}=f(N_t) \quad 或 \quad N_{t+1}=f(N_t,N_{t-1},\cdots,N_{t-k}) \tag{2.3.1}$$

对于不同类型的生物, 建立模型的关键点就是根据具体生物的特点给出适当的函数 f, 确定模型中的参数和初始值以后, 就可以预测种群数量的变化.

例 2.3.1 已知 1997 年中国人口的数量为 12.3626 亿 (具体统计数据参看表 2.3.1, 出生率为 14.5‰, 死亡率为 6.5‰, 利用离散模型描述我国人口的变化情况.

表 2.3.1 离散模型预测得到的中国人口数据和实际结果的比较

年份	统计值/亿	预测值/亿	年份	统计值/亿	预测值/亿
1997	12.3626		2005	13.0756	13.1763
1998	12.4761	12.4615	2006	13.1448	13.2817
1999	12.5789	12.5612	2007	13.2129	13.3880
2000	12.6743	12.6617	2008	13.2802	13.4951
2001	12.7627	12.7630	2009		13.6030
2002	12.8453	12.8651	2010		13.7119
2003	12.9227	12.968	2011		14.2692
2004	12.9988	13.0717	2012		14.8492

解 取 1 年为时间单位, 记第 t 年中国人口的数量为 N_t. 假设一年内新出生的人口和死亡的人口与现有的人口成比例, 忽略迁移的人口, 则下一年的人口数量等于当年的人口数加上新出生的人口, 再减去死亡的人口, 即

$$N_{t+1}=N_t+bN_t-dN_t \quad 或 \quad N_{t+1}=(1+r)N_t \tag{2.3.2}$$

其中, b 为出生率, d 为死亡率, $r=b-d$ 为人口的增长率. 模型 (2.3.2) 称为离散的 Malthus 模型. 取 1997 年为初始时刻, 则

$$N_{1997}=12.3626, \quad b=0.0145, \quad d=0.0065, \quad r=0.008$$

模型为

$$N_{t+1}=1.008N_t, \quad N_{1997}=12.3626 \tag{2.3.3}$$

利用模型 (2.3.3) 预测得到的中国人口数据和实际结果的对比见表 2.3.1. 由表 2.3.1 中的数据看出, 我们的预测在短期内还是比较精确的.

例 2.3.2　酵母菌的增长: 酵母菌增长的数据见表 2.3.2, 建立模型预测酵母菌的变化规律.

表 2.3.2　酵母菌增长的统计数据　(时间: h)

时间	数量	增量	时间	数量	增量	时间	数量	增量
0	9.6	8.7	7	257.3	93.4	14	640.8	10.3
1	18.3	10.7	8	350.7	90.3	15	651.1	4.8
2	29.0	18.2	9	441.0	72.3	16	655.9	3.7
3	47.2	23.9	10	513.3	46.4	17	659.6	2.2
4	71.1	48.0	11	559.7	35.1	18	661.8	
5	119.1	55.5	12	594.8	34.6	19		
6	174.6	82.7	13	629.4	11.5	20		

解　记第 t h 酵母菌的数量为 $N(t)$. 由于 Malthus 模型的假设是在单位时间内种群数量的增长和现有的数量成比例, 从表 2.3.2 中给出的酵母菌在 19 个时间点上的数量和 18 个时间点上的增量数据看出, 如果用离散 Malthus 模型肯定不合适. 观察酵母菌的增量数据可以看出, 在开始和后期增量都比较慢, 所以我们假设在单位时间内酵母菌数量的增长和 $N(t)(C-N(t))$ 成比例, 即模型为

$$N(t+1)=N(t)+rN(t)(C-N(t)) \tag{2.3.4}$$

(2.3.4) 称为离散 Logistic 模型. 观察酵母菌数量的增长情况, 取 $C=665$. 再将表 2.3.2 中的数据代入模型 (2.3.4) 逐个计算 r 的值, 最后取这些 r 的平均值得 $r=0.0009$. 将这些参数代入模型 (2.3.4) 得到酵母菌增长模型为

$$N(t+1)=N(t)+0.0009N(t)(665-N(t)),\quad N(0)=9.6 \tag{2.3.5}$$

利用模型 (2.3.5) 给出的预测结果见图 2.3.1.

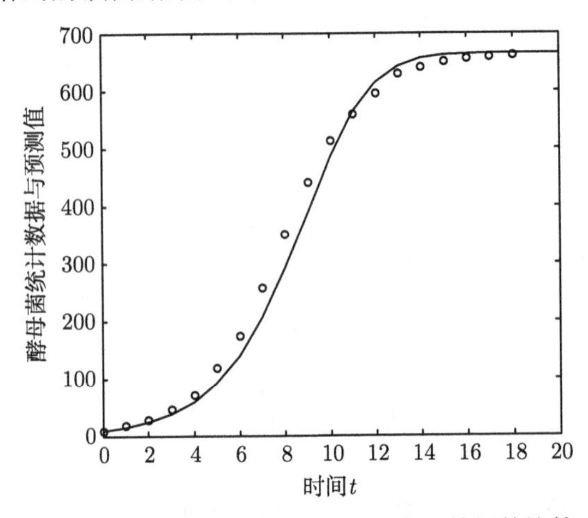

图 2.3.1　酵母菌模型预测结果及实际数据的比较

2.3.2 离散模型的推导过程

从上面的简单离散模型的建立和应用可见, 离散模型的发展与连续模型的建立具有类似的技巧. 但是离散模型的建立与发展也具有自身独特的规律与特点, 本节介绍几种通用离散模型建立的基本方法.

几何法 根据种群增长的密度制约效应, 下面从几何直观给出一个常用离散单种群模型的严格推导过程.

由连续 Logistic 方程的模型建立及其基本性质我们知道: 种群增长的密度制约效应是指随着时间的增加, 种群数量无限地趋向于环境容纳量 K. 从数学上可以这样理解, 即当时间充分大时, 对于任意的时间区间 (不妨假设为 1), 有 $N(t)$ 与 $N(t+1)$ 非常接近, 其比值趋向于 1. 对于具有密度制约效应的离散模型, 同样地, 当种群数量趋向于环境容纳量时有比值 $\dfrac{N_t}{N_{t+1}}$ 趋向于 1. 图 2.3.2 中给出了比率 $\dfrac{N_t}{N_{t+1}}$ 与 N_t 的函数关系.

图中的点 A 所代表的生物意义可以这样理解: 当种群数量非常小时, 种间竞争非常小或没有, 此时净增长率 R 不需要任何调节因子. 因此, 线性模型 $N_{t+1}=RN_t$ 当种群数量非常小时仍然成立. 重新改写该方程得到

$$\frac{N_t}{N_{t+1}}=\frac{1}{R}$$

然而, 随着种群数量的增加, 种间竞争越来越强, 净增长率会被密度制约因子所修正, 并且一定存在一点使得竞争强到种群的数量不再增长, 即 $\dfrac{N_t}{N_{t+1}}$ 充分接近 1. 此时的种群数量达到了种群的环境容纳量 K, 即为图 2.3.2 中的点 B.

从图 2.3.2 知当种群数量从 A 增加到 B 时, 比值 $\dfrac{N_t}{N_{t+1}}$ 也一定增加. 为了简单起见, 我们假设比值 $\dfrac{N_t}{N_{t+1}}$ 与 N_t 具有如图 2.3.2 中的直线关系, 该直线的方程为

$$\frac{N_t}{N_{t+1}}=\frac{\left(1-\dfrac{1}{R}\right)N_t}{K}+\frac{1}{R}$$

简化上式得

$$N_{t+1}=\frac{KRN_t}{K+(R-1)N_t} \tag{2.3.6}$$

记 $b=(R-1)/K$, 则上式可简化为

$$N_{t+1}=\frac{RN_t}{1+bN_t} \tag{2.3.7}$$

由方程 (2.3.7) 看出, 当考虑种间竞争时净增长率 R 被因子

$$\frac{R}{1+bN_t}$$

代替, 该因子与连续 Logistic 模型中的因子 $r\left(1-\dfrac{N}{K}\right)$ 具有相同的作用. 差分方程 (2.3.6) 就是著名的 Beverton-Holt 模型, 其动态行为将在稍后做详细的介绍.

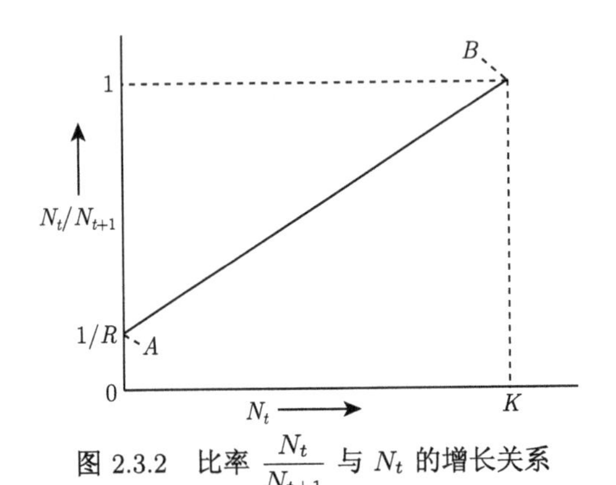

图 2.3.2　比率 $\dfrac{N_t}{N_{t+1}}$ 与 N_t 的增长关系

解析求解法　解析求解法在本书 1.3.1 节已经做了介绍. 为了比较上面的几何直观法和解析推导法所得到的模型和本章内容的系统性, 我们这里再给出如何从 Logistic 模型的解析解得到离散的 Beverton-Holt 模型. 根据 (2.2.6) 知 Logistic 模型 (2.2.5) 的解析解为

$$N(t)=\frac{KN_0}{N_0+(K-N_0)\mathrm{e}^{-rt}} \tag{2.3.8}$$

记 $c=\dfrac{K-N_0}{N_0}$, 则 (2.3.8) 简化为

$$N(t)=\frac{K}{1+c\mathrm{e}^{-rt}} \tag{2.3.9}$$

因此有

$$N(t+1)=\frac{K}{1+c\mathrm{e}^{-r(t+1)}}=\frac{KR}{R+c\mathrm{e}^{-rt}},\quad R=\mathrm{e}^r \tag{2.3.10}$$

由于

$$c\mathrm{e}^{-rt}=\frac{K-N(t)}{N(t)}$$

则当只考虑整数时刻种群的数量 N_t 时, 有如下的差分方程

$$N_{t+1}=\frac{RN_t}{1+\dfrac{R-1}{K}N_t}=\frac{KRN_t}{K+(R-1)N_t} \tag{2.3.11}$$

比较模型 (2.3.6) 和模型 (2.3.11), 可以看出两种不同的建模方法得到了完全相同的离散模型. 由于 Beverton-Holt 模型是由相应 Logistic 模型确定的解在整数时刻的迭代关系得到的, 因此我们可以得到这两个模型具有完全相同的数学性质.

分段函数法　同样分段函数法在本书 1.3.1 节也做了简单介绍. 上述推导离散 Beverton-Holt 模型完全是基于相应连续 Logistic 模型的解析解, 寻求其在两个相邻整数点之间的迭代关系而得到的模型. 下面我们从一个不同的侧面考虑连续到离散的转化, 即在一个单位为 1 的时间区间重新考虑 Logistic 模型 (2.2.5),

$$\frac{\mathrm{d}N(t)}{\mathrm{d}t}=rN(t)\left[1-\frac{N(t)}{K}\right]\doteq N(t)F(N(t)),\quad t\in[n,n+1] \tag{2.3.12}$$

现在作如下的假设: 在一个单位时间内种群的增长调节因子是一个常数, 即对所有的 $t\in[n,n+1]$ 有 $F(N(t))=F(N_n)$. 然后从 n 到 $n+1$ 积分下面的方程 $\dfrac{\mathrm{d}N(t)}{N(t)}=r\left[1-\dfrac{N_n}{K}\right]=F(N_n)$, 得到著名的离散 Ricker 模型[93, 94]

$$N_{n+1}=N_n\exp\left[r\left(1-\frac{N_n}{K}\right)\right] \tag{2.3.13}$$

导数定义法　实际上推导离散模型的一种最为简洁的方法就是根据导数的定义. 由 Logistic 模型 (2.2.5) 并根据导数的定义有

$$\frac{N(t+h)-N(t)}{h}=rN(t)\left[1-\frac{N(t)}{K}\right] \tag{2.3.14}$$

即上式刻画了在任意一个时间段 h 内种群的改变率. 不失一般性, 假设时间区间 $h=1$ 且仅在整数时刻 n 考虑种群数量的变化, 则化简上式得到

$$N_{n+1}=N_n+rN_n\left[1-\frac{N_n}{K}\right] \tag{2.3.15}$$

由此我们得到著名的离散 Logistic 模型.

为了后面分析的必要, 这里给出 Beverton-Holt 模型解的解析求解方法. 为此考虑下面的差分方程

$$N_{t+1}=\frac{aN_t}{1+bN_t} \tag{2.3.16}$$

令 $u_t=\dfrac{1}{N_t}$, 并代入 (2.3.16) 得

$$u_{t+1}=\frac{1}{a}u_t+\frac{b}{a} \tag{2.3.17}$$

利用数学归纳法容易证明模型 (2.3.17) 的通解具有如下的形式

$$u_t=\begin{cases}\dfrac{b}{a-1}+\left(\dfrac{1}{a}\right)^t\left[u_0-\dfrac{b}{a-1}\right], & a\neq 1\\ u_0+bt, & a=1\end{cases} \tag{2.3.18}$$

实际上, 当 $a=1$ 时容易验证结论成立. 现在设 $a\neq 1$, 对 $t=1$ 有

$$u_1=\frac{1}{a}u_0+\frac{b}{a}=\frac{b}{a-1}+\left(\frac{1}{a}\right)\left[u_0-\frac{b}{a-1}\right]$$

假设结论当 $t>1$ 时成立, 则

$$\begin{aligned}u_{t+1}&=\frac{1}{a}u_t+\frac{b}{a}\\&=\frac{1}{a}\left\{\frac{b}{a-1}+\left(\frac{1}{a}\right)^t\left[u_0-\frac{b}{a-1}\right]\right\}+\frac{b}{a}\\&=\left(\frac{1}{a}\right)^{t+1}\left[u_0-\frac{b}{a-1}\right]+\frac{b}{a(a-1)}+\frac{b}{a}\\&=\frac{b}{a-1}+\left(\frac{1}{a}\right)^{t+1}\left[u_0-\frac{b}{a-1}\right]\end{aligned}$$

因此, 由归纳假设知模型 (2.3.17) 的通解公式 (2.3.18) 成立. 再利用 $N_t=\dfrac{1}{u_t}$ 得到

$$N_t=\left[\frac{b}{a-1}+\left(\frac{1}{a}\right)^t\left(\frac{1}{N_0}-\frac{b}{a-1}\right)\right]^{-1},\quad a\neq 1 \tag{2.3.19}$$

2.3.3　离散 Logistic 模型的分析

对单种群模型 $N_{t+1}=f(N_t)$, 若有 N^*, 使得 $N^*=f(N^*)$, 则称 N^* 是模型 $N_{t+1}=f(N_t)$ 的平衡点 (不动点), 若有自然数 p 和 N^*, 使得 $N^*=f^p(N^*)$, $N^*\neq f^j(N^*)\ (j=1,2,\cdots,p-1)$, 其中 $f^1(N)=f(N), f^2(N)=f(f^1(N)),\cdots,f^{n+1}(N)=f(f^n(N))$, 则称 N^* 是模型 $N_{t+1}=f(N_t)$ 的 p 周期解或周期点环. 有关差分方程平衡态、周期点环稳定性的相关定义参看预备知识 12.1 节.

平衡点和周期点环在模型的渐近性态研究中起着非常重要的作用, 它们的存在性、稳定性及吸引性是我们关注的重点. 下面我们以离散 Logistic 模型为例分析离散单种群模型的性态. 为了方便, 先用简单的变换 $y_t=K(1+r)N_t/r, R=1+r$, 将离散 Logistic 模型 (2.3.15) 化为标准形式

$$y_{t+1}=Ry_t(1-y_t),\quad y_0\in[0,1]\quad \text{且假设 } 0\leqslant R\leqslant 4 \tag{2.3.20}$$

这里初始值 $y_0\in[0,1]$ 是为了保证模型解的正性, 这样才有具体的生物意义. 尽管模型 (2.3.20) 简单, 但它的动力学行为非常复杂. 我们先用计算机画出几个不同 R 值时模型 (2.3.20) 的数值解 (图 2.3.3). 图 2.3.3 中分别取 $R=0.5, 1.5, 3.2$ 和 3.5. 初始值是 $y_0=0.95$ 和 $y_0=0.1$. 图 2.3.3(a) 显式解很快趋于 0; (b) 显式解趋于一个正常数; (c) 显式解趋于一个周期为 2 的周期解; (d) 显式解趋于一个周期为 4 的

周期解. 同一个模型, 当参数取不同的值时, 从同样的初始值出发的解有不同的渐近性态.

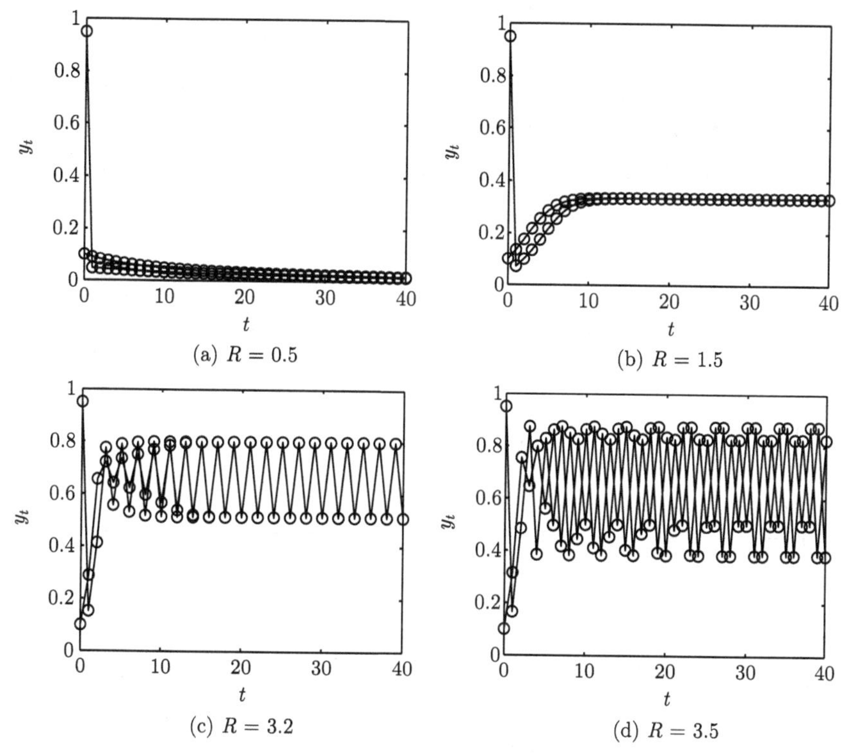

图 2.3.3 不同参数值 R 下模型 (2.3.20) 的数值解

注意到在我们的假设条件 $0 \leqslant R \leqslant 4$ 成立的情况下, 当 $y_t \in [0,1]$ 时必然有 $y_{t+1} \in [0,1]$, 即 [0, 1] 是模型 (2.3.20) 的不变集合, 即从 [0, 1] 中出发的解任意时刻总还在这个区间 [0, 1] 中. 为了对模型 (2.3.20) 解的渐近性态进行理论分析, 我们先求它的平衡点. 由于 y 是生物种群的数量, 我们只考虑非负平衡点. 从方程 $y = Ry(1-y)$ 解出当 $R < 1$ 时 (2.3.20) 只有平衡点 $y = 0$; 当 $R > 1$ 时 (2.3.20) 有平衡点 $y = 0$ 和 $y = 1 - \dfrac{1}{R}$. 当 $R < 1$ 时, 由不等式

$$0 \leqslant y_{t+1} = Ry_t(1-y_t) \leqslant Ry_t = R^2 y_{t-1}(1-y_{t-1}) \leqslant R^2 y_{t-1} \leqslant \cdots \leqslant R^{t+1} y_0 \leqslant 1$$

得到模型 (2.3.20) 的平衡点 $y = 0$ 是在区间 [0, 1] 上全局渐近稳定的. 当 $R > 1$ 时, 由模型 (2.3.20) 在 $y = 0$ 的线性化系统 $y_{t+1} = Ry_t$ 得到平衡点 $y = 0$ 是不稳定的.

当 $R > 1$ 时 (2.3.20) 还有正平衡点 $y^* = 1 - \dfrac{1}{R}$, 将模型 (2.3.20) 在 $y^* = 1 - \dfrac{1}{R}$ 线性化得到 $y_{t+1} = (2-R)y_t$. 由差分方程的线性化理论得到模型 (2.3.20) 的平衡

点 $y^* = 1 - \frac{1}{R}$, 当 $1 < R < 3$ 时是渐近稳定的, 而当 $R > 3$ 时是不稳定的. 下面通过预备知识中介绍的图解法证明当 $1 < R < 3$ 时正平衡点 $y^* = 1 - \frac{1}{R}$ 的稳定性. 设初始值在 A 点, 通过模型迭代一次我们得到 B 点, 过 B 点向直线 $y = x$ 做与 x 坐标轴平行的直线交于 C 点, 再过 C 点做 y 坐标轴的平行线交曲线 $y = Rx(1-x)$ 于 D 点. 重复这个过程, 陆续得到点 $E, F, G, H, \cdots$, 这些点列逐渐趋于正平衡点 (图 2.3.4). 利用类似的办法, 可以讨论其他情况下解的渐近性态.

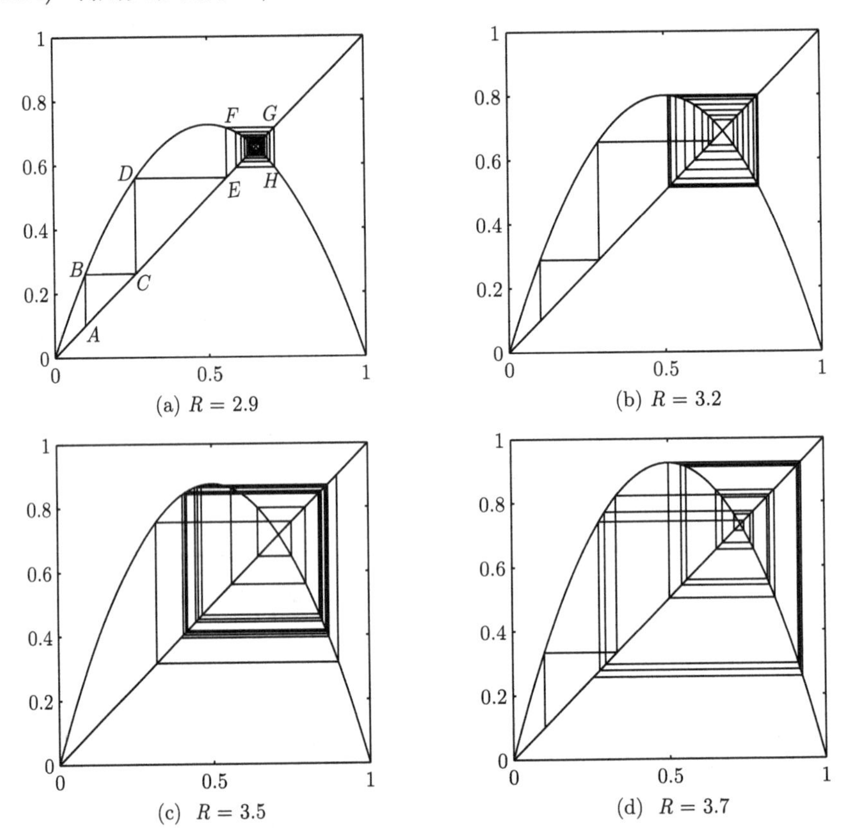

图 2.3.4　图解法讨论离散模型 (2.3.20) 解的渐近性态

当 $R > 3$ 时, 模型 (2.3.20) 的平衡点 $y^* = 1 - \frac{1}{R}$ 是不稳定的, 进一步的分析计算可以知道模型 (2.3.20) 有 2 周期解. 如当 $R = 3.2$ 时, 模型 (2.3.20) 有平衡点 0 和 0.6785, 这两个平衡点是不稳定的. 此时, 模型 (2.3.20) 还有一个 2 周期解: 0.799 和 0.513. 一般地, 当 $R > 3$ 时, 模型 (2.3.20) 的 2 周期解为

$$\frac{R/2 + 1/2 + 1/2\sqrt{R^2 - 2R - 3}}{r}, \quad \frac{R/2 + 1/2 - 1/2\sqrt{R^2 - 2R - 3}}{r}$$

为了讨论 2 周期解的稳定性, 我们考虑模型 (2.3.20) 右端的函数复合得到的 4 次函数 $f^2(y)=R^2y(1-y)(1-Ry(1-y)), 3<R\leqslant 4$. 对 $f^2(y)$ 求导再用周期解点的数值代入得到 $2R-R^2+4$, 进一步分析知道: 当 $3<R<1+\sqrt{6}$ 时, $2R-R^2+4$ 的绝对值小于 1, 模型 (2.3.20) 的 2 周期解是稳定的, 当 $R>1+\sqrt{6}$ 时, 模型 (2.3.20) 的 2 周期解是不稳定的. 同理可以考虑 $R>1+\sqrt{6}$ 时 4 周期解、8 周期解的存在性和稳定性等问题.

我们指出, 求解模型 (2.3.20) 平衡点和周期解的过程可以借助于图形得到一些直观了解. 图 2.3.5 中画出了当 $R=3.6$ 时 $f(y)=y$ 和 $f(y)=Ry(1-y)$ 及其复合若干次的图形. 图 2.3.5(a) 中画出 $f(y)=y$, $f(y)=Ry(1-y)$ 和 $f^2(y)=f(f(y))=R^2y(1-y)(1-Ry(1-y))$ 图形, 其中 $f(y)=y$ 和 $f(y)=Ry(1-y)$ 的两个交点就是模型 (2.3.20) 的平衡点. $f(y)=y$ 和 $f^2(y)$ 的 4 个交点除两个平衡点外就是周期为 2 的周期解. 图 2.3.5(b) 中给出了 $f(y)=y$ 和 $f^4(y)$ 的图形, $f(y)=y$ 和 $f^4(y)$ 的 8 个交点除过两个平衡点、两个 2 周期解外就是周期为 4 的周期解. 图 2.3.5(c) 中给出了 $f(y)=y$ 和 $f^8(y)$ 的图形, $f(y)=y$ 和 $f^8(y)$ 的 16 个交点中除两个平衡点、两个 2 周期解和 4 个 4 周期解外就是周期为 8 的周期解. 图 2.3.5(d) 中给出了 $f(y)=y$ 和 $f^{16}(y)$ 的图形, 它们的交点更多.

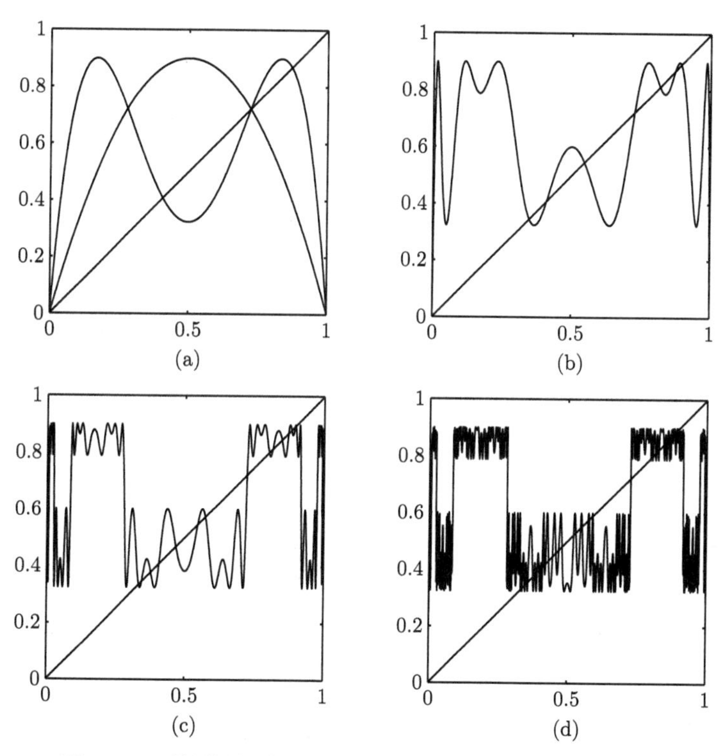

图 2.3.5 利用图解法观察模型 (2.3.20) 的平衡点和周期解

2.3.4　离散模型的稳定性分析

前面给出了模型

$$N_{t+1} = f(N_t) \tag{2.3.21}$$

的平衡点及其稳定性的定义, 下面介绍该系统的平衡点稳定性判断的一般方法, 假设 $f'(N)$ 是连续函数. 满足上述条件的两个常用的离散模型是 Beverton-Holt 模型

$$N_{t+1} = \frac{N_t K R}{K + (R-1)N_t} \tag{2.3.22}$$

和 Ricker 模型

$$N_{t+1} = N_t \exp\left[r\left(1 - \frac{N_t}{K}\right)\right], \quad r > 0, \quad K > 0 \tag{2.3.23}$$

定理 2.3.1　如果 N^* 是模型 (2.3.21) 的平衡态且

$$|f'(N^*)| < 1 \tag{2.3.24}$$

则 N^* 是渐近稳定的. 如果

$$|f'(N^*)| > 1 \tag{2.3.25}$$

则 N^* 是不稳定的.

证明　由假设知 f' 是连续的, 因此如果 $|f'(N^*)| < 1$, 则存在 N^* 的邻域使得对该邻域的任意关于 N 不等式 $|f'(N)| < 1$ 成立. 故存在常数 $c < 1$ 和 $\delta > 0$ 使得当 $N \in U_{N^*} = \{N : |N - N^*| < \delta\}$ 时有 $|f'(N)| < c$ 成立.

对任意 $N_0 \in U_{N^*}$. 由中值定理得

$$|N_1 - N^*| = |f(N_0) - f(N^*)| = |f'(\xi)||N_0 - N^*| < c|N_0 - N^*|$$

其中 $\xi \in (N_0, N^*)$ 或 (N^*, N_0) 满足

$$|\xi - N^*| < |N_0 - N^*|$$

类似地,

$$|N_2 - N^*| < c|N_1 - N^*| < c^2|N_0 - N^*|$$

依此类推, 一般地, 有

$$|N_t - N^*| < c^t|N_0 - N^*|$$

由于 $c < 1$, 序列 $\{N_t\}_{t=1}^{\infty}$ 收敛到 N^*, 即 N^* 是渐近稳定的.

结论的第二部分可以同样得到证明. □

例 2.3.3 考虑 Beverton-Holt 模型 (2.3.22) 平衡态 N^* 的稳定性.

解 模型 (2.3.22) 的平衡态 N^* 满足方程

$$N^* = \frac{RN^*}{1+bN^*}, \quad b = \frac{R-1}{K}$$

因此模型 (2.3.22) 存在两个非负平衡态

$$N^* = 0, \quad N^* = K$$

这两个平衡态的稳定性由 $f'(N^*)$ 的值确定, 其中

$$f'(N^*) = \frac{R}{(1+bN^*)^2}$$

在 $N^* = 0$ 处, 有 $f'(0) = R$. 因此, 如果 $R > 1$ 则平凡平衡态 $N^* = 0$ 是不稳定的. 在 $N^* = K$ 处, 有 $f'(K) = \frac{1}{R}$. 因此, 当 $R > 1$ 时平衡态 $N^* = K$ 是渐近稳定的.

例 2.3.4 考虑 Ricker 模型 (2.3.23) 平衡态 N^* 的稳定性.

解 模型 (2.3.23) 的平衡态 N^* 满足方程

$$N^* = N^* \exp\left[r\left(1 - \frac{N^*}{K}\right)\right]$$

因此模型 (2.3.23) 存在两个非负平衡态

$$N^* = 0, \quad N^* = K$$

这两个平衡态的稳定性由 $f'(N^*)$ 的值确定, 其中

$$f'(N^*) = \left[1 - \frac{rN^*}{K}\right] \exp\left(r(1 - N^*/K)\right)$$

在 $N^* = 0$ 处, 有 $f'(0) = \mathrm{e}^r$. 故对所有 $r > 0$, 平衡态 $N^* = 0$ 是不稳定的. 在 $N^* = K$ 处, 有 $f'(K) = 1 - r$. 故当 $0 < r < 2$ 时平衡态 $N^* = K$ 是渐近稳定的.

模型 (2.3.21) 平衡点 N^* 的局部渐近稳定性只要利用函数 $f(N)$ 在平衡点 N^* 导数的大小就可以判定, N^* 的全局稳定性判断需要更多的技巧. 下面我们给出两个充分条件.

定理 2.3.2 设 N^* 是模型 (2.3.21) 的平衡态, 如果当 $0 < N < N^*$ 时 $N < f(N) < N^*$, 当 $N > N^*$ 时 $N^* < f(N) < N$, 则平衡态 N^* 是全局渐近稳定的.

证明 该结论的证明只需考虑初始 N_0 与平衡态 N^* 的关系. 如果 $N_0 < N^*$, 则解序列 $\{N_t\}_{t=0}^{\infty}$ 是单调增加地趋向于 N^*; 如果 $N_0 > N^*$, 则解序列 $\{N_t\}_{t=0}^{\infty}$ 是单调递减地趋向于 N^*. □

例 2.3.5　讨论 Beverton-Holt 模型 (2.3.22) 平衡态 $N^* = K$ 的全局渐近稳定性.

解　容易验证 Beverton-Holt 模型 (2.3.22) 定义的 $f(N)$ 函数满足上述条件. 实际上, 由于 $f(N) = \dfrac{RN}{1 + \dfrac{R-1}{K}N}$, 故当 $0 < N < N^* = K$ 时有 $N < \dfrac{RN}{1 + \dfrac{R-1}{K}N} < K$; 当 $N > N^* = K$ 时有 $K < \dfrac{RN}{1 + \dfrac{R-1}{K}N} < N$. 因此模型 (2.3.22) 的平衡态 K 是全局渐近稳定的.

对于 Beverton-Holt 模型的正平衡点 $N^* = K$ 而言, 局部稳定性就能推出正平衡点的全局稳定性, 但对绝大多数模型, 全局渐近稳定性的条件要复杂得多. 正平衡点的全局稳定性依赖于函数 f 的形状、凸凹性和极值点出现的位置. 下面给出正平衡点全局稳定性的 Lyapunov 第二方法.

定理 2.3.3　设 V 为连续函数且 $\Delta V(N) = V(f(N)) - V(N)$. 假设下列条件成立:

(i) 对所有 $N > 0, N \neq N^*$ 有 $V(N) > 0$ 且 $V(N^*) = 0$;

(ii) 对所有 $N > 0, N \neq N^*$ 有 $\Delta V(N) < 0$;

(iii) 当 $N \to \infty$ 时 $V(N) \to \infty$ (单调地);

(iv) 当 $N \to 0+$ 时 $V(N) \to \infty$ (单调地),

则 N^* 是全局稳定的.

对定理 2.3.3 的证明有兴趣的读者可以参阅文献 [38]. 下面给出定理 2.3.3 应用的一个例子.

例 2.3.6　讨论 Ricker 模型 (2.3.23) 平衡态 $N^* = K$ 的全局渐近稳定性.

解　对 Ricker 模型的右端函数求导计算得到 $f'(K) = 0$. 所以正平衡点 $N^* = K$ 是稳定的. 为了讨论正平衡点 $N^* = K$ 的全局稳定性, 选取 Lyapunov 函数

$$V(N) = \frac{1}{2}(N^2 - K^2) - K^2 \ln\left(\frac{N}{K}\right)$$

容易验证函数 $V(K) = 0$, 当 $N \neq N^*$ 时有 $V(N) > 0$, 且 $\lim\limits_{N\to\infty} V(N) = \infty$ 和 $\lim\limits_{N\to 0_+} V(N) = \infty$. 计算得到

$$\Delta V(N) = V(f(N)) - V(N) = \frac{N^2}{2}\left(\exp\left(2 - \frac{2N}{K}\right) - 1\right) - K^2\left(1 - \frac{N}{K}\right)$$

计算 $\Delta V(N)$ 关于 N 的导数得到

$$\frac{\mathrm{d}(\Delta V(N))}{\mathrm{d}N} = \left(1 - \frac{N}{K}\right)\left(K + N\exp\left(2 - \frac{2N}{K}\right)\right)$$

当 $N < K$ 时 $\dfrac{\mathrm{d}(\Delta V(N))}{\mathrm{d}N} > 0$, 当 $N > K$ 时 $\dfrac{\mathrm{d}(\Delta V(N))}{\mathrm{d}N} < 0$, 所以 $\Delta V(N)$ 在 $N = K$ 时取得最大值. 所以当 $N \neq N^*$ 时 $\Delta V(N) < 0$. 定理 2.3.3 的条件满足, Ricker 模型 (2.3.23) 的正平衡点 $N^* = K$ 是全局渐近稳定的.

2.4 连续扩散离散增长单种群模型

前面两节根据种群增长的世代重叠性, 以及种群的数量大小等因素, 我们分别介绍了连续和离散单种群模型的建立、分析和生物结论的解释. 但是, 正如模型发展原理中所介绍的那样, 影响物种增长变化的因素是非常多的. 在结束本章之前, 希望向大家介绍如何在离散单种群模型两个世代之间引入人为干预措施, 并考虑种群空间扩散对物种增长的影响.

众所周知, 种群的扩散分为两种类型: 被动扩散与主动扩散. 被动扩散主要包括由气流、雨水流动等外界作用而导致的物种大范围扩散; 而主动扩散是当种群密度增大, 其生活空间与资源变得有限, 物种便会主动寻求新的生活空间. 描述物种扩散的模型方法非常多, 比较常见的有反应扩散方程、斑块模型以及积分差分方程. 为了便于大家理解, 这里介绍最为简单的积分差分模型.

2.4.1 生长期种群增长模型

建立积分差分模型, 可以将种群的增长分为两个时期: 生长期和扩散期. 对于生长期种群模型的建立, 不妨假设种群在每个以 1 为单位的 $[n, n+1]$ 代的增长规律都符合 Logistic 模型, 即

$$\frac{\mathrm{d}N(t)}{\mathrm{d}t} = rN(t)\left(1 - \frac{N(t)}{K}\right), \quad n \leqslant t \leqslant n+1,\ n = 0, 1, 2, \cdots$$

其中 $N(t)$ 表示在 t 时刻的种群密度 (第 n 世代), K 表示环境容纳量, r 表示内禀增长率. 下面采用 2.3 节介绍的解析求解法, 推导离散单种群模型世代间具有脉冲式干预措施的新的单种群模型.

假设在 $n + \theta$ $(0 \leqslant \theta \leqslant 1)$ 时刻实施干预控制策略 (如对害虫喷洒杀虫剂), 害虫的瞬时杀死率为常数 q, 则有

$$\begin{cases} \dfrac{\mathrm{d}N(t)}{\mathrm{d}t} = rN(t)\left(1 - \dfrac{N(t)}{K}\right), & t \neq n+\theta,\ n \leqslant t \leqslant n+1 \\ N(n+\theta^+) = (1-q)N(n+\theta), & t = n+\theta \end{cases} \tag{2.4.1}$$

求解 (2.4.1) 得

$$N(t) = \begin{cases} \dfrac{KN_n}{N_n + (K - N_n)\mathrm{e}^{-r(t-n)}}, & t \in [n, n+\theta] \\ \dfrac{KN_{n+\theta^+}}{N_{n+\theta^+} + (K - N_{n+\theta^+})\mathrm{e}^{-r(t-n-\theta)}}, & t \in (n+\theta, n+1] \end{cases}$$

其中

$$N_{n+\theta^+} \doteq N(n+\theta^+) = \frac{(1-q)KN_n}{N_n + (K-N_n)\mathrm{e}^{-r\theta}} \tag{2.4.2}$$

当 $t=n+1$ 时, 有

$$N_{n+1} \doteq N(n+1) = \frac{KN_{n+\theta^+}}{N_{n+\theta^+} + (K-N_{n+\theta^+})\mathrm{e}^{-r(1-\theta)}} \tag{2.4.3}$$

把 (2.4.2) 代入 (2.4.3) 中, 得到如下离散的害虫生长模型

$$N_{n+1} = \frac{pKRN_n}{[p(R-R^\theta)+R^\theta-1]\,N_n + K}, \quad R=\mathrm{e}^r, \quad p=1-q \tag{2.4.4}$$

这与 2.3 节介绍的 Beverton-Holt 模型具有完全相同的形式, 不同的是: 模型 (2.4.4) 中刻画了在两个离散世代间任何时间点 θ 上的脉冲控制作用, 其中参数 p 和 θ 分别刻画了害虫控制效率和控制时间, 且 p 表示害虫的残存率, q 表示杀虫剂的杀死率.

根据 Beverton-Holt 模型的性质, 容易得到当 $pR<1$ 时模型 (2.4.4) 有唯一一个稳定的平衡态: $N_0^*=0$; 当 $pR>1$ 时模型 (2.4.4) 有两个平衡态:

$$N_1^*=0, \quad N_2^* = \frac{K(pR-1)}{p(R-R^\theta)+R^\theta-1}$$

且 N_1^* 是不稳定的, 而 N_2^* 是全局稳定的. 因此, 当 $pR<1$ 时害虫种群将趋于灭绝, 而当 $pR>1$ 时害虫种群数量将趋向于 N_2^*.

为了进一步研究瞬时杀死率 q 和时间因素 θ 对正平衡态 N_2^* 的影响, 下面将 N_2^* 分别对 p 与 θ 进行求导, 得

$$\frac{\mathrm{d}N_2^*}{\mathrm{d}p} = \frac{KR^\theta(R-1)}{[p(R-R^\theta)+R^\theta-1]^2} > 0$$

即 $\mathrm{d}N_2^*/\mathrm{d}q<0$, 且

$$\frac{\mathrm{d}N_2^*}{\mathrm{d}\theta} = -\frac{R^\theta K(pR-1)(1-p)\ln R}{[p(R-R^\theta)+R^\theta-1]^2} < 0$$

这表明正平衡态 N_2^* 是关于瞬时杀死率 q 和时间因素 θ 的减函数. 所以有: 杀死率越大, 害虫种群稳定水平就越小; 而喷洒杀虫剂越早, 害虫种群稳定水平就越大.

2.4.2　扩散期种群增长模型

考虑到空间的异质性, 害虫种群的密度依赖于空间位置 x, x 表示实数集 R 上的空间变量. $N_n(x)$ 表示害虫种群在第 n 代、空间位置 x 处的密度, 它包含了生长

和扩散两个阶段. 害虫的生长阶段可以用一个离散映射 $N_n \mapsto F(N_n)$ 来刻画, 其中 F 称为生长函数, 即

$$F(N)=\frac{pKRN}{\left[p(R-R^{\theta})+R^{\theta}-1\right]N+K} \tag{2.4.5}$$

这个离散映射适用于空间上的每一点 x. 于是经过生长阶段, 种群的空间密度为 $F(N_n(x))$. 扩散阶段则是由核函数来刻画的. 再根据积分差分方程的预备知识, 可得种群的生长扩散模型如下:

$$\begin{aligned} N_{n+1}(x)&=\int_{-\infty}^{+\infty}L(x-y)F(N_n(y))\mathrm{d}y \\ &=\int_{-\infty}^{+\infty}L(x-y)\frac{pKRN_n(y)}{\left[p(R-R^{\theta})+R^{\theta}-1\right]N_n(y)+K}\mathrm{d}y \end{aligned} \tag{2.4.6}$$

其中核函数 $L(x-y)$ 刻画了害虫从空间 y 处向 x 处扩散的概率, 是一个有界的概率密度函数.

核函数取决于绝对位移 $|x-y|$, 其中 y 为害虫生长的位置, x 为害虫扩散后的位置. 此外, 假设害虫种群密度在扩散过程中没有增加也没有损失, 即 $\int_{-\infty}^{+\infty}L(x)\mathrm{d}x=1$. 为了分析模型的行波解及最小波速 (详细定义见 12.5 节), 需要确定核函数 $L(x-y)$ 的解析形式. 研究中常用的两个核函数如下:

指数分布形式的核函数

$$L(x-y)=\begin{cases}\alpha \mathrm{e}^{\alpha(x-y)}, & x<y \\ 0, & x>y\end{cases}$$

其中 $\alpha>0$ 是一个分布参数.

双指数分布形式核函数

$$L(x-y)=\frac{1}{2}\alpha\exp(-\alpha|x-y|)$$

其中 $\alpha>0$ 是一个分布参数.

对于不考虑扩散期的生长模型, 我们知道当 $pR>1$ 时, 模型 (2.4.4) 有两个平衡态: N_1^* (不稳定) 和 N_2^* (局部稳定). 这说明如果 $pR>1$, 当考虑扩散因素时模型可能存在从 N_1^* 到 N_2^* 的行波解. 因此, 下面在假设条件 $pR>1$ 下分析生长扩散模型 (2.4.6) 行波解的存在性.

根据预备知识的定义知, 行波解满足以下关系:

$$N_{n+1}(x)=N_n(x+c) \tag{2.4.7}$$

其中 c 是波速. 把 (2.4.7) 代入 (2.4.6) 中, 得

$$N_{n+1}(x)=N_n(x+c)=\int_{-\infty}^{+\infty}L(x-y)\frac{pKRN_n(y)}{\left[p(R-R^{\theta})+R^{\theta}-1\right]N_n(y)+K}\mathrm{d}y$$

上面等式两边都描述了第 n 代的种群密度, 去掉下标 n 后上式化简为

$$N(x+c)=\int_{-\infty}^{+\infty} L(x-y)\frac{pKRN(y)}{\left[p(R-R^{\theta})+R^{\theta}-1\right]N(y)+K}\mathrm{d}y$$

为求出行波解的具体形式, 下面仅选择指数分布作为核函数, 则有

$$N(x+c)=\int_{x}^{+\infty} \alpha \mathrm{e}^{\alpha(x-y)}\frac{pKRN(y)}{\left[p(R-R^{\theta})+R^{\theta}-1\right]N(y)+K}\mathrm{d}y \tag{2.4.8}$$

最小波速是由 (2.4.8) 在 N_1^* 平衡态邻域内的局部行为决定的. 因此, 把 (2.4.8) 在 N_1^* 处线性化得

$$N(x+c)=\alpha pR\int_{x}^{+\infty} \mathrm{e}^{\alpha(x-y)}N(y)\mathrm{d}y \tag{2.4.9}$$

上式存在如下形式的解

$$N(x)=W\mathrm{e}^{\mu x} \tag{2.4.10}$$

其中 μ 是正常数. 把 (2.4.10) 代入 (2.4.9) 中, 得

$$\mathrm{e}^{\mu c}=\alpha pR\int_{0}^{+\infty} \mathrm{e}^{(\mu-\alpha)s}\mathrm{d}s$$

从上式可知, 只要选取常数 $\mu<\alpha$ 就能保证该积分值有上界. 根据预备知识的主要结论可得最小波速:

$$c^*=\min_{0<\mu<\alpha}\left[\frac{1}{\mu}\ln\left(\alpha pR\int_{0}^{+\infty} \mathrm{e}^{(\mu-\alpha)s}\mathrm{d}s\right)\right] \tag{2.4.11}$$

注意到当且仅当 $pR>1$ 时平衡态 N_2^* 才存在, 即 N_2^* 的存在性可能隐含了 c^* 的存在性. 同时, (2.4.11) 可以简化为

$$c^*=\min_{0<\mu<\alpha} f(\mu),\quad f(\mu)=\frac{1}{\mu}\ln\left(\frac{\alpha pR}{\alpha-\mu}\right)$$

为了简单起见, 假设行波解满足下面的方程

$$\lim_{x\to-\infty} N(x)=0,\quad \lim_{x\to+\infty} N(x)=N_2^*,\quad N(0)=\frac{N_2^*}{2} \tag{2.4.12}$$

当核函数取为指数分布时, 有

$$N(x+c)=\alpha\int_{x}^{+\infty} \mathrm{e}^{\alpha(x-y)}\frac{pKRN(y)}{[p(R-R^{\theta})+R^{\theta}-1]N(y)+K}\mathrm{d}y \tag{2.4.13}$$

(2.4.13) 对 x 进行求导, 得到下面的一阶微分方程

$$N'(x+c)+\alpha\left[\frac{pKRN(x)}{[p(R-R^{\theta})+R^{\theta}-1]N(x)+K}-N(x+c)\right]=0 \tag{2.4.14}$$

记

$$z\equiv\frac{x}{c}$$

所以方程 (2.4.14) 变为

$$\varepsilon N'(z+1)+\left[\frac{pKRN(z)}{[p(R-R^{\theta})+R^{\theta}-1]N(z)+K}-N(z+1)\right]=0 \tag{2.4.15}$$

以及

$$\varepsilon\equiv\frac{1}{\alpha c}$$

因为 ε 出现在公式 (2.4.15) 中的一阶导数处, 所以可以采用正则摄动 (级数的近似求解) 的方法求解 (2.4.15), 为此令

$$N(z;\varepsilon)=N_0(z)+\varepsilon N_1(z)+\cdots \tag{2.4.16}$$

根据方程 (2.4.12) 定义的边界条件, 可得如下方程

$$N_0(-\infty)=0,\quad N_0(+\infty)=N_2^*,\quad N_0(0)=\frac{1}{2}N_2^* \tag{2.4.17}$$

和

$$N_i(-\infty)=0,\quad N_i(+\infty)=0,\quad N_i(0)=0\quad(i=1,2,\cdots) \tag{2.4.18}$$

把 (2.4.16) 代入 (2.4.15) 中得

$$O(1):N_0(z+1)=\frac{pRN_0(z)}{\left[\dfrac{p(R-R^{\theta})+R^{\theta}-1}{K}\right]N_0(z)+1}=\frac{aN_0(z)}{bN_0(z)+1} \tag{2.4.19}$$

和

$$O(\varepsilon):N_1(z+1)=\frac{pK^2R}{[[p(R-R^{\theta})+R^{\theta}-1]\,N_0(z)+K]^2}N_1(z)+N_0'(z+1) \tag{2.4.20}$$

其中

$$a=pR,\quad b=\frac{p(R-R^{\theta})+R^{\theta}-1}{K}$$

注意到 (2.4.19) 具有 Beverton-Holt 模型完全一样的形式, 能够给出其满足 (2.4.17) 的一个解析解

$$N_0(z)=\frac{(a-1)a^z}{b(1+a^z)} \tag{2.4.21}$$

实际上, 在等式 (2.4.19) 两边同时取倒数可得

$$\frac{1}{N_0(z+1)} = \frac{1}{aN_0(z)} + \frac{b}{a} \tag{2.4.22}$$

为了求解上面的方程, 对于任何一个常数 T (待定系数法), 先考虑下面的方程

$$\frac{1}{N_0(z+1)} + T = \frac{1}{a}\left(\frac{1}{N_0(z)} + T\right) \tag{2.4.23}$$

结合 (2.4.22) 与 (2.4.23), 可得 $\frac{T}{a} - T = \frac{b}{a}$, 即取常数 $T = \frac{b}{1-a}$. 将 T 代入 (2.4.23), 则对任何正整数 ($z \geqslant 1$), 有

$$\frac{1}{N_0(z+1)} + \frac{b}{1-a} = \frac{1}{a}\left(\frac{1}{N_0(z)} + \frac{b}{1-a}\right) \tag{2.4.24}$$

显然, 数列 $\left\{\frac{1}{N_0(z)} + \frac{b}{1-a}\right\}$ 是一个等比数列, 其公比为 $\frac{1}{a}$, 首项为 $\left(\frac{1}{a}\right) \cdot \left(\frac{1}{N_0(0)} + \frac{b}{1-a}\right) = \left(\frac{1}{a}\right)\left(\frac{2b}{a-1} + \frac{b}{1-a}\right) = -\frac{b}{a(1-a)}$, 由此得出通项 $N_0(z)$ 满足

$$N_0(z) = \frac{(a-1)a^z}{b(1+a^z)}, \quad z = 1, 2, 3, \cdots$$

当 $z = -1, -2, -3, \cdots$ 时, 公式 (2.4.24) 变为

$$\frac{1}{N_0(z)} + \frac{b}{1-a} = a\left(\frac{1}{N_0(z+1)} + \frac{b}{1-a}\right)$$

类似地, 数列 $\left\{\frac{1}{N_0(z)} + \frac{b}{1-a}\right\}$ 是一个等比数列, 其公比为 a , 首项为 $a\left(\frac{1}{N_0(0)} + \frac{b}{1-a}\right) = a\left(\frac{2b}{a-1} + \frac{b}{1-a}\right) = -\frac{ab}{1-a}$. 同样地, 根据等比数列的通项公式, 求出 $N_0(z)$ 满足

$$N_0(z) = \frac{(a-1)a^z}{b(1+a^z)}, \quad z = -1, -2, -3, \cdots$$

最后, 当 $z = 0$ 时, $N_0(z)$ 变成

$$N_0(0) = \frac{(a-1)a^0}{b(1+a^0)} = \frac{a-1}{2b}$$

因为 $N_0(z)$ 对于所有的 z 是连续的, 所以 $N_0(z)$ 可以记为

$$N_0(z) = \frac{(a-1)a^z}{b(1+a^z)}, \quad z \in R \text{ (实数集)} \tag{2.4.25}$$

最终, 公式 (2.4.20) 简化为

$$N_1(z+1)=\frac{a(1+a^z)^2N_1(z)}{(1+a^{z+1})^2}+\frac{\ln(a)(a-1)a^{z+1}}{b(1+a^{z+1})^2} \tag{2.4.26}$$

采用同样的方法可以求得方程 (2.4.26) 有一个满足 (2.4.18) 的解

$$N_1(z)=\frac{\ln(a)(a-1)za^z}{b(1+a^z)^2} \tag{2.4.27}$$

综合上述公式进一步得出

$$N_1(z+1)=\frac{aN_1(z)}{[bN_0(z)+1]^2}+N_0'(z+1) \tag{2.4.28}$$

和

$$N_0'(z+1)=\frac{\ln(a)(a-1)a^{z+1}}{b(1+a^{z+1})^2} \tag{2.4.29}$$

根据 (2.4.25), (2.4.28), (2.4.29) 得出

$$N_1(z+1)=\frac{a(1+a^z)^2N_1(z)}{(1+a^{z+1})^2}+\frac{\ln(a)(a-1)a^{z+1}}{b(1+a^{z+1})^2}$$

在方程的两边同时乘以 $(1+a^{z+1})^2$, 得

$$(1+a^{z+1})^2N_1(z+1)=a(1+a^z)^2N_1(z)+\frac{\ln(a)(a-1)a^{z+1}}{b}$$

进而在方程的两边同时除以 a^{z+1}, 得

$$\frac{(1+a^{z+1})^2N_1(z+1)}{a^{z+1}}=\frac{(1+a^z)^2N_1(z)}{a^z}+\frac{\ln(a)(a-1)}{b} \tag{2.4.30}$$

因此, 得到数列 $\left\{\frac{(1+a^z)^2N_1(z)}{a^z}\right\}$ 是一个等差数列, 其首项为 $\frac{(1+a^0)^2N_1(0)}{a^0}+\frac{\ln(a)(a-1)}{b}=\frac{\ln(a)(a-1)}{b}$, 公差为 $\frac{\ln(a)(a-1)}{b}$, 求解得

$$N_1(z)=\frac{\ln(a)(a-1)za^z}{b(1+a^z)^2},\quad z=1,2,3,\cdots$$

当 $z=-1,-2,-3,\cdots$ 时, 公式 (2.4.30) 变为

$$\frac{(1+a^z)^2N_1(z)}{a^z}=\frac{(1+a^{z+1})^2N_1(z+1)}{a^{z+1}}-\frac{\ln(a)(a-1)}{b}$$

类似地, 数列 $\left\{\frac{(1+a^z)^2N_1(z)}{a^z}\right\}$ 是一个等差数列, 其首项为 $\frac{(1+a^0)^2N_1(0)}{a^0}-$

$\frac{\ln(a)(a-1)}{b} = \frac{-\ln(a)(a-1)}{b}$, 公差为 $\frac{-\ln(a)(a-1)}{b}$. 因此

$$N_1(z) = \frac{\ln(a)(a-1)za^z}{b(1+a^z)^2}, \quad z = -1, -2, -3, \cdots$$

进一步, 当 $z=0$ 时, $N_1(z)$ 变成

$$N_1(0) = \frac{0\ln(a)(a-1)a^0}{b(1+a^0)^2} = 0$$

同样 $N_1(z)$ 对于所有的 z 是连续的, 所以 $N_1(z)$ 可以定义为

$$N_1(z) = \frac{\ln(a)(a-1)za^z}{b(1+a^z)^2}, \quad z \in R \ (\text{实数集}) \tag{2.4.31}$$

结合 (2.4.16), (2.4.25), (2.4.31), 并且考虑到变量 x 与 z 的关系, 得到

$$\begin{aligned} N(x) = & \frac{K(pR-1)(pR)^{\frac{x}{c}}}{[p(R-R^\theta)+R^\theta-1][1+(pR)^{\frac{x}{c}}]} \\ & + \frac{1}{\alpha c}\frac{\frac{Kx}{c}\ln(pR)(pR-1)(pR)^{\frac{x}{c}}}{[p(R-R^\theta)+R^\theta-1][1+(pR)^{\frac{x}{c}}]^2} + O(\varepsilon^2) \end{aligned} \tag{2.4.32}$$

上式给出了行波解的解析表达式, 不难看出行波解不仅与残存率 p 有关, 还与杀虫时间 θ 有关.

正如前面所述, 单种群模型是生物数学模型中多种群相互作用、复杂关联模型构建的基础. 本章主要从连续到离散、从时间到空间这两个方面对单种群模型的构建、理论分析以及生物结论做了必要的阐述. 我们知道: 影响种群增长的因素众多, 比如本节提到的脉冲式喷洒杀虫剂等人为干预措施, 环境、季节周期波动与随机因素等都是影响种群增长的关键因素, 基于上述因素可以发展脉冲单种群模型、随机单种群模型等等, 这里就不一一加以介绍了, 有兴趣的可以参考文献 [122].

习　题　二

2.1　构造适当的 Lyapunov 函数, 证明 Logistic 模型 (2.2.5) 的正平衡态 K 是全局稳定的. (提示: 参考文献 [122] 中一般连续单种群模型平衡态全局稳定的证明.)

2.2　当 $r(t)$ 和 $K(t)$ 都是周期为 T 的周期函数时, 证明由式 (2.2.10) 给出的 $\bar{N}(t, N_*)$ 也是周期函数, 且对任意正的初始值 N_0 满足 $\lim\limits_{t\to\infty}|N(t,N_0)-\bar{N}(t,N_*)|=0$.

2.3　在下面两种情况下, 利用计算机求模型 (2.2.12) 满足初始条件 (2.2.13) 在区间 $0 \leqslant t \leqslant 50$ 内的解, 并画出解曲线的图形.

(1) $r = 1 + \frac{1}{2}\cos(2\pi t), K = 10, \tau = 1, \phi(\theta) = 3 - t, \theta \in [-1, 0]$;

(2) $r = 2, K = \dfrac{1}{10 + 2\cos(2\pi t)}, \tau = 1, \phi(\theta) = 1 + t, \theta \in [-1, 0]$.

2.4 利用图解法和线性分析法讨论模型

$$x_{n+1} = x_n \exp\left[r\left(1 - \frac{x_n}{K}\right)\right]$$

平衡态的稳定性, 其中 $r \geqslant 0, K > 0$ 为常数.

2.5 假设一地区开始时有 10000 对刚出生的小兔. 设兔子出生以后两个月就能生小兔, 如果每月每对兔子恰好生一对小兔, 且出生的兔子都能成活, 试问一年以后共有多少对兔子, 两年后有多少对兔子? 如果兔子平均存活 6 个月后死亡, 则兔子数量怎样变化?

2.6 兔子出生后总共存活 12 月, 从第 7 个月后就开始生小兔, 在第 7、8 这两个月中每月每一对兔子恰好生 1 对小兔, 从 9、10 两个月内每一对兔子恰好生 2 对小兔, 然后停止生育, 在第 12 月末死亡, 问第 k 月有多少对兔子? 如果兔子的生育和死亡更一般时, 怎样描述兔子的增长情况?

第3章 多种群模型

在自然界中, 各种生物根据其生理特点、食物来源等分成了不同的层次, 各层次之间及同一层次上的种群之间有着各种各样的联系, 而且在同一自然环境中, 经常有多种生物共存. 对相互影响非常大的生物种群, 我们无法割裂开来单独讨论某一种群的生态变化, 故必须弄清楚它们之间的相互关系, 一起进行研究, 这就导出了多种群的模型. 多种群模型是研究在同一环境中两种或两种以上的生物种群数量的变化规律, 并且多模型的建立取决于相互作用的种群之间的关系. 这里种间关系是指不同种群之间的相互作用所形成的关系. 两个种群的相互关系可以是间接的, 也可以是直接的相互影响. 这种影响可能是有害的, 也可能是有利的. 上述的相互作用类型可以简单地分为三大类: ① 中性作用, 即种群之间没有相互作用. 事实上, 生物与生物之间是普遍联系的, 没有相互作用是相对的. ② 正相互作用, 正相互作用按其作用程度分为偏利共生、原始协作和互利共生三类. ③ 负相互作用, 包括竞争、捕食、寄生和偏害等. 下面仅就本章要介绍的种间竞争、捕食、共生和寄生四种关系加以说明.

竞争 (competition) 强调的是生活在一起的两种生物由于在生态系统中的生态位重叠发生争夺生态资源而进行斗争的现象. 如果生态位置完全重叠, 又没有制约其种群发展的其他生物因素和非生物因素的存在, 就会发生竞争排斥现象. 如培养在一起的大小草履虫, 16 天后, 大草履虫全部死亡, 小草履虫仍能继续正常生长. 但在池塘内, 大小草履虫是共生在一个生态系统中的, 原因是在池塘中还存在着草履虫的天敌, 通过天敌制约着小草履虫种群的发展, 所以还有大草履虫的生存空间.

捕食 (predation) 强调了两种生物生活在一起, 一种生物以另一种生物为食的现象. 例如, 兔和草、狼和兔等都是捕食关系. 在通常情况下, 捕食者为大个体, 被捕食者为小个体, 以大食小. 捕食的结果, 一方面能直接影响被捕食者的种群数量; 另一方面也影响捕食者本身的种群变化, 两者关系十分复杂. 捕食关系的两种生物之间没有排斥现象, 捕食者选择被捕食者, 被捕食者也选择捕食者, 具有捕食关系的两种生物之间, 在长期的进化过程中进行着相互选择, 保持着动态的平衡.

共生 (cooperation) 强调的是两种生物生活在一起, 互惠互利, 若彼此分开, 一方或双方都不能独立生活, 如地衣中的真菌和藻类; 白蚁和它肠道中的鞭毛虫等的关系.

寄生 (parasitism) 也是两种生物生活在一起, 但一方受益, 另一方受害, 受益的一方称为寄生生物, 受害的一方称为宿主. 寄生的情况分两类, 一类是一种生物寄居在另一种生物的体表, 如虱和蚤等; 另一类是一种生物寄居在另一种生物的体内, 如蛔虫、绦虫、血吸虫等.

3.1 种间竞争模型——竞争排斥原理

如果两个种群共居一起, 为争夺有限的营养、空间和其他共同需要的东西而发生竞争, 其结果是对竞争双方都有抑制作用, 大多数的情况是对一方有利, 另一方被淘汰, 一方替代另一方. 例如, 看麦娘 (*alopecurus pratensis*) 的天然群落中, 狐茅 (*festuca sulcata*) 不能生长, 因为它被看麦娘的快速生长和遮阴所抑制. 高斯 (Gauss) 有一个著名的实验, 他将大草履虫 (*paramecium caudatum*) 和双核小草履虫 (*P. Aurelia*) 混合培养, 16 天后, 只剩下后者. 这说明具有相同需要的两个不同的生物种群, 不能永久地生活在同一环境中. 一方终究要取代另一方, 即一个生态位只能为一种生物所占据. 这种现象被称作竞争排斥原理 (competitive exclusion principle). 下面介绍如何利用简单的 Lotka-Volterra 竞争模型来刻画两种群之间的竞争关系[23, 65, 97], 并借此来解释竞争排斥原理所隐含的生物结论.

设 $N_1(t), N_2(t)$ 表示两个种群在 t 时刻的数量, 假设两个种群在独立生存条件下其增长方式都符合 Logistic 方式增长, 则有如下的 Lotka-Volterra 竞争模型

$$\begin{cases} \dfrac{\mathrm{d}N_1}{\mathrm{d}t} = r_1 N_1\left(1 - \dfrac{N_1}{K_1} - b_{12}\dfrac{N_2}{K_1}\right) \\ \dfrac{\mathrm{d}N_2}{\mathrm{d}t} = r_2 N_2\left(1 - \dfrac{N_2}{K_2} - b_{21}\dfrac{N_1}{K_2}\right) \end{cases} \tag{3.1.1}$$

其中 r_1, K_1, r_2, K_2, b_{12}, b_{21} 均为正常数, r_1, r_2 为两种群的内禀增长率, K_1, K_2 分别为环境容纳量. 当两个种群发生竞争关系时, b_{12} 表示种群 2 对种群 1 的影响, b_{21} 表示种群 1 对种群 2 的影响. 一般来说 $b_{12} \neq b_{21}$.

利用如下的无量纲化变换和记号

$$\begin{aligned} &u_1 = \frac{N_1}{K_1}, \quad u_2 = \frac{N_2}{K_2}, \quad \tau = r_1 t \\ &\rho = \frac{r_2}{r_1}, \quad \alpha = b_{12}\frac{K_2}{K_1}, \quad \beta = b_{21}\frac{K_1}{K_2} \end{aligned} \tag{3.1.2}$$

模型 (3.1.1) 变为

$$\begin{cases} \dfrac{\mathrm{d}u_1}{\mathrm{d}\tau} = u_1(1 - u_1 - \alpha u_2) = f_1(u_1, u_2) \\ \dfrac{\mathrm{d}u_2}{\mathrm{d}\tau} = \rho u_2(1 - \beta u_1 - u_2) = f_2(u_1, u_2) \end{cases} \tag{3.1.3}$$

求解方程组 $f_1(u_1,u_2)=f_2(u_1,u_2)=0$ 得到模型 (3.1.3) 的四个平衡态. 包括一个零平衡态 $E_0=(0,0)$, 两个边界平衡态 $E_1=(1,0)$ 和 $E_2=(0,1)$, 以及一个内部平衡态 $E_*=(u_1^*,u_2^*)$, 其中

$$u_1^*=\frac{1-\alpha}{1-\alpha\beta},\quad u_2^*=\frac{1-\beta}{1-\alpha\beta} \tag{3.1.4}$$

对于内部平衡态, 从实际出发我们需要两个分量都大于零, 即 $\alpha>1,\ \beta>1$ 或 $\alpha<1,\ \beta<1$.

在图 3.1.1 中, 给出了 $f_1=0$ 和 $f_2=0$ 以及相轨线在 u_1 和 u_2 平面上的四种可能情形. 由 (3.1.3) 可知, 铅直和水平等倾线由下面两条直线确定

$$1-u_1-\alpha u_2=0,\ \ 1-u_2-\beta u_1=0$$

如图 3.1.1 中的虚线所示.

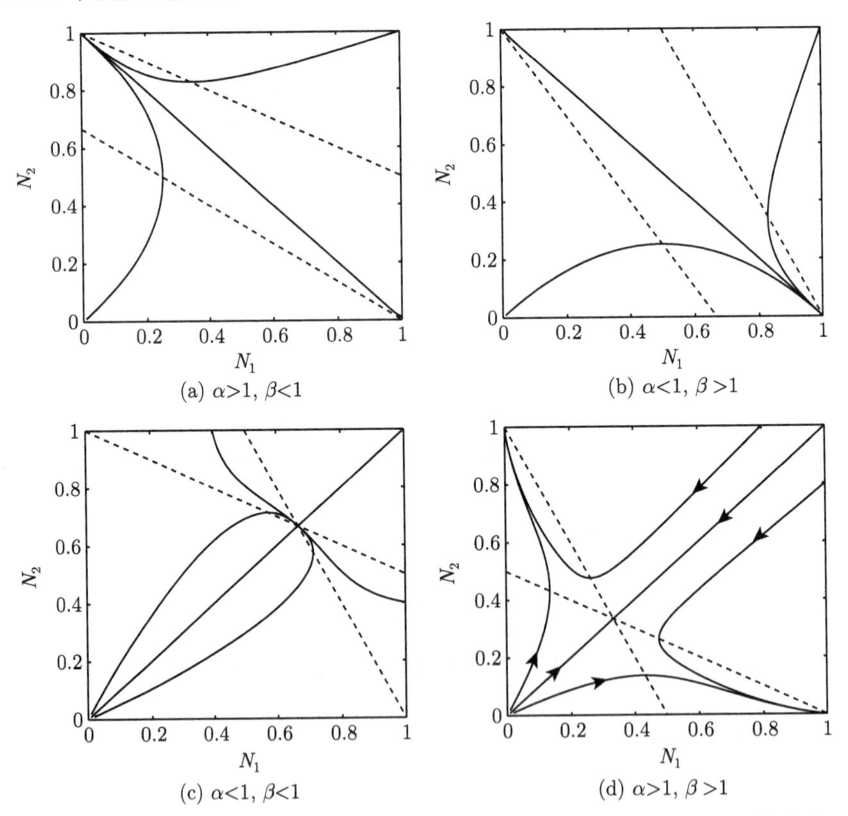

(a) $\alpha>1,\ \beta<1$　(b) $\alpha<1,\ \beta>1$

(c) $\alpha<1,\ \beta<1$　(d) $\alpha>1,\ \beta>1$

图 3.1.1 Lotka-Volterra 竞争系统 (3.1.3) 在相平面上的四种不同的定性结构

根据定理 12.2.1, 模型 (3.1.3) 的平衡态的稳定性由下面矩阵的两个特征值确定

$$\boldsymbol{A}=\begin{pmatrix}\dfrac{\partial f_1}{\partial u_1} & \dfrac{\partial f_1}{\partial u_2}\\ \dfrac{\partial f_2}{\partial u_1} & \dfrac{\partial f_2}{\partial u_2}\end{pmatrix}_E=\begin{pmatrix}1-2u_1-\alpha u_2 & -\alpha u_1\\ -\rho\beta u_2 & \rho(1-2u_2-\beta u_1)\end{pmatrix}_E \tag{3.1.5}$$

由于

$$|\boldsymbol{A}-\lambda \boldsymbol{I}|_{E_0}=\begin{vmatrix}1-\lambda & 0\\ 0 & \rho-\lambda\end{vmatrix}=0\Rightarrow \lambda_1=1,\ \lambda_2=\rho$$

则平衡态 E_0 是不稳定的.

平衡态 E_1 点对应的特征方程满足

$$|\boldsymbol{A}-\lambda \boldsymbol{I}|_{E_1}=\begin{vmatrix}-1-\lambda & -\alpha\\ 0 & \rho(1-\beta)-\lambda\end{vmatrix}=0\Rightarrow \lambda_1=-1,\ \lambda_2=\rho(1-\beta) \tag{3.1.6}$$

因此:

若 $\beta>1$, 则平衡态 $E_1(1,0)$ 是稳定的; 若 $\beta<1$, 则平衡态 $E_1(1,0)$ 是不稳定的. 类似地, 平衡态 $E_2(0,1)$ 的特征值 $\lambda_1=-\rho,\lambda_2=(1-\alpha)$.

因此, 若 $\alpha>1$, 则平衡态 $E_2(0,1)$ 是稳定的; 若 $\alpha<1$, 则平衡态 $E_2(0,1)$ 是不稳定的.

最后, 当内部平衡态 $E_*\left(\dfrac{1-\alpha}{1-\alpha\beta},\dfrac{1-\beta}{1-\alpha\beta}\right)$ 在第一象限存在时, 由 (3.1.5) 得到 Jacobian 矩阵为

$$\boldsymbol{A}=(1-\alpha\beta)^{-1}\begin{pmatrix}\alpha-1 & \alpha(\alpha-1)\\ \rho\beta(\beta-1) & \rho(\beta-1)\end{pmatrix} \tag{3.1.7}$$

此矩阵有特征值

$$\begin{aligned}\lambda_{1,2}=&[2(1-\alpha\beta)]^{-1}\Big[((\alpha-1)+\rho(\beta-1))\\ &\pm\left[((\alpha-1)+\rho(\beta-1))^2-4\rho(1-\alpha\beta)(\alpha-1)(\beta-1)\right]^{1/2}\Big]\end{aligned} \tag{3.1.8}$$

由此可见当 $\alpha<1,\beta<1$ 时平衡态 E_* 是稳定的. 下面详细讨论四种情况以及它们隐含的不同生物意义.

在讨论这四种情形之前, 注意到当 u_1,u_2 大于 1 时, $\dfrac{\mathrm{d}u_1}{\mathrm{d}\tau}$ 和 $\dfrac{\mathrm{d}u_2}{\mathrm{d}\tau}$ 都小于零, 因此, 存在一个矩形域为模型 (3.1.3) 在平面上的一个不变集, 即解或停留在其边界或走向其内部, 如图 3.1.1 所示. 利用 Lyapunov 函数法或平面定性理论可以证明各个平衡态的全局渐近稳定性[23].

下面讨论前面所述的四种情况:

情况 1　$\alpha > 1, \beta < 1$;

情况 2　$\alpha < 1, \beta > 1$;

情况 3　$\alpha < 1, \beta < 1$;

情况 4　$\alpha > 1, \beta > 1$.

这四种情况的讨论方式是一样的. 图 3.1.1(a)—(d) 反映了这四种情况下解的动力学性质. 作为例子, 我们仅讨论第四种情况, 其他情况可做练习. 图 3.1.1(d) 从数值上给出了情况 4 的讨论结果, 其中箭头表示相轨迹的走向, 由 $\mathrm{d}u_1/\mathrm{d}\tau$ 和 $\mathrm{d}u_2/\mathrm{d}\tau$ 的符号决定相图轨迹的走向. 具体操作过程参看 12.2.2 节. 下面从理论上，对情况 4 加以解释.

情况 4 中 $\alpha > 1, \beta > 1$, 如图 3.1.1(d). 根据 (3.1.6) 和 (3.1.7) 知, 平衡态 $E_1(1,0)$ 和 $E_2(0,1)$ 是稳定的. 由于 $1-\alpha\beta < 0$, 则平衡态 $E_*(u_1^*,\ u_2^*)$ 位于第一象限, 由 (3.1.8) 可知, 它的两个特征值满足 $\lambda_2 < 0 < \lambda_1$. 因此, 它是一个不稳定鞍点. 则在这种情况下, 相图中的轨线趋向于两个边界平衡态中的一个平衡态 (图 3.1.1(d)). 而每个边界平衡态都有一个“吸引域”, 即存在一条线, 把第一象限划分为两个不重叠的区域, 这条分界线通过平衡态 $E_* = (u_1^*, u_2^*)$. 实际上, 它就是由趋向鞍点的两条轨线组成的.

现在讨论这些结果的生物意义. 情况 1 和情况 2 说明其中一个种群的竞争力强过另一方, 或者是两个种群的环境容纳量差异较大即 $\alpha = b_{12}K_2/K_1 < 1$, $\beta = b_{21}K_1/K_2 > 1$ 或 $\alpha > 1$, $\beta < 1$. 在情况 1 中, 如图 3.1.1(a) 所示, u_2 种群在种群竞争中占主导作用, 使得 u_1 种群灭绝, 即种群 2 在竞争过程中排斥种群 1. 情况 2 则刚好相反.

在情况 3 中, 由于 $\alpha < 1$, $\beta < 1$, 则模型 (3.1.3) 存在一个两个种群共存的稳定平衡态 E_*, 见图 3.1.1(c). 把情况 3 的条件退回到模型 (3.1.1) 中原来的参数即为: $b_{12}K_2/K_1 < 1$, $b_{21}K_1/K_2 < 1$. 例如, 若 K_1 和 K_2 非常接近时, 种群之间的竞争并不激烈, 即 b_{12} 和 b_{21} 较小, 在这种情况下两个种群数量稳定在一个比自身环境容纳量相对小的一个状态. 另外, 若 b_{12} 和 b_{21} 大体相等, 而 K_1 和 K_2 不同, 只有当把这两个参数与无量纲化后的参数进行认真比较后才能知道种群的最终趋势.

在情况 4 中, $\alpha > 1$, $\beta > 1$. 若 K_1 和 K_2 大体相等, 则 b_{12} 和 b_{21} 不会太小. 由平衡态存在及其稳定性分析知道: 由于竞争使得在情况 4 下模型 (3.1.3) 存在 3 个平衡态. 由 (3.1.6)—(3.1.8) 可知, 仅有 E_1 和 E_2 稳定, 见图 3.1.1(d). 哪一个种群在竞争中胜出, 取决于两个种群的初值. 若初值数量位于下三角区域, 则种群 2 最终灭绝. 此时 $u_2 \to 0$, $u_1 \to 1$, 即 $N_1 \to K_1$, 种群 1 的数量趋近于其环境容纳量. 在这种情况下, 竞争使 N_2 灭亡. 倘若 N_2 的初始数量大于种群 1 的初始数量, 则 $u_1 \to 0, u_2 \to 1$, 这样种群 1 灭绝, 种群 2 的数量趋于 K_2. 此外, 即便初值种群数量接近分界线或位于分界线上, 两个种群中的一个也会灭绝的, 这是因为随机波动因素不可避免地导致 u_i $(i=1,2)$ 中的一个种群趋向于零.

在真实的自然群落中并不是所有种群都像情况 1 和情况 2 那样使得种群最终灭绝. 在情况 4 中, 种群的灭绝归咎于种群大小的自然波动, 这便是前面所述的竞争排斥原理所刻画的. 注意到使这个原理成立主要取决于无量纲参数 α 和 β. 增长率参数 ρ 并不影响种群的稳定性以及系统的动态行为. 又由于 $\alpha=b_{12}K_2/K_1$, $\beta=b_{21}K_1/K_2$, 所以竞争排斥原理的条件主要取决于种群之间的竞争作用、环境容纳量以及初始条件. 图 3.1.2 给出了上述四种情形中对应的参数空间.

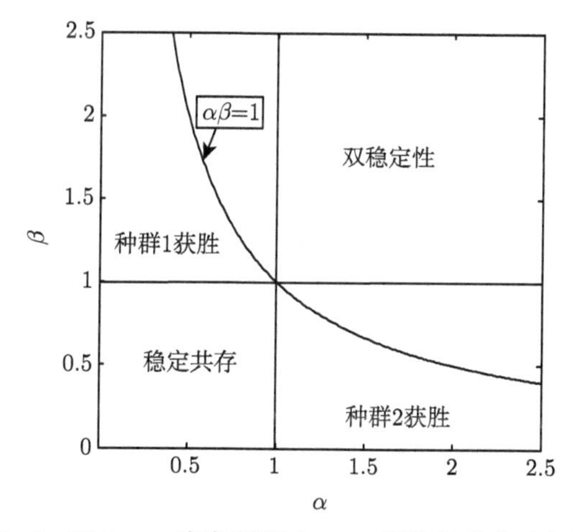

图 3.1.2 Lotka-Volterra 竞争系统 (3.1.3) 四种情形中对应的参数空间

对于特殊情形 $\alpha=\beta=1$, 由于自然中的随机因素使得这种情况在实际中基本不成立. 但在这种情况下, 竞争排斥原理依然成立. 在自然界中, 种群间竞争的重要性非常明显. 这节我们仅讨论了一个比较简单的模型, 但所有的讨论方法是可以普遍应用的. 若想了解一些更为实际的竞争系统, 可以参考文献 [23, 65, 97].

3.2 捕食–被捕食模型——Volterra 原理

捕食与被捕食系统最为经典的两个研究实例为: 第一次世界大战前后地中海一带港口中掠肉鱼 (如鲨鱼等) 与食用鱼的比例随捕获量的变化关系; 反映加拿大近百年山狸子 (lynx) 和白靴兔 (snow shoe hare) 数量的周期波动, 如图 3.2.1, 其中圆圈表示野兔的数据, 星号表示山猫的数据. 在捕食–被捕食模型中, 我们最感兴趣的问题也是在什么条件下能使两个生物种群的数量趋于稳定值 (平衡态或周期解).

3.1 节给出的是对两种群相互竞争的 Volterra 模型的分析, 当模型 (3.1.1) 中的一些系数符号发生改变时, 就是捕食–被捕食模型. 比如下面的两种群捕食与被捕

食的 Volterra 模型

$$
\begin{cases}
\dfrac{\mathrm{d}N_1}{\mathrm{d}t} = N_1\left(r_1 - \dfrac{N_1}{K_1} - b_{12}\dfrac{N_2}{K_1}\right) \\
\dfrac{\mathrm{d}N_2}{\mathrm{d}t} = N_2\left(-r_2 - \dfrac{N_2}{K_2} + b_{21}\dfrac{N_1}{K_2}\right)
\end{cases}
\tag{3.2.1}
$$

此时 $N_1(t)$ 和 $N_2(t)$ 分别表示两种群在 t 时刻的食饵种群和捕食者种群的数量，所有参数均为正常数.

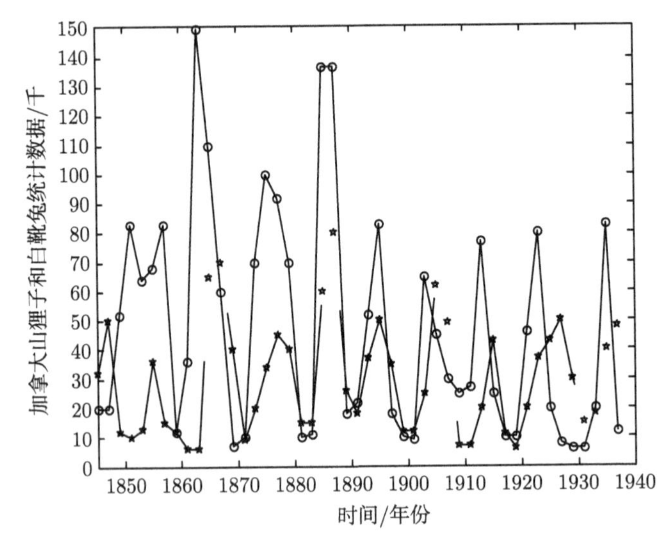

图 3.2.1　加拿大山狸子和白靴兔从 1845 年到 1937 年间的统计数据

3.2.1　Lotka-Volterra 捕食–被捕食模型

在这里我们介绍捕食与被捕食模型的一个主要目的是想向大家介绍在渔业资源、害虫控制等领域应用非常广泛的 Volterra 原理，这一原理也是早期用 Volterra 捕食与被捕食系统解释生物种群之间振荡现象最成功的范例.

1925 年，致力于微分方程应用研究的数学家 Volterra 和生物学家 D'Ancona 在研究相互制约的各种鱼类数目变化时，在大量的资料中发现了第一次世界大战前后地中海一带港口中捕获的掠肉鱼 (如鲨鱼等) 的比例有所上升，而食用鱼的比例有所下降. 意大利阜姆港所收购的掠肉鱼比例的具体数据如表 3.2.1 所示.

为了解释在战争期间捕获量下降而掠肉鱼的比例却大幅度增加这一现象，棣安考纳与数学家 Volterra 一起分析了掠肉鱼和食用鱼之间的捕食与被捕食的关系. 1931 年，法国的 Alfred Lotka 在他的书中针对捕食–被捕食系统也提出了同样的问题[86, 136]. Lotka 和 Volterra 被视为生物数学理论黄金时代的领路人. 这种生态法则不同于孟德尔的遗传学规则, 而是更定性化的研究自然, 所以由此得到的模型更具策略性. 总之, 他们更倾向于研究系统的整体性质, 而不是对系统数量上的预测. 所以生物数学模型中也把模型 (3.2.1) 或其他更一般的模型称为 Lotka-Volterra 模型.

表 3.2.1 意大利阜姆港所收购的掠肉鱼比例的具体数据

年份	1914	1915	1916	1917	1918
比例/%	11.9	21.4	22.1	21.1	36.4
年份	1919	1920	1921	1922	1923
比例/%	27.3	16.0	15.0	14.8	10.7

海洋中掠肉鱼主要以吃食用鱼为生, 而食用鱼是靠大海中其他资源为生的, 且在大海中生存空间和食物都比较充足, 可以忽略种群内部的密度制约因素. 为了刻画上述数据变化规律, 我们用捕食–被捕食模型 (3.2.1) 的一个特殊形式来描述, 即假设: 食饵种群的变化率等于在没有捕食条件下食饵 N_1 的净增长率减去由于被捕食引起的减少率, 而捕食者的变化率等于由于捕食引起的净增长率减去没有食饵所引起的减少率. 这种假设明显易懂, 却不够实际, 因为在这样的假设下, 捕食–被捕食系统仅仅决定种群的动态行为, 因此 Lotka 和 Volterra 作出如下假设:

(1) 食饵的增长情况仅受捕食者的影响, 在没有捕食者的情况下, 它以指数方式增长, 即 aN_1;

(2) 捕食者的功能反应函数为线性的, 即 N_1 中关于捕食者的项为线性 bN_1N_2;

(3) 在寻找食饵的过程中, 捕食者之间没有“互扰”现象, 也就是捕食者之间的接触不影响搜寻食物的效率, 所以 N_2 方程中关于捕食者的项也应该是线性的;

(4) 没有食饵时, 捕食者将以指数方式灭亡, 即 dN_2;

(5) 每个食饵被捕食者吃掉后可以完全转化为捕食者, 即 kbN_1N_2.

根据上面的五个假设, 模型 (3.2.1) 简化为下面的 Lotka-Volterra 模型

$$\begin{cases} \dfrac{\mathrm{d}N_1}{\mathrm{d}t} = aN_1 - bN_1N_2 \\ \dfrac{\mathrm{d}N_2}{\mathrm{d}t} = cN_1N_2 - dN_2 \end{cases} \tag{3.2.2}$$

其中参数 a, b, $c = kb$ 以及 d 都是正的, 且 $0 \leqslant k < 1$ 成立.

Volterra 的应用方程中, 在没有捕捞的情况下, N_1 和 N_2 分别代表食饵鱼和捕食者鱼的数量. 现在假设食饵和捕食者的捕获力系数分别为 p 和 q, 捕捞的影响或捕捞强度 (也称为捕获努力量) 用 E 表示, 则 Volterra 方程变为

$$\begin{cases} \dfrac{\mathrm{d}N_1}{\mathrm{d}t} = aN_1 - pEN_1 - bN_1N_2 \\ \dfrac{\mathrm{d}N_2}{\mathrm{d}t} = cN_1N_2 - dN_2 - qEN_2 \end{cases} \tag{3.2.3}$$

此方程有一个零平衡态 $(0,0)$ 和内部平衡态 (N_1^*, N_2^*), 其中

$$N_1^* = \frac{qE+d}{c}, \quad N_2^* = \frac{a-pE}{b}$$

当 $E < \dfrac{a}{p}$ 时, 捕捞能使食饵平衡态增大, 而使得捕食者平衡态减小. 假设系统在 (N_1^*, N_2^*) 处稳定, 则捕捞到的食饵鱼和捕食者鱼的比例表示为

$$P = \frac{qEN_2^*}{pEN_1^*} = \frac{qc(a-pE)}{pb(qE+d)}$$

上面表达式是关于捕获努力量 E 的减函数, 当 E 减小 (如在第一次世界大战) 时, 捕获到的捕食者鱼比例就相应增加了.

但是, 假设系统在 (N_1^*, N_2^*) 处稳定合理吗? 返回来再分析方程 (3.2.3), 平衡态的稳定性取决于下面 Jacobian 矩阵 $\boldsymbol{J}^*$ 的两个特征根.

$$\boldsymbol{J}^* = \begin{pmatrix} 0 & -bN_1^* \\ cN_2^* & 0 \end{pmatrix} \tag{3.2.4}$$

由于该矩阵的迹为 0, 行列式为正的, 所以它只有一对纯虚数特征值. 对于方程 (3.2.3) 关于平衡态处的线性化方程, 平衡态 (N_1^*, N_2^*) 是中心型奇点, 加上非线性部分后方程可能有周期解, 也可能有收敛或不收敛的螺旋线解, 而至于这个螺旋线解收敛与否, 取决于方程的非线性部分. 下面我们将做一些非线性分析, 有助于简化方程.

定义新的变量 $u = \dfrac{N_1}{N_1^*}$, $v = \dfrac{N_2}{N_2^*}$ 以及新的时间变量 $t' = (a-pE)t$, $a-pE$ 表示在没有捕食者的情况下食饵的增长率, 方程 (3.2.3) 变为 (变化后仍用 t 表示 t')

$$\frac{\mathrm{d}u}{\mathrm{d}t} = u(1-v), \quad \frac{\mathrm{d}v}{\mathrm{d}t} = \alpha v(u-1) \tag{3.2.5}$$

这里 $\alpha = \dfrac{qE+d}{a-pE}$, 由 (3.2.5) 的两个方程可以得到

$$\frac{\mathrm{d}v}{\mathrm{d}u} = \frac{\alpha v(u-1)}{u(1-v)} \tag{3.2.6}$$

这个方程在 (u,v) 平面上, 称该平面为相平面. 求方程 (3.2.6) 的曲线积分, 借此推断非线性系统 (3.2.5) 是否有周期解.

事实上, 方程 (3.2.6) 是可分离变量的, 即 $\dfrac{\alpha(u-1)\mathrm{d}u}{u} + \dfrac{(v-1)\mathrm{d}v}{v} = 0$, 并且有首次积分

$$\Phi(u,v) = \alpha(u - \log u) + v - \log v = A$$

这里 A 为积分常数. 这个积分在相平面上的图形可看作是三维空间 $(u, v, w) = \Phi(u, v)$ 上的碗状曲线在相平面上的等高线, 因此是闭曲线, 即为周期解. 图 3.2.2 给出了 Lotka-Volterra 捕食与被捕食系统 (3.2.3) 的一些数值解.

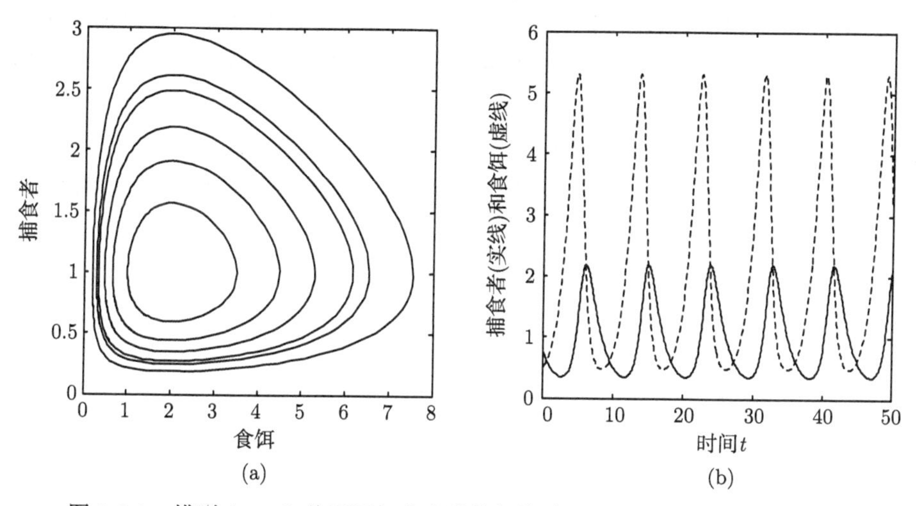

图 3.2.2 模型 (3.2.2) 从不同初值出发的相轨线 (a), 对应的一条解曲线 (b)

图 3.2.2 中在 N_1-N_2 坐标面内的闭曲线就可以解释在自然环境中掠肉鱼与食用鱼的数量变化规律. 当食用鱼不多时, 掠肉鱼的食物不足, 故 N_2 减少. 当掠肉鱼的数目减少, 它对食用鱼的捕食压力随之减少, 这种捕食压力减少到一定程度后食用鱼数量 N_1 就会增加. 当食用鱼的数量较大时, 已能养活较多的掠肉鱼, 故 N_2 开始增加. 当掠肉鱼增加到对食用鱼起较大抑制作用时, 食用鱼的数量开始减少. 当掠肉鱼的数量增长到多得无法找到足够的食用鱼为生时, 掠肉鱼的数量开始减少. 当掠肉鱼减少到对食用鱼的抑制作用很小时, N_1 又开始增加. 这样循环下去, 两种群数量的相对比例按周期性变化, 这就是自然界中捕食与被捕食系统的振荡规律.

由于种群变化呈周期性, 所以我们将计算每个种类鱼群在一个周期内的平均量. 下面定义鱼群平均量为

$$\overline{u} := \frac{1}{T}\int_0^T u(t)\mathrm{d}t, \quad \overline{v} := \frac{1}{T}\int_0^T v(t)\mathrm{d}t$$

分别用 Tu 和 Tv 除方程 (3.2.5) 的第一个方程和第二个方程, 并从 0 到 T 积分得

$$\frac{1}{T}[\log u(t)]_0^T = 1 - \overline{v}, \quad \frac{1}{T}[\log v(t)]_0^T = a(\overline{u} - 1)$$

由于周期性, 上面两个式子的左边都为 0, 因此 $\bar{u} = 1$, $\bar{v} = 1$. 返回到模型 (3.2.3) 的参数空间, 得到 $\bar{N}_1 = N_1^*, \bar{N}_2 = N_2^*$, 这意味着平均量就为系统的平衡态. 我们之前

的结论仍然成立, 这也解释了为什么当捕获努力量减少时, 捕获到的捕食者鱼反而成比例增加了.

更一般地: Volterra 原理说明了对捕食–被捕食系统的一个干扰 (成比例收获或杀死部分食饵和捕食者种群), 当捕获强度增加时对食饵的平均量起到增加的作用. 因此, 在对已经实施生物控制的害虫进行化学控制时, 要特别谨慎. 比如在 1868 年, 一种名叫 cottony cushion scale 的害虫对美国柑橘果树产生了很大的危害, 瓢虫作为它的一个天敌被引入, 并成功控制害虫数量在一定的水平之下. 但是当农药 DDT 问世以后, 它被用来实施进一步的控制, 其结果却令害虫数量得到增加, 这与 Volterra 原理是一致的.

捕食–被捕食系统还可以用来考虑害虫的综合控制, 这里指综合利用生物和化学控制策略如何使害虫得以根除, 即建立如下模型

$$
\begin{cases}
\dfrac{\mathrm{d}N_1}{\mathrm{d}t} = aN_1 - bN_1N_2 - kN_1 \\
\dfrac{\mathrm{d}N_2}{\mathrm{d}t} = cN_1N_2 - dN_2 + \tau
\end{cases}
\tag{3.2.7}
$$

其中 k 为喷洒杀虫剂杀死害虫的比例, τ 为单位时间内投放天敌的数量. 模型 (3.2.7) 中如果 $k=0$ 表示只有生物控制, $\tau=0$ 表示只有化学控制. 对于上述模型, 我们感兴趣的是害虫根除平衡态 $\bar{E}=\left(0,\dfrac{\tau}{d}\right)$ 的稳定性, 即在什么条件下 $\bar{E}$ 是稳定的? 然后可以通过稳定性条件设计控制策略. 读者可以对模型 (3.2.7) 进行线性稳定性分析, 找到平衡态 $\bar{E}$ 稳定的条件, 即害虫根除的临界条件, 这里留做习题.

3.2.2 具有功能性反应的捕食–被捕食模型

Lotka-Volterra 模型是假设两个种群的相对增长率是线性函数, 这一假设使得模型十分简单, 并能将模型中的几个参数和这两个种群的相互作用关系对应起来. 但 Lotka-Volterra 模型 (3.2.2) 描述捕食和被捕食种群相互作用关系时有些不足. 这主要体现在 bN_1N_2 项上, 它的含义是指在单位时间内由捕食者所吃掉的食饵种群的数量, 即 bN_1, 这表示一个捕食者在单位时间内吃掉的食饵数量与食饵的数量呈线性关系. 当食饵种群的数量比较小时, 假设一个捕食者在单位时间内吃掉 bN_1 食饵是合理的, 但当食饵种群的数量很大时, 这个假设就不合理了. 因为一个捕食者在单位时间内不可能吃掉任意多的食饵, 所以有必要对模型进行改进, 为此提出了具有功能性反应的捕食与被捕食模型.

三类功能性反应函数 考虑到捕食者对食饵的饱和因素, 需要将 Lotka-Volterra 模型改进为具有功能性反应的模型. 比如模型 (3.2.1) 可以改写为一般形式的模型

$$
\begin{cases}
\dfrac{\mathrm{d}N_1}{\mathrm{d}t} = N_1(r_1 - a_1N_1) - \phi(N_1)N_2 \\
\dfrac{\mathrm{d}N_2}{\mathrm{d}t} = k\phi(N_1)N_2 - N_2(r_2 + b_2N_2)
\end{cases}
\tag{3.2.8}
$$

模型 (3.2.8) 中的 $\phi(x)$ 称为功能性反应函数, k 称为转化系数. 1965 年 Holling 在实验和分析的基础上提出了三类适应于不同生物的功能性反应函数[55].

第一类功能性反应函数 (Holling I functional response function) 为

$$
\phi(x) = \begin{cases} b_1x, & 0 \leqslant x < x_0 \\ b_1x_0, & x \geqslant x_0 \end{cases}
\tag{3.2.9}
$$

它适用于藻类、细胞和低等生物.

第二类功能性反应函数 (Holling II functional response function) 为

$$
\phi(x) = \frac{b_1x}{1+cx}
\tag{3.2.10}
$$

它适用无脊椎动物.

第三类功能性反应函数 (Holling III functional response function) 为

$$
\phi(x) = \frac{b_1x^2}{1+cx^2}
\tag{3.2.11}
$$

它适用于脊椎动物.

这三类功能性反应函数的不同特点在图 3.2.3 中给出, 其中 (a), (b), (c) 分别为第一、二、三类功能性反应函数的图形. 这三类函数都是有界连续函数, 只是形状有些差异.

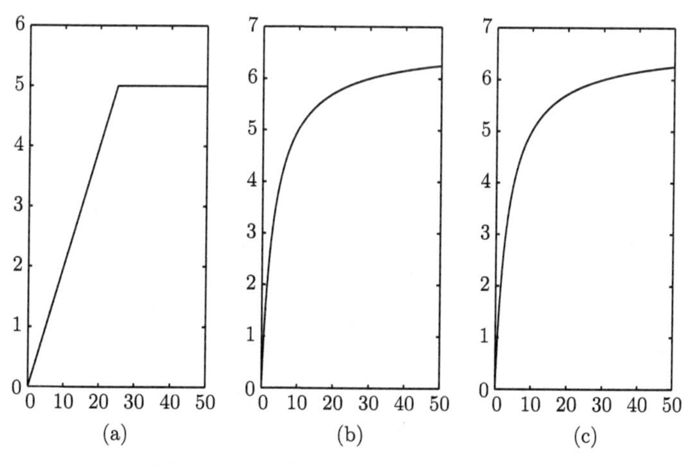

图 3.2.3　三类功能性反应函数示意图

(a) 第一类; (b) 第二类; (c) 第三类

3.2.3　具有第一类功能性反应函数的捕食–被捕食模型

将 (3.2.9) 中定义的函数代入模型 (3.2.8) 中, 得到具有第一类功能性反应函数的捕食–被捕食模型. 这是一个右端由分段函数组成的微分方程组, 一般讨论比较困难, 我们看下面一个特殊情况的例子.

$$
\begin{cases} \dfrac{\mathrm{d}N_1}{\mathrm{d}t} = N_1(2-N_2), \\ \dfrac{\mathrm{d}N_2}{\mathrm{d}t} = N_2(-4+N_1), \end{cases} \quad 0 \leqslant N_1 \leqslant 10, \quad \begin{cases} \dfrac{\mathrm{d}N_1}{\mathrm{d}t} = 2N_1 - 10N_2, \\ \dfrac{\mathrm{d}N_2}{\mathrm{d}t} = 6N_2, \end{cases} \quad N_1 > 10 \tag{3.2.12}
$$

模型 (3.2.12) 当 $0 \leqslant N_1 \leqslant 10$ 时是没有密度制约的 Lotka-Volterra 模型; 当 $N_1 > 10$ 时是线性系统. 需要在 $0 \leqslant N_1 \leqslant 10$ 和 $N_1 > 10$ 两边分别求模型 (3.2.12) 的解, 然后将其在分界点接起来就得到了模型的 (3.2.12) 的解.

模型 (3.2.12) 有一个正平衡点, 为了讨论该平衡点的稳定性, 选取在第一象限内部正定的 Lyapunov 函数

$$
V(N_1,N_2) = \begin{cases} N_1 - 4 - 4\ln\dfrac{N_1}{4} + N_2 - 2 - 2\ln\dfrac{N_2}{2}, & 0 < N_1 \leqslant 10 \\ \dfrac{3N_1}{5} - 4\ln\dfrac{5}{2} + N_2 - 2 - 2\ln\dfrac{N_2}{2}, & N_1 > 10 \end{cases}
$$

可以验证 $V(N_1,N_2)$ 在第一象限是连续可微的. 也可以通过计算机画图来验证 $V(N_1,N_2) = C$ 在第一象限是包围正平衡点的闭合曲线. 沿着模型 (3.2.12) 的解轨线计算 $V(N_1,N_2)$ 的全导数得

$$
\left.\frac{\mathrm{d}v(N_1,N_2)}{\mathrm{d}t}\right|_{(3.2.12)} = \begin{cases} (N_1-4)(2-N_2) + (N_2-2)(N_1-4) = 0, & 0 < N_1 \leqslant 10 \\ \dfrac{6}{5}(N_1 - 10) > 0, & N_1 > 10 \end{cases}
$$

因此, 在第一象限 $0 \leqslant N_1 \leqslant 10$ 内, $N_1 - 4 - 4\ln\dfrac{N_1}{4} + N_2 - 2 - 2\ln\dfrac{N_2}{2} = C$ 是模型 (3.2.12) 的解曲线: 当 C 比较小时, $N_1 - 4 - 4\ln\dfrac{N_1}{4} + N_2 - 2 - 2\ln\dfrac{N_2}{2} = C$ 是 $0 \leqslant N_1 \leqslant 10$ 内的简单闭曲线; 当 C 比较大时, $N_1 - 4 - 4\ln\dfrac{N_1}{4} + N_2 - 2 - 2\ln\dfrac{N_2}{2} = C$ 有一部分在 $0 \leqslant N_1 \leqslant 10$ 内, 还有一部分在 $N_1 > 10$ 内. 由于在 $N_1 > 10$ 内, $V(N_1,N_2)$ 沿着模型 (3.2.12) 解曲线的全导数大于 0, 所以模型 (3.2.12) 的解轨线若出现在 $N_1 > 10$ 时, 就是不闭合的. 由 Lyapunov 函数的意义知, 在 $N_1 > 10$ 内, 模型 (3.2.12) 的解轨线上 $V(N_1,N_2)$ 的值在增加. 图 3.2.4 中给出了从四个不同初始值出发模型 (3.2.12) 的四条解轨线, 其中三条轨线全部停留在 $0 \leqslant N_1 \leqslant 10$ 内, 它们都是闭轨线, 有一条轨线反复穿越 $N_1 = 10$, 而且离平衡点越来越远.

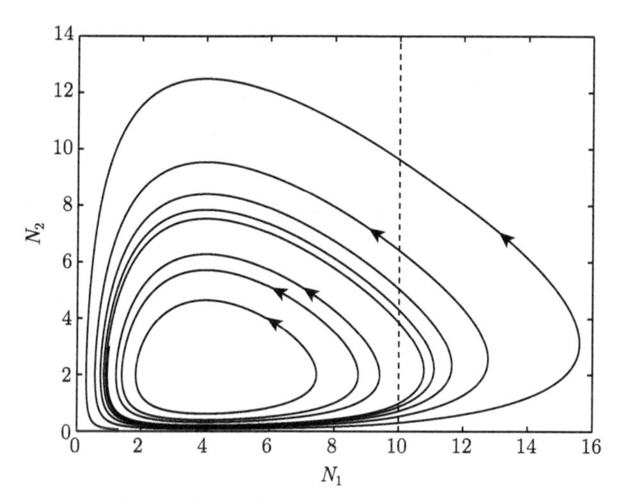

图 3.2.4 具有第一类功能性反应函数的模型 (3.2.12) 的数值解

3.2.4 具有第二类功能性反应函数的捕食–被捕食模型

具有第二类功能性反应函数的捕食–被捕食模型由陈兰荪和井竹君[22, 23] 进行了系统的研究, 得到了模型正平衡态全局稳定以及极限环存在唯一的充分条件. 下面介绍一个具有第二类功能性反应函数和密度依赖的捕食–被捕食模型, 即考虑如下模型

$$\begin{cases} \dfrac{\mathrm{d}N_1}{\mathrm{d}t} = N_1\left[r\left(1-\dfrac{N_1}{K}\right)-\dfrac{kN_2}{N_1+D}\right] \\ \dfrac{\mathrm{d}N_2}{\mathrm{d}t} = N_2\left[s\left(1-\dfrac{hN_2}{N_1}\right)\right] \end{cases} \tag{3.2.13}$$

其中 $r,\ k,\ K,\ D,\ s,\ h$ 是常数.

为了讨论方便, 先对模型 (3.2.13) 进行无量纲化变换 (注意, 变换并不唯一). 例如, 我们作如下变换去掉环境容纳量参数 K, 即利用变换

$$\begin{aligned} &u(\tau)=\frac{N_1(t)}{K},\quad v(\tau)=\frac{hN_2(t)}{K},\quad \tau=rt \\ &a=\frac{k}{hr},\quad b=\frac{s}{r},\quad d=\frac{D}{K} \end{aligned} \tag{3.2.14}$$

把模型 (3.2.13) 变形为

$$\begin{cases} \dfrac{\mathrm{d}u}{\mathrm{d}\tau} = u(1-u)-\dfrac{auv}{u+d} = f(u,v) \\ \dfrac{\mathrm{d}v}{\mathrm{d}\tau} = bv\left(1-\dfrac{v}{u}\right) = g(u,v) \end{cases} \tag{3.2.15}$$

模型 (3.2.15) 仅有 3 个参数 a, b, d. 通过无量纲化变换使模型参数大大减少, 这使模型分析变得简单, 而且变化后的参数也有具体的生物意义. 例如, b 为捕食者对食饵的线性增长率, 因此, $b>1$ 或 $b<1$ 均有生物意义, 如 $b<1$ 说明食饵的繁殖比捕食者要快.

系统 (3.2.15) 的平衡态 u^*, v^* 是方程 $\mathrm{d}u/\mathrm{d}\tau=0$, $\mathrm{d}v/\mathrm{d}\tau=0$ 的解, 即

$$u^*(1-u^*)-\frac{au^*v^*}{u^*+d}=0,\quad bv^*\left(1-\frac{v^*}{u^*}\right)=0 \tag{3.2.16}$$

这里仅仅考虑正平衡态, 其满足

$$v^*=u^*,\quad u^{*2}+(a+d-1)u^*-d=0$$

即唯一正平衡态为

$$u^*=\frac{(1-a-d)+\{(1-a-d)^2+4d\}^{1/2}}{2},\quad v^*=u^* \tag{3.2.17}$$

下面讨论这个平衡态的稳定性, 它为模型 (3.2.15) 在相平面上的一个奇异点. 根据平衡态的线性化稳定性分析 (12.2 节), 作变换

$$x(\tau)=u(\tau)-u^*,\quad y(\tau)=v(\tau)-v^* \tag{3.2.18}$$

代入模型 (3.2.15), 利用平衡态满足的方程 (3.2.16) 有如下的线性化方程

$$\begin{pmatrix}\dfrac{\mathrm{d}x}{\mathrm{d}\tau}\\ \dfrac{\mathrm{d}y}{\mathrm{d}\tau}\end{pmatrix}=\boldsymbol{A}\begin{pmatrix}x\\ y\end{pmatrix} \tag{3.2.19}$$

其中

$$\boldsymbol{A}=\begin{pmatrix}\dfrac{\partial f}{\partial u} & \dfrac{\partial f}{\partial v}\\ \dfrac{\partial g}{\partial u} & \dfrac{\partial g}{\partial v}\end{pmatrix}_{u^*,v^*}=\begin{pmatrix}u^*\left[\dfrac{au^*}{(u^*+d)^2}-1\right] & \dfrac{-au^*}{u^*+d}\\ b & -b\end{pmatrix} \tag{3.2.20}$$

$\boldsymbol{A}$ 为 Jacobian 矩阵, 对应的特征方程满足

$$|\boldsymbol{A}-\lambda\boldsymbol{I}|=0\Rightarrow\lambda^2-(\mathrm{tr}\boldsymbol{A})\lambda+\det\boldsymbol{A}=0 \tag{3.2.21}$$

如果上述特征方程的两个特征值的实部满足 $\mathrm{Re}(\lambda)<0$, 则该平衡态是渐近稳定的. 因此平衡态线性化稳定的充要条件为

$$\begin{aligned}&\mathrm{tr}\boldsymbol{A}<0\Rightarrow u^*\left[\frac{au^*}{(u^*+d)^2}-1\right]<b\\ &\det\boldsymbol{A}>0\Rightarrow 1+\frac{a}{u^*+d}-\frac{au^*}{(u^*+d)^2}>0\end{aligned} \tag{3.2.22}$$

代入 (3.2.17) 中的 u^* 就得到了由三个参数 a, b 和 d 所确定的稳定性条件. 进而根据无量纲化变化就得到原始参数 r, K, k, D, s 及 h 的稳定性条件.

一般来说, 存在参数 a, b, d 的一个参数空间使得在这个空间中 (u^*, v^*) 是稳定的, 即 $\mathrm{Re}\lambda < 0$. 但在这个参数空间之外, 平衡态 (u^*, v^*) 变得不稳定, 此时 (3.2.22) 中至少有一个不等式不成立. 这样就可以分析使得平衡态不稳定的参数空间以及模型 (3.2.15) 新的动态行为, 其中一个可能的动态行为就是模型可能出现包含平衡态的周期解或极限环. 由于证明比较复杂, 有兴趣的读者可以参阅生物数学的相关专著. 我们只给出几个数值计算的结果, 图 3.2.5 给出了两组不同参数集合下模型 (3.2.15) 的动态行为, 一组参数使得平衡态是稳定的, 另一组参数使得平衡态是不稳定的, 此时解趋向于一个极限环.

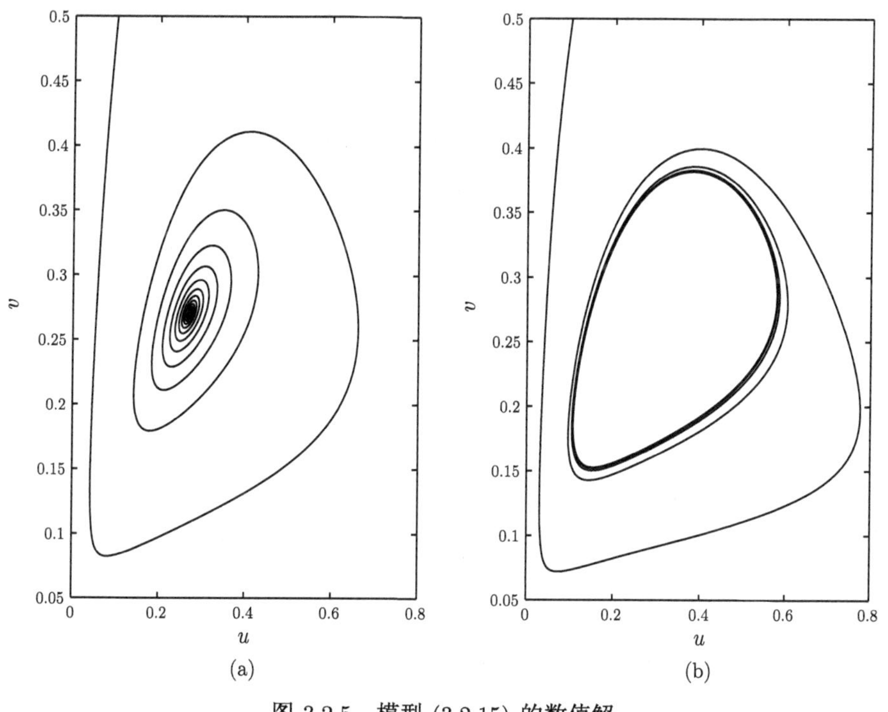

图 3.2.5 模型 (3.2.15) 的数值解

(a) $a = 1$, $b = 0.3$, $d = 0.1$; (b) $a = 1$, $b = 0.2$, $d = 0.1$

3.3 种间互利共生模型——合作系统

有许多例子说明两个或多个物种之间的相互作用有利于它们的增长, 这种互利共生的关系对于维持这些种群增长甚至繁盛起到重要作用. 比如植物和种子的扩散就是其中的一个例子. 作为种群生态学理论的主题之一, 即便对于简单的两个种群的互利共生关系都没有得到像两种群竞争或捕食与被捕食模型那样系统的研究. 原因之一是简单的 Lotka-Volterra 互利共生模型得到了一个与事实不符的结论. 如下最简单的 Lotka-Volterra 互利共生模型就是一个实例:

$$\begin{cases} \dfrac{\mathrm{d}N_1}{\mathrm{d}t} = r_1N_1 + a_1N_1N_2 \\ \dfrac{\mathrm{d}N_2}{\mathrm{d}t} = r_2N_2 + a_2N_2N_1 \end{cases} \tag{3.3.1}$$

其中 r_1, r_2, a_1, a_2 均为正常数. 从模型 (3.3.1) 容易看出, 对任意大于零的初始值, 由于 $\dfrac{\mathrm{d}N_1}{\mathrm{d}t} > 0$ 和 $\dfrac{\mathrm{d}N_2}{\mathrm{d}t} > 0$ 恒成立, 所以种群数量将无限增长趋于无穷.

综上, 一个比较实际的互利共生模型至少应该刻画种群间的互利作用, 并且和竞争模型或捕食与被捕食模型一样, 系统存在正的平衡态和极限环. 基于这一假设, 我们可以利用单种群模型中的模型发展方法, 考虑两个种群的密度制约因素, 即假设两个种群具有有限的环境容纳量, 这样得到如下的模型:

$$\begin{cases} \dfrac{\mathrm{d}N_1}{\mathrm{d}t} = r_1N_1\left(1 - \dfrac{N_1}{K_1} + b_{12}N_2\right) \\ \dfrac{\mathrm{d}N_2}{\mathrm{d}t} = r_2N_2\left(1 - \dfrac{N_2}{K_2} + b_{21}N_1\right) \end{cases} \tag{3.3.2}$$

其中 r_1, r_2, K_1, K_2, b_{12}, b_{21} 都为正常数. 利用与竞争模型 (3.1.1) 中同样的无量纲化变换, 得到如下模型:

$$\begin{cases} \dfrac{\mathrm{d}u_1}{\mathrm{d}\tau} = u_1(1 - u_1 + au_2) \doteq f_1(u_1, u_2) \\ \dfrac{\mathrm{d}u_2}{\mathrm{d}\tau} = \rho u_2(1 - u_2 + du_1) \doteq f_2(u_1, u_2) \end{cases} \tag{3.3.3}$$

其中

$$u_1 = \frac{N_1}{K_1}, \quad u_2 = \frac{N_2}{K_2}, \quad \tau = r_1t, \quad \rho = \frac{r_2}{r_1}, \quad a = b_{12}K_2, \quad d = b_{21}K_1 \tag{3.3.4}$$

模型 (3.3.3) 的平衡态 (u_1^*, u_2^*) 有

$$(0,0), \quad (1,0), \quad (0,1), \quad \left(\frac{1+a}{\delta}, \frac{1+d}{\delta}\right) \tag{3.3.5}$$

其中当 $\delta = 1 - ad > 0$ 时, 内部平衡态存在. 利用模型 (3.3.3) 的线性化分析容易验证平衡态 $(0,0)$, $(1,0)$, $(0,1)$ 都不稳定, 其中 $(0,0)$ 为不稳定结点, $(1,0)$ 和 $(0,1)$ 为鞍点. 若 $1 - ad < 0$, 模型 (3.3.3) 仅有三个边界平衡态 $(0,0)$, $(1,0)$, $(0,1)$. 这说明种群将无限增长, 如图 3.3.1(a) 所示.

而当 $1-ad>0$ 时, 模型 (3.3.3) 中的最后一平衡态是存在的并且为正平衡态. 经过对其线性化分析可知, 它是一个稳定的平衡态, 如图 3.3.1(b) 所示. 第一象限中的所有轨线都趋于 $u_1^*>0, u_2^*>0$, 也就是, $N_1^*>K_1, N_2^*>K_2$, 因此, 每个种群的稳定数量超过在没有互利共生作用下的种群数量的最大值 (环境容纳量).

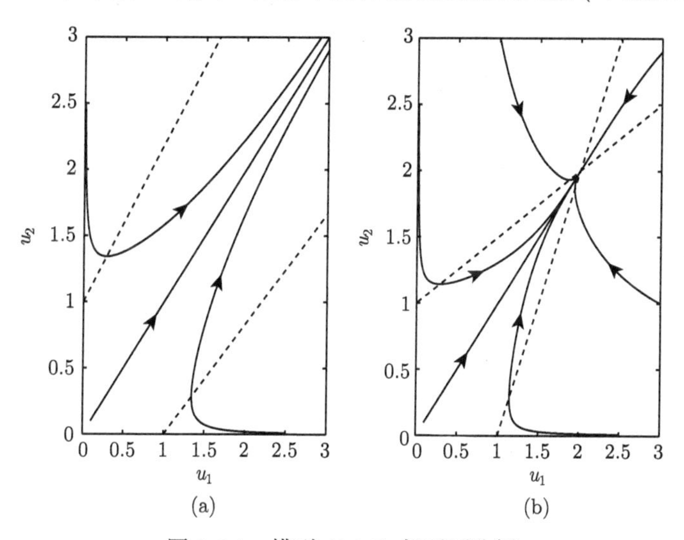

图 3.3.1 模型 (3.3.3) 相平面分析

(a) 两条等倾线没有交点, 即正平衡态不存在, 种群数量趋于无穷; (b) 两条等倾线有交点, 即正平衡态存在, 种群数量趋于该平衡态

这个模型存在的一个缺点是: 种群的无限增长或稳定在正平衡态是非常敏感的. 它仅仅取决于不等式 $1-ad>0$. 这说明当种群之间的互利共生作用太大时, ad 不可能小于 1 而使两个种群都可以无限增长.

3.4 寄生–宿主模型——离散系统

拟寄生物比如胡蜂、苍蝇等, 它们在一个生命周期内, 至少有一个自由生存阶段和一个寄生阶段. 成年寄生生物通常在它的宿主的幼年 (蛹) 上产卵, 比如, 在蝴蝶或者蛾还是毛虫的时期, 在它们化蛹之前吸食宿主, 直至宿主死亡. 近年来, 越来越普遍地利用寄生物来控制害虫的增长. 而大多数寄生物的生命周期只有一年, 因此, 它们的增长方式是离散的, 世代不重叠的, 也就是说利用离散寄生–宿主模型刻画该类种间作用比较实际. 对于上述寄生关系, 研究者提出了一系列模型, 这里首先介绍由 Nicholson 和 Bailey 于 1935 年提出的模型. 记 H_n 为世代 n 时宿主的数量, P_n 为世代 n 时寄生者的数量, r 为宿主的基本再生率, 即在没有寄生虫的条件下, 宿主的平均生产数. c 为能存活到下次生育的单个宿主上的成年寄生虫产卵的平均数. $f(H,P)$ 为未被寄生虫寄生的宿主比例.

在世代的起始对成年寄生虫和将要被寄生的宿主进行统计, 寄生发生后, 未被寄生的宿主数量记为 $Hf(H,P)$, 那么被寄生的宿主数量则为 $H(1-f(H,P))$. 这样得到一般形式的寄生宿主模型

$$\begin{cases} H_{n+1} = rH_n f(H_n, P_n) \\ P_{n+1} = cH_n(1 - f(H_n, P_n)) \end{cases} \tag{3.4.1}$$

假设宿主的动态行为不受密度依赖的影响 (即假设没有种内竞争发生), 那么, 宿主在未被寄生之前, 以几何级数方式增长 ($r>1$). 这样, 模型 (3.4.1) 就仅适用于宿主种群数量受到寄生种群制约的那些寄生宿主关系.

假设模型 (3.4.1) 有一个平衡态 (H^*, P^*), 由第一个方程得到 $rf^*=1$. 此平衡态的稳定性由系统 (3.4.1) 的线性化部分的特征值决定, 即由

$$\boldsymbol{J}^* = \begin{pmatrix} r(f^* + H^* f_H^*) & rH^* f_P^* \\ c(1 - f^* - H^* f_H^*) & -cH^* f_P^* \end{pmatrix} \tag{3.4.2}$$

决定. 矩阵 $\boldsymbol{J}^*$ 的迹和行列式

$$\beta = \mathrm{tr}\boldsymbol{J}^* = rf^* + rH^* f_H^* - cH^* f_P^*$$

$$\gamma = \det \boldsymbol{J}^* = -rH^* c f_P^*$$

根据 Jury 判据 (12.1 节), 如果不等式

$$|\beta| < \gamma + 1, \quad \gamma < 1 \tag{3.4.3}$$

成立, 则此平衡态是稳定的.

作为模型 (3.4.1) 的一个非常特殊的模型, Nicholson 和 Bailey 假设寄生虫搜寻宿主服从一个参数为 α 的 Poisson 分布, α 称为搜寻效率. 从个体的观点来看, 若搜寻从 n 时刻开始, 经过 τ 时间后完成搜寻, 在此过程中, 假设宿主被发现的概率与两个种群数量成比例, 则当 $n<t<n+\tau$ 时, 有

$$\frac{\mathrm{d}H}{\mathrm{d}t} = -\alpha PH \tag{3.4.4}$$

如果在此搜寻时间段寄生虫的数量为常数 $P=P_n$. 开始搜寻时, $H(n)=H_n$, 而在结束时, 由 f 的定义, $H(n+\tau)=H_n f(H_n,P_n)$, 解方程 (3.4.4) 得到

$$H(n+\tau) = H_n \exp(-\alpha P_n \tau) = H_n \exp(-aP_n), \quad a = \alpha\tau$$

因此, $f(H_n,P_n)=\exp(-aP_n)$, 则方程 (3.4.1) 变为 Nicholson-Bailey 模型

$$\begin{cases} H_{n+1} = rH_n \exp(-aP_n) \\ P_{n+1} = cH_n\left[1 - \exp(-aP_n)\right] \end{cases} \tag{3.4.5}$$

3.4.1 Nicholson-Bailey 模型分析

模型 (3.4.5) 存在零平衡态 $(0,0)$ 和内部平衡态 (H^*, P^*), 其中 H^*, P^* 满足方程

$$1 = r\exp[-aP^*], \quad P^* = cH^*[1-\exp(-aP^*)]$$

因此, 当 $r>1$ 时, 有正平衡态 (H^*, P^*), 其中

$$P^* = \frac{1}{a}\ln r, \quad H^* = \frac{r}{ac(r-1)}\ln r \tag{3.4.6}$$

平衡态的稳定性由下面 Jacobian 矩阵的特征值来决定

$$\boldsymbol{J}^* = \begin{pmatrix} r\mathrm{e}^{-aP^*} & -arH^*\mathrm{e}^{-aP^*} \\ c(1-\mathrm{e}^{-aP^*}) & acH^*\mathrm{e}^{-aP^*} \end{pmatrix} \tag{3.4.7}$$

对于 $(0,0)$ 平衡态, Jacobian 矩阵变为

$$\boldsymbol{J}^* = \begin{pmatrix} r & 0 \\ 0 & 0 \end{pmatrix} \tag{3.4.8}$$

即存在特征根 r 和 0. 因此, 如果 $r>1$, $(0,0)$ 是一个不稳定的鞍点.

对于内部平衡态, Jacobian 矩阵变为

$$\boldsymbol{J}^* = \begin{pmatrix} 1 & -\dfrac{1}{c}\cdot\dfrac{r}{r-1}\ln r \\ c\left(1-\dfrac{1}{r}\right) & \dfrac{1}{r-1}\ln r \end{pmatrix} \tag{3.4.9}$$

其特征方程为

$$P(\lambda) = \lambda^2 - \left(1+\frac{\ln r}{r-1}\right)\lambda + \frac{r\ln r}{r-1} = 0 \tag{3.4.10}$$

如果上述特征方程所有的特征根的模都小于 1, 则内部平衡态就是局部渐近稳定的. 这样, 我们只需验证 12.1 节中的三个 Jury 条件. 对于 $r>1$, 有

$$P(1) = 1-\left(1+\frac{\ln r}{r-1}\right)+\frac{r\ln r}{r-1} = \ln r > 0 \tag{3.4.11}$$

和

$$P(-1) = 1+\left(1+\frac{\ln r}{r-1}\right)+\frac{r\ln r}{r-1} = 2+\frac{r+1}{r-1}\ln r > 0 \tag{3.4.12}$$

这样, 前两个条件自然成立, 对于第三个条件, 必须满足

$$\frac{r\ln r}{r-1} < 1 \tag{3.4.13}$$

成立. 等价地有

$$r - 1 - r\ln r > 0$$

这与 $r > 1$ 矛盾. 所以如果内部平衡态存在, 则它是不稳定的.

Nicholson-Bailey 模型是一个标准的寄生–宿主模型, 然而正平衡态的不稳定性启发我们有必要改进模型. 在对模型进行改进时, 在符合模型基本假设的前提下, 使得平衡态稳定. 比如一种改进的方法就是: 利用一个负二项式分布代替指数分布从而得到

$$f(H,P) = \left(1 + \frac{bP}{k}\right)^{-k}$$

这里 k 为密集参数, 当 $k \to \infty$, 此分布函数趋近于 Poisson 分布函数. 另一个重要的假设就是考虑密度制约因素的影响, 下面加以介绍.

3.4.2 密度依赖的寄生–宿主模型

重新观察模型 (3.4.5) 的一些隐含假设. 由方程的形式可以看出宿主的增长不受其密度的限制, 可以无限地增大, 这是相当不符合实际的. 所以对模型 (3.4.5) 中 H_n 的方程进行改进是有理由的, 可以加入一个关于宿主的密度依赖项而得到模型

$$\begin{cases} H_{n+1} = H_n \exp\left[r\left(1 - \dfrac{H_n}{K}\right) - aP_n\right] \\ P_{n+1} = H_n\left[1 - \exp(-aP_n)\right] \end{cases} \tag{3.4.14}$$

当 $P_n = 0$ 时, 方程 (3.4.14) 变为第 2 章中的单种群模型, 并且当 $0 < r < 2$ 时该单种群模型有一个稳定的平衡态 $H^* = K$. 从而当 $r > 2$ 时, 它会产生振动现象并有周期解. 当然, 我们期望在 $r = 2$ 时, 模型 (3.4.14) 会出现第一个分支, 并随着 r 的增大产生更多的分支. Beddington 已经对此模型作了细致的研究.

模型 (3.4.14) 的非平凡平衡态满足

$$1 = \exp\left[r\left(1 - \frac{H^*}{K}\right) - aP^*\right] P^* = H^*\left[1 - \exp(-aP^*)\right] \tag{3.4.15}$$

由模型 (3.4.14) 的第一个方程得到

$$P^* = \frac{r}{a}\left(1 - \frac{H^*}{K}\right) \tag{3.4.16}$$

将其代入第二个方程得到关于 H^* 的超越方程

$$\frac{r\left(1 - \dfrac{H^*}{K}\right)}{aH^*} = 1 - \exp\left[-r\left(1 - \frac{H^*}{K}\right)\right] \tag{3.4.17}$$

这样正平衡态就没有解析求解公式了, 但我们可以利用图解法来确定上述超越方程解的存在性. 需要强调的是系统 (3.4.14) 的动态行为非常复杂, 存在各种类型的分支、周期解甚至混沌现象, 只能利用数值的方法对系统稳定性进行判定, 以及对系统的动态行为进行分析. 有兴趣的读者可参考文献 [122].

3.5 混合多种群模型——害虫综合控制

在上面几节我们分别介绍了利用微分方程建立的连续两种群竞争、捕食–被捕食、合作系统, 利用差分方程刻画的离散寄生宿主模型. 近年来, 一种具有连续增长和离散事件耦合的混合系统得到了快速发展和广泛的应用研究, 其中包括脉冲系统和非光滑切换系统. 为了使读者对这方面的知识基本了解, 这一节向大家介绍脉冲捕食与被捕食模型在害虫综合治理中的应用研究, 在第 4 章中向大家介绍非光滑切换系统在传染病预防控制中的应用研究.

3.5.1 综合害虫治理

综合害虫治理 (IPM) 是对有害生物的一种管理系统, 它按照有害生物的种群动态及与之相关的环境关系, 尽可能协调地运用适当的技术和方法, 使有害生物种群保持在经济危害水平之下[87, 119, 133, 134]. 综合害虫治理采取的措施主要有化学防治、生物防治 (包括用生物代谢物、信息素、捕食或寄生者)、栽培措施防治 (如轮作、改变种植期、改善环境卫生条件等)、机械或物理防治、遗传防治等.

害虫综合防治的目的是要把害虫种群数量控制在一定范围内, 使造成的损失在经济危害水平以下, 而不是彻底消灭害虫. 为了控制害虫数量不超过经济危害水平, 我们必须在害虫数量到达该水平之前实施综合控制策略, 但在应用中一个非常棘手的问题是提前到什么时间即害虫数量多大时实施控制策略. 由于这一时间取决于害虫种群的增长规律、农药的价格、作物当前的市场价格、控制害虫的成本以及其他未知因素. 害虫综合治理中把在这一临界时间上害虫种群的数量称为“经济阈值” (economic threshold, ET). 由此可见经济危害水平和经济阈值是综合害虫治理中的两个核心概念, 它们的具体定义如下.

定义 3.5.1 *经济危害水平*(economic injury level, EIL) *是指某种有害生物引起经济损失的最低种群密度; 经济阈值是为防止有害生物达到经济危害水平而采取控制措施时的有害生物种群密度.*

综合害虫治理可形象地用图 3.5.1 来描述. 从图 3.5.1 可以看出, 为了防止害虫数量超过 EIL, 考虑到各种滞后因素, 必须在害虫到达 EIL 之前采取综合控制策略, 即当害虫数量到达 ET 时就应实施综合的控制方案. 总结起来综合害虫治理有如下四个特点: ① 从生产全局和生态总体出发, 以预防为主, 强调利用自然界对害虫的控制因素, 达到控制病虫害发生的目的; ② 合理运用各种防治方法, 使其相互协调, 取长补短, 它不是许多防治方法的机械拼凑和组合, 而是在综合考虑各种因素的基础上, 确定最佳防治方案, 综合治理并不排斥化学防治, 但尽量避免杀伤天敌和污染环境; ③ 综合治理并不是以消灭病虫为准则, 而是把害虫控制在经济允许水平之下; ④ 综合治理不是降低防治要求, 而是把防治技术提高到安全、经济、简便、有效等水平上.

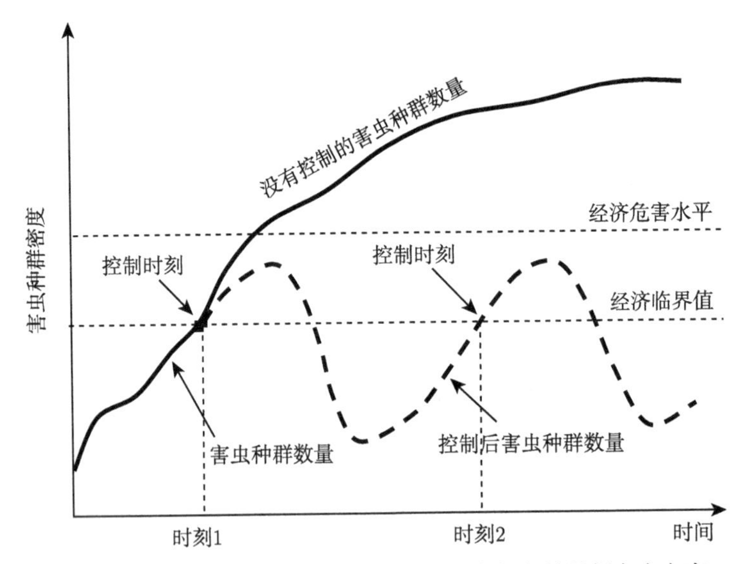

图 3.5.1　经济危害水平 (EIL) = 导致经济损害的最低害虫密度

经济临界值 (ET) = 为阻止害虫不超过经济危害水平而必须采取控制措施的害虫数量. 箭头说明在该点必须采取综合害虫控制以防止害虫的数量超过经济临界值

那么如何把上述问题转化为数学模型, 建立具有综合治理策略的害虫控制系统, 研究综合控制策略实施的最佳时间, 帮助寻求最优的经济阈值和评估控制策略的有效性呢? 下面向大家介绍这方面的一些基本建模思想, 即在本章介绍的捕食–被捕食模型中引入 IPM 策略, 对模型进行必要的分析并解释相应的生物结论. 本节首先介绍一种特殊的控制策略以期根除害虫, 然后介绍如何建立模型研究把害虫种群数量控制在 EIL 以下. 有关害虫综合治理与资源最优管理的数学模型在后面章节还将相继介绍.

3.5.2　脉冲时刻固定的害虫综合治理模型

为了使问题简化, 我们首先假设害虫控制策略比如生物控制、化学控制和物理控制在农作物生长周期内的特定时间实施, 设控制周期为 T, 这样可以利用 12.3 节介绍的脉冲微分方程建模方法得到下面固定时刻脉冲的害虫–天敌模型

$$\begin{cases} \left.\begin{aligned} \frac{\mathrm{d}N_1(t)}{\mathrm{d}t} &= N_1(t)[a-bN_2(t)] \\ \frac{\mathrm{d}N_2(t)}{\mathrm{d}t} &= N_2(t)[cN_1(t)-d] \end{aligned}\right\} t\neq nT \\ \left.\begin{aligned} N_1(nT^+) &= q_1N_1(nT) \\ N_2(nT^+) &= q_2N_2(nT)+\tau \end{aligned}\right\} t=nT \end{cases} \tag{3.5.1}$$

其中 $N_1(t), N_2(t)$ 分别表示 t 时刻害虫和天敌种群的数量或密度, T 是脉冲影响的周期, q_1 $(0<q_1\leqslant 1)$ 表示一次喷洒杀虫剂或是人工捕杀后害虫的残存率, q_2 可以根据情况有不同的生物解释, 如果 $0<q_2<1$, 则可以解释为杀虫剂在杀死害虫的同时也杀死了天敌, 也可以解释为天敌的存活率. 如果 $q_2\geqslant 1$, 则可以解释为投放天敌的数量依赖其在 nT 时刻的种群密度, τ 是常数的投放或从外部环境中迁入的天敌种群密度或数量. 模型中的其他参数意义可以参考第 3 章前几节的有关内容.

利用固定时刻实施综合害虫控制的一个目的就是设计合适的控制策略, 使得害虫数量趋向于零, 即害虫得以根除. 从数学上来说就是模型 (3.5.1) 存在形式为 $(0, N_2^T(t))$ 的解. 为了实现该目标, 首先考虑下面的天敌子系统

$$\begin{cases} \dfrac{\mathrm{d}N_2(t)}{\mathrm{d}t} = -dN_2(t), & t\neq nT \\ N_2(nT^+) = q_2N_2(nT)+\tau, & t=nT \end{cases} \tag{3.5.2}$$

不妨设初始时刻天敌的数量为 $N_2(0^+)=N_{20}$. 注意到模型 (3.5.2) 没有脉冲影响时在任何区间 $(nT,(n+1)T]$ 是可以直接积分求解的, 即模型 (3.5.2) 的第一个方程对任意 $t\in(nT,(n+1)T]$ 积分得到

$$N_2(t) = N_2(nT^+)\mathrm{e}^{-d(t-nT)}, \quad t\in(nT,(n+1)T]$$

在时刻 $(n+1)T$, 实施一次控制策略, 得到

$$N_2((n+1)T^+) = q_2N_2(nT^+)\mathrm{e}^{-dT}+\tau \tag{3.5.3}$$

等式 (3.5.3) 对所有的 $n=0,1,2,\cdots$ 成立, 如果记 $Y_n=N_2(nT^+)$, 方程 (3.5.3) 变成如下简单的线性差分方程

$$Y_{n+1} = q_2\mathrm{e}^{-dT}Y_n+\tau \tag{3.5.4}$$

如果 $q_2\mathrm{e}^{-dT}<1$, 则差分方程存在唯一的正平衡态 $Y^*=\dfrac{\tau}{1-q_2\mathrm{e}^{-dT}}$, 且是渐近稳定的. 正平衡态 Y^* 对应于模型 (3.5.2) 如下的稳定周期解

$$N_2^T(t) = Y^*\mathrm{e}^{-d(t-nT)}, \quad t\in(nT,(n+1)T], \quad n=0,1,2,\cdots$$

总结上面的讨论得到下面的结论.

引理 3.5.1　模型 (3.5.2) 有一个正的周期解 $N_2^T(t)$, 并且当 $t\to\infty$ 时, 其他的解 $N_2(t)$ 满足 $|N_2(t)-N_2^T(t)|\to 0$.

由于对任意的 $N_2(t)$, $N_1(t)=0$ 始终是模型 (3.5.1) 中第一个方程的解. 因此, 得到模型 (3.5.1) 存在害虫根除周期解

$$(0,N_2^T(t))=\left(0,\frac{\tau\exp(-d(t-nT))}{1-q_2\exp(-dT)}\right),\quad t\in(nT,(n+1)T] \tag{3.5.5}$$

对于害虫根除周期解 (3.5.5), 有下面的主要结论 (该定理的证明需要用到12.3节的部分内容).

定理 3.5.1　设 $(N_1(t),N_2(t))$ 是模型 (3.5.1) 的任意解, 当

$$a<\frac{1}{T}\left(\ln\frac{1}{q_1}\right)+\frac{b\tau}{d}\frac{1-\mathrm{e}^{-dT}}{1-q_2\mathrm{e}^{-dT}} \tag{3.5.6}$$

时, 害虫根除周期解 $(0,N_2^T(t))$ 是全局渐近稳定的.

证明　首先, 证明局部稳定性. 为此作变换 $N_1(t)=u(t), N_2(t)=N_2^T(t)+v(t)$, 系统 (3.5.1) 在相应变分方程处的解为

$$\begin{pmatrix}u(t)\\v(t)\end{pmatrix}=\boldsymbol{\Phi}(t)\begin{pmatrix}u(0)\\v(0)\end{pmatrix},\quad 0\leqslant t<T$$

其中 $\boldsymbol{\Phi}$ 满足

$$\frac{\mathrm{d}\boldsymbol{\Phi}}{\mathrm{d}t}=\begin{pmatrix}a-by^T(t) & 0\\ cy^T(t) & -d\end{pmatrix}\boldsymbol{\Phi}(t)$$

和 $\boldsymbol{\Phi}(0)=\boldsymbol{I}$, $\boldsymbol{I}$ 是单位矩阵. 系统 (3.5.1) 的第三个和第四个方程变为

$$\begin{pmatrix}u(nT^+)\\v(nT^+)\end{pmatrix}=\begin{pmatrix}q_1 & 0\\0 & q_2\end{pmatrix}\begin{pmatrix}u(nT)\\v(nT)\end{pmatrix}$$

因此, 如果单值矩阵

$$\boldsymbol{M}=\begin{pmatrix}q_1 & 0\\0 & q_2\end{pmatrix}\boldsymbol{\Phi}(T)$$

的特征值的模小于 1 , 则周期解 $(0,N_2^T(t))$ 是局部稳定的. 实际上单值矩阵 $\boldsymbol{M}$ 的两个 Floquet 乘子是

$$\mu_1=q_2\mathrm{e}^{-dT}<1,\quad \mu_2=q_1\exp\left[\int_0^T(a-bN_2^T(t))\mathrm{d}t\right]$$

根据 Floquet 理论, 如果 $|\mu_2| < 1$, 即条件 (3.5.6) 成立, 系统 (3.5.1) 的解是局部稳定的.

下面证明周期解 $(0, N_2^T(t))$ 的全局吸引性. 取 $\varepsilon > 0$ 使得

$$\delta \triangleq q_1 \exp\left[\int_0^T (a - b(N_2^T(t) - \varepsilon))\mathrm{d}t\right] < 1$$

由于 $\dfrac{\mathrm{d}N_2(t)}{\mathrm{d}t} > -dN_2(t)$, 考虑下面的脉冲微分方程

$$\begin{cases} \dfrac{\mathrm{d}z(t)}{\mathrm{d}t} = -dz(t), & t \neq nT \\ \Delta z(t) = \tau, & t = nT \\ z(0^+) = N_2(0^+) \end{cases} \tag{3.5.7}$$

根据引理 3.5.1 和定理 12.3.7, 有 $N_2(t) \geqslant z(t)$ 和当 $t \to \infty$ 时 $z(t) \to N_2^T(t)$ 成立. 因此对所有充分大的 t, 不等式

$$N_2(t) \geqslant z(t) > N_2^T(t) - \varepsilon \tag{3.5.8}$$

成立. 为方便起见, 不妨假设 (3.5.8) 对所有 $t \geqslant 0$ 成立. 由方程 (3.5.1) 得到

$$\begin{cases} \dfrac{\mathrm{d}N_1(t)}{\mathrm{d}t} \leqslant N_1(t)(a - b(N_2^T(t) - \varepsilon)), & t \neq nT \\ N_1(nT^+) = q_1 N_1(nT), & t = nT \end{cases} \tag{3.5.9}$$

又由定理 12.3.7 得到

$$\begin{aligned} N_1((n+1)T) &\leqslant N_1(nT^+) \exp\left(\int_{nT}^{(n+1)T} (a - b(N_2^T(t) - \varepsilon))\mathrm{d}t\right) \\ &= N_1(nT) q_1 \exp\left(\int_{nT}^{(n+1)T} (a - b(N_2^T(t) - \varepsilon))\mathrm{d}t\right) \end{aligned} \tag{3.5.10}$$

则 $N_1(nT) \leqslant N_1(0^+)\delta^n$ 且当 $n \to \infty$ 时, $N_1(nT) \to 0$. 由于对任意 $nT < t \leqslant (n+1)T$, 有 $0 < N_1(t) \leqslant N_1(nT) q_1 \exp(aT)$. 因此当 $n \to \infty$ 时, $N_1(t) \to 0$ 成立. 最后利用相似的方法可以证明当 $t \to \infty$ 时, $N_2(t) \to N_2^T(t)$. □

图 3.5.2 给出了模型 (3.5.1) 害虫根除周期解的数值解. 从图 3.5.2 上我们可以清楚地看出天敌 $N_2(t)$ 周期性的振动, 而害虫 $N_1(t)$ 很快地趋向于零. 如果临界条件 (3.5.6) 不成立, 则害虫根除周期解变为不稳定, 害虫数量 $N_1(t)$ 开始出现振动. 如果周期 T 进一步增加, 模型 (3.5.1) 出现可能出现的各种动态行为. 下面仅给出数值模拟结果.

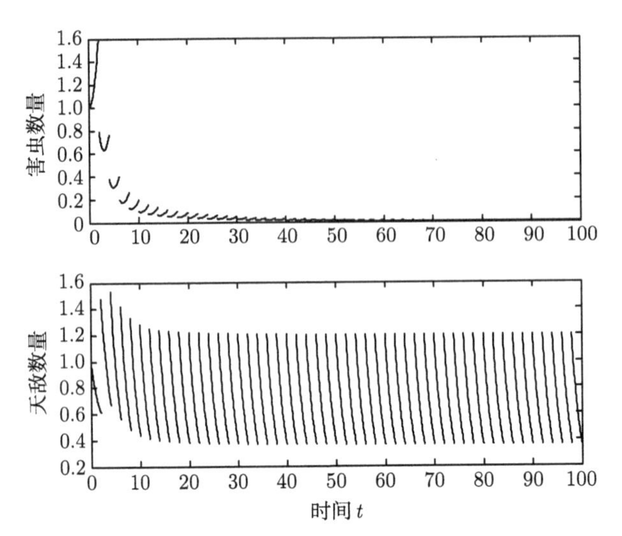

图 3.5.2　模型 (3.5.1) 害虫根除周期解示意图

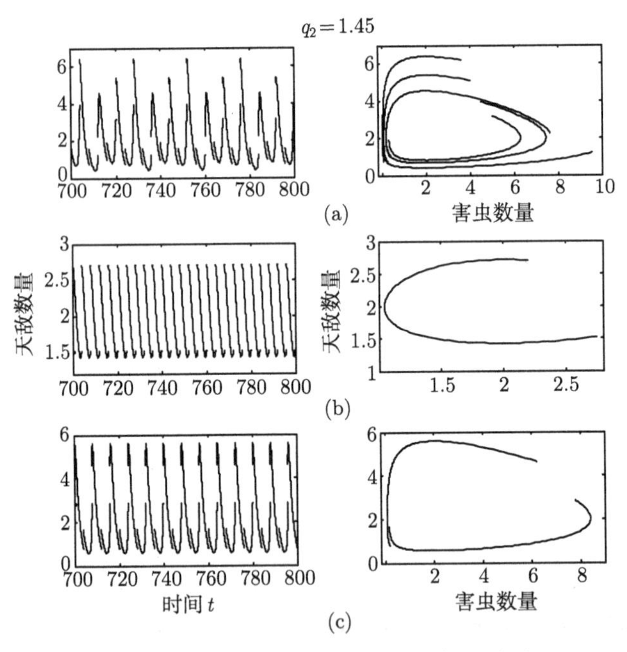

图 3.5.3　模型 (3.5.1) 的三个共存吸引子

其中, $a=2$, $b=1$, $c=0.3$, $d=0.6$, $q_1=1.45$, $\tau=0.5$, $T=4$. 图中初值从上至下依次为: $(N_{10},N_{20})=(0.2,0.2),(0.6,0.8),(0.9,0.4)$. (a) 六次脉冲吸引子; (b) 一次脉冲吸引子; (c) 两次脉冲吸引子

由图 3.5.3 可以看出, 当选定所有参数, 分别选取不同的初值, 模型 (3.5.1) 会

出现一次脉冲周期解, 两次脉冲周期解和六次脉冲周期解. 由此可以看出, 系统的解将趋向哪个周期解依赖于害虫和天敌的初始条件. 为了说明到底从哪些初始值出发的解会趋向于图 3.5.3 中的三个不同周期解, 可以选定初始值作为未知参数, 利用数值求解确定趋向于这三个解的初始值集合.

在坐标平面内, 随着时间增加, 不同区域内的解将可能趋向不同的周期解, 最终形成该周期解的一个吸引域. 图 3.5.4 是包含有三个不同周期解的吸引域, 其中蓝色、红色、绿色区域分别是六阶周期解、一阶周期解、二阶周期解的吸引域. 这种现象表明模型 (3.5.1) 的动力学行为完全由这些全局或者局部稳定的周期解以及它们的共存现象决定, 也就是说害虫的控制要依赖于害虫和天敌的初始值. 因此, 害虫和天敌的初始数量在害虫的控制上将起到至关重要的作用.

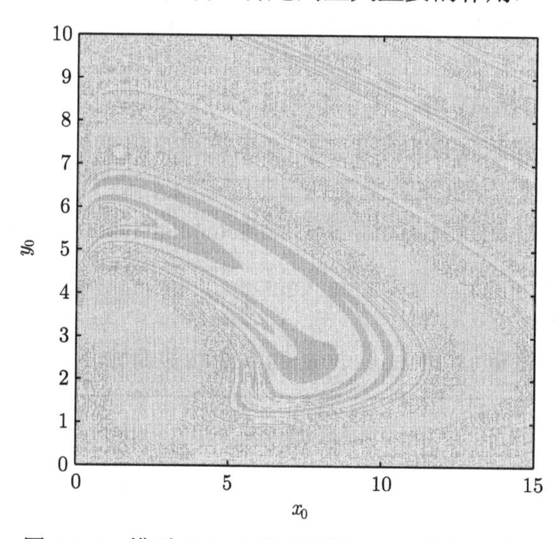

图 3.5.4　模型 (3.5.1) 相应于图 3.5.3 的盆吸引子

其中, $0.01 \leqslant N_{10} \leqslant 15$, $0.01 \leqslant N_{20} \leqslant 10$. 从蓝色、红色、绿色区域出发的解分别依次趋向图 3.5.3 中从上至下的吸引子

(彩图见封底二维码)

在实际生活中, 完全地根除害虫是不可能的, 也不是生态环境和经济上所希望的. 如前所述, 好的害虫控制策略应该将害虫种群数量控制在社会接受的水平之下. 因此, 下面我们根据生态学家、昆虫学家提出综合害虫管理策略以及经济危害水平和经济临阈值的观点, 构造新的模型来研究害虫的综合治理.

3.5.3　状态依赖脉冲的害虫综合治理模型

综合害虫治理是综合利用生物的、化学的和物理的方法来长期控制害虫使其数量不超过经济危害水平. 如图 3.5.1 所示, 只有当害虫种群数量达到 ET 时才实施一个综合控制策略, 即同时利用天敌捕获害虫、喷洒杀虫剂等方法来控制害虫使其不超过经济危害水平. 根据脉冲微分方程基础知识中介绍的建模方法, 我们得到如下的状态依赖脉冲的害虫–天敌模型

$$
\begin{cases}
\left.\begin{aligned}
\frac{\mathrm{d}N_1(t)}{\mathrm{d}t} &= N_1(t)(a-bN_2(t)) \\
\frac{\mathrm{d}N_2(t)}{\mathrm{d}t} &= N_2(t)(cN_1(t)-d)
\end{aligned}\right\} N_1 \neq ET \\
\left.\begin{aligned}
N_1(t^+) &= q_1N_1(t) \\
N_2(t^+) &= q_2N_2(t)+\tau
\end{aligned}\right\} N_1 = ET \\
N_1(0^+) = N_{10}^+ < ET, \quad N_2(0^+) = N_{20}^+
\end{cases}
\tag{3.5.11}
$$

模型 (3.5.11) 中的参数生物意义与模型 (3.5.1) 一致, 不同的是只有当害虫数量达到给定的 ET 时, 模型 (3.5.11) 中的控制策略才得以实施. 这样模型 (3.5.11) 中的任意以 (N_{10}, N_{20}) 为初值的解, 只可能出现下面三种情况之一: ① 害虫数量始终低于 ET, 此时不用采用任何控制策略; ② 害虫数量达到 ET 的次数有限, 即实施有限次的害虫控制措施; ③ 害虫数量达到 ET 的次数无限, 即实施无限次的害虫控制措施. 记模型 (3.5.11) 的解到达 ET 的时刻为 $t_n(n=1,2,\cdots)$, 即对害虫在 t_n 时刻实施控制策略. 这样序列

$$T_n^c = t_n - t_{n-1}$$

就表示害虫暴发的周期, 其中 $t_0=0$, n 由系统解来确定, 可能是有限也可能无限. 为了讨论模型 (3.5.11) 的动态行为, 首先大家需要了解模型 (3.5.11) 没有控制策略下的动态行为, 这一点已在 3.2.1 节得到详细介绍. 下面首先考虑模型在脉冲点序列满足的关系, 进而给出系统的 Poincaré 映射及其重要性质.

定义 R_+^2 上的一个闭子集 $M=\left\{(N_1,N_2)\in R_+^2 \middle| N_1=\mathrm{ET}, 0\leqslant N_2\leqslant \frac{a}{b}\right\}$, 连续函数 $I:(\mathrm{ET},N_2)\in M\to(N_1^+,N_2^+)=(q_1\mathrm{ET},q_2N_2+\tau)\in R_+^2$ 以及 $N=I(M)=\left\{(N_1,N_2)\in R_+^2|N_1=q_1\mathrm{ET},\tau\leqslant N_2\leqslant q_2\frac{a}{b}+\tau\right\}$.

为了确定系统 Poincaré 映射的解析公式, 在此首先给出本书中经常用到的一个特殊函数 (Lambert W 函数), 其在特征方程特征值的判定、微分方程模型求解、状态依赖脉冲微分方程理论分析等方面有很重要的应用, 下面介绍其定义及其主要性质.

定义 3.5.2　Lambert W 函数定义为函数 $z\mapsto z\mathrm{e}^z$ 的多值逆函数, 且满足关系:

$$\text{Lambert } W(z)\exp(\text{Lambert } W(z)) = z \tag{3.5.12}$$

容易验证其导数满足

$$\text{Lambert } W'(z) = \frac{\text{Lambert } W(z)}{z(1+\text{Lambert } W(z))} \tag{3.5.13}$$

首先, 如果 $z>-1$, 函数 $z\exp(z)$ 有正的导数 $(z+1)\exp(z)$. 定义函数 $z\exp(z)$ 在区间 $[-1,\infty)$ 上的逆函数为 Lambert $W(0,z)\triangleq$ Lambert $W(z)$. 相似地, 定义函数 $z\exp(z)$ 在区间 $(-\infty,-1]$ 上的逆函数为 Lambert $W(-1,z)$. 由于研究的问题具有具体的生物背景, 因此对函数自然的限制就是我们只考虑定义在 $z\in[-\exp(-1),0)$ 上的函数 Lambert $W(0,z)$ 和 Lambert $W(-1,z)$, 在后面的研究中我们会看到这一点. 关于 Lambert W 函数更详细的定义和性质, 可以参看文献 [122].

不失一般性, 假定初始值 $(N_{10},N_{20})\in N$. 并且以 (N_{10},N_{20}) 为初值的解脉冲 k 次 (有限或无限次), 记脉冲前后相应的点序列为 $p_i=(\mathrm{ET},y_i)\in M$ 和 $p_i^+=(q_1\mathrm{ET},y_i^+)\in N$, $i=0,1,2,\cdots,k$. 因为 p_{i+1} 和 p_i^+ 在系统解的同一条闭轨线上, 所以 p_{i+1} 和 p_i^+ 就满足以下关系

$$c(1-q_1)\mathrm{ET}-d\ln\left(\frac{1}{q_1}\right)=a\ln\left(\frac{y_{i+1}}{y_i^+}\right)-b(y_{i+1}-y_i^+),\quad i=0,1,\cdots,k$$

即

$$-\frac{b}{a}y_{i+1}\exp\left(-\frac{b}{a}y_{i+1}\right)=-\frac{b}{a}y_i^+\exp\left(-\frac{b}{a}y_i^++\frac{A}{a}\right)$$

其中 $A=c(1-q_1)\mathrm{ET}-d\ln\left(\frac{1}{q_1}\right)$. 注意到所有的点 $p_i(i=0,1,\cdots,k)$ 都位于 Lambert W 函数图像较低的一支上, 再结合 Lambert W 函数的性质可以得到

$$y_{i+1}=-\frac{a}{b}\text{Lambert }W\left(-\frac{b}{a}y_i^+\exp\left(-\frac{b}{a}y_i^++\frac{A}{a}\right)\right)$$

和

$$y_{i+1}^+=-\frac{a}{b}q_2\text{Lambert }W\left(-\frac{b}{a}y_i^+\exp\left(-\frac{b}{a}y_i^++\frac{A}{a}\right)\right)+\tau\triangleq\mathcal{P}(y_i^+)$$

其中 $i=0,1,\cdots,k$.

根据 Lambert W 函数两个实分支的定义域得不等式

$$-\frac{b}{a}y_i^+\exp\left(-\frac{b}{a}y_i^++\frac{A}{a}\right)\geqslant-\mathrm{e}^{-1}\tag{3.5.14}$$

必须成立. 因此, 考虑以下两种情形.

当 $A\leqslant0$ 时, 对于任意的 $y_i^+\geqslant0$, 条件 (3.5.14) 都成立. 事实上, 如果设

$$f_1(z)=-\frac{b}{a}z\exp\left(-\frac{b}{a}z\right),\quad z\geqslant0$$

则其导函数为

$$f_1'(z)=\frac{b^2}{a^2}\exp\left(-\frac{b}{a}z\right)\left(z-\frac{a}{b}\right)$$

所以容易知道 $f_1(z)$ 在 $z=\dfrac{a}{b}$ 时取得最小值 $-\mathrm{e}^{-1}$. 因此, 当 $A\leqslant 0$ 且 $z>0$ 时有

$$-\frac{b}{a}z\exp\left(-\frac{b}{a}z\right)\exp\left(\frac{A}{a}\right)\in[-\mathrm{e}^{-1},0)$$

当 $A>0$ 时, Lambert W 函数同样需要满足条件

$$-\frac{b}{a}z\exp\left(-\frac{b}{a}z\right)\exp\left(\frac{A}{a}\right)\geqslant -\mathrm{e}^{-1}$$

即需要满足以下不等式

$$\frac{b}{a}z\exp\left(-\frac{b}{a}z\right)\leqslant \exp\left(-1-\frac{A}{a}\right)$$

解此不等式可得 $z\in(0,Z_{\min}]\cup[Z_{\max},\infty)$, 其中

$$Z_{\min}=-\frac{a}{b}\,\text{Lambert}\,W\left(-\mathrm{e}^{-1-\frac{A}{a}}\right),\quad Z_{\max}=-\frac{a}{b}\,\text{Lambert}\,W\left(-1,-\mathrm{e}^{-1-\frac{A}{a}}\right)$$

根据 Lambert W 函数的两个分支的值域得到

$$Z_{\min}<\frac{a}{b}<Z_{\max}$$

总结上面得到模型 (3.5.11) 在脉冲点上的 Poincaré 映射为

$$y_{i+1}^{+}=\begin{cases}\mathcal{P}(y_i^{+}), & \tau<y_i^{+}<q_2\dfrac{b}{a}+\tau, & A\leqslant 0\\ \mathcal{P}(y_i^{+}), & y_i^{+}\in(\tau,Z_{\min}]\cup\left[Z_{\max},q_2\dfrac{a}{b}+\tau\right), & A>0\end{cases}\tag{3.5.15}$$

下面的两个定理给出系统 (3.5.11) 脉冲一次的周期解的存在性和稳定性的充分条件, 即阶一周期解的存在性和稳定性.

定理 3.5.2　如果以下条件之一成立, 那么系统 (3.5.11) 存在唯一的阶一周期解:

(1) 当 $q_2=1$ 时, $\mathrm{ET}<\dfrac{d}{c(1-q_1)}\ln\dfrac{1}{q_1}+\dfrac{b\tau}{c(1-q_1)}$ 成立;

(2) 当 $q_2>1$ 且 $A\leqslant 0$ 时, $f\left(q_2\dfrac{a}{b}+\tau\right)<g\left(q_2\dfrac{a}{b}+\tau\right)$ 成立;

(3) 当 $q_2>1$ 且 $A>0$ 时, $f(Z_{\min})\leqslant g(Z_{\min})$ 成立, 或者 $f(Z_{\max})\geqslant g(Z_{\max})$ 和 $f\left(q_2\dfrac{a}{b}+\tau\right)<g\left(q_2\dfrac{a}{b}+\tau\right)$ 成立,

其中

$$f(y)=\left(\frac{1}{q_2}-1\right)\frac{b}{a}y+\frac{A}{a}-\frac{b\tau}{aq_2},\quad g(y)=\ln\left(\frac{1}{q_2}\left(1-\frac{\tau}{y}\right)\right)$$

证明　Poincaré 映射 (3.5.15) 不动点的存在性就可以说明模型 (3.5.11) 周期解的存在性. 因此, 为了证明模型 (3.5.11) 的阶一周期解的存在性, 只需要证明

(3.5.15) 的不动点的存在性. 首先分析以下方程

$$\mathcal{P}(y_*) = -\frac{a}{b}q_2\text{Lambert } W\left(-\frac{b}{a}y_*\exp\left(-\frac{b}{a}y_*+\frac{A}{a}\right)\right)+\tau = y_* \tag{3.5.16}$$

其中 y_* 是 Poincaré 映射 (3.5.15) 的不动点 (即脉冲点序列 $\{y_i^+\}$ 的不动点), 明显有 $y_* > \tau$. 由 (3.5.16) 可以推出

$$\text{Lambert } W\left(-\frac{b}{a}y_*\exp\left(-\frac{b}{a}y_*+\frac{A}{a}\right)\right) = -\frac{b(y_*-\tau)}{aq_2} \tag{3.5.17}$$

又由 $y_* < q_2\dfrac{a}{b}+\tau$ 可得

$$-\frac{b(y_*-\tau)}{aq_2} > -1 \tag{3.5.18}$$

综合 (3.5.16)—(3.5.18) 可得 y_* 满足关系

$$\exp\left(\left(\frac{1}{q_2}-1\right)\frac{b}{a}y_*+\frac{A}{a}-\frac{b\tau}{aq_2}\right) = \frac{1}{q_2}\left(1-\frac{\tau}{y_*}\right) \tag{3.5.19}$$

下面通过分析 (3.5.19) 关于 y_* 的存在性来考虑模型 (3.5.11) 的阶一周期解的存在性, 为此需要考虑以下两种情形.

如果 $q_2 = 1$, 此时 (3.5.19) 就可以简化为

$$\exp\left(\frac{A}{a}-\frac{b\tau}{a}\right) = 1-\frac{\tau}{y_*}$$

又由 $y_* > \tau$ 可知, $0 < 1-\dfrac{\tau}{y_*} < 1$, 所以必须有

$$\frac{A}{a}-\frac{b\tau}{a} < 0$$

才能保证 y_* 的存在性, 其中 $A = c(1-q_1)\text{ET}-d\ln\left(\dfrac{1}{q_1}\right)$. 进而可得当 $q_2 = 1$ 时 y_* 存在的条件为

$$\text{ET} = \text{ET} < \frac{d}{c(1-q_1)}\ln\frac{1}{q_1}+\frac{b\tau}{c(1-q_1)}$$

如果 $q_2 > 1$, 此时由 (3.5.19) 可以推出

$$\left(\frac{1}{q_2}-1\right)\frac{b}{a}y_*+\frac{A}{a}-\frac{b\tau}{aq_2} = \ln\left(\frac{1}{q_2}\left(1-\frac{\tau}{y_*}\right)\right)$$

记

$$f(y_*) = \left(\frac{1}{q_2}-1\right)\frac{b}{a}y_*+\frac{A}{a}-\frac{b\tau}{aq_2}$$

和

$$g(y_*) = \ln\left(\frac{1}{q_2}\left(1 - \frac{\tau}{y_*}\right)\right)$$

因为 $q_2 > 1$, 所以 $f(y_*)$ 的图像通过第二和第四象限. 又因为 $\lim\limits_{y_* \to \tau} g(y_*) = -\infty$. 所以, 当 $A \leqslant 0$ 时, 如果满足条件

$$f\left(q_2 \frac{b}{a} + \tau\right) < g\left(q_2 \frac{b}{a} + \tau\right)$$

Poincaré 映射 (3.5.15) 就存在唯一的不动点 y_*.

当 $A > 0$ 时, 如果满足条件

$$f(Z_{\min}) \leqslant g(Z_{\min})$$

或者 $f(Z_{\max}) \geqslant g(Z_{\max})$ 和 $f\left(q_2 \frac{a}{b} + \tau\right) < g\left(q_2 \frac{a}{b} + \tau\right)$ 同时成立, Poincaré 映射 (3.5.15) 就存在唯一的不动点 y_*. □

利用定义 3.5.2 和定理 12.3.1 可以证明系统阶一周期解的轨道渐近稳定性, 下面不加证明地只写出主要结论.

定理 3.5.3　*如果满足条件*

$$y_* < \frac{(b\tau + b\tau q_2 + 2aq_2) + \sqrt{b^2\tau^2(1+q_2)^2 + 4a^2q_2^2}}{2b(1+q_2)}$$

那么模型 (3.5.11) 的阶一周期解是渐近稳定的.

最后我们感兴趣的是天敌的投放比例 q_2 如何影响模型 (3.5.11) 的动力学行为. 为了弄清楚这个问题, 选取 q_2 作为分支参数, 并通过数值分析的方法来寻找模型 (3.5.11) 的周期解. 从图 3.5.5 可以看出, 随着 q_2 的增大, 系统解由阶一分支为阶二, 并最终趋向混沌解. 这些现象说明模型 (3.5.11) 除了阶一和阶二周期解外, 还可能有阶四、阶八或更复杂的周期解. 在图 3.5.5 中, 选取不同的 q_2, 得到了四种不同类型的解.

通过上面的模型建立和理论分析, 希望大家了解如何把一个复杂的生物问题转化为数学模型, 并通过对数学模型的理论分析、数值求解等来解释生物问题. 比如本研究实例得到的害虫根除临界条件就告诉我们可以根据害虫的自然增长规律、害虫控制策略等满足的不等式来设计合理的控制措施. 当然由于我们这里介绍的模型相对简单, 很多关键因素没有考虑进去, 比如害虫–天敌系统中没有考虑害虫本身的密度制约因素; 没有考虑投放天敌和喷洒杀虫剂的最佳时间; 没有考虑如何实施控制策略使得经济效益达到最大等, 对这些后继工作比较感兴趣的读者可以参考文献 [77, 119, 121, 122].

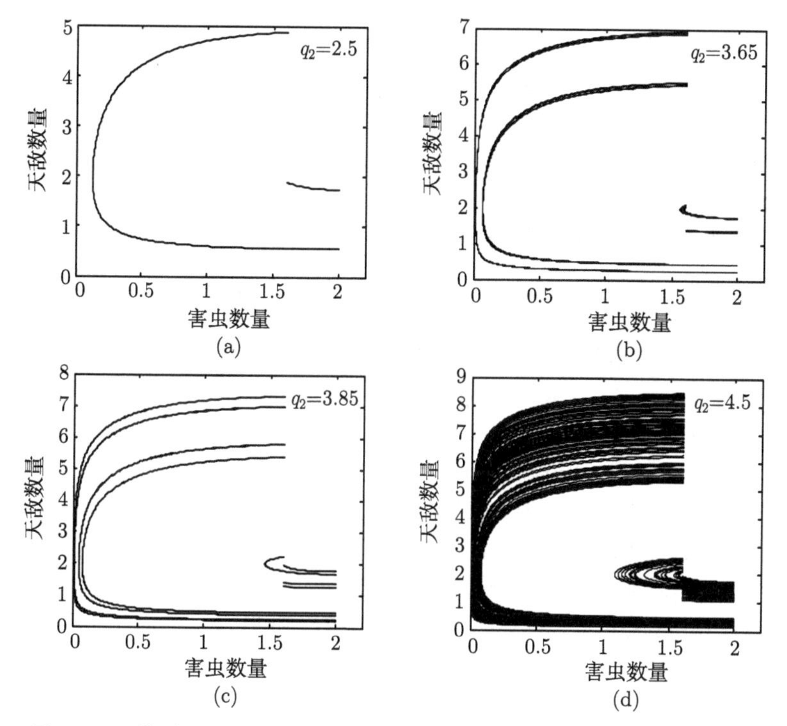

图 3.5.5 模型 (3.5.1) 中参数 q_2 变化时各类周期解的存在性数值实现

其中, $a=2$, $b=1$, $c=0.3$, $d=0.6$, $q_1=1.45$, $\tau=0.5$, $\mathrm{ET}=2$

习 题 三

3.1 如果只考虑两个种群中的一个具有密度制约效应, 则考虑下面的竞争模型

$$\begin{cases} \dfrac{\mathrm{d}N_1}{\mathrm{d}t}=r_1N_1\left(1-\dfrac{N_1}{K_1}-a_{12}\dfrac{N_2}{K_1}\right) \\ \dfrac{\mathrm{d}N_2}{\mathrm{d}t}=r_2N_2\left(1-a_{21}\dfrac{N_1}{K_2}\right) \end{cases}$$

利用无量纲化简化系统参数, 确定模型平衡态并研究它们的稳定性, 同时画出轨线附近的相图. 通过参数空间描述竞争排斥原理以及种群 2 灭绝的参数区域.

3.2 两种群相互作用的关系可用下面的模型刻画

$$\begin{cases} \dfrac{\mathrm{d}N_1}{\mathrm{d}t}=r_1N_1\left(1-\dfrac{N_1}{K_1}\right)-a_{12}N_1N_2[1-\exp(-bN_1)] \\ \dfrac{\mathrm{d}N_2}{\mathrm{d}t}=-dN_2+cN_2[1-\exp(-bN_1)] \end{cases}$$

其中 a_{12},b,d,c,r_1,K_1 是正常数. 根据参数叙述两种群的相互作用关系并说明各项的生物意义.

利用无量纲化变化

$$u=\frac{N_1}{K_1},\quad v=\frac{a_{12}N_2}{r},\quad \tau=r_1t,\quad \alpha=\frac{c}{r_1},\quad \delta=\frac{d}{r_1},\quad \beta=bK_1$$

简化系统, 确定模型非负平衡态并研究它们的局部稳定性. 给出内部平衡态存在的参数区域以及参数变化对其存在性的影响.

3.3　下面为 Lotka-Volterra 竞争模型

$$\frac{\mathrm{d}u}{\mathrm{d}t}=u(1-u-av),\quad \frac{\mathrm{d}v}{\mathrm{d}t}=cv(1-bu-v)$$

(a) 用 Dulac 准则证明这个系统在第一象限无周期解.

(b) 给出函数 $\Phi(u,v)=c(u-u^*\log u)+v-v^*\log v$, 并用 Φ 证明当共存态稳定时, 对任意第一象限内的初值, 共存态是全局渐近稳定的.

3.4　改进 Nicholson-Bailey 模型 (3.4.5) 使得宿主的数量满足 $H_{n+1}=R_0H_n(1+aH_N)^{-b}$. 问在这种假设下, 对于寄生虫 P 的方程需不需要改进? 这种假设是否改变了解的动态行为.

3.5　在刻画寄生虫之间“互扰”的行为时, 可以将模型 (3.4.1) 中的 f 变为 $f(H,P)=\exp(-a_0P^{1-m})$. 请解释为什么此方程能说明寄生虫的“互扰”, 利用数值方法说明它怎样改变了方程的解, 比如观察参数 m 从 0.4 变到 0.8 时解的变动情况.

第 4 章　传染病模型

传染病 (infectious diseases) 是由各种病原体引起的能在人与人、动物与动物或人与动物之间相互传播的一类疾病. 传染病的发生是致病微生物、宿主与环境相互作用的结果. 传染病是威胁人类健康的大敌, 其传播过程的定量描述和预测对公共卫生有着重要作用, 也是我们所面临的一个巨大挑战. 本章介绍一些传染病建模的基本理论和方法. 有关传染病模型理论和应用研究的专著非常多, 读者可以参看文献 [4,18,60,88,89].

4.1　传染病流行和模型概况

传染病肆虐人类的历史有数千年之久，在漫长的历史长河中，传染病给人类带来了许多灾难. 如 6 世纪天花在中东地区大流行时有的国家死亡人数达 10% ~ 15%. 1347 年到 1352 年鼠疫在欧洲的流行使 2500 多万人死于非命, 接近当时欧洲人口的 1/3. 第一例艾滋病病例在美国出现后，迄今已导致 200 多个国家和地区的 2000 多万人死亡. 2002 年冬至 2003 年春夏流行的非典型肺炎 (severe acute respiratory syndrome, SARS), 短短数月波及 30 多个国家和地区, 共报告 8437 例, 对世界各国政治、经济及社会生活带来极大的冲击. 2009 年的甲型 H1N1 流感也给我们的健康和生活带来了严重的影响.

长期以来, 人类与传染病的斗争一直没有停止, 在传染病防治方面也取得了显著成绩. 我国传染病防治工作取得了举世瞩目的成就. 1962 年, 我国已不再有野毒株引起的天花病例, 比全世界提前 16 年消灭了天花. 1994 年我国基本消灭丝虫病, 1995 年以后, 已实现“无脊灰状态”, 1998 年基本消灭麻风病. 艾滋病防治工作持续深入, 有效实施了艾滋病公共干预措施, 初步遏制了艾滋病的蔓延势头. 我国结核病控制策略 (DOTS) 覆盖率达到 100%、患者发现率达到 79%, 结核病预防控制工作步入新阶段. 随着国际贸易与交往的发展、环境与生态的变化, 以及病原体和传播媒介抗药性的增强, 原来已临近灭绝或被控制的许多传染病又在小范围流行, 而且也出现了许多新型的传染病. 像 2003 年的 SARS 和 2009 年的 A/H1N1 流感. 传染病的流行给我们的公共卫生体系提出了新的要求, 也给传染病模型的研究提出了一系列新问题.

利用模型描述和分析传染病传播的数量规律, 是传染病动力学的一种重要方法. 根据疾病的发生、传播机理、生物学因素和社会影响等建立反映其特点的数学模型, 通过对模型性态的定性、定量分析和数值模拟, 揭示其流行规律, 预测其变化发展趋势, 分析疾病流行的原因和关键因素, 来寻求对疾病预防和控制的最优策略, 以使人们对传染病流行规律的认识更加深入全面.

对传染病流行规律和发展趋势的数学建模与定量研究国内外已有多年历史. 早在 1760 年 Bernoulli 就曾用数学模型研究过天花的传播, 1906 年 Hamer 为了搞清楚麻疹的反复流行的原因, 构造并分析了一个离散时间模型, 1911 年公共卫生医生 Ross 博士利用微分方程模型对蚊子与人群之间传播疟疾的动态行为进行了研究, 其结果表明如果将蚊虫的数量减少到一个临界值以下, 那么疟疾的流行将会得以控制. 1927 年 Kermack 与 McKendrick 为了研究 1665—1666 年黑死病在伦敦的流行规律以及 1906 年瘟疫在孟买的流行规律[61], 构造了著名的 SIR 仓室模型, 在 1932 年提出了 SIS 仓室模型[62, 63]. 分析所建立模型, 提出了疾病是否符合流行的“阈值理论”, 为传染病模型研究奠定了基础. 近 20 年来, 国际上传染病动力学的研究进展极为迅速, 大量的数学模型被用于分析各种各样的传染病问题. 这些模型涉及接触传播、垂直传播、虫媒传播等不同传播方式, 也考虑疾病的潜伏期, 探讨隔离、接种免疫、交叉感染、年龄结构、空间迁移或扩散等因素.

在传染病的流行期间, 人们十分关心有多少正在患病的感染者, 有多少人已经被治愈等问题在建立传染病模型时很自然地将所有人口分为不同的类型 (仓室, compartment), 如易感者 (susceptible) 类、染病者 (infectives) 类、移除者 (removed) 类、潜伏者 (exposed) 类等. 令 $S(t)$ 表示时刻 t 未染病但有可能被感染的易感者类人数, $I(t)$ 表示 t 时刻已被感染成病人而且具有传染力的染病者类人数, $R(t)$ 表示 t 时刻已从染病者类移出的移除者类人数, $E(t)$ 表示 t 时刻已经被感染但还没有发病的潜伏者类人数, 针对不同疾病的传播机理, 将人口适当地分类, 弄清楚各类人员之间的转换关系, 就可以建立起相应的传染病模型. 进而利用模型和已有数据来研究如下的传染病问题:

(1) 传染病会不会流行?

(2) 如果传染病会流行, 将会有多少人感染?

(3) 如果形成地方病, 那么传染病的流行程度怎样?

(4) 传染病可以被消除或控制吗?

(5) 人口的出生、迁移、年龄结构、性别等对传染病的流行有何影响?

在以下几节中, 我们将考虑不同的疾病在人群中的传播情况. 首先介绍描述传染病的最基本的仓室模型, 然后讨论疾病消除和被控制的情况, 最后考虑混合或年龄结构不均匀或交叉感染以及随机因素等对传染病的影响.

4.2 SIS 传染病模型

在最简单的传染病中, 将人群分为易感者和染病者两类. 如果假设少数染病者被引入易感者中，由于疾病具有传染性, 传染病会通过易感者和染病者的有效接触而传播. 假设一个易感者一旦被感染就立即变成染病者并且不再恢复, 其传播过程如图 4.2.1 所示. 上述假设对于一些传染病的初始状态来说是一种合理的近似. 如果不考虑出生、死亡以及疾病导致的额外死亡等因素, 即假设人群是封闭的. 此时有

$$S(t) + I(t) = N$$

其中 $S(t)$ 和 $I(t)$ 表示 t 时刻易感者和染病者的数量, N 为常数, 表示总人数. S 和 I 满足的微分方程的一般形式为

$$\frac{\mathrm{d}S}{\mathrm{d}t} = -f(S,I), \quad \frac{\mathrm{d}I}{\mathrm{d}t} = f(S,I) \tag{4.2.1}$$

其中 $f(S,I)$ 为发生率. 显然, 函数 f 是 S 和 I 的增函数, 最简单的形式如图 4.2.1 所示的双线性函数, 即

$$f(S,I) = \lambda(I)S = \beta IS$$

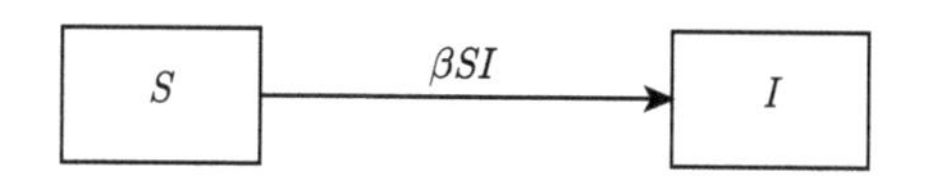

图 4.2.1 SI 型传染病模型传播示意图

函数 $\lambda(I)$ 称为传染力, 它是一个重要的流行病学概念. 它表示一个易感者接触到疾病被传染的概率, 即一个易感者在下一个时间段 δt 内接触到疾病被传染的概率为 $\lambda(I)\delta t + o(\delta t)^2$. 对于 $\lambda(I) = \beta I$, 参数 β 称为传染率, 即一个易感者和一个染病者接触后被传染的概率. 这就是双线性发生率. 与前面介绍的捕食与被捕食模型类似, 这种双线性发生率也存在一些不足, 需要改进, 比如我们可以从如下两个方面进行:

(1) 染病者对易感者的功能性反应 βS 是线性的, 但我们期望有一个饱和效应.

(2) 传染力 $\lambda(I) = \beta I$ 也是线性的, 同样也期望这是一个饱和函数.

但是, 正如简单的 Lotka-Volterra 方程一样, 从双线性发生率 $f(S,I) = \beta IS$ 开始分析并讨论问题也是一个好的起点.

由于人口总数是一个常数, 所以 $S = N - I$, 将其代入方程 (4.2.1) 得

$$\frac{\mathrm{d}I}{\mathrm{d}t} = \beta I(N - I)$$

这是一个经典的 Logistic 方程, 即对于任何大于零的初始值 I_0, $I(t)$ 都将趋向于人口总数 N. 也就是说, 所有的易感者都将染病, 这与事实不符. 其中一个原因就是在 SI 模型中假设易感者一旦感染后就不能恢复.

实际生活中通过细菌传播的疾病, 例如 TB、脑膜炎和淋病等, 患者康复后不具有免疫力, 可以被再次感染, 这样 SI 模型就变成 SIS 模型, 其疾病传播规律如图 4.2.2 所示. 此时我们仍然忽略出生和死亡, 假设人口总数为常数 (即 $S(t)+I(t)=N$). 在模型 (4.2.1) 的基础上可以得到如下一般形式的 SIS 模型

$$\frac{\mathrm{d}S}{\mathrm{d}t}=-f(S,I)+g(I),\quad \frac{\mathrm{d}I}{\mathrm{d}t}=f(S,I)-g(I) \tag{4.2.2}$$

其中 $g(I)$ 表示疾病的恢复. 若在单位时间内感染者治愈的数量与现有的人数成比例, 则有

$$g(I)=\gamma I$$

其中 γ 为恢复率. 基于个体的观点看，每个染病者在下一个小时间段 δt 离开染病者类的概率为 $\gamma\delta t+o(\delta t)^2$. 可以证明一个易感者在 I 类中的时间服从均值为 $1/\gamma$ 的指数分布. 在现实中, 我们希望离开染病者类的概率依赖于个人在其中停留的时间长度. 假设 $f(S,I)=\beta SI$. 定义无量纲变量

$$u=\frac{S}{N},\quad v=\frac{I}{N},\quad t'=\gamma t$$

模型 (4.2.2) 变为 (仍记 t' 为 t)

$$\frac{\mathrm{d}u}{\mathrm{d}t}=-(R_0u-1)v,\quad \frac{\mathrm{d}v}{\mathrm{d}t}=(R_0u-1)v \tag{4.2.3}$$

其中

$$R_0=\frac{\beta N}{\gamma} \tag{4.2.4}$$

方程组 (4.2.3) 的定义域为 $D=\{0\leqslant u\leqslant 1,0\leqslant v\leqslant 1,u+v=1\}$.

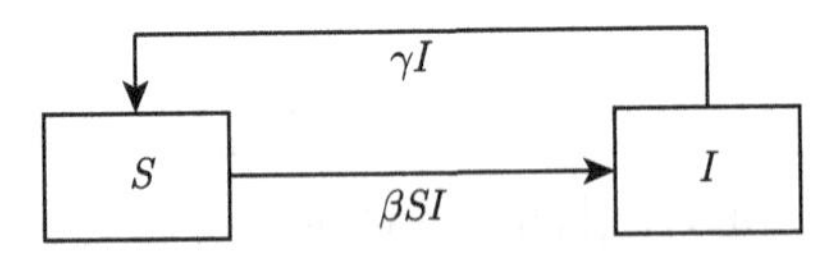

图 4.2.2　SIS 型传染病模型传播示意图

由 (4.2.4) 给出的 R_0 在传染病模型中具有非常重要的地位, 称为基本再生数 (basic reproduction number). 其中因子 βN 是将一个染病者引入 N 个人的易感者群体中产生的有效接触率, $\dfrac{1}{\gamma}$ 是染病者的平均染病周期, 所以 R_0 为疾病初始阶段

一个染病者在其染病周期内平均感染的人数. 它刻画了模型 (4.2.2) 如下的临界动态行为.

定理 4.2.1 (SIS 模型的阈值) *如果 $R_0 < 1$, 则疾病消除; 如果 $R_0 > 1$, 则疾病将会在人群中形成地方病.*

证明 因为 $\dot{v} < (R_0 - 1)v$, 所以, 如果 $R_0 < 1$, 则染病者的比例将会以指数方式逐渐下降并趋于 0; 如果 $R_0 > 1$, 则根据 $u + v = 1$, (4.2.3) 中的第二个方程可以改写为 $\dot{v} = (R_0(1 - v) - 1)v$, 所以当 $t \to \infty$ 时 $v(t) \to v^* = 1 - R_0^{-1}$. □

当人口均为易感者时, 无量纲模型的平均增长率 $R_0 u - 1$ 从 $R_0 - 1$ 减小到平衡态时的 $R_0 u^* - 1$. 这个系统与捕食–被捕食系统类似, 其中 u 可以看成被捕食者, v 可以看成捕食者, 捕食者限制被捕食者的指数增长. 这里染病者满足 Logistic 方程, $r = R_0 - 1$, $K = 1 - R_0^{-1}$. 在无量纲的情形下, 疾病初始阶段的平均增长率是

$$r = \gamma(R_0 - 1) \tag{4.2.5}$$

这与 Malthus 增长中的 $r = d(R_0 - 1) = b - d$ 类似. 基本再生数 R_0 表征疾病暴发与否, 而 r 表征疾病增长的快慢.

4.3 SIR 传染病模型

下面考虑一类传染病, 其特点是感染者康复后产生终身免疫力, 即一个人终身最多被这种疾病感染一次. 例如麻疹和水痘等就是这样的传染病, 与 SIS 模型不同的是这些疾病的患者恢复后对此病具有持久免疫力, 所以恢复者不再进入易感者类. 将总人口分为易感者、感染者和恢复者三类, 分别用 $S(t)$, $I(t)$ 和 $R(t)$ 表示 t 时刻的易感者、感染者和移除者人数. 其他假设和记号都与 SIS 模型的相同. SIR 模型的框图见图 4.3.1.

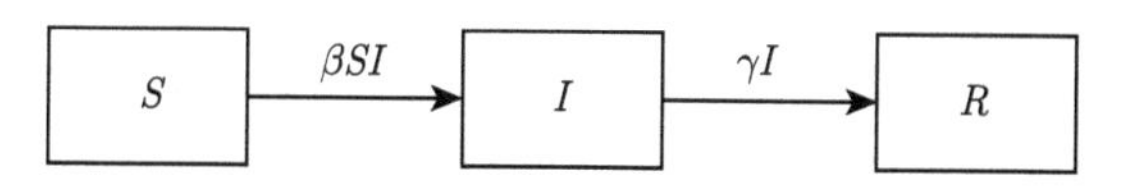

图 4.3.1 SIR 型传染病模型传播示意图

下面介绍 1932 年 Kermack 和 McKendrick 一篇经典文献中考虑的 SIR 模型 [62]. 同样假设传染病的持续时间相对于人的一生来说是短暂的, 这样可以忽略人的出生和自然死亡, 即人口是封闭的, 总数为常数 N 且

$$N = S(t) + I(t) + R(t)$$

利用与 SIS 模型一样的建模思想, 结合框图 4.3.1 容易得到模型

$$\begin{cases} \dfrac{\mathrm{d}S}{\mathrm{d}t} = -\beta IS \\ \dfrac{\mathrm{d}I}{\mathrm{d}t} = \beta IS - \gamma I \\ \dfrac{\mathrm{d}R}{\mathrm{d}t} = \gamma I \end{cases} \tag{4.3.1}$$

为了避免作无量纲变换, 可以假设 $N=1$, 此时 S, I, R 就表示这三类人口所占总人口数的比例. 由于模型 (4.3.1) 中第三个方程是独立的, 因此可以先分析前两个方程, 然后根据 $S(t)+I(t)+R(t)=1$ 为常数得到 $R(t)$ 的变化规律. 确定性模型 (4.3.1) 的动态行为由初始条件决定, 不妨假设初始条件满足

$$S(0)=S_0>0, \quad I(0)=I_0>0, \quad R(0)=0 \tag{4.3.2}$$

我们关心的问题是对于给定的参数 β, γ 和初始条件 S_0, I_0, 传染病是否会暴发 (outbreak). 从方程 (4.3.2) 不难看出

$$R_+^3 = \{(S,I,R) \in R^3 : 0 \leqslant S, I, R \leqslant 1, S(t)+I(t)+R(t)=1\}$$

是模型的正向不变集. 从模型 (4.3.1) 的第一个方程可以看出, 由于 $\dfrac{\mathrm{d}S(t)}{\mathrm{d}t}<0$ 始终成立, 则 $S(t)$ 随着 t 的增加单调递减且以零为下界, 故极限

$$\lim_{t\to\infty} S(t) = S_\infty \tag{4.3.3}$$

存在. 模型 (4.3.1) 的第二个方程说明 $I(t)$ 在 t 时刻的增减性依赖 t 时刻 $S(t)$ 的大小. 如果 $S_0<\dfrac{\gamma}{\beta}$, 则对所有的 t 有

$$\frac{\mathrm{d}I(t)}{\mathrm{d}t} = I(t)[\beta S(t)-\gamma] < 0 \tag{4.3.4}$$

即当 $t\to\infty$ 时有 $I_0 > I(t) \to 0$, 此时疾病不会暴发并且将最终消除 (extinction). 如果 $S_0 > \dfrac{\gamma}{\beta} \doteq \rho$, $I(t)$ 在一个时间段内将会增加而出现疾病流行 (epidemic) 或暴发现象, 但随着时间的推移和 $S(t)$ 的递减, $I(t)$ 在达到最大值后开始递减并最终趋向于零. 在图 4.3.2 中给出了 $I(t)$ 和 $S(t)$ 的关系以及 $I(t)$ 的变化趋势.

从上面的分析和图 4.3.2 可以看出, 模型 (4.3.1) 存在一定的临界现象, 如果 $S_0>\rho$, 则疾病暴发; 如果 $S_0<\rho$ 则疾病不暴发, 但无论哪种情形, 疾病最终都将消除. 基于这个事实, 将模型 (4.3.1) 的基本再生数 R_0 定义为

$$R_0 = \frac{\beta S_0}{\gamma} \tag{4.3.5}$$

由定义不难看出 R_0 刻画了一个患者在平均染病周期 $\dfrac{1}{\gamma}$ 内所传染的人数, 它刻画了流行病是否暴发或流行的阈值. 当 $R_0<1$ 时, 如图 4.3.2 所示疾病不会暴发, 并

随着时间的推移自动消除; 当 $R_0 > 1$ 时, 疾病在一定的时间段内会暴发, 染病人数达到一个最大值后才开始递减, 并最终消除. $R_0 < 1$ 说明一个患者在平均染病周期内传染的人数小于 1, 疾病自然消除; $R_0 > 1$ 说明一个患者在平均染病周期内传染的人数大于 1, 疾病在一定程度上暴发或流行. 综上所述, 对于 SIR 模型 (4.3.1) 有如下的阈值理论.

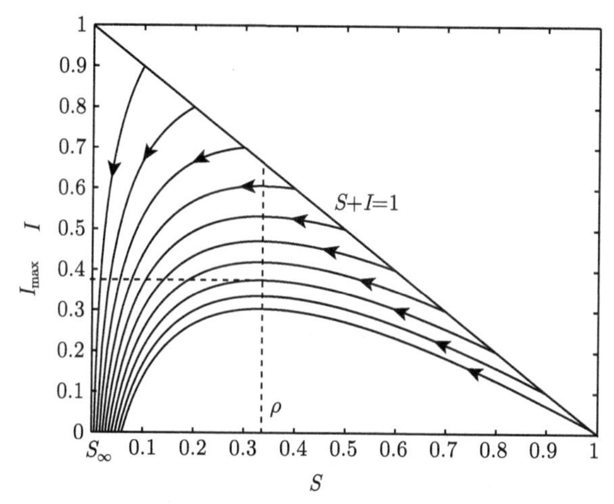

图 4.3.2 模型 (4.3.1) 的 $S-I$ 相平面轨线图 ($\beta = 3, \gamma = 1,\ S_0 + I_0 = 1$)

定理 4.3.1 (SIR 模型的阈值) 当 $R_0 < 1$ 时, 无病平衡态稳定, 所以疾病消除; 当 $R_0 > 1$ 时, 疾病暴发.

由于模型 (4.3.1) 形式简单, 根据定义 3.5.3 介绍的 Lambert W 函数, 数学上能够从解析公式来直接分析模型 (4.3.1) 解的动态行为.

根据模型 (4.3.1) 的第一个和第二个方程, 当 $I \neq 0$ 时得到

$$\frac{\mathrm{d}I(t)}{\mathrm{d}S(t)} = -\frac{(\beta S(t) - \gamma)I(t)}{\beta S(t)I(t)} = -1 + \frac{\rho}{S(t)}, \quad \rho = \frac{\gamma}{\beta} \tag{4.3.6}$$

积分方程 (4.3.6) 得到 S-I 平面的轨线满足

$$I(t) + S(t) - \rho\ln(S(t)) = I_0 + S_0 - \rho\ln(S_0) \tag{4.3.7}$$

其中初始条件满足 (4.3.2) 且 $S_0 + I_0 = 1$. 由于当 $S_0 > \rho$ 即 $R_0 > 1$ 时疾病有一个暴发过程, 所以从方程 (4.3.6) 得到当 $S = \rho$ 时, $I(t)$ 达到最大 (图 4.3.2), 即

$$I_{\max} = \rho\ln(\rho) - \rho + I_0 + S_0 - \rho\ln(S_0) = 1 - \rho + \rho\ln\left(\frac{\rho}{S_0}\right) \tag{4.3.8}$$

另外一些重要指标是当 $t \to \infty$ 时各类种群数量所占比例的极限是多少. 由于 $S(t)$ 单调递减且有下界零, 则 $\lim\limits_{t\to\infty} S(t) = S_\infty$ 存在. 又由于 $R(t)$ 是单调递增且有上

界 N, 则 $\lim\limits_{t\to\infty} R(t) = R_\infty$ 也存在. 根据关系 $I(t) = N - S(t) - I(t)$ 知 $\lim\limits_{t\to\infty} I(t) = I_\infty$ 存在. 对于模型 (4.3.1), 从图 4.3.2 中可以看出 $I_\infty = 0$, 下面介绍如何确定 S_∞ 和 R_∞. 为了确定 S_∞, 在方程 (4.3.7) 两边取极限得

$$S_\infty - \rho\ln(S_\infty) = I_0 + S_0 - \rho\ln(S_0) \tag{4.3.9}$$

即 S_∞ 是满足方程 (4.3.9) 的唯一正根, 利用定义 3.5.3 中介绍的 Lambert W 函数求解方程 (4.3.9) 得到

$$S_\infty = -\rho\text{Lambert } W\left[-\frac{1}{\rho}\exp\left(-\frac{I_0 + S_0 - \rho\ln(S_0)}{\rho}\right)\right] \tag{4.3.10}$$

和

$$R_\infty = N + \rho\text{Lambert } W\left[-\frac{1}{\rho}\exp\left(-\frac{I_0 + S_0 - \rho\ln(S_0)}{\rho}\right)\right] \tag{4.3.11}$$

利用公式 (4.3.10), 在很多数学软件中容易求解 S_∞, 比如取参数 $\beta = 3, \gamma = 1$ 和初始值 $I_0 = 0.2, S_0 = 0.8$, 利用 Maple 中的 Lambert W 函数包容易计算得到 $S_\infty = 0.04568$.

当传染病暴发时, 我们希望知道此次暴发的强度或波及程度, 为此定义

$$\mathcal{R} = \frac{R_\infty - R(0)}{S(0)} \tag{4.3.12}$$

为一次暴发的强度, 即曾感染过病的人数占初始易感者的比例. 下面给出如何确定暴发的强度. 由模型 (4.3.1) 的第一和第三个方程得

$$\frac{\mathrm{d}S(t)}{\mathrm{d}R(t)} = -\frac{\beta}{\gamma}S(t) = -\frac{S(t)}{\rho} \tag{4.3.13}$$

从 0 到 t 积分上式得

$$S(t) = S(0)\mathrm{e}^{-\frac{1}{\rho}(R(t)-R(0))}$$

令 $t \to \infty$ 对上式两边取极限得

$$S_\infty = S(0)\mathrm{e}^{-\frac{1}{\rho}(R_\infty - R(0))} \tag{4.3.14}$$

通常取初始值 $R(0) = 0$, 再结合 $I_\infty = 0$ 知

$$S_\infty + R_\infty = S(0) + I(0).$$

当考虑疾病能否侵入种群, 通常引入一个或少量的染病者, 所以 $I(0) \ll S(0)$, 故这里 $I(0) \approx 0$, 则有

$$S_\infty \approx S(0) - R_\infty \tag{4.3.15}$$

将 (4.3.15) 代入 (4.3.14) 得

$$S(0)-R_\infty=S(0)\mathrm{e}^{-\frac{1}{\rho}R_\infty}$$

根据 $\mathcal{R}$ 的定义得

$$S(0)-S(0)\mathcal{R}=S(0)\mathrm{e}^{-\frac{S(0)\mathcal{R}}{\rho}}$$

即 $\mathcal{R}$ 为满足方程

$$1-\mathcal{R}=\mathrm{e}^{-\mathcal{R}\frac{S(0)}{\rho}}$$

的唯一正根.

尽管模型 (4.3.1) 形式简单, 但该模型仍然能够很好地拟合一些统计数据. 比如在文献 [97] 中就利用模型 (4.3.1) 来模拟英国传染病监测中心 (British Communicable Disease Surveillance Centre) 在 1978 年发布的有关流感患者的统计数据. 该数据统计了两周内每天英国北部一所男孩寄宿学校流感暴发和流行的情况. 总共有 763 个学生, 从发现一个染病者开始, 每一天新染病小孩的统计数据分别为

$$1,3,7,25,72,222,282,256,233,189,123,70,25,11,4$$

这样模型 (4.3.1) 中三个变量的初始值分别为 $S_0=762,I_0=1,R_0=0$, 采用文献 [97] 中给出的两个参数值 $\beta=0.0022,\gamma=0.4404$, 数值模拟显示模拟的感染者数量变化曲线与实际数据非常吻合, 如图 4.3.3 所示.

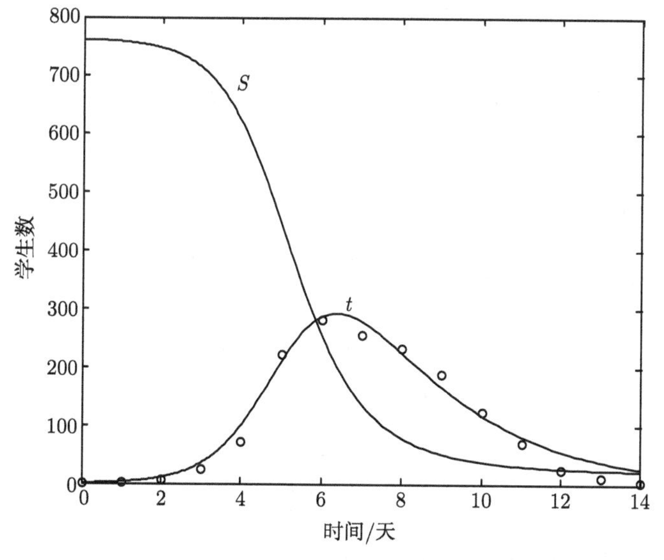

图 4.3.3 模型 (4.3.1) 的模拟曲线与实际统计数据的比较

圆圈表示统计数据, 参数为 $\beta=0.0022,\gamma=0.4404$, 初始值为 $S_0=762,I_0=1,R_0=0$

4.4　考虑出生和死亡的 SIR 模型

本节中我们考虑一种日常流行的地方病. 在讨论流行病的时候常假设与人的寿命相比染病时间是短暂的, 而对于某些慢性传染病, 我们感兴趣的是长期的行为, 所以这个假设就不合理了. 当传染病的染病时间较长时, 我们不得不考虑期间的出生和死亡情况了. 而且此时将恢复者 (具有免疫性的人) 和死亡的人放在同一个仓室也是不合理的, 因为二者的差异对刻画传染病的流行是非常重要的. 所以从现在开始 R 应该被看成免疫者类.

增加了出生和死亡, 人口总数就不再是封闭的了, 即人口总数 N 不再是常数. 设因病死亡率为 c. 为了简化, 我们设 c 和 d 是常数, 并假设没有垂直传播 (是指感染者父母将传染病传给自己的下一代, 如艾滋病), 所以新出生的人都在易感者类中. 这种传染病可以用图 4.4.1 表示.

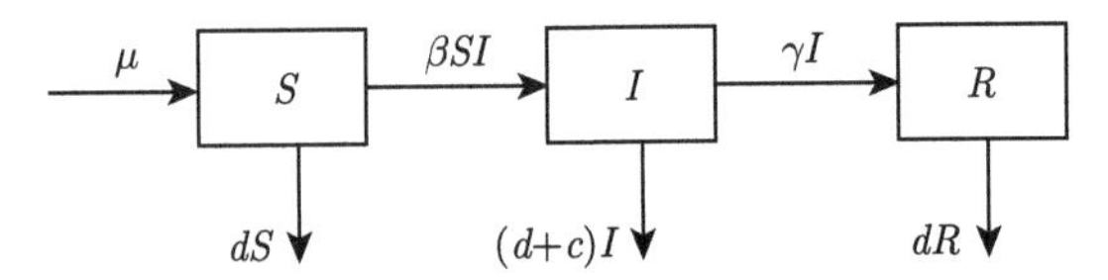

图 4.4.1　具有出生和死亡的 SIR 型传染病模型传播示意图

对于图 4.4.1 中表示的传染病, 假设 μ 是自然出生率, d 是自然死亡率, 我们考虑下面两种特殊情况.

第一种: 没有因病死亡的情形, $B=\mu N,\ \mu=d,\ c=0$;

第二种: 包括因病死亡的情形, $B=\mu N,\ \mu>d,\ c>0$.

4.4.1　没有因病死亡的情形

假设 $\mu=d$. 根据流程图 4.4.1 得到 SIR 流行病模型如下

$$\begin{cases}\dfrac{\mathrm{d}S}{\mathrm{d}t}=\mu N-\beta IS-\mu S\\ \dfrac{\mathrm{d}I}{\mathrm{d}t}=\beta IS-\gamma I-\mu I\\ \dfrac{\mathrm{d}R}{\mathrm{d}t}=\gamma I-\mu R\end{cases} \tag{4.4.1}$$

由于总人口数满足关系 $S(t)+I(t)+R(t)=N$, 假设 $N=1$, 则 $S(t),I(t)$ 和 $R(t)$ 分别表示易感者、感染者和恢复者在 t 时刻所占的比例. 我们只需弄清楚前两个变量随时间变化的关系. 由于模型 (4.4.1) 的前两个方程中与免疫者的比例 R 没有关

系, 先考虑下面的平面系统

$$\begin{cases} \dfrac{\mathrm{d}S}{\mathrm{d}t} = \mu - \beta IS - \mu S \\ \dfrac{\mathrm{d}I}{\mathrm{d}t} = \beta IS - \gamma I - \mu I \end{cases} \tag{4.4.2}$$

模型 (4.4.2) 由两个非线性常微分方程组成, 其解析解无法得到. 但我们知道, 在给定了参数和初始值以后, 模型中的易感者和感染者人数是随时间变化的函数. 对有限时间内模型 (4.4.2) 解的性态可以通过数值计算得到. 当时间趋于无穷时解的性态可以通过定性分析的方法得到. 首先, 利用微分方程组解的存在唯一性定理和比较定理可以得到, 区域

$$D = \{(S, I) | S \geqslant 0, I \geqslant 0, S + I \leqslant 1\}$$

是模型 (4.4.2) 的正向不变区域. 令方程组 (4.4.2) 右端的函数等于零, 我们可以得到当 $R_0 = \dfrac{\beta}{\gamma + \mu} < 1$ 时模型 (4.4.2) 仅有无病平衡态 $P_0(1, 0)$, 而当 $R_0 > 1$ 时模型 (4.4.2) 有两个平衡点: 无病平衡点 $P_0(1, 0)$ 和地方病平衡点 $P^*\left(\dfrac{1}{R_0}, \dfrac{\mu}{\beta}(R_0 - 1)\right)$. 关于平衡点的稳定性我们有如下的阈值理论.

定理 4.4.1 若基本再生数 $R_0 \leqslant 1$, 则模型 (4.4.2) 的无病平衡点 $P_0(1, 0)$ 是全局渐近稳定的; 若基本再生数 $R_0 > 1$, 则模型 (4.4.2) 的地方病平衡点 $P^*\left(\dfrac{1}{R_0}, \dfrac{\mu}{\beta}(R_0 - 1)\right)$ 是全局渐近稳定的.

证明 当 $R_0 \leqslant 1$ 时, 定义 Lyapunov 函数

$$V_1(S, I) = I + S - 1 - \ln S$$

函数 $V_1(S, I)$ 沿着模型 (4.4.2) 的解的全导数为

$$\frac{\mathrm{d}V_1(S, I)}{\mathrm{d}t} = (R_0 - 1)(\mu + \gamma)I - \frac{\mu(S - 1)^2}{S} \leqslant 0$$

且在集合 $\dfrac{\mathrm{d}V_1(S, I)}{\mathrm{d}t} = 0$ 中除平衡点 P_0 外没有模型 (4.4.2) 的其他轨线, 故由 LaSalle 原理得到 P_0 的全局渐近稳定性 (定理 12.2.7).

当 $R_0 > 1$ 时, 定义 Lyapunov 函数

$$V_2(S, I) = I - I^* - I^* \ln \frac{I}{I^*} + S - S^* - S^* \ln \frac{S}{S^*}$$

函数 $V_2(S, I)$ 沿着模型 (4.4.2) 的解的全导数为

$$\frac{\mathrm{d}V_2(S, I)}{\mathrm{d}t} = -\frac{(\mu + \beta I^*)(S - S^*)^2}{S} \leqslant 0$$

且在集合 $\frac{\mathrm{d}V_2(S,I)}{\mathrm{d}t}=0$ 中除平衡点 P^* 外没有模型 (4.4.2) 的其他轨线, 故由 LaSalle 原理得到 P^* 的全局渐近稳定性. □

4.4.2 包括因病死亡的情形

假设 $\mu > d$, 根据流程图 4.4.1 得到如下的 SIR 流行病模型

$$\begin{cases}\dfrac{\mathrm{d}S}{\mathrm{d}t}=\mu N-\beta IS-dS\\ \dfrac{\mathrm{d}I}{\mathrm{d}t}=\beta IS-\gamma I-cI-dI\\ \dfrac{\mathrm{d}R}{\mathrm{d}t}=\gamma I-dR\end{cases}\tag{4.4.3}$$

模型 (4.4.3) 有一个无病平衡点 $(S,I,R)=(N,0,0)$, 此时 $S(t)=N(t)=N_0\exp[(\mu-d)t]$, 这个解的存在使得分析起来没有理想模型那么简单, 这样通常把人均出生率替换为常数出生率 B. 方程组变为

$$\begin{cases}\dfrac{\mathrm{d}S}{\mathrm{d}t}=B-\beta IS-dS\\ \dfrac{\mathrm{d}I}{\mathrm{d}t}=\beta IS-\gamma I-cI-dI\\ \dfrac{\mathrm{d}R}{\mathrm{d}t}=\gamma I-dR\end{cases}\tag{4.4.4}$$

由上面三个方程相加得到

$$\frac{\mathrm{d}N}{\mathrm{d}t}=B-cI-dN\tag{4.4.5}$$

这四个方程中的任意三个再加上 $N=S+I+R$ 就是要分析的方程组. 选择 (N,S,I) 的方程. 因为人口是开放的, 所以不能像之前一样把三维方程组化简为二维方程组. 无病平衡点 $(\bar{N}_0,0,0)$, 其中 $\bar{N}_0=B/d$, 并且一个染病者引入这个平衡态中可以传染 $R_0=\frac{\beta B}{d(\gamma+c+d)}$ 个人. 当且仅当 $R_0>1$ 时存在地方病平衡点 (N_1^*,S_1^*,I_1^*), 其中 $S_1^*=(\gamma+c+d)/\beta=B/(dR_0)$, $I_1^*=(B-dS_1^*)/(\beta S_1^*)$, $N_1^*=(B-cI_1^*)/d$.

当 $R_0>1$ 时可以证明地方病平衡点是局部渐近稳定的. 通常的阈值理论, 即当基本再生数 $R_0<1$ 时, 疾病消除, 当 $R_0>1$ 时, 疾病流行; 对于这种疾病也是成立的. 当 $R_0>1$ 时轨线以阻尼振动的方式趋向于地方病平衡点, 频率大约为 $\omega=\sqrt{\beta^2I_1^*S_1^*}$, 所以周期为

$$T=\frac{2\pi}{\omega}=\frac{2\pi}{\sqrt{(\gamma+c+d)d(R_0-1)}}\tag{4.4.6}$$

在没有接种疫苗的情况下, 疾病例如麻疹经常呈现周期性行为, 周期接近 T, 这是由外因导致的, 譬如说新学期开始后, 学生们上学见面多而引起的.

4.5 离散 SIR 传染病模型

有关传染病数据的统计比如易感人数、感染人数等通常以一个季度或一年为单位, 是一个离散序列, 此外如果在单位时间传染病的传播速度较慢, 被感染的人数较少, 这样 SIR 模型中三类种群数量所占比例不能看成一个连续过程, 而应考虑利用离散模型来刻画[3,36]. 构造离散 SIR 模型的方法很多, 可以利用 Karmack 和 McKendrick 假设来建立相应的离散 SIR 模型, 得到离散的 Reed-Frost 模型, 也可以直接将连续 SIR 模型离散化得到相应的离散 SIR 模型[122], 下面加以介绍.

4.5.1 离散 SIR 的基本模型

假设种群总数量为 N, 在 t 世代易感者类、染病者类和移除者类的数量分别为 S_t, I_t, R_t, 即 $S_t + I_t + R_t = N$. 如果记 q 为易感者成功逃脱感染的概率, α 为一个染病者个体经过一个世代仍保留在感染者类的概率, 则有

$$\begin{cases} S_{t+1} = qS_t \\ I_{t+1} = (1-q)S_t + \alpha I_t \\ R_{t+1} = R_t + (1-\alpha)I_t \end{cases} \tag{4.5.1}$$

其中 $0 \leqslant \alpha \leqslant 1$, 概率 q 是关于易感者 S 和感染者 I 的任意函数 ($q = q(S, I)$), 并且满足 $0 \leqslant q(S, I) \leqslant 1$ 和 $q(S, 0) = 1$, 即当染病者类为零时一个易感者逃脱感染的概率为 1. 模型 (4.5.1) 中的三个方程相加得到

$$S_{t+1} + I_{t+1} + R_{t+1} = S_t + I_t + R_t = N$$

上式意味着模型 (4.5.1) 的总种群数为常数. 不妨假设 $N(t)$ 为 1, 这样 S_t, I_t, R_t 分别表示三种类型人口在总数量中所占的比例.

如果记 p 为在一个世代内感染者与易感者有效接触的概率, 下面我们讨论函数 q 的各种可能情形.

情形 1 假设种群混合是匀质的, p (感染者所占总数量的比例) 表示一个感染者与一个易感者有效接触的概率, 则 pI_t 是一个易感者被感染的概率, 这样得到函数 $q(S, I)$ 的表达式为

$$q(S_t, I_t) = 1 - pI_t \tag{4.5.2}$$

即连续 SIR 模型中的双线性发生率. 此时模型 (4.5.1) 在具有形式 (4.5.2) 下的离散 SIR 模型可以通过 Euler 方法离散化连续模型 (4.3.1) 直接得到. 实际上, 采用步长

为 1 的 Euler 方法离散模型 (4.3.1) 得到

$$\begin{cases} S_{t+1} = S_t - \beta S_t I_t = (1 - \beta I_t) S_t \\ I_{t+1} = I_t + \beta S_t I_t - \gamma I_t = \beta S_t I_t + (1 - \gamma) I_t \\ R_{t+1} = R_t + \gamma I_t \end{cases} \tag{4.5.3}$$

这里 $\beta = p, \alpha = 1 - \gamma$.

情形 2　明显地, $(1-p)$ 表示一个易感者避免感染而仍然保留在易感者类的概率, 对所有的感染者 I_t, 一个易感者避免感染的概率为

$$q(S_t, I_t) = (1 - p)^{I_t} \tag{4.5.4}$$

代入 (4.5.1) 就能得到相应的模型.

特别地, 如果记 $1 - p = \mathrm{e}^{-\beta}$, 则

$$q(S_t, I_t) = \mathrm{e}^{-\beta I_t} \tag{4.5.5}$$

模型 (4.5.1) 在具有形式 (4.5.5) 下的离散 SIR 模型, 即经典的 Reed-Frost 模型

$$\begin{cases} S_{t+1} = \mathrm{e}^{-\beta I_t} S_t \\ I_{t+1} = (1 - \mathrm{e}^{-\beta I_t}) S_t + \alpha I_t \\ R_{t+1} = R_t + (1 - \alpha) I_t \end{cases} \tag{4.5.6}$$

4.5.2　离散 SIRS 模型分析

当感染者康复后产生短暂的免疫力, 而不是终身免疫时, 采用 SIR 模型就不合适了, 此时考虑恢复者经过一段时间失去免疫力再回到易感者类中, 建立 SIRS 模型. 根据上面的离散 SIR 模型的讨论, 容易建立离散 SIRS 模型

$$\begin{cases} S_{t+1} = (1 - pI_t) S_t + c(1 - S_t - I_t) \\ I_{t+1} = (pS_t + b) I_t \end{cases} \tag{4.5.7}$$

这里 $b = 1 - \gamma$. c 表示一个恢复者经过一个世代失去免疫力的概率. 当 $c = 0$ 时, 模型 (4.5.7) 就变为上面介绍的离散 SIR 模型 (4.5.3).

容易看出模型 (4.5.7) 存在一个疾病消除平衡态

$$S^* = 1, \quad I^* = 0 \tag{4.5.8}$$

该平衡态的稳定性可以通过差分方程的线性化稳定性分析, 得到如下的 Jacobian 矩阵

$$\boldsymbol{J}|_{(4.5.8)} = \begin{pmatrix} 1 - c & -(p + c) \\ 0 & p + b \end{pmatrix} \tag{4.5.9}$$

矩阵 $\boldsymbol{J}$ 有两个特征值, 分别为

$$\lambda_1 = 1 - c, \quad \lambda_2 = p + b$$

根据 Jury 判据, 如果 $\lambda_2 = p + b < 1$, 则疾病消除平衡态 $(1,0)$ 是稳定的. 否则是不稳定的.

当 $(1,0)$ 不稳定时, 模型 (4.5.7) 存在一个地方病平衡态

$$S^* = \frac{1-b}{p}, \quad I^* = \frac{c(p+b-1)}{p(c+1-b)} \tag{4.5.10}$$

因此，当参数 p 和 b 变化时模型 (4.5.7) 经历了一次分支. 当 $p+b<1$ 时地方病平衡态 (4.5.10) 是不稳定的, 而疾病消除平衡态 (4.5.8) 是稳定的; 当 $p+b=1$ 时二者重合在一起; 当 $p+b>1$ 时, 地方病平衡态是稳定的, 而疾病消除平衡态是不稳定的. 因此, 平衡态在 $p+b=1$ 时交换其稳定性, 模型 (4.5.7) 在 $p+b=1$ 处经历了跨临界分支. 有关跨临界分支的定义参考 12.1 节的预备知识.

实际上地方病平衡态的稳定性可利用下面的 Jacobian 矩阵

$$\boldsymbol{J}|_{(4.5.10)} = \begin{pmatrix} 1 - c\dfrac{c+p}{1+c-b} & -(1+c-b) \\ c\dfrac{p+b-1}{1+c-b} & 1 \end{pmatrix} \tag{4.5.11}$$

的两个特征值来确定. 大家可以根据 Jury 判据来讨论, 留做习题.

离散传染病模型也可利用连续传染病模型改进的方法进行推广. 比如从模型 (4.5.1) 出发, 可以考虑各种因素比如种群动力学特征、因病死亡率等的影响并发展相应的离散模型, 这方面的工作近年来得到了很好的发展, 有兴趣的可以参考文献 [39].

此外, 上面所有模型中的项 βSI 称为双线性发生率, 但是当种群数量很大时, 假设接触率与易感者数量成正比是不合实际的, 这是因为单位时间内一个患者所能接触其他个体的数量是有限的, 此时可以假设与易感者所占的比例成比例, 从而疾病的发生率为 $\beta\dfrac{S}{N}I$, 这种发生率称为标准发生率. 更具体的讨论参考文献 [89]. 当然对于上面列出的所有 SIR 模型, 我们还可以利用第 2 章单种群模型中介绍的模型发展原理改进它们, 从而得到各种不同影响因素下的 SIR 模型 (比如时滞、非自治、离散、脉冲、随机和空间网络模型等).

4.6 传染病的消除与控制

传染病建模的一个动机是帮助公共卫生部门制定消除疾病或控制疾病的策略. 这些控制措施的目的是使新发感染者数量或染病者总数最小. 根据数学模型和基

本再生数的定义我们知道要使新发感染者数量最小, 就必须使基本再生数最小. 特别地, 若能使基本再生数 R_0 减小到 1 以下, 根据前面的有关结论知传染病即可根除. 在前面介绍的最简单的模型中 $R_0 = \dfrac{\beta N}{\gamma}$, 根据此公式可以采用以下三种可行的措施以降低基本再生数的值.

(1) 增大离开染病者仓室的概率 γ.

(2) 减小传染率 β.

(3) 减小初始易感者的数量, 即减小 N.

这与近来英国口蹄疫的控制措施是一致的, 即屠杀染病的动物 (增大 γ), 消毒以阻止病毒传播 (减小 β), 和阻断染病的动物与其他动物接触的可能 (减小 N)[60]. 此外, 接种免疫是传染病预防控制的一个有效途径, 接种的目的就是让一部分易感者具有免疫力而进入移除者类, 即减少易感者的数量, 从而控制疾病的流行. 下面考虑接种免疫对疾病传播的影响.

4.6.1　SIR 型传染病的连续预防接种

假设像 4.4 节介绍的那样有一个封闭的人群正受一种传染病的威胁 (模型 (4.4.1)), 并且我们有一种预防这种疾病的有效疫苗. 若通过接种疫苗来控制疾病的传播, 需要解决的问题是对人们进行一次性疫苗接种, 能否使传染病得以根除. 如果能, 接受疫苗注射的人的比例 p 为多少时才能消除这种传染病的威胁?

成功的疫苗接种使得初始的易感者中有比例为 p 的人转移到了恢复者类中, 剩下的比例为 $q = 1 - p$. 如果新的疾病消除平衡态 $(S, I) = (q, 0)$ 不稳定则疾病就会流行. Jacobian 矩阵有特征值 $qR_0 - 1$ 和 0, 所以当 $qR_0 < 1$ 时疾病消除平衡态稳定. 我们必须对比例为 $p \geqslant \widehat{p} = 1 - R_0^{-1}$ 接种疫苗才能消除疾病流行的威胁.

在地方病情形下会怎样呢? 此时, 由于母亲体内的抗体会使疫苗失效, 所以我们不对新生儿进行接种, 但是如果疫苗接种的足够早, 假设新出生的人中有比例 p 的人具有免疫力是合理的. 模型可以表示为如下形式

$$
\begin{cases}
\dfrac{\mathrm{d}S}{\mathrm{d}t} = \mu qN - \beta IS - \mu S \\
\dfrac{\mathrm{d}I}{\mathrm{d}t} = \beta IS - \gamma I - \mu I \\
\dfrac{\mathrm{d}R}{\mathrm{d}t} = \mu pN + \gamma I - \mu R
\end{cases}
\tag{4.6.1}
$$

其中 $q = 1 - p$ 部分没有接种. 如果 $qR_0 - 1 \leqslant 0$, $p \geqslant \widehat{p} = 1 - R_0^{-1}$, 则疾病没有地方病平衡态, 所以疾病会消除.

同样的结果能够推广到更为一般的情况, 我们有如下结果: 对比例为 $\widehat{p} = 1 - R_0^{-1}$ 的易感者进行成功的免疫接种就足以阻止疾病流行.

这说明无须对所有易感者进行接种免疫 (仍然有易感者存在), 但是只要免疫的比例超过 $\widehat{p}$, 即可控制疾病的流行, 这称为群体免疫.

表 4.6.1 是对各种疾病的 R_0 和 $\widehat{p}$ 的估计. 大多数数据来自英格兰、威尔士、美国或者其他发达国家. 发展中国家的 R_0 较高一些, 尤其是人口密度大的国家, 如印度. 天花的数据来自发展中国家, 但是仍然比较低. 所以对于天花病, 由于 R_0 很小, 为了消除它而需要进行接种的比例就相对较小; 这也是使得全球开展根除天花的运动得以成功的部分原因. 每个 $\widehat{p}$ 的值代表需要成功接种的易感者的比例, 因为接种的疫苗不是 100% 的有效, 所以需要接种的人更多, 尤其对不是很有效的疫苗, 如百日咳.

表 4.6.1 几类疾病的再生数和免疫比例

传染病	R_0	$\widehat{p}/\%$
天花	3—5	67—80
麻疹	12—13	92
百日咳	13—17	92—94
风疹	6—7	83—86
水痘	9—10	89—90
白喉	4—6	75—83
猩红热	5—7	80—86
腮腺炎	4—7	75—86
脊髓灰质炎	6	83

4.6.2 脉冲免疫 SIR 传染病模型

连续免疫策略模型 (4.6.1) 考虑对所有的新生儿进行连续性的接种免疫, 这在实际生活中是不现实的, 实际的免疫策略是在固定周期 T 进行脉冲式的预防接种, 比如每隔一年或两年对所有新生儿进行一次接种免疫. 为了刻画这种免疫策略, 根据预备知识 12.3 节中将介绍的固定时刻脉冲微分方程的有关方法, 容易得到如下模型 [116]

$$\begin{cases}\left.\begin{aligned}&\frac{\mathrm{d}S(t)}{\mathrm{d}t}=b-\beta S(t)I(t)-bS(t)\\&\frac{\mathrm{d}I(t)}{\mathrm{d}t}=\beta S(t)I(t)-\gamma I(t)-bI(t)\\&\frac{\mathrm{d}R(t)}{\mathrm{d}t}=\gamma I(t)-bR(t)\end{aligned}\right\}\ t\neq nT\\\left.\begin{aligned}&S(nT^+)=(1-p)S(nT)\\&I(nT^+)=I(nT)\\&R(nT^+)=pS(nT^+)+R(nT)\end{aligned}\right\}\ t=nT\end{cases}\tag{4.6.2}$$

其中 p 为接种成功的比率, $n\in\mathcal{K}\triangleq\{1,2,\cdots\}$ 为正整数. b 为自然出生率或死亡率,

β 为感染率, γ 为恢复率. 由于模型 (4.6.2) 的总种群数量仍为常数 (这里假设为 1), 所以利用关系 $S+I+R=1$, 只需考虑下面的系统

$$\begin{cases} \left.\begin{aligned} \frac{\mathrm{d}S(t)}{\mathrm{d}t} &= b-\beta S(t)I(t)-bS(t) \\ \frac{\mathrm{d}I(t)}{\mathrm{d}t} &= \beta S(t)I(t)-\gamma I(t)-bI(t) \end{aligned}\right\} t\neq nT \\ \left.\begin{aligned} S(nT^+) &= (1-p)S(nT) \\ I(nT^+) &= I(nT) \end{aligned}\right\} t=nT \end{cases} \tag{4.6.3}$$

对于模型 (4.6.3), 与没有控制措施的模型一样首先研究疾病消除解的存在性和稳定性. 为此假设 $I=0$, 从而考虑下面的简单脉冲微分方程

$$\begin{cases} \dfrac{\mathrm{d}S(t)}{\mathrm{d}t} = b-bS(t), & t\neq nT \\ S(nT^+) = (1-p)S(nT), & t=nT \end{cases} \tag{4.6.4}$$

上述模型是一个以接种免疫周期为周期的周期系统, 因此研究其周期解的存在性, 只需研究系统在任何一个脉冲区间 $(nT,(n+1)T]$ 上解的行为. 方程 (4.6.4) 在区间 $(nT,(n+1)T]$ 上的解为

$$S(t)=1+(S(nT^+)-1)\mathrm{e}^{-b(t-nT)},\quad t\in(nT,(n+1)T]$$

在时刻 $t=(n+1)T$ 实施一次免疫接种, 易感者所占比例变为

$$S((n+1)T^+)=(1-p)S((n+1)T)=(1-p)\left[1+\left(S(nT^+)-1\right)\mathrm{e}^{-bT}\right] \tag{4.6.5}$$

如果记 $S_n=S(nT^+)$, 由 (4.6.5) 得到下面的差分方程

$$S_{n+1}=(1-p)\left[1+(S_n-1)\,\mathrm{e}^{-bT}\right]\triangleq f(S_n) \tag{4.6.6}$$

差分方程 (4.6.6) 存在唯一的正平衡态

$$S^*=f(S^*)=\frac{(1-p)\left(\mathrm{e}^{bT}-1\right)}{p-1+\mathrm{e}^{bT}} \tag{4.6.7}$$

由于

$$\left|\frac{\mathrm{d}f(S_n)}{\mathrm{d}S_n}\right|_{S_n=S^*}=(1-p)\mathrm{e}^{-bT}<1$$

自然成立, 因此 S^* 存在且局部稳定. 并且容易证明 S^* 的局部稳定性隐含其全局稳定性. 以上讨论说明以平衡态 S^* 为初始值, 脉冲方程 (4.6.4) 存在周期为 T 全局渐近稳定的周期解, 记作 $S^T(t)$, 其在一个脉冲周期内的解析式为

$$S^T(t)=\left[1+(S^*-1)\mathrm{e}^{-b(t-nT)}\right],\quad t\in(nT,(n+1)T] \tag{4.6.8}$$

这样, 解 $(S^T,0)$ 就构成模型 (4.6.3) 的一个边界周期解, 即疾病消除周期解, 下面研究它的稳定性. 为此, 作变换

$$s(t)=S(t)-S^T(t),\quad i(t)=I(t)$$

代入方程 (4.6.3) 并利用 Taylor 展开得到相应的线性脉冲微分方程

$$\begin{cases}\left.\begin{aligned}&\frac{\mathrm{d}s(t)}{\mathrm{d}t}=-bs(t)-\beta S^T(t)i(t)\\&\frac{\mathrm{d}i(t)}{\mathrm{d}t}=i(t)[\beta S^T(t)-\gamma-b]\end{aligned}\right\}t\neq nT\\\left.\begin{aligned}&s(nT^+)=(1-p)s(nT)\\&i(nT^+)=i(nT)\end{aligned}\right\}t=nT\end{cases}\tag{4.6.9}$$

这样研究模型 (4.6.1) 边界周期解 $(S^T,0)$ 的稳定性就转化为研究模型 (4.6.9) 零解的稳定性. 由于模型 (4.6.9) 是一个周期线性系统, 考虑其零解的稳定性只需研究在一个周期 $[0,T]$ 上基解矩阵对应的两个特征乘子 (定理 12.3.4).

记基解矩阵为

$$\boldsymbol{\Phi}_1(t)=\begin{pmatrix}s_1(t)&s_2(t)\\i_1(t)&i_2(t)\end{pmatrix},\quad t\in(0,T),\quad \boldsymbol{\Phi}_1(0)=\boldsymbol{I}$$

容易计算

$$i_1(t)=0,\quad s_1(t)=\mathrm{e}^{-bt},\quad i_2(t)=\exp\left[\int_0^t\left(\beta S^T(t)-(\gamma+b)\right)\mathrm{d}t\right]$$

$s_2(t)$ 的精确表达式这里不需要. 在 T 时刻由模型 (4.6.9) 有

$$\boldsymbol{\Phi}_2(T)=\begin{pmatrix}1-p&0\\0&1\end{pmatrix}$$

故在 $[0,T]$ 上基解矩阵

$$\boldsymbol{\Phi}(t)=\boldsymbol{\Phi}_2(t)\times\boldsymbol{\Phi}_1(t)$$

的两个特征乘子分别为

$$\begin{cases}\lambda_1=(1-p)\mathrm{e}^{-bT}<1\\\lambda_2=\exp\left[\displaystyle\int_0^T\left(\beta S^T(t)-(\gamma+b)\right)\mathrm{d}t\right]\end{cases}\tag{4.6.10}$$

根据 Floquet 定理 (定理 12.3.4) 知, 疾病消除周期解稳定的条件为 $|\lambda_2|<1$, 即要求

$$\frac{1}{T}\int_0^T S^T(t)\mathrm{d}t<\frac{b+\gamma}{\beta}=S_c^*\tag{4.6.11}$$

条件 (4.6.11) 说明如果疾病消除周期解的分量 $S^T(t)$ 在一个周期内积分的平均值小于没有预防接种时地方病平衡态 S 的值 S_c^*, 则模型 (4.6.3) 的疾病消除周期解是局部稳定的. 当条件 (4.6.11) 成立, 图 4.6.1 给出了模型 (4.6.3) 疾病消除周期解的数值实现, 可以看出易感者类是周期振动的而感染者类快速趋向于零.

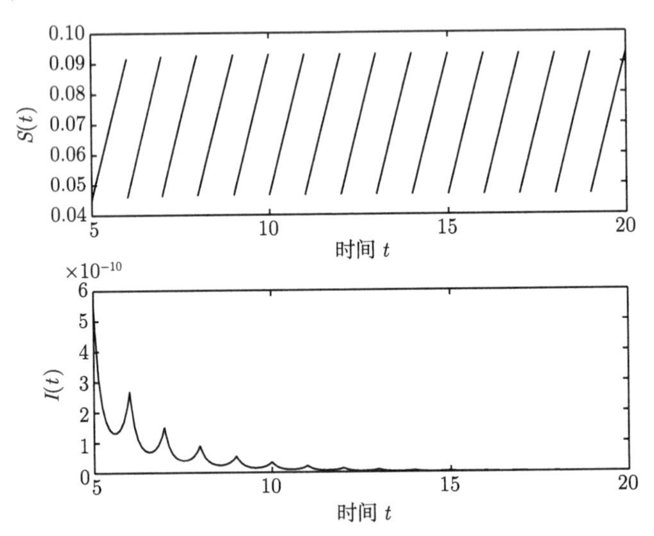

图 4.6.1　模型 (4.6.3) 疾病消除周期解的数值实现

其中参数 $b = 0.05, \beta = 180, \gamma = 13, p = 0.5, T = 1$

上面利用 Floquet 定理通过求基解矩阵的两个特征值来确定疾病消除周期解的局部稳定性. 我们还可以直接利用脉冲微分方程的比较定理和分析方法得到疾病消除周期解的全局吸引性. 为此假设条件 (4.6.11) 成立, 则对充分小的 $\varepsilon > 0$, 不等式

$$\frac{1}{T}\int_0^T (S^T(t) + \varepsilon)\mathrm{d}t < \frac{b+\gamma}{\beta} \tag{4.6.12}$$

仍然成立. 根据解的正性从模型 (4.6.3) 得到

$$\begin{cases} \dfrac{\mathrm{d}S(t)}{\mathrm{d}t} \leqslant b - bS(t), & t \neq nT \\ S(nT^+) = (1-p)S(nT), & t = nT \end{cases} \tag{4.6.13}$$

由脉冲微分方程的比较定理和模型 (4.6.4) 周期解 $S^T(t)$ 的全局稳定性, 容易得到对于充分大的 t 模型 (4.6.3) 的解 $(S(t), I(t))$ 满足

$$S(t) \leqslant S^T(t) + \varepsilon$$

不妨假设上式对所有的 t 成立, 结合模型 (4.6.3) 的第二个微分方程得到

$$\frac{\mathrm{d}I(t)}{\mathrm{d}t} \leqslant I(t)\left[\beta(S^T(t) + \varepsilon) - \gamma - b\right] \tag{4.6.14}$$

从 0 到 t 积分 (4.6.14) 得到

$$
\begin{aligned}
I(t) &\leqslant I_0 \exp\left[\int_0^t \big(\beta(S^T(s)+\varepsilon)-\gamma-b\big)\,\mathrm{d}s\right] \\
&= I_0 \exp\left[\left(\int_0^T+\cdots+\int_{kT}^{(k+1)T}+\int_{(k+1)T}^t\right)\big(\beta(S^T(s)+\varepsilon)-\gamma-b\big)\,\mathrm{d}s\right]
\end{aligned}
$$

由于当 $t\to\infty$ 时有 $k\to\infty$, 结合不等式 (4.6.12) 得到极限

$$
\lim_{t\to\infty} I(t)=0
$$

成立, 即疾病消除周期解 $(S^T(t),0)$ 是全局吸引的.

实际上根据临界条件 (4.6.11), 可以定义脉冲 SIR 模型疾病消除与否的阈值, 即

$$
R_0=\frac{\beta}{b+\gamma}\frac{1}{T}\int_0^T S^T(t)\mathrm{d}t \tag{4.6.15}
$$

故当 $R_0<1$ 时, 疾病消除; 当 $R_0>1$ 时疾病持久. 需要强调的是, 当 $R_0>1$ 时, 模型 (4.6.3) 的动态行为可能非常复杂, 此时模型可能存在复杂的分支现象, 甚至混沌现象, 有兴趣的同学可以参考文献 [116, 122].

本节介绍的方法可以自然地推广到其他类型的 SIR 模型, 比如考虑因病死亡率和种群动力学等因素的 SIR 模型疾病消除周期解的存在性和稳定性.

4.7 媒体与个体行为改变诱导的切换 SIR 模型

4.6 节介绍了常数免疫与脉冲免疫策略对传染病控制的影响, 免疫策略和第 5 章将要介绍的基于病毒的抗病毒治疗策略可以统一认为是与药物相关的防控策略. 实际上, 当一个突发疾病到来时, 由于其突发性, 人们对其往往缺乏足够的认识, 也没有相应的药物或疫苗. 因此, 在突发性传染病暴发的早期, 往往是非药物的防控策略在抑制疾病传播、暴发和蔓延中起着非常重要的作用. 常见的非药物防控策略有易感人群隔离 (quarantine)、染病者隔离 (isolation)、个人行为改变 (戴口罩、减少外出、加强个人卫生等). 因此, 非药物的防控策略除了疾控、卫生部门采用的隔离措施外, 也包括大众媒体对此类疾病传播机理的广泛宣传和报道, 促使一般人群对突发性传染病的了解和认识, 在传染病传播期间改变其行为习惯.

显然, 在一个模型中既考虑药物也考虑所有的非药物防控策略是不现实的, 这样只能使模型异常复杂. 下面我们仅就媒体宣传报道促使个体行为改变, 进而有利于预防疾病传播进行建模, 并分析其对传染病传播的影响. 为此, 选取 4.4.2 节介绍的具有因病死亡的 SIR 模型, 介绍如何在模型中引入媒体报道与个体行为改变这一因素.

为使问题简单, 我们可以这样思考问题: 媒体报道让人们认识传染病的传播机理, 促使人们采取措施预防传染病, 降低传播风险. 反映在传染病模型上就是个体的行为改变使传染率系数 β 降低. 问题是如何刻画这个降低的水平, 与哪些因素有关? 不同的研究人员提出了不同的建模思路, 但有一个共同的特点就是传染率的降低水平即个体的行为改变率依赖于当前染病者的个体数量, 即染病者数量越多人们采取的措施强度就越大. 另一个重要因素就是在传染病暴发初期, 实际感染人数并不多, 而是每天感染人数的增长率很大. 因此, 我们假设个体的行为改变强度不仅依赖于当前染病者的数量, 也依赖于此时染病者的变化率, 媒体报道的影响是一个依赖于染病者数量和其变化率的加权函数, 记为 $M(I, \mathrm{d}I/\mathrm{d}t)$, 其中

$$M(I, \mathrm{d}I/\mathrm{d}t) = \max\left\{0, p_1 I(t) + p_2 \frac{\mathrm{d}I(t)}{\mathrm{d}t}\right\} \tag{4.7.1}$$

其中 p_1, p_2 是非负加权常数. 此时, 传染率系数变为 $\beta \mathrm{e}^{-M(I,\,\mathrm{d}I/\mathrm{d}t)}$. 结合 4.4.2 节的 SIR 模型, 得到本节的基本模型如下[143]:

$$\begin{cases} \dfrac{\mathrm{d}S}{\mathrm{d}t} = B - \mathrm{e}^{-M(I,\mathrm{d}I/\mathrm{d}t)}\beta IS - dS \\ \dfrac{\mathrm{d}I}{\mathrm{d}t} = \mathrm{e}^{-M(I,\mathrm{d}I/\mathrm{d}t)}\beta IS - \gamma I - dI - cI \\ \dfrac{\mathrm{d}R}{\mathrm{d}t} = \gamma I - dR \end{cases} \tag{4.7.2}$$

选取如上形式的函数 M 能够保证其非负性, 后面简记为 $M(t)$, 并记 $m = \gamma + d + c$. 注意到模型 (4.7.2) 关于 $\dfrac{\mathrm{d}I}{\mathrm{d}t}$ 是一个隐式方程, 不能像前面几节提到的模型那样直接分析. 所以, 对于该模型首先需要将其转换成一个显式微分方程.

令 $M_1(t) = p_1 I(t) + p_2 \mathrm{d}I(t)/\mathrm{d}t$. 当 $M_1(t) > 0$ 时有 $M(t) = M_1(t)$. 根据模型 (4.7.2) 的第二个方程有

$$p_2\left(\frac{\mathrm{d}I}{\mathrm{d}t} + mI\right)\exp\left[p_2\left(\frac{\mathrm{d}I}{\mathrm{d}t} + mI\right)\right] = p_2\beta SI\exp\left[-p_1 I + p_2 mI\right]$$

并根据预备知识中的 Lambert W 函数[29] 得到

$$\frac{\mathrm{d}I}{\mathrm{d}t} = \frac{1}{p_2}W\left[p_2\beta SI\exp\left(-p_1 I + p_2 mI\right)\right] - mI \tag{4.7.3}$$

因此 $M(t)$ 变为

$$\begin{aligned} M(t) = M_1(t) &= p_1 I + p_2\frac{\mathrm{d}I}{\mathrm{d}t} \\ &= W\left[p_2\beta SI\exp\left(-p_1 I + p_2 mI\right)\right] - \left(-p_1 I + p_2 mI\right) \end{aligned} \tag{4.7.4}$$

下面讨论函数 $M_1(t)>0$ 的条件. 为此首先考虑 $M_1(t)=0$, 即

$$W\left[p_2\beta SI\exp\left(-p_1I+p_2mI\right)\right]-\left(-p_1I+p_2mI\right)=0 \tag{4.7.5}$$

再一次利用 Lambert W 函数的逆函数的性质, (4.7.5) 变为

$$(-p_1I+p_2mI)\exp(-p_1I+p_2mI)=p_2\beta SI\exp\left(-p_1I+p_2mI\right)$$

关于 S 求解得到

$$S=\frac{-p_1+p_2m}{p_2\beta}\doteq S_c \tag{4.7.6}$$

由于 (4.7.4) 确定的函数 $M_1(t)$ 是关于 S 的严格单调函数, 因此 $M_1(t)>0$ 等价于 $S>S_c$.

根据上面的分析, 隐式形式的系统 (4.7.2) 变为如下的切换系统 (此时可以忽略移除类):

$$\begin{cases}\dfrac{\mathrm{d}S}{\mathrm{d}t}=B-\mathrm{e}^{-\varepsilon M_1(t)}\beta IS-dS\\[2mm]\dfrac{\mathrm{d}I}{\mathrm{d}t}=\mathrm{e}^{-\varepsilon M_1(t)}\beta IS-mI\end{cases} \tag{4.7.7}$$

且切换点定义如下

$$\varepsilon=\begin{cases}0, & S-S_c\leqslant 0\\ 1, & S-S_c>0\end{cases} \tag{4.7.8}$$

此时函数 $M_1(t)=W\left[p_2\beta SI\exp\left(-p_1I+p_2mI\right)\right]-\left(-p_1I+p_2mI\right)$, 切换阈值 S_c 由 (4.7.6) 所定义.

至此一个意想不到的结果出现了, 一个看似非常复杂的隐式微分方程最终转化为一个由临界易感人群数量确定的切换系统 (4.7.7). 该类系统与 4.6 节介绍的脉冲系统的一个典型区别在于: 脉冲系统的控制是在瞬间完成的, 而切换系统的控制 (此处媒体宣传报道与个体行为改变) 是间歇性的, 其控制作用在一段时间内有效, 究竟持续多长是由系统的状态即易感人群数量来确定的. 为了分析该切换系统的阈值动力学, 下面给出切换系统的一些相关记号和定义.

记 $H(Z)=S-S_c$ 且向量 $Z=(S,I)^{\mathrm{T}}$, 并记

$$\begin{aligned}&F_{G_1}(Z)=(B-\beta IS-dS,\ \ \beta IS-mI)^{\mathrm{T}}\\&F_{G_2}(Z)=\left(B-\mathrm{e}^{-M_1(t)}\beta IS-dS,\ \ \mathrm{e}^{-M_1(t)}\beta IS-mI\right)^{\mathrm{T}}\end{aligned}$$

则模型 (4.7.7) 可以重新简写为下面的非光滑系统 (非光滑指的是方程右端函数不连续或不可微)

$$\dot{Z}(t)=\begin{cases}F_{G_1}(Z), & Z\in G_1\\ F_{G_2}(Z), & Z\in G_2\end{cases} \tag{4.7.9}$$

其中

$$G_1=\{Z\in R_+^2: H(Z)\leqslant 0\},\quad G_2=\{Z\in R_+^2: H(Z)>0\}$$

和 $R_+^2=\{Z=(S,I): S\geqslant 0, I\geqslant 0\}$, 且集合 R_+^2 是系统 (4.7.2) 的一个不变集. 为保证阈值 $S_c>0$, 不妨假设 $-p_1+p_2m>0$. 否则, 当 $S_c<0$ 时集合 G_1 成为空集, 此时系统 (4.7.9) 完全由光滑子系统 $\dot{Z}(t)=F_{G_2}(Z)$ 确定.

定义切换线 Σ 如下

$$\Sigma=\{Z\in R^2: H(Z)=0\}$$

为了后面叙述方便, 称系统 (4.7.9) 定义在区域 G_1 中的子系统为系统 S_{G_1}, 定义在区域 G_2 中的子系统称为系统 S_{G_2}. 下面给出切换系统真假平衡态的定义.

定义 4.7.1　对于任意给定的一点 Z^*, 如果满足 $F_{S_{G_1}}(Z^*)=0$ 和 $H(Z^*)\leqslant 0$, 或者 $F_{S_{G_2}}(Z^*)=0$ 和 $H(Z^*)>0$, 则称点 Z^* 是系统 (4.7.9) 的真平衡态; 如果 $F_{S_{G_1}}(Z^*)=0$ 和 $H(Z^*)>0$, 或者 $F_{S_{G_2}}(Z^*)=0$ 和 $H(Z^*)\leqslant 0$, 则称点 Z^* 是系统 (4.7.9) 的假平衡态.

4.7.1　子系统的动力学分析

分析完整的切换系统之前, 首先必须弄清楚两个子系统所具有的动力学行为.

1. 系统 S_{G_1} 的动力学行为

很明显, 系统 S_{G_1} 已在 4.4.2 节分析清楚, 其存在一个疾病消除平衡态 $E_0=(B/d,0)$. 并且当 $R_0=\beta\Lambda/(m\mu)<1$ 时, E_0 相对于系统 S_{G_1} 是局部稳定的. 注意到

$$\frac{\Lambda}{\mu}-S_c=\frac{p_2m\mu(R_0-1)+p_1\mu}{p_2\beta\mu}$$

因此, 如果 $R_0>1$, 则 E_0 位于区域 G_2 且是不稳定的. 然而, 如果 $R_0<1$, 则当 $p_2m\mu(1-R_0)\geqslant p_1\mu$ 时, E_0 位于区域 G_1; 当 $p_2m\mu(1-R_0)<p_1\mu$ 时, 位于区域 G_2 内, 如图 4.7.1 所示.

当 $R_0>1$ 时, 系统 S_{G_1} 存在内部平衡态 $E_1^*=(S_1^*,I_1^*)$, 其中

$$S_1^*=\frac{m}{\beta},\quad I_1^*=\frac{\mu}{\beta}\left(\frac{\Lambda}{m}\frac{\beta}{\mu}-1\right)=\frac{\mu}{\beta}(R_0-1)$$

相对于系统 S_{G_1} 来说, 该平衡态是渐近稳定的. 由于 $S_1^*>S_c$ 成立, 故平衡态 E_1^* 位于区域 G_2, 根据定义知该平衡态是一个假的稳定平衡态. 这也说明当 $R_0>1$ 时, 任何从区域 G_1 出发并由系统 S_{G_1} 所确定的轨线必将进入区域 G_2, 系统发生切换. 进入区域 G_2 的轨线由系统 S_{G_2} 确定, 所以在区域 G_2 中切换系统的轨线不会稳定到假平衡态 E_1^*, 如图 4.7.2.

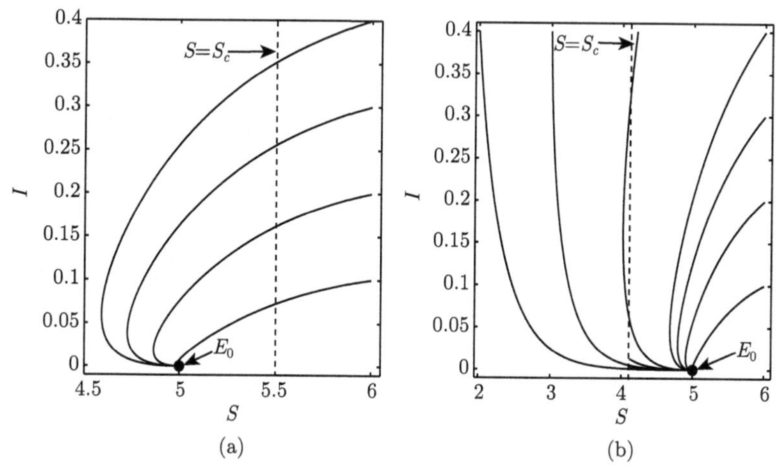

图 4.7.1 切换系统的相图, 旨在说明疾病消除平衡态的全局稳定性

粗线和细线分别表示系统 (4.7.7) 在区域 G_2 和区域 G_1 内的轨线. 参数取值为 $\beta=0.3, \gamma=1.5, B=1, d=0.2, c=0.2$, 其中 (a) $p_1=0.2, p_2=0.8$; (b) $p_1=0.4, p_2=0.6$

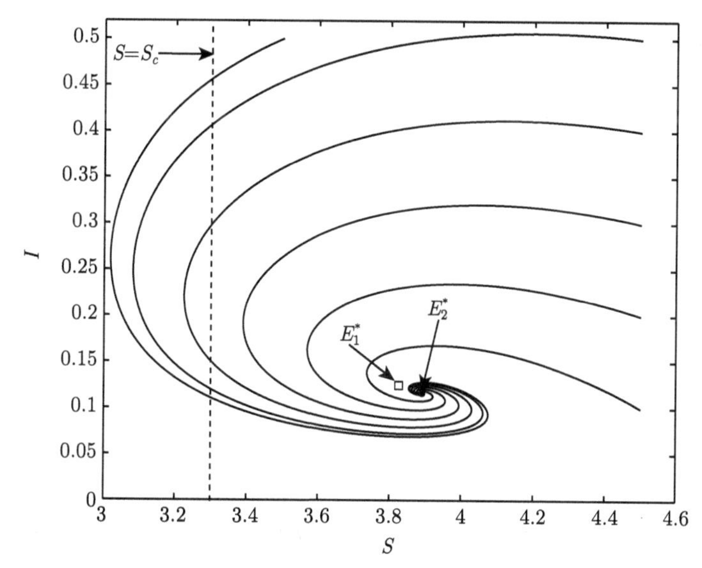

图 4.7.2 切换系统的相图 (旨在说明内部平衡态的全局稳定性)

粗线和细线分别表示系统 (4.7.7) 在区域 G_2 和区域 G_1 内的轨线. 参数取值为 $\beta=0.5, \gamma=1.5, B=1, d=0.2, c=0.2, p_1=0.2, p_2=0.8$

2. 系统 S_{G_2} 的动力学行为

尽管系统 S_{G_2} 是光滑的显式系统, 其包含了不易处理的 Lambert W 函数, 使得分析其动态行为变得相对复杂. 系统 S_{G_2} 为

$$
\begin{cases}
\dfrac{\mathrm{d}S}{\mathrm{d}t} = B - \mathrm{e}^{-M_1(t)}\beta IS - dS, \\
\dfrac{\mathrm{d}I}{\mathrm{d}t} = \mathrm{e}^{-M_1(t)}\beta IS - mI,
\end{cases} \quad S > S_c \tag{4.7.10}
$$

其中函数 $M_1(t)$ 由 (4.7.4) 所定义. 同样, 系统 (4.7.10) 或 S_{G_2} 存在疾病消除平衡态 $E_0 = (B/d, 0)$, 并且当 $R_0 < 1$ 时, E_0 相对于系统 S_{G_2} 也是局部渐近稳定的.

为了说明系统 (4.7.10) 的内部平衡态的存在性, 首先将系统进行必要的变形和简化. 为此记

$$
f_1(S, I) \triangleq p_2\beta SI \exp\left(-p_1 I + p_2 mI\right), \quad g_1(I) \triangleq -p_1 I + p_2 mI
$$

则函数 $M_1(t) = W(f_1(S, I)) - g_1(I)$. 根据 Lambert W 函数的性质 (定义 3.5.3)

$$
\begin{aligned}
\exp(-M_1(t)) &= \exp\left(-W(f_1(S, I)) + g_1(I)\right) \\
&= \frac{W(f_1(S, I))}{f_1(S, I)} \exp(g_1(I)) = \frac{W(f_1(S, I))}{p_2\beta SI}
\end{aligned} \tag{4.7.11}
$$

代入系统 (4.7.10) 得

$$
\begin{cases}
\dfrac{\mathrm{d}S}{\mathrm{d}t} = B - \dfrac{W(f_1(S, I))}{p_2} - dS, \\
\dfrac{\mathrm{d}I}{\mathrm{d}t} = \dfrac{W(f_1(S, I))}{p_2} - mI,
\end{cases} \quad S > S_c \tag{4.7.12}
$$

记系统的内部平衡态为 $E_2^* = (S^*, I^*)$, 根据 $\mathrm{d}I/\mathrm{d}t = 0$ 得 $W(f_1(S, I)) = p_2 mI$. 再一次利用 Lambert W 函数的性质有

$$
S^* = \frac{m}{\beta} \exp(p_1 I^*) \tag{4.7.13}
$$

代入方程 $\mathrm{d}S/\mathrm{d}t = 0$ 并根据 $W(f_1(S, I)) = p_2 mI$ 有

$$
\frac{md}{\beta} \exp(p_1 I^*) + mI^* = B \tag{4.7.14}
$$

上式变形得

$$
p_1\left(\frac{B}{m} - I^*\right) \exp\left[p_1\left(\frac{B}{m} - I^*\right)\right] = \frac{p_1 d}{\beta} \exp\left(\frac{p_1 B}{m}\right) \tag{4.7.15}
$$

上式关于 I^* 求解得到

$$
I^* = \frac{B}{m} - \frac{1}{p_1} W\left[\frac{p_1 d}{\beta} \exp\left(\frac{p_1 B}{m}\right)\right] \tag{4.7.16}
$$

要求 $I^* > 0$, 即需要

$$\frac{p_1 B}{m} > W\left[\frac{p_1 d}{\beta}\exp\left(\frac{p_1 B}{m}\right)\right] \tag{4.7.17}$$

等价于

$$R_0 = \frac{B\beta}{dm} > 1 \tag{4.7.18}$$

把 (4.7.16) 代入 (4.7.13) 得到

$$\begin{aligned} S^* &= \frac{m}{\beta}\exp(p_1 I^*) = \frac{m}{\beta}\exp\left(\frac{p_1 B}{m}\right)\exp\left[-W\left(\frac{p_1 d}{\beta}\exp\left(\frac{p_1 B}{m}\right)\right)\right] \\ &= \frac{m}{\beta}\exp\left(\frac{p_1 B}{m}\right)\frac{W\left(\frac{p_1 d}{\beta}\exp\left(\frac{p_1 B}{m}\right)\right)}{\frac{p_1 d}{\beta}\exp\left(\frac{p_1 B}{m}\right)} \\ &= \frac{m}{p_1 d}W\left(\frac{p_1 d}{\beta}\exp\left(\frac{p_1 B}{m}\right)\right) \end{aligned} \tag{4.7.19}$$

因此, 当 $R_0 > 1$ 时由 (4.7.19) 和 (4.7.16) 所确定的内部平衡态 $E_2^* = (S^*, I^*)$ 存在. 容易验证 $S^* > S_c$, 这说明 E_2^* 位于区域 G_2, 是一个真平衡态, 如图 4.7.2 所示.

下面讨论 E_2^* 的局部稳定性, 为此需要计算关于系统 (4.7.10) 在 E_2^* 的 Jacobian 矩阵. 直接讨论简化系统 (4.7.12), 并记 $b = -p_1 + p_2 m$ 和

$$P_2(S, I) = B - \frac{W(f_1(S, I))}{p_2} - \mu S, \quad Q_2(S, I) = \frac{W(f_1(S, I))}{p_2} - mI$$

则在任意点处的 Jacobian 矩阵为

$$\boldsymbol{J} = \begin{pmatrix} \frac{\partial P_2}{\partial S} & \frac{\partial P_2}{\partial I} \\ \frac{\partial Q_2}{\partial S} & \frac{\partial Q_2}{\partial I} \end{pmatrix} = \begin{pmatrix} -\frac{1}{p_2}F_1 - \mu & -\frac{1}{p_2}F_2 \\ \frac{1}{p_2}F_1 & \frac{1}{p_2}F_2 - m \end{pmatrix} \tag{4.7.20}$$

其中 F_1 和 F_2 为

$$\begin{aligned} F_1 &:= \frac{\partial W(f_1(S, I))}{\partial S} = \frac{W(f_1(S, I))}{f_1(S, I)(1 + W(f_1(S, I)))}\frac{\partial f_1}{\partial S} \\ F_2 &:= \frac{\partial W(f_1(S, I))}{\partial I} = \frac{W(f_1(S, I))}{f_1(S, I)(1 + W(f_1(S, I)))}\frac{\partial f_1}{\partial I} \end{aligned}$$

且 $\partial f_1/\partial S = p_2\beta I\exp(bI)$, $\partial f_1/\partial I = p_2\beta S\exp(bI)(1 + bI)$. 计算其在点 $E^* = (S^*, I^*)$ 处的值得到

$$\begin{cases} F_1 = \dfrac{p_2 m I^*}{f_1(S^*, I^*)(1 + p_2 m I^*)}p_2\beta I^*\exp(bI^*) = \dfrac{p_2 m I^*}{S^*(1 + p_2 m I^*)} \\ F_2 = \dfrac{p_2 m I^*}{f_1(S^*, I^*)(1 + p_2 m I^*)}p_2\beta S^*\exp(bI^*)(1 + bI^*) = \dfrac{p_2 m(1 + bI^*)}{1 + p_2 m I^*} \end{cases} \tag{4.7.21}$$

因此, 在 E_2^* 处关于 λ 的特征方程为

$$\lambda^2 + \left[\frac{F_1}{p_2} - \frac{F_2}{p_2} + \mu + m\right]\lambda + \frac{m}{p_2}F_1 - \frac{\mu}{p_2}F_2 + m\mu = 0$$

容易验证该特征方程具有两个负根, 即内部平衡态 E_2^* 在区域 G_2 是局部渐近稳定的.

再证明系统 S_{G_2} 在区域 G_2 内不存在闭轨线. 这样可以通过构造适当的 Dulac 函数 (12.2.3 节), 排除系统闭轨线的存在性. 为此, 选取 Dulac 函数 $B_2(S,I) = \mathrm{e}^{M(S,I)}/SI$, 并通过计算得

$$\begin{aligned}\frac{\partial(B_2P_2)}{\partial S} + \frac{\partial(B_2Q_2)}{\partial I} = &\frac{B\mathrm{e}^{M_1(S,I)}}{S^2I}\left(\frac{W(f_1)}{1+W(f_1)} - 1\right) - \frac{\mathrm{e}^{M_1(S,I)}W(f_1)}{1+W(f_1)}\cdot\frac{d}{SI}\\ &-\frac{m\mathrm{e}^{M_1(S,I)}}{S}\left(\frac{W(f_1)}{1+W(f_1)}\cdot\frac{1+bI}{I} - b\right)\end{aligned} \tag{4.7.22}$$

注意到 $S > S_c = b/(p_2\beta)$ 等价于 $f_1 > bI\mathrm{e}^{bI}$, 即有 $W(f_1) > bI$, 所以有

$$\frac{W(f_1)}{1+W(f_1)}\cdot\frac{1+bI}{I} - b > 0$$

成立. 而且 $\partial(B_2P_2)/\partial S + \partial(B_2Q_2)/\partial I < 0$, 根据定理 12.2.5 得到系统 (4.7.10) 不存在全部位于区域 G_2 的闭轨线. 因此, 真平衡态 E_2^* 在区域 G_2 中是全局渐近稳定的.

4.7.2 切换系统的整体动力学分析

通过两个子系统的分析, 知道当 $R_0 < 1$ 时, 两个系统 S_{G_1} 和 S_{G_2} 都存在相同的疾病消除平衡态 (即 $(B/d, 0)$), 并且分别在区域 G_1 或 G_2 是局部渐近稳定的. 而且, 疾病消除平衡态有可能位于区域 G_1 或 G_2 内. 不失一般性, 假设其位于区域 G_1, 则任何始于区域 G_2 的轨线必将与切换线 $S = S_c$ 相交后进入区域 G_1; 而始于区域 G_1 的轨线将最终趋向于疾病消除平衡态, 如图 4.7.1 所示.

当 $R_0 > 1$ 时, 地方病平衡态 E_1^* (或 E_2^*) 在区域 S_{G_1} (或 S_{G_2}) 是局部渐近稳定的. 而且, 上一节已经证明了两个子系统在其各自的区域都不存在闭轨线, 并且 E_1^* 是一个假平衡态, E_2^* 是一个真平衡态. 因此, 如果能够证明整个切换系统 (4.7.9) 不存在穿过切换线的闭轨线, 那么真平衡态 E_2^* 关于整个系统的全局稳定性就得证. 注意到, 系统 (4.7.9) 是一个分段光滑的系统, 传统的 Dulac 判别法 (定理 12.2.5) 不再适用, 需要利用推广或广义的 Dulac 判别法才能证明, 这里就不做介绍了, 有兴趣的学生可以参考文献 [143] 中给出的证明方法.

因此, 当 $R_0 > 1$ 时, 由于 E_1^* 是一个假平衡态, 任何始于 G_1 的轨线都将经过切换线 Σ 然后进入区域 G_2, 并最终停留在区域 G_2. 而任何始于区域 G_2 的轨线无

论是否离开区域 G_2 进入区域 G_1, 都将最终进入区域 G_2 并趋向于稳定的地方病平衡态 E_2^*, 如图 4.7.2 所示.

最后分析与媒体相关的参数 p_1 和 p_2 对传染病传播的影响. 为了说明这一点, 我们可以考虑这两个参数对地方病平衡态大小特别是染病者数量的影响. 根据公式 (4.7.16) 和 (4.7.19) 可知, 地方病平衡态 E_2^* 只与参数 p_1 有关, 而与参数 p_2 无关. 进一步, 由于 $R_0>1$ 并通过计算得

$$\frac{\partial S^*}{\partial p_1}=\frac{m}{dp_1^2}\frac{W\left(\frac{p_1d}{\beta}\exp\left(\frac{p_1B}{m}\right)\right)}{1+W\left(\frac{p_1d}{\beta}\exp\left(\frac{p_1B}{m}\right)\right)}\left[-W\left(\frac{p_1d}{\beta}\exp\left(\frac{p_1B}{m}\right)\right)+\frac{p_1B}{m}\right]>0 \tag{4.7.23}$$

因此

$$\frac{\partial I^*}{\partial p_1}=-\frac{d}{m}\frac{\partial S^*}{\partial p_1}<0 \tag{4.7.24}$$

上式说明染病者 I 的平衡态值是关于媒体参数 p_1 的递减函数. 注意到参数 p_1 刻画了传染病暴发期内由于媒体宣传作用而采取的预防控制策略, 即 p_1 越大, 最终感染者越少. 因此, 在传染病传播期间, 最大化媒体的宣传作用, 并让易感人群改变其行为习惯, 将有力地降低传染病的传播风险.

4.8 媒介传播疾病与病毒进化

4.8.1 媒介传播疾病

媒介传播疾病是指一类通过媒介在人与人之间或人与动物之间传播的疾病, 通常不是通过人与人直接接触传染的, 而是通过媒介与人或动物接触而传播. 大多数媒介是吸血的昆虫, 媒介通过与感染的宿主接触摄取致病的微生物, 然后通过与其他人或动物接触而感染新的宿主. 蚊子是最常见的媒介, 此外还有扁虱、苍蝇、跳蚤等. 疟疾的传播媒介是黯蚊 (Anopheles mosquito). 感染源是原生动物寄生虫, 这种寄生虫通过母蚊子吸血的过程注入人的血液中, 并在人体内生长, 最终产生配子 (母) 细胞, 这种配子 (母) 细胞可以通过吸血的蚊子带走. 配子 (母) 细胞合成受精卵, 进入蚊子的唾液腺并开始下一次的生命循环.

媒介传播主要有两种情形: 第一种是经节肢动物的机械携带而传播, 如苍蝇、蟑螂携带肠道传染病病原体; 第二种是经吸血节肢动物传播. 病原体在节肢动物内有的经过繁殖, 如流行性乙型脑炎病毒在蚊体内; 有的经过发育, 如丝虫病的微丝蚴在蚊体内数量上不增加, 但需经过一定的发育阶段; 有的既经发育又经繁殖, 如疟原虫在黯蚊体内. 经吸血节肢动物传播的疾病为数极多, 其中除包括鼠疫、疟疾、丝虫病、流行性乙型脑炎、登革热等疾病外, 还包括 200 多种虫媒病毒传染病.

如何对媒介传播的传染病进行建模研究? 下面以疟疾在人和蚊子中交叉传播的过程为例加以说明. 首先对疟疾进行建模需要同时考虑人和蚊子的染病状态. 我们假设人群是封闭且总数为常数 N_1, 并且蚊子不会死于疟疾, 即没有疾病导致的额外死亡率, 这时出生率与死亡率相等, 所以蚊子的总数 N_2 也是常数.

对于疟疾要用 SIS 模型还是 SIR 模型呢? 无疑地, 一个人可以重复感染, 但是传染率递减. 为了简化, 我们需要假设人和蚊子都不会获得免疫性. 这样得到如图 4.8.1 所示的媒介传播 SIS 模型. 根据以上假设和传染病建模的基本思路, 可以得到如下一般形式的媒介传播疾病模型

$$\begin{cases} \dfrac{\mathrm{d}S_1}{\mathrm{d}t} = -f_1(S_1, I_2) + \gamma_1 I_1 \\ \dfrac{\mathrm{d}I_1}{\mathrm{d}t} = f_1(S_1, I_2) - \gamma_1 I_1 \\ \dfrac{\mathrm{d}S_2}{\mathrm{d}t} = -f_2(S_2, I_1) + \gamma_2 I_2 + b_2 N_2 - d_2 S_2 \\ \dfrac{\mathrm{d}I_2}{\mathrm{d}t} = f_2(S_2, I_1) - \gamma_2 I_2 - d_2 I_2 \end{cases} \tag{4.8.1}$$

其中 S_1 和 I_1 表示易感者和感染者人口数量或比例, S_2 和 I_2 表示易感者和感染者蚊子数量或比例, 并且假设蚊子的出生率和死亡率相等, 即 $b_2 = d_2$. 传染病在人群的发生率函数为标准形式

$$f_1(S_1, I_2) = ap_1 \frac{S_1}{N_1} I_2$$

参数 a 为叮咬率, 即一个母蚊子在时间段 δt 内平均叮咬 $a\delta t + O(\delta t^2)$ 次. 假设蚊子对人的功能性反应为常数. 这一假设等价于假设有足够的人供蚊子叮咬. 蚊子叮咬的人中易感者的比例为 S_1/N_1, 每次感染的概率为 p_1.

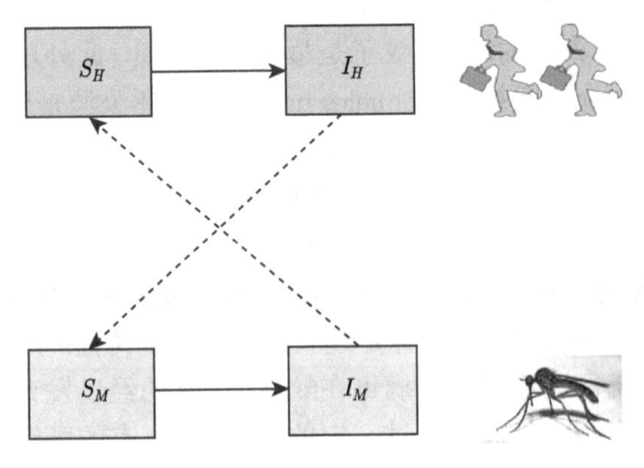

图 4.8.1　媒介传播 SIS 模型框图 (彩图见封底二维码)

传染病在蚊子种群的发生率为标准形式

$$f_2(S_2,I_1)=ap_2S_2\frac{I_1}{N_1}$$

这与 f_1 的组成相同, 其中 p_2 为易感的蚊子叮咬染病者时被传染的概率.

我们定义 R_0 为在一个易感者群体中 (包括人和蚊子) 引入一个染病的人后所能产生的第二代病例数. 一个病人能够传染 $ap_2N_2/(\gamma_1N_1)$ 个蚊子, 每个蚊子又能够传染 $ap_1/(\gamma_2+b_2)$ 个人. 所以

$$R_0=\frac{a^2p_1p_2N_2}{\gamma_1N_1(\gamma_2+b_2)} \tag{4.8.2}$$

为了简化方程, 定义无量纲变换

$$u_1=\frac{S_1}{N_1},\quad v_1=\frac{I_1}{N_1},\quad u_2=\frac{S_2}{N_2},\quad v_2=\frac{I_2}{N_2}$$

再利用种群总数为常数的假设得到

$$\begin{cases}\dfrac{\mathrm{d}v_1}{\mathrm{d}t}=\gamma_1(\alpha_1v_2u_1-v_1)\\ \dfrac{\mathrm{d}v_2}{\mathrm{d}t}=(\gamma_2+b_2)(\alpha_2v_1u_2-v_2)\end{cases} \tag{4.8.3}$$

其中 $u_1+v_1=1,u_2+v_2=1$. $\alpha_1=ap_1N_2/(\gamma_1N_1),\alpha_2=ap_2/(\gamma_2+b_2)$. 系统有一个疾病消除平衡态 $(v_1,v_2)=(0,0)$ 和地方病平衡态 (v_1^*,v_2^*), 其中

$$v_1^*=\frac{\alpha_1\alpha_2-1}{\alpha_2(\alpha_1+1)},\quad v_2^*=\frac{\alpha_1\alpha_2-1}{\alpha_1(\alpha_2+1)}$$

不难看出地方病平衡态存在的条件是 $\alpha_1\alpha_2>1$, 即 $R_0>1$. 容易利用线性化稳定性分析得到地方病平衡态一旦存在即局部渐近稳定. 所以, 当且仅当 $R_0>1$ 时疟疾为地方病.

4.8.2 病毒进化模型

寄生虫在寄生的过程中是不会过度地利用寄主, 这种现象就好比捕食者不会对猎物过分捕杀一样. 但是过度利用很常见, 就像人类对环境所做的一样. 因此我们会问, 在进化过程中, 寄生虫的毒性 (virulence) 是否会降低. 毒性有两种含义, 在这里指毒性, 而不是传染性. 进一步如何在模型中体现这一思想是我们比较感兴趣的问题.

前几节介绍的模型中我们只考虑一种菌株在一个群体中的传播过程, 但受到某些外部因素的影响, 例如药物治疗, 菌株可能会发生基因突变从而产生一种新的

菌株. 假如一种菌株在宿主体内已经达到平衡状态, 此时由于基因突变产生了另外一种菌株, 那么第二种菌株会打破刚开始的平衡状态吗? 如果能打破的话, 是否会完全取代第一种菌株呢, 还是与其共存? 下面将在 SIR 地方病模型的背景下, 加入因病死亡率的情形来考虑这个问题.

为了简化, 假设人感染一种菌株的时候会对两种菌株都产生永久性的免疫. 每个个体或者是易感者或者是染病者或者是恢复者, 并且恢复者对两种菌株都有免疫性. 记 S, I_1, I_2, R 分别是易感者、感染第一种菌株的人、感染第二种菌株的人和恢复者的数量, 设 c_1, c_2 分别是两类感染者的因病死亡率, γ_1, γ_2 分别是两类感染者的恢复率, Λ 是常数输入率, d 是自然死亡率. 则

$$\begin{cases} \dfrac{\mathrm{d}S}{\mathrm{d}t} = \Lambda - \beta_1 S I_1 - \beta_2 S I_2 - dS \\ \dfrac{\mathrm{d}I_1}{\mathrm{d}t} = \beta_1 S I_1 - \gamma_1 I_1 - c_1 I_1 - dI_1 \\ \dfrac{\mathrm{d}I_2}{\mathrm{d}t} = \beta_2 S I_2 - \gamma_2 I_2 - c_2 I_2 - dI_2 \\ \dfrac{\mathrm{d}R}{\mathrm{d}t} = \gamma_1 I_1 + \gamma_2 I_2 - dR \end{cases} \tag{4.8.4}$$

模型 (4.8.4) 的第四个方程是独立的, 所以只需考虑由 S, I_1, I_2 组成的三维系统 (仍记为模型 (4.8.4)) 即可. 所以模型 (4.8.4) 的平衡态有疾病消除平衡态 $E_0(\Lambda/d, 0, 0)$. 当 $R_{02} > 1$ 时, 存在菌株 1 消除平衡态 $E_1\left(\dfrac{d+c_2+\gamma_2}{\beta_2}, 0, \dfrac{\Lambda}{d+c_2+\gamma_2} - \dfrac{d}{\beta_2}\right)$; 当 $R_{01} > 1$ 时, 存在菌株 2 消除平衡态 $E_2\left(\dfrac{d+c_1+\gamma_1}{\beta_1}, \dfrac{\Lambda}{d+c_1+\gamma_1} - \dfrac{d}{\beta_1}, 0\right)$; 当 $R_{01} = R_{02}$ 时存在内部平衡态, 其中

$$R_{0i} = \frac{\beta_i \Lambda}{d(\gamma_i + c_i + d)}, \quad i = 1, 2 \tag{4.8.5}$$

进一步, 通过检测 Jacobian 矩阵在各个平衡态处的矩阵的特征根的符号, 我们得到当 $R_{01} < 1, R_{02} < 1$ 时, 疾病消除平衡态是局部渐近稳定的; 当 $R_{02} > R_{01}$ (或 $R_{01} > R_{02}$) 时, 菌株 1 (或菌株 2) 消除平衡态是局部渐近稳定的. 内部平衡态的稳定性请参考文献 [89].

由此得到当且仅当 $R_{02} > R_{01}$ 时第二种菌株会打破第一种菌株的单独存在的平衡态使其灭绝. 哪种菌株将会持久这个问题简化为参数 R_0 的计算, 并且我们关心 R_0 是怎样依赖于菌株的毒性的. 所以假设第二种比第一种的毒性要弱, 在这种情况下 $c_2 < c_1$. 假设没有其他的差别, 即其他参数满足 $\beta_1 = \beta_2 = \beta, \gamma_1 = \gamma_2 = \gamma$, 则有

$$R_{02} = \frac{\beta\Lambda}{\gamma + c_2 + d} > \frac{\beta\Lambda}{\gamma + c_1 + d} = R_{01} \tag{4.8.6}$$

这意味着毒性小的菌株将会暴发. 但是毒性的改变与疾病的其他变化相关. 20 世纪 50 年代, 为了控制澳大利亚和英国兔子的数量, 人为地引入了一种传染病, 这种病的毒性与皮肤的病变相关, 即这种皮肤的病变可以增大传染力. 此时传染率参数 β 是毒性的增函数, 可以表示为

$$\beta = \beta_0 c^{\alpha} \tag{4.8.7}$$

其中 $0 < \alpha < 1$ 是一个参数. 现在我们所期望的是, 是否存在一个特定的毒性使得疾病再生数 R_0 达到最大值, 从而取得最好的兔子控制效果. 实际上, 如果选定毒性参数 c 作为变量而固定其他参数, 可以看出存在一个 c 使得 R_0 达到最大. 这与我们期望的结果是一致的, 如图 4.8.2 所示.

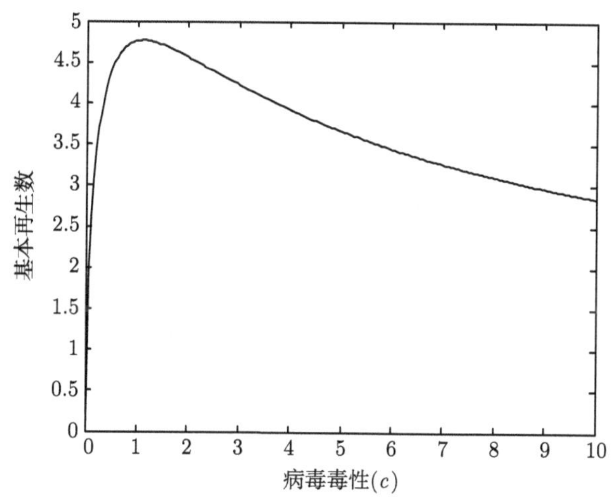

图 4.8.2　基本再生数 R_0 与病毒毒性 c 之间的关系

4.9　随机 SIR 传染病模型

总种群数为常数且具有出生和死亡和标准发生率的确定性 SIR 模型可表示成

$$\begin{cases} \dfrac{\mathrm{d}S(t)}{\mathrm{d}t} = bN - \beta\dfrac{S(t)}{N}I(t) - dS(t) \\ \dfrac{\mathrm{d}I(t)}{\mathrm{d}t} = \beta\dfrac{S(t)}{N}I(t) - \gamma I(t) - dI(t) \\ \dfrac{\mathrm{d}R(t)}{\mathrm{d}t} = \gamma I(t) - dR(t) \end{cases} \tag{4.9.1}$$

由于总数量为常数, 等价地可以考虑前两个变量 S, I 的模型

$$\begin{cases} \dfrac{\mathrm{d}S(t)}{\mathrm{d}t} = bN - \beta\dfrac{S(t)}{N}I(t) - dS(t) \\ \dfrac{\mathrm{d}I(t)}{\mathrm{d}t} = \beta\dfrac{S(t)}{N}I(t) - \gamma I(t) - dI(t) \end{cases} \tag{4.9.2}$$

由于随机模型刻画的 S, I, R 是一个随机变量并且在任何时刻的取值为一个整数. 考虑易感者和染病者在任意时刻的数量 $S(t)$ 和 $I(t)$ 所在的状态空间为

$$\{(s,i)|s=0,1,2,\cdots,i=0,1,2,\cdots\}$$

则在 t 时刻的联合分布为

$$p_{si}(t) = \Pr\{S(t)=s, I(t)=i\} \tag{4.9.3}$$

相应于确定性模型 (4.9.2), 所考虑的随机模型具有四个基本事件, 即易感者被感染, 其发生率为 $\beta\dfrac{s}{N}i$; 感染者被移除, 其发生率为 γi; 出生易感者, 其发生率为 bN; 易感者或染病者死亡, 其发生率分别为 ds 和 di. 假设当前状态为 (s,i), 则下一个事件发生后可能达到的状态分别为 $(s+1,i)$, $(s-1,i)$, $(s-1,i+1)$ 和 $(s,i-1)$, 如表 4.9.1 所示.

表 4.9.1　确定性模型 (4.9.2) 相应的随机模型

事件	转移规律	转移概率
出生易感者	$(s,i)\to(s+1,i)$	$\lambda_1(s,i)=bN$
死亡易感者	$(s,i)\to(s-1,i)$	$\mu_1(s,i)=ds$
感染易感者	$(s,i)\to(s-1,i+1)$	$\nu_2(s,i)=\beta si/N$
死亡和移除易感者	$(s,i)\to(s,i-1)$	$\mu_2(s,i)=(d+\gamma)i$

为了比较确定性模型 (4.9.2) 和表 4.9.1 给出的随机模型, 考虑当 $b=d=0$ 时的特殊情形, 此时相应的确定性模型退化为具有标准发生率 $\beta\dfrac{S}{N}I$ 的模型 (4.3.1), 相应的随机事件也简化为两个: 感染易感者和移除感染者. 有关由表 4.9.1 给出的随机模型的理论分析已经超出了本书的范围, 这里就不做介绍了.

下面我们希望利用 Gillespie 随机模拟算法实现表 4.9.1 中的方案. Gillespie 随机模拟算法的两个关键步骤是:

(1) 确定下一个事件发生的时间. 比如当感染易感者或移除感染者中的某一个事件发生后, 那么下一个事件在什么时间发生.

(2) 确定下一个要发生的事件. 比如当感染易感者或移除感染者中的某一个事件发生后, 如何确定下一次是感染易感者发生还是移除感染者事件发生.

如何确定下一个事件发生的时间?　首先将所有可能发生的事件列出, 在某一时刻的总事件发生率记为 λ, 则在一个时间长度为 Δt 的时间内有一个事件发生的

概率为 $\lambda\Delta t+o(\Delta t)$. 这里假设时间 Δt 足够小, 使得在此区间只有上述两个事件中的一个发生. 如果记 $p(t)$ 为时间 t 之前没有事件发生的概率, 则有

$$p(t+\Delta t)=p(t)p(\Delta t)=p(t)(1-\lambda\Delta t)$$

令 $\Delta t\to 0$ 取极限得

$$\frac{\mathrm{d}p(t)}{\mathrm{d}t}=-\lambda p(t)$$

该微分方程有解 $p(t)=p(0)\mathrm{e}^{-\lambda t}=\mathrm{e}^{-\lambda t}$, 即时间 t 内没有事件发生的概率. 因此, 到下一个事件发生前所经过时间 (time to the next event) 的累积分布函数为

$$F(t)=\Pr(\text{下一个事件发生的时间}\leqslant t)=1-p(t)=1-\mathrm{e}^{-\lambda t}$$

概率密度函数为 $f(t)=F'(t)=\lambda\mathrm{e}^{-\lambda t}$, 即两个事件发生的时间间隔服从参数为 λ 的指数分布. 所以随机模拟时利用连续分布的直接抽样法从指数分布中抽样可得事件发生的时间间隔, 即任给一个 u_1 (u_1 为从 [0,1] 区间上的一致分布生成的随机数) 可以求得一个时间间隔 Δt.

$$\Delta t=F^{-1}(u_1)=-\frac{1}{\lambda}\ln(1-u_1)$$

所以下一个事件发生的时间即 $t+\Delta t$.

如何确定下一个要发生的事件? 假设有三个可能发生的事件, 每个事件的发生率为: $e_1(t),e_2(t),e_3(t)$, 则在 t 时刻事件的总发生率为 $\lambda=e_1(t)+e_2(t)+e_3(t)$. 由此可以得到每个事件发生概率的离散分布列

事件	1	2	3
概率	$\frac{e_1(t)}{\lambda}$	$\frac{e_2(t)}{\lambda}$	$\frac{e_3(t)}{\lambda}$

下面可以利用离散分布的直接抽样法从此离散分布中抽样确定下一个要发生的事件. $\frac{e_i(t)}{\lambda}$ $(i=1,2,3)$ 将 [0,1] 区间分成三个长度依次为 $\frac{e_1(t)}{\lambda},\frac{e_2(t)}{\lambda},\frac{e_3(t)}{\lambda}$ 的小区间, 生成 [0,1] 区间一致分布上的一个随机数 v, 若 v 属于长度为 $\frac{e_i(t)}{\lambda}$ 的小区间, 则第 i 个事件发生. 当 λ 与 t 无关时 (比如人口总数为常数), 确定好下一个事件发生的时间后, 直接从此离散分布中抽样. 当 λ 为 t 的函数时, 需要先更新 λ 再进行上面的操作 (抽取随机数确定发生的时间和事件).

利用上面的方法, 得到了如图 4.9.1 所示的数值结果, 与图 4.3.3 比较可以看出随机模拟模型预测的模拟值与实际统计数据拟合得更好. 为了方便大家的学习, 我们把 Gillespe 算法的具体 MATLAB 程序给出来, 读者可以拷贝下面的名为 SIRSto.m 的程序, 在 MATLAB 中运行, 也可将此程序修改为更一般的程序.

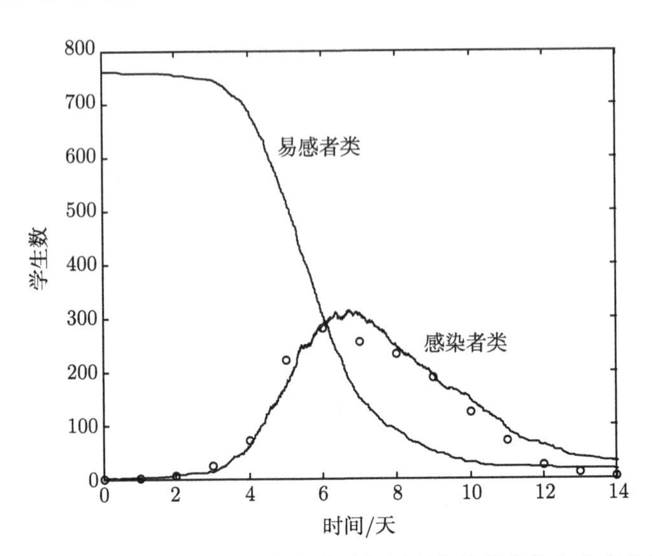

图 4.9.1 模型 (4.9.1) 相应具有标准发生率的随机模型的模拟曲线与实际统计数据的比较

圆圈表示统计数据, 参数为 $\beta = 0.0022 \times 763, \gamma = 0.4404$, 初始值为 $S_0 = 762, I_0 = 1$

```
% Gillespie随机模拟算法实现
% SIRSto.m
clear all
clc
N=763;%总学生数
beta=0.0022;gamma=0.4404;%参数取值
t=0; s=762;i=1;n=2;%初始取值
sd(1)=s;id(1)=i;% 输出向量
%Gillespie随机模拟算法主程序
while t<14; % 运行到时间为 14 天时结束循环
    Totalrate=(beta*s*i+gamma*i);%总事件发生率
    T1=-log(1-rand)/Totalrate;%下一个事件发生的时间
    t=t+T1; T2(n)=t; U=rand;
   if U<(beta*s*i)/Totalrate
      s=s-1;i=i+1;
     else
      s=s;i=i-1;
    end
      sd(n)=s; id(n)=i;
      n=n+1;
```

```
end
figure(1)
plot(T2, sd, T2, id)
hold on
A=[1 3 7 25 72 222 282 256 233 189 123 70 25 11 4]
plot(0:length(A)-1, A, 'oblack')
```

习 题 四

4.1 通过刻画如下具有潜伏期的 SEIR 框图, 建立相应的数学模型, 分析模型平衡态的存在性和稳定性的阈值理论并给出疾病再生数 R_0 解析表达式和隐含的生物意义.

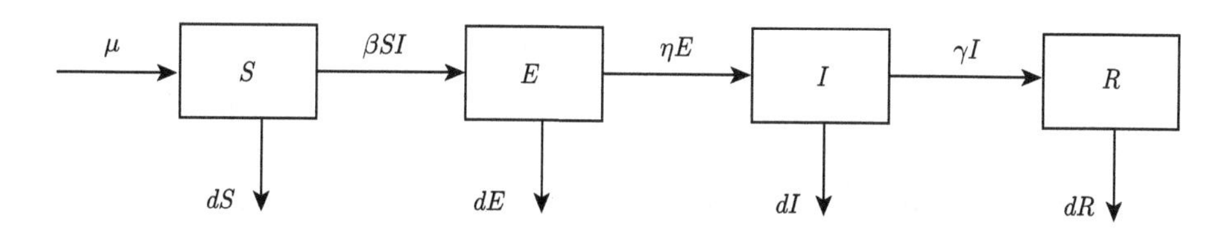

4.2 考虑总人口为 N, 人均出生率为 $b(N)$, 死亡率为 $d(N)$ 的人群. 假设没有传染病的时候人口达到了稳定的平衡态 N^* 且 $b(N^*) = d(N^*)$.

(a) 存在传染病的情况下解释方程组

$$\begin{cases} \dfrac{\mathrm{d}S}{\mathrm{d}t} = b(N)N - \beta IS - d(N)S \\ \dfrac{\mathrm{d}I}{\mathrm{d}t} = \beta IS - \gamma I - cI - d(N)I \\ \dfrac{\mathrm{d}R}{\mathrm{d}t} = \gamma I - d(N)R \end{cases} \tag{1}$$

的生物意义.

(b) 利用预备知识中介绍的再生矩阵法求模型 (1) 的基本再生数 R_0.

(c) 分析无病平衡态的稳定性, 并证明当 $\beta N^* > \gamma + c + d(N^*)$ 时疾病暴发.

(d) 对多少比例的新生儿接种疫苗才能使疾病消除?

4.3 根据预备知识中介绍的二维 Jury 判据研究 Jacobian 矩阵 (4.5.11) 的两个特征值的变化情况, 并给出模型 (4.5.7) 的地方病平衡态稳定的参数空间.

4.4 两性之间传播的传染病 (异性人群中的两性之间传播的疾病和媒介传播的疾病都呈现交叉感染). 淋病是两性间由细菌引起的传染病, 免疫性很小. 大部分女性染病者是没有症状的.

(a) 解释下面异性人群中淋病传播的数学模型

$$
\begin{cases}
\dfrac{\mathrm{d}S_1}{\mathrm{d}t} = -\beta_{21}I_2S_1 + \gamma_1 I_1 \\
\dfrac{\mathrm{d}S_2}{\mathrm{d}t} = -\beta_{12}I_1S_2 + \gamma_2 I_2 \\
\dfrac{\mathrm{d}I_1}{\mathrm{d}t} = \beta_{21}I_2S_1 - \gamma_1 I_1 \\
\dfrac{\mathrm{d}I_2}{\mathrm{d}t} = \beta_{12}I_1S_2 - \gamma_2 I_2
\end{cases} \tag{2}
$$

中各项的含义. 特别说明: 为什么 β_{12} 必须与 β_{21} 不相等? 为什么 γ_1 必须与 γ_2 不相等?

(b) 证明这个四阶的方程组可以化为二阶无量纲方程组

$$
\begin{cases}
\dfrac{\mathrm{d}v_1}{\mathrm{d}\tau} = \gamma_1(R_{01}(1-v_1)v_2 - v_1) \\
\dfrac{\mathrm{d}v_2}{\mathrm{d}\tau} = \gamma_2(R_{02}(1-v_2)v_1 - v_2)
\end{cases} \tag{3}
$$

并写出 R_{01} 和 R_{02} 的表达式.

(c) 如果这种病引入一个全为易感者的人群中, 参数满足什么条件时传染病会流行? 用基本再生数的方式来解释这种现象.

4.5　考虑在一个初始时刻全为易感者的异性人群中引入具有免疫性的两性之间传播的疾病.

(a) 根据习题 4.4 的建模思路对这种传染病建模.

(b) 分析所建立模型的阈值定理, 给出基本再生数的解析表达式.

(c) 简化方程, 确定该传染病的染病规模.

第 5 章　药物动力学模型

5.1　药物动力学介绍

药物动力学是应用动力学原理与数学方法研究药物药量或浓度在体内随时间变化规律的科学. 研究通过各种给药方式 (比如静脉注射、静脉滴注和口服给药) 进入人体的药物在体内吸收、分布、生物转化、排泄等过程的动态变化规律, 并利用数学模型描述这些过程的时量关系 [51, 76, 82, 137], 即时间和血药浓度的关系, 如图 5.1.1 所示. 药物动力学能够帮助探讨药物在体内发生的代谢或者生物转化途径, 进一步确证代谢产物的结构, 研究代谢产物的药效或者毒性, 使其结果为新药的定向合成、结构改造和筛选服务. 如今, 药物动力学的研究已应用在药物治疗、临床药理、分子药理、生物化学、生物药剂、分析化学等多种科学领域中, 已成为这些学科的基础, 并为这些学科的实验设计和数据处理、新药研制、药物制剂在体内浓度的控制, 特别在临床合理用药中具有重大的使用价值. 通过药物动力学特征的研究, 可以更好地了解药物作用, 确定临床用药方案, 选择最佳剂量、给药时间间隔等. 有关药物动力学基础背景知识的详细介绍, 请参考刘昌孝和刘定远 [82], 梁文权等 [76], 郭涛 [51], Solovev 和 Firsov [118], Wagner [137] 等有关药物动力学的教材和专著.

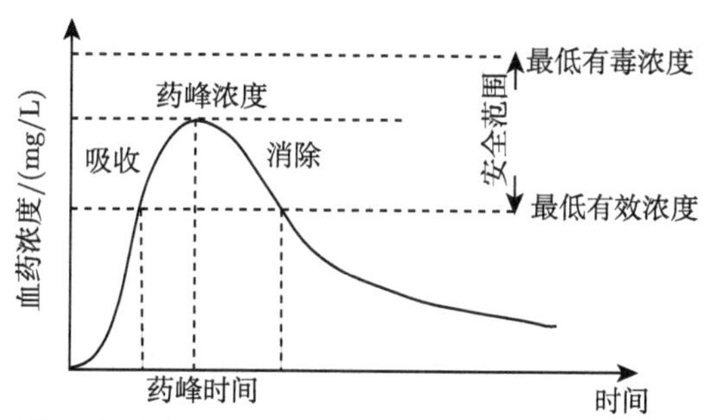

图 5.1.1　口服给药后的血药浓度和时间的时量曲线, 以及治疗窗口所示的安全范围, 即维持血药浓度在最低有效浓度和最低中毒浓度之间

药物动力学 (Pharmacokinetics) 的发展至今已有近 100 年的历史, 在 1924 年由 Widmark 和 Tandberg 两位研究人员提出了开放式单室动力学模型, 此后 Teorell 在 1937 年提出了两室动力学模型, 为研究线性药物动力学奠定了基础. Michaelis 和 Menten 在 1913 年提出了著名的 Michaelis-Menten 动力学方程, Lundquist 在 1958 年首次把酶动力学中的 Michaelis-Menten 方程应用到乙醇在体内的消除过

程[137], 从而开始了非线性药物动力学的研究.

药物动力学与本书众多章节具有必然的内在联系: 害虫的治理需要喷洒杀虫剂, 疾病的治疗需要用药, 而杀虫剂的有效性和药物的疗效等都与药物动力学密不可分, 这使得药物动力学模型需要与害虫天敌生态系统、病毒动力系统、传染病动力系统等进行耦合, 形成各种各样的复合系统, 并由此产生了许多分支的研究方向. 特别地, 在本书第 6 章介绍 HIV 的抗病毒治疗时, 我们将系统介绍药物动力系统如何与病毒动力系统耦合, 研究抗病毒治疗对 HIV 感染者体内病毒的影响.

从药物动力学本身的定义出发, 本章主要介绍如何通过药物动力学模型分析各种给药方式下药物浓度随时间的变化关系, 即药物动力学中的时量曲线. 比如当口服一剂量药物后, 患者体内的血药浓度与时间的时量曲线如图 5.1.1 所示. 从图 5.1.1 得到: 在服药后由于药物吸收速率大于药物消除速率, 因此血药浓度在一定时间范围内上升, 直到血药浓度达到峰值后由于消除速率的增加使得血药浓度开始下降. 注意到只有当血药浓度上升到一定浓度比如超过最低有效浓度才能得到一定的治疗效果. 但是在这一过程中如果剂量过大或消除速率太小, 有可能使得血药浓度超过最低中毒浓度而发生毒性反应. 因此只有把血药浓度维持在一定的范围内才能达到预期的治疗效果.

仓室模型或房室模型 (compartmental model) 被广泛用于刻画药物在体内发展的动态过程, 其基本原理是把人体看作一个系统, 系统内部按照药物动力学的特点分为若干仓室. 比如把体内具有相似吸收 (药物) 或消除 (药物) 速率的部位可以归纳为一个房室. 最简单的模型是单室模型 (single compartment model), 如图 5.1.2 所示. 在单室模型中, 机体被认为是一个均匀的单位, 并假设给药后药物立即均匀地分布于全身的体液和组织中, 而且以一定的速度从该室消除. 该模型虽然简单, 但是对于分析口服给药和肌肉注射给药后的血药浓度以及药物在体内的代谢过程是十分有用的. 为了使模型预测更能符合实际观测数据, 在房室模型的发展过程中相继提出了二房室模型和多房室模型, 有关房室模型的具体介绍参阅文献 [51, 82].

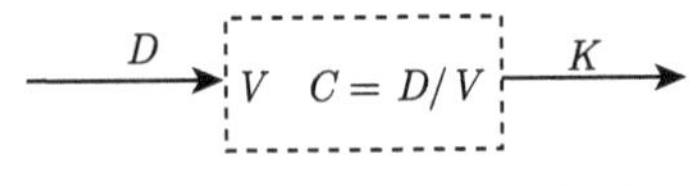

图 5.1.2 单室模型示意图

其中 D 为药物剂量, V 为表观分布容积, C 为血药浓度, K 为消除速率常数

这一章主要介绍药物动力学中的房室模型, 以单室模型和两室模型为主, 重点介绍药物动力学的基本概念、不同给药方式下的基本模型、解析求解与理论分析方法等. 为了强化应用, 即在疾病治疗过程中如何耦合药物动力学方程和传染病动力学 (或病毒动力学) 方程, 研究不同的给药方式对疾病的影响, 我们在本章最后给出了常用的药物效应学公式, 即 $E_{\max}$ 模型. 在实际应用中, 由于作用部位的药物浓

度很难直接测量, 而通常采用便于测量的血药浓度 (plasma drug concentration). 因此本章中涉及的模型变量为血药浓度.

药物动力学的几个重要参数

药物动力学是研究药物在体内随时间的变化规律, 而刻画这些变化规律的参数非常多, 下面只简单介绍本章用到的几个重要参数, 更具体的讨论参考文献 [51,82]. 描述药物体内过程的药物动力学参数主要有以下几个:

吸收速率常数 药物从吸收部位进入人体循环的速度, 即吸收速度与体内药量之间的比例常数. 用来衡量药物吸收速度的快慢.

消除速率常数 药物在体内代谢、排泄的速度, 即消除速度与体内药量之间的比例常数. 值的大小可用来衡量药物从体内消除速度的快慢.

药峰时间 ($T_{\max}$) 和药峰浓度 ($C_{\max}$) 药峰时间是指用药以后, 血药浓度达到峰值所需的时间. 药峰浓度是指用药后所能达到的最高血药浓度.

表观分布容积 (V) 药物在体内达到平衡后, 按血药浓度 C 推测体内药物总量 A 在理论上应占有的液体容积, 即 $V = A(\mathrm{mg})/C(\mathrm{mg/L})$.

半衰期 (half life, $t_{1/2}$) 指血浆中药物浓度下降一半所需的时间, 用 $t_{1/2}$ 表示.

最低有效浓度 (MTL)和最低有毒浓度 (MToL) 最低有效浓度是指达到一定治疗效果的最低药物浓度; 最低有毒浓度是指产生中毒效应的最低药物浓度.

治疗窗口 (therapeutic window) 是指血药浓度所维持的有效治疗范围, 即界于最低有效浓度 MTL 和最低有毒浓度 MToL 之间的区域.

5.2 药物动力学的速率过程

刻画药物动力学的房室模型有两个关键因素: 一是给药途径; 二是药物在机体内的消除过程. 给药途径即不同的给药方式, 主要有口服或血管外给药、静脉注射、恒速静脉滴注. 药物经不同途径进入体内, 在不同部位和不同时间内发生量的变化, 这样就涉及药物在体内的消除速率过程 (rate process). 根据文献 [76,82] 知道刻画机体内药物动力学的速率过程有三种: 一级速率过程 (first order processes); 零级速率过程 (zero order processes); Michaelis-Menten 速率过程或米氏速率过程. 下面介绍如何根据这三类速率过程建立相应的药物动力学模型. 该部分内容主要参考文献 [122,123].

5.2.1 一级速率过程动力学方程

药物通过生物膜的转运方式主要分为简单扩散与特殊转运. 一级速率过程是指体内药物的转运速率与药物浓度成正比, 即定比转运, 也称为线性动力学. 在单室模型中, 静脉注射给药的血药浓度消失速率可用如下的动力学模型刻画

$$\frac{\mathrm{d}C(t)}{\mathrm{d}t} = -KC(t), \quad C(0) = C_0 = \frac{D}{V} \tag{5.2.1}$$

其中 D 为一次静脉注射给药的药物剂量, V 为表观分布容积, C 为血药浓度, K 为消除速率常数, 此时初始血药浓度为 $C_0 = \frac{D}{V}$. 方程 (5.2.1) 的解析解可表示为

$$C(t) = C_0\mathrm{e}^{-Kt} \tag{5.2.2}$$

由此可以看出对于固定的速率常数 K, t 时刻的血药浓度 $C(t)$ 完全由初始浓度 C_0 决定.

绝大多数药物在体内的吸收、分布和消除 (代谢和排泄) 过程符合或近似一级速率过程动力学方程, 一级速率过程动力学方程消除的典型药物有利多卡因、普鲁卡因胺、地高辛等, 如下例所示.

例 5.2.1 对一患者注射 2 g 的药物, 测得不同时刻的血药浓度如表 5.2.1 所示. 利用单仓室模型研究他体内血药浓度随着时间变化的情况.

表 5.2.1 某患者静脉注射后血药浓度测量值

时间/h	1	2	3	4	5	6	8	10
浓度/(mg/L)	0.28	0.24	0.21	0.18	0.16	0.14	0.10	0.08

解 利用 MATLAB 软件中的函数拟合曲线 $C(t) = C_0\mathrm{e}^{-Kt}$ 得 $C_0 = 0.3196$, $K=0.1405$, 即该患者静脉注射后体内血药浓度的变化规律是 $C(t)=0.3196\mathrm{e}^{-0.1405t}$, 血药浓度随时间变化的曲线见图 5.2.1, 可以看出血药浓度按指数率衰减. 关于 C_0 和参数 K 的估计可以参考本书第 11 章. 我们关心的另一问题是多长时间血药浓度降到刚刚服药后 (即 C_0) 的一半, 也即半衰期 $t_{1/2}$ 为多少. 实际上, 半衰期 $t_{1/2}$ 满足等式

$$\mathrm{e}^{-0.1405t_{1/2}} = \frac{1}{2}$$

上式关于 $t_{1/2}$ 求解得到半衰期为 4.933 h.

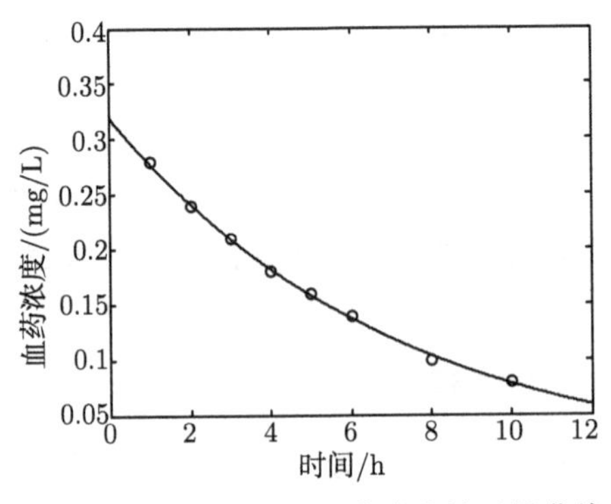

图 5.2.1 模型预测与血药浓度的时量曲线

实线为模型预测, 圆圈为测量数据

5.2.2 零级速率过程动力学方程

我们知道药物的转运和扩散需要载体和酶的参与, 因此存在一定的饱和现象. 也就是说, 当药物浓度相对较小时, 药物的转运速度是一级速率过程. 但是当浓度达到一定水平时或饱和状态时, 药物的转运速率在任何时刻是一个常数, 而不依赖于药物本身的浓度, 即定量转运. 以恒定的速度进行静脉滴注就是零级速率过程的典型例子. 此时的药物消失过程可用零级动力学方程刻画

$$\frac{\mathrm{d}C(t)}{\mathrm{d}t}=-K,\quad C(0)=C_0=\frac{D}{V} \tag{5.2.3}$$

方程 (5.2.3) 的解析解可表示为

$$C(t)=C_0-Kt \tag{5.2.4}$$

上式显然是一个直线方程. 该解析求解公式表明药物在体内的转运速率取决于初始浓度或剂量的大小.

5.2.3 Michaelis-Menten 速率过程动力学方程

某些药物在体内的转运过程需要酶和载体的参与, 而酶和载体有一定的活性和容量限制, 当体内药量达到一定水平使酶或载体饱和时, 药物的转运遵循 Michaelis-Menten 动力学方程或称为饱和动力学. 在低浓度时, 药物浓度的下降速率与药物浓度成正比, 符合一级速率过程; 高浓度时, 药物以最大速率转运, 符合零级速率过程. 可见 Michaelis-Menten 动力学实际是包含零级动力学和一级动力学的混合转运形式, 大多数药物表现为一级动力学. 饱和动力学消除的药物 (如苯妥英), 当维持治疗的血药浓度达到一定水平, 体内转运能力接近饱和时, 剂量稍有增加就可能使血药浓度超乎想象的升高 (可达原浓度的数倍) 而致中毒. 此外, 转运机制相同的药物间存在竞争性抑制现象.

具有 Michaelis-Menten 速率过程的药物浓度变化规律可表示为

$$\frac{\mathrm{d}C(t)}{\mathrm{d}t}=-\frac{V_{\max}C(t)}{K_m+C(t)},\quad C(0)=C_0=\frac{D}{V} \tag{5.2.5}$$

其中 $V_{\max}$ 表示该过程最大速率常数, K_m 是 Michaelis-Menten 常数或米氏常数, 其值对应于变化速率为最大速率一半时的血药浓度. 由函数 $\dfrac{V_{\max}C(t)}{K_m+C(t)}$ 不难看出当药物浓度很高时, $\dfrac{V_{\max}C(t)}{K_m+C(t)}$ 可用常数 $V_{\max}$ 代替, 此时的速率过程为零级速率过程; 当药物浓度很低时, 该非线性函数可用 $\dfrac{V_{\max}C(t)}{K_m}$ 近似替代, 此时的速率过程为一级速率过程. 由此可见, 模型 (5.2.5) 可用一个状态依赖的混合模型 (hybrid model) 代替, 有关混合模型的介绍可在本书 12.3 节的预备知识找到. 另外, 该公式的详细推导过程在 8.1 节的生化反应模型中给出. 具有米氏消除速率的例子如下:

例 5.2.2　表 5.2.2 中给出了静脉注射某种药物后在各时间测得的血药浓度. 利用米氏速率过程动力学方程研究体内血药浓度随着时间变化的情况.

表 5.2.2　某患者静脉注射某种药物后血药浓度在不同时间点上的测量值

时间/h	0	1	1.5	30	30.5	60	60.5	90
浓度/(mg/L)	400	396.1	394.2	283.4	281.5	168.7	168.8	59.12
时间/h	90.5	110	110.5	118	122	126	130	
浓度/(mg/L)	57.41	4.617	4.014	0.2901	0.05994	0.01216	0.02547	

解　利用表 5.2.2 中给出的数据和第 11 章介绍的最小二乘法估计模型 (5.2.5) 的两个未知参数得到 $K_m = 10\text{mg/L}, V_{\max} = 3.98\text{mg/(L}\cdot\text{h)}$. 然后利用估计得到的参数 K_m 和 $V_{\max}$ 以及 MATLAB 中的微分方程数值求解方法得到血药浓度随时间变化的曲线, 如图 5.2.2. 从数据和解曲线可以看出, 该种药物在人体类的消除过程具有明显的非线性性.

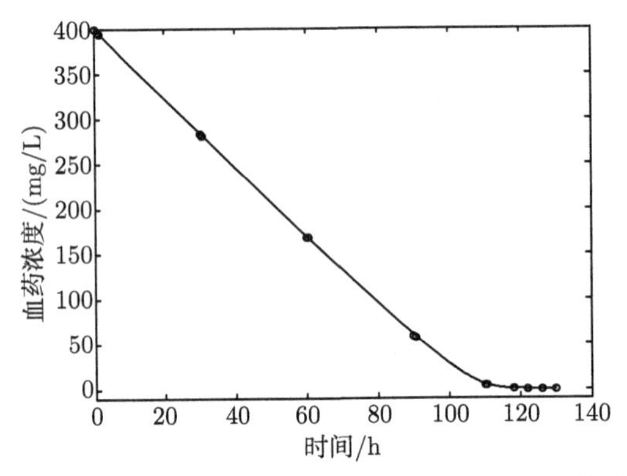

图 5.2.2　Michaelis-Menten 速率过程动力学方程预测与血药浓度的时量曲线

实线为模型预测, 圆圈为测量数据

Michaelis-Menten 速率过程刻画的方程 (5.2.5) 是可以解析求解的. 实际上该方程可以等价于下面的代数方程

$$\frac{1}{V_{\max}}\left[\frac{D}{V} - C(t) + K_m \ln\left(\frac{D}{VC(t)}\right)\right] = t - t_0 \tag{5.2.6}$$

Lundquist 和 Wolthers 在 1958 年给出了模型 (5.2.5) 在恒定滴注、周期脉冲静脉注射和一级输入方式下等价的积分形式, 并且利用它们进行药物动力学的数据拟合和相应的参数估计. Wanger 在 1973 年描述了模型 (5.2.5) 的各种动态行为, 并且指出模型 (5.2.5) 等价的积分形式在药物动力学中具有非常重要的作用. 进一步,

Godfrey 和 Fitch[45] 系统地研究了其等价的积分方程关于药物浓度 $C(t)$ 的可解性. 上述结果说明了可以对给定的时间解析求解 $C(t)$. 然而, 这些方式并没有给出一个精确的求解公式, 应用起来也不方便. 近年来, 这方面的工作取得了一些进展, Goudar 等在 2004 年, Schnell 和 Mendoza 在 1997 年分别给出了模型 (5.2.5) 具有一次静脉推注时的解析公式; Tang 和 Xiao[123] 给出了 (5.2.5) 在周期静脉推注和恒定给药下的解析求解公式, 稍后我们详细介绍.

5.3 线性单房室模型

如果药物进入人体后能迅速向全身组织器官分布并达到动态平衡, 这样整个机体可以看作一个仓室, 如图 5.1.2 所示. 根据图 5.1.2 建立的药物动力学模型称为单房室模型. 单房室模型是药物动力学房室模型中最基本、最简单的模型. 大多数单房室模型都能解析求解, 下面将要重点讨论这一点.

根据给药方式的不同, 可以建立不同的单房室模型. 常见的三种给药方式有静脉注射 (一次或多次脉冲式注射)、恒速静脉滴注、血管外给药 (口服). 下面分别介绍这三种给药方式下的药物动力学模型.

5.3.1 静脉注射

一次性静脉注射药物的单房室模型 5.2 节已经介绍. 但是大多数药物需要重复多次给药才能使血药浓度达到并保持在有效范围内, 从而产生预期的疗效. 多次重复周期性地静脉推注给药方式对于合理用药及药物设计都是十分重要的. 当药物按一定时间间隔 T 等量多次给予, 每一次给药时体内药物浓度基线发生改变, 药物在体内不断地得到积累, 最终达到稳态水平. 利用预备知识 12.3 节固定时刻脉冲微分方程的模型思想, 容易得到描述多剂量静脉推注下体内浓度变化的脉冲微分方程模型

$$\begin{cases} \dfrac{\mathrm{d}C(t)}{\mathrm{d}t} = -KC(t), & t \neq nT \\ C(nT^+) = C(nT) + \dfrac{D}{V}, & t = nT \\ C(t_0^+) \triangleq C_0 = \dfrac{D}{V} \end{cases} \tag{5.3.1}$$

其中 $n = 1, 2, \cdots$ 为正整数. 不失一般性, 可以假设初始时刻 $t_0 = 0$. 对方程 (5.3.1) 在任意区间 $((n-1)T, nT]$ 上求解得

$$C(t) = C((n-1)T^+)\mathrm{e}^{-K(t-(n-1)T)} \tag{5.3.2}$$

故有

$$C(nT) = C((n-1)T^+)\mathrm{e}^{-KT}$$

按照假设在时间点 nT 上推注相同剂量的药物 D, 则

$$C(nT^+) = C((n-1)T^+)\mathrm{e}^{-KT} + \frac{D}{V}$$

若记 $X_n = C(nT^+)$, 则有下面的由给药时间点药物浓度序列确定的差分方程

$$X_n = X_{n-1}\mathrm{e}^{-KT} + \frac{D}{V} \tag{5.3.3}$$

由脉冲微分方程的相关研究知如果差分方程 (5.3.3) 有一个正的平衡态, 则模型 (5.3.1) 存在正的周期解. 事实上, 差分方程 (5.3.3) 存在唯一的平衡态 X^* 满足

$$X^* = X^*\mathrm{e}^{-KT} + \frac{D}{V}$$

则有

$$X^* = \frac{D}{V}\frac{1}{1-\mathrm{e}^{-KT}}$$

同时由于 $0 < \mathrm{e}^{-KT} < 1$, 则线性差分方程 (5.3.3) 的平衡态 X^* 是全局稳定的. 因此模型 (5.3.1) 存在一个全局稳定的周期解

$$C(t) = X^*\mathrm{e}^{-K(t-(n-1)T)}, \quad t \in ((n-1)T, nT]$$

差分方程 (5.3.3) 的平衡态 X^* 提供了很多有用的信息, 比如最大稳态血药浓度 $C_{\max} = X^* = \dfrac{D}{V}\dfrac{1}{1-\mathrm{e}^{-KT}}$ 和最小稳态血药浓度 $C_{\min} = X^*\mathrm{e}^{-KT} = \dfrac{D}{V}\dfrac{\mathrm{e}^{-KT}}{1-\mathrm{e}^{-KT}}$, 这为估计给药周期和计量提供了方便. 图 5.3.1 给出了模型 (5.3.1) 多剂量给药稳态浓度的数值实现.

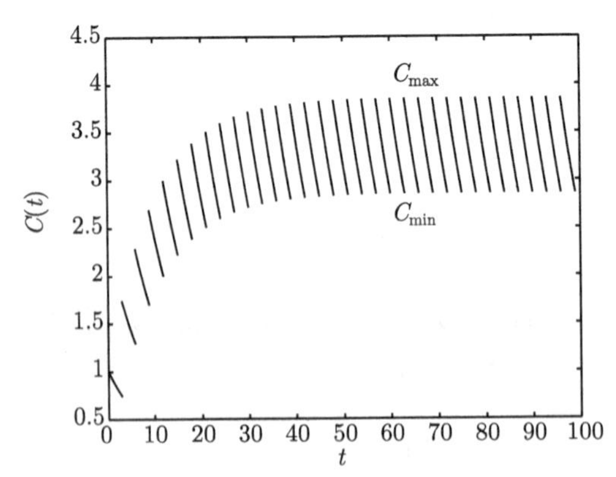

图 5.3.1　模型 (5.3.1) 等剂量等间隔周期静脉给药后的时量曲线

其中 $T = 3, K = 0.1, D = V = 1$

5.3.2 恒速静脉滴注

恒速静脉滴注是以恒定的速度向血管内持续给药的给药方式. 考虑剂量为 D 的药物在 T 时间内以恒定速度 $r=\dfrac{D}{TV}$ 静脉滴注进入体内, 此时药物进入机体的速度与浓度无关, 相应的药物动力学模型为

$$\frac{\mathrm{d}C(t)}{\mathrm{d}t}=r-KC(t),\quad C(0)=C_0 \tag{5.3.4}$$

其解可以表示为

$$C(t)=\frac{r}{K}+\mathrm{e}^{-Kt}\left(C_0-\frac{r}{K}\right) \tag{5.3.5}$$

由公式 (5.3.5) 知道, 如果滴注速度 r 保持恒定, 当 $t\to\infty$ 时血药浓度将达到一个恒定水平 $\dfrac{r}{K}$, 称作稳态血药浓度或坪浓度 (plateau concentration).

5.3.3 血管外给药

血管外给药途径包括口服、肌肉注射和皮下注射等. 对于一次性血管外给药, 由于药物从用药部位进入血液循环要通过吸收过程, 因此不像静脉推注那样药物几乎同时进入血液循环. 根据这个特点, 只需在静脉推注的模型前增加一个吸收室, 药物首先进入吸收室, 然后逐渐进入中心室. 也就是说, 剂量为 D 的药物进入吸收室以后, 在室内逐渐被吸收, 同时将吸收到的药物逐渐向中心室输送, 从而得到了血管外给药的单室模型. 如果记 C_a 为吸收室药物的浓度, V_a 为吸收室表观分布容积, 则药物浓度在吸收室的变化规律为

$$\frac{\mathrm{d}C_a(t)}{\mathrm{d}t}=-K_aC_a(t),\quad C_a(0)=C_0^a=\frac{D}{V_a} \tag{5.3.6}$$

其中 $K_a(K_a>0)$ 是吸收室的药物消除速率常数. 因此一次性血管外给药吸收室的药物浓度为

$$C_a(t)=C_0^a\mathrm{e}^{-K_at}$$

由于吸收室吸收的药物全部输送到中心室, 并记 K 是中心室药物的消除速率常数. 因此中心室中的血药浓度 $C(t)$ 的变化规律可以描述为

$$\begin{aligned}\frac{\mathrm{d}C(t)}{\mathrm{d}t}&=K_aC_a(t)-KC(t)\\&=C_0^aK_a\mathrm{e}^{-K_at}-KC(t),\quad C(0)=C_0=0\end{aligned} \tag{5.3.7}$$

方程 (5.3.7) 的解析解为

$$C(t)=\frac{C_0^aK_a}{K_a-K}(\mathrm{e}^{-Kt}-\mathrm{e}^{-K_at})=\frac{DK_a}{V_a(K_a-K)}(\mathrm{e}^{-Kt}-\mathrm{e}^{-K_at}) \tag{5.3.8}$$

公式 (5.3.8) 刻画了血管外给药时, 体内药物浓度与时间的动态变化关系, 它说明了药物浓度在 $t_{\max}=-\dfrac{1}{K_a-K}\ln(K/K_a)$ 时刻达到一个峰值, 血药浓度在时间区间 $(0,t_{\max})$ 内由小变大, 然后从 $t_{\max}$ 开始逐渐变小, 其数值模拟与图 5.3.2 相似. 通常情况下, 药物在吸收室内不可能完全被吸收, 这样为了准确刻画药物在中心室的变化过程, 需要在因子 $C_0^a\mathrm{e}^{-K_at}$ 上乘以一个因子 F (F 为吸收分数, 亦称生物利用度), 则模型 (5.3.7) 和相应的解析解分别变为

$$\frac{\mathrm{d}C(t)}{\mathrm{d}t}=\frac{FD}{V_a}K_a\mathrm{e}^{-K_at}-KC(t),\quad C(0)=C_0=0 \tag{5.3.9}$$

和

$$C(t)=\frac{FDK_a}{V_a(K_a-K)}(\mathrm{e}^{-Kt}-\mathrm{e}^{-K_at}) \tag{5.3.10}$$

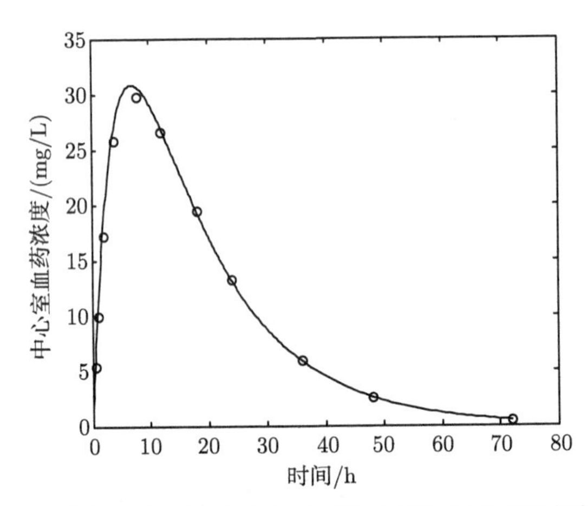

图 5.3.2　一次血管外给药后中心室内血药浓度随时间的变化规律的时量曲线

实线为模型预测, 圆圈为测量数据

例 5.3.1　表 5.3.1 中给出了口服给药后在各时间测得的血药浓度. 利用血管外给药模型研究体内血药浓度随着时间变化的情况.

表 5.3.1　某患者口服给药后血药浓度在不同时间点上的测量值

时间/h	0.5	1	2	4	8	12
浓度/(mg/L)	5.36	9.95	17.18	25.78	29.78	26.63
时间/h	18	24	36	48	72	
浓度/(mg/L)	19.4	13.26	5.88	2.56	0.49	

解 根据文献 [76] 或者利用表 5.3.1 中给出的数据和最小二乘法估计模型 (5.3.6) 和 (5.3.7) 的两个参数得到 $K_a = 0.254, K = 0.0683$. 然后利用估计得到的参数 K_a 和 K 以及微分方程数值求解方法得到血药浓度随时间变化的曲线, 如图 5.3.2 所示.

图 5.3.2 给出了一次血管外给药后中心室内血药浓度随时间的变化规律, 通过计算得到血药浓度经过 $t_{\max} = -\dfrac{1}{K_a - K}\ln(K/K_a) = 7.0728$ h 达到峰值, 并且在时间区间 $(0, 7.0728)$ 内由小变大, 然后从 7.0728 h 之后开始逐渐变小.

对于周期脉冲式血管外给药, 根据前面的讨论描述药物在吸收室浓度 $(C_a(t))$ 的变化具有与模型 (5.3.1) 完全相同的脉冲微分方程, 即

$$\begin{cases} \dfrac{\mathrm{d}C_a(t)}{\mathrm{d}t} = -K_a C_a(t), & t \neq nT \\ C_a(nT^+) = C_a(nT) + \dfrac{D}{V_a}, & t = nT \\ C_a(t_0^+) \triangleq C_0^a = \dfrac{D}{V_a} \end{cases} \tag{5.3.11}$$

对每一个脉冲区间求解方程 (5.3.11) 并代入

$$\frac{\mathrm{d}C(t)}{\mathrm{d}t} = K_a C_a(t) - KC(t), \quad C(0) = C_0 = 0 \tag{5.3.12}$$

就可以逐步求出药物在中心室的解析式. 具体的求解方法还可参考文献 [82] 中关于周期血管外给药单房室模型的研究. 由于实际研究中我们关心的是血药浓度的稳态浓度或坪度. 因此最简单的方法是把模型 (5.3.11) 全局稳定的周期解

$$C_a^*(t) = X_a^* \mathrm{e}^{-K_a(t-(n-1)T)}, \quad X_a^* = \frac{D}{V_a}\frac{1}{1-\mathrm{e}^{-K_a T}}, \quad t \in ((n-1)T, nT]$$

代入方程 (5.3.12), 然后考虑如下周期系统

$$\frac{\mathrm{d}C(t)}{\mathrm{d}t} = K_a C_a^*(t) - KC(t), \quad C(0) = C_0 = 0 \tag{5.3.13}$$

解的动态行为, 模型 (5.3.13) 是一个简单的非齐次周期方程, 其稳定周期解的存在性和解析公式与第 2 章周期 Logistic 模型周期解的存在性和稳定性研究方法完全一样, 这里不再重复, 下面只给出一个数值解加以说明. 图 5.3.3 给出了模型 (5.3.11) 和模型 (5.3.13) 周期脉冲血管外等剂量给药后吸收室和中心室内血药浓度随时间的变化曲线, 从数值模拟可以看出药物浓度在吸收室很快达到稳定状态, 然后中心室的血药浓度逐渐趋于稳态.

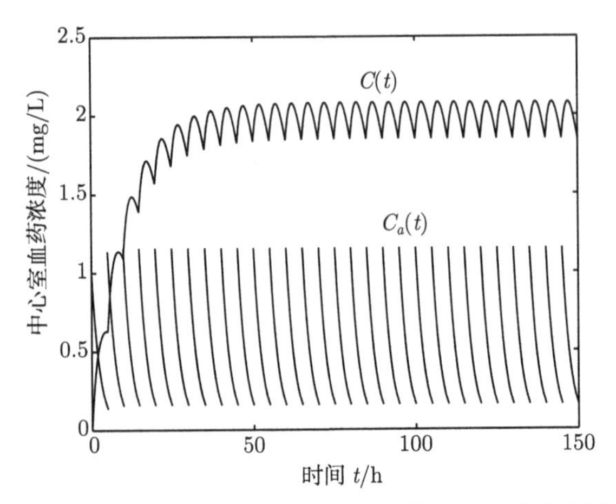

图 5.3.3　模型 (5.3.11) 和模型 (5.3.13) 周期脉冲血管外等剂量给药后吸收室和中心室内血药浓度随时间的变化曲线

其中 $T=5, K_a=0.4, K=0.1,\ D=V=1$

5.4　米氏过程下单房室模型

通过上面线性单房室模型的介绍可以看出, 各类模型的解析求解公式在确定血药浓度、药物动力学参数等方面具有非常重要的作用. 那么对于各种给药方式下非线性米氏过程下单房室模型的解析求解就没那么容易了, 即使是对于前面提到的如下单次给药米氏方程

$$\frac{\mathrm{d}C(t)}{\mathrm{d}t}=-\frac{V_{\max}C(t)}{K_m+C(t)},\quad C(0)=C_0=\frac{D}{V} \tag{5.4.1}$$

在很长一段时间仅仅知道其解等价于下面的积分形式

$$\frac{1}{V_{\max}}\left[\frac{D}{V}-C(t)+K_m\ln\left(\frac{D}{VC(t)}\right)\right]=t-t_0 \tag{5.4.2}$$

然而并不能通过上式给出血药浓度 $C(t)$ 的解析表达式甚至是存在性, 这使得非线性药物动力学的研究出现困难. 下面结合近年的研究成果, 向大家介绍如何求解非线性米氏过程下各种药物动力学方程的解析求解过程, 为后面学习耦合药物动力学方程与病毒动力学方程打好基础.

5.4.1　一次性静脉注射

同一级速率过程一样, 考虑三种情形下模型 (5.4.1) 解析解的存在性. 对于一次静脉注射给药, 改写积分方程 (5.4.2) 得

$$\frac{K_m}{V_{\max}}\ln\left(\frac{C(t)}{C_0}\right)+\frac{1}{V_{\max}}(C(t)-C_0)=-(t-t_0)$$

即

$$\ln\left(\frac{C(t)}{C_0}\right)+\frac{C(t)}{K_m}=\frac{C_0-V_{\max}(t-t_0)}{K_m}$$

其中 $C_0=\dfrac{D}{V}$. 对上述方程两边取指数得

$$\frac{C(t)}{K_m}\exp\left(\frac{C(t)}{K_m}\right)=\frac{C_0}{K_m}\exp\left(\frac{C_0-V_{\max}(t-t_0)}{K_m}\right)$$

由定义 3.5.2 中给出的 Lambert W 函数得到模型 (5.4.1) 具有下面形式的解析解

$$C(t)=K_m\text{Lambert }W\left(\frac{C_0}{K_m}\exp\left(\frac{C_0-V_{\max}(t-t_0)}{K_m}\right)\right),\quad t\geqslant t_0 \tag{5.4.3}$$

通过计算得到药物的半衰期为

$$t_{1/2}=\frac{K_m}{V_{\max}}\ln(2)+\frac{1}{2V_{\max}}C_0$$

在较高版本的数学软件 MATLAB 和 Maple 中, 都有专门的软件包计算 Lambert W 函数的实分支和复分支, 这为数值求解上述解析解带来了方便, 也为确定非线性米氏药物动力学参数提供了基础.

5.4.2 恒速静脉注射

对于恒定给药, 模型 (5.4.1) 变为

$$\frac{\mathrm{d}C(t)}{\mathrm{d}t}=r-\frac{V_{\max}C(t)}{K_m+C(t)},\quad C(t_0^+)\triangleq C_0=\frac{D}{V} \tag{5.4.4}$$

上述方程的解析求解经历了一个漫长的过程. Beal 在 1983 年讨论了模型 (5.4.4) 的解析解的存在性, 说明了模型 (5.4.4) 的解可以根据一些隐函数确定, 但要得到这些隐函数的值并非易事.

直到 2008 年, 我们借助 Lambert W 函数首次给出了模型 (5.4.4) 解的解析表达式[123]. 在讨论方程 (5.4.4) 解的性质之前, 首先给出模型 (5.4.4) 的解的解析公式, 即方程 (5.4.4) 的任意解可按以下方式解析求出

$$C(t)=\begin{cases}-\dfrac{rK_m}{b}-\dfrac{K_mV_{\max}}{b}\text{Lambert }W\left[-1,-\dfrac{rK_m+bC_0}{K_mV_{\max}}\mathrm{e}^{-\frac{rK_m+bC_0+b^2(t-t_0)}{K_mV_{\max}}}\right], & b>0\\ -K_m+\sqrt{(K_m+C_0)^2+2V_{\max}(t-t_0)}, & b=0\\ -\dfrac{rK_m}{b}-\dfrac{K_mV_{\max}}{b}\text{Lambert }W\left[0,-\dfrac{rK_m+bC_0}{K_mV_{\max}}\mathrm{e}^{-\frac{rK_m+bC_0+b^2(t-t_0)}{K_mV_{\max}}}\right], & b<0\end{cases} \tag{5.4.5}$$

其中 $b\triangleq r-V_{\max}$. 显然, 解析公式依赖于常数输入率 r 和浓度改变的最大速率 $V_{\max}$ 之间的关系.

证明　为了证明公式 (5.4.5), 首先考虑 $b=0$ 的特殊情形. 当 $b=0$ 时读者可以自己验证下式成立

$$C(t)=-K_m+\sqrt{(K_m+C_0)^2+2V_{\max}(t-t_0)}$$

如果 $b\neq 0$ (即 $r\neq V_{\max}$), 这里有两种可能: 当 $b<0$ 时, $C^*=-\dfrac{rK_m}{b}$ 是方程 (5.4.4) 的唯一正平衡态; 当 $b>0$ 时, 则 C^* 是负的, 此时模型 (5.4.4) 不存在任何非负平衡态. 所以在下面的讨论中总假设当 $b<0$ 时, 有 $C_0\neq C^*$. 如果 $b\neq 0$, 模型 (5.4.4) 的解可由下面等价的积分方程给出

$$\frac{C(t)-C_0}{r-V_{\max}}-\frac{K_mV_{\max}}{(r-V_{\max})^2}\ln\left(\frac{rK_m+rC(t)-V_{\max}C(t)}{rK_m+rC_0-V_{\max}C_0}\right)=t-t_0$$

重新组织上述方程得

$$K_mV_{\max}\ln\left(\frac{rK_m+bC(t)}{rK_m+bC_0}\right)=b(C(t)-C_0)-b^2(t-t_0)$$

即

$$\ln\left(\frac{rK_m+bC(t)}{rK_m+bC_0}\right)-\frac{rK_m+bC(t)}{K_mV_{\max}}=-\frac{rK_m+bC_0+b^2(t-t_0)}{K_mV_{\max}}$$

故有

$$\frac{rK_m+bC(t)}{rK_m+bC_0}\exp\left(-\frac{rK_m+bC(t)}{K_mV_{\max}}\right)=\exp\left(-\frac{rK_m+bC_0+b^2(t-t_0)}{K_mV_{\max}}\right)$$

进一步变形得到

$$-\frac{rK_m+bC(t)}{K_mV_{\max}}\mathrm{e}^{-\frac{rK_m+bC(t)}{K_mV_{\max}}}=-\frac{rK_m+bC_0}{K_mV_{\max}}\mathrm{e}^{-\frac{rK_m+bC_0+b^2(t-t_0)}{K_mV_{\max}}}\tag{5.4.6}$$

公式 (5.4.6) 从形式上与 Lambert W 函数的定义十分接近. 因此我们希望利用 Lambert W 函数关于 $C(t)$ 求解 (5.4.6). 为此, 首先考虑当 $x>0$ 时函数 $f(x)=x\mathrm{e}^{-x}$ 的性质. 容易看出函数 $f(x)$ 在 $x=1$ 时有唯一的最大值 e^{-1}. 因此对于 $x\geqslant 0$ 不等式 $-x\mathrm{e}^{-x}\geqslant -\mathrm{e}^{-1}$ 总是成立的.

令 $Z(C(t))=\dfrac{rK_m+bC(t)}{K_mV_{\max}}$, 则当 $b>0$ 时, $Z>0$ 成立. 根据函数 $Z(C_0)\cdot\exp(-Z(C_0))$ 的性质知对所有的 $t\geqslant t_0$, 有 $-Z(C_0)\exp(-Z(C_0))\exp\left(-\dfrac{b^2(t-t_0)}{K_mV_{\max}}\right)\in[-\mathrm{e}^{-1},0)$. 进一步, 容易验证当 $t\to+\infty$ 时, (5.4.6) 的右边趋于 0. 这表明当 $t\to+\infty$ 时, (5.4.6) 左边的 $C(t)$ 趋于 $+\infty$. 因此, 当 $b>0$ 时, 方程 (5.4.6) 可以由

Lambert W 函数的下支确定. 故当 $b>0$ 时模型 (5.4.4) 的解析解为

$$
\begin{aligned}
C(t)=&-\frac{rK_m}{b}-\frac{K_mV_{\max}}{b}\\
&\cdot \text{Lambert } W\left[-1,-\frac{rK_m+bC_0}{K_mV_{\max}}\exp\left(-\frac{rK_m+bC_0+b^2(t-t_0)}{K_mV_{\max}}\right)\right]
\end{aligned}
$$

此时 $C(t)$ 是好定义的, 因为对于所有的 $t\geqslant t_0$ 有

$$
\text{Lambert } W\left[-1,-\frac{rK_m+bC_0}{K_mV_{\max}}\exp\left(-\frac{rK_m+bC_0+b^2(t-t_0)}{K_mV_{\max}}\right)\right]<-1
$$

成立, 且 $C(t)$ 在这种情形下关于 t 是单调递增的.

如果 $b<0$, 函数 $Z(C_0)$ 的符号依赖于初始条件 C_0 与平衡态 C^* 的关系, 而且解 $C(t)$ 的单调性亦是如此. 如果 $C_0<C^*$, 则 $Z(C_0)=\dfrac{rK_m+bC_0}{K_mV_{\max}}>0$, 这表明对于所有的 $t\geqslant 0$, 有 $Z_1\triangleq -\dfrac{rK_m+bC_0}{K_mV_{\max}}\exp\left(-\dfrac{rK_m+bC_0+b^2(t-t_0)}{K_mV_{\max}}\right)\in(-\mathrm{e}^{-1},0)$. 由于 $C_0<C^*$ 和 $b<0$, 所以有

$$
Z_2\triangleq\frac{\text{dLambert } W(0,Z_1)}{\mathrm{d}t}=\frac{-b^2\text{Lambert } W(0,Z_1)}{K_mV_{\max}(1+\text{Lambert } W(0,Z_1))}>0
$$

根据 $C_0<C^*$ 和方程 (5.4.4) 解的唯一性, 易知 (5.4.6) 左边的 $C(t)$ 是单调递增的而且将趋近于 C^*. 因此, 有 $-Z(C(t))\exp(Z(C(t)))$ 趋于 0, 并且方程 (5.4.4) 的解可以由 Lambert W 函数的实上支确定. 如果 $C_0>C^*$, 则我们有 $Z(C_0)=\dfrac{rK_m+bC_0}{K_mV_{\max}}<0$, $Z_1\leqslant -\dfrac{rK_m+bC_0}{K_mV_{\max}}\exp\left(-\dfrac{rK_m+bC_0}{K_mV_{\max}}\right)$ 并且当 $t\to+\infty$ 将从右趋于 0. 因此如果 $C_0>C^*$ 和 $b<0$, 由于 $Z_2<0$ 则公式 (5.4.6) 左边的 $C(t)$ 是单调递减的. 因此, 方程 (5.4.4) 能由 Lambert W 函数的实上支解出. 故当 $b<0$ 时方程 (5.4.4) 的解析解为

$$
\begin{aligned}
C(t)=&-\frac{rK_m}{b}-\frac{K_mV_{\max}}{b}\\
&\cdot \text{Lambert } W\left[0,-\frac{rK_m+bC_0}{K_mV_{\max}}\exp\left(-\frac{rK_m+bC_0+b^2(t-t_0)}{K_mV_{\max}}\right)\right]
\end{aligned}
$$

□

以上的数学分析证实了当 $b<0$ 时, 模型 (5.4.4) 的解将渐近趋向于平衡态 C^* $\left(\text{其中 } C^*=-\dfrac{rK_m}{b}\right)$, 这表明 C^* 在第一象限是全局稳定的. 然而, 当 $b>0$ 时解是时间的单调递增函数, 并且解最终趋向无穷. 对于血管外给药, 根据前面的讨论可以简化为如下模型

$$\frac{\mathrm{d}C(t)}{\mathrm{d}t} = -\frac{V_{\max}C(t)}{K_m + C(t)} + \frac{FD}{V_a}K_a\mathrm{e}^{-k_a t}$$

其中 K_a 是吸收室的吸收率常数, F 是生物利用度常数, 其他参数与模型 (5.4.4) 的相同. 遗憾的是上述模型中变量 C 和时间 t 不再是变量可分离的, 就不能采用等价积分形式给出该药物动力学方程的解析解.

5.4.3　周期脉冲式给药

当采用等时间间隔 T 和等剂量周期脉冲静脉给药时, 血药浓度变化的米氏方程可用下面的脉冲微分方程描述

$$\begin{cases} \dfrac{\mathrm{d}C(t)}{\mathrm{d}t} = -\dfrac{V_{\max}C(t)}{K_m + C(t)}, & t \neq nT \\ C(nT^+) = C(nT) + \dfrac{D}{V}, & t = nT \\ C(t_0^+) \triangleq C_0 = \dfrac{D}{V} \end{cases} \tag{5.4.7}$$

从方程 (5.4.3) 知模型 (5.4.7) 在任意区间 $((n-1)T, nT]$ 的解为

$$C(t) = K_m \text{Lambert } W\left(\frac{C((n-1)T^+)}{K_m}\exp\left(\frac{C((n-1)T^+) - V_{\max}(t-(n-1)T)}{K_m}\right)\right)$$

在时间点 nT, 静脉注射相同剂量的药物得

$$C(nT^+) = K_m \text{Lambert } W\left(\frac{C((n-1)T^+)}{K_m}\exp\left(\frac{C((n-1)T^+) - V_{\max}T}{K_m}\right)\right) + \frac{D}{V}$$

若记 $X_n = C(nT^+)$, 则 X_n 满足如下差分方程

$$X_n = K_m \text{Lambert } W\left(\frac{X_{n-1}}{K_m}\exp\left(\frac{X_{n-1} - V_{\max}T}{K_m}\right)\right) + \frac{D}{V} \tag{5.4.8}$$

因此模型 (5.4.7) 正的周期解的存在性与模型 (5.4.8) 正的平衡态存在性等价. 容易得到, 差分方程 (5.4.8) 存在唯一的平衡态 X^* 并且满足

$$X^* = K_m \text{Lambert } W\left(\frac{X^*}{K_m}\exp\left(\frac{X^* - V_{\max}T}{K_m}\right)\right) + \frac{D}{V} \tag{5.4.9}$$

即

$$\frac{X^*}{K_m} - \frac{D}{VK_m} = \text{Lambert } W\left(\frac{X^*}{K_m}\exp\left(\frac{X^* - V_{\max}T}{K_m}\right)\right)$$

由 Lambert W 函数的定义可知

$$\left(\frac{X^*}{K_m} - \frac{D}{VK_m}\right)\exp\left(\frac{X^*}{K_m} - \frac{D}{VK_m}\right) = \frac{X^*}{K_m}\exp\left(\frac{X^* - V_{\max}T}{K_m}\right)$$

因此, 如果

$$\exp\left(\frac{D - V_{\max}VT}{K_mV}\right) < 1 \tag{5.4.10}$$

则方程 (5.4.8) 存在唯一的正平衡态

$$X^* = \frac{D}{V\left(1 - \exp\left(\frac{D - V_{\max}VT}{K_mV}\right)\right)}$$

由于过 X^* 的解为模型 (5.4.7) 的周期解, 代入 X^*, 则得到周期解的解析表达式为

$$C(t) = K_m\text{Lambert } W\left(\frac{X^*}{K_m}\exp\left(\frac{X^* - V_{\max}(t-(n-1)T)}{K_m}\right)\right), \quad t \in ((n-1)T, nT] \tag{5.4.11}$$

正平衡态 X^* 的存在性条件 (5.4.10) 等价于

$$\frac{D}{VT} < V_{\max} \quad \text{或} \quad T > \frac{D}{VV_{\max}} \triangleq T_{\min} \tag{5.4.12}$$

存在性条件 (5.4.12) 阐明了如果在周期 T 上的平均给药率低于药物改变的最大速率 $V_{\max}$, 则模型 (5.4.7) 存在一个周期为 T 的周期解, 其解析表达式由 (5.4.11) 确定, 明显地, $X^* > \frac{D}{V}$. 因此, 为了设计周期的给药方案, 首先应静脉注射剂量为 $X^* \times V$ 的初始剂量, 然后在接下来的每个周期内静脉注射剂量为 D 的药物. 读者可结合差分方程平衡态的局部稳定性证明方法与 Lambert W 函数的性质, 证明周期解 (5.4.11) 如果存在则是局部稳定的, 证明留做习题.

如果我们记周期解 (5.4.11) 的最小值和最大值分别为 $C_{\min}$ 和 $C_{\max}$. 则经过 i 次注射后体内血药浓度的最小值 $C_{\min}$ 为

$$C_{\min} = K_m\text{Lambert } W\left(\frac{X^*}{K_m}\exp\left(\frac{X^* - V_{\max}T}{K_m}\right)\right)$$

它是关于给药间隔周期 T 的单调递减函数. 同样体内血药浓度的最大值或峰度 (每次给药后药物的瞬时值) 为

$$C_{\max} = K_m\text{Lambert } W\left(\frac{X^*}{K_m}\exp\left(\frac{X^* - V_{\max}T}{K_m}\right)\right) + \frac{D}{V} \equiv X^*$$

它也是关于给药间隔周期 T 的单调递减函数. 这表明周期解 (5.4.11) 的最大值或最小值严格地依赖于平衡态 X^*.

有了平衡态 X^*, 周期解的最大、最小值 $C_{\min}$ 和 $C_{\max}$ 的表达式, 就能分析给药剂量、给药时间间隔以及药动力学参数对其影响. 下面仅以周期解的振幅为例加以说明. 容易理解, 为了维持血药浓度在任何时候都不小于最低有效浓度, 要么在较长给药时间间隔内使用较大的剂量, 要么较频繁地使用小剂量的药物. 然而, 从周期解的存在条件 $\dfrac{D}{VT} < V_{\max}$ 知道, 如果 MToL-MTL 较小, 则应采用频繁的小剂量的给药方式以避免血药浓度超过 MToL. 例如, 如果选择浓度的最大变化速率 $V_{\max}$ 为参数, 固定其他参数如图 5.4.1 所示, 结果表明: 如果血药浓度的最大变化速率充分大时其最小值趋于 0 (图 5.4.1 中 $V_{\max} = 2\text{mg/hr/ml}$); 血药浓度的最小值随着其最大变化速率的减少而增加, 当 $V_{\max} = 1\text{mg/hr/ml}$ 时, 图 5.4.1 给出了其中的一个例子. 然而, 如果血药浓度的最大变化速率 $V_{\max}$ 充分小使得不等式 $\dfrac{D}{VT} > V_{\max}$ 成立, 则药物浓度单调增加且最终将超过最小中毒浓度 MToL, 当 $V_{\max} = 0.65\text{mg/hr/ml}$ 时图 5.4.1 给出了其中的一个例子. 如果选择 D 或 T 为参数而固定其他的参数, 也可以得到类似于图 5.4.1 的结果.

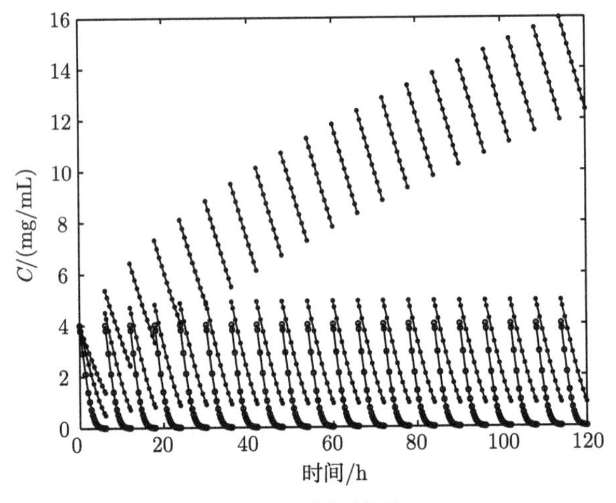

图 5.4.1 数值模拟模型 (5.4.7)

$-*(V_{\max} = 0.65\text{mg/hr/ml})$, $-\bullet(V_{\max} = 1\text{mg/hr/ml})$ 和 $-\circ(V_{\max} = 2\text{mg/hr/ml})$. 其他参数为 $K_m = 1.2\text{mg/ml}$, $D = 4\text{mg}$, $V = 1\text{ml}$ 和 $T = 6\text{hr}$. 初始浓度为 $C_0 = 4\text{mg/ml}$

综上所述, 有意义的是如何设计给药方案使得药物浓度在任何时候都位于最低有效浓度和最低中毒浓度之间, 从而确定给药时间间隔、剂量以及药物动力学参数之间的关系? 问题是如何建立具有治疗窗口的单室模型来帮助分析上面的问题? 下面一节就如何发展具有治疗窗口的模型并分析药动力学参数对其影响做一个初步介绍.

5.5 具有治疗窗口的单室模型

治疗窗口是衡量药物是否有效且安全的一个剂量范围, 也就是说只有血药浓度位于治疗窗口内时治疗才是有效和安全的[43,103]. 当血药浓度低于 MTL 时治疗达不到预期的效果, 或者血药浓度高于 MToL 时会产生药物中毒, 在这两种情形下都可能导致治疗失败, 如图 5.5.1 所示. 因此如何设计给药方案使药物维持在治疗窗口之内是十分重要的. 毫无疑问, 数学模型可以帮助我们设计合理的给药方案以维持血药浓度在安全有效的治疗窗内. 从实际的角度出发, 在各个给药周期内, 重复地给药会使血药浓度维持在稳定的水平 (或坪度上), 不妨假设稳定的血药浓度在最小值 M_1 和最大值 M_2 之间波动, 当然要求 M_1 和 M_2 满足 $\mathrm{MTL} \leqslant M_1 < M_2 \leqslant \mathrm{MToL}$. 不失一般性, 数学上可以假设 $M_1=\mathrm{MTL}$, $M_2=\mathrm{MToL}$ 成立. 否则, 可以选择两个常数 p, q ($p>1, 0<q<1$) 使得 $M_1 = p\,\mathrm{MTL} < M_2 = q\,\mathrm{MToL}$.

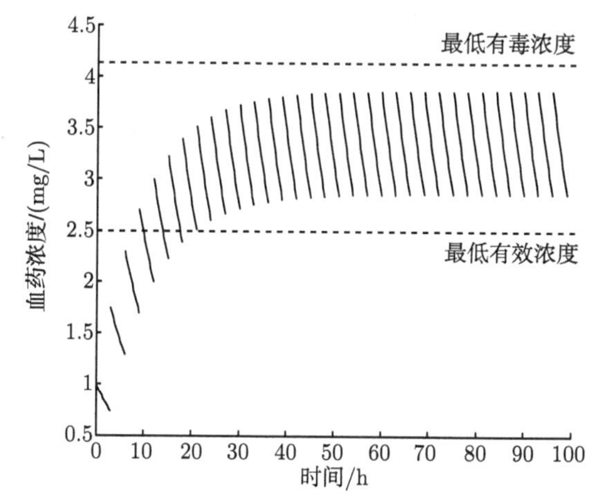

图 5.5.1 治疗窗口、血药浓度和时间三者之间的关系, 多次静脉推注后药物浓度和时间的时量曲线

5.5.1 具有治疗窗口的单室模型

为了使考虑的问题简单化, 作为例子首先考虑周期脉冲静脉给药的一级速率过程, 即在模型 (5.3.1) 中引入治疗窗口, 然后确定给药时间间隔、剂量、药物动力学参数和治疗窗口之间的关系. 由于模型 (5.3.1) 存在全局稳定的周期解

$$C(t) = X^*\mathrm{e}^{-K(t-(n-1)T)}, \quad t \in ((n-1)T, nT], \quad X^* = \frac{D}{V}\frac{1}{1-\mathrm{e}^{-KT}}$$

并且该周期解的峰度 $C_{\max}$ 和最小值 $C_{\min}$ 分别为

$$C_{\max} = \frac{D}{V}\frac{1}{1-\mathrm{e}^{-KT}}, \quad C_{\min} = \frac{D}{V}\frac{\mathrm{e}^{-KT}}{1-\mathrm{e}^{-KT}}$$

因此, 为了维持模型 (5.3.1) 的解位于治疗窗口内, 只需要求

$$C_{\max} - C_{\min} = \frac{D}{V}\frac{1}{1-\mathrm{e}^{-KT}} - \frac{D}{V}\frac{\mathrm{e}^{-KT}}{1-\mathrm{e}^{-KT}} = \mathrm{MToL} - \mathrm{MTL}$$

由此得到剂量、表观分布容积和治疗窗口满足关系

$$D = V(\mathrm{MToL} - \mathrm{MTL}) \tag{5.5.1}$$

利用关系式

$$C_{\max} = \frac{D}{V}\frac{1}{1-\mathrm{e}^{-KT}} = \mathrm{MToL}$$

并结合公式 (5.5.1) 得到给药时间间隔 T 与治疗窗口满足关系

$$T = \frac{1}{K}\ln\left(\frac{\mathrm{MToL}}{\mathrm{MTL}}\right) \tag{5.5.2}$$

关系式 (5.5.1) 和 (5.5.2) 给出了药物剂量 D、表观分布容积 V、时间间隔 T、治疗窗口 (MToL, MTL) 以及药物动力系统参数 K 之间的关系. 这为药物设计提供了一定的参考价值.

5.5.2 米氏速率过程与治疗窗口

就像在各类给药方式下考虑米氏速率过程所确定的模型的解析解一样, 在非线性药物动力学模型中引入治疗窗口后也会使得模型较为复杂, 分析起来更加困难. 下面介绍 Tang 和 Xiao[123] 关于这方面的工作.

1. 具有最低有效浓度的单室模型

根据实际情况, 首先考虑具有最低有效浓度 MTL 的模型, 进而发展具有治疗窗口的模型. 不失一般性, 假设初始剂量足够大, 使得一次给药后体内血药浓度就超过 MTL (否则频繁多次给药后一定实现), 即假设 $\frac{D_1}{V} > \mathrm{MTL}$. 后面给药严格依赖系统的状态, 即当药物浓度下降到状态 MTL 时, 一个新的剂量为 $\frac{D}{V}$ 的药物脉冲式服用, 这样得到如下的具有 MTL 的模型

$$\begin{cases} \dfrac{\mathrm{d}C(t)}{\mathrm{d}t} = -\dfrac{V_{\max}C(t)}{K_m + C(t)}, & C(t) > \mathrm{MTL} \\ C(t^+) = C(t) + \dfrac{D}{V}, & C(t) = \mathrm{MTL} \\ C(0^+) \triangleq C_0 = \dfrac{D_1}{V} > \mathrm{MTL} \end{cases} \tag{5.5.3}$$

方程 (5.5.3) 是一个简单的状态依赖的脉冲微分方程, 这种形式的方程有着丰富的动力学行为[124]. 现在一个有实际意义的问题是: 如果初始条件 $C_0 > \mathrm{MTL}$, 如何设计给药方案使得血药浓度的最小值不低于给定的 MTL?

为了实现此目的, 实际中最好的方法就是设计周期控制策略. 因而方程 (5.5.3) 具有最小值等于 MTL 的周期解的存在性在设计给药方案中是十分重要的. 为此首先分析方程 (5.5.3) 周期解的存在性、解析表达式和周期解周期的确定. 不失一般性, 假设方程 (5.5.3) 初始为 C_0 的解在点 $\tau_0, \tau_1, \cdots, \tau_k$ $(0 = \tau_0 < \tau_1 < \tau_2 < \cdots < \tau_k)$ 处经历了 $k+1$ 次脉冲静脉给药. 令 $\Delta_i = \tau_i - \tau_{i-1} (i \in \{1, 2, \cdots, k\} \triangleq \mathcal{K}_1)$ 为给药间隔周期. 在区间 $(\tau_{i-1}, \tau_i]$ 求解模型 (5.5.3) 的第一个方程, 得到 $C(\tau_i)$ 和 $C(\tau_{i-1}^+)$ 满足下面的迭代关系

$$C(\tau_i) = K_m \text{Lambert } W\left(\frac{C(\tau_{i-1}^+)}{K_m}\exp\left(\frac{C(\tau_{i-1}^+) - V_{\max}\Delta_i}{K_m}\right)\right), \quad i \in \mathcal{K}_1 \tag{5.5.4}$$

由模型 (5.5.3) 的第一个方程易知, 在任意两个给药间隔内其解始终是单调下降的, 即给定初始值大于 MTL 的解, 在有限时间 τ_1 必定达到 MTL, 称 τ_1 为首次返回时间, 它由下面的方程确定

$$\mathrm{MTL} = K_m \text{Lambert } W\left(\frac{C_0}{K_m}\exp\left(\frac{C_0 - V_{\max}\tau_1}{K_m}\right)\right) \tag{5.5.5}$$

其中 $C_0 = \dfrac{D_1}{V}$, 化简得

$$\frac{\mathrm{MTL}}{K_m}\exp\left(\frac{\mathrm{MTL}}{K_m}\right) = \frac{C_0}{K_m}\exp\left(\frac{C_0 - V_{\max}\tau_1}{K_m}\right)$$

上式关于 τ_1 求解得

$$\tau_1 = \frac{D_1/V - \mathrm{MTL}}{V_{\max}} - \frac{K_m}{V_{\max}}\ln\left(\frac{\mathrm{MTL}V}{D_1}\right) \tag{5.5.6}$$

根据初始值的关系, 容易知道 τ_1 是正的有限数. 在时间 τ_1 后, 可以设计周期给药方式以维持血药浓度在任何时候都不低于 MTL. 事实上, 对于所有的 $i \in \{2, \cdots, k\} \triangleq \mathcal{K}_2$ 有

$$C(\tau_i^+) = K_m \text{Lambert } W\left(\frac{C(\tau_{i-1}^+)}{K_m}\exp\left(\frac{C(\tau_{i-1}^+) - V_{\max}\Delta_i}{K_m}\right)\right) + \frac{D}{V} \tag{5.5.7}$$

如果对所有的 $i \in \mathcal{K}_2$, 有 $\Delta_i = T_1$ 且 $C(\tau_i^+) = \mathrm{MTL} + \dfrac{D}{V}$, 则模型 (5.5.3) 有周期为

T_1 的周期解 (其中 T_1 为一正常数). 故

$$\mathrm{MTL} = K_m \mathrm{Lambert}\ W\left(\frac{\mathrm{MTL}+\dfrac{D}{V}}{K_m}\exp\left(\frac{\mathrm{MTL}+\dfrac{D}{V}-V_{\max}T_1}{K_m}\right)\right) \tag{5.5.8}$$

由 Lambert W 函数的定义有

$$\frac{\mathrm{MTL}}{K_m}\exp\left(\frac{\mathrm{MTL}}{K_m}\right) = \frac{\mathrm{MTL}+\dfrac{D}{V}}{K_m}\exp\left(\frac{\mathrm{MTL}+\dfrac{D}{V}-V_{\max}T_1}{K_m}\right) \tag{5.5.9}$$

关于周期 T_1 求解上述方程得

$$T_1 = \frac{\dfrac{D}{V} - \ln\left(\dfrac{\mathrm{MTL}}{\mathrm{MTL}+\dfrac{D}{V}}\right)K_m}{V_{\max}} = \frac{D}{VV_{\max}} - \frac{K_m}{V_{\max}}\ln\left(\frac{\mathrm{MTL}}{\mathrm{MTL}+\dfrac{D}{V}}\right) \tag{5.5.10}$$

并且 T_1 是好定义的, 而且相应的周期解的解析求解公式为

$$C(t)=\begin{cases} K_m\mathrm{Lambert}\ W\left(\dfrac{\dfrac{D_1}{V}}{K_m}\exp\left(\dfrac{\dfrac{D_1}{V}-V_{\max}t}{K_m}\right)\right), \quad t\in(0,\tau_1] \\ K_m\mathrm{Lambert}\ W\left(\dfrac{\dfrac{D}{V}+\mathrm{MTL}}{K_m}\exp\left(\dfrac{\dfrac{D}{V}+\mathrm{MTL}-V_{\max}(t-(i-1)T_1-\tau_1)}{K_m}\right)\right), \\ \qquad t\in(\tau_1+(i-1)T_1, \tau_1+iT_1], i\in\mathcal{K}_1 \end{cases} \tag{5.5.11}$$

周期 T_1 在设计治疗策略使得血药浓度不低于最低有效浓度 (MTL) 中起着关键性作用. 图 5.5.2 给出了周期解的数值例子, 对于图 5.5.2 中的参数, 首次返回时间 $\tau_1 = 4.6501\mathrm{hr}$, 它是由方程 (5.5.6) 确定, 而且从时间 τ_1 开始在固定的时间间隔 T_1 注射剂量为 D 的药物 (这里 $T_1 = 6.6367\mathrm{hr}$ 由方程 (5.5.10) 确定), 这就形成了一个周期的给药方案, 并且模型 (5.5.3) 的解以 MTL 为最小值周期的振动 (其中 MTL=0.5 mg/mL).

2. 具有治疗窗的单室模型

在上一小节的基础上, 如果考虑最低中毒浓度, 则容易发展包含 MTL 和 MToL

水平的治疗窗口模型:

$$\begin{cases} \dfrac{\mathrm{d}C(t)}{\mathrm{d}t} = -\dfrac{V_{\max}C(t)}{K_m + C(t)}, & C(t) > \mathrm{MTL} \\ C(t^+) = C(t) + \dfrac{D}{V}, & C(t) = \mathrm{MTL} \\ \mathrm{MTL} + \dfrac{D}{V} = \mathrm{MToL} \\ C(0^+) \triangleq C_0 = \dfrac{D_1}{V} \end{cases} \tag{5.5.12}$$

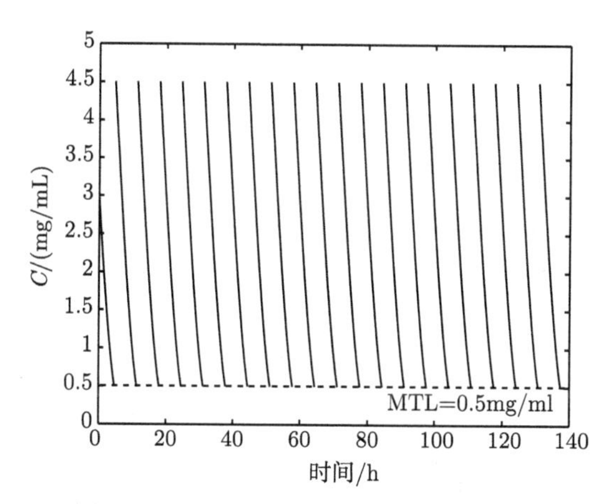

图 5.5.2 模型 (5.5.3) 周期解的数值实现

其中 $V_{\max} = 1\mathrm{mg/hr/ml}$, $K_m = 1.2\mathrm{mg/ml}$, $D = 4\mathrm{mg}$, $D_1 = 3\mathrm{mg}$, $V = 1\mathrm{ml}$ 和 $\mathrm{MTL} = 0.5\mathrm{mg/ml}$. 初始值 $C_0 = 3\mathrm{mg/ml}$, 首次返回时间 $\tau_1 = 4.6501\mathrm{hr}$ 和周期 $T_1 = 6.6367\mathrm{hr}$

其中 $\mathrm{MTL} < \dfrac{D_1}{V} \leqslant \mathrm{MToL}$. 利用与模型 (5.5.3) 类似的方法可以确定模型 (5.5.12) 解的解析表达式. 如果周期解 (5.5.11) 的最大值等于 MToL, 即对所有 $i \in \mathcal{K}_2$ 有 $C(\tau_i^+)=\mathrm{MToL}$, 则由公式 (5.5.11) 定义的解同样满足模型 (5.5.12). 由模型 (5.5.12) 的第三个方程得

$$D = (\mathrm{MToL} - \mathrm{MTL})V \tag{5.5.13}$$

因此, 当考虑治疗窗时公式 (5.5.10) 中的 T_1 可以改写为

$$T_1 = \frac{\mathrm{MToL} - \mathrm{MTL}}{V_{\max}} - \frac{K_m}{V_{\max}}\ln\left(\frac{\mathrm{MTL}}{\mathrm{MToL}}\right) \tag{5.5.14}$$

并且 $\dfrac{D}{V} + \mathrm{MTL} = \mathrm{MToL}$, 相应的周期解具有与公式 (5.5.11) 完全相同的形式. 周期 T_1 的表达式 (5.5.14) 提供了一系列有用的信息, 比如周期 T_1、米氏常数 $V_{\max}$ 和

K_m 的关系; 周期 T_1 和 MTL 和/或 MToL 的关系. 图 5.5.3 给出了模型 (5.5.12) 具有不同治疗窗的周期解的数值实现. 从图 5.5.3 可知, 周期解周期的振动且最大最小值介于治疗窗内, 其振动频率依赖于治疗窗的宽度.

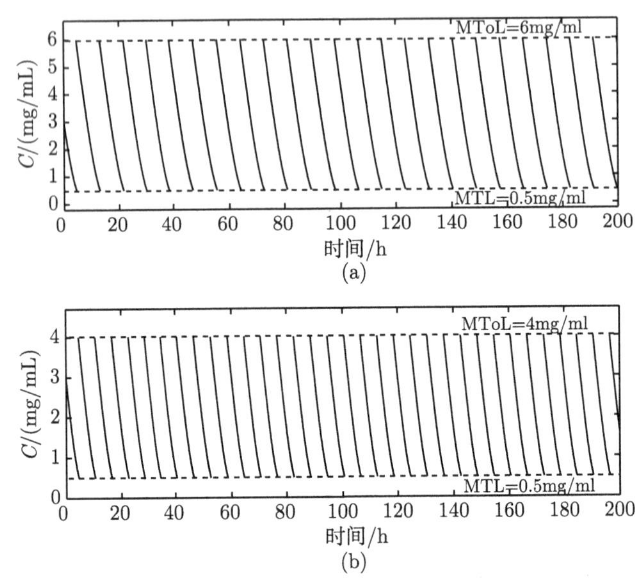

图 5.5.3　模型 (5.5.12) 周期解的数值实现

其中 $V_{\max} = 1\text{mg/hr/ml}$, $K_m = 1.2\text{mg/ml}$, $V = 1\text{ml}$, $\text{MTL} = 0.5\text{mg/ml}$, $D_1 = 3\text{mg}$, 初始值 $C_0 = 3\text{mg/ml}$. (a) $\text{MToL} = 6\text{mg/ml}$, 首次返回时间 $\tau_1 = 4.6501\text{hr}$, 剂量 $D = 5.5\text{mg}$ 和周期 $T_1 = 8.4819\text{hr}$; (b) $\text{MToL} = 4\text{mg/ml}$, 首次返回时间 $\tau_1 = 4.6501\text{hr}$, 剂量 $D = 3.5\text{mg}$ 和周期 $T_1 = 5.9953\text{hr}$

5.6　多房室模型

根据药物在体内的动力学特性, 房室模型可分为单房室模型、二房室模型和多房室模型. 单房室模型是指药物在体内迅速达到动态平衡, 即药物在全身各组织部位的转运速率是相同或相似的, 此时把整个机体视为一个房室. 但实际上对许多药物来说, 器官与器官、器官与组织、肌肉与骨骼之间的运转是不同的. 因此, 要准确地刻画药物浓度在体内的变化规律、剂量与时间或浓度与时间的关系, 用简单的单室模型进行药物动力学分析是不能反映机体内各部位药物浓度的差异性, 为此需要建立具有不同转运、消除和吸收速率的多仓室模型, 并进行必要的药物动力学分析.

二房室模型是把机体分为两个房室, 即表观容积较小的中心室 (central compartment) 和表观容积较大的周边室 (peripheral compartment), 其中中心室是由一些血流比较丰富、膜通透性较好、药物易于转运的组织 (如心、肝、肾、肺等) 组成的, 药物往往首先进入这类组织, 由于药物转运速度快, 这能使血液中的药物浓度迅速与这些组织中的药物浓度之间达到一种动态平衡; 周边室是由一些血流不太丰富、药物转运速度较慢的器官和组织 (如脂肪、肌肉等) 组成的, 这些器官和组织中的药物与血液中的药物需经一段时间方能达到动态平衡. 由此可见, 中心室和周边室内药物剂量或浓度的变化以及达到动态平衡态的时间直接影响到治疗效果.

多房室模型是将机体分为中心室和多个周边室, 比如三房室模型就由一个中心室和两个周边室组成. 从数学模型建立的角度看, 多房室模型与二房室模型的建模思想是一致的. 所以本节仅以二房室模型为例加以简单介绍多房室模型的建模方法和分析技巧. 有关二房室模型或多房室模型建立、参数估计和确定、药物动力学意义的详细介绍参考文献 [76, 82].

对于二房室模型, 由于药物经过静脉推注以后, 首先药物进入中心室并在其内部很快达到动态平衡, 在中心室达到动态平衡的同时, 药物按一级速率过程在中心室消除, 与此同时药物逐渐向周边室转运, 而且药物在中心室和周边室之间的转运过程是可逆的, 可以利用一级药物动力学过程刻画, 如图 5.6.1 所示.

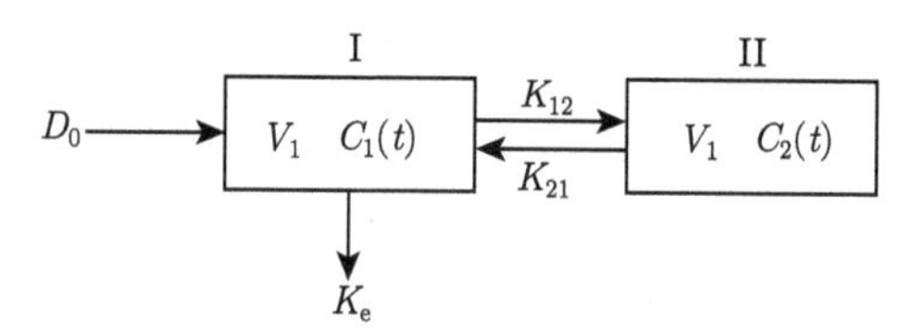

图 5.6.1 静脉注射药物后药物在中心室和周边室转运、消除的二房室模型流程图

I—中心室; II—周边室

根据以上假设, 得到中心室内任一时刻的药物变化包括三个方面: ① 向周边室按一级速率过程转运; ② 从中心室内按一级速率过程消除; ③ 从周边室按一级速率过程转运至中心室. 周边室内任一时刻的药物变化包括两部分: ① 从中心室按一级速率过程输入; ② 同时又从周边室按一级速率过程返运至中心室. 记 $C_1(t), C_2(t)$ 分别表示中心室和周边室 t 时刻的药物浓度, $D_1(t), D_2(t)$ 分别表示中心室和周边室 t 时刻的药物剂量, 则一次静脉注射给药后中心室和周边室内药物剂量的变化规律可用下面的微分方程描述

$$\begin{cases} \dfrac{\mathrm{d}D_1}{\mathrm{d}t} = -(k_{12}+k_e)C_1 + k_{21}C_2 \\ \dfrac{\mathrm{d}D_2}{\mathrm{d}t} = k_{12}C_1 - k_{21}C_2 \end{cases}$$

其中 k_{12}, k_{21}, k_e 均为正常数. 利用剂量和浓度的关系得到下面的方程

$$\begin{cases} \dfrac{\mathrm{d}D_1}{\mathrm{d}t} = -(K_{12}+K_e)D_1 + K_{21}D_2 \\ \dfrac{\mathrm{d}D_2}{\mathrm{d}t} = K_{12}D_1 - K_{21}D_2 \end{cases} \tag{5.6.1}$$

其中 $K_{12} = k_{12}/V_1, K_{21} = k_{21}/V_2$ 分别是药物从中心室向周边室转运和从周边室向中心室转运的一级速率常数, $K_e = k_e/V_1$ 为药物从中心室消除的一级速率常数, V_1, V_2 分别是两个室的表观分布容积.

如果患者从 $t = t_1$ 时静脉推注剂量为 D_0 的某种药物, 不妨设 $t_1 = 0$, 并且该药物在体内的转运和消除符合二房室模型, 由于在 0 时刻注射的药物全在中心室, 于是二房室模型的初始条件为

$$D_1(0) = D_0, \quad D_2(0) = 0$$

模型 (5.6.1) 实际上为一个一阶线性齐次方程组, 可以用求解线性常微分方程组的方法解析求解, 该方法比较简单但过程复杂, 所以这里就不做详细介绍了, 有兴趣的读者可以参考文献 [148]. 模型 (5.6.1) 以 $(D_0, 0)$ 为初始值的解析解为

$$\begin{cases} D_1(t) = \dfrac{D_0}{\alpha-\beta}\Big[(K_{21}-\beta)\mathrm{e}^{-\beta t} - (K_{21}-\alpha)\mathrm{e}^{-\alpha t}\Big] \\ D_2(t) = \dfrac{K_{12}D_0}{\alpha-\beta}(\mathrm{e}^{-\beta t} - \mathrm{e}^{-\alpha t}) \end{cases} \tag{5.6.2}$$

其中常数

$$\begin{cases} \alpha = \dfrac{1}{2}\Big[(K_{12}+K_{21}+K_e) + \sqrt{(K_{12}+K_{21}+K_e)^2 - 4K_{21}K_e}\Big] \\ \beta = \dfrac{1}{2}\Big[(K_{12}+K_{21}+K_e) - \sqrt{(K_{12}+K_{21}+K_e)^2 - 4K_{21}K_e}\Big] \end{cases}$$

在实际考察中通常关心的是药物浓度随时间变化的关系, 这样在解析公式 (5.6.2) 两边除以相应的表观分布容积得

$$\begin{cases} C_1(t) = \dfrac{D_0}{(\alpha-\beta)V_1}\Big[(K_{21}-\beta)\mathrm{e}^{-\beta t} - (K_{21}-\alpha)\mathrm{e}^{-\alpha t}\Big] \\ C_2(t) = \dfrac{K_{12}D_0}{(\alpha-\beta)V_2}(\mathrm{e}^{-\beta t} - \mathrm{e}^{-\alpha t}) \end{cases} \tag{5.6.3}$$

解析表达式 (5.6.3) 的第一式反映了在一次静脉推注给药的条件下, 中心室内药物浓度与时间的关系, 它说明当药物注射后的瞬时, 浓度最大 (最大值为 D_0/V_1), 随着时间的推移逐步分布到外围各器官组织, 同时慢慢地在中心室消除, 如图 5.6.2 所

示. 数值实现也说明了周边室的血药浓度从零开始逐步增加, 达到一个最大值后开始指数下降.

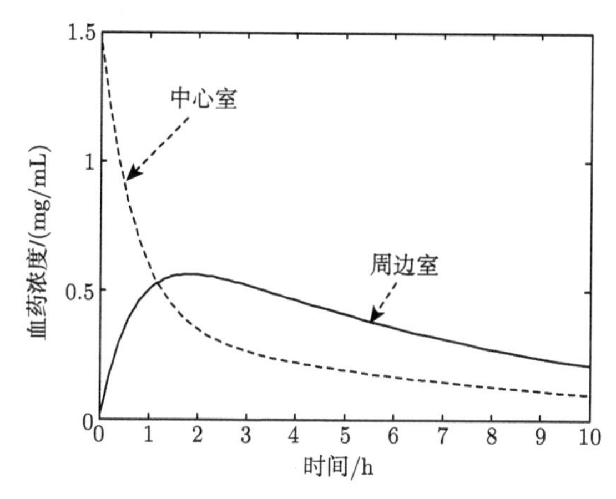

图 5.6.2 一次静脉注射给药后的二房室内药物剂量-时间曲线关系示意图

参数分别为 $K_{12}=0.68, K_{21}=0.45, K_e=0.42,\ D_0=1.5$

由此可见, 要想达到理想的治疗效果, 一次给药是不可能的, 这是因为在二房室内药物浓度在几个小时之内就将由于消除而趋向零, 并且趋向于零的速度取决于消除速率常数 K_e. 所以为了达到理想的治疗效果, 需要间隔一定时间周期性的用药, 如果假设每隔时间 T, 从静脉快速推注剂量为 D_0 的药物, 这时药物在中心室和周边室的变化可以用下面的脉冲微分方程来刻画

$$\left\{\begin{array}{l} \left.\begin{array}{l} \dfrac{\mathrm{d}D_1}{\mathrm{d}t}=-(K_{12}+K_e)D_1+K_{21}D_2 \\ \dfrac{\mathrm{d}D_2}{\mathrm{d}t}=K_{12}D_1-K_{21}D_2 \end{array}\right\} t\neq nT \\ \left.\begin{array}{l} D_1(nT^+)=D_1(nT)+D_0 \\ D_2(nT^+)=D_2(nT) \end{array}\right\} t=nT \end{array}\right. \tag{5.6.4}$$

其中 n 是整数, 模型 (5.6.4) 是一个固定时刻的脉冲微分方程, 可以利用预备知识中介绍的相应方法加以研究. 在任何一个脉冲区间即两次给药间隔 $(nT,(n+1)T]$, 方程 (5.6.4) 以 $(D_1(nT^+),D_2(nT^+))$ 为初始值的解析解为

$$\left\{\begin{array}{l} D_1(t)=\dfrac{1}{2}\dfrac{1}{(\alpha-\beta)K_{12}}\left[\Delta_1(K_{21}-\beta)\mathrm{e}^{-\beta(t-nT)}-\Delta_2(K_{21}-\alpha)\mathrm{e}^{-\alpha(t-nT)}\right] \\ D_2(t)=\dfrac{1}{2}\dfrac{1}{\alpha-\beta}(\Delta_1\mathrm{e}^{-\beta(t-nT)}-\Delta_2\mathrm{e}^{-\alpha(t-nT)}) \end{array}\right. \tag{5.6.5}$$

其中

$$
\begin{cases}
\alpha = \dfrac{1}{2}\left[(K_{12}+K_{21}+K_e)+\sqrt{(K_{12}+K_{21}+K_e)^2-4K_{21}K_e}\right] \\
\beta = \dfrac{1}{2}\left[(K_{12}+K_{21}+K_e)-\sqrt{(K_{12}+K_{21}+K_e)^2-4K_{21}K_e}\right]
\end{cases}
$$

和

$$
\begin{cases}
\Delta_1 = K_{12}D_2(nT^+)+K_eD_2(nT^+)-K_{21}D_2(nT^+)+(\alpha-\beta)D_2(nT^+) \\
\qquad +2K_{12}D_1(nT^+) \\
\Delta_2 = K_{12}D_2(nT^+)+K_eD_2(nT^+)-K_{21}D_2(nT^+)-(\alpha-\beta)D_2(nT^+) \\
\qquad +2K_{12}D_1(nT^+)
\end{cases}
$$

在时刻 $(n+1)T$, 一个剂量为 D_0 的药物从静脉快速推注, 则

$$
\begin{cases}
D_1((n+1)T^+) = \dfrac{1}{2}\dfrac{1}{(\alpha-\beta)K_{12}}\left[\Delta_1(K_{21}-\beta)\mathrm{e}^{-\beta T}-\Delta_2(K_{21}-\alpha)\mathrm{e}^{-\alpha T}\right]+D_0 \\
D_2((n+1)T^+) = \dfrac{1}{2}\dfrac{1}{\alpha-\beta}\left[\Delta_1\mathrm{e}^{-\beta T}-\Delta_2\mathrm{e}^{-\alpha T}\right]
\end{cases}
\tag{5.6.6}
$$

上式反映了两次给药瞬间中心室和周边室药物剂量的关系, 它们形成了一个以给药周期为步长的差分方程 (5.6.6), 通过研究该差分方程平衡态的存在性和稳定性, 就可以确定药物剂量在中心室和周边室稳定状态下的最大值和最小值, 这对设计最佳的给药方案具有指导意义. 下面通过一个具体的数值研究加以说明.

在模型 (5.6.4) 我们固定参数 $K_{12}=0.68, K_{21}=0.45, K_e=0.42$, 给药周期 $T=4$. 我们希望通过数值研究讨论每次给药剂量对中心室和周边室药物剂量的影响. 在图 5.6.3 中, 我们给出了两个不同给药剂量的数值实现, 从模拟曲线可以看出, 药物在中心室到达动态平衡的速度要比周边室快, 每次脉冲给药后的瞬间中心室内药物剂量达到最大值, 周边室浓度在重复几次给药后最大值和最小值稳定在一个固定值上, 并且这两个固定值就是差分方程 (5.6.6) 稳定的正平衡态. 同时我们观察到给药剂量对两个仓室内最大值和最小值的影响非常明显, 但它不影响周边室浓度达到最大 (或小) 值的时间.

在对药物动力学模型的研究中, 房室模型在各种给药方式下解的解析公式在药物动力学的研究中具有非常重要的作用. 在实际应用中可直接利用解析公式进行药物学参数估计和模型确定, 并为设计给药方案提供必要的理论依据. 重要的是目前已有的药物动力学模型参数估计的相关软件都是基于模型解析公式的. 实际上绝大多数单房室模型的解析求解公式能够得到, 这方面完整的讨论读者可以参考文献 [122].

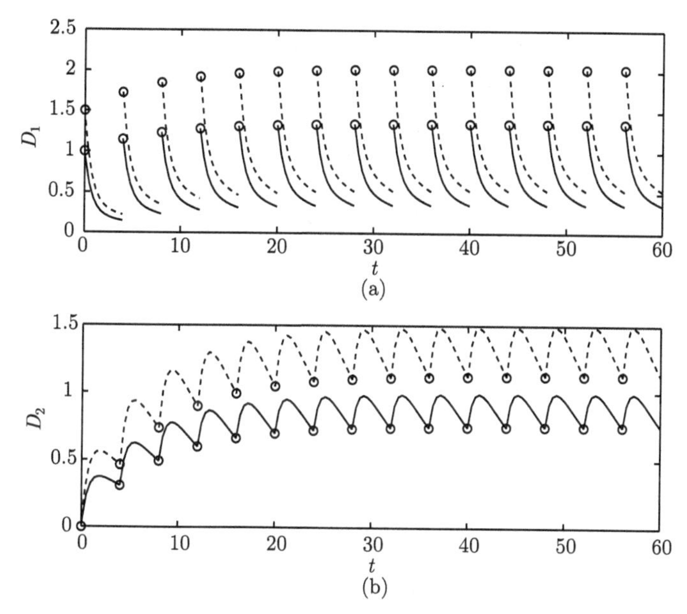

图 5.6.3 周期静脉注射给药后的二房室内药物剂量–时间曲线关系示意图

参数分别为 $K_{12} = 0.68, K_{21} = 0.45, K_e = 0.42$, 虚线曲线中 $D_0 = 1.5$, 实线曲线中 $D_0 = 1$

我们注意到, 如果药物在中心室和周边室的转运和消除符合米氏过程, 就必须建立非线性的二房室模型才能刻画药物在体内的药物动力学过程. 这类复杂的非线性模型就不可能具有解析求解公式了, 需要利用微分方程和脉冲微分方程的有关理论进行研究, 这里就不作介绍了. 对于其他类型给药方式比如血管外给药、静脉滴注给药下的二房室模型的建立和数学分析与静脉推注相似, 留做习题或参考文献 [76,82].

5.7 药效动力学的 $E_{\max}$ 模型

前面主要就药物动力学的基本模型做了介绍, 无论是哪种药物, 其根本目的是预防或治疗疾病. 问题是如何反映药物在体内的作用和疗效, 这是与药物动力学相应的药物效应学所探讨的问题. 为了后面章节应用的需要, 这里仅就药效动力学的 $E_{\max}$ 模型做一个简单介绍. 药效学 (pharmacodynamics) 是研究药物对机体 (包括病原体 (pathogen)) 的作用、作用规律及作用原理的科学. 药效动力学中有两个核心概念: 量效关系 (dose effect relationship) 和量效曲线 (dose-effect curve). 药物的效应和给药剂量 (或血药浓度) 之间都存在着确定的关系, 即量效关系, 它是指药物的药理效应随着剂量或浓度的增加而增加, 两者间的规律性变化过程. 量效关系常用图解说明, 纵坐标表示效应量, 横坐标表示剂量, 通常呈长尾 S 形曲线, 如图

5.7.1 所示. 图 5.7.1 中的 S 型曲线又称为量效曲线, 其中 IC_{50} 为半数有效量 (50% effective dose), 是指能引起 50% 的最大反应强度的药物剂量. 效能 ($E_{\max}$) 是指药物产生的最大效应, 由药物的内在活性决定.

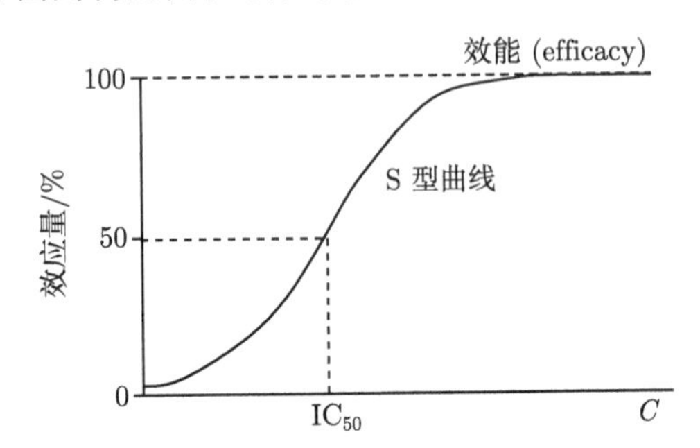

图 5.7.1　药效学中的量效关系和量效曲线示意图

药物与机体内某些特殊的靶体结合以期达到一定的治疗, 这些靶体称为受体 (receptor, 是特异性介导细胞信号转导的功能蛋白质). 根据药物和受体相互作用的关系, 提出了不同的学说或模型, 其中包括占领学说 (occupation theory)、速率学说 (rate theory)、二态模型和三态模型学说 (two-or three-state model theory) 和 G 蛋白偶联受体的复合模型. 受体动力学的基本模型可以利用与 Michaelis-Menten 动力学方程推导过程完全一样的方法得到. 假设 $C(t)$ 为血药浓度, R 为受体, 根据占领学说受体只有与药物结合才能被激活并产生效应, 而效应的强度与被占领的受体数量成正比, 全部受体被占领时出现最大效应 ($E_{\max}$), 即有如下的 $E_{\max}$ 模型

$$\frac{E}{E_{\max}}=\frac{C(t)}{C(t)+IC_{50}} \tag{5.7.1}$$

其中 E 为效应. 同样地, 可以令 $\dfrac{E}{E_{\max}}=\dfrac{1}{2}$ 来确定半数有效量, 即 IC_{50} 是引起 50% 的最大效应时所需的药物浓度, 此时 50% 的受体被占领. 有关 $E_{\max}$ 模型更具体的推导过程和医学背景参考文献 [113]. 多数药效动力学模型可用更一般的 Hill 函数描述, 即

$$\frac{E}{E_{\max}}=\frac{C^n(t)}{IC_{50}+C^n(t)} \tag{5.7.2}$$

其中 n 为 Hill 系数. 当药物作用是为了抑制某些生物现象, 则模型 (5.7.2) 可以改写为

$$\frac{E}{E_{\max}}=\frac{IC_{50}}{IC_{50}+C^n(t)} \tag{5.7.3}$$

在接下来的病毒动力学一章将介绍如何将 $E_{\max}$ 模型与病毒感染相结合, 应用于实际的疾病治疗问题.

习 题 五

5.1 某药静脉注射后在人体内的血药浓度如下表所示, 利用房室模型描述血药浓度随时间变化的规律.

时间/h	0.5	1.0	2.0	4.0	8.0	12.0	18.0	24.0	36.0	48.0
浓度/(mg/L)	5.4	9.9	17.2	25.8	29.8	26.6	19.4	13.3	5.9	2.6

5.2 某药口服后在人体内的血药浓度如下表所示, 利用房室模型描述血药浓度随时间变化的规律.

时间/h	0.2	0.4	0.6	0.8	1.0	1.5	2.5	4	5
浓度/(mg/L)	1.65	2.33	2.55	2.51	2.4	2.0	1.27	0.66	0.39

5.3 某药静脉注射针剂、口服溶液剂、口服片剂用药后在人体内的血药浓度如下表所示, 利用仓室模型描述不同情况下血药浓度随时间变化的规律, 并比较这些制剂的效益.

时间	血药浓度		
	静注/(2mg/kg)	溶液剂/(10mg/kg)	片剂/(10mg/kg)
0.5	5.94	23.4	13.2
1.0	5.3	26.6	18.0
1.5	4.72	25.2	19.0
2.0	4.21	22.8	18.3
3.0	3.34	18.2	15.4
4.0	2.66	14.5	12.5
6.0	1.69	9.14	7.92
8.0	1.06	5.77	5
10.0	0.67	3.64	3.16
12.0	0.42	2.3	1.99

5.4 采用 MATLAB 分三种情况数值求解模型 (5.4.4), 并与解析求解公式进行比较, 以此验证参数 b 变化时模型解的性质.

5.5 证明周期解 (5.4.11) 如果存在则是局部稳定的.

5.6 根据血管外给药的单房室模型的建立方法, 如果在静脉推注的二房室模型前增加一个吸收室, 如下图所示. (a) 建立一次血管外给药的房室模型, 给出各房室初始以及相应的解析求解公式; (b) 假设每隔周期 T 从血管外给药一次, 建立相应的周期给药下的房室模型, 并利用数值实现的方法讨论各房室血药浓度的变化规律.

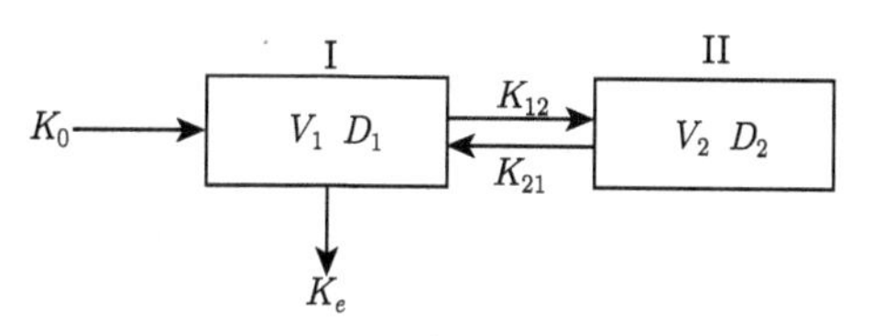

5.7　对于周期血管外给药, 药物在吸收室和中心室的浓度变化规律可用如下的脉冲微分方程描述

$$\begin{cases} \left.\begin{aligned} &\frac{\mathrm{d}C_a(t)}{\mathrm{d}t} = -K_a C_a(t) \\ &\frac{\mathrm{d}C(t)}{\mathrm{d}t} = K_a C_a(t) - \frac{V_{\max} C(t)}{K_m + C(t)} \end{aligned}\right\} t \neq nT \\ \left.\begin{aligned} &C_a(nT^+) = C_a(nT) + \frac{D}{V} \\ &C(nT^+) = C(nT) \end{aligned}\right\} t = nT \\ C_a(t_0^+) \triangleq C_0 = \frac{D}{V}, \quad C(0) = C_0 = 0 \end{cases}$$

利用数值求解的方法分析上述模型周期解的存在性以及模型参数对其振幅的影响.

第 6 章　病毒动力学模型

6.1　病毒动力学介绍

病毒在细胞外是处于静止状态, 基本上与无生命的物质相似, 本身也不能复制. 但是, 一旦有适宜它们生长的环境, 这些病毒就会侵入细胞, 而细胞的分裂就会产生更多的病毒. 这些病毒继而又会感染更多的细胞. 由于病毒缺少完整的酶系统, 不具有合成自身成分的原料和能量, 也没有核糖体, 这就决定了它的专性寄生性, 必须侵入易感的宿主细胞, 依靠宿主细胞的酶系统、原料和能量复制病毒的核酸, 借助宿主细胞的核糖体翻译病毒的蛋白质. 病毒这种增殖的方式叫做“复制”(replication). DNA 病毒和 RNA 病毒在复制的生化方面有区别, 但复制的结果都是合成核酸分子和蛋白质衣壳, 然后装配成新的有感染性的病毒. 一个复制周期需 6—8h.

人类免疫缺陷病毒 (human immunodeficiency virus, HIV)、慢性乙型肝炎病毒 (hepatitis B virus, HBV) 和慢性丙型肝炎病毒 (HCV) 的感染是一个快速的病毒复制和清除的动态过程, 每日有大量病毒产生和消失. 抗病毒药物的出现促进了病毒动力学的数学分析. 例如 HBV 的治疗最初应用 α-干扰素进行免疫调节及抗病毒作用. 近年来开发了多种核苷 (酸) 类药物用于治疗慢性 HBV 感染, 如拉米夫定 (LAM)、阿德福韦 (ADV)、恩替卡韦 (ETV)、替比夫定 (LDT) 等. 病毒感染者体内病毒的产生、清除处于一种相对稳定状态. 在抗病毒药物作用下, 这种稳定状态被打破, 血清病毒载量下降. 通过定期检测给药后血液内的病毒载量, 建立数学模型并绘成曲线, 可以了解病毒在人体内的感染、复制、清除的动力学过程, 以探索病毒的致病机制, 为临床医师制订合理的治疗方案提供依据.

这里我们主要以 HIV 病毒为主, 详述艾滋病的起因、发病机理, 以及如何用数学模型来刻画 HIV 在个体内的进展、演化以及发展成艾滋病的情况, 并研究各种高效抗病毒治疗对 HIV 病毒载量的影响. HBV、HCV 在病毒动力学建模方面与 HIV 类似, 这里就不做详细介绍.

6.2　艾滋病的起因、发病机理与治疗

6.2.1　艾滋病的起因

1981 年 6 月 5 日, 美国疾病控制中心 (CDC) 发布报告: 在 1980 年 10 月到 1981

年 5 月期间先后发现 5 例病例, 经检查确诊得了“卡氏肺囊虫肺炎”, 患者免疫功能极度衰竭, 并且患者均为青年男性同性恋者. 1982 年 9 月, 美国疾病控制中心正式以“获得性免疫缺陷综合征”(acquired immunodeficiency syndrome) 为该病命名, 即人们俗称的艾滋病. 艾滋病的英文简称为 AIDS, A 代表 acquired, 是获得的意思, 说明是后天获得的, 而不是先天就有的; I 和 D 代表 immune deficiency, 是免疫缺陷的意思; S 代表 syndrome, 是综合征的意思, 指因某种疾病而引起的种种症状的合称. 1986 年在第 39 届世界卫生组织大会上, 这种病毒被正式命名为人类免疫缺陷病毒 (HIV). 需要了解艾滋病更详细的生物学和医学原理, 参考文献 [75].

HIV 的传播途径主要为血液传播、毒品注射、母婴遗传和性接触等. HIV 进入人体后慢慢地破坏人的免疫系统, 使人体丧失抵抗各种疾病的能力. HIV 在人体内的潜伏期平均为 10 年. 人感染 HIV 初期没有任何临床症状, 外表看上去正常, 仅血液中的 HIV 抗体检测结果为阳性, 可以没有任何症状地生活和工作很多年. 严格地讲, 这些人在这个时期还不是艾滋病患者, 而只是 HIV 感染者, 但他们能够将病毒传染给其他人. 在潜伏期的后期, 患者出现腹股沟淋巴结以外的两处以上原因不明的淋巴结肿大并持续 3 个月以上, 同时出现全身症状, 如发热、疲劳、食欲不振、消瘦和腹泻等. 这时患者进入艾滋病阶段, 被称为艾滋病患者. 突出的表现是致病性感染、恶性肿瘤的发生以及找不到原因的细胞免疫缺陷, 最后患者因长期消耗, 骨瘦如柴, 衰竭而死[75].

20 多年来, 国际社会为防治艾滋病作出了积极努力, 防治工作也有所进展, 但艾滋病在全球范围内的传播速度惊人, 成了现代历史上最严重的瘟疫. 2007 年 11 月 20 日, 联合国艾滋病规划署与世界卫生组织联合发布的《2007 年全球艾滋病流行状况更新报告》估计, 2007 年全球共有 3320 万 HIV 感染者, 其中成年人约有 3080 万 (女性达 1540 万), 15 岁以下的儿童约 250 万; 2007 年全球新增 HIV 感染者 250 万, 同时全球又有 210 万人死于艾滋病.

我国于 1985 年发现首例 HIV 感染病例. 2004 年修订的《中华人民共和国传染病防治法》将艾滋病列为乙类传染病, 统计显示艾滋病是我国死亡率最高的三种传染病之一. 根据国家卫生部、联合国艾滋病规划署和世界卫生组织联合公布的报告《中国艾滋病防治联合评估报告 (2009)》, 截至 2009 年底, 估计我国现存活艾滋病病毒感染者和艾滋病人 (HIV/AIDS) 约 74 万 (56 万 ~ 92 万人), 其中艾滋病患者 10.5 万人 (9.7 万 ~ 11.2 万人); 女性占 30.5%, 全人群感染率为 0.057%. 估计 2009 年新发艾滋病病毒感染者 4.8 万, 2009 年艾滋病相关死亡 2.6 万人. 现存活 74 万 HIV/AIDS 中, 经异性传播占 44.3%, 经同性传播占 14.7%, 经静脉注射吸毒传播占 32.2%.

6.2.2 HIV 发病机理

HIV 就是一种逆转录病毒. 在 T 淋巴细胞分类中, CD4 代表 T 辅助细胞而 CD8 代表 T 抑制细胞和 T 杀伤细胞. $CD4^+$ T 淋巴细胞是 HIV 感染的主要靶细胞, 而其本身又是免疫反应的中心细胞; $CD8^+$ T 淋巴细胞是免疫反应的效应细胞. 正常人的 $CD4^+$ T 淋巴细胞约占总的 T 淋巴细胞的 65%, 约 1000 细胞/ml; $CD8^+$ T 淋巴细胞约占 35%[75].

HIV 进入人体后能选择性地侵犯有 $CD4^+$ T 受体的淋巴细胞, 以 $CD4^+$ T 淋巴细胞为主. 当 HIV 的包膜蛋白 gp120 与 $CD4^+$ T 淋巴细胞表面的 $CD4^+$ T 受体结合后, 在 gp41 透膜蛋白的协助下, HIV 的膜与细胞膜相融合, 病毒进入细胞内, 并迅速脱去外壳, 为进一步复制做好准备. HIV 病毒在宿主细胞开始复制, 首先两条 RNA 在病毒逆转录酶的作用下逆转为 DNA, 再以 DNA 为模板, 在 DNA 多聚酶的作用下复制 DNA, 这些 DNA 部分存留在细胞质内, 进行低水平复制. 部分与宿主细胞核的染色质的 DNA 整合在一起, 成为前病毒, 使感染进入潜伏期, 经过 2—10 年的潜伏性感染阶段, 当受染细胞被激活, 前病毒 DNA 在转录酶作用下转录成 RNA, RNA 再翻译成蛋白质. 经过装配后形成大量的新病毒颗粒, 这些病毒颗粒释放出来后, 继续攻击其他 $CD4^+$ T 淋巴细胞[75].

当 HIV 感染后一般首先出现 $CD4^+$ T 细胞数量适度降低, 细胞总数可持续数年不变. 然后经过一段时间后, $CD4^+$ T 细胞数量逐渐下降, 当降至 200 细胞/ml 时则就可出现机会性感染, 此时患者被正式称为艾滋病患者. 所以 $CD4^+$ T 细胞的数量和病毒载量的检测对艾滋病治疗效果的判断和对患者免疫功能的判断有重要作用. 图 6.2.1 中给出了 HIV 感染各个阶段患者体内各类细胞数量的变化曲线.

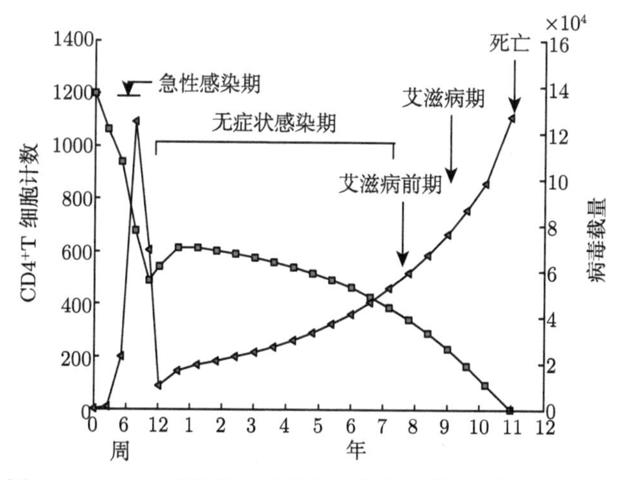

图 6.2.1 HIV 感染各个阶段患者体内各类细胞的变化曲线

(彩图见封底二维码)

感染艾滋病毒后, 一般分为四个阶段: 第一阶段为急性感染期, 又称为“窗口期”, 出现发热、疲劳、腹泻等症状, 这些症状在 2—3 周时间里自然消失. 接着进入第二阶段, 此期被称为“无症状感染期”, 这个时期最长, 占整个病程的 80% 左右, 此期的患者称为“艾滋病病毒携带者”. 表面上看起来很健康, 和正常人没有区别, 只是体内的免疫系统与艾滋病病毒正在作斗争. 第三阶段称为“艾滋病前期”, 感染者已出现艾滋病基本症状, 但程度较轻, 免疫功能尚未完全消失. 当感染者体内的免疫细胞已无法与艾滋病病毒抗衡时, 就进入了感染的最后阶段, 称为“艾滋病期”或“临床晚期”, 此时的患者称为“艾滋病患者”, 非常容易出现各种感染性病症, 此期若不做抗艾滋病病毒及抗机会性感染治疗, 多数人在半年至一年半内死亡[75].

6.2.3 HIV 治疗

目前还没有艾滋病疫苗或者能治愈艾滋病的手段, 唯一已知的预防方法就是避免暴露于病毒环境中. 但是, 如果在暴露后立即进行抗病毒治疗, 也可以降低暴露后的感染风险, 这也是目前已知的一种暴露后预防措施. 目前治疗 HIV 感染所用的高效抗反转录病毒治疗法, 又称 HAART, 自 1996 年蛋白酶抑制剂应用以来, 使得 HIV 感染者受益匪浅. 现在 HAART 是至少三种药物的组合疗法 (或称“鸡尾酒疗法”)[75], 这三种药物至少属于抗反转录病毒药物中的两个类型. 典型的组合有: 两个核苷类逆转录酶抑制剂 (NARTIs 或 NRTIs) 加一个蛋白酶抑制剂或一个非核苷类逆转录酶抑制剂 (NNRTIs).

HAART 可以稳定患者病情但不能治愈患者, 也不能完全清除病毒, 一旦停止 HAART 可能发生耐药和病毒反弹. 尽管如此, 在发达国家许多感染者通过积极的治疗, 显著提高了他们的健康状况和生活质量, 这样可以大大降低与 HIV 相关的发病率和死亡率. 然而 HAART 远远达不到理想的效果, 造成这种情况的原因有很多, 其中一个主要原因是药物耐受性/药物副反应. 药物副反应包括: 脂肪代谢障碍、异常脂蛋白血症、胰岛素耐受性、心血管疾病风险增加和出生缺陷. 另一个主要原因是对抗反转录病毒治疗的非依从性及非坚持性造成大多数患者的治疗失败.

关于 HAART 治疗的另一个核心问题是: 何时开始 HIV 治疗? 对于 $CD4^+$ T 细胞下降到 200 以下的患者应该开始治疗是毫无质疑的. 大多数国家治疗指南中都提道: 一旦 $CD4^+$ T 细胞数量下降到小于 350 就开始治疗, 但是一些队列研究表明 $CD4^+$ T 细胞数量低于 350 之前就应该开始治疗, 也有证据提示 $CD4^+$ T 细胞百分数下降至总数的 15% 以下开始治疗.

如何通过建立 HIV 病毒感染动力学模型, 分析 $CD4^+$ T 细胞和病毒载量在感染者体内动态变化, 研究 HIV 病毒的进展, 以及探究 HAART 治疗措施的有效性、耐药性等问题, 是十分必要的. 下面向读者介绍这方面的基础性工作.

6.3 HIV 病毒动力学模型

目前我国艾滋病疫情正在由高危人群向一般人群扩散, 防治工作处于关键时期. 各种刻画艾滋病传播规律的数学模型 (包括确定性和随机模型, 宏观和微观模型) 也得到了很快的发展. 特别是刻画个体内 CD4$^+$ T 细胞、被感染了的 CD4$^+$ T 细胞和艾滋病病毒的微观模型得到了广泛的应用. 下面首先介绍刻画 HIV 病毒动力学的最基本模型, 它适用于刻画其他类型的病毒感染.

6.3.1 经典模型及其分析

1997 年 Bonhoeffer 和 May[12] 建立了关于 HIV 和 CD4$^+$ T 细胞的简单数学模型, 该模型把 CD4$^+$ T 细胞分为两类: 健康的 CD4$^+$ T 细胞和被感染的 CD4$^+$ T 细胞 (图 6.3.1), 并提出了下面的病毒动力学模型

$$\begin{cases} \dfrac{\mathrm{d}T}{\mathrm{d}t} = \lambda - dT - \beta TV \\ \dfrac{\mathrm{d}T^*}{\mathrm{d}t} = \beta TV - \delta T^* \\ \dfrac{\mathrm{d}V}{\mathrm{d}t} = N\delta T^* - cV \end{cases} \tag{6.3.1}$$

其中 $T(t), T^*(t)$ 和 $V(t)$ 分别表示 t 时刻健康的 CD4$^+$ T 细胞, 感染的 CD4$^+$ T 细胞以及自由病毒的浓度. λ, d, β, $N\delta$, c 均为正常数, λ 是人体内产生 CD4$^+$ T 细胞的速率, d 是健康 CD4$^+$ T 细胞的死亡率, δ 是感染细胞的死亡率, N 是每个感染细胞死亡后裂解成病毒粒子的裂解量, c 是自由病毒的死亡率, β 是病毒感染健康 CD4$^+$ T 细胞的感染率.

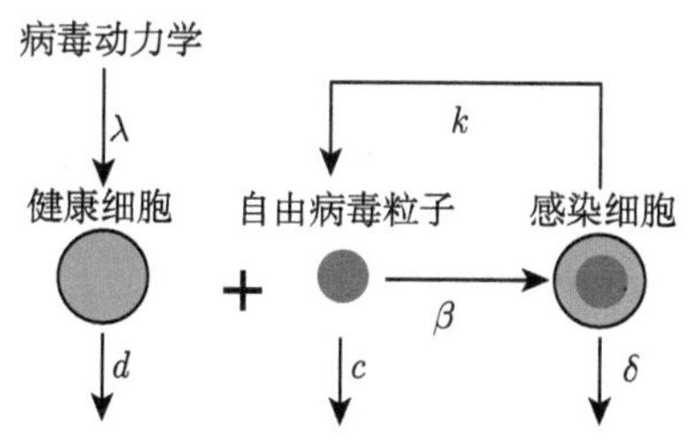

图 6.3.1 HIV 病毒感染过程示意图

(彩图见封底二维码)

患者在感染 HIV 病毒前, 我们有 $T^* = 0, V = 0$, 健康细胞的数量当 $t \to \infty$ 时趋向于 $T_0 = \dfrac{\lambda}{d}$. 假设初始感染时间 $t = 0$, 初始自由病毒粒子的数量为 V_0, 这样我们可以借助第 4 章中介绍的阈值理论来分析病毒在人体内能否存在. 为此定义基

本再生数 R_0, 它表示当几乎所有细胞都是健康细胞时一个感染细胞所能感染的新的细胞个数, 如图 6.3.2 所示.

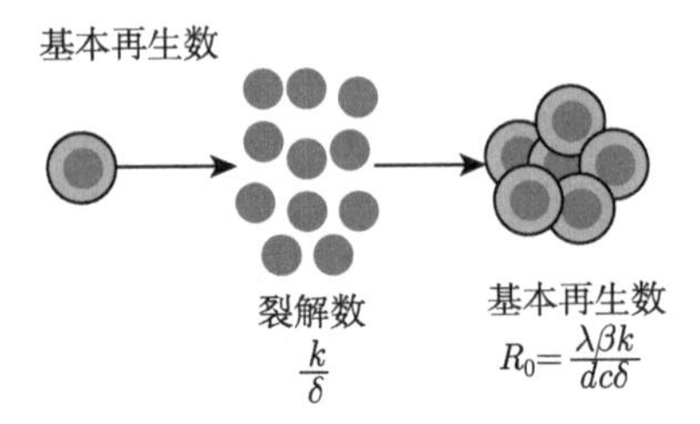

图 6.3.2　模型 (6.3.1) 的基本再生数, 其中裂解量为一个感染细胞产生的病毒粒子数 (彩图见封底二维码)

一个感染细胞产生新的感染细胞的率为 $\frac{\beta N\delta T}{c}$. 如果所有细胞都是健康细胞, 则 $T=\frac{\lambda}{d}$, 而且一个感染的细胞的平均寿命是 $\frac{1}{\delta}$, 这样基本再生数

$$R_0=\frac{\beta\lambda N\delta}{\delta dc} \tag{6.3.2}$$

如果 $R_0<1$, 则病毒不可能传播, 这是因为一个感染细胞在其生命周期内感染新的细胞的数量小于 1. 当 $R_0>1$ 时, 模型 (6.3.1) 存在病毒持久平衡态

$$\bar{T}=\frac{\delta c}{\beta N\delta},\quad \bar{T}^*=(R_0-1)\frac{dc}{\beta N\delta},\quad \bar{V}=(R_0-1)\frac{d}{\beta} \tag{6.3.3}$$

根据模型 (6.3.1) 的两个平衡态以及基本再生数的定义, 有如下的阈值动力学结论.

定理 6.3.1 [64]　(a) 如果 $R_0>1$, 则地方病平衡态 $(\bar{T},\bar{T}^*,\bar{V})$ 是全局渐近稳定的;

(b) 如果 $R_0\leqslant 1$, 则病毒消除平衡态 $\left(\frac{\lambda}{d},0,0\right)$ 是全局渐近稳定的.

证明　(a) 选取 Lyapunov 函数

$$W(T,T^*,V)=\bar{T}\left(\frac{T}{\bar{T}}-\ln\frac{T}{\bar{T}}\right)+\bar{T}^*\left(\frac{T^*}{\bar{T}^*}-\ln\frac{T^*}{\bar{T}^*}\right)+\frac{\delta\bar{V}}{N\delta}\left(\frac{V}{\bar{V}}-\ln\frac{V}{\bar{V}}\right) \tag{6.3.4}$$

W 函数沿着系统 (6.3.1) 求导得到

$$\begin{aligned}\left.\frac{\mathrm{d}W}{\mathrm{d}t}\right|_{(6.3.1)}=&\lambda-\beta TV-dT-\lambda\frac{\bar{T}}{T}+\beta\bar{T}V+d\bar{T}\\&+\beta TV-\delta T^*-\beta\frac{TV\bar{T}^*}{T^*}+\delta\bar{T}^*\end{aligned}$$

$$
\begin{aligned}
&+\delta T^* - c\frac{\delta}{N\delta}V - \delta\frac{T^*\bar{V}}{V} + \frac{\delta}{N\delta}c\bar{V} \\
=&d\bar{T}\left(2-\frac{T}{\bar{T}}-\frac{\bar{T}}{T}\right)+\delta\bar{T}^*\left(3-\frac{\bar{T}}{T}-\frac{TV\bar{T}^*}{\bar{T}\bar{V}T^*}-\frac{T^*\bar{V}}{\bar{T}^*V}\right)
\end{aligned} \tag{6.3.5}
$$

由于算术平均值大于或等于几何平均值, 所以对所有的 T, T^*, V 函数

$$
2-\frac{T}{\bar{T}}-\frac{\bar{T}}{T} \quad 和 \quad 3-\frac{\bar{T}}{T}-\frac{TV\bar{T}^*}{\bar{T}\bar{V}T^*}-\frac{T^*\bar{V}}{\bar{T}^*V}
$$

是非正的. 因此 $\bar{T},\bar{T}^*\geqslant 0$ 隐含了对所有的 $T,T^*,V>0$ 有 $\frac{\mathrm{d}W}{\mathrm{d}t}\leqslant 0$. 然后根据定理 12.2.7 的 LaSalle 不变集原理得到地方病平衡态是全局渐近稳定的.

(b) 证明病毒粒子消除平衡态的稳定性, 可以选取 Lyapunov 函数

$$
U(T,T^*,V)=T_0\left(\frac{T}{T_0}-\ln\frac{T}{T_0}\right)+T^*+\frac{\delta}{N\delta}V \tag{6.3.6}
$$

U 函数沿着模型 (6.3.1) 求导得到

$$
\left.\frac{\mathrm{d}U}{\mathrm{d}t}\right|_{(6.3.1)}=\lambda\left(2-\frac{T}{T_0}-\frac{T_0}{T}\right)+\frac{\delta c}{N\delta}(R_0-1)V \tag{6.3.7}
$$

明显地当 $R_0\leqslant 1$ 时有 $\frac{\mathrm{d}U}{\mathrm{d}t}\leqslant 0$. 再一次利用定理 12.2.7 的 LaSalle 不变集原理得到病毒消除平衡态的全局稳定性. □

6.3.2 模型推广

在模型 (6.3.1) 中的 λ 表示个体内如胸腺产生新的 $CD4^+$ T 细胞的速率, 另外 $CD4^+$ T 细胞还可以通过自身的分裂进行增殖. 1999 年, Perelson 和 Nelson[108, 109] 在此模型的基础上考虑健康的 $CD4^+$ T 细胞以 Logistic 形式的增长方式, 建立了模型

$$
\begin{cases}
\dfrac{\mathrm{d}T}{\mathrm{d}t}=\lambda+pT\left(1-\dfrac{T}{T_{\max}}\right)-dT-\beta TV \\
\dfrac{\mathrm{d}T^*}{\mathrm{d}t}=\beta TV-\delta T^* \\
\dfrac{\mathrm{d}V}{\mathrm{d}t}=N\delta T^*-cV
\end{cases} \tag{6.3.8}
$$

其中 p 是最大的增殖率, $T_{\max}$ 是 T 细胞自身的最大密度. 模型 (6.3.8) 的更一般形式可以利用健康 T 细胞如下的增长方式代替[108]

$$
\dot{T}=f(T)
$$

其中 f 是一个光滑函数, 并且假设在健康人体内健康 T 细胞为 $\hat{T}$ 时人体内达到平衡. 因此有下面的假设.

(H$_1$) $f(T)>0, 0\leqslant T<\hat{T}, f(\hat{T})=0, f'(\hat{T})<0$, 同时 $f'(T)<0, T>\hat{T}$.

目前常用的满足条件 (H$_1$) 的函数 $f(T)$ 有下面两种形式

$$f_1(T)=\lambda-dT+pT\left(1-\frac{T}{T_{\max}}\right) \quad 和 \quad f_2(T)=\lambda-dT$$

从而得到如下一般形式的 HIV 病毒动力学模型

$$\begin{cases}\dfrac{\mathrm{d}T}{\mathrm{d}t}=f(T)-\beta TV\\ \dfrac{\mathrm{d}T^*}{\mathrm{d}t}=\beta TV-\delta T^*\\ \dfrac{\mathrm{d}V}{\mathrm{d}t}=N\delta T^*-cV-i\beta TV\end{cases} \tag{6.3.9}$$

其中 $i=0$ 或 $i=1$. 事实上, 每当一个 CD4$^+$ T 细胞被感染, 至少有一个病毒侵入, 因此用 $i=1$ 来表示这种情况. 若忽略病毒的侵入则可选择 $i=0$.

根据基本再生数的定义可以直接写出模型 (6.3.9) 的基本再生数为

$$R_0=\frac{\beta\hat{T}(N-i)}{c}$$

模型 (6.3.9) 有两个平衡点, $E_0(\hat{T},0,0), \bar{E}(\bar{T},\bar{T}^*,\bar{V})$, 其中

$$\bar{T}=\frac{c}{\beta(N-i)}\left(\equiv\frac{\hat{T}}{R_0}\right),\quad \bar{T}^*=\frac{c\bar{V}}{(N-i)\delta},\quad \bar{V}=\frac{f(\bar{T})}{\beta\bar{T}}$$

下面的结论说明模型的全局动力学性态由基本再生数 R_0 的大小确定[69].

定理 6.3.2 当 $R_0<1$ 时, 病毒消除平衡点 E_0 是全局渐近稳定的, 即疾病消除;

当 $R_0>1$ 时, 病毒消除平衡点 E_0 是不稳定的, 并且此时存在地方病平衡点 $\bar{E}$.

当 $R_0>1$ 时且 $f'(\bar{T})\leqslant 0$ (即 $f=f_2$), 地方病平衡点 $\bar{E}$ 是局部渐近稳定的, $i=0,1$. 特别地, 当 R_0 增大通过 1 时 E_0 和 $\bar{E}$ 交换稳定性, 当 $R_0>1$, R_0-1 比较小时, $\bar{E}$ 是局部渐近稳定的.

6.4 HIV 的高效抗病毒治疗

针对 HIV 病毒的感染过程, 目前抗 HIV 的药物有两类: 逆转录酶抑制剂 (reverse transcriptase inhibitor) 和蛋白酶抑制剂 (protease inhibitor). 逆转录酶抑制剂的功能是抑制逆转录酶的活动, 阻止 HIV 建立 RNA 和 DNA, 从而阻止新的

CD4$^+$ T 细胞被感染, 如图 6.4.1. 蛋白酶抑制剂的功能是抑制 HIV 活动所需要的蛋白酶的活动, 从而阻止被感染的 CD4$^+$ T 细胞释放具有传染性的病毒.

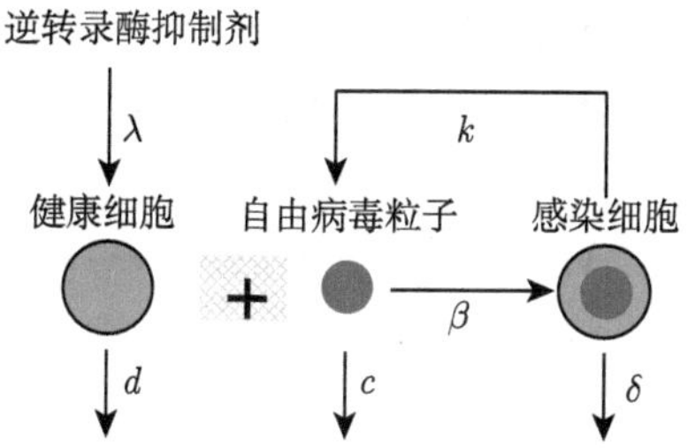

图 6.4.1 逆转录酶抑制剂治疗 HIV 病毒示意图, 此时健康细胞被感染的可能性大大降低 (彩图见封底二维码)

6.4.1 逆转录酶抑制剂治疗

假设逆转录酶抑制剂的有效性为 $\eta_{\rm RA}$, 其中 $0 \leqslant \eta_{\rm RA} \leqslant 1$, $\eta_{\rm RA}=1$ 表示逆转录酶抑制剂的治疗效果是 100%. 则模型 (6.3.1) 变为[105, 108, 109]

$$\begin{cases} \dfrac{\mathrm{d}T}{\mathrm{d}t} = \lambda - dT - (1-\eta_{\rm RA})\beta TV \\ \dfrac{\mathrm{d}T^*}{\mathrm{d}t} = (1-\eta_{\rm RA})\beta TV - \delta T^* \\ \dfrac{\mathrm{d}V}{\mathrm{d}t} = N\delta T^* - cV \end{cases} \tag{6.4.1}$$

与模型 (6.3.1) 相比, 只是参数 β 得到修正, 变为 $(1-\eta_{\rm RA})\beta$. 此时模型 (6.4.1) 的基本再生数变为

$$R_0 = \frac{(1-\eta_{\rm RA})\beta\lambda N\delta}{\delta dc} \tag{6.4.2}$$

通过 R_0 的表达式, 逆转录酶抑制剂治疗的作用就比较清晰了. 模型 (6.4.1) 的动力学性质和模型 (6.3.1) 的完全类似, 由它的基本再生数 R_0 完全确定.

下面考虑一种非常简单的情况, 即假设逆转录酶抑制剂治疗的有效性是 100%, 此时模型 (6.4.1) 变为

$$\begin{cases} \dfrac{\mathrm{d}T^*}{\mathrm{d}t} = -\delta T^* \\ \dfrac{\mathrm{d}V}{\mathrm{d}t} = N\delta T^* - cV \end{cases} \tag{6.4.3}$$

给定初始条件 (T_0^*, V_0), 方程 (6.4.3) 的解析解为

$$\begin{cases} T^*(t) = T_0^* \mathrm{e}^{-\delta t} \\ V(t) = \dfrac{V_0(c\mathrm{e}^{-\delta t} - \delta \mathrm{e}^{-ct})}{c-\delta} \end{cases} \tag{6.4.4}$$

因此感染的细胞数量将以指数方式递减, 而病毒粒子先经过一个平坦期后才开始指数递减. 如果病毒粒子的半衰期远远大于感染细胞的半衰期, 即 $c \gg \delta$ (图 6.4.2), 病毒粒子的血浆浓度经过一个平坦期 $\Delta t \approx \frac{1}{c}$ 或者更精确地有 $\Delta t \approx -\frac{1}{\delta}\ln(1-\delta/c)$, 然后才开始指数下降. 事实上, 当病毒载量处于平坦期时有 $V(t) \sim V_0$, 即

$$V_0 \approx \frac{V_0(c\mathrm{e}^{-\delta\Delta t} - \delta\mathrm{e}^{-c\Delta t})}{c-\delta} \tag{6.4.5}$$

由于 $c \gg \delta$ 得

$$\mathrm{e}^{-\delta\Delta t} \approx 1 - \frac{\delta}{c} \tag{6.4.6}$$

两边求导即可.

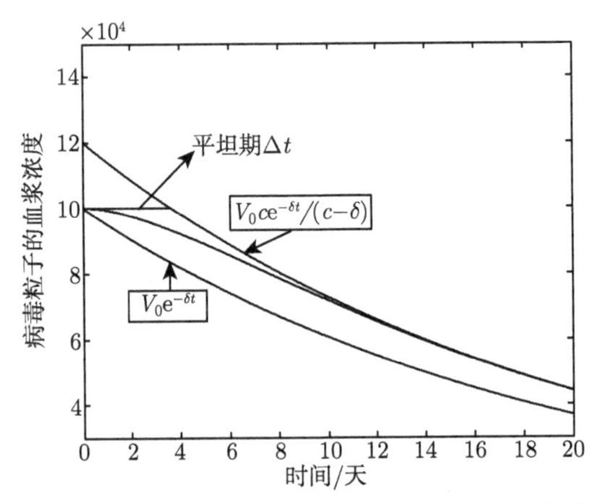

图 6.4.2　当逆转录酶抑制剂治疗有效率达到 100% 时病毒粒子血浆浓度随时间变化的关系

其中参数 $\delta = 0.05, c = 0.3, V_0 = 10^5$

6.4.2　蛋白酶抑制剂治疗

假设蛋白酶抑制剂治疗的有效性为 η_{PI}, 其中 $0 \leqslant \eta_{\mathrm{PI}} \leqslant 1$, $\eta_{\mathrm{PI}} = 1$ 表示蛋白酶抑制剂治疗的有效性是 100%, 即感染细胞产生的病毒粒子全部属于非传染性的病毒粒子, 如图 6.4.3 所示, 则模型 (6.3.1) 变为

$$\begin{cases} \dfrac{\mathrm{d}T}{\mathrm{d}t} = \lambda - dT - \beta TV_I \\ \dfrac{\mathrm{d}T^*}{\mathrm{d}t} = \beta TV_I - \delta T^* \\ \dfrac{\mathrm{d}V_{\mathrm{I}}}{\mathrm{d}t} = (1-\eta_{\mathrm{PI}})N\delta T^* - cV_{\mathrm{I}} \\ \dfrac{\mathrm{d}V_{\mathrm{NI}}}{\mathrm{d}t} = \eta_{\mathrm{PI}}N\delta T^* - cV_{\mathrm{NI}} \end{cases} \tag{6.4.7}$$

其中 $V_{\mathrm{I}}, V_{\mathrm{NI}}$ 分别表示具有传染性和非传染性的病毒粒子浓度. 注意到模型 (6.4.7) 中的第四个方程是独立的, 所以我们只需考虑前三个方程. 同样地, 与模型 (6.3.1) 相比, 只是参数 $N\delta$ 得到修正, 变为 $(1-\eta_{\mathrm{PI}})N\delta$. 此时模型 (6.4.7) 的基本再生数变为

$$R_0 = \frac{(1-\eta_{\mathrm{PI}})\beta\lambda N\delta}{\delta dc} \tag{6.4.8}$$

通过 R_0 的表达式, 蛋白酶抑制剂治疗的作用也就比较清晰了.

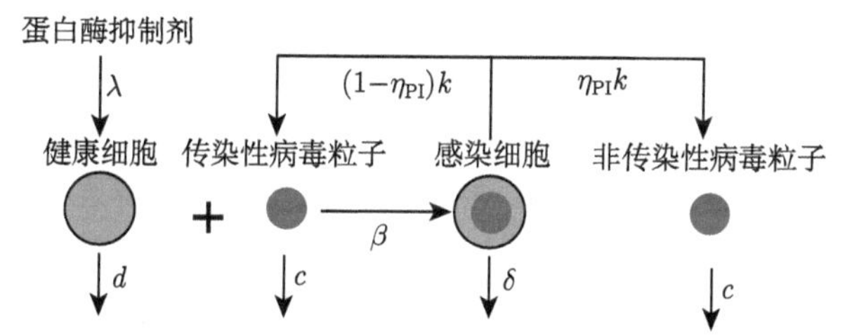

图 6.4.3 蛋白酶抑制剂治疗 HIV 病毒示意图

此时病毒粒子分为传染性和非传染性两类, 其中 η_{PI} 为产生非传染性病毒粒子的比例

(彩图见封底二维码)

6.4.3 联合治疗

当结合逆转录酶抑制剂和蛋白酶抑制剂进行联合治疗时, 得到模型

$$\begin{cases} \dfrac{\mathrm{d}T}{\mathrm{d}t} = \lambda - dT - (1-\eta_{\mathrm{RA}})\beta T V_{\mathrm{I}} \\ \dfrac{\mathrm{d}T^*}{\mathrm{d}t} = (1-\eta_{\mathrm{RA}})\beta T V_{\mathrm{I}} - \delta T^* \\ \dfrac{\mathrm{d}V_{\mathrm{I}}}{\mathrm{d}t} = (1-\eta_{\mathrm{PI}})N\delta T^* - cV_{\mathrm{I}} \\ \dfrac{\mathrm{d}V_{\mathrm{NI}}}{\mathrm{d}t} = \eta_{\mathrm{PI}}N\delta T^* - cV_{\mathrm{NI}} \end{cases} \tag{6.4.9}$$

对于模型 (6.4.9) 当只考虑两种治疗方案都是完全有效的特殊情况时, 即假设 $\eta_{\mathrm{RA}} = 1, \eta_{\mathrm{PI}} = 1$, 这样模型 (6.4.9) 变成线性微分方程

$$\begin{cases} \dfrac{\mathrm{d}T^*}{\mathrm{d}t} = -\delta T^* \\ \dfrac{\mathrm{d}V_{\mathrm{I}}}{\mathrm{d}t} = -cV_{\mathrm{I}} \\ \dfrac{\mathrm{d}V_{\mathrm{NI}}}{\mathrm{d}t} = N\delta T^* - cV_{\mathrm{NI}} \end{cases} \tag{6.4.10}$$

该模型具有如下形式的解析解

$$T^*(t)=T_0^*\mathrm{e}^{-\delta t},\quad V_{\mathrm{I}}(t)=V_0\mathrm{e}^{-ct},\quad V_{\mathrm{NI}}(t)=\frac{N\delta T_0^*}{c-\delta}\left[\mathrm{e}^{-\delta t}-\mathrm{e}^{-ct}\right]$$

这样当治疗完全有效时，CD4$^+$ T 细胞和病毒载量的浓度随时间的变化规律即一目了然了. 对于一般形式的模型 (6.4.9) 的定性分析, 我们有下面的结果, 具体证明留做练习. 基本再生数为

$$R_0=\frac{(1-\eta_{\mathrm{RA}})(1-\eta_{\mathrm{PI}})\beta\lambda N\delta}{\delta dc} \tag{6.4.11}$$

定理 6.4.1　*当 $R_0\leqslant 1$ 时, 病毒消除平衡点是全局渐近稳定的, 即疾病消除; 当 $R_0>1$ 时, 病毒消除平衡点 E_0 是不稳定的, 此时存在地方病平衡点 $\bar{E}$ 并且是全局渐近稳定的.*

6.5　药物动力学与 HIV 病毒动力学耦合模型

如果将药物动力学与病毒个体内演化的病毒动力学相结合, 通过数学模型建立两者之间的关系, 就能分析不同的给药方案对 HIV 抗病毒治疗的影响. 为了实现上述目标, 式 (5.7.1) 或 (5.7.2) 给出了血药浓度与药物产生的药理作用即药效之间的关系. 因此, 以药物效应学为桥梁, 建立病毒动力学与药物动力学的耦合模型 (也可称为多尺度模型), 如图 6.5.1 所示, 就实现了两种不同动力学模型的耦合. 这种耦合研究近年来还包括种群动力学模型与传染病动力学模型的耦合、药物动力学模型与传染病动力学模型的耦合、宏观群体与微观个体动力学模型的耦合等, 已逐步发展成为生物数学领域特定的热门研究方向.

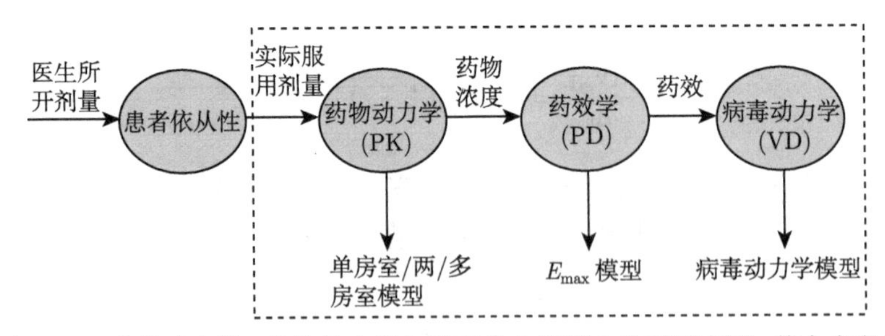

图 6.5.1　药物动力学、药物效应学与病毒动力学耦合关系示意图, 其中患者依从治疗计划的程度称为依从性 (彩图见封底二维码)

为了使问题简洁明了, 这里仅考虑使用逆转录酶抑制剂类药物对患者进行治疗, 根据图 6.5.1, 可建立如下的病毒动力学与药物动力学的耦合模型:

$$
\begin{cases}
\text{病毒动力学} \implies \begin{cases} \dfrac{\mathrm{d}T}{\mathrm{d}t} = \lambda - dT - \big(1-\eta_{\mathrm{RA}}(t)\big)kTV \\ \dfrac{\mathrm{d}T^*}{\mathrm{d}t} = \big(1-\eta_{\mathrm{RA}}(t)\big)kTV - \delta T^* \\ \dfrac{\mathrm{d}V}{\mathrm{d}t} = N\delta T^* - cV \end{cases} \\
\text{药物效应学} \implies \eta_{\mathrm{RA}}(t) = \dfrac{C(t)}{IC_{50}(t)+C(t)} \\
\text{药物动力学} \implies \begin{cases} \dfrac{\mathrm{d}C(t)}{\mathrm{d}t} = \text{一级 (或米氏) 消除速率}, & t \neq n\tau \\ C(n\tau^+) = C(n\tau) + \dfrac{D}{V_c}, & t = n\tau \\ C(t_0^+) \triangleq C_0 = \dfrac{D}{V_c} \end{cases}
\end{cases}
\tag{6.5.1}
$$

从耦合系统 (6.5.1) 可以看出, 药物效应学的 $E_{\max}$ 模型成为药物动力学和病毒动力学的重要桥梁, 即通过 $E_{\max}$ 模型成功地将感染者个体治疗方案与体内病毒的抑制建立了联系. 此时的治疗效果 η_{RA} 不再是一个常数, 而是一个依赖时间 t 的函数. 因此根据定义, 耦合系统 (6.5.1) 是一个高维非自治脉冲系统, 完整地从理论上研究该模型已经非常困难. 因此下面我们仅列出有关模型基本再生数的定义, 以及基于基本再生数如何设计最佳的给药方案等有意义的实际问题.

系统 (6.5.1) 的一个重要特点就是药物动力学方程独立于病毒动力学方程, 因此从数学分析的角度出发, 可以先分析药物动力学方程这个子系统. 从 HIV 抗病毒治疗的角度出发, HIV 感染者必须终生服药. 当我们假设患者的依从性非常好, 这样患者体内的血药浓度在经过一段时间的用药后, 达到一个稳态 (即该子系统稳定的周期解), 记为 $C_{ss}(t)$ 且满足 $C_{ss}(t+T) = C_{ss}(t)$, T 为给药周期. 将此周期函数代入 $E_{\max}$ 模型, 得到 $\eta_{\mathrm{RA}}(t)$ 为周期 T 的周期函数, 进而当只考虑病毒动力学方程时, 可以认为是一个周期系统. 经过上面合理的简化假设, 我们可以利用周期微分系统的方法和技巧分析模型的动态行为, 特别是定义整个系统的基本再生数 R_0 (也可称为控制再生数), 然后分析给药方案对其的影响.

为了说明问题, 结合第 5 章的知识, 我们首先给出一级速率消除和米氏消除速率下的稳态血药浓度, 即只考虑下面两种情况.

第一种情况　药物按照一级速率消除

5.3.1 节中已给出此时的稳态血药浓度为

$$
C_{ss}(t) = \frac{D}{V_c(1-\mathrm{e}^{-KT})} \exp\big(-K(t-nT)\big), \quad t \in (nT, (n+1)T] \tag{6.5.2}
$$

第二种情况 药物按照米氏速率消除

当 $\dfrac{D}{V_cT} < V_{\max}$ 时, 5.3.1 节中已给出此时的稳态血药浓度为

$$C_{ss}(t) = K_m \text{Lambert}W\left(\frac{X^*}{K_m}\exp\left(\frac{X^* - V_{\max}(t-nT)}{K_m}\right)\right), \quad t \in (nT,(n+1)T] \tag{6.5.3}$$

其中

$$X^* = \frac{D}{V_c\left[1 - \exp\left(\dfrac{D - V_{\max}V_cT}{K_mV_c}\right)\right]}$$

6.5.1 基本再生数的定义

任何系统的基本再生数都取决于边界平衡态或周期解 (这里病毒消除周期解) 的存在性与稳定性. 对于系统 (6.5.1) 根据上面的分析容易知道其存在一个病毒清除周期解 $E_0 = (T_0, 0, 0, C_{ss}(t))$, 其中 $T_0 = \lambda/d$.

同样可以利用预备知识中基本再生数的一般求法相似的过程, 给出系统 (6.5.1) 基本再生数的定义. 为此, 在病毒清除周期解 E_0 处定义两个再生矩阵

$$\boldsymbol{F}(t) = \begin{pmatrix} 0 & \big(1-\eta_{\text{RA}}(t)\big)kT_0 \\ 0 & 0 \end{pmatrix}, \quad \boldsymbol{G}(t) = \begin{pmatrix} \delta & 0 \\ -N\delta & c \end{pmatrix}$$

其中 $\eta_{\text{RA}}(t)$ 为血药浓度达到稳态血药浓度 $C_{ss}(t)$ 时, 根据 $E_{\max}$ 模型求解出来的药效, 是一个以 T 为周期的周期函数. 假设 $\boldsymbol{Y}(t,s)(t \geqslant s)$ 是如下以 T 为周期的系统

$$\frac{\mathrm{d}y}{\mathrm{d}t} = -\boldsymbol{G}(t)y(t)$$

的演化算子, 即对任意的 $s \in R$, 4×4 矩阵 $\boldsymbol{Y}(t,s)$ 满足

$$\frac{\mathrm{d}\boldsymbol{Y}(t,s)}{\mathrm{d}t} = -\boldsymbol{G}(t)\boldsymbol{Y}(t,s), \quad \boldsymbol{Y}(s,s) = \boldsymbol{I}, \quad \forall t \geqslant s$$

其中 $\boldsymbol{I}$ 是 4×4 的单位阵.

定义再生算子 L 如下

$$(L\phi)(t) = \lim_{a\to-\infty}\int_a^t \boldsymbol{Y}(t,s)\boldsymbol{F}(s)\phi(s)\mathrm{d}s, \quad \forall t \in (iT,(i+1)T], \quad i = 1,2,\cdots, \phi \in C_\omega$$

这里 C_ω 为由定义在 R 到 R^2 上的所有以 T 为周期的函数构成的 Banach 空间, 在其上定义最大范数 $\|\cdot\|$, 并且正锥 $C_\omega^+ := \{\phi \in C_\omega : \phi(t) \geqslant 0,\ \forall t \in R\}$.

那么系统 (6.5.1) 的基本再生数可定义为再生算子 L 的谱半径, 即

$$R_0 := \rho(L)$$

由于系统 (6.5.1) 对病毒动力学模块没有脉冲作用发生, 因此脉冲矩阵为单位阵. 下面不加证明地给出阈值动力学结论.

定理 6.5.1 对系统 (6.5.1) 有如下结论成立:

(i) $R_0=1$ 当且仅当 $\rho(\Phi_{\boldsymbol{F}-\boldsymbol{G}}(T))=1$;

(ii) $R_0>1$ 当且仅当 $\rho(\Phi_{\boldsymbol{F}-\boldsymbol{G}}(T))>1$;

(iii) $R_0<1$ 当且仅当 $\rho(\Phi_{\boldsymbol{F}-\boldsymbol{G}}(T))<1$.

并且如果 $R_0<1$, 病毒消除周期解 E_0 渐近稳定; 如果 $R_0>1$, E_0 不稳定.

不难看出, R_0 是给药剂量 D 和给药时间间隔 T 的函数. 这样可以采用数值计算给出这三个变量之间的关系, 而且分析这种关系的方法很多, 比如等高线图和偏序相关系数 (PRCC)[91] 等. 因此, 数值计算采用如表 6.5.1 和表 6.5.2 所示的参数集合.

表 6.5.1 系统 (6.5.1) 的病毒动力学模型的参数取值

参数	参数含义	基准值	取值范围
λ	健康的 $CD4^+$ T 细胞的产生速率 (cell/(ml·day))	10	[$1e^{-2}$, 50]
d	健康的 $CD4^+$ T 细胞的死亡率 (day^{-1})	0.02	[$1e^{-4}$, 0.2]
k	健康的 $CD4^+$ T 细胞被病毒感染的速率 (virions ml/day)	2.4×10^{-5}	[$1e^{-7}$, $1e^{-3}$]
δ	被感染的 $CD4^+$ T 细胞的死亡率 (day^{-1})	1	[$1e^{-1}$, 1]
N	被感染的 $CD4^+$ T 细胞的裂解量 (virions/cell)	1000	[1, $2e^3$]
c	病毒的清除速率 (day^{-1})	3	[$1e^{-1}$, $1e^1$]

表 6.5.2 系统 (6.5.1) 的药物动力学模型的参数取值

药物动力学参数	参数含义	基准值	取值范围
K_a (h^{-1})	一级吸收速率常数	1	[0.5, 3]
K (h^{-1})	一级消除速率常数	0.15	[0.05, 0.3]
IC_{50} (mg/L)	抑制病毒复制 50% 需要的药物浓度	0.01	[0.02, 0.2]

固定给药剂量 D=12mg, 给药时间间隔 T=18h. 由于病毒动力学模型和药物动力学模型中的参数所满足的具体分布尚不清楚 (表中只给出参数范围), 这里统一假设所有考虑的参数均取自给定范围的均匀分布[91]. 如果只考虑药物的一级消除速率过程, 通过计算各参数基于基本再生数 R_0 的 PRCC 值可以看出: 病毒动力学模型中影响基本再生数 R_0 的四个最重要的参数依次为健康的 $CD4^+$ T 细胞的自然死亡率 d 和常数产生速率 λ, 被感染的 $CD4^+$ T 细胞的裂解量 N 和健康的 $CD4^+$ T 细胞被病毒感染的速率 k. 直观上, 很容易理解病毒对健康的 $CD4^+$ T 细胞的传染率 k 和被感染的 $CD4^+$ T 细胞的裂解量 N 对病毒的传染有非常重要的作用. 如果病毒对健康的 $CD4^+$ T 细胞的传染率 k 比较大, 并且被感染的 $CD4^+$ T 细胞的裂解量 N 较大, 很显然基本再生数 R_0 会比较大; 如果 λ 比较大或 d 比较

小, 将会使得健康的可被感染的 $CD4^+$ T 细胞的数量增多, 从而使 R_0 变大.

药物动力学和药效学参数中, 一级消除速率常数 K 和抑制病毒复制 50% 所需要的药物浓度 IC_{50} 对基本再生数有很重要的影响. 事实上, 如果 K 和 IC_{50} 比较大，一方面说明药物消除的速度很快, 另一方面达到药效的一半所需要的药物浓度又比较高，从而使得药效减小, 基本再生数 R_0 变大.

6.5.2　最优给药方案的设计

如前所述, 包括 HIV 在内的治疗是终生的, 患者需要长期服药. 因此对于一个依从性非常好的患者, 在等剂量一段时间给药后, 血药浓度很快会趋于稳态, 即坪值. 公式 (6.5.2) 和 (6.5.3) 分别给出了一级和米氏消除速率下的稳态血药浓度的解析表达式, 是关于给药周期的周期函数, 即稳态的血药浓度并非常数, 这不利于药物水平的刻画. 因此, 临床上刻画药物水平时, 通常采用平均稳态血药浓度, 它是临床上一个较易测量的药代学参数. 采用药代学方法并估计其值有利于设计出给药间隔, 给药剂量等科学的给药方案, 特别是器官病变患者给药方案设计, 通过血药浓度监测实现给药方案个体化, 具有重要的临床意义.

平均稳态血药浓度为时间血药浓度曲线下面积 (AUC) 在一个给药周期内的平均, 其定义如下

$$\bar{C}_{ss}(t) = \frac{1}{T}\int_0^T C_{ss}(t)\mathrm{d}t \tag{6.5.4}$$

其中 $C_{ss}(t)$ 是时刻 t 时的稳态血药浓度, 由公式 (6.5.2) 或 (6.5.3) 所定义.

尽管理论上可以选取合适的给药剂量和给药时间间隔使得基本再生数小于 1, 即病毒最终根除, 但基于 HIV 病毒感染的特点, 最终根除是不可行的. 因此, 一种针对艾滋病患者和 HIV 感染者进行抗病毒治疗的最佳治疗方案是使得基本再生数尽可能小. 基于上述事实, 下面分析一类最优给药问题, 旨在设计最优的给药方案, 使得基本再生数最小, 从而取得最好的抗病毒治疗效果.

由于基本再生数 R_0 是给药剂量和给药时间间隔的函数, 不妨将 R_0 写为 $R_0(D,T)$. 下面考虑一个最优问题: 在平均稳态血药浓度 $\bar{C}_{ss}(t)$ 一定的情况下寻求使得基本再生数 R_0 最小的给药剂量 D 和给药时间间隔 T. 上述优化问题用数学刻画为

$$\begin{cases} \min\ R_0(D,\tau) \\ \text{s.t.}\ \ \bar{C}_{ss}(t) = 常数 \end{cases} \tag{6.5.5}$$

由于 R_0 没有显式表达式, 用理论分析的方法求解上述优化问题是不可能的, 下面采用数值分析的技巧分两种情形做一个简单介绍.

情形 1　静脉注射给药, 药物按照一级消除速率, 此时稳态血药浓度满足 (6.5.2). 由 (6.5.4) 计算得平均稳态血药浓度为

$$\bar{C}_{ss}(t) = \frac{D}{V_c T K} \tag{6.5.6}$$

当平均稳态血药浓度满足 (6.5.6) 时考虑最优问题 (6.5.5). 根据 (6.5.6) 知道, 当平均稳态血药浓度为常数时, 单位时间内的用药量 D/T 为常数. 因为每天的药物花费与单位时间内的用药量 D/T 乘每一剂量的药物价格成正比, 也就是说一旦平均稳态血药浓度确定, 治疗相同时间下, 不论给药剂量和给药时间间隔如何设计, 不同的给药方案的花费是一样的. 在这种情况下使得 R_0 最小的给药剂量和给药时间间隔是从经济角度和治疗效果两方面来考虑都是最优的.

下面用数值计算验证在平均稳态血药浓度为常数时最优给药方案的存在性. 固定图 6.5.2(a) 和 (b) 中所示的参数集合, 通过计算发现基本再生数 R_0 是给药剂量的单调增加的函数, 即在静脉注射给药时, 小剂量频繁给药将得到小的基本再生数, 从而有效地控制病毒复制. 由图 6.5.2(d) 和 (6.5.6) 可看出, 平均稳态血药浓度 $\bar{C}_{ss}(t)$ 越大, 单位时间内的用药量 D/T 也越大. 这是因为要维持一个较高的血药浓度, 需加大给药剂量, 或缩短给药时间间隔, 从而使得单位时间内的用药量 D/T 变大. 同理, 在相同给药剂量条件下, 平均稳态血药浓度越大, 说明给药要更加频繁, 图 6.5.2(c) 中给出了相应的结果.

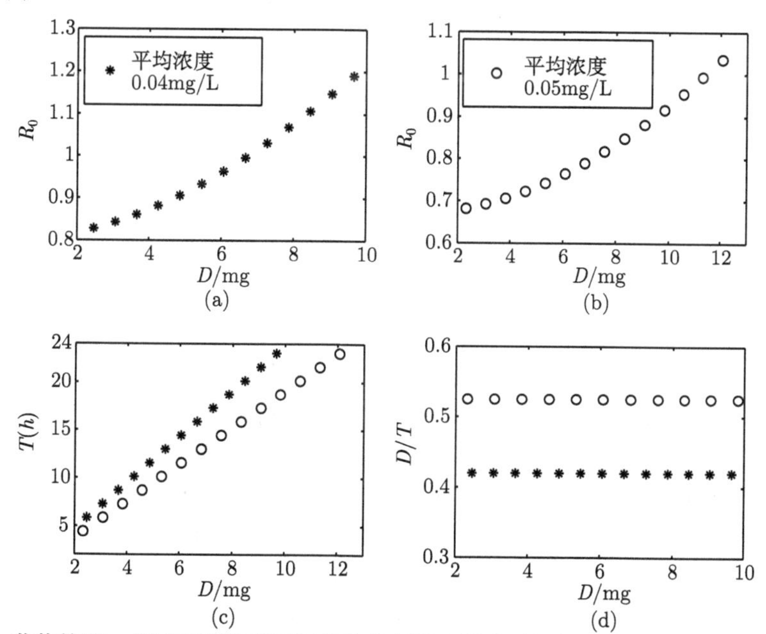

图 6.5.2 药物按照一级速率消除时不同的给药剂量和给药时间间隔对基本再生数 R_0 的影响

其中 $D = V_c TK\bar{C}_{ss}(t)$, $V_c = 701$

由图 6.5.2(a) 和 (b) 知平均稳态血药浓度越大, 基本再生数 R_0 越小. 图 6.5.3 中可以看出当平均稳态血药浓度很小时, R_0 对其非常敏感, 随着 $\bar{C}_{ss}(t)$ 的值增加,

R_0 的值减小并最终趋于一稳定水平. 这是因为在不考虑药物中毒的情况下人体本身对药物的吸收具有一定的饱和度. 由图 6.5.3 还可看出存在一个临界的平均稳态血药浓度使得基本再生数 $R_0=1$.

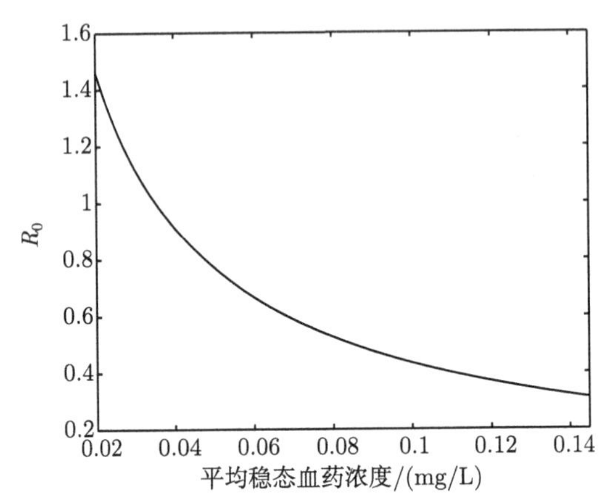

图 6.5.3　平均稳态血药浓度对基本再生数 R_0 的影响

其中 $D=V_cTK\bar{C}_{ss}(t)$, τ=12h

情形 2　静脉注射给药, 药物按照米氏消除速率, 此时稳态血药浓度由 (6.5.3) 给出. 由 (6.5.4) 可得, 平均稳态血药浓度的表达式为

$$
\begin{aligned}
\frac{2b}{K_m}T\bar{C}_{ss}(t)=&2\text{ Lambert } W\left(a\mathrm{e}^{a}\right)+\left(\text{Lamber } W\left(a\mathrm{e}^{a}\right)\right)^2\\
&-2\text{ Lambert } W\left(a\mathrm{e}^{a-b\tau}\right)-\left(\text{Lambert } W\left(a\mathrm{e}^{a-b\tau}\right)\right)^2 \qquad (6.5.7)
\end{aligned}
$$

其中 $a=X^*/K_m$, $b=V_{\max}/K_m$, X^* 与式 (6.5.3) 中一致.

现在考虑最优问题 (6.5.5), 平均稳态血药浓度满足 (6.5.7). 图 6.5.4(a) 和 (b) 得到与图 6.5.2(a) 和 (b) 类似的结论, 基本再生数随着给药剂量的增加单调递增, 即当药物按照米氏消除速率时, 给药剂量越小越频繁取得的治疗效果越好. 图 6.5.4(d) 说明随着给药剂量的增加单位时间内的用药量 D/T 减小, 也即单次给药剂量越大每天的药物花费越少, 这与一级药物消除速率有明显的不同. 当药物按照米氏消除速率时, 药物剂量的增加使得最小稳态血药浓度值和最大稳态血药浓度值都增大, 同时会超比例延长到达稳态血药浓度的时间. 因此, 如果药物剂量增加两倍, 达到稳态血药浓度所需的时间要大于之前的两倍, 从而使得单位时间内的用药量 D/T 减小. 当药物剂量相对较小时, 单位时间内的用药量 D/T 的变化也比较小. 这是由于药物剂量较小使得稳态血药浓度比较小, 当药物浓度小时, $-V_{\max}C(t)/(K_m+C(t))\approx$

$-V_{\max}/K_mC(t)$, 也即类似于一级消除速率. 对一级消除速率, 当平均稳态血药浓度固定时, D/T 保持不变.

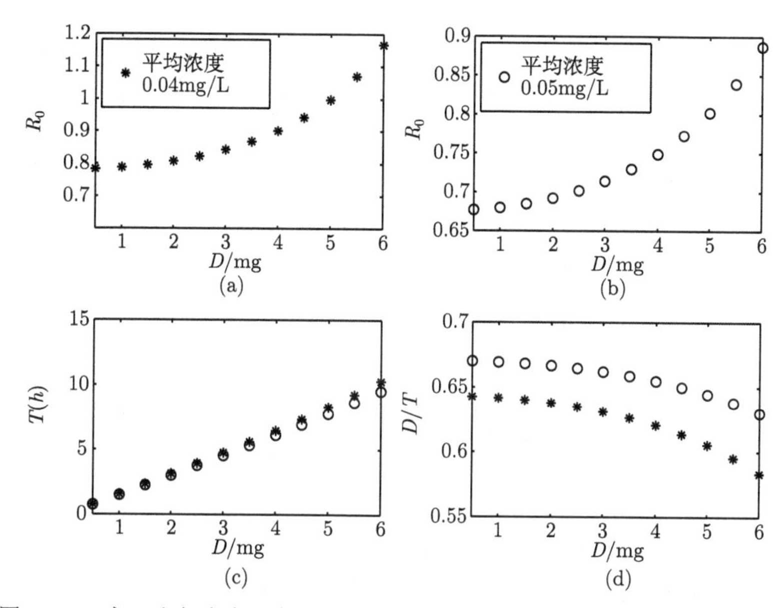

图 6.5.4 米氏速率消除下给药剂量和给药时间间隔对基本再生数 R_0 的影响

其中 $V_{\max} = 0.9\text{mg/mL/h}$, $K_m = 1.2\text{mg/mL}$

6.6 CTL 免疫反应与 HIV 病毒动力学模型

高效抗反转录病毒疗法虽然在抑制 HIV-1 复制、免疫重建、降低 AIDS 相关疾病的发病率及延长 HIV 感染后发病时间上有良好的效果, 然而由于这些抗病毒药物价格昂贵、毒副作用大、HIV-1 耐药株的产生以及患者依从性不好, 因此影响了抗病毒治疗的疗效. 研发安全有效的疫苗控制 HIV-1 的流行和传播将成为人类战胜 HIV 的重要武器. 特异性的细胞毒性 T 淋巴细胞 (cytotoxic T lymphocyte, CTL) 应当在控制 HIV 复制中发挥重要作用. 尽管目前的研究结果显示 HIV 感染时 CTL 反应不能完全清除感染者体内的病毒, 但 CTL 反应在部分控制病毒复制的过程中具有重要作用. 因此, 如何保留和重新恢复这些 $CD4^+$ T 淋巴细胞的功能, 已成为抗 HIV 治疗研究的重点. CTL 通过分泌各种细胞因子 (如肿瘤坏死因子、干扰素等), 杀死感染的靶细胞; 还可以通过某些化学趋化因子来抑制 HIV 的繁殖. 在急性感染期 HIV 血浆病毒载量的减少与 CTL 的产生具有密切关系, 在潜伏期 CTL 对抑制 HIV 的繁殖也起着重要作用. CTL 反应的保护性作用在猴子的免疫缺陷病毒 (simian immunodeficiency virus, SIV) 感染的动物模型中也得到了证实, 用 SIV 攻毒后去除 CD8$^+$ T 细胞导致对血浆病毒载量的抑制作用明显下降.

6.6.1　自调节 CTL 免疫反应

假设 CTL 细胞数量的增加是一个常数输入, 不受其他因素比如感染的 T 细胞数量的影响, 则具有免疫反应的 HIV 病毒动力学模型可以描述为

$$\begin{cases} \dfrac{\mathrm{d}T}{\mathrm{d}t} = \lambda - dT - \beta TV \\ \dfrac{\mathrm{d}T^*}{\mathrm{d}t} = \beta TV - \delta T^* - pT^*L \\ \dfrac{\mathrm{d}V}{\mathrm{d}t} = N\delta T^* - cV \\ \dfrac{\mathrm{d}L}{\mathrm{d}t} = c_1 - bL \end{cases} \tag{6.6.1}$$

其中 L 为 CTL 细胞数量, 它清除感染细胞 T^* 的速率是两类细胞的双线性函数, p 为清除率常数, c_1 为 CTL 细胞的输入率, b 为死亡率.

当没有免疫反应时, 公式 (6.3.2) 中描述的基本再生数刻画了模型 (6.6.1) 的解的临界动态行为, 即当 $R_0 > 1$ 时, 病毒将会传播. 对于具有免疫反应的模型, 我们旨在分析引入免疫反应后, 病毒是否能够持久感染健康细胞, 这取决于模型 (6.6.1) 基本再生数

$$R_{\mathrm{I}} = \frac{\beta\lambda N\delta}{(\delta + \delta')dc} \tag{6.6.2}$$

值的大小. 其中 $\delta' = \dfrac{c_1 p}{b}$ 是当模型处于平衡状态时感染细胞被免疫细胞清除的清除率. 由此可以看出, 当 $R_{\mathrm{I}} < 1$ 时, 病毒将不可能传播. 在这种情况下, 病毒刚开始可能会增加, 但是当免疫反应完全被激活后感染细胞将会下降并最后消失.

当 $R_{\mathrm{I}} > 1$ 时, 模型 (6.6.1) 存在一个内部平衡态

$$\hat{T} = \frac{(\delta + \delta')c}{\beta N\delta}, \quad \hat{T}^* = \frac{\lambda}{\delta + \delta'} - \frac{dc}{\beta N\delta}, \quad \hat{V} = \frac{\lambda N\delta}{(\delta + \delta')c} - \frac{d}{\beta}, \quad \hat{L} = \frac{c_1}{b}$$

并且能够证明该内部平衡态存在就隐含着稳定, 即基本再生数 R_{I} 决定了模型的阈值理论. 与没有免疫反应时模型 (6.6.1) 的平衡态 (6.3.3) 比较, 我们得到具有免疫反应模型的如下结论:

(1) 降低感染细胞在平衡状态时的数量;

(2) 降低病毒粒子在平衡状态时的数量;

(3) 增加健康细胞在平衡状态时的数量.

为了准确刻画和描述 CTL 免疫反应在杀死感染细胞中所起的重要作用, 定义如下比例因子 F:

$$F \equiv \frac{\bar{T}^*}{\hat{T}^*} = \frac{R_0 - 1}{R_{\mathrm{I}} - 1} \tag{6.6.3}$$

它刻画了 CTL 免疫反应以多快的速度杀死感染细胞使其降低至给定的比例因子. 比如当 $R_0 = 5$ 时, 为了降低病毒载量至 1/4, CTL 的免疫反应 R_{I} 应该降低到 2. 在这种情况下, CTL 杀死感染细胞的速率应该是其自然死亡的 1.5 倍, 即 $\delta' = 1.5\,\delta$, 这等价于 60% 的感染细胞是被免疫反应所杀死的.

6.6.2 非线性 CTL 免疫反应

当 CTL 细胞的输入率是依赖于感染细胞和免疫细胞的数量而不是常数时, 我们有下面的非线性 CTL 免疫反应的 HIV 病毒动力学模型

$$\begin{cases} \dfrac{\mathrm{d}T}{\mathrm{d}t} = \lambda - dT - \beta TV \\ \dfrac{\mathrm{d}T^*}{\mathrm{d}t} = \beta TV - \delta T^* - pT^*L \\ \dfrac{\mathrm{d}V}{\mathrm{d}t} = N\delta T^* - cV \\ \dfrac{\mathrm{d}L}{\mathrm{d}t} = c_1 T^* L - bL \end{cases} \tag{6.6.4}$$

从模型 (6.6.4) 的第四个方程可以看出: 要想免疫细胞数量增加, 即需要 $\dfrac{\mathrm{d}L}{\mathrm{d}t} > 0$. 这样得到一个诱导免疫反应的最小感染细胞数量为 $c_1 T^* > b$, 此时免疫反应将增加. 从长效过程来说, 需要在平衡态处感染细胞的数量大于或小于某一个临界值. 如果我们假设在没有免疫反应时基本再生数 $R_0 > 1$, 此时下面的平衡态是全局稳定的

$$\bar{T} = \frac{\delta c}{\beta N\delta}, \quad \bar{T}^* = \frac{\lambda}{\delta} - \frac{dc}{\beta N\delta}, \quad \bar{V} = \frac{\lambda N\delta}{\delta c} - \frac{d}{\beta}, \quad \bar{L} = 0$$

同样可以验证如果 $c_1\bar{T}^* < b$, 则免疫反应不能被激活.

当 $c_1\bar{T}^* > b$ 时, 模型 (6.6.4) 的解减幅振荡趋向于下面的平衡态

$$\hat{T} = \frac{\lambda c_1 c}{c_1 dc + \beta bN\delta}, \quad \hat{T}^* = \frac{b}{c_1}, \quad \hat{V} = \frac{bN\delta}{c_1 c}, \quad \hat{L} = \frac{1}{p}\left(\frac{\lambda\beta c_1 N\delta}{c_1 dc + \beta bN\delta} - \delta\right)$$

对于上述内部平衡态, 观察发现感染细胞的数量仅仅依赖免疫学参数 p 和 c_1; 条件 $c_1\bar{T}^* > b$ 等价于条件

$$\bar{T} < \hat{T} \quad 或 \quad \bar{T}^* > \hat{T}^* \quad 或 \quad \bar{V} > \hat{V}$$

因此对于模型 (6.6.4), 如果免疫反应被激活, 则它将降低病毒载量而增加健康细胞数量.

模型 (6.6.4) 的基本再生数定义为

$$R_{\mathrm{I}} = \frac{\lambda\beta N\delta}{(\delta + p\hat{L})dc} \tag{6.6.5}$$

这个量说明了当免疫反应处于平衡态 $\hat{L}$ 和健康细胞位于其感染前的水平 $T_0 = \dfrac{\lambda}{d}$ 时, 任何一个感染细胞感染新的健康细胞的个数, 化简得到

$$R_{\mathrm{I}} = 1 + \frac{\beta b N \delta}{c_1 d c}$$

这说明 R_{I} 始终大于 1, 即根除病毒是不可能的.

习　题　六

6.1　证明定理 6.3.2 中的结论成立, 并解释生物结论.

6.2　分析模型 (6.4.9) 的非负平衡态的稳定性, 确定其稳定性的阈值条件, 并解释联合治疗的效果.

6.3　证明模型 (6.6.1) 的阈值动力学行为, 并具体讨论免疫反应在 HIV 病毒增长过程中的重要作用.

6.4　分析模型 (6.6.4) 非负平衡态的存在性和局部稳定性, 确定系统的阈值动态行为. 根据系统的阈值行为解释免疫反应在抑制感染健康细胞中的重要作用.

第 7 章　资源管理与有害生物控制模型

7.1　资源管理和有害生物控制介绍

可再生资源 (渔业、林业资源等) 科学管理和合理开发及应用的最终目的是使其成为取之不尽、用之不竭的资源. 但如果不合理利用, 使资源受到损害, 破坏其更新循环过程, 就会造成资源枯竭, 这不仅使经济受到损失, 严重时将影响到人类的生存环境. 因此为了保护人类赖以生存的自然环境, 对可再生资源的开发必须合理而适度. 如何在资源可持续的前提下分析、评估和预测合理开发与利用可再生资源? 一种可行的办法就是借助数学、统计和优化控制等理论工具, 分析可再生资源的最优开发和利用.

上述思想最为成功的应用研究就是渔业资源的开发和利用. 目前普遍采用数学分析的方法对鱼类资源进行评价和估算, 即根据鱼类生物学特性和渔业统计资料建立数学模型, 对鱼类的生长、死亡规律进行研究; 考察捕捞对渔业资源数量和持续开发的影响, 同时对资源量和捕获量作出估计, 在此基础上寻找开发的最佳方案, 为制订渔业政策提供科学依据. 同时, 在实现渔业资源可持续开发的前提下, 追求最大产量 (maximum sustainable yield, MSY) 或最佳经济效益 (maximum sustainable economic yield) 是两个基本的管理目标. 实现上述两个管理目标通常以种群增长模型为基础, 寻求最优的干预措施 (如捕捞努力量控制在适当水平), 从而使产量或效益最大且避免资源的枯竭 (即种群的灭亡), 因此获得稳定的最大持续产量或最佳的经济效益.

基于上述两个不同的管理目标, 近几十年, 对像渔业资源那样的可再生资源的理论评估方法有了迅速的发展[26, 46], 这方面最为经典的研究工作在 Clark 在 1900 年的专著《数学生物经济学: 可再生资源的最优管理》中得到了系统介绍[26]. 由于有些鱼类资源因捕捞过度而衰退, 资源评估工作受到了普遍重视. 中国于 20 世纪 60 年代初对黄海、渤海的小黄鱼资源进行了评估研究, 70 年代起对渤海、东海、黄海和南海的主要经济鱼、虾类资源进行了评估, 并提出了相应的资源管理策略和措施. 相继提出了对沿岸、近海实行禁渔期、禁渔区的管理策略来防止对渔业资源的过度捕捞, 并收到了良好的效果. 但是如何确定禁渔期的长短、禁渔区的范围大小仍然需要进行系统的理论分析[122].

与可再生资源管理相对应的另一个问题就是有害生物的综合控制问题. 在病

虫害防治的早期, 化学杀虫剂的使用 (化学控制) 对病虫害的防控起到了非常重要的作用. 然而, 长期以来大量使用化学药物的副作用也日渐突出, 环境污染、农药残留、害虫抗药性以及害虫的再度猖獗等问题都对化学控制发出了挑战. 例如, 杀虫剂的长期施用, 给农作物带来的虫害损失没有下降反而逐年增加. 据美国农业部的调查报告, 1940 年到 1978 年, 用于病虫害防治的农药用药量、用药浓度等增加了 10 倍, 而害虫对作物造成的损失没有下降, 反而从 7% 上涨到 17%. 这是因为长期使用杀虫剂, 使得许多害虫对杀虫剂产生了抗药性, 据统计, 已知的 1000 多种昆虫产生了原体抗药性; 同时, 当使用杀虫剂针对性地杀死害虫时, 害虫的一些天敌也因杀虫剂的使用受到了伤害, 从而使得害虫种群的自然控制失控, 而那些对杀虫剂具有抗药性的次要害虫因主要害虫种群的减少而大量繁殖, 这使得次要害虫由于缺少竞争而一跃成为主要害虫. 因此采用多种有效的方法控制害虫就显得十分必要. 综合害虫治理 (integrated pest management, IPM) 就是在这种情况下提出来的, 它要求化学防治与生物防治相协调, 避免产生害虫的再猖獗和次要害虫的大量发生以及环境友好等问题. 害虫治理的目的不是根除害虫, 而是维持害虫水平不超过经济临界水平, 进而获得最佳的经济效益.

由此可以看出, 从数学分析的角度来评估资源的优化管理和有害生物的控制有很多相似的地方, 二者的模型思想和研究方法可以相互借鉴. 所以这一章主要是介绍这两个领域一些最基本的建模思想和研究方法. 特别是介绍如何将一些具体的实际问题转化为数学模型并进行合理的理论分析, 比如池塘养鱼的最大产量问题、最大存储量问题以及害虫控制的最佳经济效益问题等. 有关渔业资源管理的更具体研究可以参考文献 [26,46], 有关害虫综合治理的工作可以参考文献 [122].

7.2　渔业资源最优收获策略

为了研究渔业资源的最优收获策略问题, 首先必须弄清楚在自然状态下所研究对象的增长规律. 为此假设其数量在时刻 t 或世代 t 为 $N(t)$ 或 N_t, 自然增长率为 $f(N)$, 由第 2 章中关于连续和离散单种群模型的介绍知其增长过程可以描述为如下简单的常微分方程

$$\frac{\mathrm{d}N(t)}{\mathrm{d}t} = f(t, N(t)) \tag{7.2.1}$$

或差分方程

$$N_{t+1} = f_t(N_t) \tag{7.2.2}$$

增长率函数一般选定为某种特殊形式, 比如对于连续模型 (7.2.1), 当考虑渔业资源最优管理时研究得最多的两类函数为连续 Logistic 模型和 Gompertz 模型; 对

于离散的最为普遍的模型为 Beverton-Holt 模型和 Ricker 模型. 下面首先介绍如何在模型 (7.2.1) 和模型 (7.2.2) 中引入各种收获策略以及如何分析相应的模型.

7.2.1 连续常数收获模型

如果对渔业资源进行连续收获, 即收获策略是时间的连续函数, 此时利用模型描述收获策略时可以把收获理解为增加了鱼类的死亡率. 比如在模型 (7.2.1) 的基础上考虑连续收获策略, 即种群 N 被连续收获, 假设收获率为 $h(t)$, 则模型为

$$\frac{\mathrm{d}N(t)}{\mathrm{d}t}=f(N(t))-h(t) \tag{7.2.3}$$

其中 $f=rN\left(1-\dfrac{N}{K}\right)$ 或 $f=rN\left[1-\ln\left(\dfrac{N}{K}\right)\right]$. 在实际应用中对模型 (7.2.3) 首先需要考虑的问题是数学上如何刻画最优的收获率和最大的持续产量.

为了回答上面的问题, 首先考虑最简单的情况, 即假设在任何时刻渔业的收获率是一个常数, 与鱼类本身数量没有关系, 此时 $h(t)=h$ 为正常数. 研究的问题就变为如何控制收获率 h, 使得能够获得最大持续收获. 当收获率为常数时, 模型 (7.2.3) 的动力学行为和刻画的生物问题如图 7.2.1 所示. 由图 7.2.1 得到: 当 $h<\max\{f(N)\}\triangleq \mathrm{MSY}$ 时, 系统有两个正平衡态 N_1^* 及 N_2^*, 其中 N_1^* 不稳定, N_2^* 稳定且 $N_1^*<N_2^*$; 当 $h>\mathrm{MSY}$ 时, 系统没有任何正平衡态, 且对所有 N, $\dfrac{\mathrm{d}N(t)}{\mathrm{d}t}<0$ 成立; 当 $h=\mathrm{MSY}$ 时, 系统在 $N=N_{\mathrm{MSY}}$ 处存在唯一的一个半稳定的平衡态, 其中

$$h=\mathrm{MSY}=f(N_{\mathrm{MSY}})$$

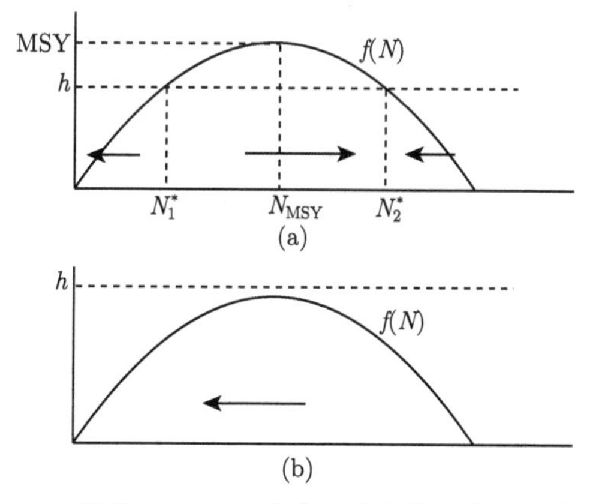

图 7.2.1 模型 (7.2.3) 当收获率为常数时的动力学行为

(a) $h<\mathrm{MSY}$, N_2^* 是稳定的平衡态; (b) $h>\mathrm{MSY}$, 不存在稳定的平衡态

该临界点在生物资源管理中具有非常重要的作用, 它反映了怎样取得最大的持续收获量 MSY. MSY 是众多资源管理部门的管理目标之一, 即如何在资源持久的条件下获得最大的持续产量.

以上结论不难从模型分析得到验证. 实际上, 当函数 f 为 Logistic 增长时, 容易知道函数 $f = rN\left(1-\dfrac{N}{K}\right)$ 在点 $N_{\mathrm{MSY}} = \dfrac{K}{2}$ 处取到唯一的最大值, 最大值 $\mathrm{MSY} = f\left(N_{\mathrm{MSY}}\right) = \dfrac{rK}{4}$. 故当 $h < \dfrac{rK}{4}$ 时, 模型 (7.2.3) 存在两个正的平衡态

$$N_1^* = \frac{K}{2} - \frac{K}{2r}\sqrt{r^2 - 4rh/K}, \quad N_2^* = \frac{K}{2} + \frac{K}{2r}\sqrt{r^2 - 4rh/K}$$

特别地, 当 $h = \dfrac{rK}{4}$ 时, N_1^* 和 N_2^* 合并为一个平衡态且值为 $\dfrac{K}{2}$; 当 $h > \dfrac{rK}{4}$ 时, 模型 (7.2.3) 不存在正平衡态. 同样可以验证 Gompertz 模型也具有以上性质.

当种群的数量由离散模型 (7.2.2) 描述时, 常数收获率的离散模型变为

$$N_{t+1} = f(N_t) - h \tag{7.2.4}$$

对于模型 (7.2.4), 我们可以考虑相同的问题, 即如何确定 h 使得持续产量达到最大? 同样只需在平衡态处分析模型 (7.2.4), 即当 $N_t = N_{t+1} = N^*$, $h_t = h^*$ 时, 有

$$h^* = f(N^*) - N^*$$

最大持续产量 MSY 在满足上面等式中的最大平衡态 N_{MSY} 处取得, 其中 N_{MSY} 可以通过简单求极值的方法得到, 即令

$$\frac{\partial h^*}{\partial N^*} = 0 \quad (f'(N^*) = 1)$$

求得 $N_{\mathrm{MSY}} = N^*$, 进而在该点处获得最大持续产量 $\mathrm{MSY} = f\left(N_{\mathrm{MSY}}\right) - N_{\mathrm{MSY}}$. 作为例子我们可以考虑离散 Beverton-Holt 模型, 即 $f(N_t) = \dfrac{aN_t}{1+bN_t}$ 且参数 $a > 1, b > 0$. 由于

$$1 = f'(N^*) = \frac{a}{(1+bN^*)^2}$$

则 $N^* = \dfrac{\sqrt{a}-1}{b}$, 代入 $\mathrm{MSY} = f(N_{\mathrm{MSY}}) - N_{\mathrm{MSY}}$ 中得

$$\mathrm{MSY} = \frac{1}{b}\left(\sqrt{a}-1\right)^2$$

7.2.2 收获努力量或产量模型

当考虑收获率与种群数量成比例时, 收获努力量的概念就显得非常重要了. 收获努力量反映了单位时间内渔业收获的强度. 收获率和收获努力量之间的关系可由收获方程

$$h = qEN \tag{7.2.5}$$

来描述, 上式说明收获率线性地依赖种群的数量, 且是收获努力量 E, 收获能力 q 和资源存储量 N 三项的乘积, 其中收获努力量和收获能力的乘积 qE 称为渔业捕捞率. 方程 (7.2.5) 反映了一个事实: 对于给定的鱼量 N, 收获量与收获努力量成比例. 同样地, 对于固定的收获努力量 E, 收获量与鱼量成正比. 实际上方程 (7.2.5) 可以改写成

$$\frac{h}{E} = qN$$

该方程说明了单位努力收获量 (catch per unit effort, CPUE) 与鱼量成比例. 所以, 根据实际观测和统计的收获量和收获努力量的数据, 收获量 CPUE 很好地反映了渔业资源的存储水平.

考虑方程 (7.2.1) 具有 Logistic 增长函数和如 (7.2.5) 所示的收获率, 我们有一般性产量模型 (general production model)

$$\begin{cases} \dfrac{\mathrm{d}N(t)}{\mathrm{d}t} = rN(t)\left[1 - \dfrac{N(t)}{K}\right] - h(t) \\ h(t) = qEN(t) \end{cases} \tag{7.2.6}$$

容易看出系统 (7.2.6) 存在零平衡态 $N_0^* = 0$, 如果正平衡态 N^* 存在, 则正平衡态 N^* 满足如下方程

$$rN^*\left(1 - \frac{N^*}{K}\right) = qEN^*$$

关于 N^* 求解上述方程, 得到当 $qE < r$ 时系统存在唯一正平衡态

$$N^* = K\left(1 - \frac{qE}{r}\right)$$

下面利用图解法讨论平衡态 N^* 的稳定性. 正平衡态存在和稳定性说明当渔业捕捞率小于该种群的内禀增长率时, 捕捞下的种群是持久的. 从图 7.2.2(a) 可以直接看出: 在平衡态 N^* 右边有收获率 qEN 大于增长率 $rN(1 - N/K)$, 此时存储水平是递减的 $\left(\dfrac{\mathrm{d}N}{\mathrm{d}t} < 0\right)$; 相反在平衡态 N^* 左边有收获率 qEN 小于增长率 $rN(1 - N/K)$, 此时存储水平是递增的 $\left(\dfrac{\mathrm{d}N}{\mathrm{d}t} > 0\right)$.

从图 7.2.2(b) 我们看出: 平衡态 N^* 的值随着渔业捕捞率的增加而减小. 当渔业捕捞率增加到一定程度比如 $qE=r$ 时, 正平衡态消失而使系统只存在稳定的零平衡态而导致种群灭绝, 这就是所谓的过度捕捞 (图 7.2.2(c)).

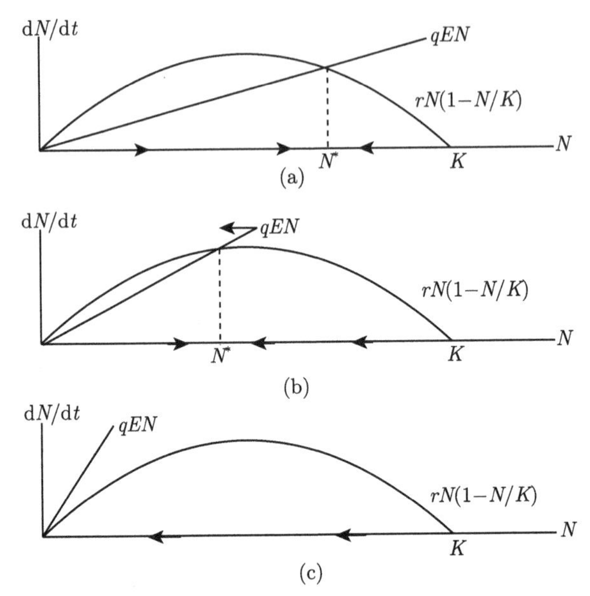

图 7.2.2　正平衡态 N^* 的稳定性与渔业捕捞率之间的关系

对于 Logistic 增长方程, 在平衡态处的持续产量 Y 为

$$Y=qEN^*=qKE\left(1-\frac{qE}{r}\right) \tag{7.2.7}$$

如果我们选择最大持续产量为管理目标, 即寻找参数 E 和 q 使得 Y 达到最大, 这一点是不难办到的. 例如, 如果固定收获能力 q, 选取参数 E 使得 Y 达到最大是一个简单的极值求解问题. 根据

$$\frac{\mathrm{d}Y}{\mathrm{d}E}=qK\left(1-\frac{2qE}{r}\right)=0$$

得到最优的收获努力量 E_{MSY} 为

$$E_{\mathrm{MSY}}=\frac{r}{2q}$$

把 $E_{\mathrm{MSY}}=\dfrac{r}{2q}$ 代入 (7.2.7) 中得到相应的最优鱼量水平 N_{MSY} 和最大持续产量 MSY 分别为

$$N_{\mathrm{MSY}}=\frac{K}{2},\quad \mathrm{MSY}=\frac{rK}{4}$$

可以利用同样的方法研究相应的离散模型的最优收获问题, 即考虑模型

$$\begin{cases} N_{t+1} = f(N_t) - h_t \\ h_t = qEN_t \end{cases} \tag{7.2.8}$$

并能得到相似的最优收获努力量 E_{MSY}、最优鱼量水平 N_{MSY} 和最大持续产量 MSY. 此部分留做习题.

7.3 最优脉冲收获策略

7.3.1 具有脉冲收获的周期单种群模型

重新考虑第 2 章单种群脉冲周期模型

$$\begin{cases} \dfrac{\mathrm{d}N(t)}{\mathrm{d}t} = r(t)N(t)\left[1 - \dfrac{N(t)}{K(t)}\right], & t \neq \tau_k, k \in \mathcal{N} \\ N(\tau_k^+) = N(\tau_k)(1 - E_k), & t = \tau_k, k \in \mathcal{N} \end{cases} \tag{7.3.1}$$

其中内禀增长率和环境容纳量 $r(t), K(t) \in \mathrm{PC}_1$, 即为周期 1 的分段连续函数, 并存在一个正整数 q 使得

$$r(t+1) = r(t), \quad K(t+1) = K(t), \quad \tau_{k+q} = \tau_k + 1, \quad E_{k+q} = E_k, \quad 0 < E_k < 1 \tag{7.3.2}$$

根据第 2 章单种群脉冲周期模型的分析, 当条件

$$\left[\prod_{k=1}^{q}(1 - E_k)\right] \mathrm{e}^{\int_0^1 r(\tau)\mathrm{d}\tau} > 1 \tag{7.3.3}$$

成立时, 系统是持续生存的, 且存在全局稳定的周期解

$$\begin{aligned} N^p(t) = &\left[\mathrm{e}^{\int_0^1 r(\tau)\mathrm{d}\tau} \prod_{k=1}^{q}(1 - E_k) - 1\right] \\ &\cdot \left[\int_t^{t+1} \frac{r(s)}{K(s)} \exp\left(-\int_s^t r(\tau)\mathrm{d}\tau\right) \prod_{t \leqslant \tau_k < s}(1 - E_k)\mathrm{d}s\right]^{-1} \end{aligned} \tag{7.3.4}$$

正周期解的存在和全局稳定性隐含了系统 (7.3.1) 是持久生存的, 因此基于稳定的周期解 (7.3.4), 就可以设计最优收获策略, 并在保证种群持久的前提下实现最大持续产量. 但是由于系统是一个非自治的周期系统, 相比本章前面几节介绍的自治系统分析起来要困难一些, 主要目的是向大家介绍极大值原理在最优资源管理中的应用.

7.3.2　最优脉冲收获策略设计

下面还是以渔业资源管理作为例子, 介绍如何设计收获努力量 $E_k(k=1,2,\cdots,q)$, 使得在渔业资源可持续发展的条件下获得最大年度持续产量的问题.

因此, 选取收获努力量 $E_k(k=1,2,\cdots,q)$ 为控制变量, 并定义可行集 $\mathcal{S}=\left\{E_k\middle|E_{k+q}=E_k, 0<E_k<1, k=1,2,\cdots,q\right\}$, 即控制变量的取值范围. 根据系统的周期性以及唯一周期解的存在与全局稳定性, 不失一般性, 我们只需在一个周期即一年内分析最优收获策略. 为了方便计算, 记

$$\tau_0<n<\tau_1<\tau_2<\cdots<\tau_q<n+1<\tau_1+1$$

其中 n 为正整数. 因此, 年度脉冲收获产量可以表示为

$$Y_{\{E_k\}_{k=1}^q}=\sum_{k=1}^{q}E_kN(\tau_k) \tag{7.3.5}$$

定义 7.3.1　如果存在控制变量或收获努力量 $\{E_k, k=1,2,\cdots,q\}$ 使得系统 (7.3.1) 有一个渐近稳定的周期解, 则称生物产量 (7.3.5) 是持续产量.

为了实现年度持续产量最大的目标, 需要选择收获努力量 $E_k^*\in\mathcal{S}\ (k=1,2,\cdots,q)$ 使得 $Y_{\{E_k\}_{k=1}^q}$ 达到最大, 这是一个动态优化问题, 即需要在约束条件

$$\begin{cases}\dfrac{\mathrm{d}N(t)}{\mathrm{d}t}=r(t)N(t)\left[1-\dfrac{N(t)}{K(t)}\right], & t\neq\tau_k\\ N(\tau_k^+)=N(\tau_k)(1-E_k), & t=\tau_k, k=1,2,\cdots,q\end{cases} \tag{7.3.6}$$

下求解

$$Y_{\{E_k^*\}_{k=1}^q}=\max_{E_k\in\mathcal{S}}Y_{\{E_k\}_{k=1}^q} \tag{7.3.7}$$

在求解上面的优化问题时, 需要用到一些基本的与优化控制相关的极大值原理[9, 46].

在任意脉冲区间比如 $t\in(\tau_k,\tau_{k+1}]$ 求解系统 (7.3.1) 的第一个方程得

$$N(t)=\left[\frac{1}{N(\tau_k^+)}\mathrm{e}^{-\int_{\tau_k}^{t}r(\tau)\mathrm{d}\tau}+\int_{\tau_k}^{t}\frac{r(s)}{K(s)}\mathrm{e}^{-\int_s^t r(\tau)\mathrm{d}\tau}\mathrm{d}s\right]^{-1} \tag{7.3.8}$$

并利用脉冲条件有

$$N(\tau_{k+1})=\left[\frac{1}{(1-E_k)N(\tau_k)}\mathrm{e}^{-\int_{\tau_k}^{\tau_{k+1}}r(\tau)\mathrm{d}\tau}+\int_{\tau_k}^{\tau_{k+1}}\frac{r(s)}{K(s)}\mathrm{e}^{-\int_s^{\tau_{k+1}}r(\tau)\mathrm{d}\tau}\mathrm{d}s\right]^{-1}$$

为了方便, 记 $N(k)\triangleq N(\tau_k), k=1,\cdots,q$. 因此, 优化控制问题 (7.3.7) 就能转化为下面的离散优化问题

$$\max_{E_k\in\mathcal{S}}Y_{\{E_k\}_{k=1}^q}=\sum_{k=1}^{q}E_kN(k) \tag{7.3.9}$$

约束条件变为

$$N(k+1)=\left[\frac{1}{(1-E_k)N(k)}\mathrm{e}^{-\int_{\tau_k}^{\tau_{k+1}}r(\tau)\mathrm{d}\tau}+\int_{\tau_k}^{\tau_{k+1}}\frac{r(s)}{K(s)}\mathrm{e}^{-\int_s^{\tau_{k+1}}r(\tau)\mathrm{d}\tau}\mathrm{d}s\right]^{-1} \tag{7.3.10}$$

为了简洁, 记

$$A=\mathrm{e}^{\int_0^1 r(\tau)\mathrm{d}\tau},\quad D(\tau_k)=\mathrm{e}^{-\int_{\tau_{k-1}}^{\tau_k}r(\tau)\mathrm{d}\tau}$$

$$B(\tau_k)=\int_{\tau_{k-1}}^{\tau_k}\frac{r(s)}{K(s)}\mathrm{e}^{-\int_s^{\tau_k}r(\tau)\mathrm{d}\tau}\mathrm{d}s$$

下面我们利用离散的优化控制定理研究最优收获问题 (7.3.9)—(7.3.10), 得到如下主要结论.

定理 7.3.1 如果 $\dfrac{D^{\frac{1}{2}}(\tau_{k+1})(1-D^{\frac{1}{2}}(\tau_{k+1}))}{1-D^{\frac{1}{2}}(\tau_k)}\dfrac{B(\tau_k)}{B(\tau_{k+1})}<1$, 则存在唯一的收获努力量 $\{E_k^*\}_{k=1}^q$ 并满足

$$E_k^*=1-\frac{D^{\frac{1}{2}}(\tau_{k+1})(1-D^{\frac{1}{2}}(\tau_{k+1}))}{1-D^{\frac{1}{2}}(\tau_k)}\frac{B(\tau_k)}{B(\tau_{k+1})} \tag{7.3.11}$$

使得优化问题 (7.3.9) 达到最大. 相应的最优种群水平为

$$N^{*p}(t)=\left[\mathrm{e}^{-\int_{\tau_k}^{t}r(\tau)\mathrm{d}\tau}B(\tau_{k+1})[D^{\frac{1}{2}}(\tau_{k+1})-D(\tau_{k+1})]^{-1}+\int_{\tau_k}^{t}\frac{r(s)}{K(s)}\mathrm{e}^{-\int_s^{t}r(\tau)\mathrm{d}\tau}\mathrm{d}s\right]^{-1} \tag{7.3.12}$$

其中 $t\in(\tau_k,\tau_{k+1}],k=1,2,\cdots,q$. 最大年度持续产量为

$$Y_{\{E_k^*\}_{k=1}^q}=\sum_{k=1}^q\frac{(1-D^{\frac{1}{2}}(\tau_k))^2}{B(\tau_k)} \tag{7.3.13}$$

证明 为了直接利用文献 [46] 中的结论, 最大收获问题可以转化为如下等价的最小问题

$$\bar{Y}_{\{E_k\}_{k=1}^q}=-\sum_{k=1}^q E_kN(k)$$

即寻求收获努力量使得

$$\bar{Y}_{\{E_k^*\}_{k=1}^q}=\min_{E_k\in\mathcal{S}}\bar{Y}_{\{E_k^*\}_{k=1}^q}$$

该极值问题的哈密顿函数为

$$H(N(k),E_k,\lambda(k+1),\tau_k)=-E_kN(k)+\lambda(k+1)\left[\frac{D(\tau_{k+1})}{(1-E_k)N(k)}+B(\tau_{k+1})\right]^{-1}$$

其中 $\lambda(k+1)$ 是协态变量.

如果 $\{E_k^*, k=1,2,\cdots,q\}$ 是最优控制序列, $\{N^*(k), k=1,2,\cdots,q\}$ 是相应的最优解 (最优种群水平), 则根据文献 [46] 中的定理 2.6.1 知, 上述优化问题存在的必要条件为

$$\lambda(k)=\frac{\partial H}{\partial x^*(k)}$$
$$\frac{\partial H}{\partial E_k^*}=0$$

由此得

$$\begin{aligned}\lambda(k)&=-E_k^*+\lambda(k+1)\left[\frac{D(\tau_{k+1})}{(1-E_k^*)N^*(k)}+B(\tau_{k+1})\right]^{-2}D(\tau_{k+1})[(1-E_k^*)(x^*(k))^2]^{-1}\\ N^*(k)&=-\lambda(k+1)\left[\frac{D(\tau_{k+1})}{(1-E_k^*)N^*(k)}+B(\tau_{k+1})\right]^{-2}D(\tau_{k+1})[N^*(k)(1-E_k^*)^2]^{-1}\end{aligned} \tag{7.3.14}$$

容易知道 $\lambda(k)=-1$. 根据约束条件 (7.3.9) 有

$$\frac{(1-E_k^*)N^*(k)}{N^*(k+1)}=\mathrm{e}^{-\frac{1}{2}\int_{\tau_k}^{\tau_{k+1}}r(\tau)\mathrm{d}\tau}=D^{\frac{1}{2}}(\tau_{k+1}),\quad k=1,2,\cdots,q \tag{7.3.15}$$

再一次利用差分方程, 即约束条件 (7.3.9) 有

$$\frac{1}{N^*(k+1)}=\frac{D(\tau_{k+1})}{(1-E_k^*)N^*(k)}+B(\tau_{k+1}) \tag{7.3.16}$$

根据 (7.3.15) 和 (7.3.16) 有

$$N^*(k)=\frac{1-D^{\frac{1}{2}}(\tau_k)}{B(\tau_k)},\quad k=1,2,\cdots,q \tag{7.3.17}$$

把 $N^*(k)$ 代入 (7.3.15) 得

$$\begin{aligned}E_k^*&=1-D^{\frac{1}{2}}(\tau_{k+1})\frac{N^*(k+1)}{x^*(k)}\\ &=1-\frac{D^{\frac{1}{2}}(\tau_{k+1})(1-D^{\frac{1}{2}}(\tau_{k+1}))}{D^{\frac{1}{2}}(\tau_k)}\frac{B(\tau_k)}{B(\tau_{k+1})},\quad k=1,2,\cdots,q\end{aligned} \tag{7.3.18}$$

由此知最优收获努力量 E_k^* 存在唯一且满足小于 1 的条件, 即 $E_k^*\in\mathcal{S}$.

进一步, 由 (7.3.15) 和 (7.3.17) 得

$$\begin{aligned}(1-E_k^*)N^*(k)&=D^{\frac{1}{2}}(\tau_{k+1})N^*(k+1)\\ &=\frac{D^{\frac{1}{2}}(\tau_{k+1})(1-D^{\frac{1}{2}}(\tau_{k+1}))}{B(\tau_{k+1})}\end{aligned} \tag{7.3.19}$$

对任意的时间 $t>0$, 不妨假设 $t\in(\tau_k,\tau_{k+1}]$, 则根据 (7.3.18) 有

$$N^*(t)=\left[\frac{1}{(1-E_k^*)N^*(k)}\mathrm{e}^{-\int_{\tau_k}^t r(\tau)\mathrm{d}\tau}+\int_{\tau_k}^t\frac{r(s)}{K(s)}\mathrm{e}^{-\int_s^t r(\tau)\mathrm{d}\tau}\mathrm{d}s\right]^{-1} \tag{7.3.20}$$

把 (7.3.19) 代入 (7.3.20) 得到本定理给出的最优种群水平 $N^{*p}(t)$, 其中

$$N^{*p}(t)=\left[\mathrm{e}^{-\int_{\tau_k}^t r(\tau)\mathrm{d}\tau}B(\tau_{k+1})[D^{\frac{1}{2}}(\tau_{k+1})-D(\tau_{k+1})]^{-1}+\int_{\tau_k}^t\frac{r(s)}{K(s)}\mathrm{e}^{-\int_s^t r(\tau)\mathrm{d}\tau}\mathrm{d}s\right]^{-1}$$
$$t\in(\tau_k,\tau_{k+1}],\quad k=1,2,\cdots,q \tag{7.3.21}$$

根据 $B(\tau_k)$ 和 $D(\tau_k)$ 的定义容易验证, 对任意的 τ_k 有 $B(\tau_k+1)=B(\tau_k), D(\tau_k+1)=D(\tau_k)$. 再根据 τ_k 的周期性有

$$D(\tau_{q+1})=D(\tau_1+1)=D(\tau_1),\quad B(\tau_{q+1})=B(\tau_1+1)=B(\tau_1)$$

由此得到年度最大产量为

$$\begin{aligned}Y_{\{E_k^*\}_{k=1}^q}&=\sum_{k=1}^q E_k^*N^*(k)\\&=\sum_{k=1}^q\left[\frac{1-D^{\frac{1}{2}}(\tau_k)}{B(\tau_k)}-\frac{D^{\frac{1}{2}}(\tau_{k+1})(1-D^{\frac{1}{2}}(\tau_{k+1}))}{B(\tau_{k+1})}\right]\\&=\sum_{k=1}^q\frac{(1-D^{\frac{1}{2}}(\tau_k))^2}{B(\tau_k)}\end{aligned} \tag{7.3.22}$$

此外, 还需说明相应于最优收获努力量 E_k^* 的最优种群水平 $N^{*p}(t)$ 是系统 (7.3.1) 的一个唯一的正的周期 1 解. 事实上, 对任意的时间 $t\in(\tau_k,\tau_{k+1}]$, 有 $t+1\in(\tau_k+1,\tau_{k+1}+1]$, 根据 (7.3.21) 有

$$\begin{aligned}N^{*p}(t+1)&=\left[\mathrm{e}^{-\int_{\tau_k+1}^{t+1}r(\tau)\mathrm{d}\tau}B(\tau_{k+1}+1)[D^{\frac{1}{2}}(\tau_{k+1}+1)-D(\tau_{k+1}+1)]^{-1}\right.\\&\quad\left.+\int_{\tau_k+1}^{t+1}\frac{r(s)}{K(s)}\mathrm{e}^{-\int_s^{t+1}r(\tau)\mathrm{d}\tau}\mathrm{d}s\right]^{-1}\\&=\left[\mathrm{e}^{-\int_{\tau_k}^t r(\tau)\mathrm{d}\tau}B(\tau_{k+1})[D^{\frac{1}{2}}(\tau_{k+1})-D(\tau_{k+1})]^{-1}\right.\\&\quad\left.+\int_{\tau_k}^t\frac{r(s)}{K(s)}\mathrm{e}^{-\int_s^t r(\tau)\mathrm{d}\tau}\mathrm{d}s\right]^{-1}\\&=N^{*p}(t)\end{aligned}$$

进一步有

$$\begin{aligned}\mathrm{e}^{\int_0^1 r(\tau)\mathrm{d}\tau}\prod_{k=1}^q(1-E_k^*)&=A\prod_{k=1}^q\frac{D^{\frac{1}{2}}(\tau_{k+1})(1-D^{\frac{1}{2}}(\tau_{k+1}))}{1-D^{\frac{1}{2}}(\tau_k)}\frac{B(\tau_k)}{B(\tau_{k+1})}\\&=A\mathrm{e}^{-\frac{1}{2}\int_{\tau_1}^{\tau_q+1}r(\tau)\mathrm{d}\tau}=A\mathrm{e}^{-\frac{1}{2}\int_{\tau_1}^{\tau_1+1}r(\tau)\mathrm{d}\tau}\\&=A^{\frac{1}{2}}>1\end{aligned}$$

这说明条件 (7.3.3) 成立, 即系统 (7.3.1) 存在全局稳定的周期为 1 的周期解 $N^{*p}(t)$. 根据定义 7.3.1 知由 (7.3.22) 定义的最大年度产量 $Y_{\{E_k^*\}_{k=1}^q}$ 是年度最大持续产量. □

根据上面的结论及其证明思路可以看出, 非自治系统的处理要比自治系统复杂很多, 也需要更多的数学工具. 同时我们注意到上述优化问题是基于脉冲收获策略的, 即基于脉冲函数 $N(\tau_k)(1-E_k)$, 并选取收获努力量作为控制变量. 那我们自然会问: 如果选择脉冲时间 $(\tau_k, k=1,2,\cdots,q)$ 作为控制变量, 而固定收获努力量 (假设 $E_k(k=1,2,\cdots,q)$ 是固定常数), 我们能否得到最优收获时刻并使得年度产量最大? 这一有趣的问题留做练习.

7.4 渔业资源管理中的存储量最大问题

下面介绍渔业资源管理中的一个实际应用问题: 考虑在一个给定的时间 $[0,T_h]$ (比如一个收获季节) 内, 符合 Logistic 增长规律的某经济鱼, 在 $[0,T_h]$ 时间内要对该鱼进行一次、两次或多次脉冲式收获. 如果假设每次的渔业收获量是固定的常数, 问在 $[0,T_h]$ 时间内的什么时间点上实施收获策略可以使得在 T_h 时刻种群的数量达到最大 (存储量最大问题)? 简单地说, 如果允许在 $[0,T_h]$ 上的某一个时间点 (比如 τ_1), 收获鱼量为 E 的鱼, 能否找到这个最优的时间点 $\tau_1\in[0,T_h]$, 使得渔场鱼量在 T_h 时刻存储量是最大的. 不失一般性, 记 $\tau_k\in[0,T_h]$ 为脉冲收获渔业的时刻, 每次收获量为常数 E. 下面分情况来解决这个问题.

7.4.1 一次脉冲收获后的最大存储量

假设在 $[0,T_h]$ 上的某一个时间点 (比如 τ_1) 收获一次鱼量为 E 的鱼, 那么上述问题转化为下面的脉冲微分方程

$$\begin{cases} \dfrac{\mathrm{d}N(t)}{\mathrm{d}t}=rN(t)\left[1-\dfrac{N(t)}{K}\right], & t\in[0,T_h],\ t\neq\tau_1 \\ N(\tau_1^+)=N(\tau_1)-E, & t=\tau_1 \end{cases} \tag{7.4.1}$$

对模型 (7.4.1), 由于是常数收获, 那么一个自然的假设就是 $N(\tau_1)-E>0$ 始终成立, 否则渔业资源在 τ_1 时刻已经全部收获, 也无从考虑 T_h 时刻的最大存储问题.

下面来寻找满足条件的时刻 τ_1. 方程 (7.4.1) 的解可分段地表示为

$$N(t)=\begin{cases} \dfrac{N_0\mathrm{e}^{rt}}{1+N_0(\mathrm{e}^{rt}-1)/K}, & t\in(0,\tau_1] \\ \dfrac{N(\tau_1^+)\mathrm{e}^{r(t-\tau_1)}}{1+N(\tau_1^+)[\mathrm{e}^{r(t-\tau_1)}-1]/K}, & t\in(\tau_1,T_h] \end{cases} \tag{7.4.2}$$

并且

$$N(\tau_1^+) = \frac{N_0 \mathrm{e}^{r\tau_1}}{1 + N_0(\mathrm{e}^{r\tau_1} - 1)/K} - E \tag{7.4.3}$$

目的是寻找时刻 τ_1 使得 $N(T_h)$ 达到最大或最小, 其中 $N(T_h)$ 为

$$N(T_h) = \frac{N(\tau_1^+)\mathrm{e}^{r(T-\tau_1)}}{1 + N(\tau_1^+)[\mathrm{e}^{r(T-\tau_1)} - 1]/K} \tag{7.4.4}$$

把 (7.4.3) 代入 (7.4.4), 然后利用求极值的方法容易求得使 (7.4.4) 达到最大的唯一时刻 $\tau_1 = \tau_{\max}$ 为

$$\tau_{\max} = \frac{1}{r} \ln\left(\frac{K - N_0}{N_0} \frac{K + E}{K - E}\right)$$

注意到 $\tau_{\max}$ 应该位于区间 $[0, T_h]$ 之中才有实际意义. 实际上, 其正性容易得到验证, 所以一般要求 $\tau_{\max} \leqslant T_h$ 成立. 然而在实际应用中我们假设养殖周期 T_h 适当得大, 即上述不等式自然满足. 因此, 为了简洁, 若无特殊说明后面的讨论我们不强加该条件.

例 7.4.1 如果选取参数 $r = 1, K = 50, N_0 = 10, T_h = 5, E = 15$, 则 $\tau_{\max} = 2.005$. 图 7.4.1 中给出了在 $\tau_1 = 1, \tau_1 = 3$ 和 $\tau_{\max}$ 处模型 (7.4.1) 渔业存储量随时间的发展关系. 明显地, 在 $\tau_{\max}$ 处脉冲收获渔业后在 T_h 时刻的存储量大于在其他时间点上收获后的存储量.

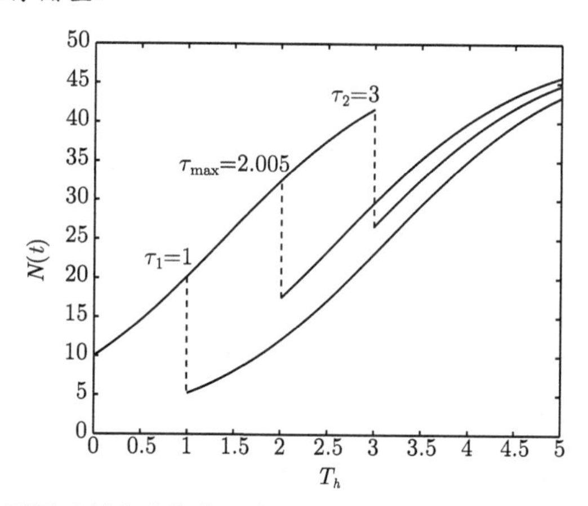

图 7.4.1 比较不同时刻脉冲收获后种群在 T_h 时刻存储水平的差异, 在 $\tau_{\max}$ 处脉冲常数收获后的最终存储水平明显大于在其他时刻脉冲收获后的存储水平

7.4.2 多次脉冲收获后的最大存储量

考虑一般情况, 即在一个给定的时间区间 $[0, T_h]$ 内, 采取两次或多次脉冲常数收获. 假设两次收获量均为固定常数 E, 两次脉冲收获时刻分别为 $\tau_1, \tau_2 \in (0, T_h)$,

$\tau_1 < \tau_2$, 那么如何确定时刻 $\tau_1, \tau_2 \in (0, T_h)$ 使得在 T_h 时刻该种鱼的数量达到最大, 即在 T_h 时刻该种鱼存储量最大.

同样上述问题可用如下脉冲微分系统描述

$$\begin{cases} \dfrac{\mathrm{d}N(t)}{\mathrm{d}t} = rN(t)\left(1 - \dfrac{N(t)}{K}\right), & t \neq \tau_k,\ k = 1, 2 \\ N(\tau_k^+) = N(\tau_k) - E, & t = \tau_k,\ k = 1, 2 \\ N(0) = N_0 \end{cases} \tag{7.4.5}$$

其中 $K > N_0 > 0$, $K > E > 0$, $t \in [0, T_h], \tau_1, \tau_2 \in (0, T_h)$, 限制条件 $N(\tau_k^+) = N(\tau_k) - E > 0\ (k = 1, 2)$ 依然成立, 即确保收获后种群不会灭绝. 则系统 (7.4.5) 的解可分段表示为

$$N(t) = \begin{cases} \dfrac{N_0 \mathrm{e}^{rt}}{1 + N_0(\mathrm{e}^{rt} - 1)/K}, & t \in (0, \tau_1] \\ \dfrac{N(\tau_1^+)\mathrm{e}^{r(t-\tau_1)}}{1 + N(\tau_1^+)(\mathrm{e}^{r(t-\tau_1)} - 1)/K}, & t \in (\tau_1, \tau_2] \\ \dfrac{N(\tau_2^+)\mathrm{e}^{r(t-\tau_2)}}{1 + N(\tau_2^+)(\mathrm{e}^{r(t-\tau_2)} - 1)/K}, & t \in (\tau_2, T_h] \end{cases}$$

并且

$$N(\tau_1^+) = \frac{N_0 \mathrm{e}^{r\tau_1}}{1 + N_0(\mathrm{e}^{r\tau_1} - 1)/K} - E \tag{7.4.6}$$

$$N(\tau_2^+) = \frac{N(\tau_1^+)\mathrm{e}^{r(\tau_2-\tau_1)}}{1 + N(\tau_1^+)(\mathrm{e}^{r(\tau_2-\tau_1)} - 1)/K} - E \tag{7.4.7}$$

则

$$N(T_h) = \frac{N(\tau_2^+)\mathrm{e}^{r(T_h-\tau_2)}}{1 + N(\tau_2^+)(\mathrm{e}^{r(T_h-\tau_2)} - 1)/K} \tag{7.4.8}$$

我们的目标是寻找最优的时刻 τ_1, τ_2 使得 $N(T_h)$ 达到最大. 将 (7.4.6) 代入 (7.4.7), 再将 (7.4.7) 代入 (7.4.8), 最后利用多元函数求极值的方法得到使得 $N(T_h)$ 达到最大的唯一的一组符合实际的时刻

$$\begin{cases} \tau_{1\max} = \dfrac{1}{r}\ln\left(\dfrac{K - N_0}{N_0}\dfrac{K + E}{K - E}\right) \\ \tau_{2\max} = \dfrac{1}{r}\ln\left(\dfrac{K - N_0}{N_0}\left(\dfrac{K + E}{K - E}\right)^3\right) \end{cases} \tag{7.4.9}$$

例 7.4.2　如果选取参数 $r = 1, K = 200, N_0 = 10, E = 15, T_h = 6$, 则根据 (7.4.9) 计算得到两个最优时刻分别为 $\tau_{1\max} = 3.0947$, $\tau_{2\max} = 3.3953$. 图 7.4.2 给出了 $\{\tau_1 = 1, \tau_2 = 2\}$, $\{\tau_1' = 4, \tau_2' = 5\}$ 和 $\{\tau_{1\max}, \tau_{2\max}\}$ 三组脉冲收获两次模型

(7.4.5) 鱼量存储量随时间的发展关系. 显然, 在 $\{\tau_{1\max}, \tau_{2\max}\}$ 处脉冲收获后种群在 T_h 时刻的存储量最大.

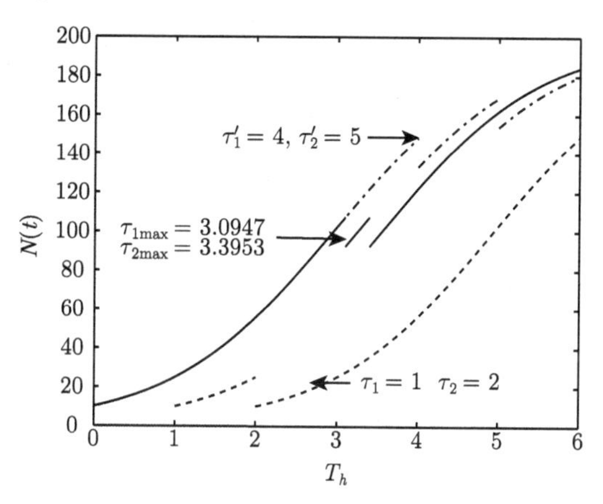

图 7.4.2 比较不同时刻脉冲收获后种群在 T_h 时刻存储水平的差异, 在 $\{\tau_{1\max}, \tau_{2\max}\}$ 处脉冲收获后的最终存储水平明显大于在其他时刻脉冲收获后的存储水平

进一步考虑在 $[0, T_h]$ 内实施三次脉冲收获后使得在 T_h 时刻该种鱼存储量最大. 假设三次收获量均为 E, 脉冲收获时刻分别为 $\tau_1, \tau_2, \tau_3 \in (0, T_h)$. 同理利用多元函数求极值的方法得到使得 $N(T_h)$ 达到最大的唯一一组符合实际的时刻为

$$\begin{cases} \tau_{1\max} = \dfrac{1}{r}\ln\left(\dfrac{K-N_0}{N_0}\dfrac{K+E}{K-E}\right) \\ \tau_{2\max} = \dfrac{1}{r}\ln\left(\dfrac{K-N_0}{N_0}\left(\dfrac{K+E}{K-E}\right)^3\right) \\ \tau_{3\max} = \dfrac{1}{r}\ln\left(\dfrac{K-N_0}{N_0}\left(\dfrac{K+E}{K-E}\right)^5\right) \end{cases} \tag{7.4.10}$$

利用上述特殊情况不难得到一般规律, 即利用相同的方法容易得到在 $[0, T_h]$ 内实施 m 次脉冲收获后使得在 T_h 时刻该种鱼存储量最大的唯一一组符合实际的时刻为

$$\tau_{n\max} = \frac{1}{r}\ln\left[\frac{K-N_0}{N_0}\left(\frac{K+E}{K-E}\right)^{2n-1}\right], \quad n = 1, 2, \cdots, m \tag{7.4.11}$$

图 7.4.3 和图 7.4.4 分别给出了在时间区间 $[0, T_h]$ 内脉冲收获三次和四次后的最终存储水平比较, 其他参数与图 7.4.2 一样.

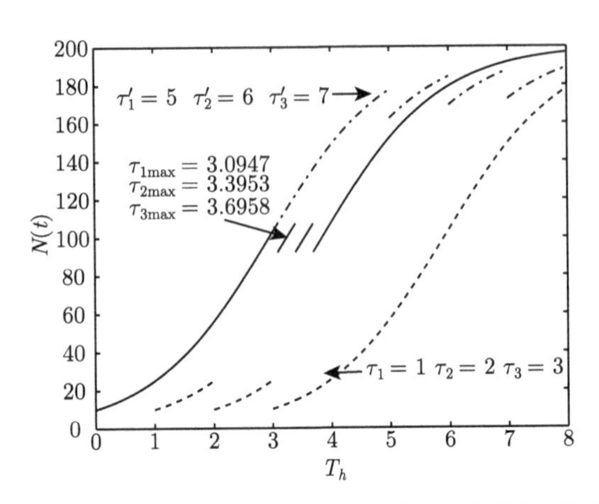

图 7.4.3　比较不同时刻脉冲收获后种群在 T_h 时刻存储水平的差异, 这里给出在 $[0, T_h]$ 内脉冲收获三次后的最终存储水平比较

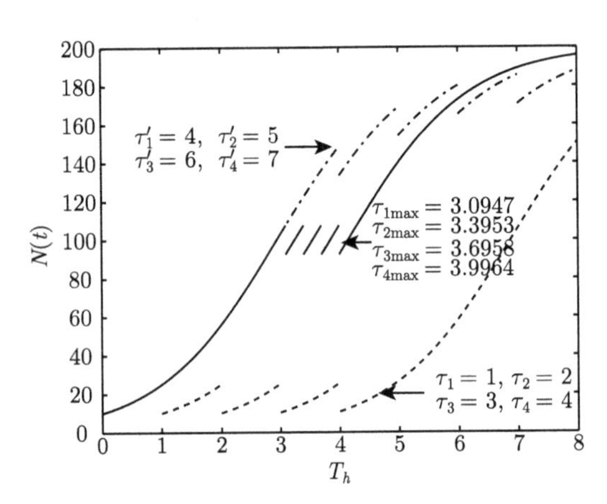

图 7.4.4　比较不同时刻脉冲种群在 T_h 时刻存储水平的差异, 在 $[0, T_h]$ 内脉冲四次的最终存储水平比较

7.4.3　多次脉冲收获离散模型的最大存储量

由于自治的 Beverton-Holt 模型和自治的 Logistic 连续模型具有完全相似的动力学行为, 因此, 前面考虑的最大存储量问题也可以在离散的 Beverton-Holt 模型中进行分析.

比如考虑某种经济鱼, 假设其增长规律符合 Beverton-Holt 模型, 在一个给定的时间区间 $[0, T_h]$ 内, 采取两次脉冲式收获, 且两次收获量均为固定常数 E, 记两次脉冲收获时刻分别为 $\tau_1, \tau_2 \in (0, T_h)$. 问题是在何时实施两次 (即 τ_1, τ_2 取什么时) 收获使得在 T_h 时刻该种鱼的存储量最大? 注意到我们考虑的是离散模型, 脉冲收获是指在某一个世代进行收获, 所以时刻 $\tau_1, \tau_2 \in (0, T_h)$ 应为正整数.

根据 7.3 节讨论的方法, 本节的问题由下面的脉冲差分系统来刻画

$$\begin{cases} N_{t+1} = \dfrac{aN_t}{1+bN_t} \\ N_{\tau_k^+} = N_{\tau_k} - E, \quad k = 1, 2 \end{cases} \tag{7.4.12}$$

其中 $t \in [0, T_h]$, $\tau_1, \tau_2 \in (0, T_h)$. 我们仅考虑当 $a > 1$, $0 < b < 1$ 时且满足 $\dfrac{a-1}{b} > N_0 > 0$, $\dfrac{a-1}{b} > E > 0$ 的情形. 与连续模型一样, 我们假设 $N_{\tau_k^+} = N_{\tau_k} - E > 0\ (k = 1, 2)$, 这也是为了确保收获后种群不会灭绝. 根据公式 (2.3.19) 容易得到系统 (7.4.12) 的解可分段表示为

$$N_t = \begin{cases} \left[\dfrac{b}{a-1} + \left(\dfrac{1}{a}\right)^t \left(\dfrac{1}{N_0} - \dfrac{b}{a-1}\right)\right]^{-1}, & t \in (0, \tau_1] \\ \left[\dfrac{b}{a-1} + \left(\dfrac{1}{a}\right)^{(t-\tau_1)} \left(\dfrac{1}{N_{\tau_1^+}} - \dfrac{b}{a-1}\right)\right]^{-1}, & t \in (\tau_1, \tau_2] \\ \left[\dfrac{b}{a-1} + \left(\dfrac{1}{a}\right)^{(t-\tau_2)} \left(\dfrac{1}{N_{\tau_2^+}} - \dfrac{b}{a-1}\right)\right]^{-1}, & t \in (\tau_2, T_h] \end{cases}$$

并且

$$N_{\tau_1^+} = \left[\frac{b}{a-1} + \left(\frac{1}{a}\right)^{\tau_1} \left(\frac{1}{N_0} - \frac{b}{a-1}\right)\right]^{-1} - E \tag{7.4.13}$$

$$N_{\tau_2^+} = \left[\frac{b}{a-1} + \left(\frac{1}{a}\right)^{(\tau_2-\tau_1)} \left(\frac{1}{N_{\tau_1^+}} - \frac{b}{a-1}\right)\right]^{-1} - E \tag{7.4.14}$$

则

$$N_{T_h} = \left[\frac{b}{a-1} + \left(\frac{1}{a}\right)^{(T_h-\tau_2)} \left(\frac{1}{N_{\tau_2^+}} - \frac{b}{a-1}\right)\right]^{-1} \tag{7.4.15}$$

我们的目标是寻找使得 N_{T_h} 达到最大整数的时刻 τ_1, τ_2. 为此将 (7.4.13) 代入 (7.4.14), 再将 (7.4.14) 代入 (7.4.15), 最后利用多元函数求极值的方法得到使得 N_{T_h} 达到最大的唯一一组符合实际的时刻

$$\begin{cases} \tau_1 = \ln\left(\dfrac{a-1-bN_0}{bN_0} \dfrac{a-1+bE}{a-1-bE}\right) \Big/ \ln a \\ \tau_2 = \ln\left(\dfrac{a-1-bN_0}{bN_0} \left(\dfrac{a-1+bE}{a-1-bE}\right)^3\right) \Big/ \ln a \end{cases} \tag{7.4.16}$$

确定上述的 τ_1, τ_2 后, 所求的使得存储量达到最大的正整数应该是大于 τ_1, τ_2 的最小整数或是小于它们的最大整数. 这需要通过数值计算来验证.

利用同样的方法可以得到在 $[0,T_h]$ 内实施 m 次脉冲收获, 使得在 T_h 时刻该种鱼存储量最大的脉冲时间, 即存在唯一一组符合实际的时刻

$$\tau_n=\ln\left[\frac{a-1-bN_0}{bN_0}\left(\frac{a-1+bE}{a-1-bE}\right)^{(2n-1)}\right]\bigg/\ln a,\quad n=1,2,\cdots,m \tag{7.4.17}$$

例 7.4.3　如果选取模型 (7.4.12) 中的未知参数 $a=1.5,b=0.01,N_0=5,E=4,T_h=10$, 在区间 $[0,T_h]$ 内实施一次脉冲收获, 则根据公式 (7.4.17) 计算得到 $\tau_{1\max}=5.8144\approx 6$, 如图 7.4.5 所示. 如果选取模型 (7.4.12) 中的未知参数 $a=5,b=0.01,N_0=5,E=50,T_h=5$, 在区间 $[0,T_h]$ 内实施两次脉冲收获, 则根据公式 (7.4.17) 计算得到 $\tau_{1\max}=2.871\approx 3$, $\tau_{2\max}=3.1834\approx 3$, 不同时刻上脉冲收获的比较如图 7.4.6 所示.

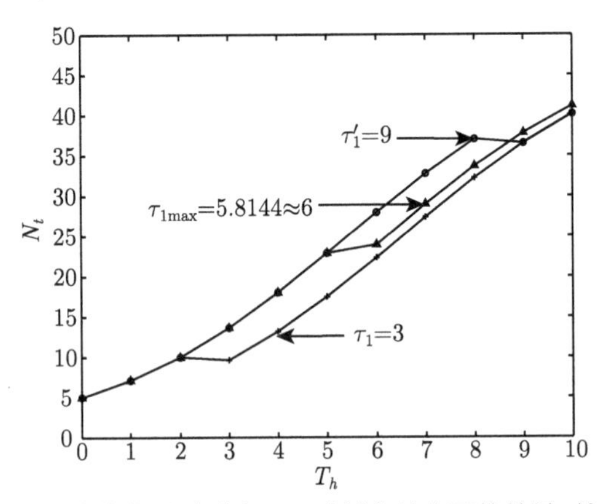

图 7.4.5　比较不同时刻脉冲收获后种群在 T_h 时刻存储水平的差异, 这里给出了在 $[0,T_h]$ 内脉冲一次收获后最终存储水平的比较

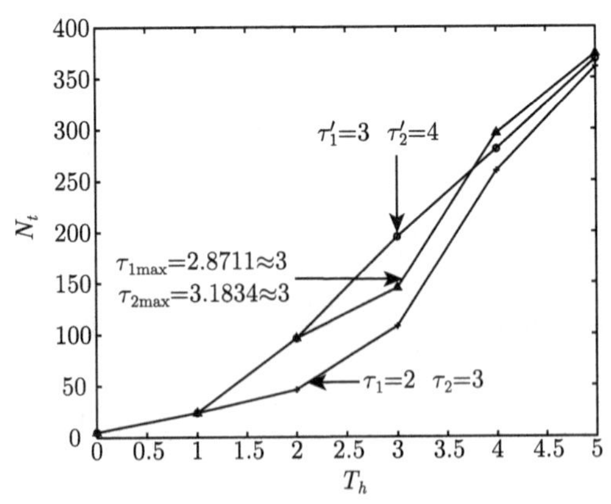

图 7.4.6　比较不同脉冲时刻组种群在 T_h 时刻存储水平的差异, 这里给出了在 $[0,T_h]$ 内脉冲两次收获后最终存储水平的比较

7.4.4 随机 Logistic 脉冲模型的最大存储量问题

前面两节介绍了连续与离散模型的最大存储量问题, 即同一个问题的两种不同模型刻画. 本节介绍如何把前两节的建模思想和问题研究在随机模型中加以实现, 使大家充分认识一个实际问题是如何采用不同模型加以研究 (有关随机微分方程的基本定义和性质见预备知识). 为此, 假设当种群数量第一次到达阈值 N_1 时, 常数收获一次, 即在一个收获季节 $[0,T_h]$ 内, 考虑具有一次常数收获的如下随机 Logistic 脉冲模型

$$\begin{cases}\mathrm{d}N(t)=rN(t)\left(1-\dfrac{N(t)}{K}\right)\mathrm{d}t+\sigma N(t)\mathrm{d}B(t), & N(t)\neq N_1\\ N_1^+=N_1-E, & N(t)=N_1\end{cases}\tag{7.4.18}$$

其中 $B(t)$ 是高斯白噪声, 噪声强度为 σ^2, 自相关函数为 $\langle B(t),B(s)\rangle=\sigma^2\delta(t-s)$, $\delta(t)$ 是 Dirac 函数. Castro-Santis 等证明了该模型解的存在唯一性, 并且证明了当参数满足 $r>\sigma^2/2$ 时, 系统是持久的[19]. 这里不对上述理论作相应的介绍, 我们仅假设参数满足这个持久性条件, 并且假设在 τ_1 时刻收获一次鱼量为 E 的鱼, 即 $N(\tau_1)=N_1$, 而在 $(\tau_1,T_h]$ 时间内, 不管种群数量是否到达阈值, 都不再收获. 在这种情形下, 上述随机模型与一次固定时刻脉冲收获模型 (7.4.1) 是一致的.

为了研究 T_h 时刻种群的存储量, 采用与模型 (7.4.1) 一样的分析方法, 将模型 (7.4.18) 的解分两个时间区间分别求出. 首先在 $[0,t]$ 上考虑随机微分方程

$$\mathrm{d}N(t)=rN(t)\left(1-\frac{N(t)}{K}\right)\mathrm{d}t+\sigma N(t)\mathrm{d}B(t),\quad N(0)=N_0$$

其中 $t<\tau_1$. 对函数 $f(x)=\ln|x-E|$ 应用 Itǒ 公式可得

$$\mathrm{d}\ln|N(t)-E|=\frac{rN(t)\left(1-\dfrac{N(t)}{K}\right)}{|N(t)-E|}\mathrm{d}t-\frac{\sigma^2N(t)^2}{2(N(t)-E)^2}\mathrm{d}t+\frac{\sigma N(t)}{|N(t)-E|}\mathrm{d}B(t)$$

从 0 到 τ_1 上积分上面的方程, 有

$$\begin{aligned}\ln(N_1-E)=&\ln|N_0-E|+\int_0^{\tau_1}\frac{rN(t)\left(1-\dfrac{N(t)}{K}\right)}{|N(t)-E|}\mathrm{d}t\\&-\int_0^{\tau_1}\frac{\sigma^2N(t)^2}{2(N(t)-E)^2}\mathrm{d}t+\int_0^{\tau_1}\frac{\sigma N(t)}{|N(t)-E|}\mathrm{d}B(t)\end{aligned}\tag{7.4.19}$$

根据随机积分的高斯性质求期望得

$$\mathbb{E}\left[\int_0^{\tau_1}\sigma N(t)/\left|N(t)-E\right|\mathrm{d}B(t)\right]\sim N\left(0,\int_0^{\tau_1}\left(\sigma N(t)/\left|N(t)-E\right|\right)^2\mathrm{d}t\right)$$

由于最后一项 $\int_0^{\tau_1} \sigma N(t)/|N(t)-E| \mathrm{d}B(t)$ 的期望为零, 即

$$\mathbb{E}\left[\int_0^{\tau_1} \sigma N(t)/|N(t)-E| \mathrm{d}B(t)\right] = 0 \tag{7.4.20}$$

则 τ_1 时刻种群数量的期望为

$$\begin{aligned}\mathbb{E}[\ln(N_1-E)] = \ln|N_0-E| &+ \mathbb{E}\left[\int_0^{\tau_1} \frac{rN(t)\left(1-\dfrac{N(t)}{K}\right)}{|N(t)-E|}\mathrm{d}t\right] \\ &- \mathbb{E}\left[\int_0^{\tau_1} \frac{\sigma^2 N(t)^2}{2(N(t)-E)^2}\mathrm{d}t\right]\end{aligned} \tag{7.4.21}$$

同样地, 考察模型 (7.4.18) 在 $(\tau_1, t]$ 上的解, 其中 $t \leqslant T_h$. 对随机微分方程

$$\mathrm{d}N(t) = rN(t)\left(1-\frac{N(t)}{K}\right)\mathrm{d}t + \sigma N(t)\mathrm{d}B(t), \quad N(\tau_1^+) = N_1^+$$

应用 Itô 公式得

$$\mathrm{d}\ln N(t) = r\left(1-\frac{N(t)}{K}\right)\mathrm{d}t - \frac{1}{2}\sigma^2\mathrm{d}t + \sigma\mathrm{d}B(t)$$

从 τ_1 到 T_h 积分有

$$\ln N(T_h) = \ln N_1^+ + \left(r-\frac{1}{2}\sigma^2\right)(T_h-\tau_1) - \frac{r}{K}\int_{\tau_1}^{T_h} N(t)\mathrm{d}t + \int_{\tau_1}^{T_h}\sigma\mathrm{d}B(t)$$

取期望后最后一项同样为零, 故有

$$\mathbb{E}[\ln N(T_h)] = \mathbb{E}\left[\ln N_1^+ + \left(r-\frac{1}{2}\sigma^2\right)(T_h-\tau_1) - \frac{r}{K}\int_{\tau_1}^{T_h} N(t)\mathrm{d}t\right] \tag{7.4.22}$$

将 (7.4.21) 代入 (7.4.22) 得

$$\begin{aligned}\mathbb{E}[\ln N(T_h)] = \ln|N_0-E| &+ \mathbb{E}\left[\int_0^{\tau_1}\left(\frac{rN(t)\left(1-\dfrac{N(t)}{K}\right)}{|N(t)-E|} - \frac{\sigma^2 N(t)^2}{2(N(t)-E)^2}\right)\mathrm{d}t\right] \\ &+ \left(r-\frac{1}{2}\sigma^2\right)(T_h - \mathbb{E}[\tau_1]) - \mathbb{E}\left[\frac{r}{K}\int_{\tau_1}^{T_h} N(t)\mathrm{d}t\right]\end{aligned} \tag{7.4.23}$$

为了研究最优存储量问题, 对方程 (7.4.23) 关于变量 τ_1 求导得

$$\frac{\mathrm{d}\mathbb{E}\left[\ln N(T_h)\right]}{\mathrm{d}\tau_1}=\mathbb{E}\left[\frac{rN_1\left(1-\dfrac{N_1}{K}\right)}{N_1-E}-\frac{\sigma^2N_1^2}{2(N_1-E)^2}\right]-\left(r-\frac{1}{2}\sigma^2\right)+\mathbb{E}\left[\frac{r}{K}N_1^+\right] \tag{7.4.24}$$

因为在状态依赖的脉冲微分方程 (7.4.18) 中, N_1 可以看作预先设定的值, 所以它的期望是常数. 令方程 (7.4.24) = 0, 可得二次方程

$$-4rN_1^2+\left(6Er+2Kr-2\sigma^2K\right)N_1+\sigma^2KE-2KEr-2E^2r=0 \tag{7.4.25}$$

且当系数判别式必须满足

$$A_1\triangleq\sigma^4K^2-2\sigma^2K^2r-2\sigma^2KEr+K^2r^2-2KEr^2+E^2r^2>0$$

时, 方程 (7.4.25) 存在两个正根. 注意到 A_1 可看作关于 σ^2 的开口向下的一元二次方程, 所以 $A_1>0$ 的条件是要么 $0\leqslant\sigma^2<r\left(K+E-2\sqrt{KE}\right)/K\triangleq\sigma_1^2$, 要么 $\sigma^2>r\left(K+E+2\sqrt{KE}\right)/K\triangleq\sigma_2^2$.

因此, 方程 (7.4.25) 的两个根 $\{N_1^M,N_1^m\}$ 为

$$\begin{cases}N_1^M=\dfrac{-\sigma^2K+Kr+3Er+\sqrt{A}_1}{4r}\\N_1^m=\dfrac{-\sigma^2K+Kr+3Er-\sqrt{A}_1}{4r}\end{cases} \tag{7.4.26}$$

如果 $N_1^MN_1^m=(2KEr+2E^2r-\sigma^2KE)/4r\leqslant0$, 则 $\sigma^2\geqslant(2Kr+2Er)/K>\sigma_2^2$. 根据 $\sigma^2<2r$ 以及 $2r<(2Kr+2Er)/K$ 可知, (7.4.25) 不可能有两个异号的根. 因此为了保证 (7.4.25) 存在两个正根, 必须满足

$$\begin{cases}N_1^MN_1^m=\dfrac{2KEr+2E^2r-\sigma^2KE}{4r}>0\\N_1^M+N_1^m=\dfrac{6Er+2Kr-2\sigma^2K}{4r}>0\end{cases}$$

其中 $\sigma^2<(Kr+3Er)/K$. 又 $\sigma_1^2<(Kr+3Er)/K<\sigma_2^2$, 所以方程 (7.4.25) 有两个正根的条件是 $0\leqslant\sigma^2<\sigma_1^2<2r$.

综上所述, 根据极值条件, 使种群数量 $N(T_h)$ 的期望达到最大的极值点为

$$N_1=N_1^M=\frac{-\sigma^2K+Kr+3Er+\sqrt{A}_1}{4r} \tag{7.4.27}$$

其中 $0\leqslant\sigma^2<\sigma_1^2<2r$, 并且 $N_1^M<N(T_h)$. 以上结论证实了实施一次脉冲控制时最优阈值的存在性. 注意到, 只有当噪声干扰在一个相对小的范围内时, 阈值水平 N_1^M 才存在, 这也说明了噪声干扰不利于资源的开发.

例 7.4.4 给定系统 (7.4.18) 的参数 $N_0=10$, $K=200$, $r=2$, $\sigma=0.4$, $E=45$, 数值求解该模型, 如图 7.4.7 所示. 图 7.4.7 (a) 比较了脉冲收获发生在最

优阈值 N_1 处和任意给定值处的区别, 图中每一个曲线都是模拟 40 次后取平均的结果. 图 7.4.7 (b) 和 (c) 展示了每次模拟的解轨线. 通过比较可以看出, 只有当种群数量达到最优阈值 N_1 时进行捕捞, 种群数量的期望在收获季末才最大.

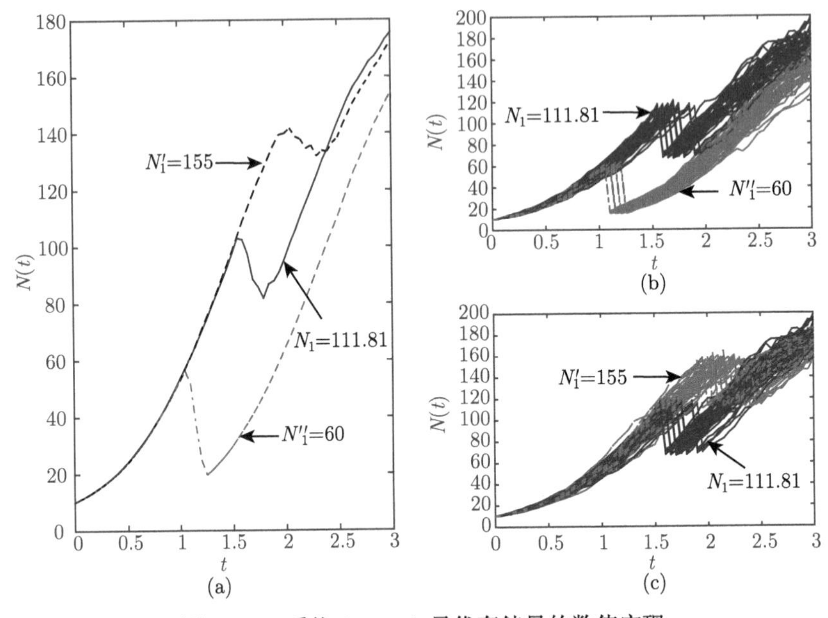

图 7.4.7　系统 (7.4.18) 最优存储量的数值实现

(a) 是 40 次模拟后取平均的结果, 其中蓝色实线代表脉冲收获发生在最优阈值 $N_1 = N_1^M$ 处的平均值, 黑色虚线和红色虚线是其他情形下的平均值. 显然在收获季末, 蓝色实线代表的鱼类种群的存储量的期望最大. (b) 和 (c) 给出了 40 次模拟的解轨线

(彩图见封底二维码)

注记 7.4.1　在式 (7.4.27) 中, 令 $\sigma = 0$, 得出模型的最优阈值为 $(K+E)/2$, 即与确定性模型的阈值水平一致.

下面将通过两种不同的方法计算确定性模型的最优阈值水平. 模型 (7.4.1) 在 T_h 时刻的解为

$$N(T_h) = N_0 + \int_0^{\tau_1} rN(t)\left(1 - \frac{N(t)}{K}\right)\mathrm{d}t - E + \int_{\tau_1}^{T_h} rN(t)\left(1 - \frac{N(t)}{K}\right)\mathrm{d}t$$

$N(T_h)$ 关于 τ_1 求导得

$$\begin{aligned}\frac{\mathrm{d}N(T_h)}{\mathrm{d}\tau_1} &= rN_1\left(1 - \frac{N_1}{K}\right) - rN_1^+\left(1 - \frac{N_1^+}{K}\right)\\ &= Er + \frac{rE^2}{K} - \frac{2Er}{K}N_1\end{aligned}$$

令 $\mathrm{d}N(T_h)/\mathrm{d}\tau_1 = 0$, 求出 $N_1^M = (K+E)/2$. 相应的最优脉冲时刻 $\tau_1^M = \dfrac{1}{r}\ln\left(\dfrac{K-N_0}{N_0}\dfrac{K+E}{K-E}\right)$ 和最优种群水平为

$$\begin{aligned} N_1^M &= \frac{N_0 \mathrm{e}^{r\tau_1^M}}{1+N_0(\mathrm{e}^{r\tau_1^M}-1)/K} \\ &= \frac{(K-N_0)\dfrac{K+E}{K-E}}{1+N_0\left(\dfrac{K-N_0}{N_0}\dfrac{K+E}{K-E}-1\right)\Big/K} \\ &= \frac{K+E}{2} \end{aligned}$$

这就说明当噪声强度为零时, 上面的结论与确定性模型的结论一致.

注记 7.4.2 随机模型的最优阈值总比对应确定性模型的最优阈值小.

实际上, N_1^M 关于 σ 求导得

$$\frac{\mathrm{d}N_1^M}{\mathrm{d}\sigma} = \frac{-\sigma K\left(-\sigma^2 K + Kr + Er + \sqrt{A_1}\right)}{2r\sqrt{A_1}}$$

根据

$$\sigma^2 < r\left(K+E-2\sqrt{KE}\right)/K$$

得

$$-K\sigma^2 + rK + rE > 2r\sqrt{KE}$$

可见 N_1^M 关于 σ 单调递减. 由 $\mathrm{d}N_1^M/\mathrm{d}\sigma = 0$ 可知, $\sigma = 0$ 是 N_1^M 的极大值点. 因此, 随机模型的最优阈值总比对应确定性模型的最优阈值小.

这一节介绍了如何根据实际问题建立数学模型, 通过对数学模型的定性分析, 寻找问题的答案, 希望对大家有所启发. 与此相似的问题可以参看本章习题 3. 关于可再生资源的综合利用和管理问题的研究非常广泛, 涉及的数学理论、方法也很多, 有兴趣的学生可以参考文献 [26, 46, 122].

7.5 最优害虫控制策略

综合害虫防治要求综合采用化学控制、生物控制、物理控制等多种控制手段, 使害虫种群数量低于某种阈值水平, 避免产生害虫的再猖獗和次要害虫的大量发生等问题. 近年来, 综合害虫防治的内容已经和害虫种群数量的动态控制联系在一起, 专家认为综合防治是应用各种适当的技术使害虫种群下降至引起经济损失的数量水平以下. 1972 年美国环境质量委员会提出“Integrated Pest Management” (IPM),

即有害生物综合治理的概念. 目前有关 IPM 的定义有很多种, 如联合国粮农组织在 1967 年对 IPM 的定义: 综合治理是有害生物的一种管理系统, 它按照有害生物的种群动态及与之相关的环境关系, 尽可能协调地运用适当的技术和控制方法, 使有害生物种群保持在经济危害水平之下[87, 133, 134] (图 3.5.1). 综合治理采取的措施主要有化学防治、生物防治 (包括用生物代谢物、信息素、捕食或寄生者)、栽培措施防治 (如轮作、改变种植期、改善环境卫生条件等)、机械或物理防治、遗传防治等.

根据 IPM 的定义, 综合防治的目的是要把害虫种群控制在一定数量之内, 使其造成的损失在经济允许水平之下, 而不是彻底消灭害虫. 也就是说只有当害虫种群数量达到一定程度 (即达到某种临界水平), 并对农作物造成人类所不能容忍的损害时才实施措施控制害虫的增长, 这个所谓的临界水平就是害虫管理中的"经济阈值"(有时也称 "经济临界值"). 生物防治是一种生态治理手段, 目的不是完全消灭害虫, 而是把天敌赖以生存的寄主害虫种群数量控制在经济阈值允许水平之下, 恢复农田良性生态循环, 最后获得最大的效益. 在作物中, 少数的害虫存在可以为天敌提供食料和中间宿主, 从而增加天敌的自然控制能力. 如稻田中食叶性害虫稻螟蛉的数量若加以控制 (小于 ET), 它是稻苞虫的寄生蜂——赤眼蜂的中间宿主, 它们的存在可以保持赤眼蜂的数量. 若杀光它们, 稻田后期稻苞虫就会泛滥成灾.

根据图 3.5.1 和 IPM 策略的定义可以看出, ET 和 EIL 是综合害虫控制中的两个核心概念. 那么在害虫控制的实际应用中如何确定 ET, 从而实施综合害虫控制策略呢? 在利用数学模型研究综合害虫控制策略时有两种处理方法. 一种方法是把 ET 看成一个给定的常数, 通过建立模型研究如何实施综合控制策略使得害虫数量不超过 ET. 在假设 ET 是常数的情况下, 唐三一及其合作者根据 IPM 策略的定义, 结合害虫和天敌种群的动态特征, 提出了许多害虫综合管理的数学模型 (如本书 3.5 节介绍的综合害虫治理模型), 并对模型进行了详细的动态行为分析, 给出了理论结论所隐含的生物结论. 特别地, 通过模型分析可以得到实施害虫综合控制策略的最佳时间、最佳杀虫剂喷洒剂量和最优天敌投放比例等, 这为设计最佳的害虫控制策略提供了帮助[119–122, 124].

另一种更加实际的处理方法是把 ET 看作一个动态过程, 它应依赖害虫种群的数量、农作物的价格、农药的成本、实施控制策略的花费等因素. 因此, 下面我们从农业生态学中害虫控制的一个实际问题出发, 介绍如何结合农作物产量、害虫动态变化、害虫控制成本以及农作物市场价格等因素, 实施害虫的化学控制, 使得农场主获得最佳的经济效益. 最终得到使得效益最大且害虫得以控制的最优经济阈值 ET.

从经济学关于害虫综合治理的观点来看有害生物治理本身是人类的一项经济管理活动, 所以应该遵循经济学的原则. 一切无利可图的防治活动都是不可取的. 因此, 综合治理应重视经济效益的研究, 即防治成本与防治收益之间关系的研究, 并以此为根据选择和实施防治措施, 并追求最佳的经济效益.

当我们考虑农业害虫控制时, 一个实际问题就是在什么时间实施控制方案和如何控制使得农场主获得最大的经济效益? 问题的关键是如何定义害虫种群的经济阈值和害虫种群在什么时候到达经济阈值. 我们知道, 种群数量的变化发展是一个动态的过程, 正确地预测种群数量也是实施最优控制的关键之一.

Headley 在 1971 年首次把经济阈值和种群的动态模型结合, 改进了一个简单的害虫控制模型, 该模型结合了庄稼的损失、害虫种群密度和控制时间 (从播种到收获只实施一次控制). Headley 模型四个基本的元素为种群增长模型、害虫损害函数、产品收益函数和控制成本函数, 分别定义为

$$
\begin{array}{ll}
\text{种群增长模型} & N_t = N_{t-s}(1+r)^s \\
\text{害虫损害函数} & D_t = bN_t^2 - A \\
\text{产品收益函数} & Y = H - cD_t \\
\text{控制成本函数} & K = \dfrac{h}{N_{t-s}}
\end{array}
\tag{7.5.1}
$$

其中利润 = 收益 − 成本, 公式中收益等于所生产的庄稼的销售收入, 成本等于为了生产庄稼而用于生产要素的费用, 这里指控制害虫到经济阈值水平的总成本. 模型 (7.5.1) 中 N_t 表示害虫种群在 t 时刻的密度, 此时 t 为庄稼收获时间; r 为单位时间内害虫个体的内禀增长率; D_t 为周期 t 内的累积损失, 是种群密度 N_t 的函数 (此时害虫种群从 N_{t-s} 增长到 N_t 之间没有任何外在干扰); A 为一个基于庄稼恢复潜势由害虫导致损失的容忍水平; b 为一个相对于单位密度的害虫对单位数量的庄稼造成的损害; Y 为收获时刻 t 所获得的利润 (以美元为单位); H 为收获时刻 t 在没有害虫损害时的收益; c 为相对于美元的单位损失参数; K 为在 $t-s$ 时刻把害虫密度控制到 N_{t-s} 的以美元为单位的总成本; h 为一个相应于逆人口单位的成本控制参数.

结合模型 (7.5.1) 中的前三个方程得

$$
Y = H - c[b(N_{t-s}(1+r)^s)^2 - A] \tag{7.5.2}
$$

$t-s$ 时刻害虫密度微小的增量调整导致边际收益的变动为

$$
\frac{\mathrm{d}Y}{\mathrm{d}N_{t-s}} = -2cb(1+r)^{2s}N_{t-s} \tag{7.5.3}
$$

而 $t-s$ 时刻害虫密度微小的增量调整导致害虫控制的边际成本的变动为

$$\frac{\mathrm{d}K}{\mathrm{d}N_{t-s}}=-\frac{h}{N_{t-s}^2} \tag{7.5.4}$$

定义利润函数 $P=Y-K$, 要使利润取到极值 $\left(\frac{\mathrm{d}P}{\mathrm{d}N_{t-s}}=0\right)$, 我们可以确定最优的害虫数量, 即在 $t-s$ 时刻最优的控制害虫数量为

$$N_{t-s}^*=\left(\frac{h}{2cb(1+r)^{2s}}\right)^{1/3} \tag{7.5.5}$$

而且可以验证 $\left.\frac{\mathrm{d}^2P}{\mathrm{d}N_{t-s}^2}\right|_{N_{t-s}=N_{t-s}^*}<0$, 则当 $N_{t-s}=N_{t-s}^*$ 时利润达到最大.

公式 (7.5.5) 为 Headley 经济阈值, 是使得在区间 $[t-s,t]$ 由于害虫密度的增加而获得最小的成本控制情况下, $t-s$ 时刻应该被控制到的害虫密度. Headley 模型包含了许多在任何一个经济临界定义中都必须考虑的因素. 尽管如此, 该模型仍然存在许多假设上的缺陷.

首先, 害虫被控制的时刻 $t-s$ 是事先假定的, 这样害虫在 $t-s$ 以前对庄稼造成的损害不能控制也没有考虑到模型中. 图 7.5.1 说明了害虫密度和时间之间的关系. Headley 经济阈值是害虫在 $t-s$ 时刻被控制以后的害虫密度而不是在这一刻控制前的密度水平 (记为 N_{t-s}^-). 实际上, 昆虫学家对经济阈值定义中的害虫密度通常是指后者即 N_{t-s}^-. 另一个重要的问题是害虫什么时候达到经济阈值水平和什么时候使用杀虫剂? 其次, 控制成本应该是害虫被控制前密度的函数 (即 N_{t-s}^- 的函数和 $N_{t-s}^- - N_{t-s}$ 的函数), 而不是控制后密度的函数. 由于 N_{t-s} 是初始 N_0 的函数且被 N_0 唯一确定, 所以 Headley 模型仅仅对一个特殊的初始值 N_0 成立. 同时注意到如果杀虫剂应用的时间 $t-s$ 是一个变量, Headley 模型中的成本函数必须加以改进.

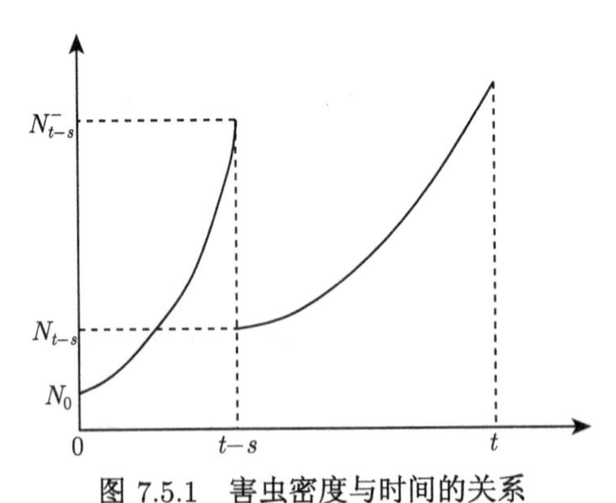

图 7.5.1　害虫密度与时间的关系

其中 0 时刻表示播种庄稼的时间, t 时刻表示收获庄稼的时间, $t-s$ 时刻表示害虫被控制的时刻, N_{t-s}^- 是害虫被控制前的密度, N_{t-s} 是被控制后的密度, N_0 是初始害虫密度水平

为了克服 Headley 模型的以上不足, Hall 和 Norgaard 在 1973 年提出了一个两变量模型, 以下简称 Hall-Norgaard 模型[52]. Hall-Norgaard 模型假设在没有外界干扰下, 害虫种群符合指数增长方式即 Malthus 人口模型

$$\frac{\mathrm{d}N(t)}{\mathrm{d}t} = rN(t) \tag{7.5.6}$$

其解析解可表示为

$$N(t) = \bar{N}_0 \mathrm{e}^{rt} \tag{7.5.7}$$

其中 r 为种群的内禀增长率, $\bar{N}_0$ 为初始种群密度. 如果我们假设庄稼在 t_0 时刻播种, t_h 时刻收获, 害虫控制在时刻 $t_i \in (t_0, t_h)$ 实施, 共有 K 单位密度害虫被杀掉 (K 称为杀虫函数 (killing function)), 并记 $N_0 = \bar{N}_0 \mathrm{e}^{rt_0}$ 为害虫在庄稼播种时刻 t_0 的种群密度, 则在时间区间 $[t_0, t_h]$ 害虫种群的增长可表示为

$$N(t) = \begin{cases} N_0 \mathrm{e}^{rt}, & t_0 \leqslant t \leqslant t_i \\ (N_0 \mathrm{e}^{rt_i} - K)\mathrm{e}^{r(t-t_i)}, & t_i < t \leqslant t_h \end{cases} \tag{7.5.8}$$

注意到杀虫函数 K 应该是杀虫剂的剂量和在 t_i 时刻害虫种群密度的函数, 即

$$K = K(X, N(t_i)) = K(X, N_0 \mathrm{e}^{rt_i}) \tag{7.5.9}$$

或

$$K = K(X, t_i, N_0, r) \tag{7.5.10}$$

其中 X 表示杀虫剂的剂量. 杀虫函数 K 说明杀虫的多少或密度, 由杀虫剂的剂量和使用杀虫剂时刻害虫的密度确定. 由于 $N(t_i)$ 依赖于 t_i, r 和 N_0, 且对于给定的害虫其内禀增长率和初始密度 N_0 是固定的. 所以杀虫函数 K 可简写为

$$K = K(X, t_i) \tag{7.5.11}$$

害虫损害函数是害虫密度 $N(t)$ 的函数

$$D(t_2 - t_1) = \int_{t_1}^{t_2} d(t)\mathrm{d}t, \quad d(t) = bN(t) \tag{7.5.12}$$

其中 $d(t)$ 是害虫造成庄稼的单位瞬时损失率, 并且是区间 (t_0, t_h) 上的一个分段连续函数, b 是刻画单位害虫对庄稼造成的损失率, 则 $D(t_2 - t_1)$ 为在时间 t_1 到 t_2 的庄稼总损失. 庄稼总损失在整个时间区间可以分为两个部分: 杀虫剂应用之前和杀虫剂应用之后, 则

$$D(t_h - t_0) = \int_{t_0}^{t_i} d(t)\mathrm{d}t + \int_{t_i}^{t_h} d(t)\mathrm{d}t \triangleq D_1 + D_2 \tag{7.5.13}$$

故

$$D(t_h - t_0) = \frac{b}{r}\left[(\mathrm{e}^{rt_h} - \mathrm{e}^{rt_i})(N_0 - \mathrm{e}^{-rt_i}K(X,t_i)) + N_0(\mathrm{e}^{rt_i} - \mathrm{e}^{rt_0})\right] \tag{7.5.14}$$

不妨假设 $t_0 = 0$, 则庄稼的收益函数为

$$Y = H - D(t_h) \tag{7.5.15}$$

控制成本函数为

$$C = \alpha X \tag{7.5.16}$$

其中 C 是杀虫剂的总成本, X 是杀虫剂剂量, α 是购买和使用单位杀虫剂的成本. 所以利润可通过如下的方程求得

$$P = \beta Y - C = \beta[H - D_1 - D_2] - \alpha X \tag{7.5.17}$$

其中 β 是庄稼的价格. 把式 (7.5.14) 代入式 (7.5.17) 得

$$P = \beta H - \frac{\beta b}{r}\left[\left(\mathrm{e}^{rt_h} - \mathrm{e}^{rt_i}\right)\left(N_0 - \mathrm{e}^{-rt_i}K(X,t_i)\right) + N_0\left(\mathrm{e}^{rt_i} - 1\right)\right] - \alpha X \tag{7.5.18}$$

经济阈值是害虫种群在控制时刻 t_i 的种群密度 $N(t_i)$, 此时利润最大是一个多目标决策最优控制问题, 即同时选择最优的控制时刻 t_i 和最优的杀虫剂剂量 X 使得利润达到最大. 为寻找最优的控制时刻 t_i 和最优的杀虫剂剂量 X, 方程 (7.5.18) 分别对 X 和 t_i 求导得

$$P'_X = -\alpha + \frac{\beta b}{r}\left[\mathrm{e}^{r(t_h - t_i)} - 1\right]K'_X(X,t_i) = 0 \tag{7.5.19}$$

和

$$P'_{t_i} = -\frac{\beta b}{r}\left[1 - \mathrm{e}^{r(t_h - t_i)}\right]K'_{t_i}(X,t_i) - \beta b\mathrm{e}^{r(t_h - t_i)}K(X,t_i) = 0 \tag{7.5.20}$$

从方程 (7.5.19) 和 (7.5.20) 可以看出最优的收获时间是害虫种群增长率、单位害虫对庄稼的损失率和庄稼价格的函数, 进而经济阈值依赖于这些参数的变化. 重新组织这两个方程得

$$\begin{cases} K'_X(X,t_i) = \dfrac{\alpha r}{\beta b[\mathrm{e}^{r(t_h - t_i)} - 1]} \\ K'_{t_i}(X,t_i) = \dfrac{r\mathrm{e}^{r(t_h - t_i)}K(X,t_i)}{\mathrm{e}^{r(t_h - t_i)} - 1} \end{cases} \tag{7.5.21}$$

观察上式可以得到一个有趣的事实: 参数 α, β 和 b 只影响 K'_X 而不影响 K'_{t_i}. 这意味着如果杀虫剂的剂量或杀虫效率是固定的, 应用杀虫剂的时间将不受杀虫剂价格或产品价格的影响. 此时影响杀虫剂应用时间的因素只是杀虫剂的有效性和害虫的内禀增长率. 为了精确地求解经济临界水平, 关于害虫种群的杀虫函数就必须给

定. Hall 和 Norgaard[52], Borosh 和 Talpaz[13] 讨论了方程 (7.5.21) 最优解的存在性. 比如, Borosh 和 Talpaz[13] 考虑了如下特殊的杀虫函数

$$K(X,t_i)=(N(t))^{\gamma}F(X)=N_0^{\gamma}\mathrm{e}^{\gamma rt_i}F(X) \tag{7.5.22}$$

得到了保证内部最优解存在的充要条件是 $\gamma>1$. 这说明当 $\gamma=1$, 即杀虫函数是种群密度的线性函数时, 模型不存在内部最优解 (最优解在 $t_i=0$ 取得). 实际上, 对于特殊函数 (7.5.22) 有

$$K'_{t_i}(X,t_i)=\gamma rK_{t_i}(X,t_i)$$

同时根据 (7.5.19) 和 (7.5.20) 有

$$P'_{t_i}=-\beta bK(X,t_i)\left[\gamma-(\gamma-1)\mathrm{e}^{r(t_h-t_i)}\right]$$

令 $P'_{t_i}=0$ 得到

$$K(X,t_i)=0 \quad 或 \quad \mathrm{e}^{r(t_h-t_i)}=\frac{\gamma}{\gamma-1}$$

上式说明存在内部最优解 t_i 的充要条件是 $\gamma>1$. 进一步, 利用多元函数极值存在的条件, 容易证明在 t_i 点得到的最优解是最大值点.

上面介绍了一次害虫控制下使得经济效益最大时最优时间和最优剂量的存在性, 利用相似的方法可以研究多次脉冲害虫控制的最优解, 种群动态变化可以服从 Malthus 也可以服从 Logistic 增长规律, 有关这方面的详细工作参考文献 [52, 77, 122].

7.6 抗药性动态发展与害虫最优控制

在单种群模型、多种群模型以及渔业资源最优收获和害虫最优控制相关章节我们对害虫控制有关模型做了较深入的介绍和分析. 但是, 在实际的害虫控制过程中, 由于频繁地使用杀虫剂, 害虫会慢慢产生抗药性, 这可能导致害虫再度猖獗或更大规模地暴发. 为了应对害虫对杀虫剂抗药性的发展, 从而减少损失, 近年来, 各国专家提出了许多措施, 比如第 3 章和第 7 章介绍的综合害虫治理策略. 应对抗药性发展的其他方法还包括选择几种作用机理不同的杀虫剂交替或轮换使用, 以降低或延缓害虫对杀虫剂的抗药性发展. 然而在这些防治措施下, 以什么标准轮换杀虫剂? 什么时间是最优换药时间? 这些问题是农业部门非常关心的问题, 我们也希望通过建立简单数学模型来回答上述相关科学问题[78-80].

7.6.1 抗药性动态发展方程与害虫动态增长模型的耦合

为了刻画害虫抗药性动态发展以及抗药性管理策略对害虫种群增长、暴发和控制的影响, 首先必须建立相应的抗药性动态发展方程, 并能分析剂量、用药频率等因素对抗药性发展的影响. 然后建立害虫种群的增长模型, 并区分害虫对药物的敏感程度、刻画杀虫剂的喷洒对种群增长的影响. 实现上述目标的一个模型思想就是将抗药性动态发展方程与害虫动态增长方程进行有机耦合. 因此, 下面先介绍这一建模过程.

假设害虫种群的增长符合 Logistic 增长模型, 即

$$\frac{\mathrm{d}P}{\mathrm{d}t}=rP(1-\eta P)$$

其中 $P(t)$ 是害虫种群在 t 时刻的种群密度, r 是内禀增长率, η 是与环境容纳量相关的参数.

为了研究害虫对杀虫剂的抗药性发展, 需要把害虫种群分为两部分: 对杀虫剂敏感的易感染害虫 (记为 P_s) 和具有抗药性的害虫 (记为 P_r), 其中易感染害虫所占的比例为 ω, 那么具有抗药性害虫的比例为 $1-\omega$. 故有 $P_s=\omega P$ 和 $P_r=(1-\omega)P$. 根据定义 ω 可以被看成杀虫剂的毒性对其致命的那部分害虫数量所占的比例, 或者说是杀虫剂的有效性. 一般地, 当喷洒杀虫剂时, 易感染害虫具有很高的死亡率, 假设其死亡率为 d_1, 具有抗药性的害虫具有较低的死亡率, 设其死亡率为 d_2. 那么易感染和具有抗药性的害虫增长符合如下方程

$$\begin{cases}\dfrac{\mathrm{d}P_s}{\mathrm{d}t}=\omega rP(1-\eta P)-d_1P_s\\[2mm]\dfrac{\mathrm{d}P_r}{\mathrm{d}t}=(1-\omega)rP(1-\eta P)-d_2P_r\end{cases}\tag{7.6.1}$$

为简单起见, 下面分析过程中假设具有抗药性的害虫对杀虫剂几乎完全具有抵抗性, 即 $d_2\approx 0$. 因此, 如果杀虫剂是连续地喷洒, 则总的害虫数量增长满足如下方程

$$\frac{\mathrm{d}P}{\mathrm{d}t}=\frac{\mathrm{d}P_s}{\mathrm{d}t}+\frac{\mathrm{d}P_r}{\mathrm{d}t}=rP(1-\eta P)-\omega d_1P$$

由于 $\omega=P_s/P$, 那么易感染害虫占害虫总量的比例 ω 满足如下微分方程

$$\begin{aligned}\frac{\mathrm{d}\omega}{\mathrm{d}t}&=\frac{\mathrm{d}}{\mathrm{d}t}\left(\frac{P_s}{P}\right)=\left(\frac{\mathrm{d}P_s}{\mathrm{d}t}P-P_s\frac{\mathrm{d}P}{\mathrm{d}t}\right)\Big/P^2\\&=d_1\omega(\omega-1)\end{aligned}\tag{7.6.2}$$

因此, 模型 (7.6.1) 可以重新改写为

$$\begin{cases}\dfrac{\mathrm{d}P}{\mathrm{d}t}=rP(1-\eta P)-\omega d_1P\\[2mm]\dfrac{\mathrm{d}\omega}{\mathrm{d}t}=d_1\omega(\omega-1)\end{cases}\tag{7.6.3}$$

现实中, 杀虫剂一般都是脉冲式的喷洒, 即喷洒杀虫剂是在害虫种群增长的特定时刻实施喷洒. 如果假设杀虫剂是在瞬间起到杀死害虫的作用, 则应该应用前面章节介绍的脉冲微分方程刻画才更为真实有效. 鉴于此, 不妨假设在 τ_{i-1} 时刻喷洒杀虫剂, 这里 $\tau_0=0$, $i\in\mathcal{N}$ 且 $\mathcal{N}=\{1,2,3,\cdots\}$, 而且脉冲时刻满足 $0=\tau_0<\tau_1<\tau_2<\cdots$. 则在 τ_{i-1} 时刻, 杀虫剂杀死密度为 $d_1\omega(\tau_{i-1})P(\tau_{i-1})$ 的害虫. 因此, 有如下脉冲微分方程

$$\begin{cases}\dfrac{\mathrm{d}P(t)}{\mathrm{d}t}=rP(t)(1-\eta P(t)), & t\neq\tau_{i-1}\\ P(\tau_{i-1}^{+})=(1-\omega(\tau_{i-1})d_1)P(\tau_{i-1}), & t=\tau_{i-1}\\ \dfrac{\mathrm{d}\omega(t)}{\mathrm{d}t}=d_1\omega(t)(\omega(t)-1)\end{cases}\tag{7.6.4}$$

其中 $P(\tau_0^+)=P_0$, $\omega(\tau_0)=\omega_0$, 即模型 (7.6.4) 中害虫种群的初始数量为在 τ_0 时刻喷洒杀虫剂之后残留下来的害虫种群数量.

由模型 (7.6.4) 易知, 杀虫剂对目标害虫的效率依赖于害虫抗药性的发展, 随着害虫抗药性的增长, 杀虫剂对害虫的杀死率不断下降. 但是, 模型 (7.6.4) 中的第三个抗药性发展方程只刻画了 $\omega(t)$ 随着时间的动态变化, 没有刻画杀虫剂使用频率、剂量等对抗药性发展的影响. 因此, 模型 (7.6.4) 还需做进一步的推广.

7.6.2 杀虫剂的使用剂量与频率对抗药性发展的影响

公式 (7.6.2) 揭示了害虫的抗药性随时间变化的规律. 然而它并没有考虑杀虫剂的使用频率、使用周期、使用剂量、环境等因素对害虫抗药性发展的影响. 同时我们也注意到在一个公式中考虑全部的因素非常困难, 但是注意到, 害虫对杀虫剂抗药性的发展进程主要依赖于杀虫剂的使用周期、使用频率以及使用剂量. 一个基本事实就是杀虫剂的使用频率越低、周期越长、使用剂量越小, 则害虫对它的抗药性的发展越慢. 基于此, 假设在每一时刻 $\tau_{i-1}(i\in\mathcal{N})$ 进行一次脉冲式喷洒杀虫剂, 因此在每个时间段 $\tau_{i-1}\leqslant t\leqslant\tau_i$ 内, 易感染类害虫所占比率 ω 满足如下方程

$$\frac{\mathrm{d}\omega(t)}{\mathrm{d}t}=d_1\omega\left(\omega^{q_i}-1\right),\quad \tau_{i-1}\leqslant t\leqslant\tau_i,\quad i\in\mathcal{N}\tag{7.6.5}$$

其中初始值为 $\omega(\tau_{i-1})$ 并且 $\omega(\tau_0)=\omega(0)=\omega_0$. 引入 q_i 为刻画杀虫剂的使用频率, 第 i 次喷洒杀虫剂的剂量 D_i, 以及第 i 次和第 $i-1$ 次喷洒杀虫剂的时间间隔 $\Delta\tau_i=\tau_i-\tau_{i-1}$ 的函数, 即我们假设 q_i 是上述因素的函数. 那么如何构造一个符合实际的简单函数就非常关键了. 为了简单起见, 不妨假设每次所使用的杀虫剂剂量是相同的, 即 D_i 是常数, 不失一般性, 令 $D_i=1$ $(i\in\mathcal{N})$. 因此, 最简单的 q_i 函数可以定义为 $q_i=i/\Delta\tau_i$. 例如, 当 $i=1$ 时, 则方程

$$\frac{\mathrm{d}\omega(t)}{\mathrm{d}t}=d_1\omega\left(\omega^{q_1}-1\right),\quad \tau_0\leqslant t\leqslant\tau_1,\ \omega(0)=\omega_0$$

描述了第一次在 τ_0 时刻使用该杀虫剂后易感染类害虫所占的比率函数 ω 在区间 $\tau_0 \leqslant t \leqslant \tau_1$ 上的动态演化情况.

为比较直观地揭示杀虫剂的使用频率 (或使用周期) 对害虫抗药性发展的影响, 在图 7.6.1 中令 $\Delta\tau_i = T$ (常数), 即周期喷洒杀虫剂, 定义函数 q_i 分别为 $i, i/2, i/3$ 及常数 1 时, 数值计算变量 ω 随时间发展的曲线图. 可以看出, 杀虫剂的使用频率越高 (即喷洒周期越短), 抗药性发展越快. 该数值实现说明 q_i 函数的上述定义是合理的, 能够被用来研究杀虫剂的使用频率等因素对抗性发展以及害虫控制的影响.

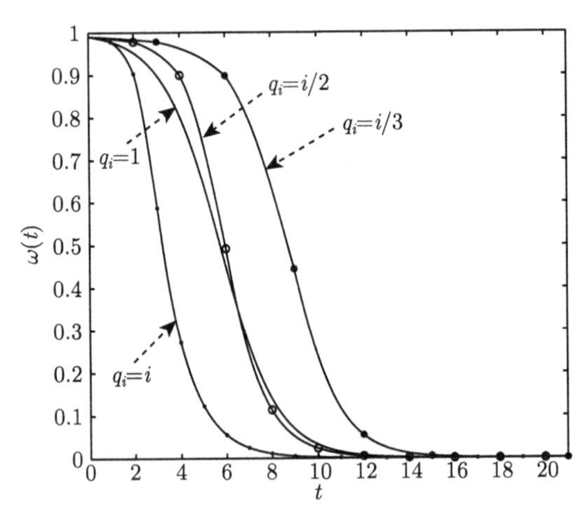

图 7.6.1　杀虫剂的使用频率对易感染类害虫所占比率 ω 动态演化的影响

其中 $d_1 = 0.8$, 四条曲线中 q_i 分别取 $i, i/2, i/3$ 和常数 1

方程 (7.6.5) 是一个标准的 Bernoulli 方程, 其解析解为

$$\omega(t) = \left(1 + \mathrm{e}^{q_i d_1 (t-\tau_{i-1})}\left((\omega(\tau_{i-1}))^{-q_i} - 1\right)\right)^{-\frac{1}{q_i}}, \quad \tau_{i-1} \leqslant t \leqslant \tau_i \tag{7.6.6}$$

因此, 在 τ_i 处的函数值为

$$\omega(\tau_i) = \left(1 + \mathrm{e}^{id_1}\left(\omega(\tau_{i-1})^{-q_i} - 1\right)\right)^{-1/q_i} \tag{7.6.7}$$

如果我们周期地使用杀虫剂, 即对所有的 $i \in \mathcal{N}$ 有 $\Delta\tau_i = T$. 则函数 ω 在每个脉冲点 nT 处可以被表示为

$$\omega(nT) = \left(1 + \mathrm{e}^{nd_1}\left(\omega((n-1)T)^{-n/T} - 1\right)\right)^{-T/n}, \quad n \in \mathcal{N} \tag{7.6.8}$$

特别地, 如果 $q_i = 1$, 即 $\omega(t)$ 的发展方程满足模型 (7.6.2), 则有

$$\omega(t) = \frac{\omega_0}{\omega_0 + (1-\omega_0)\mathrm{e}^{d_1 t}}, \quad t > 0 \tag{7.6.9}$$

为了记号和理论分析的必要, 下面我们不妨假设杀虫剂都是周期喷洒的, 并将推广的抗性动态发展方程与种群动态增长模型有机耦合.

7.6.3 耦合模型与害虫根除临界条件

在周期化学控制的假设下, 结合杀虫剂的喷洒频率及喷洒周期对害虫抗药性发展的影响, 模型 (7.6.4) 变为如下的周期脉冲控制系统

$$\begin{cases} \dfrac{\mathrm{d}P(t)}{\mathrm{d}t} = rP(t)(1-\eta P(t)), & t \neq nT \\ P(nT^+) = (1-\omega(nT)d_1)P(nT), & t = nT \\ \dfrac{\mathrm{d}\omega(t)}{\mathrm{d}t} = d_1\omega(t)(\omega(t)^{q_n}-1) \end{cases} \tag{7.6.10}$$

这里 T 为杀虫剂的喷洒周期, $q_n = n/T$, $P(0^+) = P_0$, $\omega(0) = \omega_0$.

由于模型 (7.6.10) 中的第三个方程和前面两个方程独立, 因此, 可以单独解析求出 $\omega(t)$ 的表达式, 其表达式由 (7.6.8) 给出.

另外, 在任意的脉冲区间 $(n-1)T < t \leqslant nT(n \in \mathcal{N})$ 上, 对模型 (7.6.10) 的第一方程求解, 可得在 t 时刻害虫种群数量为

$$P(t) = \frac{(1-\omega((n-1)T)d_1)P((n-1)T)\mathrm{e}^{r(t-(n-1)T)}}{1+(1-\omega((n-1)T)d_1)P((n-1)T)\eta(\mathrm{e}^{r(t-(n-1)T)}-1)} \tag{7.6.11}$$

令 $Y_n = P(nT)$, 则可得如下非自治差分方程

$$Y_{n+1} = \frac{(1-\omega(nT)d_1)\mathrm{e}^{rT}Y_n}{1+(1-\omega(nT)d_1)\eta(\mathrm{e}^{rT}-1)Y_n} \tag{7.6.12}$$

该模型与 2.3.3 节介绍的 Beverton-Holt 差分方程一致. 由于 $\omega(nT)$ 依赖于模型 (7.6.10) 的第三个方程, 因此, 差分方程 (7.6.12) 是一个非自治的差分方程, 不能像求解自治差分方程那样并进行相应的理论分析.

但是, 我们的目的是通过一定的控制措施使得害虫能够最终灭绝, 从数学的角度考虑问题就是只需分析模型 (7.6.12) 零解的稳定性. 由 (7.6.12) 可知, 对所有的 $n \in \mathcal{N}$, 有

$$Y_{n+1} < (1-\omega(nT)d_1)\mathrm{e}^{rT}Y_n$$

为此, 我们定义阈值 $R_0(n,T)$ 如下:

$$R_0(n,T) \doteq (1-d_1\omega(nT))\,\mathrm{e}^{rT} \tag{7.6.13}$$

其中 $\omega(nT)$ 由公式 (7.6.8) 给出. 因此, 如果对所有的 $n \in \mathcal{N}$, 都有 $R_0(n,T) < 1$, 则非自治差分方程 (7.6.12) 的零解全局渐近稳定, 即害虫最终根除. 根据 $\omega(nT)$ 的

表达式知, 害虫根除阈值 $R_0(n,T)$ 是 n 的函数而不是常数, 即依赖于杀虫剂的喷洒次数.

特别地, 如果对任意的 $n\in\mathcal{N}$, 都有 $q_n=1$ (即 $\omega(t)$ 满足方程 (7.6.2)), 则害虫根除临界值为

$$R_0(n,T)=\left(1-\frac{d_1\omega_0}{\omega_0+(1-\omega_0)\mathrm{e}^{d_1nT}}\right)\mathrm{e}^{rT}\doteq R_0^1(n,T) \tag{7.6.14}$$

实际上, 注意到在最初的几次喷洒杀虫剂后, 不等式 $R_0(n,T)<1$ 都会成立, 然而, 随着杀虫剂喷洒次数的增加, 害虫对杀虫剂的抗药性逐渐发展, 使得 $R_0(n,T)$ 逐渐增长, 并最终超过 1, 如图 7.6.2.

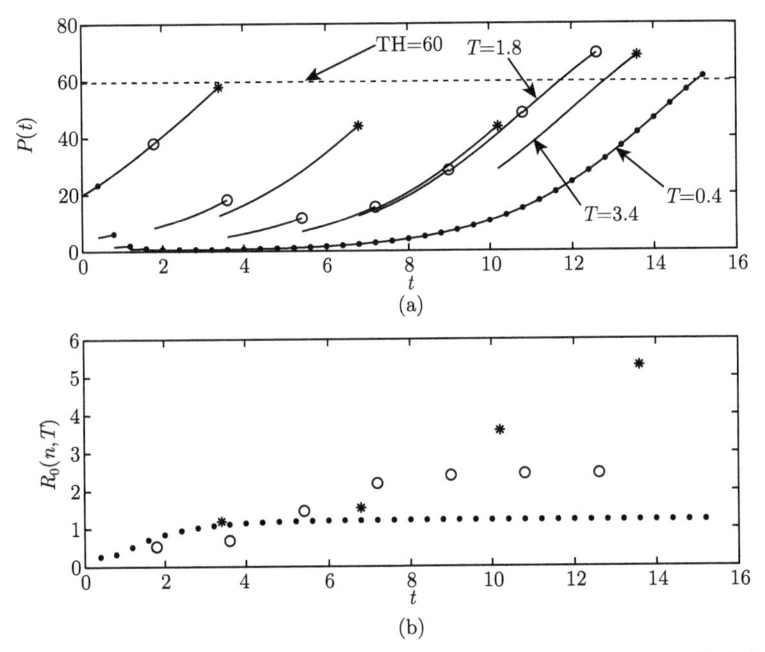

图 7.6.2　模型 (7.6.10) 中的杀虫剂喷洒周期对害虫种群密度及害虫根除临界值 $R_0(n,T)$ 的影响

其中杀虫剂喷洒周期分别取 $T=0.4(-\bullet), T=1.8\ (-\circ), T=3.4(-*)$. 这里当害虫种群密度超过一个给定的临界值 TH 时, 停止对方程 (7.6.10) 的积分, 其他参数分别为: $d_1=0.8, r=0.5, \omega_0=0.99, \eta=0.01, P_0=20$, 初始值为 $P(0^+)=20$. (a) 在不同喷洒周期下的害虫种群密度; (b) 在不同喷洒周期下的害虫根除临界值 $R_0(n,T)$. 值得注意的是, 由于 (a) 中三条不同的解曲线取相同的初始值, 因此, 在三个不同周期下, 第一次脉冲 (喷洒杀虫剂) 都在同一条曲线上

在图 7.6.2 中, 我们固定其他参数, 令杀虫剂喷洒周期 T 变化, 模拟出了三种不同周期下, 害虫种群密度及临界值 $R_0(n,T)$ 随时间变化的趋势图. 在图 7.6.2 中,

当害虫种群密度超过一个给定的临界值 TH (例如经济危害水平 EIL) 时, 停止对方程 (7.6.10) 的积分. 从图中可以看出, 害虫种群密度在脉冲点 nT 处的值序列 $\{P(nT)\}$, 在开始时, 由于杀虫剂有很强的效用, 呈下降趋势, 随着杀虫剂喷洒次数的增加, 害虫对杀虫剂的抗药性逐渐发展, $\{P(nT)\}$ 在某一喷洒次数 n_0 后开始上升. 从图 7.6.4 中可以看出更为详细的描述. 在图 7.6.2 (b) 中, 给出了在 nT 处三个不同周期下的临界值 $R_0(n,T)$ 的数值模拟.

注意到, 当害虫对杀虫剂产生抗药性之后, 害虫种群很快会再次暴发. 从图 7.6.2 (a) 可以看出, 喷洒杀虫剂的频率越小 (即喷洒周期 T 越长), 则害虫越容易暴发. 然而, 如前所述, 喷洒杀虫剂的频率越高, 害虫抗药性发展越快. 因此, 一个自然的问题是: 如何进行害虫控制, 使得害虫种群不会很快暴发? 在现实中, 最常采用的方法就是: 当一种杀虫剂失去足够的效用后, 换一种新的杀虫剂来对害虫进行控制. 那么, 什么时间是最优切换杀虫剂时间? 这是我们接下来要讨论的问题.

7.6.4 最优切换杀虫剂时间

如前面所述, 当害虫对某种杀虫剂开始产生抗药性之后, 杀虫剂的喷洒频率越高, 害虫种群数量增长越快 (图 7.6.2 (a)), 这将导致害虫再次暴发. 因此, 人们往往会在某个时间切换一种新的杀虫剂, 而如何选取最优的切换时间, 在现实中是一个非常重要的问题. 接下来, 我们将对模型 (7.6.10) 根据不同的判断依据, 提出三种不同的判断切换杀虫剂时间的方法. 需要强调的是, 我们假设害虫对每种杀虫剂抗药性的发展 (即 ω), 都遵循相同的增长方程.

方法 1 以 $R_0(n,T)$ 作为依据的最优杀虫剂切换时间

由图 7.6.2 (b) 可知, $R_0(n,T)$ 随着 n 的增加而增加. 由前面讨论所知, 为了使害虫最终灭绝, 对所有的 $n\in\mathcal{N}$, 都应使得 $R_0(n,T)<1$. 因此, 一旦临界值 $R_0(n,T)$ 达到 1, 我们需要切换杀虫剂. 不失一般性, 假设在 $n_1^{(1)}$ 次喷洒杀虫剂后, 临界值 $R_0(n,T)$ 首次超过 1, 即

$$n_1^{(1)}=\max\{n:R_0(n,T)\leqslant 1\} \tag{7.6.15}$$

为找到 $n_1^{(1)}$, 令 $R_0(n,T)=1$, 根据 $R_0(n,T)$ 的表达式知

$$\omega(nT)=\frac{1-\mathrm{e}^{-rT}}{d_1}$$

这里 $\omega(nT)$ 由 (7.6.8) 给出. 因此

$$n_1^{(1)}=\left[\left\{n:\omega(nT)=\frac{1-\mathrm{e}^{rT}}{d_1}\right\}\right]$$

这里 $[a]$ 表示不超过 a 的最大正整数.

特别地, 如果 $q_n = 1$, 则 $R_0(n,T) = R_0^1(n,T)$. 令 $R_0^1(n,T) = 1$, 可以关于 n 求解以上方程, 从而解出最优切换时间 $n_1^{(1)}T$, 这里

$$n_1^{(1)} = \left[\frac{1}{d_1 T}\ln\frac{\omega_0 - (1-d_1)\omega_0 \mathrm{e}^{rT}}{(1-\omega_0)(\mathrm{e}^{rT}-1)}\right]$$

如果我们按照这种策略切换杀虫剂, 即以临界条件为依据进行切换杀虫剂, 那么害虫可以在几次切换杀虫剂之后被完全消灭. 图 7.6.5(a) 给出了这种策略下的数值模拟结果. 由图 7.6.5(a) 可知, 害虫最终将被完全消灭. 这里 $n_1^{(1)} = 2$. 也就是说连续三次喷洒相同的杀虫剂之后 (注意第一次喷洒杀虫剂的时间是 $t = 0$), 为了尽快地消灭害虫, 农场主应该切换另一种杀虫剂进行害虫控制.

方法 2　以杀虫剂效率为依据的最优杀虫剂切换时间

注意到, $\omega(nT)d_1$ 表示杀虫剂在 nT 时刻的瞬时杀死率, $\Delta P(nT) = P(nT) - P(nT^+) = \omega(nT)d_1P(nT)$ 表示 nT 时刻喷洒杀虫剂后, 害虫的死亡数量. 由图 7.6.2(a) 及 $\omega(nT)$ 的表达式可知, 如果喷洒杀虫剂的周期是固定的, 那么 $\{\Delta P(nT)\}$ 是单调减少的序列, 同时由于当 $n\to\infty$ 时, $\omega(nT)\to 0$, 所以, $\Delta P(nT)\to 0$. 然而, $\{P(nT)\}_{n\in\mathcal{N}}$ 并不是单调序列, 这表明, 随着杀虫剂使用次数的增加, 害虫对这种杀虫剂的抗药性在逐渐增长, 从而使杀虫剂的效果逐渐弱化.

对每个固定的周期 T, 用 $\{P(nT)\}_{n\in\mathcal{N}}$ 表示害虫在时刻 nT 处的种群密度, 由图形 7.6.2 (a) 可知, 存在一个整数 $n_1 \in \mathcal{N}$, 使得

$$P(T) > P(2T) > \cdots > P((n_1-1)T)$$

以及

$$P((n_1-1)T) < P(n_1T) < P((n_1+1)T) < \cdots$$

其中序列 $\{P(nT)\}_{n\in\mathcal{N}}$ 满足如下的迭代方程

$$\begin{aligned} P(nT) &= \frac{(1-\omega((n-1)T)d_1)\,P((n-1)T)\mathrm{e}^{rT}}{1+(1-\omega((n-1)T)d_1)P((n-1)T)\eta(\mathrm{e}^{rT}-1)} \\ &= \frac{P_0\mathrm{e}^{nrT}\displaystyle\prod_{j=1}^{n-1}(1-\omega(jT)d_1)}{1+P_0\eta(\mathrm{e}^{rT}-1)\left(1+\displaystyle\sum_{j=1}^{n-1}\mathrm{e}^{jrT}\left(\prod_{k=1}^{j}(1-\omega(kT)d_1)\right)\right)} \end{aligned} \tag{7.6.16}$$

由于杀虫剂的效率随着杀虫剂喷洒次数的增加而减弱, 因此, 当杀虫剂不能杀死足够多的害虫, 从而使得 $\{P(nT)\}_{n\in\mathcal{N}}$ 开始增长时, 就应该切换另一种新的杀虫剂. 也就是说, 农场主应该在序列 $\{P(nT)\}_{n\in\mathcal{N}}$ 第一次出现 $P(nT) > P((n-1)T)$

时切换杀虫剂, 如图 7.6.2 (a) 所示. 因此, 如果假设 $n_1^{(2)}T$ 是最优切换杀虫剂的时间, 则 $P((n_1^{(2)}-1)T)$ 是序列 $\{P(nT)\}_{n\in\mathcal{N}}$ 的最小值.

为了确定 $n_1^{(2)}$, 记

$$f^{(n)}(x)=\frac{(1-\omega(nT)d_1)\,\mathrm{e}^{rT}x}{1+(1-\omega(nT)d_1)\eta(\mathrm{e}^{rT}-1)x}\doteq\frac{a(n)x}{1+b(n)x}$$

这里 $a(n)=(1-\omega(nT)d_1)\exp(rT)=R_0(n,T), b(n)=(1-\omega(nT)d_1)\eta(\exp(rT)-1)$. 对于固定的 n, 由函数 $f^{(n)}$ 可以确定一个非自治差分方程, 即

$$P(nT)=f^{(n)}(P(n-1)T)=\frac{AP((n-1)T)}{1+BP((n-1)T)},\quad n\in\mathcal{N} \tag{7.6.17}$$

其中, $A=a(n), B=b(n)$. 例如, 如果我们只喷洒 N_1 次杀虫剂, 那么有

$$P(T)=f^{(1)}(P(0)),\quad P(2T)=f^{(2)}(P(T)),\cdots,P(N_1T)=f^{(N_1-1)}(P((N_1-1)T))$$

因此, 对于给定的 $P(0)$, 可以得到序列 $P(T),P(2T),\cdots$. 为了研究周期 T 和 q^n 对杀虫剂切换时间 (即 $n_1^{(2)}T$ 的值) 的影响, 我们使用蛛网模型方法进行分析, 如图 7.6.3 所示. 在图 7.6.3 中, 我们固定其他参数, 在不同的子图中选取不同的周期 T 和不同的 q_n 函数. 这里我们假设 $N_1=10$, 即相同的杀虫剂周期地喷洒 10 次, 对固定的周期 T 和 q_n 函数, 序列 $\{P(nT)\}_{n\in\mathcal{N}}$ 以 $P(0)=90$ 为初始条件. 从淡蓝色到浅紫色的曲线分别描绘了迭代函数 $f^{(n)}(n=1,2,\cdots,10)$ 的数值结果. 从图 7.6.3 容易看出, 对于给定的害虫初始密度 (即 $P(0)=90$), 序列 $\{P(nT)\}_{n\in\mathcal{N}}$ 最初呈下降趋势达到其最小值后开始增长. 图 7.6.3(a)—(d) 反映了在不同的周期 T 和 q_n 下, 害虫重新暴发前的杀虫剂的使用次数 (即 $n_1^{(2)}+1$), 以及害虫达到它的环境容纳量的速度 (在图 7.6.3 中, 环境容纳量为 $(a(n)-1)/b(n)$, 更多的细节见后面的讨论). 这些数值结果表明, $n_1^{(2)}$ 依赖于周期 T 和函数 q_n.

为了得到 $n_1^{(2)}$ 在这种策略下的解析表达式, 我们利用众所周知的 Beverton-Holt 模型[65, 122] 进行分析. 对任意给定的 n, 有如下的 Beverton-Holt 差分方程

$$x_k=f^{(n)}(x_{k-1})=\frac{Ax_{k-1}}{1+Bx_{k-1}},\quad k\in\mathcal{N}$$

它具有两个平衡态, $x_1^*=0$ (如果 $A<1$, 则 x_1^* 是稳定的) 和 $x_2^*=(A-1)/B$ (如果 $A\geqslant 1$, 则 x_2^* 是稳定的), 并且当 $x_{k-1}<(A-1)/B$, $A>1$ 时, $x_k>x_{k-1}$ 成立.

根据上面的分析, 以及 $P((n-1)T)$ 和 $P(nT)$ 的关系, 有

$$P(nT)>P((n-1)T)\Leftrightarrow P((n-1)T)<\frac{a(n-1)-1}{b(n-1)} \tag{7.6.18}$$

这里 $a(n-1)=R_0(n-1,T)>1$.

因此

$$n_1^{(2)} = \left[\left\{n : P((n-1)T) = \frac{R_0(n-1,T)-1}{b(n-1)}, R_0(n-1,T) > 1\right\}\right] \tag{7.6.19}$$

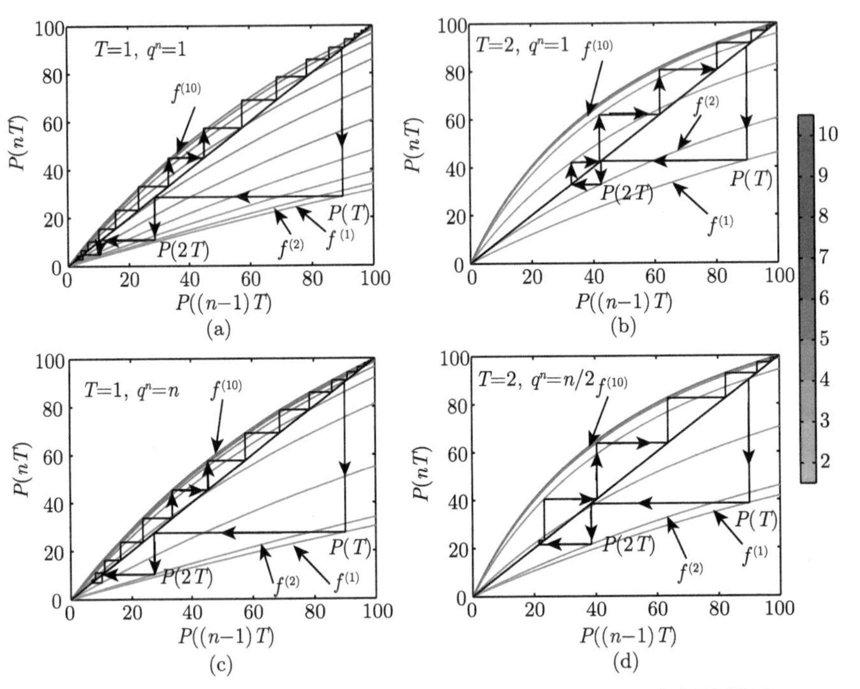

图 7.6.3　动态蛛网分析法确定 $P(nT)$ 和 $P((n-1)T)$ 之间的关系

其中, $n=1,2,\cdots,10$, 其他的点 $(n>10)$ 由函数 $f^{(11)}$ 确定. 其他参数为: $d_1=0,8, r=0.5$, $\omega_0=0.99, \eta=0.01$ 及 $P(0)=90$. (a) $T=1, q^n=1$; (b) $T=2, q^n=1$; (c) $T=1, q^n=n$; (d) $T=2, q^n=n/2$

(彩图见封底二维码)

由 (7.6.15) 和 (7.6.19), 可以看出 $n_1^{(2)} > n_1^{(1)}$. 这意味着以临界条件为依据的切换时间比以杀虫剂效率为依据的切换时间早, 即同种杀虫剂在方法 1 的策略下使用次数比在方法 2 的策略下使用次数少.

图 7.6.5(b) 和 (c) 给出了在这种策略下切换杀虫剂的数值模拟结果. 由图 7.6.5(b) 可以看出, 当喷洒杀虫剂的周期 T 较短时, 在数次杀虫剂切换之后, 害虫种群最终灭绝, 在图 7.6.5(b) 中, $n_1^{(2)}=4$. 然而, 如果喷洒杀虫的周期 T 大于某个确定的值, 则在这种切换杀虫剂的策略下, 害虫种群密度将周期振荡 (如图 7.6.5(c)). 这表明, 如果喷洒杀虫剂的周期 T 太长, 那么害虫种群数量将会增加并超过经济危害水平. 如果出现这种情况, 我们需要结合其他可行的切换策略, 确定

合理喷洒杀虫剂周期.

方法 3 以经济危害水平为依据的最优杀虫剂切换时间

实际上, 农场主需要的只是控制害虫数量不超过经济危害水平就行, 而不是全部消灭害虫. 由图 7.6.2 (a) 我们可以看出, 重复喷洒同一种杀虫剂, 由于害虫对这种杀虫剂抗药性的累积, 害虫种群密度的增长非常迅速, 甚至超过经济危害水平 EIL (这里记为 TH). 因此, 当害虫种群密度达到给定的水平 TH 时, 我们需要切换杀虫剂. 那么, 害虫种群密度在什么时候到达给定的水平 TH, 以及以多大频率来切换杀虫剂? 是我们要考虑的问题.

不失一般性, 假设系统 (7.6.10) 以 P_0 为初始值的任意解 $P(t)$ 在 τ 时刻达到 TH, 那么由 (7.6.11), 有

$$\mathrm{TH}=\frac{\left(1-\omega(n_1^{(3)}T)d_1\right)P(n_1^{(3)}T)\mathrm{e}^{r(\tau-n_1^{(3)}T)}}{1+(1-\omega(n_1^{(3)}T)d_1)P(n_1^{(3)}T)\eta(\mathrm{e}^{r(\tau-n_1^{(3)}T)}-1)}$$

这里 $n_1^{(3)}>0$ 是使得害虫种群密度 $P((n_1^{(3)}+1)T)$ 第一次超过 TH 的最小喷洒次数, 并且 $n_1^{(3)}$ 可以由方程 (7.6.16) 得到. 关于 τ 解以上的方程可得

$$\tau=\frac{1}{r}\ln\frac{\mathrm{TH}\left(1-(1-\omega(n_1^{(3)}T)d_1)P(n_1^{(3)}T)\eta\right)}{(1-\omega(n_1^{(3)}T)d_1)P(n_1^{(3)}T)(1-\eta TH)}+n_1^{(3)}T$$

不同的喷洒周期对害虫种群密度、时间 τ 以及喷洒的次数 $n_1^{(3)}$ 的影响可以从图 7.6.4 看出. 图 7.6.5(d) 给出了在这种切换杀虫剂策略下的数值模拟结果. 从图中可以看出, 在切换几次杀虫剂之后, 害虫控制将会趋于周期控制, 这里 $n_1^{(3)}=5$. 由图 7.6.4 (b) 可知, 时间 τ 关于喷洒周期不是单调函数, 而同一种杀虫剂的最大喷洒次数 $n_1^{(3)}$, 随着 T 的增加而单调减少. 实际应用中, 害虫对杀虫剂的抗药性控制的一个主要目的是: 在使得害虫最终灭绝或使其密度低于 EIL 的条件下延缓害虫抗药性的发展. 我们在图 7.6.4 中的结果显示 τ 和 T 之间的关系式是很复杂的. 因此, 如何选取喷洒时间, 以及如何控制害虫的抗药性使得害虫控制在经济上更合理是一个很大的挑战.

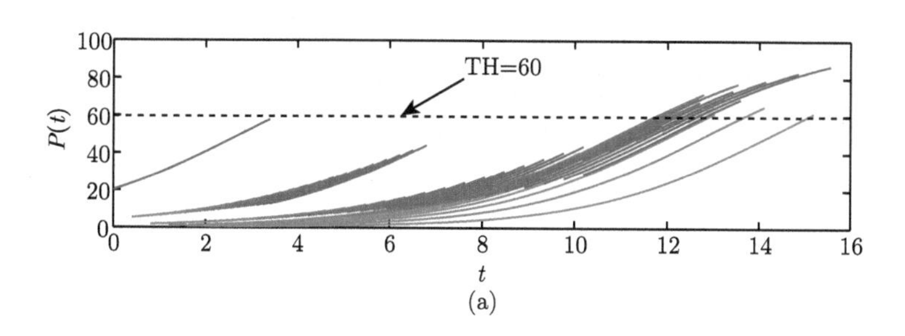

(a)

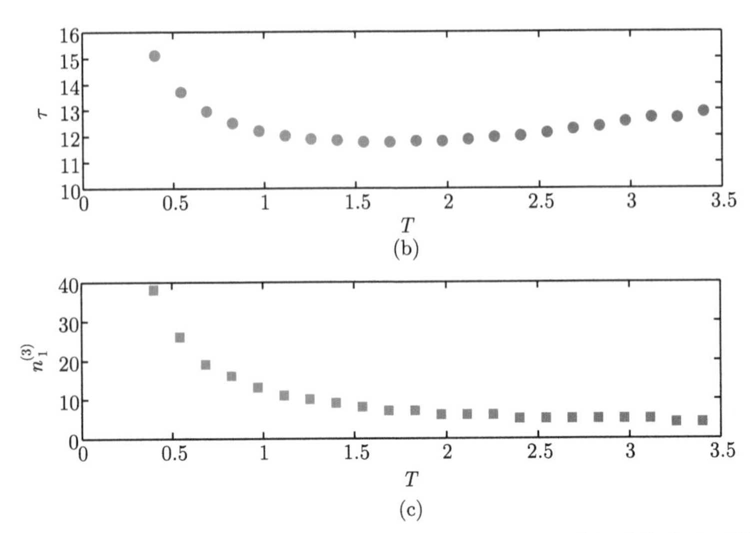

图 7.6.4　模型 (7.6.10) 中的杀虫剂喷洒周期对害虫种群密度, 到达经济危害水平的时间 τ 及到达经济危害水平之前的最大喷洒杀虫剂次数 $n_1^{(3)}$ 的影响

(a) 杀虫剂喷洒周期对害虫种群密度的影响, 随着周期 T 从小变大, 曲线颜色从浅蓝变为紫色. 其他参数分别为: $d_1 = 0, 8, r = 0.5, \omega_0 = 0.99, \eta = 0.01, P_0 = 20$, TH $= 60$; (b) 在方法 3 中, 控制周期 T 与到达经济危害水平的时间 τ 之间的关系; (c) 在方法 3 中, 控制周期 T 与到达经济危害水平之前的最大喷洒杀虫剂次数 $n_1^{(3)}$ 之间的关系

(彩图见封底二维码)

7.6.5　最优切换杀虫剂策略

由前面的讨论我们知道, 以临界值为依据的切换杀虫剂策略下, 害虫种群最终灭绝. 而图 7.6.5(b) 和 (c) 显示, 以 $P(nT)$ 为依据的切换杀虫剂策略下, 害虫种群要么灭绝, 要么趋向于周期控制, 这依赖于喷洒杀虫剂的周期. 然而以经济危害水平为依据的切换杀虫剂策略下, 害虫种群密度以 TH 为最大值, 并趋向于周期控制. 那么, 哪种切换杀虫剂策略在实际应用中最优? 是我们接下来需要讨论的问题.

首先, 我们将确定在什么条件下, 使得以杀虫剂效率为依据的切换杀虫剂策略下的害虫种群最终灭绝或周期振荡.

令 n_i 是第 i 次切换杀虫剂后, 这种杀虫剂的有效喷洒次数, $P^{(i)}(kT)$ 是在第 i 次切换杀虫剂后, 在时刻 kT 处的害虫种群密度, 因此 $P^{(i)}(kT) = P((\sum_{j=1}^{i} n_j + k)T)$, 并且 $P^{(i)}(0) = P^{(i-1)}(n_{i-1}T^+) = (1 - \omega(n_{i-1}T)d_1)P^{(i-1)}(n_{i-1}T)$. 根据 (7.6.16), 有

$$
\begin{aligned}
&P^{(i)}(n_iT)\\
=&\frac{(1-\omega(n_{i-1}T)d_1)P^{(i-1)}(n_{i-1}T)\mathrm{e}^{n_irT}\prod_{j=1}^{n_i-1}(1-\omega(jT)d_1)}{1+(1-\omega(n_{i-1}T)d_1)P^{(i-1)}(n_{i-1}T)\eta(\mathrm{e}^{rT}-1)\left(1+\sum_{j=1}^{n_i-1}\mathrm{e}^{jrT}\left(\prod_{k=1}^{j}(1-\omega(kT)d_1)\right)\right)}
\end{aligned}
\tag{7.6.20}
$$

记 $Y^{(i)}=P^{(i)}(n_iT)$, 由 (7.6.20) 得如下差分方程

$$
Y^{(i)}=\frac{(1-\omega(n_{i-1}T)d_1)Y^{(i-1)}\mathrm{e}^{n_irT}\prod_{j=1}^{n_i-1}(1-\omega(jT)d_1)}{1+(1-\omega(n_{i-1}T)d_1)Y^{(i-1)}\eta(\mathrm{e}^{rT}-1)\left(1+\sum_{j=1}^{n_i-1}\mathrm{e}^{jrT}\left(\prod_{k=1}^{j}(1-\omega(kT)d_1)\right)\right)}
\tag{7.6.21}
$$

这是一个非自治 Beverton-Holt 模型, 它具有零平衡态 $Y_1^*=0$. 当

$$
g(T)\doteq(1-\omega(n_{i-1}T)d_1)\mathrm{e}^{n_irT}\prod_{j=1}^{n_i-1}(1-\omega(jT)d_1)<1 \tag{7.6.22}
$$

成立时, Y_1^* 是稳定的. 如果 $g(T)>1$, 则 (7.6.20) 具有正的平衡态

$$
Y_2^*=\frac{(1-\omega(n_{i-1}T)d_1)\mathrm{e}^{n_irT}\prod_{j=1}^{n_i-1}(1-\omega(jT)d_1)-1}{(1-\omega(n_{i-1}T)d_1)\eta(\mathrm{e}^{rT}-1)\left(1+\sum_{j=1}^{n_i-1}\mathrm{e}^{jrT}\left(\prod_{k=1}^{j}(1-\omega(kT)d_1)\right)\right)}
$$

令 T_1 是方程 $g(T)=1$ 的解, 由于 $g(T)$ 关于 T 单调增, 因此, 如果 $T<T_1$, 害虫种群在几次切换杀虫剂之后就会灭绝; 如果 $T>T_1$, 那么害虫种群在几次切换杀虫剂之后就会周期振荡.

因此, 当喷洒杀虫剂的周期满足 $T<T_1$ 时, 如果我们想消除害虫种群, 则以杀虫剂效率为依据的切换杀虫剂策略 (即方法 2) 是最优切换策略, 这是因为 $n_1^{(2)}>n_1^{(1)}$, 如图 7.6.5(b) 所示.

如果喷洒杀虫剂周期满足 $T\geqslant T_1$ 时, 那么在以杀虫剂效率为依据的切换杀虫剂策略下, 周期切换杀虫剂会导致害虫种群的周期振荡, 如图 7.6.5(c) 所示. 然而, 在这种情况下害虫种群密度的振幅将会非常大, 其最大值甚至会超过 EIL (即 $Y^*>\mathrm{TH}$), 这会导致大的经济损失. 这个结果说明了, 如果 $T\geqslant T_1$, 那么以经济危

害水平为依据的切换杀虫剂策略优于以杀虫剂效率为依据的切换杀虫剂策略, 因为以经济危害水平为依据的切换杀虫剂策略更符合 IPM 策略. 也就是说一旦害虫种群密度到达临界水平, 将进行害虫控制, 使得害虫种群密度不超过 EIL[87,119,133,134].

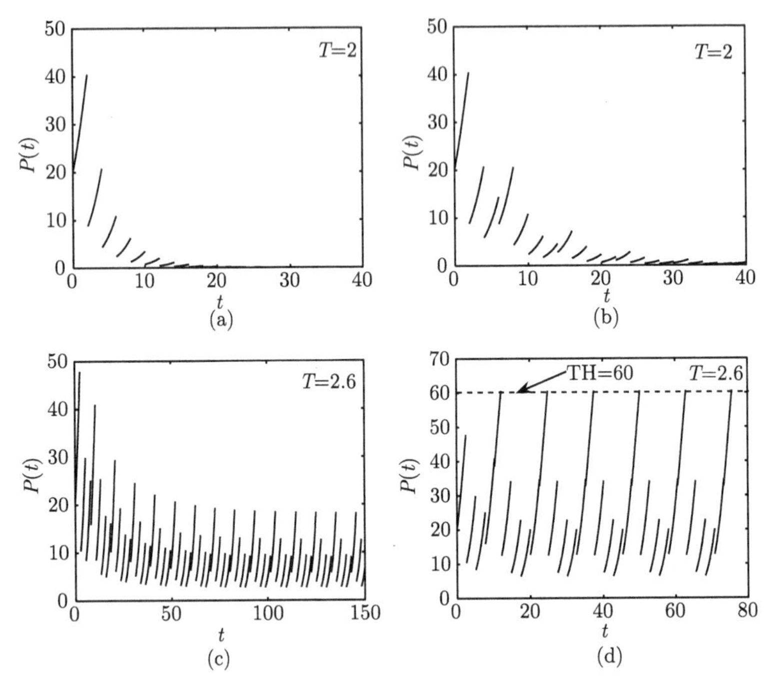

图 7.6.5 三种不同切换杀虫剂策略下的害虫种群密度时间序列

基本参数值为: $d_1 = 0.8, r = 0.5, \omega_0 = 0.99, \eta = 0.01, P_0 = 20$ 及 $\mathrm{TH} = 60$. (a) 模型 (7.6.10) 以临界值为依据的切换杀虫剂策略下, 害虫种群密度的时间序列; (b) 和 (c) 模型 (7.6.10) 以杀虫剂效率为依据的切换杀虫剂策略下, 害虫种群密度的时间序列; (d) 模型 (7.6.10) 以经济危害水平为依据的切换杀虫剂策略下, 害虫种群密度的时间序列

习 题 七

7.1 考虑模型

$$\begin{cases} N_{t+1} = f(N_t) - h_t \\ h_t = qEN_t \end{cases}$$

研究当增长率函数 $f(N_t)$ 为 Beverton-Holt 模型时本模型的正平衡态的存在性与稳定性, 进而寻找使得产量达到最大时的最优收获努力量 E_{MSY} 和相应的最优人口水平 N_{MSY}.

7.2 考虑如下两种群相互作用的 Lotka-Volterra 模型

$$\begin{cases} \dfrac{\mathrm{d}N_1}{\mathrm{d}t} = N_1(r_1 + a_{11}N_1 + a_{12}N_2) - q_1E_1N_1 \\ \dfrac{\mathrm{d}N_2}{\mathrm{d}t} = N_2(r_2 + a_{21}N_1 + a_{22}N_2) - q_2E_2N_2 \end{cases}$$

研究两种群共存状态下的持续收获问题, 即在内部正平衡态 (N_1^*, N_2^*) 的存在性与稳定性的条件下寻找最优收获努力量 E_1^* 和 E_2^* 使得常量

$$q_1 E_1^* N_1^* + q_2 E_2^* N_2^*$$

达到最大.

7.3 假设池塘养鱼从 t_0 时刻开始投放鱼苗, 鱼苗在池塘中的增长规律服从 Logistic 方程

$$\frac{\mathrm{d}N(t)}{\mathrm{d}t} = rN(t)\left[1 - \frac{N(t)}{K}\right]$$

在 t_h 时刻全部收获池塘剩余成鱼. 考虑如下的最优池塘渔业管理问题:

(1) 整个养鱼期间只在 t_h 时刻全部收获成鱼, 问一次收获的最大产量是多少?

(2) 如果允许在 t_0 到 t_h 中间时刻 t_1 收获 $kN(t_1)$ 数量的鱼, 其中 $0 < k < 1$ 为收获比例, 然后在 t_h 时刻收获剩下的所有成鱼. 问如何控制收获比例使得在整个渔业养殖期间的产量最大?

(3) 如果在养殖期间 t_0 到 t_h 中间等间隔地收获两次、多次 (m 次), 每次收获比例分别为 $k_1, k_2, \cdots, k_m$, 最后在 t_h 时刻收获剩下的所有成鱼. 问如何控制收获比例 $k_1, k_2, \cdots, k_m$ 使得在整个养殖期间的产量达到最大?

7.4 固定收获努力量 $E_k(k = 1, 2, \cdots, q)$ 为常数, 选取脉冲时刻 $\tau_k(k = 1, 2, \cdots, q)$ 为控制变量, 根据公式 (7.3.9)–(7.3.10) 所定义的最优收获问题, 求出相应的最优收获时刻, 以及相应的最优种群水平和年度最大持续产量.

第 8 章　细胞和分子生物学模型

通过前面几章的介绍, 读者能够体会到数学一直在现代生命科学中扮演着特定的角色, 并形成了如种群动力学、传染病动力学和数量遗传学等生物数学经典的分支领域. 随着 DNA 序列测定技术的快速发展、蛋白质组研究和转录组研究等的快速推进, 各种数据也在迅猛地增加. 如何分析这些“海量”数据, 以及如何从它们中提取有用的信息? 这对生物学家、数学家、计算机专家提出了巨大挑战, 20 世纪 90 年代两门新兴学科: 生物信息学和系统生物学相续产生. 此外, 利用数学模型和统计方法对细胞、基因和神经等复杂系统和网络的深入研究, 以及现如今的大数据和人工智能时代, 数学在生物学、生命科学等领域的重要作用越发凸显.

细胞和分子生物学是生命科学中最重要并且发展迅速的学科之一, 现在已经形成了许多基础学科, 如生理学、免疫学和遗传学. 近年来, 数学已经广泛地应用到研究细胞和分子生物学, 特别是利用数学来系统研究细胞与细胞之间、细胞与分子之间和分子与分子之间复杂的作用关系. 主要研究实体系统 (如生物个体、器官、组织和细胞) 的建模与仿真、生化代谢途径的动态分析、各种信号传导途径的相互作用、基因调控网络以及疾病机制等.

本章主要介绍细胞和分子生物学中常见的几类数学模型的建立和研究方法: 生化反应模型或酶动力学模型[16,22]、新陈代谢模型和神经元动力学模型[21,53]、细胞周期调节模型[106] 和基因调控网络模型[2]. 当然, 我们不可能在一个章节详述数学在上述众多分支方向的具体应用, 这里只是提及上述几个分支领域中最基本的数学模型和分析方法, 以期向读者展现数学在生命科学中的广泛应用和蓬勃发展. 要想真正全面地了解这些领域, 还需阅读相关的专业知识和研究成果.

生化反应方程是建立新陈代谢、细胞周期调控、基因调控网络等模型的基础[16,22]. 比如细胞周期能严格按照顺序 G1 $\to$ S $\to$ G2 $\to$ M 通过各个检测点或关卡而正确运转, 是由一系列有规律的生化反应来调控的, 并使细胞对来自细胞内外的各种信号做出反应; 了解细胞内生化反应分子机制, 能够解释肿瘤抑制基因是如何控制细胞生长分裂周期的, 有助于开发癌症治疗新途径; 基因控制生物体蛋白质的表达和合成, 这些蛋白质中有结构蛋白, 也有控制着生物体内多种生化反应代谢过程的酶. 由此可见, 介绍数学在细胞和分子生物学的应用时, 有必要从简单的生化反应模型的建立和分析入手. 下面首先简要介绍这方面的模型技巧和分析方法.

8.1 生化反应模型

生化反应一般是指酶作用下的生物体内跟生命有关的化学反应, 而相应的动力学方程指化学反应速率方程, 主要研究的是生化反应过程的速率及其影响因素. 包括酶催化反应动力学和微生物反应动力学, 其中涉及简单的酶催化反应方程 (米氏方程, Michaelis-Menten equation) 的推导, 不同抑制情况下的酶催化反应动力学, 基质消耗、产物生成的动力学及相互关系, 细胞反应动力学以及酶失活或细胞生长的动力学等.

8.1.1 米氏方程

米氏方程是表示一个酶催化反应的起始速度与底物浓度关系的速度方程. 该方程在非线性药物动力学中也有比较广泛的应用, 它是通过严格的推导建立起来的, 下面先介绍其推导过程.

如果化学物质 A 与化学物质 B 发生反应, 产生物质 C, 则其反应规律可以描述为

$$A + B \xrightarrow{k} C$$

不妨假设 A 和 B 分别代表物质 A 和物质 B 的浓度, 则其反应速率为 kAB. 这样反应物、生成物浓度变化规律可用下面的微分方程描述

$$\frac{\mathrm{d}C}{\mathrm{d}t} = -\frac{\mathrm{d}A}{\mathrm{d}t} = -\frac{\mathrm{d}B}{\mathrm{d}t} = kAB \tag{8.1.1}$$

其中常数 k 称为反应速率常数. 在上述反应中我们忽略了逆反应 $C \to A + B$, 当逆反应存在时, 完整的反应可以描述为

$$A + B \underset{k_-}{\overset{k_+}{\rightleftharpoons}} C$$

相应的微分方程模型

$$\frac{\mathrm{d}C}{\mathrm{d}t} = -\frac{\mathrm{d}A}{\mathrm{d}t} = -\frac{\mathrm{d}B}{\mathrm{d}t} = k_+AB - k_-C \tag{8.1.2}$$

其中 k_+, k_- 分别表示正反应速率常数和逆反应速率常数.

下面考虑酶催化下的反应. 酶是一些蛋白质, 它是生物化学中至关重要并且无处不在的催化剂. 它通过降低化学反应中所需的活化能来催化生化反应. 在反应中自己不变, 而催化底物产生其他物质. 在最简单的催化反应 Michaelis-Menten 动力学中, 其反应过程分为两步: 第一步是底物 S 和酶 E 发生反应生成中间物 (复合物) C; 第二步是中间物分解成生成物 P 和酶. 反应过程可以刻画为

$$S + E \underset{k_{-1}}{\overset{k_1}{\rightleftharpoons}} C \xrightarrow{k_2} P + E \tag{8.1.3}$$

这里逆反应 $P+E\to C$ 的速率很低, 可以忽略, 即假设此酶催化反应不可逆, 反应产物不和酶结合. 因此, 刻画各物质浓度变化规律的微分方程为

$$\begin{cases}\dfrac{\mathrm{d}S}{\mathrm{d}t}=k_{-1}C-k_1SE\\ \dfrac{\mathrm{d}E}{\mathrm{d}t}=(k_{-1}+k_2)C-k_1SE\\ \dfrac{\mathrm{d}C}{\mathrm{d}t}=k_1SE-(k_{-1}+k_2)C\\ \dfrac{\mathrm{d}P}{\mathrm{d}t}=k_2C\end{cases}\tag{8.1.4}$$

方程 (8.1.4) 中的第二个和第三个方程相加得到 $\dfrac{\mathrm{d}}{\mathrm{d}t}(E+C)=0$, 因此, 对任意 t 有 $E(t)+C(t)=E_0$ 为常数, 其中 E_0 是酶的总量, 在反应过程中保持不变, 即在整个反应过程中, 酶只起到催化作用. 同时注意到 $\dfrac{\mathrm{d}}{\mathrm{d}t}(S+C+P)=0$, 因此, $S+C+P=S_0$ 为常数. 利用这两个等式, 四维的微分方程组 (8.1.4) 可以简化为二维的微分方程组. 如果把这两个等式代入 (8.1.4), 得到底物和中间物满足下面的方程

$$\begin{cases}\dfrac{\mathrm{d}S}{\mathrm{d}t}=k_{-1}C-k_1S(E_0-C)\\ \dfrac{\mathrm{d}C}{\mathrm{d}t}=k_1S(E_0-C)-(k_{-1}+k_2)C\end{cases}\tag{8.1.5}$$

由于酶在整个反应过程中总量保持不变, 反应开始时模型 (8.1.4) 的初始条件为

$$S(0)=S_0,\quad E(0)=E_0,\quad C(0)=0,\quad P(0)=0\tag{8.1.6}$$

对于方程 (8.1.5), 我们可以这样考虑: 刚开始中间物的浓度增长很快, 而底物的浓度基本上不变, 此后随着底物在酶的作用下转化为生成物, 中间物和底物的浓度变化很慢, 最后底物转化为生成物. 在这一过程中间物 C 的浓度很快达到动态平衡使其浓度基本保持不变, 此时不妨假设有 $\dfrac{\mathrm{d}C}{\mathrm{d}t}\approx 0$, 该假设称为“准稳态假设”. 因此由 (8.1.5) 得

$$k_1S(E_0-C)=(k_{-1}+k_2)C$$

从而得到

$$C=\frac{k_1SE_0}{k_{-1}+k_2+k_1S}=\frac{SE_0}{K_m+S}$$

把上式代入底物的方程并化简得到

$$\frac{\mathrm{d}S}{\mathrm{d}t}=-k_2C=-\frac{V_{\max}S}{K_m+S}\tag{8.1.7}$$

其中 $V_{\max} = k_2E_0$ 为最大反应速率, $K_m = \dfrac{k_{-1}+k_2}{k_1}$ 为米氏反应常数. 米氏常数 K_m 是酶催化反应速度达到最大反应速度一半时的底物浓度 (图 8.1.1). K_m 反映了底物和酶结合的紧密程度, $V_{\max}$ 反映了酶催化反应的速度. 方程 (8.1.7) 可以通过分离变量法进行积分, 然后通过定义 3.5.3 介绍的 Lambert W 函数求得解析解, 具体的求解过程可以参考第 5 章中的非线性米氏消除药物动力学方程和文献 [122,123].

根据方程 (8.1.7) 的后一个等式 $k_2C = \dfrac{V_{\max}S}{K_m+S}$ 以及两个等式 $E_0 = \dfrac{V_{\max}}{k_2}$ 和 $E_0 = E + C$, 容易得到下面的关系

$$Y(S) = \frac{C}{E+C} = \frac{S}{K_m+S} \tag{8.1.8}$$

上式称为饱和函数, 表示酶的结合位点所占的比例.

当 $S = K_m$ 时, 就有一半结合位点被占用. 在生物学中, 总的反应速率 (即产物生成的速率, 记为 V) 非常重要, 它可以近似地看成底物消耗的速率, 即

$$V = \frac{\mathrm{d}P}{\mathrm{d}t} = k_2C = \frac{V_{\max}S}{K_m+S} \tag{8.1.9}$$

(8.1.9) 就是著名的 Michaelis-Menten 速率方程或米氏方程, 图 8.1.1 中给出了反应速度与底物浓度、最大反应速率和米氏常数的关系. $\mathrm{d}P/\mathrm{d}t$ (V, 反应初速度) 是试验中测得的产物生成的初速度, 一般是酶促反应在反应开始的几秒钟到几分钟之内的速度, 在这段时间内底物的真实浓度几乎和底物最初的浓度相同 ($S \approx S_0$).

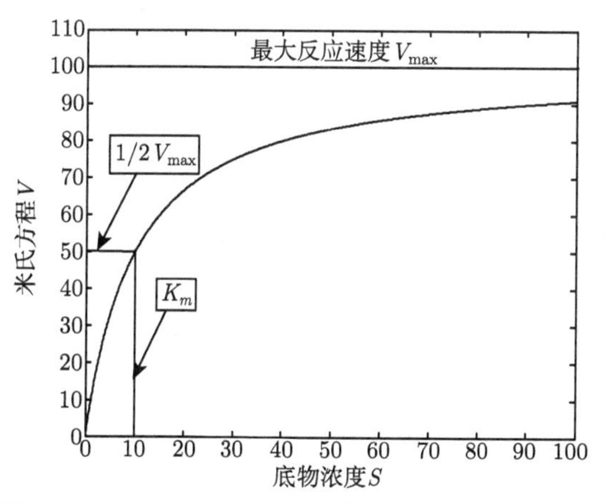

图 8.1.1 Michaelis-Menten 速率方程及其饱和效应

其中 $V_{\max} = 100, K_m = 10$

方程 (8.1.9) 强调了饱和函数的重要性. 如果准稳态假设在一般的酶作用反应中也成立, 就可以得到类似的更一般的方程, 即令所有的酶方程, 包括酶的守恒方程右端为零, 求解代数方程组就得到了饱和函数的表达式.

8.1.2 快慢反应与大小时间刻度

现在的问题是: 如果准稳态假设不成立, 或要确定在什么条件下准稳态假设成立, 我们应该怎么处理此问题? 首先回到准稳态假设, 在该假设中假定了中间产物 C 很快达到动态平衡, 浓度在很短的时间后基本保持不变, 即变化率为零, 而底物 S 的浓度变化服从一个一维的微分方程 (8.1.7). 由此可见准稳态假设是基于整个化学反应中正或逆反应等过程快慢的不一致, 从数学的角度看就需要两个体现反应过程快慢的时间刻度: 一个大时间刻度和一个小时间刻度. 下面通过处理不同的时间刻度下发生的情况, 然后把二者综合起来得到我们所期望的结论[16, 97].

首先, 我们必须明确快慢意味着什么. 为了理解这个问题有必要对方程进行无量纲化变换, 令

$$s=\frac{S}{S_0},\quad c=\frac{C}{E_0},\quad e=\frac{E}{E_0},\quad p=\frac{P}{S_0},\quad \tau=k_1E_0t \tag{8.1.10}$$

在系统 (8.1.4) 中, 当 $C=0$ 时即反应刚开始时, S 和 E 的速率都达到最大, 分别为 k_1E_0, k_1S_0. 时间刻度在这里显得非常重要, 我们先从小时间刻度开始分析 (我们把它称为外部时间刻度). 由系统 (8.1.5) 得 (为了方便仍记 τ 为 t)

$$\begin{cases}\dfrac{\mathrm{d}s}{\mathrm{d}t}=k_ec-s(1-c)\\ \varepsilon\dfrac{\mathrm{d}c}{\mathrm{d}t}=s(1-c)-k_mc\end{cases} \tag{8.1.11}$$

其中

$$\varepsilon=\frac{E_0}{S_0},\quad k_e=\frac{k_{-1}}{k_1S_0}=\frac{K_e}{S_0},\quad k_m=\frac{k_{-1}+k_2}{k_1S_0}=\frac{K_m}{S_0}$$

常数 $K_e=k_{-1}/k_1$ 是 S 和 E 反应中的平衡常数, k_e 是 K_e 的纲化变量, k_m 是米氏常数 K_m 的纲化变量. 方程 (8.1.11) 刻画了小时间刻度下底物和中间产物的反应速度, 此时底物和中间产物的反应过程分别称为慢反应和快反应. 系统 (8.1.11) 可以在初始条件

$$s(0)=1,\quad c(0)=0 \tag{8.1.12}$$

下求解.

一般地, 当 $\varepsilon\ll1$ 时, 设 s 和 c 是 ε 的幂级数

$$s(t)=\sum_{n=0}^{\infty}\varepsilon^ns_n(t),\quad c(t)=\sum_{n=0}^{\infty}\varepsilon^nc_n(t)$$

把 $s(t)$, $c(t)$ 代入 (8.1.11) 得首次系数

$$\begin{cases}\dfrac{\mathrm{d}s_0}{\mathrm{d}t}=k_ec_0-s_0(1-c_0)\\ 0=s_0(1-c_0)-k_mc_0\end{cases} \tag{8.1.13}$$

方程 (8.1.13) 等价地化为

$$\frac{\mathrm{d}s_0}{\mathrm{d}t}=-\frac{ks_0}{k_m+s_0},\quad c_0=\frac{s_0}{k_m+s_0} \tag{8.1.14}$$

其中 $k=k_m-k_e=\dfrac{k_2}{k_1S_0}$, 在初始条件 $s_0(0)=1$, $c_0(0)=0$ 下, 对第一个方程进行积分, 得

$$k_m\ln s_0+s_0=A-kt \tag{8.1.15}$$

其中 A 是积分常数. 利用同样的方法可以得到高次系数 $s_n(t)$, $c_n(t)$. 把这个解称为“外部解”.

在 $t=0$ 附近, 必须找出满足初始条件的另一个解, 我们把这个解称为“内部解”. 其次, 我们要找出匹配条件, 使这两个解光滑的连接起来, 这个匹配条件根据积分常数来确定.

在 $t=0$ 附近, 重新设一个独立的新时间变量 T (大时间刻度), 和依赖于 T 的变量 S, C (在和前面底物浓度和中间物浓度不引起混淆的情况下)

$$T=\frac{t}{\varepsilon}=k_1S_0t,\quad S(T)=s(t),\quad C(T)=c(t)$$

系统 (8.1.11) 转化为

$$\begin{cases}\dfrac{\mathrm{d}S}{\mathrm{d}T}=\varepsilon[k_eC-S(1-C)]\\ \dfrac{\mathrm{d}C}{\mathrm{d}T}=S(1-C)-k_mC\end{cases} \tag{8.1.16}$$

其中 $S(0)=1$, $C(0)=0$. 在大时间刻度下, 底物和中间产物反应过程快慢就更加明显. 这是因为 ε 是一个小参数, 这样在大时间刻度下底物缓慢发生变化, 而中间产物却以正常速度发生变化.

同样, 把 S 和 C 分别展开为 ε 的幂级数代入上面的方程, 对 ε 对比系数得

$$S_0(T)=1,\quad C_0(T)=\frac{1}{1+k_m}\left(1-\mathrm{e}^{-(1+k_m)T}\right)$$

当 $T\to\infty$ 时, $(S_0(T),\ C_0(T))\to\left(1,\ \dfrac{1}{1+k_m}\right)$. 为了使内部解和外部解光滑的连接起来, A 必须满足

$$\lim_{t\to 0}(s_0(t),\ c_0(t))=\lim_{T\to\infty}(S_0(T),\ C_0(T))$$

这就是匹配条件. 在系统 (8.1.15) 中, 满足匹配条件的 $A=1$.

在考虑快慢化学反应或采用不同时间刻度刻画快慢化学反应的方法中, 一个必须满足的条件是 $\varepsilon\ll 1$. 这个条件和准稳态假设关于 C 的方程右端在反应开始后的很短时间等于零的假设相同. 由于酶自身的性质: 在反应中需要很小的量, 因此 $E_0\ll S_0$ 成立.

8.2　新陈代谢模型

新陈代谢由合成代谢和分解代谢组成. 合成代谢是指生物体把从外界环境中获取的营养物质转变成自身的组成物质, 并且储存能量的变化过程. 分解代谢是指生物体能够把自身的一部分组成物质加以分解, 释放出其中的能量, 并且把分解的最终产物排出体外的变化过程. 新陈代谢途径是 8.1 节介绍的化学反应, 它的产物称为代谢物. 每一个代谢途径中的反应都是被一特定酶催化的催化反应.

新陈代谢这样复杂的途径需要多重控制来确保代谢浓度正常. 在一个代谢途径中, 如果代谢浓度过高, 就可能提前进入抑制阶段, 提供逆反馈控制, 或者稍后激活下一个阶段, 提供前馈控制. 具有这种特性的代谢称为修饰因子或效应物, 或者更确切地称为抑制剂或活化剂. 显然, 修改 (抑制或者激活) 的目标是催化这些反应的酶. 抑制酶的作用是抑制分子在底物可以正常结合的位置进行结合, 此时抑制分子必须和它的底物“等排” (形状相同), 即占有相同的结合位点. 这种类型的抑制称为“竞争抑制”. 更普遍的是在和底物不同的位置结合, 然而这样可能会影响酶的化学作用, 使酶由活跃变得不活跃, 或者相反, 因此导致抑制或者激活. 这种结合点称为“变构的”. 变构酶的重要性使得它被称为“生命的第二秘密” (DNA 是生命的第一秘密). 这一节将利用化学反应方程介绍激活和抑制的作用[16, 97].

8.2.1　激活和抑制

设酶 (E) 催化底物 (S) 生成产物 (P) 的化学反应方程为

$$E+S \underset{k_{-1}}{\overset{k_1}{\rightleftharpoons}} C_s \overset{k_2}{\longrightarrow} E+P \tag{8.2.1}$$

在这个过程中, 酶也和修饰因子 (M) 发生反应:

$$E+M \underset{k_{-3}}{\overset{k_3}{\rightleftharpoons}} C_m \tag{8.2.2}$$

假设 S 和 M 与同一个酶结合, 这一特性可能会改变反应速率常数, 则

$$C_m+S \underset{k'_{-1}}{\overset{k'_1}{\rightleftharpoons}} C_{sm} \overset{k'_2}{\longrightarrow} C_m+P \tag{8.2.3}$$

$$C_s+M \underset{k'_{-3}}{\overset{k'_3}{\rightleftharpoons}} C_{sm} \tag{8.2.4}$$

根据双线性反应率可以得到关于 S, M, P, E 和三个复合物 C_s, C_m, C_{sm} 的 7 个微分方程. 但是由于酶的总量保持不变和其他因素, 我们可以得到三个守恒方程: 酶的守恒方程: $E+C_s+C_m+C_{sm}=E_0$; 修饰因子的守恒方程和底物–产物的守恒方

程. 当酶的总量 $E_0 \ll S_0$ 时, 准稳态假设对酶的三个复合物也是成立的, 这样可以得到四个代数方程, 其中三个是相互独立的线性方程. 因此 7 个微分方程的模型可以简化为下面的化学反应方程

$$\begin{cases} \dfrac{\mathrm{d}S}{\mathrm{d}t} = -k_1SE + k_{-1}C_s \\ \dfrac{\mathrm{d}M}{\mathrm{d}t} = -k_3ME + k_{-3}C_m \\ \dfrac{\mathrm{d}C_s}{\mathrm{d}t} = k_1SE - (k_{-1} + k_2)C_s \\ \dfrac{\mathrm{d}C_m}{\mathrm{d}t} = k_3ME - k_{-3}C_m \end{cases} \tag{8.2.5}$$

守恒方程 $E + C_s + C_m = E_0$, $S + C_s + P = S_0$. 由准稳态假设得 $k_1SE = (k_{-1} + k_2)C_s$, $k_3ME = k_{-3}C_m$, 因此有

$$C_s = \frac{K_eE_0S}{K_mM + K_eS + K_mK_e}, \quad C_m = \frac{K_mE_0M}{K_mM + K_eS + K_mK_e} \tag{8.2.6}$$

其中 $K_m = (k_2 + k_{-1})/k_1$ 是关于底物的米氏常数, $K_e = k_{-3}/k_3$ 是修饰因子的平衡常数. 因此饱和函数为

$$Y(S) = \frac{C_s}{E_0} = \frac{S}{K_m(1 + M/K_e) + S} \tag{8.2.7}$$

反应速率为

$$V = V_{\max}Y(S) \tag{8.2.8}$$

其中 $V_{\max} = k_2E_0$ 是最大反应速率. 在修饰因子的作用下, 关于酶的米氏常数从 K_m 增大到 $K_m(1 + M/K_e)$, 进而在保证最大反应速率不变的前提下, 总的反应速率对于给定的 S 相应的产生下降, 因此修饰因子对于反应过程具有抑制作用.

8.2.2 协同现象

许多酶与其底物分子的结合部位不止一个, 例如, 红血细胞中运输氧气的蛋白质血红蛋白, 它有 4 个与氧分子的结合部位. 如果一个单酶分子与一个底物的分子在一个结合部位结合后, 还可和底物的另一个分子在另一个部位结合, 则称这样的酶与底物间的反应为协同反应.

作为一个协同现象的例子, 我们考虑具有两个结合部位的酶, 得出一个等价的 Michaelis-Menten 理论和底物更新方程. 具体模型包括一个酶分子 E 与两个底物分子 S 结合形成一个单组合底物–酶复合物 C_1. 复合物 C_1 不仅分解形成产物 P 和释放酶 E, 而且又能与另一个底物分子结合形成一个双组合底物 – 酶复合物 C_2.

复合物 C_2 分解形成产物 P 和单组合复合物 C_1. 该模型反应机理为

$$E+S \underset{k_{-1}}{\overset{2k_1}{\rightleftharpoons}} C_1 \overset{k_2}{\rightarrow} E+P, \quad C_1+S \underset{2k'_{-1}}{\overset{k'_1}{\rightleftharpoons}} C_2 \overset{2k'_2}{\rightarrow} C_1+P \tag{8.2.9}$$

第一个反应方程的速率系数 2 是由一个酶中有两个结合点引起的, 第二个反应方程的速率系数 2 是由 C_2 上有两个没有参与结合的点引起的. 在一个非合作酶的反应中, $k'_1=k_1$, $k'_{-1}=k_{-1}$, $k'_2=k_2$, 而一个底物无论与哪个结合点结合时反应速率常数是一样的. 满足 (8.2.9) 的微分方程如下

$$\begin{cases} \dfrac{\mathrm{d}S}{\mathrm{d}t}=-2k_1SE+k_{-1}C_1-k'_1SC_1+2k'_{-1}C_2 \\ \dfrac{\mathrm{d}E}{\mathrm{d}t}=-2k_1SE+k_{-1}C_1+k_2C_1 \\ \dfrac{\mathrm{d}C_1}{\mathrm{d}t}=2k_1SE-k_{-1}C_1-k_2C_1-k'_1SC_1+2k'_{-1}C_2+2k'_2C_2 \\ \dfrac{\mathrm{d}C_2}{\mathrm{d}t}=k'_1SC_1-2k'_{-1}C_2-2k'_2C_2 \\ \dfrac{\mathrm{d}P}{\mathrm{d}t}=k_2C_1+2k'_2C_2 \end{cases} \tag{8.2.10}$$

守恒方程为 $E+C_1+C_2=E_0$, $S+C_1+2C_2+P=S_0$. 并且由准稳态假设得

$$SE=\frac{1}{2}K_mC_1, \quad SC_1=2K'_mC_2 \tag{8.2.11}$$

其中 $K_m=(k_{-1}+k_2)/k_1$ 和 $K'_m=(k'_{-1}+k'_2)/k'_1$ 分别是 (8.2.10) 的第一个方程和第二个方程的米氏常数. 经过相应的代数运算, 可以得到饱和函数 Y 如下

$$Y(S)=\frac{C_1+2C_2}{2(E+C_1+C_2)}=\frac{S(K'_m+S)}{K_mK'_m+2K'_mS+S^2}$$

如果 $K_m=K'_m$ (非合作酶发生反应的情形), 则 $Y(S)=S/(K_m+S)$, 这和 Michaelis-Menten 反应方程中的饱和函数表达式是一样的. 总的反应速率为

$$V=\frac{\mathrm{d}P}{\mathrm{d}t}=\frac{2E_0S(k_2K'_m+k'_2S)}{K_mK'_m+2K'_mS+S^2} \tag{8.2.12}$$

如果 $k'_2=k_2$, 则

$$V=V_{\max}Y(S)$$

其中 $V_{\max}=2k_2E_0$, 这和 Michaelis-Menten 反应方程中的反应速率表达式 (8.1.9) 很相似.

当第一个底物分子的出现使得第二个底物分子和酶的结合变得更容易时, 可能出现产生 C_1 的量很少, 而 E 和 C_2 的量很大的合作情况. 因此, 由 (8.2.11) 得,

当 $K_mK'_m$ 和 S^2 在数量级上一致时, $K'_m \ll S \ll K_m$. 令 $K^2 = K_mK'_m$, 此时总的反应速率为

$$V = V_{\max}Y(S) = \frac{V_{\max}S^2}{K^2 + S^2} \tag{8.2.13}$$

其中 $V_{\max} = 2k'_2E_0$. 在一般合作酶的反应方程中, 经常用到的速率方程是 "Hill 方程"

$$V = \frac{V_{\max}S^n}{K^n + S^n} \tag{8.2.14}$$

指数 n 是由 Hill 曲线 $\log(V/(V_{\max} - V))$ 对 $\log(S)$ 的斜率确定的, 称为 Hill 系数.

(8.2.7), (8.2.12) 和 (8.2.14) 提供的三类函数形式, 在 8.5 节介绍的两个或多个基因调控因子相互作用的基因网络模型中非常有用, 比如可以利用这些函数来刻画竞争性抑制和非竞争性抑制等调控关系. 同样地, 上述三类函数在刻画具有饱和效应的两物种相互作用的关系时也非常重要, 比如捕食–被捕食系统中的 Holling II 和 Holling III 功能性反应函数. 由此可见, 无论是宏观的种群增长模型还是微观的生化反应模型, 其模型构建的本质具有相似性.

8.3 神经动力学模型

神经系统是人类和其他动物短期协调冲动反应的主要手段. 它是由接收外部信息的感受器 (如眼睛)、对信息产生回应的效应器 (如肌肉) 以及在感受器和效应器之间产生交流的神经细胞 (或称为神经元) 组成的. 神经系统的放电活动主要表现为神经元产生和传输动作电位脉冲串 (即膜电位的张弛振荡) 的过程, 神经信息编码是通过放电脉冲序列的时间节律和振荡模式反映的. 神经元放电活动涉及复杂的物理、化学过程, 并受到大量的内部和外部因素 (如神经细胞内外的各种离子浓度、各个离子通道活性、内外环境噪声、去极化电流等和不同的相互耦合作用) 的影响, 因此必然出现丰富的非线性动力学行为. 神经元是以生物神经系统的神经细胞为基础的生物模型. 在人们对生物神经系统进行研究, 以探讨人工智能的机制时, 把神经元数学化, 从而产生了神经元数学模型或神经动力学模型.

神经感应传导是在 Hodgkin 和 Huxley 的研究基础上逐渐建立的[53]. Hodgkin, Huxley 和 Eccles 三人于 1963 年获得诺贝尔生理学或医学奖, 他们研究了有最大轴突的神经细胞 —— 枪乌贼的巨大神经轴突. 通过分析轴突外部离子的浓度, 他们发现钠流和钾流被分开控制, 而不是像以前认为的: 它们是膜的所有离子磁导率变化的结果. 利用钳位电压技术控制膜电位, 推导出在固定电压下离子的电导率如何随时间的变化而变化. 在 1952 年, Hodgkin 和 Huxley 用数学模型技巧, 对所有这些过程用函数的形式建立了数学模型. 数学在神经元细胞中的成功应用被看成是数学生物学的巨大成就, 所创立的基本研究方法是研究许多神经生物学的基础.

所发展起来的数学模型现已成为非线性科学中的一个重要分支, 被称为可兴奋系统 (excitable system).

Hodgkin 和 Huxley 在对大量电压钳实验数据进行分析的基础上, 提出了描述离子通道动力学特征的 Hodgkin-Huxley 模型 (H-H 模型), 通过模型参数的变化可以定量描述离子通道动力学的改变. H-H 模型是 Hodgkin 和 Huxley 等在 1952 年发表的具有四个变量的微分方程模型, 基于他们发明的电压钳实验技术, 研究了动作电位产生的机理, 预测了离子通道开放概率、不应期和动作电位沿轴突传导的规律, 这为其他细胞电生理模型的建立、理论分析奠定了数学基础, 是把计算机技术应用于神经系统仿真的基本模型.

8.3.1 Hodgkin-Huxley 模型

细胞膜上流过的电流取决于细胞的电容以及离子通道的阻抗, 总离子电流由钠电流、钾电流以及一些漏电流组成. 漏电流代表离子的集体贡献, 如氯化物和碳酸氢盐. Hodgkin 和 Huxley 提出了一个电路图来刻画模型中的离子流动, 图 8.3.1 中给出了改良后的电路图.

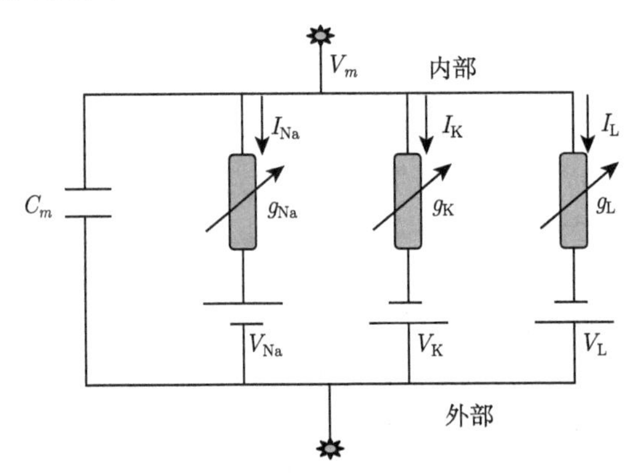

图 8.3.1 Hodgkin-Huxley 模型中描述细胞膜上电流流动的电路图 (彩图见封底二维码)

图 8.3.1 中膜电位的变化规律可以用下面的微分方程描述

$$C_m \frac{\mathrm{d}V_m}{\mathrm{d}t} = I - I_{\mathrm{ion}} \tag{8.3.1}$$

其中 V_m 是膜电位, C_m 膜电容, I 是膜电流, I_{ion} 是流经细胞膜的净离子电流, 可以通过下面的和式计算

$$I_{\mathrm{ion}} = I_{\mathrm{Na}} + I_{\mathrm{K}} + I_{\mathrm{L}} \tag{8.3.2}$$

其中 I_{Na} 为钠通道总电流, I_{K} 为钾通道总电流, I_{L} 为漏电流. 它们分别可以表示为

$$
\begin{cases}
I_{\mathrm{Na}} = g_{\mathrm{Na}}(V_m - E_{\mathrm{Na}}) \\
I_{\mathrm{K}} = g_{\mathrm{K}}(V_m - E_{\mathrm{K}}) \\
I_{\mathrm{L}} = g_{\mathrm{L}}(V_m - E_{\mathrm{L}})
\end{cases} \tag{8.3.3}
$$

其中 $g_{\mathrm{Na}}, g_{\mathrm{K}}, g_{\mathrm{L}}$ 分别是钠电导、钾电导和漏电导, $E_{\mathrm{Na}}, E_{\mathrm{K}}, E_{\mathrm{L}}$ 是相应的平衡电位, 如图 8.3.1 所示.

H-H 模型的钠通道控制包含了两个部分: 第一部分是当跨膜电压达到一定阈值时, 离开禁止点使得钠离子可以从通道中流过; 第二部分则缓慢占据禁止点以停止离子流动. 电导公式为

$$
g_{\mathrm{Na}} = g_{\mathrm{Na}}^{\max} m^3 h
$$

其中 m 是钠活化变量, h 是钠的非活化变量, $g_{\mathrm{Na}}^{\max}$ 是钠通道的最大电导. m 和 h 这两个变量分别由一个一阶微分方程刻画, 即

$$
\begin{cases}
\dfrac{\mathrm{d}m}{\mathrm{d}t} = \alpha_m(V_m)(1-m) - \beta_m(V_m)m \\
\dfrac{\mathrm{d}h}{\mathrm{d}t} = \alpha_h(V_m)(1-h) - \beta_h(V_m)h
\end{cases} \tag{8.3.4}
$$

其中速度参数 α, β 是电压的函数而不是时间的函数, 具体取法可以参考文献 [21, 53].

钾通道相对简单, 只有一个激活型的变量, 电导公式为

$$
g_{\mathrm{K}} = g_{\mathrm{K}}^{\max} n^4
$$

其中 $g_{\mathrm{K}}^{\max}$ 是钾通道的最大电导, n 是钾的活化变量. n 变量由一个一阶微分方程刻画, 即

$$
\frac{\mathrm{d}n}{\mathrm{d}t} = \alpha_n(V_m)(1-n) - \beta_n(V_m)n \tag{8.3.5}
$$

结合上面的推导过程, 我们得到了基于离子通道电导变化模拟神经元放电的模型[21, 53], 其方程为

$$
\begin{cases}
C_m \dfrac{\mathrm{d}V_m}{\mathrm{d}t} = I - g_{\mathrm{Na}}^{\max} m^3 h(V - V_{\mathrm{Na}}) - g_{\mathrm{K}}^{\max} n^4 (V - V_{\mathrm{K}}) - g_{\mathrm{L}}(V - V_{\mathrm{L}}) \\
\dfrac{\mathrm{d}m}{\mathrm{d}t} = \alpha_m(V_m)(1-m) - \beta_m(V_m)m \\
\dfrac{\mathrm{d}h}{\mathrm{d}t} = \alpha_h(V_m)(1-h) - \beta_h(V_m)h \\
\dfrac{\mathrm{d}n}{\mathrm{d}t} = \alpha_n(V_m)(1-n) - \beta_n(V_m)n
\end{cases} \tag{8.3.6}
$$

从理论上分析上述模型几乎是不可能的, 只能利用数值研究的方法加以讨论. 但是由于拟稳态假设关于 V_m 和 m 成立, 即从时间刻度上来说 V_m 和 m 是快反应

变量, 而 h 和 n 是慢反应变量. 从而可以通过拟稳态假设使得模型 (8.3.6) 可以简化为一个两变元的模型, 并利用平面系统的理论研究. 正是由于有了快慢变量的思想, 使得构建相对简单 (如平面微分方程组) 的数学模型成为可能, 下面介绍一个模型简化方法.

8.3.2　模型的简化

后来, 研究工作者对 H-H 模型进行了各种简化, 并且简化模型能够有效揭示神经动力学的诸多动力学行为. 其中的一个简化假设就是: 把神经放电模型抽象地利用只包括一个快速变量 v 和一个慢速变量 w 的简单模型, 其中 v 为电位差或兴奋变量, w 为恢复变量或钾的电导率. 结合生化反应一节中快慢反应的规律, v 和 w 两个变量的变化规律可用下面的一般性微分方程组刻画

$$\varepsilon\frac{\mathrm{d}v}{\mathrm{d}t}=f(v,w),\qquad \frac{\mathrm{d}w}{\mathrm{d}t}=g(v,w) \tag{8.3.7}$$

方程 (8.3.7) 是被推广的广义 FitzHugh-Nagumo 方程. FitzHugh 第一次把 Hodgkin-Huxley 方程的变量减少为两个, 从而可以利用平面系统的理论和方法对其进行更详细的研究. 下面我们考虑系统 (8.3.7) 如下的特殊系统

$$\begin{cases}\varepsilon\dfrac{\mathrm{d}v}{\mathrm{d}t}=f(v,w)=v(v-a)(1-v)-w\\ \dfrac{\mathrm{d}w}{\mathrm{d}t}=g(v,w)=v-bw\end{cases} \tag{8.3.8}$$

其中初始条件 $v(0)=v_0, w(0)=w_0$. 可以采用 Michaelis-Menten 方程或快慢反应系统中的泰勒展开等方法分析上面的方程.

从图 8.3.2 可以看出, 系统 (8.3.8) 的解有四个阶段. 第一个阶段是形成兴奋电位的上升阶段, 此时 v 变化很快, 这时利用具有小时间刻度的模型 (8.3.8) 就能刻画这一特点. 为了完整分析 v 的快慢变化过程, 还需要考虑大时间刻度的模型. 按照分析 Michaelis-Menten 方程的内部解的情况, 需要重设新时间变量. 为此记 $T=t/\varepsilon$, 并且 $V(T)=v(t)$, $W(T)=w(t)$, 由 (8.3.8) 得

$$\begin{cases}\dfrac{\mathrm{d}V}{\mathrm{d}T}=f(V,W)=V(V-a)(1-V)-W\\ \dfrac{\mathrm{d}W}{\mathrm{d}T}=\varepsilon g(V,W)=\varepsilon(V-bW)\end{cases} \tag{8.3.9}$$

然后结合具有小时间刻度的系统 (8.3.8) 和具有大时间刻度的系统 (8.3.9) 就可以解释图 8.3.2 中所示的解的变化规律, 即剩下的三个阶段.

第二个阶段是兴奋阶段, 从图 8.3.2 看出, 兴奋阶段的时间较长, 需要回到小时间刻度 t 来考虑模型 (8.3.8). 第三个阶段是兴奋变量的下降阶段, 这时 v 变化很快,

要想弄清楚 v 的变化情况, 这时又需要一个长的时间刻度, 即重新考虑模型 (8.3.9). 最后是恢复阶段, 此时 v 缓慢发生变化并回到静息状态, 又需回到小时间刻度方程 (8.3.8) 来讨论.

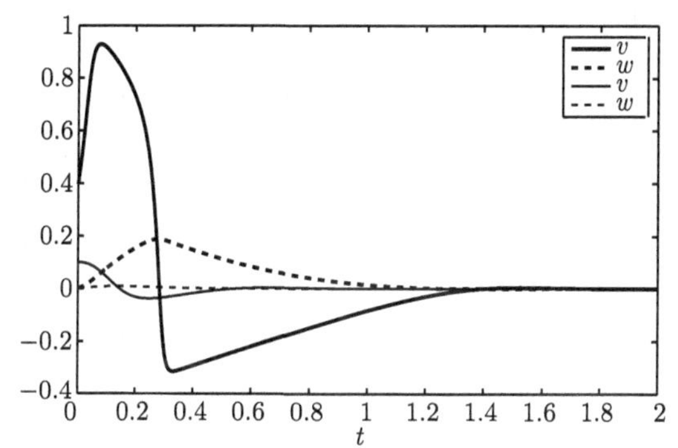

图 8.3.2 FitzHugh-Nagumo 方程 (8.3.8) 的数值实现

其中参数 $\varepsilon = 0.01, a = 0.1, b = 0.5$. 初始条件分别为: 细线 ($v_0 = 0.4, w_0 = 0$); 粗线 ($v_0 = 0.1, w_0 = 0$)

由此可见, 通过一个小时间刻度和一个长时间刻度系统, 并根据快慢反应的特点, 我们可以清楚地了解兴奋变量发生变化的具体情况, 并能通过更详细的分析得到其在各个阶段停留的时间大小等. 详细分析参考文献 [16].

为了说明兴奋系统更具体的周期变化, 可以考虑如下形式的特殊系统

$$\begin{cases} \varepsilon\dfrac{\mathrm{d}v}{\mathrm{d}t} = f(v,w) = v(v-a)(1-v) - w \\ \dfrac{\mathrm{d}w}{\mathrm{d}t} = g(v,w) = v - c - bw \end{cases} \tag{8.3.10}$$

其中 c 是一个正常数. 该系统在一定的参数范围内出现了一个围绕平衡态 $(v^*, 0)$ 周期振动的周期解, 即出现周期放电节律, 如图 8.3.3 所示. 在神经动力学中把图 8.3.3 所示的具有快速阶段和慢速阶段交替的振荡称为“张弛振荡”.

FitzHugh-Nagumo 方程 (8.3.10) 可以进一步改进为下面的状态依赖反馈控制系统:

$$\begin{cases} \left.\begin{aligned} &\varepsilon\frac{\mathrm{d}v}{\mathrm{d}t} = f(v,w) = v(v-a)(1-v) - w \\ &\frac{\mathrm{d}w}{\mathrm{d}t} = g(v,w) = v - c - bw \end{aligned}\right\} v < v_{\text{peak}} \\ \left.\begin{aligned} &v(t^+) = v_1 \\ &w(t^+) = w(t) + w_1 \end{aligned}\right\} v = v_{\text{peak}} \end{cases} \tag{8.3.11}$$

上面方程中的 v_{peak} 为电位差的状态阈值, 即当电位差达到阈值 v_{peak} 时, 电位差被重新设定为常数 v_1, 当然此时有 $v_1 < v_{\text{peak}}$, 恢复变量增加常数 w_1. 由此发现, 系统 (8.3.11) 具有与第 3 章综合害虫治理模型相同的形式, 故可以利用脉冲动力系统的相关知识加以研究.

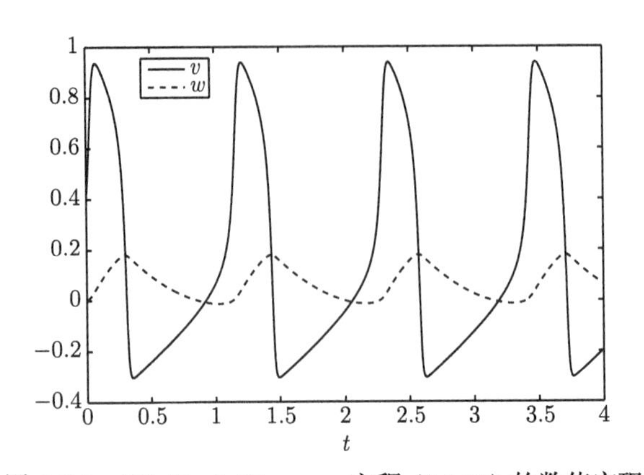

图 8.3.3 FitzHugh-Nagumo 方程 (8.3.10) 的数值实现

其中参数 $\varepsilon=0.01, a=0.1, b=0.5, c=0.1$. 初始条件分别为 $(v_0=0.4, w_0=0)$

综合神经脉冲和可兴奋系统数学模型的研究, 可以通过对所建立数学模型的定性和定量分析讨论下面的性质:

(a) 阈值现象. 神经纤维具有抑制作用, 并且这种作用对外界干扰是稳定的. 这说明只有施加超过一定阈值的输入电流, 神经膜才能从抑制状态过渡到兴奋状态. 如图 8.3.2 所示, 当 v 的初始值很小时, 不能使系统 (8.3.8) 从第一阶段过渡到第二阶段, 只有当 v 的初始值超过一定阈值, 比如 0.4 后才能从抑制过渡到兴奋状态.

(b) 存在脉冲式行波解, 如图 8.3.2 所示的兴奋波, 当通过兴奋波以后, 又回到恢复状态即静息状态.

(c) 周期行波解, 如图 8.3.3 所示.

(d) 上述两种解具有相对稳定性, 即不受小干扰的影响.

神经动力学分支学科是数学在生命科学领域应用最为成功、影响最为深远的学科之一, 它有力地推动了相关学科的发展.

8.4 细胞周期调控模型

细胞的生命开始于产生它的母细胞的分裂, 结束于它的子细胞的形成, 或是细胞的自身凋亡. 通常将细胞分裂产生的新细胞的生长开始到下一次细胞分裂形成子细胞结束为止所经历的过程称为细胞周期 (cell cycle). 在这个过程中, 细胞遗传物质复制并加倍, 且在分裂结束时平均分配到两个子细胞中.

8.4.1 细胞周期的四个时期

细胞周期分为四个时期: G1 期、S 期、G2 期和 M 期, 如图 8.4.1 所示. G1 期又称为 DNA 合成前期, 此期 DNA 的合成还没有开始, 但是这一时期中所进行的

RNA 和蛋白质合成却是 DNA 复制所必需的, 而且 S 期中 DNA 合成的启动也在这一时期受到调控. 因此这一时期可以看作为 DNA 合成的准备时期. S 期中 DNA 进行合成, 同时染色体形成所必需的组蛋白, 非组蛋白等物质也在此期合成. G2 期主要合成一些与有丝分裂中新细胞形成所必需的物质, 如作为细胞骨架重要成分的微管蛋白等. M 期中细胞染色体形成并发生细胞分裂, 新细胞在此期形成. 如果在 G1 期早期生长因子缺乏, 动物细胞可以进入休眠期或静止期 G0; 如果细胞已通过关卡或检测点, 就进入下一轮 DNA 复制和分裂. 当 M 期结束细胞分裂完成, 细胞成分减半.

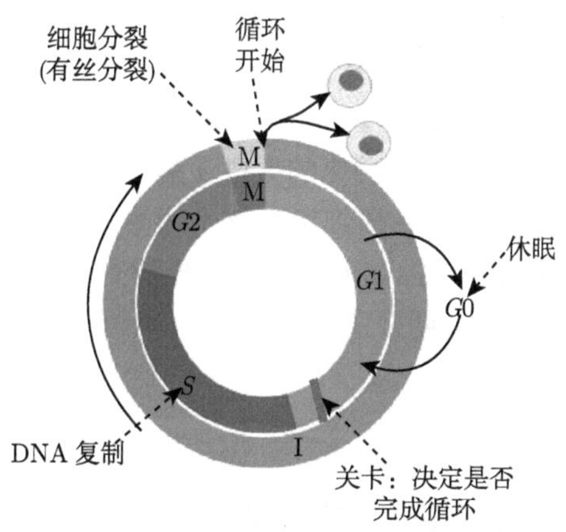

图 8.4.1　细胞周期示意图: 细胞在细胞周期中续惯的经过 G1 → S → G2 → M 而完成增殖 (彩图见封底二维码)

8.4.2　细胞周期调控的分子基础

细胞周期的基本功能就是精确地复制基因组, 并把遗传物质均等地分配到两个子细胞中去. 正因为如此, 细胞周期的各个事件按正确的顺序运转就很重要了, 即细胞周期严格按照顺序 G1 → S → G2 → M 正确运转.

G1 → S → G2 → M 的正确运转是与相关调控基因的有序表达密不可分的. 细胞拥有一系列的调控系统, 来感受细胞周期的进行, 当出现异常情况, 在相应的时期终止细胞周期. 这就是在 20 世纪 70 年代提出的“细胞周期关卡”或“细胞周期检测点”概念. 细胞周期关卡是作用于细胞周期转换过程的关键调控通路, 从分子水平看就是一类调控基因及其表达产物对细胞是否以及如何分裂所进行的精细调节. 这些基因产物接收两种不同的信号, 并作出反应. 一类信号是“细胞内在信息”, 它反映细胞周期中的下一个时期是否在前一时期结束后才开始. 另一类信号称为“细胞外在信息”, 它是对细胞分裂与否至为重要的环境信号, 只有当细胞所处的环境能够容纳或接受更多细胞时, 细胞的分裂才是合适的. 否则不合时宜的细胞分裂带来的就是肿瘤细胞, 因此细胞必须在通过这些关卡的过程中识别不同的信号, 以避免非正常地进入细胞周期[24, 106].

MPF 为 M 期促进因子 (M phrase-promoting factor), 是 M 期细胞中特有的物质, 被称为细胞周期调控的引擎分子. MPF 能够促使染色体凝集, 使细胞由 G2 期顺利进入 M 期. 在结构上, 它是一种复合物, 由周期蛋白依赖性激酶和 G2 期周期蛋白组成, 其中, 周期蛋白对蛋白激酶起激活作用, 周期蛋白依赖性激酶是催化亚基, 它能够将磷酸基团从 ATP 转移到特定底物的丝氨酸和苏氨酸残基上. 细胞周期阶段性进行反映了调节不同细胞周期事件中关键分子的不同磷酸化状态. 细胞周期调控的基础是一系列激酶家族, 它们在细胞周期的不同时期程序性合成和降解, 同时作为调节亚基对 CDK 活性进行调节, CDK 的活性还受磷酸化状态的影响.

当然, 不同有机体的细胞周期具体的控制机理并非完全一样. 在单细胞真核生物里, 负责细胞周期内蛋白质磷酸化的蛋白激酶通常只有一种, 如芽殖酵母中是 Cdc28, 裂殖酵母里是 Cdc2. 而在多细胞真核生物中, 参与细胞周期的蛋白激酶则有许多种. 例如在人体细胞内, 控制 G1 期的主要是 CDK2、CDK4 和 CDK6, S 期和 G2 期依赖于 CDK2, 而 M 期则主要由 CDK1 负责.

8.4.3　细胞周期关卡的调控

细胞在长期的进化过程中发展了一套保证细胞周期中 DNA 复制和染色体分配质量的检查机制, 即前面提到的细胞周期关卡. 图 8.4.2 中给出了 G1 → S 期关卡和 M 期关卡 CDK-cyclin 复合物的调控机理.

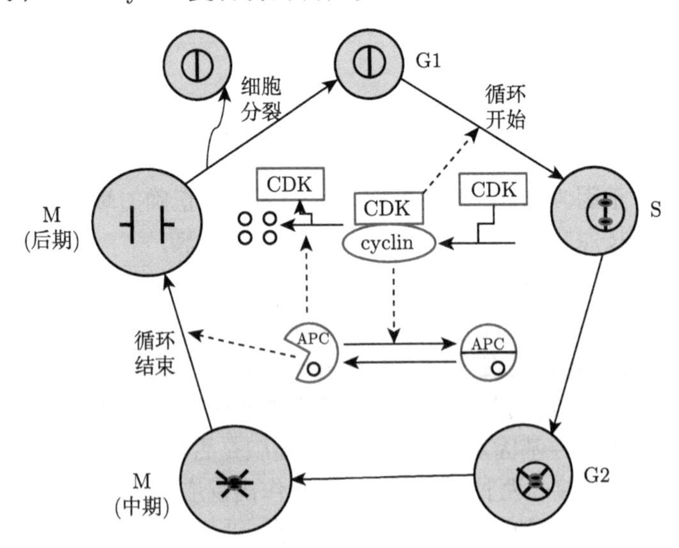

图 8.4.2　真核细胞周期示意图, 外环与图 8.4.1 一致, 内环中刻画了两个细胞周期关卡的调控 (彩图见封底二维码)

G1 → S 期关卡是最重要的检测点. 细胞在该检测点对各类生长因子、分裂原以及 DNA 损伤等复杂的细胞内外信号进行整合和传递, 决定细胞是否进行分裂、发生凋亡或是进入 G0 期. 在哺乳动物细胞中, 四个 CDK 在 G1 早期起作用, 它们都与 cyclin D 结合形成 CDK-cyclin 复合物, 而调节细胞周期顺利通过细胞分裂的起点及 G1 期下游事件, 如图 8.4.2 所示. M 期关卡又叫纺锤体组装检测点. 主要是阻止细胞分裂、阻止细胞两极形成纺锤体、阻止染色体附着到纺锤体上. 后期促进复合物是破坏和依赖的泛素连接酶, 有助于有丝分裂细胞周期蛋白的快速降解.

CDK-cyclin 复合物和其他复合物在细胞周期过程的作用可以通过数学模型来讨论, 20 世纪 90 年代, Novak、Tyson 及其合作者对细胞周期调控的数学模型做了详细的研究, 提出了基于细胞分子调节机制的许多数学模型 [104, 129, 130]. 作为对这方面工作的一个基本了解, 下面集中介绍文献 [104] 中研究的细胞周期数学模型. 文献中研究细胞周期调控模型的示意图与图 8.4.2 基本一致.

8.4.4 最简单的细胞周期调控模型

细胞中周期蛋白含量的周期性变化导致 CDK-cyclin 复合物周期性地装配和降解, 从而使 CDK 的激酶活性发生周期性变化, 触发细胞周期事件周期性的发生.

细胞周期调节过程中 CDK 和 APC 之间的关系是相互拮抗 (图 8.4.2), 其中 CDK 使 APC 失去活性, 然而有活性的 APC 启动降解细胞周期蛋白依赖性激酶二聚体的细胞周期蛋白亚基, 从而加速 CDK-cyclin 的降解. 假设催化亚基是稳定的并且在细胞内保持恒定的浓度, 则 CDK 和 APC 之间的拮抗作用可以用两个动力学方程表示

$$
\begin{cases}
\dfrac{\mathrm{d[CDK]}}{\mathrm{d}t} = k_1 \cdot \mathrm{size} - [k_2'(1-[\mathrm{APC}]) + k_2'' \cdot [\mathrm{APC}]] \cdot [\mathrm{CDK}] \\
\dfrac{\mathrm{d[APC]}}{\mathrm{d}t} = \dfrac{(k_3' + k_3'' \cdot [\mathrm{ACT}])\,(1-[\mathrm{APC}])}{J_3 + 1 - [\mathrm{APC}]} - \dfrac{(k_4' + k_4'' \cdot [\mathrm{CDK}]) \cdot [\mathrm{APC}]}{J_4 + [\mathrm{APC}]}
\end{cases}
\tag{8.4.1}
$$

其中 $[\mathrm{CDK}](t)$ 表示 CDK-cyclin 二聚物在细胞核内的浓度, $[\mathrm{APC}](t)$ 表示所有的 APC 中有活性部分的比例. 参数 k_1, k_2' 等都是速率常数. 为了使问题简单, 我们先把 [ACT] 看作是一个参数, 并假设其作用是激活 APC.

尽管单细胞真核生物体中有证据表明整个细胞的大小可以调节染色体复制的分离循环通道, 但是我们目前对细胞大小控制的生物分子机制却很少了解. 所以模型 (8.4.1) 中采用了一个非常简单的方式来处理细胞大小的变化对细胞周期调节的影响, 即细胞周期蛋白分子在细胞质中以与细胞的总蛋白合成能力成正比的速度合成 (模型中的项 $k_1 \cdot \mathrm{size}$). 假设随着细胞增长细胞核体积保持恒定, CDK-cyclin 二聚物的浓度随着细胞大小的增加而增加. 当细胞核中的 CDK 活性达到一定临界值时, 循环开始并进入下一个周期.

CDK 由于细胞周期蛋白的降解而失去活性, 细胞周期蛋白的降解速度依赖于具有活性和失去活性的 APC 的比例分布, 模型 (8.4.1) 中 [APC] 和 1-[APC] 分别表示具有活性和失去活性的比例, 参数 k_2' 和 k_2'' 是酶的周转数. 模型 (8.4.1) 中的第二个方程刻画了具有活性 APC 所占比例的变化规律, 增加活性或失去活性的变化率采用 8.1 节介绍的米氏速率刻画, 其中参数 k_3'' 和 k_4'' 表示由 ACT 激活催化的周转数和被 CDK 催化失去活性的周转数, k_3' 和 k_4' 即 APC 的 (形如米氏反应中 $V_{\max}$) 最大激活和抑制率. APC 的总浓度纲化为 1, 并且对于 APC 的总浓度而言米氏常数 (J_3 和 J_4) 被认为相对较小. 这样模型 (8.4.1) 中刻画的具有活性的 APC 的比例随着细胞周期的变化而变化, 并像一个超灵敏开关一样由大到小、再由小到大地变化. 下面通过分析模型 (8.4.1) 平衡态的稳定性来讨论上述特点和 APC-CDK 的拮抗作用在细胞周期调节中的作用.

模型 (8.4.1) 是一个平面系统, 可以利用预备知识 12.2.2 节中有关二维常微分方程组的相关分析方法进行研究. 模型的平衡态是由两条等倾线的交点确定, 即由满足 $\mathrm{d[CDK]}/\mathrm{d}t = 0$ 和 $\mathrm{d[APC]}/\mathrm{d}t = 0$ 的两个代数方程的解确定. 关于 [CDK] 求解这两个代数方程得到

$$\left\{\begin{array}{l}[\mathrm{CDK}] = \dfrac{k_1 \cdot \mathrm{size}}{k_2'(1-[\mathrm{APC}]) + k_2'' \cdot [\mathrm{APC}]} \\ [\mathrm{CDK}] = \dfrac{(k_3' + k_3'' \cdot [\mathrm{ACT}])(1-[\mathrm{APC}])}{k_4'' \cdot [\mathrm{APC}]} \dfrac{J_4 + [\mathrm{APC}]}{J_3 + 1 - [\mathrm{APC}]} - \dfrac{k_4'}{k_4''}\end{array}\right. \tag{8.4.2}$$

当把 [CDK] 看成水平坐标轴, [APC] 看成铅直坐标轴时, 图 8.4.3 给出了两条等倾线相交的四种可能情况. 在这四种情形中我们通过 CDK 和 APC 之间的相互拮抗关系即它们的活性来讨论细胞从 G1 到 S/M 期的过渡 (细胞分裂的后三个期即 S, G2 和 M 期合并在一起, 记作 S/M 期). 此时模型没有明确说明 DNA 的合成和染色体的分离分别发生在 S 期和 M 期, 但这不影响我们利用简单的模型 (8.4.1) 来说明 CDK 和 APC 之间的相互拮抗在细胞周期中的作用.

选取参数如图 8.4.3(a) 所示, 此时两条等倾线有三个交点 (即模型 (8.4.1) 存在三个平衡态): 一个表示 APC 被激活和 CDK 被抑制的稳定平衡态, 此时具有活性的 [APC] 比例高, [CDK] 的浓度小; 一个表示 APC 被抑制和 CDK 被激活的稳定平衡态, 此时具有活性的 [APC] 比例小, [CDK] 的浓度大; 一个表示 APC 和 CDK 处于两个稳定状态中间水平的不稳定平衡态. 在图形中用实心表示稳定平衡态, 空心表示不稳定平衡态, 并且两个稳定的平衡态都是结点 (线性化矩阵的两个特征值是负的实根), 它们分别对应细胞周期的 G1 和 S/M 期, 不稳定的平衡态为鞍点 (线性化矩阵的两个特征值是实根且符号相反). 下面不妨用黑体字 **G1** 和 **S/M** 来专指这两个稳定的平衡态, 如图 8.4.3 所示. 两个局部稳定的平衡态隐含的精确生物学意义体现在它们对局部的干扰具有相对稳定性 (平衡态局部稳定的定

义), 只有当这种干扰或激活达到一定临界时才能使模型从一个稳定状态经过中间的不稳定状态进入另一个稳定状态. 这说明了鞍点在细胞周期跃迁中起到的重要作用.

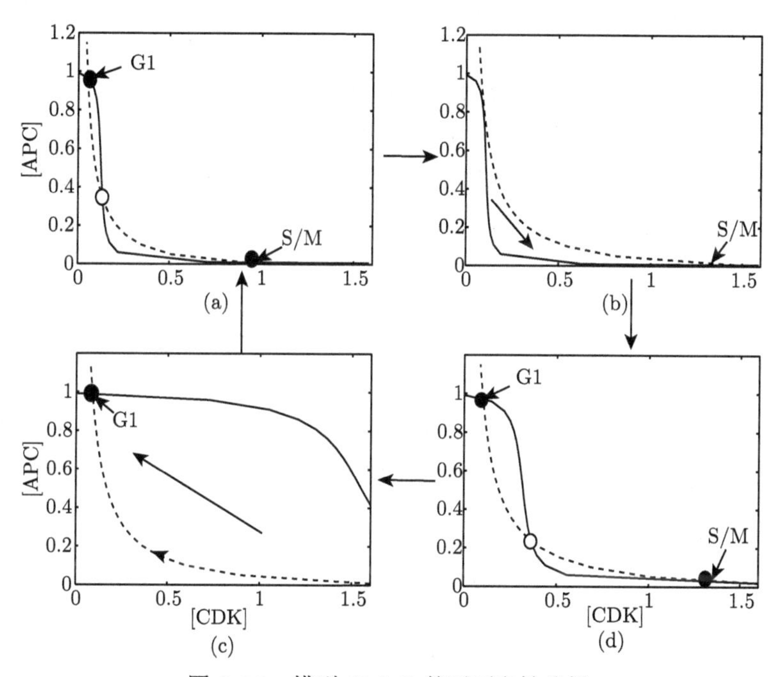

图 8.4.3 模型 (8.4.1) 的平面定性分析

其中虚线表示 [CDK] 铅直等倾线, 实线表示 [APC] 水平等倾线, 实心圆点表示稳定平衡态, 空心圆点表示不稳定平衡态. 参数为: $k_1 = 0.05, k_2' = 0.05, k_2'' = 1, k_3' = 0.1, k_3'' = 3, k_4' = 0, k_4'' = 2, J_3 = J_4 = 0.05$. (a) 在细胞周期起始时期, 细胞阻滞在 G1 期, size = 1, [ACT] = 0.05; (b) 在循环开始, 通过一个鞍结点分支使细胞经过 G1 期沿着箭头所示方向进入 S/M 期, size = 1.6, [ACT] = 0.05; (c) 在完成 DNA 复制和染色体形成以前的时期, size = 1.75, [ACT] = 1; (d) 染色体形成, S/M 经过一个鞍结点分支使得细胞沿着箭头所示方向返回到 G1 期, size = 2, [ACT] = 1.5

模型 (8.4.1) 的解是走向图 8.4.3(a) 中的稳定状态 G1 还是 S/M, 取决于初始值的选取, 比如: 如果初始是从 G1 的吸引域出发, 那么解就一定趋向于该稳定的状态, 除非超过一定临界的干扰因素比如系统参数或变量发生变化, 使得稳定性状态发生改变, 否则系统将始终停留在特定的稳定状态. 此处推动细胞周期调控模型 (8.4.1) 从一个稳态向另一个稳态跃迁的干扰因素来源于细胞生长, 由于 CDK-cyclin 二聚物的调节推动了细胞从 G1 状态跃迁到 S/M 状态. 随着细胞体积的增大, CDK 的平衡曲线向上移动, 导致结点 G1 和鞍点重合然后消失 (图 8.4.3(b)). 模型 (8.4.1) 在细胞临界 size 处发生了鞍结点分支 (12.2.6 节的定义), 在这种情况下模型中的 size 是分支参数. 对细胞循环起至关重要的 size 值是 size 在鞍结点重合时的值, 记作 size_c, 并且当 $\text{size} > \text{size}_c$ 时 (该临界值可以通过分支分析得到), 系统只有一个稳定的平衡点 S/M. 当细胞 size 足够大时, 由于 APC 被抑制和 CDK 被激活, 细胞循环开始阶段被激活, 此时 G1 状态消失, 控制系统只有一个稳定的平衡态 S/M.

通过将 APC 等倾线移向右侧, 促使细胞从 S/M 状态返回到 G1 状态, 完成循环结束事件. 这一事件是由激活蛋白 ACT 完成的, 这与 CDK 对 APC 的抑制作用相反. 我们假设激活子在 APC 的作用下不断合成和降解. 当细胞周期按顺序进行时, ACT 通过排挤 CDK 来激活 APC, 从而开启 APC (图 8.4.3(c)). 在相平面上, 这对应 APC 平衡曲线向右的大转移 (图 8.4.3(d)), 导致鞍结点分支使得 S/M 状态消失, 促使控制系统必须回到 G1 状态. 随着细胞分裂和细胞大小减半 ($\text{size} \to \text{size}/2$), ACT 被 APC 破坏, APC 等倾线移回图 8.4.3(a) 的位置, 循环重新开始.

在上面的讨论中, 我们假设 size 和 ACT 都是常数, 这不能模拟细胞分裂的整个过程. 为此需要将 size 和 ACT 这两个变量看成动态的, 这样得到四个变量所满足的微分方程组如下:

$$
\begin{cases}
\dfrac{\mathrm{d[CDK]}}{\mathrm{d}t} = k_1 \cdot \text{size} - [k_2'(1-[\text{APC}]) + k_2''[\text{APC}]]\,[\text{CDK}] \\
\dfrac{\mathrm{d[APC]}}{\mathrm{d}t} = \dfrac{(k_3' + k_3''[\text{ACT}])\,(1-[\text{APC}])}{J_3 + 1 - [\text{APC}]} - \dfrac{(k_4' + k_4''[\text{CDK}])\,[\text{APC}]}{J_4 + [\text{APC}]} \\
\dfrac{\mathrm{dsize}}{\mathrm{d}t} = \mu \cdot \text{size} \\
\dfrac{\mathrm{d[ACT]}_T}{\mathrm{d}t} = k_{as} - [k_{ad}'(1-[\text{APC}]) + k_{ad}''[\text{APC}]][\text{ACT}]_T \\
\dfrac{\mathrm{d[ACT]}}{\mathrm{d}t} = k_{aa}([\text{ACT}]_T - [\text{ACT}]) - k_{ai}[\text{ACT}] - [k_{ad}'(1-[\text{APC}]) + k_{ad}''[\text{APC}]][\text{ACT}]
\end{cases}
\tag{8.4.3}
$$

其中 $[\text{ACT}]_T(t) = [\text{ACT}] + [\text{apoACT}]$, $k_{aa}, k_{ad}, k_{as}, k_{ai}$ 是常数, 具体生物意义参考文献 [104].

根据模型 (8.4.3) 的第三个方程可知: 细胞的 size 在没有控制的条件下将会指数增长, 最后趋向于无穷大, 这明显不合实际. 因此理想的状态是假设从循环开始到循环结束时细胞增加到原来的 2 倍, 为此对于给定的细胞初始大小, 容易计算其达到初始值 2 倍大小的时间. 实际上, 不妨假设初始 size 为 1, 记为 $S_0 = 1$, 求解方程 $\dfrac{\mathrm{dsize}}{\mathrm{d}t} = \mu \cdot \text{size}$ 得

$$
\text{size}(t) = S_0 \mathrm{e}^{\mu t}
$$

令 $S_0\mathrm{e}^{\mu t}=2$ 并关于 t 求解得到第一次细胞分裂的时间为 $T=\dfrac{1}{\mu}\ln(2)$. 不难看出, 从 $T=\dfrac{1}{\mu}\ln(2)$ 开始, 经过下一个相同的 T 时间, 细胞发生第二次分裂, 依次类推, 得到细胞 size 变化如图 8.4.4(a). 由此可见, 细胞从初始 1 增加到 2 时循环结束, 由于母细胞的分裂使得细胞大小减半而使新细胞的大小变为 1, 再重新开始新的循环. 上述求解过程体现了状态依赖反馈控制的基本思想, 即细胞大小的控制完全取决于细胞状态 size 的大小. 上述思想可以利用 3.5.3 节的状态依赖脉冲微分方程建立数学模型, 即建立细胞 size 状态依赖的脉冲微分方程, 求解得到系统的周期解和相应的周期.

选取参数值如图 8.4.4, 通过计算得到细胞 size 倍增的时间为 119.508, 其中 $\mu=0.0058$. 该数值实现进一步验证了图 8.4.3 和图 8.4.2 给出的细胞周期调节过程中调节因子之间的相互作用关系. 特别是 CDK 和 APC 之间的相互拮抗在细胞周期中的作用.

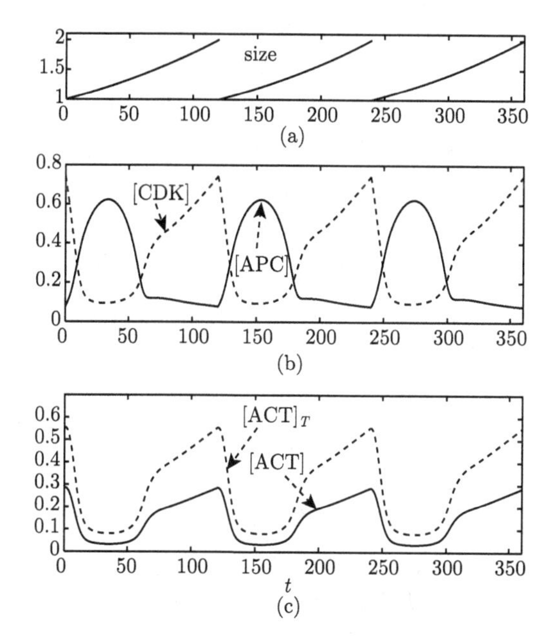

图 8.4.4 细胞大小增长控制的细胞周期调节模型 (8.4.3) 的数值实现

其中参数 $k_1=0.05, k_2'=0.05, k_2''=1, k_3'=0.1, k_3''=3, k_4'=0, k_4''=2, J_3=J_4=0.05,$

$k_{aa}=1, k_{ad}'=0.005, k_{ad}''=1, k_{as}=0.05, k_{ai}=0.85, \mu=0.0058$

尽管模型 (8.4.3) 能够更加真实地反映细胞周期增长、分裂的过程, 但其维数较高, 分析起来比较困难. 因此, 我们再次考虑两个变量的微分方程模型 (8.4.1), 通过一个分支参数图来反映真核细胞沿着一条滞后回线 (hysteresis loop) 的周期变化情况. 这里的滞后回线指的是当模型存在两个或多个稳定平衡态时, 系统当前状态不仅依赖系统参数, 也依赖其过去状态 (从哪一个稳定状态出发), 并且随参数变化而周期变化. 此时系统随着参数的连续变化将在一定范围内处于一个特定的状态, 而发生滞后现象. 比如在模型 (8.4.1) 中: 如果细胞周期刚结束, 则系统在一定时间内处于 G1 期; 如果细胞周期顺利通过 G1 期, 则系统在一定时间内处于 S/M 期. 为了说明该滞后回线, 选取分支参数 $\text{size}/(k_3'+k_3''\cdot[\text{ACT}])$ 而固定其他所有参数, 考虑 [APC] 在平衡态时的值如何随分支参数的变化而变化. 特别地当 $k_4'=0$ 时, [APC] 满足下面的代数方程

$$\frac{\text{size}}{k_3'+k_3''[\text{ACT}]}=\frac{[k_2'(1-[\text{APC}])+k_2''[\text{APC}]](1-[\text{APC}])(J_4+[\text{APC}])}{k_1k_4''[\text{APC}](J_3+1-[\text{APC}])} \tag{8.4.4}$$

当等式 (8.4.4) 左边分母中的分支参数取值发生变化时平衡态个数和稳定性的变化可用图 8.4.5 表示. 当分支参数 $1.8<\text{size}/(k_3'+k_3''[\text{ACT}])<6.9$ 时 [APC] 有三个平衡态: 两个稳定的结点和一个鞍点. 一个正常细胞的生命周期从 G1 期开始, 图 8.4.5 中的 A 点. 由于一个新生细胞的 size 很小, 具有活性 APC 所占的比例接近于 1, 即 $[\text{APC}]\to 1$. 随着 size 的增大, 控制系统沿着上面的虚线移动, 此时细胞停留在 G1 期 (APC 开启), 直到 G1 到达鞍结点 B 处后消失. 随着细胞大小的继续增加, 过了鞍结点分支, 控制系统会转向点 C 点, 在此点 APC 关闭, CDK 开启. 细胞循环开始发生切换, 此后随着 DNA 的复制和染色体的合成, [ACT] 增加 (即分支参数减小), 但是细胞仍然处于后复制状态, 直到 S/M 在图 8.4.5 中的鞍结点分支 D 点消失. 在通过点 D 时, [ACT] 已经足够大并能抑制 [CDK] 和激活 [APC]. 控制系统转换回 G1 即 A 点 (细胞循环结束发生切换), 然后重复此过程.

在这种情况下, 细胞周期的不可逆性是与不稳定的平衡点 (鞍点) 密切相关的, 它是滞后回线的一部分. 由于细胞的增长、分裂和染色体的监测, 参数 $\text{size}/(k_3'+k_3''\cdot[\text{ACT}])$ 不断改变, 鞍点来回穿梭, 首先平衡点 G1 消失使系统稳定在 S/M 处, 然后又使平衡点 S/M 消失使系统重新回到 G1, 完成一个细胞周期循环. 滞后回线的鞍结点分支使细胞 size 和 [ACT] 平缓增加转换为细胞循环开始和循环结束之间突然的不可逆转的切换, 如从点 B 跳跃至 C 点和从 D 点跳跃至 A 点.

模型 (8.4.1) 和 (8.4.3) 以及本节的几个图例说明了简单细胞周期调节模型具有真核细胞周期的所有特征: 前复制和后复制状态; 通过循环开始的细胞大小控制; 连接染色体复制和合成的监测机制. 有关细胞周期调控研究更实际、更复杂的模型可以参考文献 [104, 129, 130].

通过这一节的介绍, 使我们认识到数学模型的真正魅力. 对一个如此简单的二维微分方程模型的局部稳定性分析和参数分支分析, 几乎完美地解释了细胞周期的几个事件是如何按正确的顺序运转的, 以及相关调控因子是如何有序表达的. 对实际问题如此精确地刻画和表述也正是生物数学发展的巨大动力.

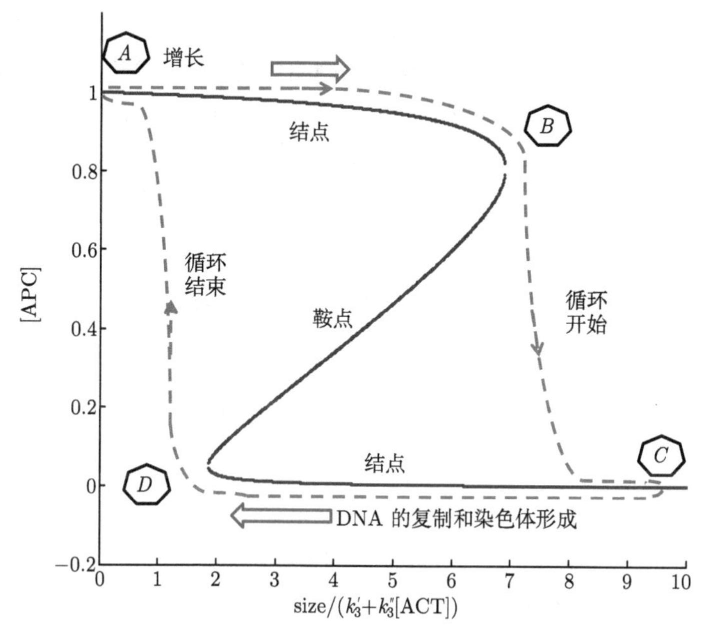

图 8.4.5 模型 (8.4.3) 关于参数 size/$(k_3' + k_3''$[ACT]) 的分支参数图

其中纵坐标表示平衡点处的 [APC]. 由图可以看出当分支参数 $1.8 <$ size/$(k_3' + k_3''$[ACT]) < 6.9 时有三个平衡点, 在 B 点和 D 点分别表示 APC 激活和抑制的临界点, 并且通过鞍结点分支使之通过这两个临界的切换

(彩图见封底二维码)

8.5 基因调控网络模型

中心法则 (genetic central dogma) 是指遗传信息从 DNA 传递给 RNA, 再从 RNA 传递给蛋白质, 即完成遗传信息的转录和翻译的过程. 也可以从 DNA 传递给 DNA, 即完成 DNA 的复制过程, 如图 8.5.1. 它是克里克于 1957 年提出的遗传信息在细胞内生物大分子间转移的基本法则, 阐明了在生命活动中核酸与蛋白质的分工和联系. 核酸的功能是贮存和转移遗传信息, 指导和控制蛋白质的合成; 蛋白质的主要功能是作为生物体的结构成分和调节新陈代谢活动, 使遗传信息得到表达. 中心法则是现代生物学中最重要、最基本的规律之一, 它在探索生命现象的本质及普遍规律方面起了巨大的作用, 极大地推动了现代生物学的发展, 是现代生物学的理论基石, 并为生物学基础理论的统一指明了方向, 在生物科学发展过程中占有重要地位[24].

在转录过程中, 转录因子 (transcription factor) 与 DNA 的结合能激活基因的转录, 而基因的表达产物有可能也是转录因子, 它又能激活或抑制其他基因的转录. 这样, 基因与基因之间的相互调控关系就形成了一个复杂的基因网络结构 (gene regulatory network)[2, 15]. 相互作用的网络中的基因在表达水平上存在某种相关性, 例如受同一个转录因子调控的基因往往是共表达的. 通过基因表达谱数据的分析, 能够部分得到基因之间的调控关系: 正调控还是负调控, 这种方法也称反向工程 (reverse engineering), 有时也称为网络结构的重构, 即数学中的逆问题.

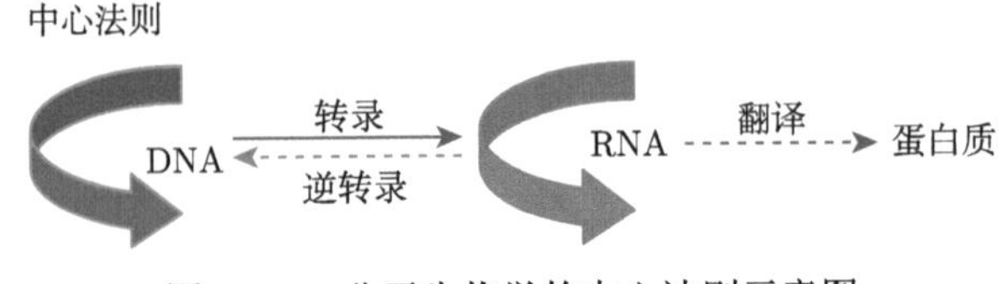

图 8.5.1 分子生物学的中心法则示意图
(彩图见封底二维码)

基因调控网络研究的目的是通过建立基因转录调控网络模型对某一个物种和组织中的全部基因的表达关系进行整体的模拟分析和研究, 在系统的框架下认识生命现象, 特别是信息流动的规律. 由中心法则可以看出从分子水平上调控可分为三个层次: DNA 水平、RNA 水平和蛋白质水平.

因为很多实验不能重复或实验成本非常高, 要完整地弄清楚复杂基因网络中众多基因之间的相互调控关系几乎是不可能的, 所以必须借助基因调控网络模型来研究. 通过模型和数据分析可以帮助理解在特定的细胞状态下, 有哪些基因发生了表达? 它们是通过何种方式被调控的? 它们的表达量是多少? 近年来随着数学、统计学和计算等技术的快速发展, 为网络调控模型的构建创造了良好的外部环境, 使得大量的基因网络模型不断涌现. 目前出现了刻画基因表达和未表达的布尔网络模型和离散模型[59, 127, 128]、线性组合模型和加权矩阵模型、刻画基因连续表达的微分方程模型[32] 等. 随着基因数据的不断扩展以及数据质量的提高, 基因调控网络建模的准确性将得到进一步提高.

下面就布尔网络模型和微分方程模型中最基本的基因调控网络模型及其理论分析加以介绍.

8.5.1 布尔网络模型

布尔网络模型是基因调控网络模型中一类最简单的离散型基因调控网络模型, 最早由 Kauffman 在 1969 年提出[59]. 在布尔网络中每个基因所处的状态或者是“开”或者是“关”. 状态“开”表示一个基因转录表达形成基因产物, 而状态“关”则代表一个基因未转录[59, 127, 128]. 布尔网络将基因的各种“开”或者“关”的状态映射到不同的吸引子区域, 区域之外的状态都定义为初始状态, 并且所有基因的活动状态采用同步更新机制. 随着时间的变化, 系统状态逐渐从初始状态向吸引子区域以及不同的吸引子区域之间动态跃迁. 根据基因初始状态以及逻辑规则的不同, 相同基因组构成的网络系统会呈现出不同的动态跃迁过程, 从而可以对基因调控网络系统复杂的动力学过程进行再现和深入分析.

布尔网络模型中基因之间的相互调控关系由布尔表达式来表示, 即基因之间的作用关系由逻辑算子 and, or 和 not 刻画, 比如三个基因 x_1, x_2 和 x_3 有如下的逻辑关系

$$x_1 \text{ and not } x_2 \to x_3$$

读作"如果 x_1 基因表达, 且 x_2 基因不表达, 则 x_3 基因表达". 在逻辑关系中, 如果 A 和 B 基因有如下关系

$$A \to B$$

我们说基因 A 激活基因 B; 如果 A 和 B 基因有如下关系

$$\text{not } A \to B$$

我们说基因 A 抑制基因 B. 有了上述逻辑关系的转换, 我们可以利用激活和抑制来定义基因之间的逻辑规则或关系.

对于布尔网络, 基因表达的水平可用变量"1"和"0"表示, 如果得到表达, 则值为"1", 否则为"0". 每一个基因 $t+1$ 时间的值依赖时间 t 时网络中的某些基因的值, 并且所有基因的状态同时得到更新, 即有

$$x_i(t+1) = f_i(x(t)), \quad i = 1, \cdots, m, \ x = (x_1, x_2, \cdots, x_m) \in X$$

网络中各个基因状态的集合称为整个系统的状态, 当系统从一个状态转换到另一个状态时, 每个基因根据其连接输入 (相当于调控基因的状态) 及其布尔规则确定其下一时刻的状态是开或关.

例 8.5.1 三个基因 A, B, C 之间具有如图 8.5.2 中的网络结构, 它们之间的逻辑规则为: A 激活 B; B 激活 A 和 C; C 抑制 A. 根据这三个基因的调控关系、调控逻辑规则研究该网络中 t 时刻的状态对 $t+1$ 时刻状态的影响, 并给出从初始 (1 1 0) 和 (1 0 0) 出发各基因的动态转化即时间序列.

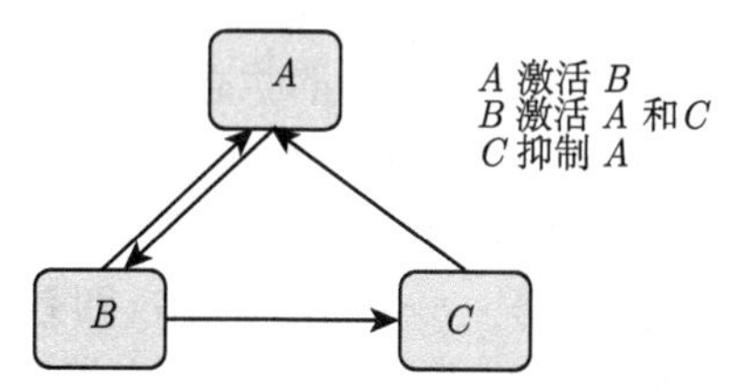

图 8.5.2 三个基因相互调控的布尔网络结构和逻辑规则

(彩图见封底二维码)

解 注意到逻辑关系中的 B 激活 A, C 抑制 A, 则对 A 基因的表达我们有逻辑关系

$$B \text{ and not } C \to A$$

然后根据网络结构和逻辑规则可以列出所有 t 时刻的可能状态与 $t+1$ 时刻的更新状态的关系如表 8.5.1 所示.

表 8.5.1　t 时刻的状态对 $t+1$ 时刻状态的影响

t 时刻			$t+1$ 时刻			t 时刻			$t+1$ 时刻		
A	B	C	A	B	C	A	B	C	A	B	C
0	0	0	0	0	0	1	0	1	0	1	0
0	0	1	0	0	0	1	1	0	1	1	1
0	1	0	1	0	1	0	1	1	0	0	1
1	0	0	0	1	0	1	1	1	0	1	1

同一网络模型根据不同初始状态以及逻辑规则会随着时间的推移产生不同的演化轨迹, 比如从 (1 1 0) 和 (1 0 0) 出发的状态演化轨迹从表 8.5.2 得到.

表 8.5.2　从不同初始出发由图 8.5.2 给出的布尔网络模型的状态演化过程

时间序列	A	B	C	A	B	C
0	1	1	0	1	0	0
1	1	1	1	0	1	0
2	0	1	1	1	0	1
3	0	0	1	0	1	0
4	0	0	0	1	0	1
5	0	0	0	0	1	0

从表 8.5.2 可以看出, 从初始 (1 1 0) 出发的轨线在经过几次状态转化后稳定在 (0 0 0) 状态上, 而从 (1 0 0) 出发的轨线最终在两个状态 (0 1 0) 和 (1 0 1) 之间周期切换.

上例说明布尔网络从不同初始状态开始, 经过一系列状态转换, 系统最后可能到达不同的稳定状态. 而这些不同的终止状态对应于基因表达的相对稳定状态. 如果在布尔网络的一个稳定状态下, 所有基因的状态不变, 则称该稳态是点吸引子, 如上例中的吸引子 (0 0 0); 如果网络的稳态是多个状态的周期切换, 则称该稳态为动态吸引子, 此时网络系统处于相对稳定状态, 如上例中 (0 1 0) 和 (1 0 1) 之间的切换. 具体来说, 稳定状态分两种情况: 一种是单稳态, 即系统状态不再改变. 另一种稳定状态是所谓多稳态或周期点环, 即系统状态没有绝对稳定, 只是相对稳定, 系统在若干个状态之间循环往复.

利用上述方法, 理论上可以分析任意给定网络结构和逻辑规则的布尔网络的动态行为, 但是从上面的分析可以看出, 当基因个数或网络结构复杂度增加, 利用布尔网络分析从计算方面来讲就变得非常复杂和不易操作了.

8.5.2 微分方程刻画的基因网络模型

利用微分方程刻画基因调控网络的好处是我们可以利用微分方程现有的理论、数值分析方法对系统进行完整的分析.

图 8.5.1 所示分子生物学的中心法则揭示了基因通过转录、翻译、修饰或折叠等复杂的生物过程最终形成具有调控自身或其他基因表达水平的调控因子. 利用微分方程可以刻画基因的上述复杂过程, 但是由于从蛋白质到具有调节功能的调节因子这一过程非常复杂, 中间需要经过复杂的磷酸化和拟磷酸化过程 (涉及的化学反应非常复杂), 这样详细刻画一个基因的完整调节过程的微分方程模型维数会很高, 理论和数值分析也比较困难. 因此有必要对模型进行合理的简化.

为了简化, 首先来看如何把中心法则描述的过程转化为模型. 中心法则可形象地表示为图 8.5.3 中的两种路径: 途径一是蛋白质转移到细胞核之前存在 n 次磷酸化和拟磷酸化过程, 基因从转录、翻译、蛋白质的修饰等用 $n+1$ 维微分方程组刻画; 途径二是所有中间过程利用时滞和降解过程替代, 即一个基因可用一个时滞微分方程或两个微分方程来刻画[32].

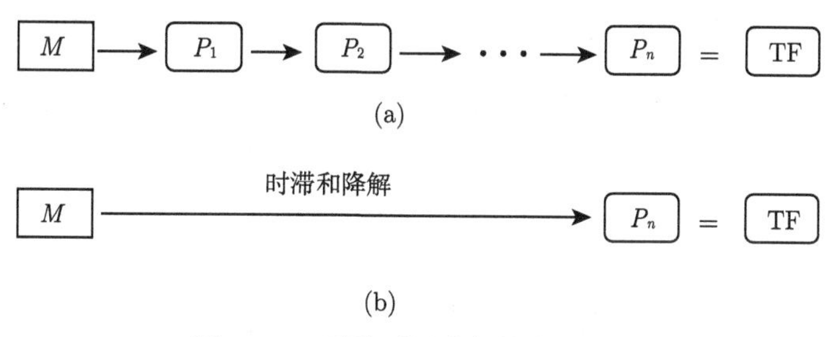

图 8.5.3 两种不同路径的表达方式

其中 M 表示 mRNA, P_i 表示蛋白质, TF 表示基因的最终产品 (这里指调控因子). (a) 在蛋白质转移到细胞核之前存在 n 次磷酸化过程; (b) 所有在细胞核和细胞质之间的中间过程用时滞和降解过程代替. 该图来自文献 [122]

为了方便介绍基因调控网络微分方程模型构建的一般方法, 我们结合中心法则首先介绍单个基因自调控网络模型的建立方法. 一个基因的最终产品调控因子可以反馈调控自身的表达, 这种反馈调控可以激活基因本身的表达, 也可以抑制自身的表达. 我们在图 8.5.4 中分别给出了三个常见的最简单的正负自反馈调控网络示意图. 在本节下面的讨论中用箭头表示正调控 (激活), 顿线表示负调控 (抑制).

作为例子, 先给出由 B 和 E 确定的网络结构常见的几类微分方程模型. 对于调节因子的自调控我们利用公式 (8.2.14) 给出的 Hill 函数来刻画, 这样可以得到如下的微分方程模型.

$$\begin{cases} \dfrac{\mathrm{d}M(t)}{\mathrm{d}t} = \dfrac{V_{\max}P^n(t)}{\theta^n + P^n(t)} - \delta M(t) \\ \dfrac{\mathrm{d}P(t)}{\mathrm{d}t} = LM(t) - \gamma P(t) \end{cases} \quad 或 \quad \begin{cases} \dfrac{\mathrm{d}M(t)}{\mathrm{d}t} = \dfrac{V_{\max}\theta^n}{\theta^n + P^n(t)} - \delta M(t) \\ \dfrac{\mathrm{d}P(t)}{\mathrm{d}t} = LM(t) - \gamma P(t) \end{cases} \tag{8.5.1}$$

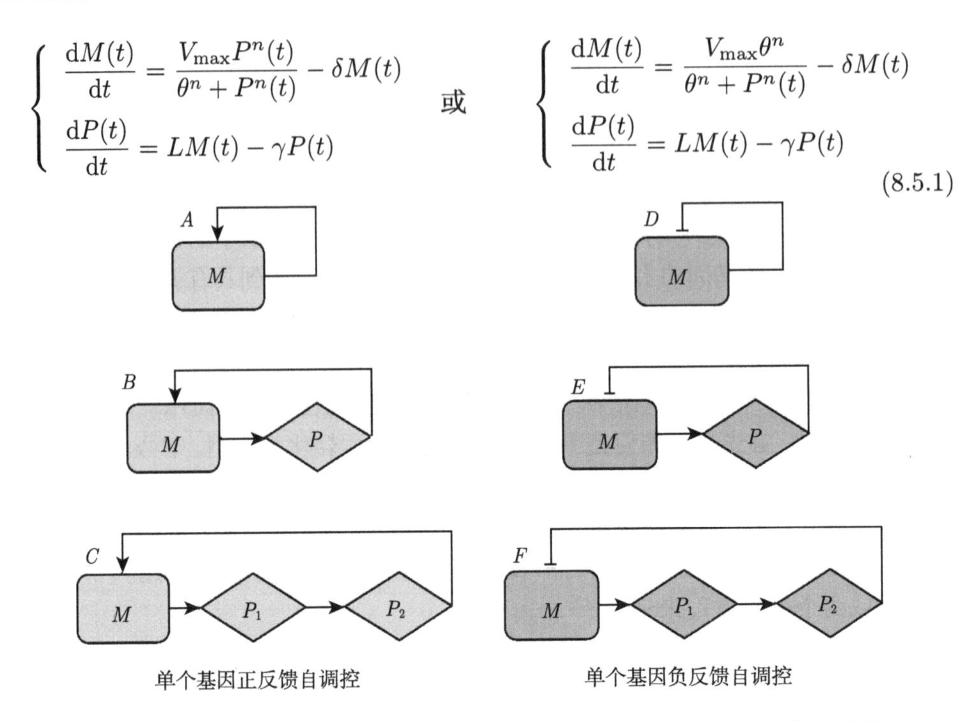

图 8.5.4　三种最简单单个基因正 (A, B, C) 或负 (D, E, F) 自调控网络示意图

其中箭头表示正调控, 顿线表示负调控

(彩图见封底二维码)

其中左边为 B 的正反馈自调控模型, 右边为 E 的负反馈自调控模型, $V_{\max}$ 为最大合成率, L 为转化率, δ 和 γ 分别为 mRNA 和蛋白质的降解率, n 为 Hill 系数, θ 为米氏常数. 这两种模型正平衡态的存在性和稳定性在文献 [48,49] 中得到了详细的研究, 当然大家可以自己利用平面微分方程的一些方法对上述两个模型加以分析. 如果记 τ 为时滞, 则与模型 (8.5.1) 对应的常见的几类时滞微分方程模型为

$$\begin{cases} \dfrac{\mathrm{d}M(t)}{\mathrm{d}t} = \dfrac{V_{\max}P^n(t-\tau)}{\theta^n + P^n(t-\tau)} - \delta M(t) \\ \dfrac{\mathrm{d}P(t)}{\mathrm{d}t} = LM(t) - \gamma P(t) \end{cases} \quad 或 \quad \begin{cases} \dfrac{\mathrm{d}M(t)}{\mathrm{d}t} = \dfrac{V_{\max}\theta^n}{\theta^n + P^n(t-\tau)} - \delta M(t) \\ \dfrac{\mathrm{d}P(t)}{\mathrm{d}t} = LM(t) - \gamma P(t) \end{cases} \tag{8.5.2}$$

和

$$\begin{cases} \dfrac{\mathrm{d}M(t)}{\mathrm{d}t} = \dfrac{V_{\max}P^n(t)}{\theta^n + P^n(t)} - \delta M(t) \\ \dfrac{\mathrm{d}P(t)}{\mathrm{d}t} = LM(t-\tau) - \gamma P(t) \end{cases} \quad 或 \quad \begin{cases} \dfrac{\mathrm{d}M(t)}{\mathrm{d}t} = \dfrac{V_{\max}\theta^n}{\theta^n + P^n(t)} - \delta M(t) \\ \dfrac{\mathrm{d}P(t)}{\mathrm{d}t} = LM(t-\tau) - \gamma P(t) \end{cases} \tag{8.5.3}$$

从 (8.5.2) 和 (8.5.3) 可以得到, 建立基因调控网络的数学模型首先需要弄清楚的是基因自身或基因与基因之间的调控关系, 即需要弄清楚是正调控关系还是负调控关系, 然后选取适当的饱和函数比如 Hill 函数来刻画其调控基因表达的强度, 但是如何选取需根据不同的实验数据和建模要求. 如果假设只有第 j 个基因 x_j 正反馈调控第 i 个基因 x_i 的表达 (i 可以等于 j, 此时基因 i 调控自身的表达), 最为普遍的两种刻画正调控的饱和函数为

$$H_i(x_j,\theta_{ij},n)=\frac{x_j^n}{x_j^n+\theta_{ij}^n}\triangleq H_1^+,\quad H_i(x_j,n)=\frac{1}{1+\mathrm{e}^{-nx_j}}\triangleq H_2^+ \tag{8.5.4}$$

其中 θ_{ij} 是米氏常数, n 是刻画曲线峭度的 Hill 系数. 类似地, 如果假设只有第 j 个基因负反馈调控基因 i 的表达, 函数 f_i 最为普遍的两种形式为

$$H_i(x_j,\theta_{ij},n)=\frac{\theta_{ij}^n}{x_j^n+\theta_{ij}^n}=1-H_1^+,\quad H_i(x_j,n)=\frac{\mathrm{e}^{-nx_j}}{1+\mathrm{e}^{-nx_j}}=1-H_2^+ \tag{8.5.5}$$

正反馈和负反馈调控是调控网络中基因相互作用的体现, 它们在研究基因调控网络的动力学行为上有着重要的地位. 通常来说, 正反馈调控使系统产生多稳定状态, 负反馈调控增加系统的振动性, 即负反馈模型在一定条件下存在周期解或极限环. 这一点下面的例子将要加以验证.

例 8.5.2 图 8.5.4 中 A 给出的单个基因正反馈自调控模型的一般形式为

$$\frac{\mathrm{d}x(t)}{\mathrm{d}t}=\frac{V_{\max}x^n(t-\tau)}{x^n(t-\tau)+\theta^n}-\delta x(t) \tag{8.5.6}$$

图 8.5.4 中 D 单个基因负反馈自调控模型的一般形式为

$$\frac{\mathrm{d}x(t)}{\mathrm{d}t}=\frac{V_{\max}\theta^n}{x^n(t-\tau)+\theta^n}-\delta x(t) \tag{8.5.7}$$

为了说明正负反馈调控对稳定性的影响, 我们通过数值分析来研究. 图 8.5.5(a) 给出了模型 (8.5.6) 以 $V_{\max}$ 为分支参数的分支参数图 (此时 $t=0$), 当参数 $V_{\max}$ 位于区间 (0.644, 2.728) 时, 系统存在两个稳定的正平衡态和一个不稳定的平衡态, 这说明正反馈能使模型产生多稳定性. 图 8.5.5(b) 说明了模型 (8.5.7) 在一定的参数范围内存在周期解, 这说明了负反馈能使模型产生振动. 当然由于模型形式非常简单, 平衡态的局部稳定性或全局稳定性分析是可能的, 这方面的工作可以参考文献 [122].

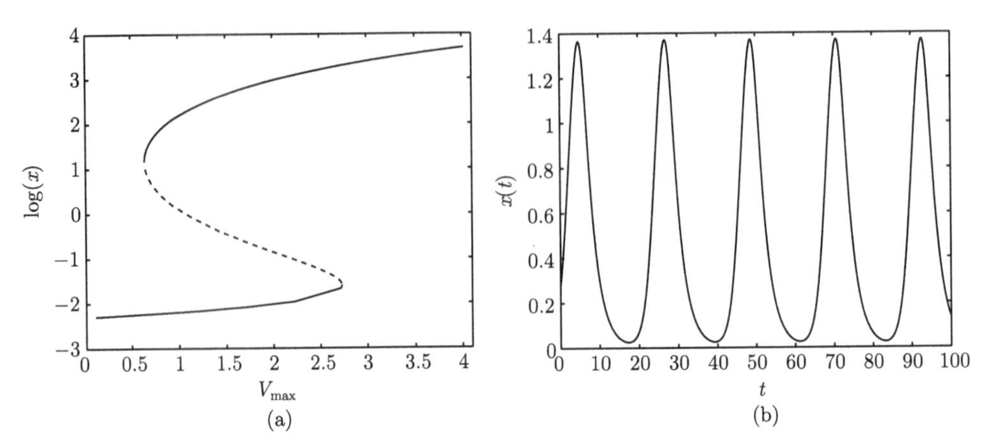

图 8.5.5　(a) 模型 (8.5.6) 的分支参数图, 其中参数 $n=2, t=0, \theta=3.3, \delta=0.1, R=0.01$, $V_{\max}$ 为分支参数, 取值范围为 $0.1\sim 4$. (b) 模型 (8.5.7) 存在周期解的数值实现, 其中参数 $n=2, t=8, V_{\max}=1, \theta=0.04, \delta=0.4$

8.5.3　Goodwin 模型和 Goldbeter 模型

关于图 8.5.4 中 C 或 F 给出的由三个微分方程描述的基因自反馈调控数学模型, 我们向大家介绍基因调控网络系统中最为经典的两个模型: Goodwin 模型[48, 49] 和 Goldbeter 模型[47].

Goodwin 模型　在模型 (8.5.1) 中如果增加一个中间变元, 便得到著名的正反馈或负反馈 Goodwin 模型, 其中负反馈模型如下:

$$\begin{cases}\dfrac{\mathrm{d}M(t)}{\mathrm{d}t}=\dfrac{V_{\max}\theta^n}{\theta^n+P_2^n(t)}-\delta M(t)\\[2mm] \dfrac{\mathrm{d}P_1(t)}{\mathrm{d}t}=L_1M(t)-\gamma_1P_1(t)\\[2mm] \dfrac{\mathrm{d}P_2(t)}{\mathrm{d}t}=L_2P_1(t)-\gamma_2P_2(t)\end{cases}\tag{8.5.8}$$

这里 $M(t), P_1(t), P_2(t)$ 分别表示 mRNA 和蛋白质的浓度. 通过适当的纲化变换和时间变换, 模型 (8.5.8) 等价于如下的四参数 $(\alpha, \beta, \gamma, n)$ 模型

$$\begin{cases}\dfrac{\mathrm{d}M(t)}{\mathrm{d}t}=\dfrac{1}{1+P_2^n(t)}-\alpha M(t)\\[2mm] \dfrac{\mathrm{d}P_1(t)}{\mathrm{d}t}=M(t)-\beta P_1(t)\\[2mm] \dfrac{\mathrm{d}P_2(t)}{\mathrm{d}t}=P_1(t)-\gamma P_2(t)\end{cases}\tag{8.5.9}$$

Griffith 在 1968 年给出了正负反馈 Goodwin 模型的研究[48, 49], 主要结论揭示

了正反馈 Goodwin 模型存在多稳定性, 而负反馈 Goodwin 模型 (8.5.8) 或 (8.5.9) 在一定的参数范围内存在周期振荡. 前者大家可以利用局部稳定性分析加以证明, 下面只对后者的数学证明加以简单介绍.

模型 (8.5.9) 的正平衡态满足代数方程

$$M^* = \beta P_1^*, \quad P_1^* = \gamma P_2^*, \quad \alpha\beta\gamma P_2^*(1 + (P_2^*)^n) = 1 \tag{8.5.10}$$

该平衡态的稳定性由下面的 Jacobian 矩阵的特征根的实部决定

$$\boldsymbol{J} = \begin{pmatrix} -\alpha & 0 & \phi n(\phi P_2^* - 1) \\ 1 & -\beta & 0 \\ 0 & 1 & -\gamma \end{pmatrix} \tag{8.5.11}$$

其中 $\phi = \beta\gamma\alpha$. 利用三次方程的 Hurwitz 判据 (预备知识) 得到下面的关于 λ 的特征方程

$$(\lambda + \alpha)(\lambda + \beta)(\lambda + \gamma) + \phi n(1 - \phi P_2^*) = 0 \tag{8.5.12}$$

即

$$\lambda^3 + c_2\lambda^2 + c_1\lambda + c_0 = 0 \tag{8.5.13}$$

则三个特征根都具有负实部的充要条件是 $c_1 > 0, c_1c_2 - c_0 > 0$. 由于 $c_1 = \alpha\beta + \beta\gamma + \gamma\alpha > 0$. 另一个条件等价于

$$D = (\alpha + \beta + \gamma)(\alpha\beta + \beta\gamma + \gamma\alpha) - \phi - \phi n(1 - \phi P_2^*) > 0$$

由于有不等式

$$\frac{1}{3}(\alpha + \beta + \gamma) \geqslant \left(\frac{1}{3}(\alpha\beta + \beta\gamma + \gamma\alpha)\right)^{1/2} \geqslant (\alpha\beta\gamma)^{1/3}$$

成立, 并且只有当 $\alpha = \beta = \gamma$ 时等号成立. 因此有

$$(\alpha + \beta + \gamma)(\alpha\beta + \beta\gamma + \gamma\alpha) \geqslant \sqrt{3}\,(\alpha\beta + \beta\gamma + \gamma\alpha)^{3/2} \geqslant 9\alpha\beta\gamma$$

这样得到

$$D \geqslant 8\phi - \phi n(1 - \phi P_2^*) = \phi(8 - n) + n\phi^2 P_2^*$$

因此当 $n \leqslant 8$ 时, 对任意的 α, β, γ 我们有 $D > 0$, 即平衡态 (M^*, P_1^*, P_2^*) 是稳定的.

另一方面, 当 $n > 8$, 我们总能选取参数 α, β, γ 使得 D 小于零, 从而使得平衡态变得不稳定, 此时模型 (8.5.9) 有可能出现一个极限环. 这一点很容易得到数值验证, 留给读者自己.

由于模型 (8.5.9) 是刻画基因调控网络存在稳定周期解的最简单的微分系统, 在刻画生物钟等许多方面具有广泛应用, 比如文献 [115] 利用模型 (8.5.9) 研究了光周期、温度补偿等对链孢霉生命节律的影响, 特别是对时相反应曲线 (phase response curve) 的影响研究.

Goldbeter 模型　per 基因是最早被克隆的果蝇生物钟基因, 也是生物钟调控基因研究的起始基因. 通过对它的研究开始了对整个生物钟体系的研究. Goldbeter 在 1995 年研究了 per 基因调控果蝇生命节律的自反馈调控网络 (图 8.5.6), 提出了下面著名的模型:

$$\begin{cases} \dfrac{\mathrm{d}M}{\mathrm{d}t} = v_s \dfrac{K_I^n}{K_I^n + P_N^n} - v_m \dfrac{M}{K_m + M} \\ \dfrac{\mathrm{d}P_0}{\mathrm{d}t} = k_s M - v_1 \dfrac{P_0}{K_1 + P_0} + v_2 \dfrac{P_1}{K_2 + P_1} \\ \dfrac{\mathrm{d}P_1}{\mathrm{d}t} = v_1 \dfrac{P_0}{K_1 + P_0} - v_2 \dfrac{P_1}{K_2 + P_1} - v_3 \dfrac{P_1}{K_3 + P_1} + v_4 \dfrac{P_2}{K_4 + P_2} \\ \dfrac{\mathrm{d}P_2}{\mathrm{d}t} = v_3 \dfrac{P_1}{K_3 + P_1} - v_4 \dfrac{P_2}{K_4 + P_2} - k_1 P_2 + k_2 P_N - v_d \dfrac{P_2}{K_d + P_2} \\ \dfrac{\mathrm{d}P_N}{\mathrm{d}t} = k_1 P_2 - k_2 P_N \end{cases} \tag{8.5.14}$$

模型 (8.5.14) 中变量和参数的生物意义参考文献 [47], 与 Goodwin 模型 (8.5.9) 相比, 此时降解率、转化率和蛋白质之间复杂的化学反应 (蛋白质的磷酸化等) 采用了非线性函数 (米氏消除) 来刻画.

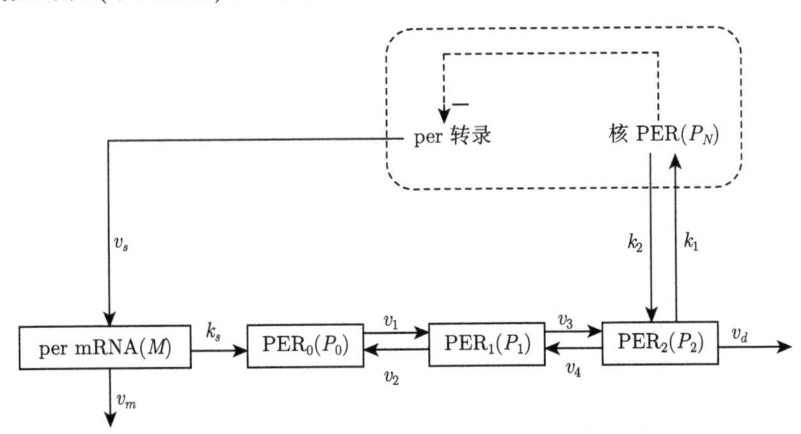

图 8.5.6　per 基因负反馈自调控果蝇生命节律示意图

如果适当地选取参数, 模型 (8.5.14) 存在以 24 小时为周期的周期解. 利用文献 [47] 给出的参数值 $v_s = 0.76, K_{\mathrm{I}} = 1, n = 4, v_m = 0.65, K_m = 0.5, k_s = 0.38, v_1 = 3.2, K_1 = 2, v_2 = 1.58, K_2 = 2, v_3 = 5, K_3 = 2, v_4 = 2.5, K_4 = 2, k_1 = 1.9, k_2 = 1.3, v_d = 0.95, K_d = 0.2$, 图 8.5.7 给出了相应的数值模拟, 可以看出周期振动的周期非常接近 24 h. 数值结果说明了由单个核心生物钟调控基因组成的负反馈自调控网络在一定程度上准确地反映了实际观测数据, 并能成功地用来研究周期为 24h 的生命周期节律.

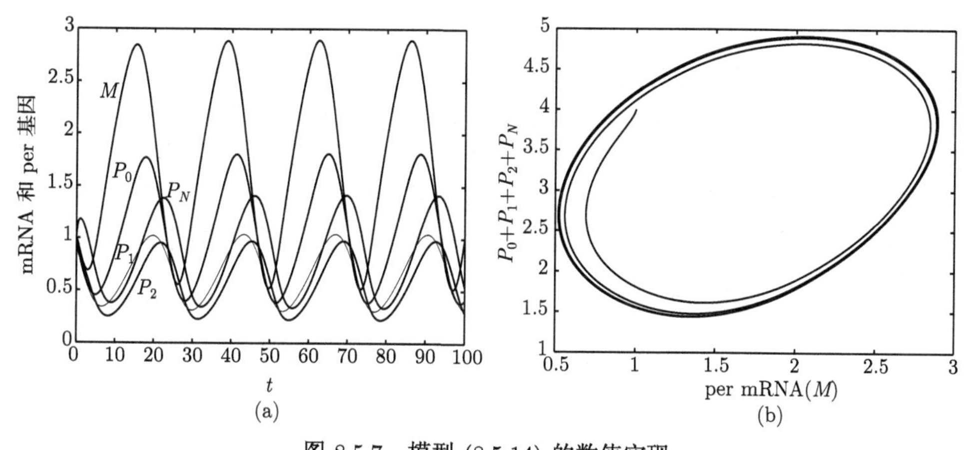

图 8.5.7 模型 (8.5.14) 的数值实现

(a) 时间序列图; (b) mRNA 对总的蛋白质的周期解

利用近似的方法, Goldbeter 及其合作者研究了由 frq 核心基因调控链孢霉 (Neurospora) 的周期节律 (图 8.5.8). frq 是最早被克隆的链孢霉的时钟基因, 它是编码链孢霉时钟循环的核心成分. 在链孢霉中, frq 的表达水平决定了时钟的进展程度, 当 frq 的表达水平发生突变时, 它的时钟将会被重置.

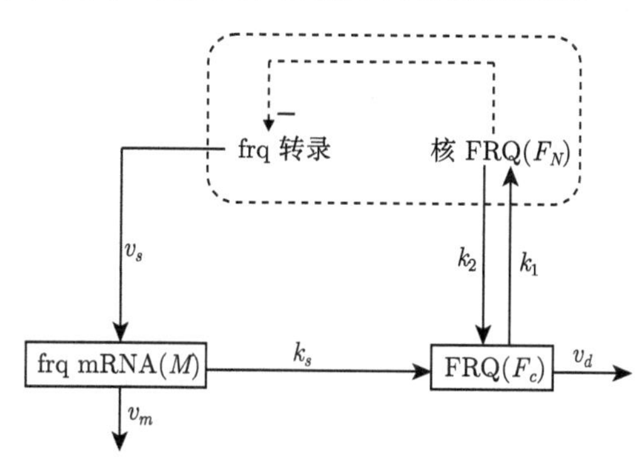

图 8.5.8 frq 基因负反馈自调控链孢霉生命节律示意图

根据图 8.5.8 所示的调节关系, Leloup 等在 1999 年提出了如下的模型

$$\begin{cases} \dfrac{\mathrm{d}M}{\mathrm{d}t} = v_s \dfrac{K_1^n}{K_1^n + P_N^n} - v_m \dfrac{M}{K_m + M} \\ \dfrac{\mathrm{d}F_c}{\mathrm{d}t} = k_s M - v_d \dfrac{F_c}{K_d + F_c} - k_1 F_c + k_2 F_N \\ \dfrac{\mathrm{d}F_N}{\mathrm{d}t} = k_1 F_c - k_2 F_N \end{cases} \tag{8.5.15}$$

对于适当的参数范围, 该模型具有周期近似 24 h 的周期解, 具体分析和参数取值参

考文献 [70].

以 Goldbeter 模型 (8.5.14) 为基础, 近年来, 有关分子水平即核心基因调控的生物钟模型得到了广泛的研究, 这方面的工作有: 由 per 和 tim 基因共同组成的调控果蝇生物种的核心, 它们相互作用形成了调控果蝇生命节律的核心网络模型[70,71]; frq 基因与 wc1 基因相互作用形成了一个复杂的反馈调控网络, 二者相互作用共同调节链孢霉的周期节律, 有关链孢霉生物钟网络模型的具体研究参考文献 [114].

8.5.4 复杂基因网络模型

当考虑两个或两个以上基因相互作用时, 如何通过基因之间的相互调控关系建立相应的数学模型呢? 回答这个问题我们首先要解决基因之间的相互调控关系是什么. 通常来说, 一个基因要得到表达, 需要自身或其他基因的调控因子正调控才得以实现, 反之当一个基因被自身或其他基因的调控因子负调控时该基因就得不到表达. 如图 8.5.9 中所示的左边基因的调节因子不仅自反馈正调控自身的表达, 也正调控右边基因的表达; 右边基因的调节因子不仅自反馈负调控自身的表达, 也负反馈调控左边基因的表达.

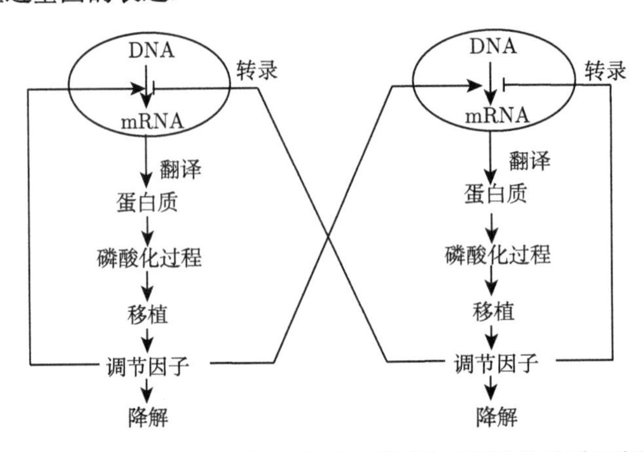

图 8.5.9 根据中心法则给出的两个基因相互调控的关系示意图

如果记左边基因的调控因子 (激活子) 为 TF_A, 右边调控因子 (抑制子) 为 TF_R, 假设抑制子是竞争性的 (与激活子占有相同的结合点), 一个可行的 Hill 函数可以描述为

$$f_j(TF_A, TF_R) = k_j \frac{TF_A^{h_A}}{TF_A^{h_A} + K_d\left(1 + \left(\dfrac{TF_R}{K_r}\right)^{h_R}\right)}$$

其中 k_j 是最大合成率, K_d 是与激活子 TF_A 相关的常数, K_r 是与抑制子 TF_R 相关的常数, h_A, h_R 是 Hill 系数.

如果假设抑制子是非竞争性的 (与激活子占有不同的结合点), 相应的 Hill 函数可以描述为

$$f_j(TF_A, TF_R) = k_j \frac{TF_A^{h_A}}{TF_A^{h_A} + K_d} \cdot \frac{K_r}{K_r + TF_R^{h_R}}$$

其中参数具有相同的解释. 结合单个基因网络模型的建立方法以及利用上面的函数形式或推广形式, 就可以构造复杂基因网络的数学模型.

习 题 八

8.1 别构酶 E 与底物 S 作用生成产物 P, 其作用机理为

$$S + E \underset{k_{-1}}{\overset{k_1}{\rightleftharpoons}} C_1 \overset{k_2}{\rightarrow} E + P$$

$$S + C_1 \underset{k_{-3}}{\overset{k_3}{\rightleftharpoons}} C_2 \overset{k_4}{\rightarrow} C_1 + P$$

其中的 k 均为正的速率常数 , C_1 和 C_2 为底物–酶复合物. 利用小写字母表示浓度, 其初始条件为 $s(0) = s_0$, $e(0) = e_0$, $c_1(0) = c_2(0) = p(0) = 0$, 根据质量作用定律写出该机理的微分方程模型.

作无量纲变换

$$\varepsilon = \frac{e_0}{s_0} \ll 1, \quad \tau = k_1 e_0 t, \quad u = \frac{s}{s_0}, \quad v_i = \frac{c_i}{e_0}$$

证明变换后的无量纲系统可降至

$$\frac{\mathrm{d}u}{\mathrm{d}\tau} = f(u, v_1, v_2), \quad \frac{\mathrm{d}v_i}{\mathrm{d}\tau} = g_i(u, v_1, v_2), \quad i = 1, 2$$

并确定 f, g_1 和 g_2, 进而证明当 $\tau \gg \varepsilon$ 时 u 的方程为

$$\frac{\mathrm{d}u}{\mathrm{d}\tau} = -r(u) = -u\frac{A + Bu}{C + u + Du^2}$$

其中 A, B, C 和 D 均为正参数.

8.2 两个无量纲的激活剂–抑制剂机理的反应动力学描述为

(1) $\dfrac{\mathrm{d}u}{\mathrm{d}t} = a - bu + \dfrac{u^2}{v}$, $\dfrac{\mathrm{d}v}{\mathrm{d}t} = u_2 - v$;

(2) $\dfrac{\mathrm{d}u}{\mathrm{d}t} = a - u + u^2 v$, $\dfrac{\mathrm{d}u}{\mathrm{d}t} = b - u^2 v$,

其中 a 和 b 均为正常数. 分别确定 (1), (2) 中的激活剂与抑制剂. 说明非线性项所代表的含义. 作出等倾线并确定这些动力学模型是否存在多个平衡态. 如果 (1) 中包含底物抑制作用也即如果将 (1) 中的 u^2/v 项换作 $u^2/[v(1 + Ku^2)]$ 又会得出什么结论?

8.3 如果逆反应 $C \overset{k_{-2}}{\leftarrow} P + E$ 不可忽略, 8.1.1 节有关米氏方程的讨论需要做必要的修改.

(a) 写出方程 (8.1.4) 修改后的方程.

(b) 按照准稳态假设, 证明

$$C = \frac{k_1 E_0 S - k_{-2} E_0 P}{k_1 S + k_{-2} P + k_{-1} + k_2}$$

(c) 证明总的反应速度为

$$V = \frac{\mathrm{d}P}{\mathrm{d}t} = E_0 \frac{k_1 k_2 S - k_{-1} k_{-2} P}{k_1 S + k_{-2} P + k_{-1} + k_2}$$

(d) 证明平衡态处底物和产物浓度 S^*, P^* 满足关系

$$\frac{P^*}{S^*} = \frac{k_1 k_2}{k_{-1} k_{-2}}$$

8.4　由逻辑算子连接的布尔变量可用布尔函数 f 表示为一般形式, 例如一个三变元的布尔函数可以表示为

$$f(x_1, x_2, x_3) = x_1 \text{ and } (\text{not } (x_2 \text{ or } x_3))$$

图 8.4 题给出了一个三变元布尔网络, 其中包括有网络结构、布尔规则和状态转移表. 分析从初始 (0 0 0), (0 0 1), (1 0 1) 和 (1 1 0) 出发的轨线的稳定状态.

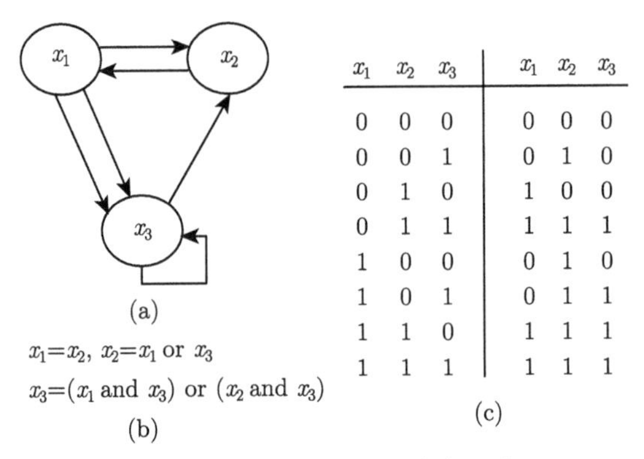

x_1	x_2	x_3	x_1	x_2	x_3
0	0	0	0	0	0
0	0	1	0	1	0
0	1	0	1	0	0
0	1	1	1	1	1
1	0	0	0	1	0
1	0	1	0	1	1
1	1	0	1	1	1
1	1	1	1	1	1

(c)

图 8.4 题　一个三变元布尔网络

(a) 网络结构; (b) 网络更新的逻辑规则; (c) 从 t 时刻基因的表达到 $t+1$ 时刻基因状态的演化过程

8.5　分析 Goodwin 模型 (8.5.8) 的正平衡态的存在性和局部稳定性. 选取适当的参数值 α, β, γ 使得模型 (8.5.9) 的平衡态不稳定, 并给出相应的数值分析.

第 9 章　生物模式识别

9.1　生物斑图介绍

动物身上色彩斑斓的图纹或斑图是如何形成的 (图 9.1.1)? 为什么有些动物身上有斑点、有些有条纹, 而有些则是单色呢? 研究发现, 哺乳动物身上的斑图形态 (pattern) 是同一反应扩散机理造成的: 在动物胚胎期, 一种称之为形态剂 (morphogen) 的化学物质随着反应扩散的动态变化在胚胎表面形成一定的空间形态分布, 然后在随后的细胞分化中形态剂促成了黑色素 (melanin) 的生成, 而形态剂的不均匀分布也就造成了黑色素的空间形态 [97, 132].

图 9.1.1　实际生活中常见的生物斑图 (彩图见封底二维码)

在生物系统中, 生物模式的自发产生普遍存在, 比如斑马和豹子身上的图纹等, 而且通常具有关键的适应性意义. 简单理解为: 在早期生物系统处在一个稳定状态 (即系统存在一个空间对称的解), 随着系统 (例如斑马或豹子的大小) 参数的变化, 该对称解逐渐变得不稳定, 而出现空间异质性并形成各种模式. 由此可见, 模式的形成与否可以通过对生物系统对称解 (本书指平衡解或平衡态) 的局部稳定分析, 即线性稳定性分析加以研究. 1952 年, Alan Turing 在《形态学的化学基础》一文中指出: 一个系统在无扩散时, 均匀定态即对称解是线性稳定的, 但有了扩散之后, 其均匀定态在小的空间扰动下就变成线性不稳定了, 从而导致在空间演化成一个稳

态的不均匀的图案 (生物斑图) 或结构 (Structure), 人们称为 Turing 结构. 这种由扩散驱动的不稳定性就是人们常说的 Turing 不稳定性.

此后, 在对各种各样生物系统的研究中发现: 模式形成的根本机制是短程激活和长期抑制的相互作用. 与此同时模式形成的研究成为生物数学学科的重要组成部分, 并逐步形成了新的分支学科 —— 生物斑图动力学, 至今仍然是生物数学的热门研究方向之一. 关于激活和抑制的思想以及作用我们在前一章的生化反应和新陈代谢两节已经有了比较清楚的描述, 本章集中介绍 Turing 不稳定性机制在形成空间斑图中的基本数学含义和相应的数值实现, 特别是给出 Holling II 捕食被捕食系统空间模式动态形成的最新数值结果.

9.2 Turing 不稳定性

Turing 对于形态形成的研究始于 1951 年. 形态形成是个体在其生命历程中某个器官的形态和器官的发展过程. 通常我们认为它由两个阶段组成: 化学阶段和物理阶段. 但更一般地, 这两个过程同时发生. 在化学 (预模式) 阶段, 各种化学品的空间非齐次浓度分布最终凭借基因的调控作用而形成, Turing 称此为形态发生. 在物理阶段, 这些形态的发生促进了生长和演变, 由此导致了形态自身的发展. 尽管 Turing 承认物理过程的作用, 但他进行了化学理论的研究. 其改革性思想体现在: 被动扩散可以与化学反应相互作用, 在这种方式下, 即使反应本身没有破坏对称性的能力, 但是扩散导致对称解不稳定, 这样带有扩散的系统便具有了以上能力.

那么首先需要解决的问题是: 扩散可以使得一个空间齐次稳定态变得不稳定吗? 如果答案是肯定的, 那么这种现象称为扩散驱动或 Turing 不稳定性. 因此, 我们首先给出一个包括两个反应扩散方程的系统出现 Turing 不稳定性所必须满足的条件. 为此考虑二维反应扩散系统

$$\begin{cases} u_t = \alpha f(u,v) + D_1 \nabla^2 u \\ v_t = \alpha g(u,v) + D_2 \nabla^2 v \end{cases} \tag{9.2.1}$$

其中 u_t, v_t 是解 $u(x,t), v(x,t)$ 关于时间变元 t 的导数. 这里取零边界条件或周期边界条件, 初值函数 $u(x,0), v(x,0)$ 给定. 选择零边界条件是为了保证系统无外部输入, 有利于分析模式的独立形成过程. 另一个从生物意义方面比较合理的边界条件是周期性边界条件.

方程 (9.2.1) 空间同质平衡态 (u^*, v^*) 是下面代数方程的解

$$f(u,v) = 0, \quad g(u,v) = 0 \tag{9.2.2}$$

不妨假设平衡态 (u^*, v^*) 存在且唯一, 这样方便我们分析扩散引起的不稳定性. 为此, 先根据 Hurwitz 判据分析给出该空间同质平衡态线性稳定的条件, 然后探讨扩

散是如何导致该平衡态不稳定的, 而形成空间模式.

当没有空间扩散时 u 和 v 满足常微分方程

$$\begin{cases} u_t = \alpha f(u, v) \\ v_t = \alpha g(u, v) \end{cases} \tag{9.2.3}$$

在平衡态 (u^*, v^*) 处线性化, 即令

$$\boldsymbol{w} = \begin{pmatrix} u - u^* \\ v - v^* \end{pmatrix} \tag{9.2.4}$$

则相应的线性化系统为

$$\boldsymbol{w}_t = \alpha \boldsymbol{A} \boldsymbol{w}, \quad \boldsymbol{A} = \begin{pmatrix} f_u & f_v \\ g_u & g_v \end{pmatrix}_{(u^*, v^*)} \doteq \begin{pmatrix} f_u^* & f_v^* \\ g_u^* & g_v^* \end{pmatrix} \tag{9.2.5}$$

不妨假设线性系统 (9.2.5) 具有如下形式的解

$$\boldsymbol{w} = \mathrm{e}^{\lambda t} \tag{9.2.6}$$

其中 λ 是特征值. 如果 $\mathrm{Re}\lambda < 0$ (这里 Re 指实部), 则平衡态 $\boldsymbol{w} = 0$ 是线性稳定的. 将 (9.2.6) 代入 (9.2.5), 则特征值 λ 是下面方程的解

$$|\alpha \boldsymbol{A} - \lambda \boldsymbol{I}| = \begin{vmatrix} \alpha f_u^* - \lambda & \alpha f_v^* \\ \alpha g_u^* & \alpha g_v^* - \lambda \end{vmatrix} = 0 \tag{9.2.7}$$

即有特征方程

$$\lambda^2 - \alpha (f_u^* + g_v^*) \lambda + \alpha^2 (f_u^* g_v^* - f_v^* g_u^*) = 0 \tag{9.2.8}$$

相应的两个特征根为

$$\lambda_1, \lambda_2 = \frac{1}{2}\alpha \left[(f_u^* + g_v^*) \pm \left\{ (f_u^* + g_v^*)^2 - 4 (f_u^* g_v^* - f_v^* g_u^*) \right\}^{\frac{1}{2}} \right] \tag{9.2.9}$$

根据 Hurwitz 判据, 零解线性稳定的充要条件是

$$\mathrm{tr}\boldsymbol{A} = f_u^* + g_v^* < 0, \qquad |\boldsymbol{A}| = f_u^* g_v^* - f_v^* g_u^* > 0 \tag{9.2.10}$$

因此对于空间同质平衡态 (u^*, v^*), 我们总假设条件 (9.2.10) 成立, 即假设在没有空间因子时空间同质平衡态是稳定的.

下面考虑具有空间扩散的系统. 为此作相同的线性变换 $\boldsymbol{w} = (\hat{u}, \hat{v}) = (u, v) - (u^*, v^*)$ 得到线性系统

$$\begin{cases} \hat{u}_t = \alpha f_u^* \hat{u} + \alpha f_v^* \hat{v} + D_1 \nabla^2 \hat{u} \\ \hat{v}_t = \alpha g_u^* \hat{u} + \alpha g_v^* \hat{v} + D_2 \nabla^2 \hat{v} \end{cases} \tag{9.2.11}$$

其中用 $(\hat{u}, \hat{v})$ 表示在平衡态附近的扰动以及平衡态的线性化逼近. 上式可以简写为

$$\boldsymbol{w}_t = \alpha \boldsymbol{A} \boldsymbol{w} + \boldsymbol{D} \nabla^2 \ \boldsymbol{w}, \quad \boldsymbol{D} = \begin{pmatrix} D_1 & 0 \\ 0 & D_2 \end{pmatrix} \tag{9.2.12}$$

为了求解具有零边界条件的上述系统, 首先令 $\boldsymbol{W}(x)$ 是如下空间特征问题的不依赖于时间变量的解

$$\nabla^2 \boldsymbol{W} + k^2 \boldsymbol{W} = 0 \tag{9.2.13}$$

其中 k 是特征值. 例如, 如果区域是一维的, 设为 $0 \leqslant x \leqslant a$, $\boldsymbol{W} = \cos\left(\dfrac{n\pi x}{a}\right)$, n 为整数. 当 $x = 0$ 或 $x = a$ 时, 满足零边界条件, 即 $\boldsymbol{W}(0) = \boldsymbol{W}(a) = 0$, 在这种情况下 $k = \dfrac{n\pi}{a}$. 因此 $\dfrac{1}{k} = \dfrac{a}{n\pi}$ 是波浪形模式的度量, 特征值 k 叫作波数, $\dfrac{1}{k}$ 与波长 w_c 成比例, 本例中 $w_c = \dfrac{2\pi}{k} = \dfrac{2a}{n}$. 至此, 记 k 为波数. 在有限的区域中, 可能的波数的集合是不连续的.

设 $\boldsymbol{W}_k(x)$ 是相应于波数 k 的特征函数. 每一个特征函数 $\boldsymbol{W}_k$ 满足零边界条件. 因为问题是线性的, 所以我们寻找方程 (9.2.12) 具有如下形式的解

$$\boldsymbol{w}(x, t) = \sum_k c_k \mathrm{e}^{\lambda t} \boldsymbol{W}_k(x) \tag{9.2.14}$$

常数 c_k 是根据 $\boldsymbol{W}_k(x)$ 的初始条件的傅里叶展开确定的. λ 是相应于空间同质线性系统的特征值. 将上式代入 (9.2.12) 并结合 (9.2.13), 在等式两边约去因子 $\mathrm{e}^{\lambda t}$, 则对每个 k 有

$$\begin{aligned} \lambda \boldsymbol{W}_k &= \alpha \boldsymbol{A} \boldsymbol{W}_k + \boldsymbol{D} \nabla^2 \boldsymbol{W}_k \\ &= \alpha \boldsymbol{A} \boldsymbol{W}_k - \boldsymbol{D} k^2 \boldsymbol{W}_k \end{aligned}$$

对于上式我们希望找到关于 $\boldsymbol{W}_k$ 的非平凡的解, 此时 λ 由特征多项式

$$|\lambda \boldsymbol{I} - \alpha \boldsymbol{A} + \boldsymbol{D} k^2| = 0$$

决定, 即有特征方程

$$\begin{vmatrix} \lambda - \alpha f_u^* + k^2 D_1 & -\alpha f_v^* \\ -\alpha g_u^* & \lambda - \alpha g_v^* + k^2 D_2 \end{vmatrix} = 0$$

或

$$\boldsymbol{Q}(\lambda) = \lambda^2 + a_1(k^2)\lambda + a_2(k^2) = 0 \tag{9.2.15}$$

其中

$$a_1(k^2) = (D_1 + D_2)k^2 - \alpha(f_u^* + g_v^*) \tag{9.2.16}$$

$$a_2(k^2) = D_1D_2k^4 - \alpha(D_1g_v^* + D_2f_u^*)k^2 + \alpha^2(f_u^*g_v^* - f_v^*g_u^*) \tag{9.2.17}$$

这里, 我们可以选定任何参数作为分支参数, 来研究参数变化是如何影响平衡态的稳定性的. 当然我们所关心的是扩散系数 D_1, D_2, 因此在下面的分析中我们固定其他参数而考虑扩散系数 D_1, D_2 变化时对平衡态稳定性的影响.

Hurwitz 条件说明方程 (9.2.15) 的特征根的实部为负当且仅当 a_1, a_2 为正数, 即

$$a_1(k^2) = (D_1 + D_2)k^2 - \alpha(f_u^* + g_v^*) > 0 \tag{9.2.18}$$

并且

$$a_2(k^2) = D_1D_2k^4 - \alpha(D_1g_v^* + D_2f_u^*)k^2 + \alpha^2(f_u^*g_v^* - f_v^*g_u^*) > 0 \tag{9.2.19}$$

如果当 $k = 0$ 时以上不等式成立, 那么平衡态关于空间同质扰动是稳定的, 即在没有空间因子时平衡态是稳定的 (我们已经做了这样的假设). 从而 $a_1(0) > 0$ 且 $a_2(0) > 0$ 或

$$(f_u^* + g_v^*) = \mathrm{tr}\boldsymbol{A} < 0 \tag{9.2.20}$$

和

$$f_u^*g_v^* - f_v^*g_u^* = \det\boldsymbol{A} > 0 \tag{9.2.21}$$

因此, 对所有正的 k, 方程 (9.2.18) 成立, 即 $a_1(k^2) > 0$. 下面考虑 $a_2(k^2)$ 的符号. 如果扩散能够导致不稳定性出现, 即使得 $a_2(k^2) < 0$ 成立, 就必须有

$$D_1g_v^* + D_2f_u^* > 0 \tag{9.2.22}$$

把方程 $a_2(k^2) = 0$ 看作关于波数 k^2 的一元二次方程. 由于开口向上, 所以该方程存在两个正的实根的条件是系数判别式

$$(D_1g_v^* + D_2f_u^*)^2 > 4D_1D_2(f_u^*g_v^* - f_v^*g_u^*) \tag{9.2.23}$$

记这两个正根为 $\underline{k}^2$ 和 $\bar{k}^2$, 则具有特征值 λ 的空间模态在波数位于区间

$$\underline{k}^2 < k^2 < \bar{k}^2 \tag{9.2.24}$$

时不稳定, 即当波数位于该区间时, Turing 不稳定性发生. 因此, 总结前面的讨论, 我们得到 Turing 不稳定性发生的四个条件是

$$\begin{aligned} &f_u^* + g_v^* < 0, \quad f_u^*g_v^* - f_v^*g_u^* > 0, \quad D_1g_v^* + D_2f_u^* > 0, \\ &(D_1g_v^* + D_2f_u^*)^2 - 4D_1D_2(f_u^*g_v^* - f_v^*g_u^*) > 0 \end{aligned} \tag{9.2.25}$$

通过上面 Turing 不稳定性的分析可知, 要想系统出现 Turing 不稳定性, 只需验证 (9.2.25) 中所述的四个 Turing 不稳定性条件即可. 注意到: (9.2.25) 中前两个条件说明空间同质平衡态的稳定性, 而后两个条件说明扩散是如何导致其空间不稳定性的. 下面举例进一步说明如何就具体的实例分析 Turing 不稳定性.

例 9.2.1　取 $f(u,v)=a-(b+1)u+u^2v$, $g(u,v)=bu-u^2v$, 考虑模型

$$\begin{cases} u_t=\alpha(a-(b+1)u+u^2v)+D_1\nabla^2u \\ v_t=\alpha(bu-u^2v)+D_2\nabla^2v \end{cases} \tag{9.2.26}$$

给出该模型的 Turing 不稳定性条件并用数值分析加以验证.

解　模型 (9.2.26) 的唯一正平衡态 (u^*,v^*) 是

$$u^*=a,\quad v^*=\frac{b}{a} \tag{9.2.27}$$

并且在平衡态处有

$$\begin{aligned} &f_u^*=b-1,\quad f_v^*=a^2>0,\quad g_u^*=-b,\\ &g_v^*=-a^2<0,\quad f_u^*g_v^*-f_v^*g_u^*=a^2>0 \end{aligned} \tag{9.2.28}$$

因为 Turing 稳定性条件 3 隐含了 f_u^*, g_v^* 符号必须相反, 所以有 $b>1$, 故四个 Turing 不稳定性条件分别为

$$f_u^*+g_v^*<0\Longrightarrow 0<b-1<a^2 \tag{9.2.29}$$

$$f_u^*g_v^*-f_v^*g_u^*>0\Longrightarrow a^2>0 \tag{9.2.30}$$

$$D_2f_u^*+D_1g_v^*>0\Longrightarrow D_2(b-1)>D_1a^2 \tag{9.2.31}$$

$$\begin{aligned} &(D_2f_u^*+D_1g_v^*)^2-4D_1D_2(f_u^*g_v^*-f_v^*g_u^*)>0\\ \Longrightarrow &\left[D_2(b-1)-D_1a^2\right]^2>4D_1D_2a^2 \end{aligned} \tag{9.2.32}$$

上述不等式定义在参数空间 (a,b,D_1,D_2) 中的一个区域上, 我们称使得上述四个不等式同时成立的参数空间为 Turing 空间. 在这个空间里, 我们可以利用不等式 (9.2.24) 确定 Turing 不稳定发生的波数 k 的取值范围. 比如, 当取 $a=1.5, b=3, \alpha=1, D_1=2.8, D_2=22.4$ 时, 容易验证上述四个条件同时成立, 即在平衡态处扩散导致了不稳定性而发生了 Turing 不稳定性.

接着我们讨论固定参数空间 (a,b,D_1,D_2) 中的三个参数而让其中一个变化, 研究 Turing 不稳定性发生时的临界参数, 其中包括临界波数和最小扩散系数等. 首先选定 D_2 作为分支参数并固定其他参数, 分析使得 Turing 不稳定性发生的最小扩散系数 D_2 的存在性, 记为 D_2^c, 它满足如下的等式方程

$$(D_1g_v^*+D_2^cf_u^*)^2-4D_1D_2^c(f_u^*g_v^*-f_v^*g_u^*)=0$$

把方程和参数代入上式得到 D_2^c 满足的等式为

$$(2D_2^c - 6.3)^2 - 25.2D_2^c = 0$$

求解上式得到符合条件的解为 $D_2^c = 11.756$. 这样利用

$$\begin{aligned} a_2(k^2) &= D_1D_2k^4 - \alpha(D_1g_v^* + D_2f_u^*)k^2 + \alpha^2(f_u^*g_v^* - f_v^*g_u^*) \\ &= 2.8D_2k^4 - (2D_2 - 6.3)k^2 + 2.25 \end{aligned} \tag{9.2.33}$$

并代入 $D_2 = D_2^c$ 得到波数的临界值, 记为 $k_c^2 = 0.262$. 为了说明扩散系数 D_2 的影响, 下面选取三个不同的值 10, 11.756, 15, 并让 k^2 从零增加到 0.7, 给出函数 $a_2(k^2)$ 和两个特征值实部最大的特征根关于 k^2 的图形, 如图 9.2.1 所示. 图 9.2.1 中清楚地显示了临界扩散系数、临界波数以及波数的取值范围和 Turing 不稳定发生的参数区间等重要信息. 同样可以选取其他的参数比如 b, 得到相同的数值结果, 留作习题.

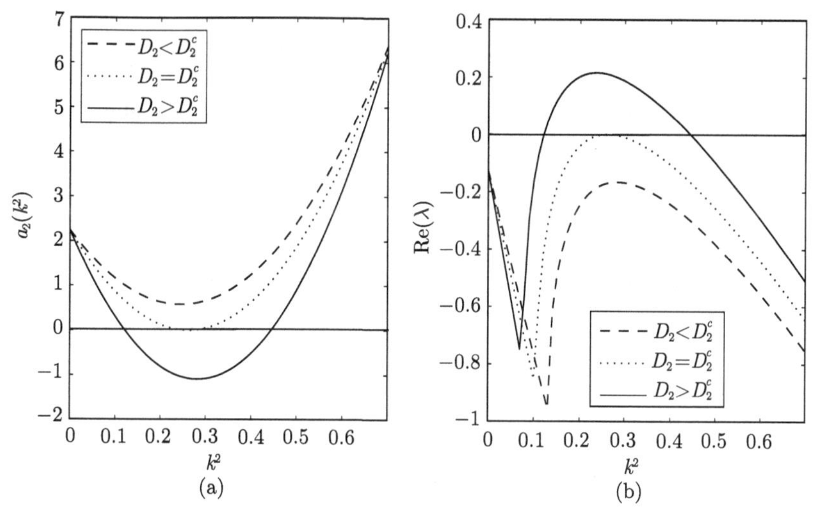

图 9.2.1 扩散系数对模型 (9.2.26) Turing 不稳定性中波数和特征根的影响分析

其中参数值为 $a = 1.5, b = 3, \alpha = 1, D_1 = 2.8, D_2 = 10, 11.756, 15$

一个有意义的问题是: 当所有参数取值于 Turing 不稳定性的参数空间时, 空间同质正平衡态变得不稳定, 此时在该平衡态附近给一个非常小的随机扰动, 模型 (9.2.26) 刻画的解到底形成了什么样的斑图或空间模式? 为了回答上述问题, 我们选定一个边长为 70 的正方形区域, 并把该区域分成 64×64 的小方格. 选定周期边界或 Neumann 边界条件并固定参数如图 9.2.2 所示. 利用有限差分方法求解反应扩散方程 (9.2.26) 得到图 9.2.2 的空间模式. 比较初始状态和时间运行到 200 的解发现: 尽管初始没有任何规律 (随机的初始函数), 但系统的稳定状态形成了具有明显规律的空间斑图. 它从一定程度上反映了很多生物器官、斑图等的形成规律.

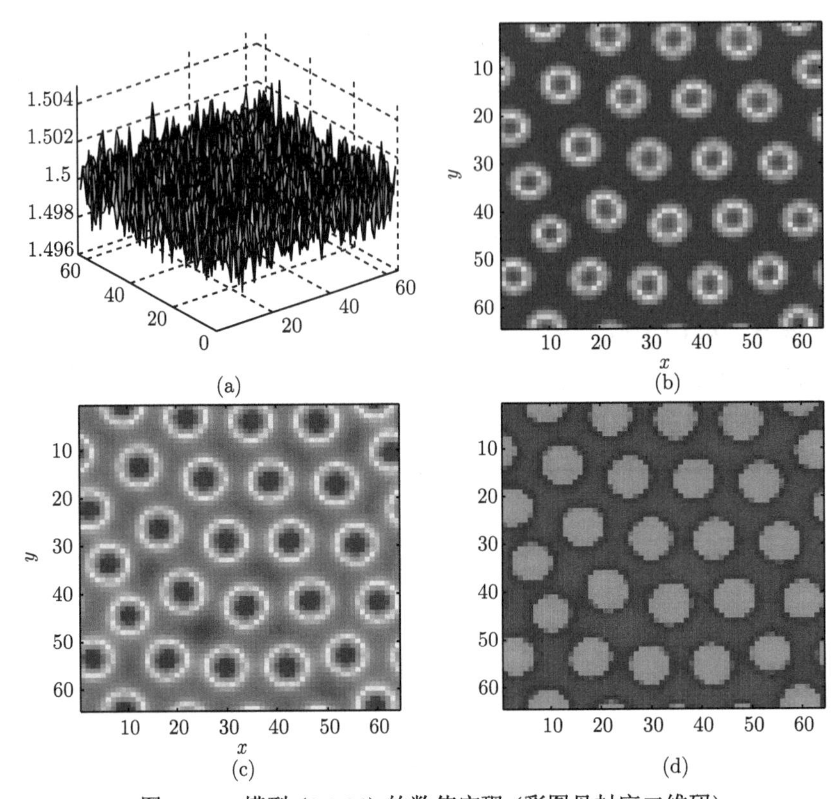

图 9.2.2　模型 (9.2.26) 的数值实现 (彩图见封底二维码)

其中参数值为 $a=1.5, b=3, \alpha=1, D_1=2.8, D_2=22.4$. (a) $u(x,y,t)$ 的初始取值; (b) 当 $t=200$ 时的 $u(x,y,t)$; (c) 当 $t=200$ 时的 $v(x,y,t)$; (d) 当 $t=200$ 时 $u(x,y,t)$ 和 $v(x,y,t)$ 的相图

9.3　短程激活和长期抑制

9.2 节阐述了 Turing 不稳定性产生的条件, 接下来的问题是: 什么样的反应模型或作用规律会出现 Turing 不稳定性? 从化学反应或基因调控关系出发, 是有一定规律可循的. 为了阐明 Turing 不稳定性发生的本质, 我们在一个由两个反应扩散方程组成的系统中研究条件 (9.2.20)—(9.2.23). 根据化学反应中各物质的作用分类, 区分哪些化学物质是激活剂, 哪些是抑制剂. 明显地, 这种作用应该对应于 Jacobian 矩阵中的符号, 即激活剂对应于正号, 而抑制剂对应于负号 (这一点在第 8 章中做了介绍).

根据动力学方程, 如果 u 的增加引起 u_t 的增加或减少, 那么反应物 u 是自身的激活剂或抑制剂, 此时在 Jacobian 矩阵中 f_u (表示 f 对 u 的偏导数) 为正数或负数; 如果 u 的增加引起 v_t 的增加或减少, 则 v 被激活或被抑制, 此时在 Jacobian

矩阵中 g_u 为正数或负数. 假如 u 激活或抑制其自身和 v, 那么称 u 为激活剂或抑制剂. 自身激活, 即自动催化引发正反馈, 如图 9.3.1 中的激活子 u 就自身催化引发正反馈. 所以不失一般性我们在下面的讨论中记 u 和 v 分别为激活剂和抑制剂 (激活子和抑制子), 例如函数

$$f(u,v)=a-bu+\frac{u^2}{v},\quad g(u,v)=u^2-v$$

就满足图 9.3.1(a) 中的情形.

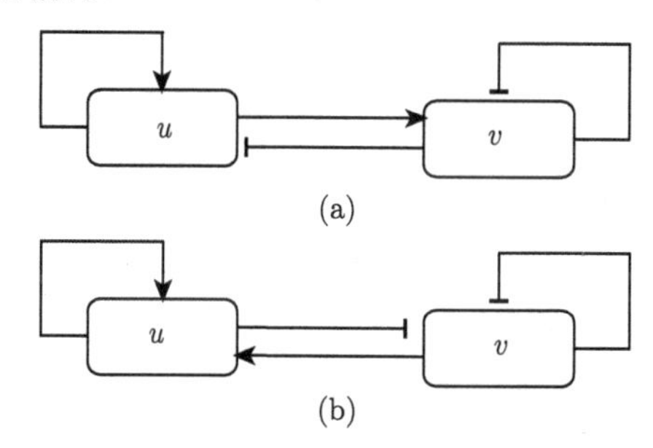

图 9.3.1 激活剂和抑制剂相互作用的示意图

(a) u 物质为激活剂, v 物质为抑制剂; (b) u 和 v 互为激活剂和抑制剂

激活和抑制的例子在复杂基因网络中也比较常见, 其作用关系与这里介绍的是一致的. 比如图 9.3.2 的调控拟南芥花空间模式的 ABC 模型中, B 类基因 (AP3 和 PI 基因) 与 SUP 基因的调控关系就是一种激活子与抑制子的关系. 由于两个 B 类基因 AP3 和 PI 相互正调控, 所以可以把它们看成一个整体, 然后 B 类基因与 SUP 基因的调控关系就与图 9.3.1(a) 一致了. 利用第 8 章介绍的模型方法可以建立如下的基因网络模型

$$\begin{cases}\dfrac{\partial TF_B}{\partial t}=D_B\Delta TF_B+k_B\cdot\dfrac{TF_B^2}{TF_B^2+k_9\left(1+\left(\dfrac{TF_S}{k_{10}}\right)^3\right)}-\gamma_B TF_B+R_B\\ \dfrac{\partial TF_S}{\partial t}=D_S\Delta TF_S+k_S\cdot\dfrac{TF_B^3}{TF_B^3+k_{11}}-\gamma_S TF_S+R_S\end{cases}\tag{9.3.1}$$

其中参数取值列在表 9.3.1 中.

表 9.3.1 模型 (9.3.1) 的参数取值

参数	取值	参数	取值	参数	取值
k_B	4μMh^{-1}	k_9	7.7μM^2	k_{10}	4.75μM^3
γ_B	0.1h^{-1}	R_B	0.002μMh^{-1}	k_S	3.5μMh^{-1}
k_{11}	0.104μM	γ_S	0.19982h^{-1}	R_S	0.01μMh^{-1}
k_{12}	20μM^2	k_{13}	40μM^2	D_B	0.55×10^{-5}
D_S	0.9				

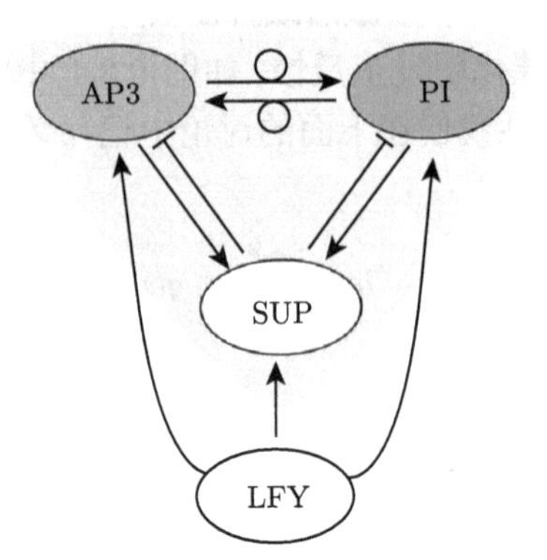

图 9.3.2　阴影区域为调控拟南芥花空间模式的 B 类基因的基因调控网络

(彩图见封底二维码)

根据表 9.3.1 给出的参数取值, 利用与图 9.2.1 中相似的方法得到如图 9.3.3 所示的 Turing 不稳定发生的条件. 这个例子说明一般的激活子和抑制子相互作用的平面系统就有可能出现 Turing 不稳定性, 因此从函数 f, g 本身及其在平衡态处偏导数的符号出发, 讨论 Turing 不稳定性出现的可能性情况就比较有意义了.

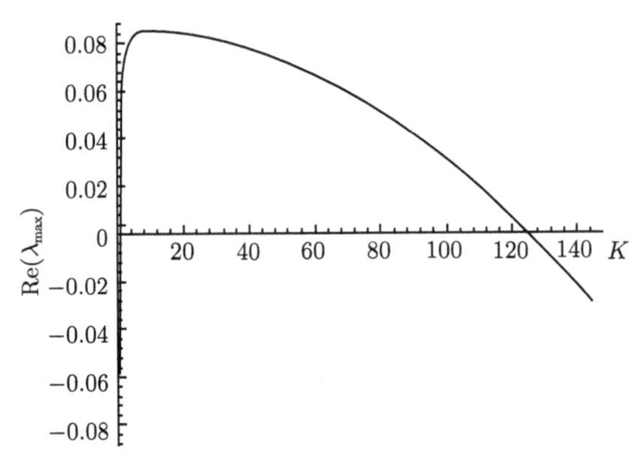

图 9.3.3　根据 Turing 不稳定的四个条件得到的空间模式形成的参数空间

其中 K 表示波数, $K = k^2$

从方程 (9.2.20) 和 (9.2.22) 可以看出一定有不等式 $f_u^* + g_v^* < 0 < D_1 g_v^* + D_2 f_u^*$ 成立, 这表明: 扩散系数 D_1, D_2 不能相等; f_u^*, g_v^* 的符号一定相反.

不失一般性, 由于 u 和 v 分别表示为激活剂和抑制剂, 所以假设 $f_u^* > 0, g_v^* < 0$. 由不等式 (9.2.21) 推出 $f_v^* g_u^* < f_u^* g_v^* < 0$, 从而 f_v^*, g_u^* 的符号也相反. 因此在平衡态 (u^*, v^*) 处 Jacobian 矩阵的符号模式只可能是下面两种情况

$$\begin{pmatrix} + & - \\ + & - \end{pmatrix} \quad \text{或} \quad \begin{pmatrix} + & + \\ - & - \end{pmatrix}$$

第一个符号模式代表一个如图 9.3.1(a) 所示的激活剂–抑制剂系统. 第二个符号模式代表一个如图 9.3.1(b) 所示交互的激活剂–抑制剂系统. 对于第二种情况下, 如果作变换 $w=-v$, 则线性化方程为

$$u_t=\alpha f_u^* u-\alpha f_v^* w+D_1\nabla^2 u,\quad w_t=-\alpha g_u^* u+\alpha g_v^* w+D_2\nabla^2 w$$

其中 Jacobian 符号模式为

$$\begin{pmatrix} + & - \\ + & - \end{pmatrix}$$

它表示如图 9.3.1(a) 所示的激活剂–抑制剂系统, 且 u 为激活剂, v 为抑制剂. 因此, 具有 Turing 不稳定性的任意系统都可看作是一个如图 9.3.1(a) 所示的激活剂–抑制剂系统.

常数 f_u^*, g_v^* 表示平衡态处 u, v 的自身激活率或自动催化率 (实际上, g_v^* 为负数, 所以它是自身抑制的, 抑制率为 $|g_v^*|$). 如果不考虑扩散, 当 $v=0$ 时, 它表示 u 的指数增长率; 当 $u=0$ 时, 它表示 v 的指数增长率. v 的自身抑制率 $|g_v^*|$ 大于 u 的自身激活率 ($|g_v^*|=-g_v^*>f_u^*$), 那么激活剂 u 如何产生不稳定现象呢?

如果激活作用于小范围 (u 在空间小范围内的值较大), 而抑制作用于大范围, 那么即使抑制作用全局强于激活作用, 但激活作用仍有可能局部强于抑制作用, 这就使激活作用在局部上胜于抑制作用, 从而诱发模式过程的形成. 详细的解释请参看文献 [97].

9.4 生物斑图的形成过程

通过前面的分析发现: 如果两个相互作用的物种存在如图 9.3.1(a) 所示的作用关系, 就有可能存在适当的参数空间使得系统发生 Turing 不稳定性, 进而在给定的空间和初始条件下形成一定的空间模式或斑图. 除了上面介绍的例子外, 常见的具有上述特性且满足 Turing 不稳定性条件的系统还有

$$\begin{aligned} &f(u,v)=a-u+u^2v, && g(u,v)=b-u^2v \\ &f(u,v)=a-bu+\frac{u^2}{v}, && g(u,v)=u^2-v \\ &f(u,v)=a-u-h(u,v), && g(u,v)=\alpha(b-v)-h(u,v) \end{aligned} \tag{9.4.1}$$

其中 $h(u,v)=\dfrac{\rho uv}{1+u+ku^2}$, 参数 a,b,ρ,k 是正常数. 文献 [97] 中还研究过另一个具有激活和抑制相互作用关系的系统为

$$f(u,v)=a-bu+\frac{u^2}{v(1+ku^2)},\quad g(u,v)=u^2-v \tag{9.4.2}$$

下面根据文献 [97] 仅就 $f(u,v)=a-u+u^2v$, $g(u,v)=b-u^2v$ 简单情形对生物斑图的形成过程作完整地介绍. 为此假设 $D_1=1, d\doteq D_2$ (实际上通过纲化变换很容易实现), 考虑一维空间下的反应扩散方程

$$\begin{cases} u_t=\alpha(a-u+u^2v)+u_{xx} \\ v_t=\alpha(b-u^2v)+dv_{xx} \end{cases} \tag{9.4.3}$$

该方程存在唯一空间同质正平衡态 (u^*,v^*) 且

$$u^*=a+b, \quad v^*=\frac{b}{(a+b)^2}, \quad b>0, \quad a+b>0 \tag{9.4.4}$$

通过计算得到在平衡态处

$$\begin{aligned} &f_u^*=\frac{b-a}{a+b}, \quad f_v^*=(a+b)^2>0, \quad g_u^*=\frac{-2b}{a+b} \\ &g_v^*=-(a+b)^2<0, \quad f_u^*g_v^*-f_v^*g_u^*=(a+b)^2>0 \end{aligned} \tag{9.4.5}$$

因为 f_u^*, g_v^* 符号必须相反, 所以必须有 $b>a$, 相应的四个 Turing 不稳定性发生的条件分别是

$$\begin{aligned} f_u^*+g_v^*<0 &\Longrightarrow 0<b-a<(a+b)^3 \\ f_u^*g_v^*-f_v^*g_u^*>0 &\Longrightarrow (a+b)^2>0 \\ df_u^*+g_v^*>0 &\Longrightarrow d(b-a)>(a+b)^3 \\ (df_u^*+g_v^*)^2-4d(f_u^*g_v^*-f_v^*g_u^*)>0 &\Longrightarrow \left[d(b-a)-(a+b)^3\right]^2>4d(a+b)^4 \end{aligned} \tag{9.4.6}$$

满足上述四个不等式的参数空间 (a,b,d) 称为 Turing 空间. 在这个空间里, 对于给定的波数 k, 空间同质平衡态在小的扰动下是空间不稳定的, 进而形成空间模式. 同时我们也会在下面确定具体的具有 Turing 不稳定性的波数取值范围.

考虑公式 (9.2.13) 的相关特征值问题. 设边界取值为零, 并选定一维有界空间区域 $x\in(0,p)$, 其中 $p>0$, 那么有

$$\boldsymbol{W}_{xx}+k^2\boldsymbol{W}=0, \qquad \boldsymbol{W}_x=0, \quad 当\ x=0,p\ 时 \tag{9.4.7}$$

上述方程具有如下形式的解

$$\boldsymbol{W}_n(x)=A_n\cos\left(\frac{n\pi x}{p}\right), \qquad n=\pm1,\pm2,\cdots \tag{9.4.8}$$

其中 A_n 是任意常数, 特征值是离散波数 $k=\dfrac{n\pi}{p}$. 若满足 (9.4.5), 并且存在一组波数 $k=\dfrac{n\pi}{p}$ 位于区间 $(\underline{k},\bar{k})$ 内, 则相应的特征多项式特征根实部最大的为正. 因此,

具有波长 $\omega=\dfrac{2\pi}{k}=\dfrac{2p}{n}$ 的特征函数 (9.4.8) 随着增加具有 $\exp\left\{\lambda\left(\left[\dfrac{n\pi}{p}\right]^2\right)t\right\}$ 的增长模式, 其中 $\lambda\left(\left[\dfrac{n\pi}{p}\right]^2\right)$ 表示特征根是波数的函数. 由 $\underline{k},\bar{k}$ 的计算公式得

$$
\begin{aligned}
&\alpha L(a,b,d)=\underline{k}^2<k_2^2=\left(\frac{n\pi}{p}\right)^2<\bar{k}^2=\alpha M(a,b,d)\\
&L=\frac{[d(b-a)-(a+b)^3]-\{[d(b-a)-(a+b)^3]^2-4d(a+b)^4\}^{\frac{1}{2}}}{2d(a+b)}\\
&M=\frac{[d(b-a)-(a+b)^3]+\{[d(b-a)-(a+b)^3]^2-4d(a+b)^4\}^{\frac{1}{2}}}{2d(a+b)}
\end{aligned}
\tag{9.4.9}
$$

考虑到波长 $\omega=\dfrac{2\pi}{k}$, 不稳定模态 $\boldsymbol{W}_n$ 的范围具有波长 ω, 且界限是 ω_1,ω_2, 其中 ω_1,ω_2 的关系为

$$
\frac{4\pi^2}{\alpha L(a,b,d)}=\omega_1^2>\omega^2=\left(\frac{2p}{n}\right)^2>\omega_2^2=\frac{4\pi^2}{\alpha M(a,b,d)} \tag{9.4.10}
$$

由于最小的波数为 $\dfrac{\pi}{p}$, 即 $n=1$. 所以公式 (9.4.9) 中, 参数 α 对于固定的参数 a,b,d 来说, 不可能太小, 如果 α 充分小, (9.4.9) 表明不存在 Turing 不稳定发生的波数 k, 因此在方程 (9.4.8) 中不存在可驱动空间不稳定的 $\boldsymbol{W}_n$. 此时特征方程的特征根都具有负实部, 从而 $\exp\left\{\lambda\left(\left[\dfrac{n\pi}{p}\right]^2\right)t\right\}$ 以指数递减的方式趋向于零使得空间同质平衡态是稳定的. 下面, 我们详细分析 α 的重要作用.

不妨假设空间齐次解具有如下形式

$$
\boldsymbol{w}(x,t)\sim\sum_{n_1}^{n_2}C_n\exp\left[\lambda\left(\frac{n^2\pi^2}{p^2}\right)t\right]\cos\frac{n\pi x}{p} \tag{9.4.11}
$$

其中 λ 是满足 (9.4.6) 条件下一元二次方程 (9.2.15) 的正解, n_1 是大于或等于 $\dfrac{pk}{\pi}$ 的最小整数, n_2 是小于或等于 $\dfrac{p\bar{k}}{\pi}$ 的最大整数, C_n 是非零常数. 那么, 我们可以假定 α 充分大使得波数 k 落在空间不稳定的波数区域 $(\underline{k},\bar{k})$ 内.

现在考虑具有 (9.4.11) 形式的空间模式. 首先假定存在 α 的范围, 使得 (9.4.9) 式中不稳定波数域只有波数 $n=1$, 则具有波长 $\omega=\dfrac{2p}{n}$. 从 (9.4.8) 得, 唯一的不稳定状态是 $\cos\left(\dfrac{\pi x}{p}\right)$, 由 (9.4.11) 确定的模式为

$$\boldsymbol{w}(x,t) \sim C_1 \exp\left[\lambda\left(\frac{\pi^2}{p^2}\right)t\right]\cos\frac{\pi x}{p}$$

λ 是一元二次方程 (9.2.15) 的正根, $f_u^*, f_v^*, g_u^*, g_v^*$ 由 (9.4.5) 给出, 且 $k^2 = \left(\frac{\pi}{p}\right)^2$, C_1 仅能从初始条件来确定. 为从直观上理解取 C_1 为 ε (任意小的正数), 并且考虑 u 形态或模式. 根据 $\boldsymbol{w}$ 的定义有

$$u(x,t) \sim u^* + \varepsilon \exp\left[\lambda\left(\frac{\pi^2}{p^2}\right)t\right]\cos\frac{\pi x}{p} \tag{9.4.12}$$

由此可见, 这种不稳定模态是随着时间增加而出现的. 换言之, 这是扩散导致不稳定性后逐渐形成的空间模式.

为了说明从一个具有随机扰动初始出发的解如何随时间的增加而改变, 不妨设定一维空间的长度为 1, 并以 0.005 为长度分隔区间 (0,1), 小区间的个数记为 s, 选定初始值 $u_0 = 1+0.05\times\text{rand}(s,1)$ (图 9.4.1(a)), 其中 $\text{rand}(s,1)$ 表示在 MATLAB 中从 (0, 1) 的一致分布中生成长度为 s 的随机向量. 然后选取时间分别为 $t = 10, 20, 30$ 得到空间解, 如图 9.4.1(b)—(d) 所示的空间模式形成过程.

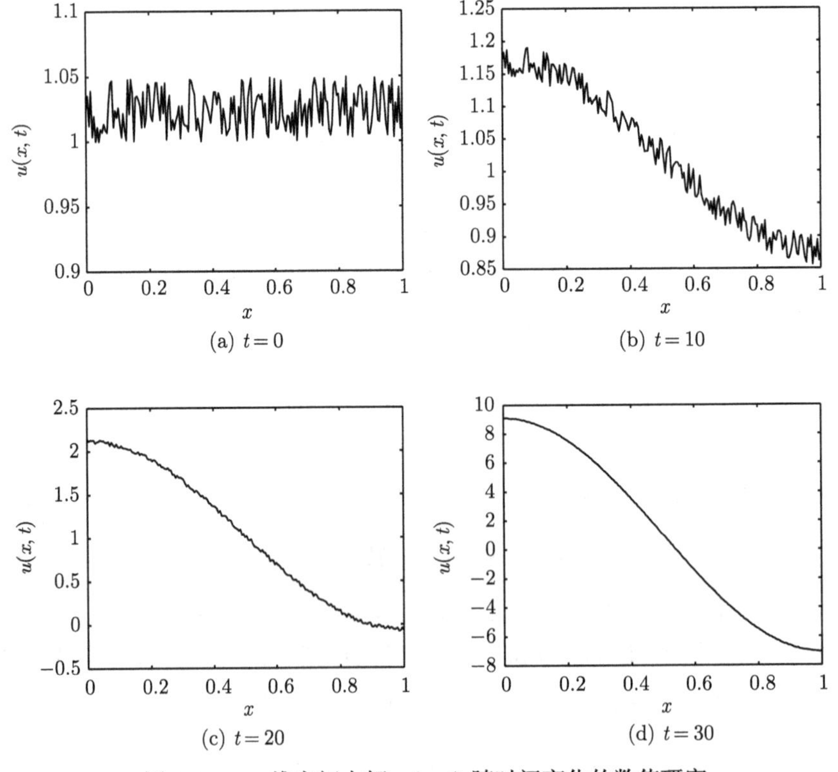

(a) $t=0$　(b) $t=10$　(c) $t=20$　(d) $t=30$

图 9.4.1　一维空间上解 $u(x,t)$ 随时间变化的数值研究

9.5 捕食与被捕食系统空间斑图动态形成过程

为了让有一定计算机程序基础特别是对反应扩散方程有限差分方法感兴趣的学生进一步学习, 在结束本章之前, 我们给出 2007 年 Garvie 发表在《生物数学通讯》文章上的数值模拟结果 [42]. 该文献不仅重点研究了大家熟知的具有 Holling II 和 Ivlev 功能性反应函数的捕食–被捕食系统, 而且给出了几种差分方案及其相应的 MATLAB 代码. 文献 [42] 中考虑的一般捕食与被捕食系统为

$$\begin{cases} u_t = u(1-u) - vh(au) + \nabla^2 u \triangleq f(u,v) + \nabla^2 u \\ v_t = bvh(au) - cv + \delta\nabla^2 v \triangleq g(u,v) + \delta\nabla^2 v \end{cases} \tag{9.5.1}$$

如果仅考虑关于 α, β 和 γ 的三参数 Holling II 和 Ivlev 功能性反应函数, 则有

(1) $h(\eta) = h_1(\eta) = \dfrac{\eta}{1+\eta}$ $(\eta = au)$, 其中 $a = 1/\alpha, b = \beta, c = \gamma$;

(2) $h(\eta) = h_2(\eta) = 1 - \mathrm{e}^{-\eta}$ $(\eta = au)$, 其中 $a = \gamma, c = \beta, b = \alpha\beta$.

根据上面的两类功能性反应函数, 得到两类捕食与被捕食系统, 其中函数 $f(u,v)$ 和 $g(u,v)$ 分别表示为

(1) $f(u,v) = u(1-u) - \dfrac{uv}{u+\alpha}$, $g(u,v) = \dfrac{\beta uv}{u+\alpha} - \gamma v$;

(2) $f(u,v) = u(1-u) - v(1-\mathrm{e}^{-\gamma u})$, $g(u,v) = \beta v(\alpha - 1 - \alpha\mathrm{e}^{-\gamma u})$.

分别令 $f(u,v) = 0$ 和 $g(u,v) = 0$, 关于 (u,v) 求解分别得到两个模型的一个内部平衡态, 即对于具有 Holling II 功能性反应函数的模型有

$$u^* = \frac{\alpha\gamma}{\beta-\gamma}, \quad v^* = (1-u^*)(u^*+\alpha), \quad 且 \quad \beta > \gamma, \quad \alpha < \frac{\beta-\gamma}{\gamma}$$

对于具有 Ivlev 功能性反应函数的模型有

$$u^* = -\frac{1}{\gamma}\ln\left(\frac{\alpha-1}{\alpha}\right), \quad v^* = \frac{u^*(1-u^*)}{1-\mathrm{e}^{-\gamma u^*}}, \quad 且 \quad \alpha > 1, \quad \gamma > -\ln\left(\frac{\alpha-1}{\alpha}\right)$$

当考虑空间扩散时, 对于 Holling II 功能性反应函数的模型在平衡态 (u^*, v^*) 处发生的 Turing 不稳定性证明留作习题. 设定参数值和初始函数如下:

$$\alpha = 0.4, \quad \beta = 2.0, \quad \gamma = 0.6, \quad \delta = 1, \quad h = 1, \quad 步长\Delta t = 1/3$$

$$U_{i,j}^0 = u^* - 2\times 10^{-7}(x_i - 0.1y_j - 225)(x_i - 0.1y_j - 675)$$

和

$$V_{i,j}^0 = v^* - 3\times 10^{-5}(x_i - 450) - 1.2\times 10^{-4}(y_j - 150)$$

且 $(u^*, v^*) = (6/35, 116/245)$. 如果采用文献 [42] 中的差分方案一, 就可以得到如图 9.5.1 所示的不同时间点上空间斑图的形成过程.

为了说明初始分布对斑图形成过程的影响, 我们固定如图 9.5.1 中所示图形完全一样的参数值和数值方案, 而选择不同的初始函数如下:

$$U_{i,j}^0 = u^* - 2 \times 10^{-7}(x_i - 180)(x_i - 720) - 6 \times 10^{-7}(y_j - 90)(y_j - 210)$$

和

$$V_{i,j}^0 = v^* - 3 \times 10^{-5}(x_i - 450) - 6 \times 10^{-5}(y_j - 135)$$

比较图 9.5.1 和图 9.5.2 不难看出, 不同的初始分布对斑图形成过程影响较大. 但是如果算法收敛且斑图具有稳定的模式, 则稳态最终具有相同的斑图模式.

同样, 当考虑空间扩散时, 对于 Ivlev 功能性反应函数的模型在平衡态 (u^*, v^*) 处发生的 Turing 不稳定性证明留做习题. 设定参数值和初始函数如下:

$$\alpha = 1.5, \quad \beta = 1.0, \quad \gamma = 5, \quad \delta = 1, \quad h = 1, \quad 步长\Delta t = 1/3$$

$$U_{i,j}^0 = 1, \quad 当\ (x_i - 200)^2 + (y_j - 200)^2 < 400\ 时\ V_{i,j}^0 = 0.2\ 而在其他位置为零$$

如果采用文献 [42] 中的差分方案一, 就可以得到图 9.5.3 中的空间斑图形成过程.

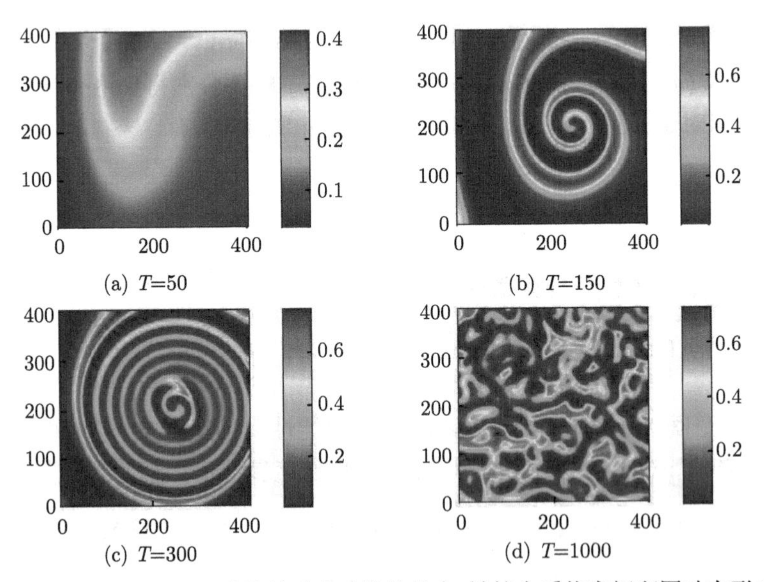

图 9.5.1　具有 Holling II 功能性反应函数的捕食–被捕食系统空间斑图动态形成过程, MATLAB 代码见参考文献 [42](彩图见封底二维码)

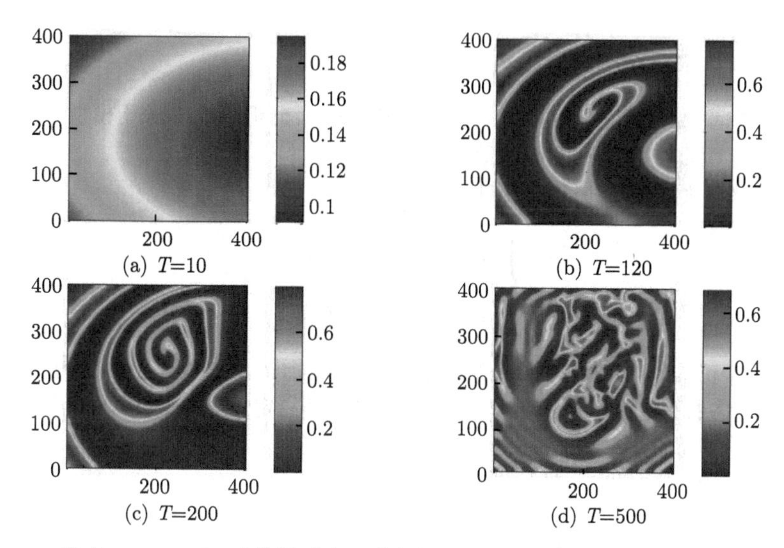

图 9.5.2 具有 Holling II 功能性反应函数的捕食–被捕食系统空间斑图动态形成过程, MATLAB 代码见参考文献 [42](彩图见封底二维码)

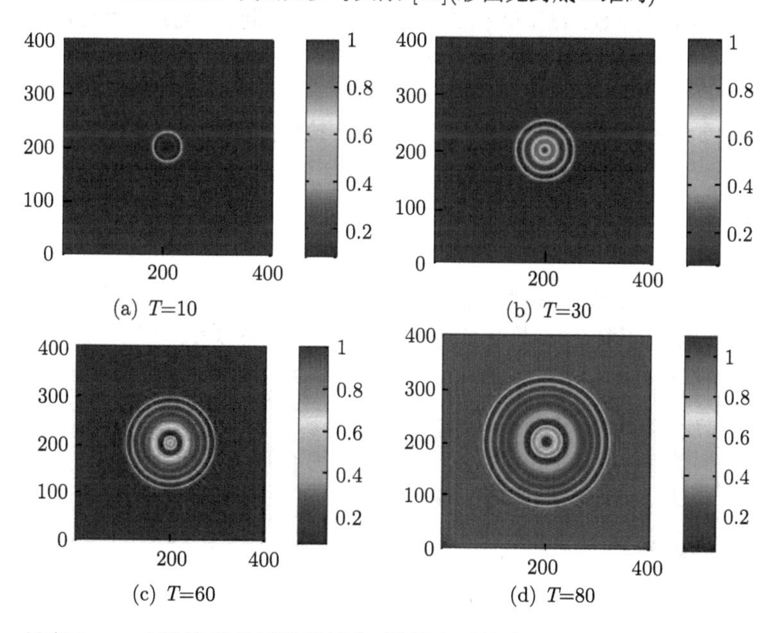

图 9.5.3 具有 Ivlev 功能性反应函数的捕食–被捕食系统空间斑图动态形成过程, MATLAB 代码见参考文献 [42](彩图见封底二维码)

Murray 在*Mathematical Biology*[97] 一书中利用几个章节的篇幅详细分析了动物模式形成的基本原理, 给出了许多具有激活和抑制关系的反应扩散模型. 有兴趣的读者可以参考该书的相关章节.

习　题　九

9.1　选取参数 b 作为分支参数, 固定其他的参数, 分析参数 b 关于模型 (9.2.26) 出现 Turing 不稳定性的临界值, 并讨论波数的临界范围.

9.2　考虑下面的激活和抑制反应扩散模型

$$\begin{cases} u_t = \dfrac{u^2}{v} - bu + u_{xx} \\ v_t = u^2 - v + dv_{xx} \end{cases}$$

其中 b 和 d 是正常数. 该模型中谁是激活子? 谁是抑制子? 通过线性稳定性分析确定该模型空间同质平衡态的稳定性参数空间. 然后分析 Turing 不稳定性产生的条件和相应的波数范围.

9.3　对于下面的具有 Holling Ⅱ 功能性反应的捕食–被捕食系统

$$\begin{cases} u_t = u(1-u) - \dfrac{uv}{u+\alpha} + u_{xx} \\ v_t = \dfrac{\beta uv}{u+\alpha} - \gamma v + dv_{xx} \end{cases}$$

其中 α, β, γ 和 d 是正常数. 该模型中谁是激活子? 谁是抑制子? 通过线性稳定性分析确定该模型空间同质平衡态的稳定性参数空间. 然后分析 Turing 不稳定性产生的条件和相应的波数范围.

9.4　对于下面的具有 Ivlev 功能性反应的捕食–被捕食系统

$$\begin{cases} u_t = u(1-u) - v(1-\mathrm{e}^{-\gamma u}) + u_{xx} \\ v_t = \beta v(\alpha - 1 - \alpha\mathrm{e}^{-\gamma u}) + dv_{xx} \end{cases}$$

其中 α, β, γ 和 d 是正常数. 该模型中谁是激活子? 谁是抑制子? 通过线性稳定性分析确定该模型空间同质平衡态的稳定性参数空间. 然后分析 Turing 不稳定性产生的条件和相应的波数范围.

第 10 章　生物数学模型参数估计

在利用数学模型刻画生物物种发展变化规律或传染病传播和暴发规律时, 一个难点在于如何利用该物种在过去一段时间内的数量变化, 或在过去一段时间内该传染病在某个区域的发病人数等, 来预测今后一段时间内物种数量的变化或传染病的流行暴发趋势等, 即建立数学模型并利用实验观测数据来估计模型中的未知参数. 这就需要用到参数估计 (parameter estimation) 的基本理论和方法. 比如要求估计具有 Logistic 增长规律物种的内禀增长率和环境容纳量; 传染病模型中的基本再生数等. 自然界中很多生物物种的增长规律是已知的, 比如服从 Malthus 或 Logistic 增长规律, 但是我们不知道的是刻画该增长规律的一个或几个参数, 而这个增长规律完全由未知参数决定. 这样通过实验观测数据估计这些参数的均值和标准差在应用中就非常有意义.

参数估计是统计推断的基本问题之一. 从估计形式看, 参数估计分为点估计 (point estimation) 和区间估计 (interval estimation). 点估计是依据样本估计总体分布中所含的未知参数 (比如内禀增长率和环境容纳量) 或未知参数的函数 (比如基本再生数). 通常它们是总体的某个特征值, 如数学期望、方差和相关系数等. 点估计问题就是要构造一个只依赖于样本的量, 作为未知参数或未知参数的函数的估计值. 例如, 设甲型 H1N1 流感在某个区域内的基本再生数为 R_0. 为估计 R_0, 从疾病暴发的初期密切跟踪 n 个染病者, 记录这 n 个染病者在其染病周期内所传染的病人数, 记作 x_n, 这样就可以用 $\dfrac{\sum_{j=1}^{n} x_n}{n}$ 估计 R_0, 这就是一个点估计. 构造点估计常用的方法有

(1) **最小二乘法**　主要用于线性统计模型中的参数估计问题.

(2) **极大似然估计法**　于 1922 年由英国统计学家 Fisher 提出, 利用样本分布密度构造似然函数来求出参数的最大似然估计.

(3) **贝叶斯估计法**　基于贝叶斯学派的观点而提出的估计法. 常用的蒙特卡罗马尔可夫链 (Markov Chain Monte Carlo, MCMC) 实现方法有 Gibbs 取样和 Metropolis-Hastings (MH) 算法.

区间估计是依据抽取的样本, 根据一定的正确度与精确度的要求, 构造出适当的区间, 作为总体分布的未知参数或参数的函数的真值所在范围的估计. 例如人们常说的有百分之多少的把握保证某值在某个范围内, 即区间估计的最简单的应用. 1934 年统计学家奈曼创立了一种严格的区间估计理论. 求置信区间常用的

三种方法: 利用已知的抽样分布; 利用区间估计与假设检验的联系; 利用大样本理论.

10.1　线性回归模型

10.1.1　一元线性回归模型

一元线性回归模型在生物数学模型中有非常广泛地应用. 生物统计学中的相关与回归分析既有联系又有区别, 相关是研究变量间是否有关系以及关系的程度如何, 通过相关分析, 确定了变量间存在着相关关系后, 再寻求一种函数关系式来构建它们之间的关系, 就是回归分析, 所构建的函数关系式就称为回归方程.

最简单的回归方程是一元线性回归方程, 它是用于分析一个自变量 X 与一个因变量 Y 之间线性关系的数学模型, 其一般形式为

$$Y=\beta_0+\beta_1 X \tag{10.1.1}$$

在模型 (10.1.1) 中, β_1 和 β_2 称作回归参数, 它们通常是未知的, 需要结合实际数据并通过一定的统计方法进行估计. 在实际应用中, 当我们获得具有相关关系的两个变量 X 和 Y 的多组观测值后, 如果能通过适当的方法估计两个未知参数 β_0 和 β_1, 这样就确定了正确的回归模型 (10.1.1). 对未知参数 β_0 和 β_1 进行估计时常用的方法就是最小二乘法和 Bayes 方法.

上面提及一元线性回归模型在生物数学模型中具有非常广泛的应用, 这是因为实际应用中很多生物模型的参数估计问题都可以直接或间接地利用一元回归模型的参数估计方法, 下面给出几个例子.

例 10.1.1　设一个种群的数量 $N(t)$ 符合 Malthus 增长规律

$$\frac{\mathrm{d}N(t)}{\mathrm{d}t}=rN(t) \tag{10.1.2}$$

初始为 $N(0)=N_0$ 的解为 $N(t)=N_0\exp(rt)$. 由此可以看出种群在任何时刻的数量完全由参数初值 N_0 和内禀增长率 r 确定, 关于这两个参数的估计可以转化为如下的线性回归方程

$$Y=\beta_0+\beta_1 t \tag{10.1.3}$$

其中 $Y=\ln(N),\beta_0=\ln(N_0),\beta_1=r$. 这样估计参数 N_0 和 r 就转化为确定回归方程 (10.1.3) 的回归常数 β_0 和回归系数 β_1.

例 10.1.2 [122]　当考虑 Logistic 模型的最大持续收获时, 其在系统平衡态处的持续产量为

$$\text{产量}=qEN^*=qKE\left(1-\frac{qE}{r}\right) \tag{10.1.4}$$

如果记 $\beta_0 = qK, \beta_1 = -\dfrac{q^2K}{r}$, $Y = \dfrac{产量}{E}$, 则方程 (10.1.4) 可以转化为如下形式的回归方程

$$Y = \beta_0 + \beta_1 E \tag{10.1.5}$$

这样估计参数 r 和 K 就转化为确定回归方程 (10.1.5) 的回归常数 β_0 和回归系数 β_1.

例 10.1.3 对于离散的 Ricker 模型

$$N_{t+1} = N_t \exp\left[r\left(1 - \frac{N_t}{K}\right)\right] \tag{10.1.6}$$

先变形然后在两边取对数得

$$\ln\left(\frac{N_{t+1}}{N_t}\right) = r - \frac{r}{K}N_t$$

因此, 如果记 $Y = \ln\left(\dfrac{N_{t+1}}{N_t}\right)$, $\beta_0 = r, \beta_1 = -\dfrac{r}{K}$, 则得到相同的线性回归方程

$$Y = \beta_0 + \beta_1 N_t$$

实际上, 在进行数据统计或实验的过程中, 不可避免地要受到观测误差和实验误差等因素的随机干扰. 当在模型 (10.1.1) 中考虑随机因素对因变量 Y 的影响时, 回归方程 (10.1.1) 变为如下的一元回归模型

$$Y = \beta_0 + \beta_1 X + \varepsilon \tag{10.1.7}$$

其中 ε 为不可观察的随机变量, 也称为随机误差或残差. 一般来说, ε 服从均值为零、方差为 σ^2 的正态分布, 即 $\varepsilon \sim N(0, \sigma^2)$. 由于随机变量的期望值为零, 因此有

$$E[Y|X] = \beta_0 + \beta_1 X$$

此时 Y 可以看成一个随机变量, 方差 σ^2 的大小反映了该随机变量的分散程度, 方差越大随机变量取值越分散, 即波动越大, 方差越小变量取值越集中, 即波动越小. 一元回归模型在拟合具有噪声 (随机干扰) 的观测数据中的应用是非常广泛的, 下面利用实例加以说明.

例 10.1.4 对白鼠从出生后第 3 天起, 每隔 3 天称一次体重, 一直称到第 18 天, 数据如表 10.1.1. 试计算日龄 x 与体重 y 的回归关系.

表 10.1.1 白鼠日龄和体重的关系

序号 i	1	2	3	4	5	6
日龄 x_i/d	3	6	9	12	15	18
体重 y_i/g	6	12	17	22	25	29

如果把表 10.1.1 中的每对数据 (x_i, y_i) 对应于横轴为 x 和纵轴为 y 的坐标系中的一个点, 并把所有的点都在这个坐标系中标出, 就得到图 10.1.1. 从图可以看出, 这些点的连线都很接近于一条直线, 于是自然想到用一条直线来表示它们之间的关系.

由于任何一条直线的方程都可以写成 $y = a + bx$ 的形式, 式中 b 表示直线的斜率, a 表示直线在 y 轴上的截距. 如果 a, b 给定了, 那么这条直线就给定了. 但是现在我们所考虑的是具有回归关系的量, y 是随机变量, 因此可以假设随机变量 y (白鼠体重) 与自变量 x (时间) 有如下关系

$$y = a + bx + e$$

其中 a, b 是两个参数, e 是随机误差, 要求 $e \sim N(0, \sigma^2)$.

对于样本观测值 (x_i, y_i) 就有

$$y_i = a + bx_i + e_i, \quad i = 1, 2, \cdots, n$$

其中 e_i 为相互独立的正态随机变量, $e_i \sim N(0, \sigma^2)$.

我们的任务就是设法估计参数 $\hat{a}, \hat{b}$, 使得直线

$$\hat{y} = \hat{a} + \hat{b}x$$

能较好地反映点 (x_i, y_i) 之间的变化关系. 我们将这条直线称为回归直线.

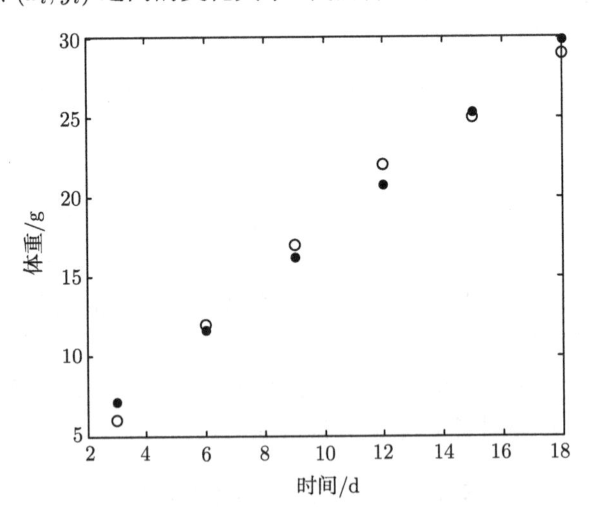

图 10.1.1　白鼠日龄和体重的关系图

其中圆圈表示表 10.1.1 中的实际数据, 实点为最小二乘法拟合得到的数值

10.1.2 多元线性回归模型

现实生活中影响因变量 (如生物个体) 的因素往往是多种多样的. 当因变量受多个自变量的影响时, 就需要利用多元回归模型. 多元线性回归模型与一元线性回归模型形式上基本类似, 只不过自变量由一个增加到 k 个 ($k>1$), 并且因变量 Y 与 k 个自变量 $X_1, X_2, \cdots, X_k$ 之间存在如下线性关系

$$Y=\beta_0+\beta_1 X_1+\beta_2 X_2+\cdots+\beta_k X_k+\varepsilon \tag{10.1.8}$$

其中 $\boldsymbol{\beta}=(\beta_0, \beta_1, \cdots, \beta_k)$ 为 $k+1$ 个未知参数, ε 为随机误差项, 公式 (10.1.8) 称为多元线性回归模型. 由于随机误差项的期望值为零, 模型 (10.1.8) 两边求期望便能得到相应的多元回归方程.

当有 n 组观测数据时, 即 $y_i, x_{1i}, x_{2i}, \cdots, x_{ki}(i=1,2,\cdots,n)$ 时, 多元线性回归模型 (10.1.8) 变为如下方程组

$$y_i=\beta_0+\beta_1 x_{1i}+\beta_2 x_{2i}+\cdots+\beta_k x_{ki}+\varepsilon_i \tag{10.1.9}$$

其矩阵形式为

$$\begin{pmatrix} y_1 \\ y_2 \\ \vdots \\ y_n \end{pmatrix}=\begin{pmatrix} 1 & x_{11} & x_{21} & \cdots & x_{k1} \\ 1 & x_{12} & x_{22} & \cdots & x_{k2} \\ \vdots & \vdots & \vdots & & \vdots \\ 1 & x_{1n} & x_{2n} & \cdots & x_{kn} \end{pmatrix}\begin{pmatrix} \beta_0 \\ \beta_1 \\ \vdots \\ \beta_k \end{pmatrix}+\begin{pmatrix} \varepsilon_0 \\ \varepsilon_1 \\ \vdots \\ \varepsilon_k \end{pmatrix}$$

与一元线性回归模型类似, 对于多元线性回归模型, 我们仍旧希望根据观测样本估计模型中的各个参数, 即估计参数 $\boldsymbol{\beta}=(\beta_0, \beta_1, \cdots, \beta_k)$. 有关的参数估计方法包括最小二乘法、极大似然估计和 Bayes 方法. 所以在介绍上述三种参数估计方法之前, 首先介绍下面的 Bayes 线性模型, 它是 Bayes 统计推断的基础.

10.1.3 Bayes 线性模型

由模型 (10.1.9), 如果记 $x_{0i}=1$, $i=1,2,\cdots,n$, 则多元回归模型可以描述为

$$y_i=\sum_{j=0}^{k} \beta_j x_{ji}+\varepsilon_i, \quad i=1,2,\cdots,n \tag{10.1.10}$$

或

$$Y=B\beta+\varepsilon \tag{10.1.11}$$

其中 $\boldsymbol{Y}=(y_1,y_2,\cdots,y_n)^{\mathrm{T}}$ 为因变量样本观测值向量, $\varepsilon=(\varepsilon_1,\varepsilon_2,\cdots,\varepsilon_n)^{\mathrm{T}}$ 为随机误差项向量,

$$\boldsymbol{B}=\begin{pmatrix}1 & x_{11} & x_{21} & \cdots & x_{k1}\\ 1 & x_{12} & x_{22} & \cdots & x_{k2}\\ \vdots & \vdots & \vdots & & \vdots\\ 1 & x_{1n} & x_{2n} & \cdots & x_{kn}\end{pmatrix}$$

为自变量观测值矩阵或设计矩阵. 如何根据已有的观测值和 Bayes 方法估计参数向量 $\boldsymbol{\beta}$? 根据 Bayes 公式和关系 (10.4.6), 需要按以下三个步骤进行 [122]:

(1) 为所有未知参数选取先验分布, 即确定 $p(\theta)$, 其中 $\theta=(\beta,\sigma^2)$;

(2) 给出给定参数下观测数据的似然函数 $p(Y|\theta)$ 或 $L(Y|\theta)$;

(3) 利用 Bayes 公式 (10.4.1 节) 确定后验分布 $p(\theta|Y)$.

10.2　最小二乘法

最小二乘法是根据观测数据以误差的平方和最小为准则, 估计线性或非线性模型中未知参数的一种基本参数估计方法. 它首先被德国数学家高斯在 1794 年提出, 用于解决行星轨道预测问题, 其基本思路是选择估计量使模型 (包括静态或动态的, 线性或非线性的) 输出与实测数据之差的平方和达到最小. 线性最小二乘法是应用最广泛的参数估计方法, 它在理论研究和数据拟合中都具有重要的作用, 比如可以通过最小化误差的平方和来寻找数据的最佳函数拟合.

10.2.1　线性模型的最小二乘法

对于例 10.1.5 中给出的白鼠日龄和体重的数量关系, 我们希望知道什么样的直线能够较好地反映点 (x_i,y_i) 之间的变化关系, 进而可以利用这一关系来预测后期白鼠体重随时间的变化.

不妨假设点 (x_i,y_i) 满足直线关系 $y_i=a+bx_i$, 那么 $y_i-\hat{y}_i=\hat{e}_i$ 将表示观测值与回归线的残差. 这样, 对于所观测的 n 个点 $(x_i,y_i)(i=1,2,\cdots,n)$ 来说, 如果我们给 a,b 以适当的值 $\hat{a},\hat{b}$, 使得离差的平方和

$$Q=\sum_{i=1}^{n}e_i^2=\sum_{i=1}^{n}(y_i-\hat{a}-\hat{b}x_i)^2$$

达到最小, 那么就认为由 $\hat{a},\hat{b}$ 所决定的直线是最好的. 利用这种办法来确定位置参数的方法称为最小二乘法 (least squares method). 那怎样选择参数 $\hat{a},\hat{b}$ 使得离差的平方和达到最小呢? 这实际上是一个求函数极值的问题, 利用函数求极值的方法我们分下面三步来实现这一目标:

(1) 将 Q 对 a,b 求偏导数, 令它们各自等于零, 有

$$\frac{\partial Q}{\partial a}=-2\sum_{i=1}^{n}(y_i-a-bx_i)=0$$

$$\frac{\partial Q}{\partial b}=-2\sum_{i=1}^{n}(y_i-a-bx_i)x_i=0$$

(2) 整理上面两式, 得到关于 a,b 的线性方程组

$$\begin{cases} na+\left(\sum_{i=1}^{n}x_i\right)b=\sum_{i=1}^{n}y_i \\ \left(\sum_{i=1}^{n}x_i\right)a+\left(\sum_{i=1}^{n}x_i^2\right)b=\sum_{i=1}^{n}x_iy_i \end{cases}$$

(3) 关于 a,b 求解上面的方程组, 得到 a,b 的估计值分别为

$$\hat{a}=\overline{y}-\widehat{b}\overline{x}$$

$$\hat{b}=\frac{\sum_{i=1}^{n}x_iy_i-\frac{1}{n}\left(\sum_{i=1}^{n}x_i\right)\left(\sum_{i=1}^{n}y_i\right)}{\sum_{i=1}^{n}x_i^2-\frac{1}{n}\left(\sum_{i=1}^{n}x_i\right)^2}=\frac{\sum_{i=1}^{n}(x_i-\overline{x})(y_i-\overline{y})}{\sum_{i=1}^{n}(x_i-\overline{x})^2}$$

现在就可以利用表 10.1.1 中的队列数据 (x_i,y_i), 并结合 $\hat{a},\hat{b}$ 的计算公式得到参数 a,b 的估计值. 当统计数据很多或函数形式复杂时, 上面的计算还是相对比较复杂的, 此时我们可以借助数学软件中常用的曲线拟合、多项式拟合命令得到相应的参数估计. 对于形如一元线性回归或多元线性回归模型的最小二乘法估计问题, 数学软件 MATLAB 中有一个命令

$$\text{Par}=\text{polyfit}(x,y,1)$$

可以直接得到参数 a,b 的估计, 比如当 x,y 分别为表 10.1.1 中的月龄和白鼠体重, 利用命令 $\text{polyfit}(x,y,1)$ 得到两个估计值为

$$\hat{a}=2.6,\quad \hat{b}=1.5143$$

由此得到拟合数据如图 10.1.1 中的实点.

10.2.2　非线性模型的最小二乘法

关于非线性模型的最小二乘法, 我们希望通过下面的实例分析介绍如何利用数值方法寻求参数估计和数据拟合问题.

利用模型

$$
\begin{cases} \dfrac{\mathrm{d}S(t)}{\mathrm{d}t} = -\beta S(t)I(t) \\ \dfrac{\mathrm{d}I(t)}{\mathrm{d}t} = \beta S(t)I(t) - \gamma I(t) \end{cases} \tag{10.2.1}
$$

来拟合英国传染病监测中心在 1978 年发布的有关流感患者的统计数据. 该数据统计了两周内每天英国北部一所男孩寄宿学校流感暴发和流行的情况. 总共有 763 个学生, 从发现第一个染病者开始统计染病学生的人数, 总共统计了 15 天, 每天统计得到的新发染病人数分别为

$$
1, 3, 7, 25, 72, 222, 282, 256, 233, 189, 123, 70, 25, 11, 4
$$

由此得模型 (10.2.1) 中两个变量的初始值分别为 $S_0 = 762, I_0 = 1$.

利用模型 (10.2.1) 中的 $I(t)$ 来拟合上述数据, 关键是估计模型中的两个未知参数, 即参数向量 $\theta = (\beta, \gamma)$. 记 $f(t,\theta) = (f_1(t,\theta), f_2(t,\theta))$ 表示模型 (10.2.1) 在给定参数 θ 下对应的数值解, 其中 $f_2(t,\theta)$ 对应于第二个方程的数值解 $I(t)$, 并用向量 ID 表示 15 个实际统计数据. 不妨把第一天的时间记为 $t_0 = 0$, 则 $t_k = k, k = 0, 1, 2, \cdots, 14$ 为对应于 15 个统计数据的时间. 因此为了寻求最佳的数据拟合, 必须找到最佳的参数组合 β 和 γ 使得

$$
\mathrm{LS} = \sum_{k=0}^{14} |f_2(t_k, \theta) - \mathrm{ID}_k|^2 \tag{10.2.2}
$$

达到最小.

由于模型 (10.2.1) 没有解析解, $f_2(t_k, \theta)$ 的形式非常复杂, 此时离差的平方和 LS 达到最小就是一个非线性的最小二乘法问题, 可以借助数学软件 MATLAB 中 fminsearch 和 fmincon 等命令进行数值求解. 由于参数 β 和 γ 具有明确的生物背景, 所以它们的取值应该是非负的. 所以在寻求这两个参数的估计时, 我们可以利用这一信息而对参数 β 和 γ 加以约束, 求解这一具有约束条件的优化问题, 我们利用命令 fmincon 来实现. 详细的 MATLAB 程序为下面名为 Par-SI.m 的文件.

```
  function Par-SI
clear all
clc
ID=[1 3 7 25 72 222 282 256 233 189 123 70 25 11 4];% 实际统计数据
X0=[762 1]; % 初始条件
lb=[0 0];% 约束条件, 参数值的下限
ub=[0.1 1];% 约束条件, 参数值的上限
par1guess=[0.01 0.1];% 参数值的初始值
```

```
options=optimset('Display','final','MaxIter',2000, 'MaxFunEvals',2000);%求最优
解的优化条件
[par1,fval]=fmincon(@LSmin,par1guess,[ ],[ ],[ ],[ ],lb,ub,[ ],options,ID,X0);
% 主程序
% 利用优化算法得到的参数拟合数据
[T1,X1]=ode45(@SImodel,[0 14],X0,[ ],par1);% 利用估计参数重新运行模型
figure(1)
plot(T1,X1(:,1),'k-');
hold on
plot(T1,X1(:,2),'k-',0:14,ID,'ko'); % 数据拟合
% 定义最小二乘法的目标函数
function d=LSmin(par1,ID,X0);
[T,x]=ode45(@SImodel,[0:1:14],X0,[ ],par1);
d = norm(x(:,2)'-ID);% 最小二乘法
% 定义微分方程
function dy=SImodel(t,y,par1)
dy=zeros(2,1);
beta=par1(1); gamma=par1(2);
dy=[-beta*y(1)*y(2); beta*y(1)*y(2)-gamma*y(2)];
```

上述程序中的 [par1, fval] 最终输出参数 β 和 γ 的估计值分别为 0.0022, 0.4529, 利用这两个参数重新运行微分方程得到统计数据的最佳拟合曲线. 结论显示模拟的感染者数量变化曲线与实际数据非常吻合, 如图 10.2.1.

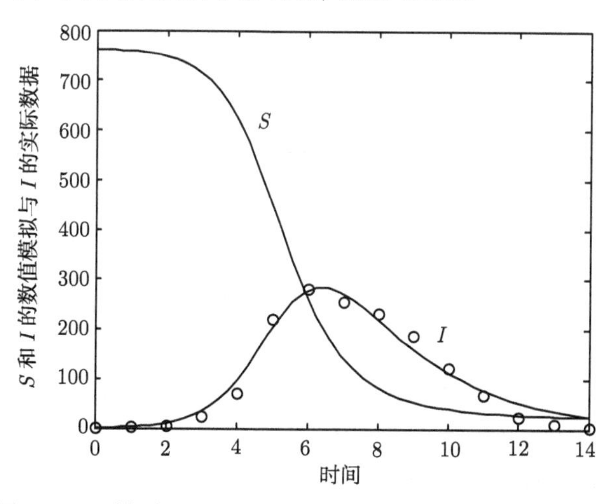

图 10.2.1 模型 (10.2.1) 的模拟曲线与实际统计数据的比较

圆圈表示统计数据, 参数为 $\beta = 0.0022, \gamma = 0.4529$, 初始值为 $S_0 = 762, I_0 = 1$

10.3 极大似然估计

极大似然估计方法是求参数估计的另一种简单有效的方法, 首先由德国数学家高斯在 1821 年提出, 后来英国统计学家 Fisher 在 1922 年再次提出了这个思想, 并给出了极大似然估计这一名称以及这种方法具备的一些性质. 极大似然估计的基本思想是: 如果已知某组参数能使样本出现的概率最大, 就不会再去选择其他小概率的样本, 所以干脆就把这组参数作为估计的真实值. 当然, 极大似然估计只是一种粗略的数学期望, 要知道它的误差大小还要作区间估计. 极大似然估计法与最小二乘法不同的是, 极大似然法需要已知总体的概率分布函数, 这也使得极大似然估计方法在应用中受到限制. 尽管如此, 极大似然估计方法的应用还是非常广泛的. 为了解决这一问题, 一般可假设总体服从正态分布, 这时极大似然估计法与最小二乘法就等价了.

一般来说, 设总体 Y 是连续型分布, 设其分布密度族为 $\{p(y;\theta),\theta\in\Theta\}$, 其中 θ 是需要估计的未知参数向量. $Y_1,Y_2,\cdots,Y_n$ 是总体的一个随机样本, 它的联合分布密度函数是

$$L(y_1,y_2,\cdots,y_n;\theta)=\prod_{i=1}^{n}p(y_i;\theta)$$

对于已知的 θ 来说, 函数 $L(y_1,y_2,\cdots,y_n;\theta)$ 给出了随机变量 $Y_1,Y_2,\cdots,Y_n$ 的取值 $y_1,y_2,\cdots,y_n$ 的相对可能性. 使得 $L(y_1,y_2,\cdots,y_n;\theta)$ 取得极大值的样本观测值 ${y'}_1,y'_2,\cdots,y'_n$ 就是“最有可能出现”的数值. 相反, 如果在这个联合密度中 θ 未知, 而我们得到样本的观测值是 $y_1,y_2,\cdots,y_n$, 这时这组观测值“极有可能”来自哪个密度函数呢? 这个密度函数的参数 θ 应该是使得 $L(y_1,y_2,\cdots,y_n;\theta)$ (作为 θ 的函数) 取得极大的那个 θ 值 $\hat{\theta}$, 于是我们就以 $\hat{\theta}=\hat{\theta}(y_1,y_2,\cdots,y_n)$ 作为参数 θ 的估计值. 以这种思想得到的估计值称为极大似然估计. 这里将 $L(Y;\theta)$ 看作是参数 θ 的函数, 常称为似然函数 (likelihood function).

为了记号简单, 将似然函数记为

$$L(\theta)=L(y_1,y_2,\cdots,y_n;\theta)$$

如果 $\hat{\theta}=\hat{\theta}(y_1,y_2,\cdots,y_n)$ 是使 $L(\theta)$ 达到极大的 θ 值, 那么称 $\hat{\theta}=\hat{\theta}(y_1,y_2,\cdots,y_n)$ 为 θ 的极大似然估计量. 由于 $\ln y$ 是 y 的单调函数, 所以 $L(\theta)$ 和 $\ln L(\theta)$ 在同一个 θ 值达到它们的极大值. 然而求 $\ln L(\theta)$ 的极大值有时更容易, 因此求 θ 的极大似然估计时只要求解如下似然方程

$$\frac{\mathrm{d}\ln L(y_1,y_2,\cdots,y_n;\theta)}{\mathrm{d}\theta}=0$$

即可.

一般来说, 当参数向量含有 k 个元素时的极大似然估计量

$$\hat{\theta} = (\hat{\theta}_1, \hat{\theta}_2, \cdots, \hat{\theta}_k)$$

就是下面 k 个方程的解

$$\frac{\partial \ln L(\theta_1, \theta_2, \cdots, \theta_k)}{\partial \theta_i} = 0 \quad (i = 1, 2, \cdots, k)$$

下面给出求极大似然估计的一般步骤:

(1) 根据分布求出似然函数

$$L(\theta_1, \theta_2, \cdots, \theta_k) = \prod_{i=1}^{n} p(y_i; \theta)$$

(2) 对似然函数取对数

$$\ln L(\theta_1, \theta_2, \cdots, \theta_k)$$

(3) 对 $\ln L(\theta_1, \theta_2, \cdots, \theta_k)$ 求偏导，建立似然方程

$$\frac{\partial \ln L(\theta_1, \theta_2, \cdots, \theta_k)}{\partial \theta_i} = 0$$

解出 $\hat{\theta}_i, i = 1, 2, \cdots, k$, 得到参数 $\theta_1, \theta_2, \cdots, \theta_k$ 的极大似然估计.

例 10.3.1 设 $y_1, y_2, \cdots, y_n$ 是取自正态总体 $N(\mu, \sigma^2)$ 的随机样本, μ, σ^2 是未知参数, 试求 μ 和 σ^2 的极大似然估计.

解 根据密度函数

$$p(y, \mu, \sigma^2) = \frac{1}{\sigma\sqrt{2\pi}} \exp\left[-\frac{1}{2\sigma^2}(y - \mu)^2\right]$$

得到似然函数

$$L(\mu, \sigma^2) = \frac{1}{(\sigma\sqrt{2\pi})^n} \exp\left[-\frac{1}{2\sigma^2}\sum_{i=1}^{n}(y_i - \mu)^2\right]$$

相应的似然方程为

$$\frac{\partial \ln L}{\partial \mu} = \frac{1}{\sigma^2}\sum_{i=1}^{n}(y_i - \mu) = 0$$

$$\frac{\partial \ln L}{\partial \sigma^2} = \frac{1}{2\sigma^4}\sum_{i=1}^{n}(y_i - \mu)^2 - \frac{n}{2\sigma^2} = 0$$

由这两个方程分别求解 μ 和 σ^2 得到极大似然估计量

$$\hat{\mu} = \frac{1}{n}\sum_{i=1}^{n} y_i = \overline{y}, \quad \hat{\sigma}^2 = \frac{1}{n}\sum_{i=1}^{n}(y_i - \overline{y})^2 = s^2$$

它们刚好是样本的一阶原点矩和二阶原点矩.

在生物统计的许多问题中, 极大似然估计是较为容易得到的. 不仅如此, 在数学上还可以证明, 在一定条件下, 只要样本容量足够大, 极大似然估计量可以和参数的真值任意接近, 而且在一定意义上, 极大似然估计是最好的估计. 因此极大似然法可以说是在理论上比较优良、适用范围较广的一个估计方法.

下面介绍一种如何利用统计观测数据和极大似然估计法估计某种传染病, 比如 A/H1N1 在一个地区的基本再生数的方法. 从发现病例的第一天开始, 每天报告的新发病例数为 N_j, 直到第 T 天结束 (表 10.3.1), 这样报告的数据记为

$$\mathcal{N} = \{N_0, N_1, \cdots, N_T\} \tag{10.3.1}$$

记 p_j 为第 $j(j = 1, 2, \cdots, k, k < T)$ 天续代时间的概率密度函数, 其中续代时间表示从一个患者感染疾病出现症状到被这个患者传染的患者也出现症状的时间. 这里要求 $j < T$ 是为了确保报告数据时间足够长, 使得二代病例甚至是三代病例出现, 以便正确估计基本再生数. 在上述假设基础上, White 和 Pagano 在 2008 年推导出基本再生数 R_0 和概率密度函数 $p = (p_1, p_2, \cdots, p_k)$ 由如下的似然函数确定 [141]

$$L(R_0, p|\mathcal{N}) = \prod_{t=1}^{T} \frac{\exp(-\phi_t)\phi_t^{N_t}}{\Gamma(N_t + 1)} \tag{10.3.2}$$

其中 $\phi_t = R_0 \sum\limits_{j=1}^{k} p_j N_{t-j}$, k 为最大续代时间 (比如对于 A/H1N1, $k = 6$), $\Gamma(x)$ 是 Gamma 函数.

如果存在从外地的输入病例, 记作 $\mathcal{Y} = \{Y_1, Y_2, \cdots, Y_T\}$, 则似然函数变为

$$L(R_c, p|\mathcal{N}, \mathcal{Y}) = \prod_{t=1}^{T} \frac{\exp(-\phi_t)\phi_t^{N_t - Y_t}}{\Gamma(N_t - Y_t + 1)} \tag{10.3.3}$$

研究表明续代时间服从均值为 μ 方差为 σ^2 的 Gamma 分布. 由于对于某些疾病, 续代时间已经研究得比较清楚. 我们可以假设均值 μ 和方差 σ^2 是已知的, 然后利用极大似然估计就可以估计基本再生数了.

等式 (10.3.2) 两边取对数得到对数似然函数为

$$\ln L(R_0, p|\mathcal{N}) = \sum_{t=1}^{T} [-\phi_t + N_t \ln \phi_t - \ln N_t!] \tag{10.3.4}$$

关于 R_0 求导数并解似然方程得到似然估计值为

$$\hat{R}_0 = \frac{\sum_{t=1}^{T} N_t}{\sum_{t=1}^{T} \sum_{j=1}^{\min\{k,t\}} p_j N_{t-j}} \tag{10.3.5}$$

从公式 (10.3.5) 可以看出, 如果我们能够给出续代时间 p 的分布, 那么就可以利用表 10.3.1 中提供的数据 (图 10.3.1) 估计参数 R_0 了. 由于续代时间 p 服从均值为 μ、方差为 σ^2 的 Gamma 分布, 所以 p_j 可以由

$$p_j \propto \frac{\beta^\alpha}{\Gamma(\alpha)} \int_{j-1}^{j} x^{\alpha-1} \mathrm{e}^{-\beta x} \mathrm{d}x \tag{10.3.6}$$

计算, 其中 α 是形状参数, β 是率参数. 这样如果假设均值 $\mu = 4, \sigma = 1.6$, R_0 的极大似然估计值为 $\hat{R}_0$=1.663.

表 10.3.1　某地区日报告新发病人数

日期 (9 月份)	3	4	5	6	7	8	9	10	11	12
人数 (N_i)	3	22	0	16	4	10	4	13	8	13
日期 (9 月份)	13	14	15	16	17	18	19	20	21	
人数 (N_i)	3	10	20	18	19	37	29	35	28	

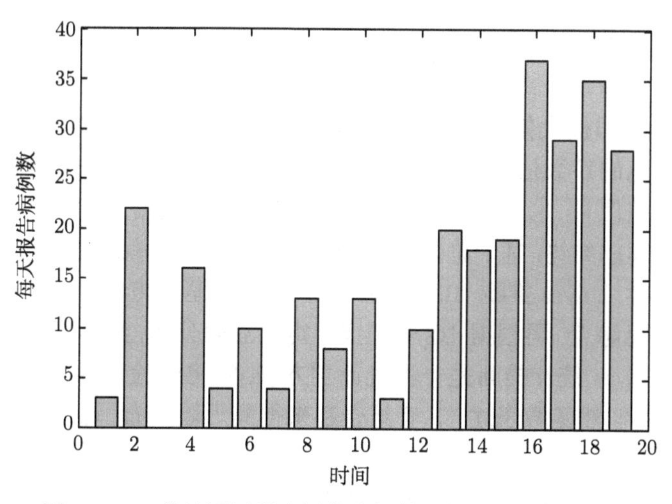

图 10.3.1　某地区日报告新发病例数 (彩图见封底二维码)

例 10.3.2　用极大似然估计法来给出 10.2.2 节中传染病模型 (10.2.1) 的参数 $\theta = (\beta, \gamma)$ 的估计值.

解　首先我们假设观测数据与真值之间的误差服从均值为零、方差为 σ^2 的

正态分布, 即 $\varepsilon_k = \mathrm{ID}_k - f_2(t_k, \theta) \sim N(0, \sigma^2)$. 由此得 $\mathrm{ID}_k \sim N(f_2(t_k, \theta), \sigma^2)$, 可以写出参数 θ 和 σ^2 的似然函数为

$$\begin{aligned} L(\theta, \sigma) &= \prod_{k=0}^{14} \frac{1}{\sqrt{2\pi\sigma^2}} \exp\left[-\frac{(\mathrm{ID}_k - f_2(t_k, \theta))^2}{2\sigma^2}\right] \\ &\propto \frac{1}{\sigma^{15}} \exp\left[-\sum_{k=0}^{14} \frac{(\mathrm{ID}_k - f_2(t_k, \theta))^2}{2\sigma^2}\right] \end{aligned} \tag{10.3.7}$$

对数似然函数为

$$L(\theta, \sigma) \propto \ln\left(\frac{1}{\sigma^{15}}\right) - \sum_{k=0}^{14} \frac{(\mathrm{ID}_k - f_2(t_k, \theta))^2}{2\sigma^2} \tag{10.3.8}$$

此对数似然函数中 $f_2(t_k, \theta)$ 为微分方程的解, 显然不能用求导解似然方程的方法来计算未知参数的估计值. 此时, 我们可以借助 MATLAB 中的优化函数来进行数值求解. 目的是求参数 θ 使得对数似然函数达到极大值, 由对数似然函数的表达式, 我们发现问题等价于求参数 θ 使得 $\sum_{k=0}^{14}(\mathrm{ID}_k - f_2(t_k, \theta))^2$ 达到最小. 而 $\sum_{k=0}^{14}(\mathrm{ID}_k - f_2(t_k, \theta))^2$, 即为 10.2.2 节中给出的最小二乘法的目标函数 (10.2.2). 所以, 假设误差来自正态总体时极大似然估计与最小二乘法是等价的.

10.4　Bayes 估计法

最小二乘法和极大似然估计法是经典统计学派参数估计的方法, 是基于总体信息和样本信息的参数估计方法. 而 Bayes 学派认为先验信息, 即在抽样之前有关统计问题的一些信息, 也要加以利用. 忽视先验信息的利用, 有时是一种浪费, 甚至可能导致不合理的结论. 基于总体信息、样本信息和先验信息进行的统计推断被称为 Bayes 统计学. Bayes 推断 (Bayesian inference) 的基本方法是将未知参数的先验信息与样本信息综合, 再根据 Bayes 定理, 得出后验分布, 然后根据后验分布去推断未知参数. Bayes 统计推断是一种统计学方法, 它将先验信息表述为先验概率密度, 测量信息由似然函数表述, 二者结合起来得到后验分布, 这是 Bayes 统计推断的基础.

对某个物种具有 n 年的统计观测数据, 记为 $\boldsymbol{Y} = (y_1, y_2, \cdots, y_n)$. 我们希望利用这组统计数据估计该种群的内禀增长率和环境容纳量等 s 个未知参数, 记作 $\boldsymbol{\theta} = (\theta_1, \theta_2, \cdots, \theta_s)$, 即在给定 Y 的条件下如何确定 θ 的问题. 在 Bayes 统计中, 通常假设未知参数 θ 是随机变量, 总体分布为随机变量 θ 给定某个值时 Y 的条件分布, 记为 $p(Y|\theta)$, 则上述问题即根据参数 θ 的先验信息确定先验分布, 并利用 Bayes

公式计算参数 θ 的后验分布的问题, 也就是在 Y 发生的条件下 θ 中各个参数值可能性大小的问题, 记作 $p(\theta|Y)$. 在参数估计中, 通常可以根据经验或历史数据给出未知参数服从某个分布比如正态分布或 Gamma 分布等, 它是在不知道事件 Y 是否发生的情况下对未知参数 θ 取值可能性大小的认识, 记作 $p(\theta)$. 这样利用 Bayes 公式得到

$$p(\theta|Y) = \frac{p(Y|\theta)p(\theta)}{p(Y)} \tag{10.4.1}$$

在公式 (10.4.1) 中 $p(\theta)$ 称为先验分布 (prior distribution), $p(\theta|Y)$ 称为后验分布 (posterior distribution), $p(Y)$ 为边缘密度函数, $p(Y) = \int_{\Theta} p(Y|\theta)p(\theta)\mathrm{d}\theta$, Θ 为参数空间. 公式 (10.4.1) 综合了先验信息与实验提供的新信息 (新的观测统计数据), 并反映了先验分布向后验分布的转化.

通常情况下参数 θ 是参数空间上的一个随机变量, 这样样本的分布族应理解为条件分布族, 即不论是连续随机变量还是离散随机变量, 都可表示为依赖参数 θ 的条件密度函数 $p(Y|\theta)$, 其中 $Y = (y_1, y_2, \cdots, y_n)$ 为依赖 θ 的统计观测值. 根据公式 (10.4.1) 可以看出, 统计观测值 Y 的产生要分成两步: 第一步设想从先验分布 $p(\theta)$ 产生一个样本参数 θ', 这一步是不知道的, 只能从人们对参数分布 $p(\theta)$ 的了解和经验判断得到; 第二步根据取样的参数值 θ', 从总体分布 $p(Y|\theta')$ 产生一个样本 Y. 这一步是具体的, 人们能够计算的, 可理解为对于给定的参数 θ' 求解模型, 模型的解在给定时刻上的值即样本 Y. 根据联合密度概率公式, 此样本 Y 发生的概率为

$$p(Y|\theta') = \prod_{i=1}^{n} p(y_i|\theta') \tag{10.4.2}$$

公式 (10.4.2) 即似然函数, 综合了总体信息和样本信息, 记为

$$L(Y|\theta') \triangleq p(Y|\theta') \tag{10.4.3}$$

样本参数 θ' 是设想出来并由先验分布 $p(\theta)$ 随机取样的. 因此不仅要考虑 θ', 还需要结合先验信息, 即对 θ 的一切可能取样加以考虑, 此时样本 Y 和参数 θ 的联合分布为

$$p(Y|\theta)p(\theta) \tag{10.4.4}$$

在给定先验分布和样本分布以后, 可以根据 Bayes 公式 (10.4.1) 计算后验分布 $p(\theta|Y)$. 由于对于所有可能的 θ 值, 边缘密度函数 $p(Y)$ 与 θ 没有关系, 即相对于 θ 来说, $p(Y)$ 是一个常数. 因此在计算后验分布 $p(\theta|Y)$ 时, 通常忽略因子 $p(Y)$ 而把

Bayes 公式 (10.4.1) 改写为如下等价的形式

$$p(\theta|Y) \propto p(Y|\theta)p(\theta) \tag{10.4.5}$$

当样本分布为似然函数时

$$\begin{gathered} p(\theta|Y) \propto L(Y|\theta) \times p(\theta) \\ \text{后验分布} \propto \text{似然函数} \times \text{先验分布} \end{gathered} \tag{10.4.6}$$

其中符号 $\propto$ 表示两边仅相差一个不依赖参数 θ 的常数因子.

例 10.4.1　考虑对一个物种密度或数量 μ 的 n 次统计, 假设每一次统计误差 e_i 服从正态分布 $N(0,\sigma^2)$, 其中统计精度 σ^2 是未知的参数. 此时 $y_i = \mu + e_i (i = 1, 2, \cdots, n)$, 样本分布的似然函数

$$L(\theta) = \prod_{i=1}^{n} \frac{1}{\sqrt{2\pi\sigma^2}} \exp\left\{-\frac{1}{2}\frac{(y_i-\mu)^2}{\sigma^2}\right\} = \left(\frac{1}{\sqrt{2\pi\sigma^2}}\right)^n \exp\left\{-\frac{1}{2\sigma^2}\sum_{i=1}^{n}(y_i-\mu)^2\right\} \tag{10.4.7}$$

其中 $\theta = (\mu, \sigma^2)$. 后验分布可以等价地改写为

$$p(\theta|Y) \propto L(Y|\theta)p(\theta) \propto \sigma^{-n} \exp\left\{-\frac{1}{2\sigma^2}\sum_{i=1}^{n}(y_i-\mu)^2\right\} p(\mu, \sigma^2)$$

后验分布综合了样本信息、总体信息和先验信息, 即后验分布包含了关于未知参数的所有信息, 因此关于未知参数的点估计、区间估计和假设检验等统计推断都是按照一定的方式从后验分布提取信息. 一般地, 使后验密度达到最大的参数值 θ_{MD} 称为 θ 最大后验估计; 后验分布的中位数 θ_{Me} 称为 θ 的后验中位数估计; 后验分布的期望值 θ_E 称为 θ 的后验期望估计. 这三个估计都称为 θ 的 Bayes 估计. 在二项分布场合下, θ 的最大后验估计就是经典统计中的极大似然估计, 但在某些极端场合下后验期望估计更具有吸引力, 而且后验期望估计是使得后验均方误差达到最小的估计, 因此人们经常选用后验期望估计作为 Bayes 估计.

例 10.4.2　例 10.4.1 中若精度 σ^2 已知, $\bar{Y} = \dfrac{1}{n}\sum_{i=1}^{n} y_i$ 是 μ 的充分统计量, $\bar{Y}$ 服从正态分布 $N(\mu, \sigma^2/n)$, 则 μ 的似然函数为

$$L(\mu|\bar{Y}) = \sqrt{\frac{n}{2\pi\sigma^2}} \exp\left\{-\frac{n}{2\sigma^2}(\bar{Y}-\mu)^2\right\} \propto \exp\left\{-\frac{n}{2\sigma^2}(\bar{Y}-\mu)^2\right\}$$

若取无信息先验分布, 即 $p(\mu) = 1$, 则未知参数 μ 的后验分布可以等价地写为

$$p(\mu|\bar{Y}) \propto L(\bar{Y}|\mu)p(\mu) \propto \exp\left\{-\frac{n}{2\sigma^2}(\bar{Y}-\mu)^2\right\}$$

这是正态密度 $N(\bar{Y},\sigma^2/n)$ 的核, 所以 $\bar{Y}$ 为参数 μ 的 Bayes 估计.

对于一个具体问题, 我们可以通过 Bayes 定理得到后验分布, 从而给出 θ 的 Bayes 估计

$$\hat{\theta}=\frac{\displaystyle\int_{\theta}\theta p(Y|\theta)p(\theta)\mathrm{d}\theta}{\displaystyle\int_{\theta}p(Y|\theta)p(\theta)\mathrm{d}\theta}$$

或者 θ 的函数 $f(\theta)$ 的 Bayes 估计

$$\hat{\theta}=\frac{\displaystyle\int_{\theta}f(\theta)p(Y|\theta)p(\theta)\mathrm{d}\theta}{\displaystyle\int_{\theta}p(Y|\theta)p(\theta)\mathrm{d}\theta}$$

然而, 要得到参数 θ 或其函数的 Bayes 估计需要计算上述公式中的积分, 而实际问题中这些积分值的计算非常困难, 即很难得到参数的 Bayes 估计或后验分布的显式表达式, 这时就需要一些特殊的计算方法. MCMC 方法是最近发展起来的一种简单且行之有效的 Bayes 计算方法, 主要由 MH 算法和 Gibbs 抽样组成 [40, 149]. MCMC 算法的基本思想是构造合适的 Markov 链, 使其平稳分布为要抽样的目标分布, 即后验分布, 从而取 Markov 链达到稳态以后的值作为后验分布的样本. Bayes 统计推断是基于这些样本进行的, 比如估计参数的均值、方差和自相关性等. 下面我们首先介绍 Gibbs 抽样方法, 然后介绍 MH 算法. 有关这两种参数估计方法更具体的介绍读者可以参看文献 [122], 并能找到更多的 MATLAB 程序.

10.5 Gibbs 抽样技术

Gibbs 抽样最早是在 1984 年由 Geman S 和 Geman D 提出来的, 被用于 Gibbs 格子点分布, 因此而得名. Gibbs 抽样的基本思想是通过条件分布的抽样来得到全概率分布的抽样, 适用于多维分布的场合.

10.5.1 Gibbs 抽样技术的具体步骤

从公式 (10.4.6) 可以看出, 联合后验分布密度函数通常由参数向量 θ 所满足的概率分布决定, 是一个条件分布. 如果该条件后验分布是已知的分布函数 (如正态分布、 Gamma 分布等), 那么就可以利用随机取样方法直接从该分布中抽样待估参数的估计值, 这种抽样方法称为 Gibbs 抽样方法. Gibbs 抽样方法可以描述为: 设未知参数个数为 l, 即未知参数向量 $\theta=(\theta_1,\theta_2,\cdots,\theta_l)$, 其中联合后验分布为 $p(\theta_1,\theta_2,\theta_3,\cdots,\theta_l|Y)$. 通常来说这个联合分布的精确形式是不能知道的, 如果能够

知道每一个参数 θ_i 在给定其他参数条件下的完全条件分布

$$p(\theta_i|\theta_1,\cdots,\theta_{i-1},\theta_{i+1},\cdots,\theta_l,Y)$$

就能利用 Gibbs 抽样方法获得联合分布的一组抽样值, 具体过程如下.

(1) 初始化: 给定初始值向量 $\boldsymbol{\theta}^{(0)}=(\theta_1^{(0)},\theta_2^{(0)},\theta_3^{(0)},\cdots,\theta_l^{(0)})$, 初始时刻 $t=0$, 充分大的正整数 m 和迭代次数 $M(m<M)$.

(2) 循环: 当 $t=0,1,\cdots,M$,

* 从分布 $p(\theta_1|\theta_2^{(t)},\cdots,\theta_l^{(t)},Y)$ 中抽样 $\theta_1^{(t+1)}$;
* 从分布 $p(\theta_2|\theta_1^{(t+1)},\theta_3^{(t)}\cdots,\theta_l^{(t)},Y)$ 中抽样 $\theta_2^{(t+1)}$;

……

* 从分布 $p(\theta_l|\theta_1^{(t+1)},\theta_2^{(t+1)}\cdots,\theta_{l-1}^{(t+1)},Y)$ 中抽样 $\theta_l^{(t+1)}$;
* $t=t+1$;
* 当 $t>m$ 时开始每一步存储参数抽样 $\theta^{(t+1)}$.

(3) 判断终止条件: 当 $t=M$ 时结束循环.

上述过程中的正整数 m 称为 burn-in 期, 它是为避免未知参数初始值和早期抽样值远离真实值而舍弃的前期抽样. 这样当 m 充分大时得到一个关于未知参数的抽样 $\theta^{(m+1)},\cdots,\ \theta^{(M)}$ 或 Gibbs 随机数列, 它可以近似地看成联合分布 $p(\theta_1,\theta_2,\theta_3,\cdots,\theta_l|Y)$ 的一组抽样值. 利用此 Gibbs 随机数列就可以作相应的统计推断了, 比如可以求参数 θ_i 的估计值

$$\hat{\theta}_i=\frac{1}{M-m}\sum_{j=m+1}^{M}\theta_i^{(j)}$$

同时这一序列的标准差还可以用来作有关的假设检验.

下面给出一个具体的实例讨论如何根据似然函数、先验信息得到未知参数的完全条件分布, 然后根据 Gibbs 抽样方法的上述步骤实现参数的估计, 并给出相应的 MATLAB 程序, 供大家参考.

10.5.2　Gibbs 抽样方法的应用举例

为了说明 Gibbs 抽样技术的具体操作过程或 Bayes 分析的基本思想, 我们考虑正态总体的参数估计问题. 设 $y=(y_1,y_2,\cdots,y_n)$ 是来自正态总体 $N(\mu,\sigma^2)$ 的一组样本, 参数 $\mu,\ \sigma^2$ 的似然函数为

$$\begin{aligned}L(y|\mu,\sigma^2)&=\left(\frac{1}{\sqrt{2\pi\sigma^2}}\right)^n\exp\left[-\sum_{i=1}^{n}\frac{(y_i-\mu)^2}{2\sigma^2}\right]\\&=\left(\frac{1}{\sqrt{2\pi\sigma^2}}\right)^n\exp\left[-\frac{1}{2\sigma^2}\left(\sum_{i=1}^{n}y_i^2-2\mu n\bar{y}+n\mu^2\right)\right]\end{aligned}\tag{10.5.1}$$

Bayes 参数估计的具体过程为: 首先适当选取未知参数的先验分布, 然后利用先验分布和似然函数并结合 Bayes 公式, 分别给出这两个未知参数的完全条件分布或后验分布, 最后利用 Gibbs 抽样方法从后验分布抽取随机数列, 从而根据抽取的随机数列计算未知参数的估计值. 下面, 我们分三种情况逐步加以考虑.

方差已知、均值未知 假设方差 σ^2 是已知的, 而均值 μ 是未知的, 即在给定方差 σ^2 的前提下如何得到均值 μ 的后验分布? 根据 Bayes 分析, 我们还需知道均值 μ 的先验分布 $p(\mu)$. 不妨假设其服从均值为 μ_0、方差为 σ_0^2 的正态分布, 即 $\mu \sim N(\mu_0, \sigma_0^2)$, 所以

$$p(\mu) = \frac{1}{\sqrt{2\pi\sigma_0^2}} \exp\left[-\frac{(\mu-\mu_0)^2}{2\sigma_0^2}\right] \tag{10.5.2}$$

其中参数 μ_0 和 σ_0^2 称为超参数. 这样根据 Bayes 公式得到参数 μ 的后验分布为

$$\begin{aligned}
p(\mu|\sigma^2, y) &\propto L(y|\mu)p(\mu) \\
&= \left(\frac{1}{\sqrt{2\pi\sigma^2}}\right)^n \exp\left[-\frac{1}{2\sigma^2}\left(\sum_{i=1}^n y_i^2 - 2\mu n\bar{y} + n\mu^2\right)\right] \\
&\quad \cdot \frac{1}{\sqrt{2\pi\sigma_0^2}} \exp\left[-\frac{(\mu-\mu_0)^2}{2\sigma_0^2}\right] \\
&\propto \exp\left[-\frac{(\mu-\mu_0)^2}{2\sigma_0^2} - \frac{1}{2\sigma^2}\left(\sum_{i=1}^n y_i^2 - 2\mu n\bar{y} + n\mu^2\right)\right] \\
&\propto \exp\left[-\frac{\mu^2}{2\sigma_0^2} + \frac{\mu\mu_0}{\sigma_0^2} + \frac{\mu n\bar{y}}{\sigma^2} - \frac{n\mu^2}{2\sigma^2}\right] \\
&= \exp\left[-\frac{\mu^2}{\sigma_*^2} + \frac{2\mu\mu_*}{2\sigma_*^2}\right]
\end{aligned} \tag{10.5.3}$$

其中

$$\sigma_*^2 = \left(\frac{1}{\sigma_0^2} + \frac{n}{\sigma^2}\right)^{-1}, \quad \mu_* = \sigma_*^2\left(\frac{\mu_0}{\sigma_0^2} + \frac{n\bar{y}}{\sigma^2}\right)$$

在 (10.5.3) 中最后等式中凑平方并忽略与 μ 无关的常数因子, 得到未知参数 μ 的后验分布服从均值为 μ_* 和方差为 σ_*^2 的正态分布, 即

$$p(\mu|\sigma^2, y) \propto \exp\left[-\frac{(\mu-\mu_*)^2}{2\sigma_*^2}\right] \tag{10.5.4}$$

注意到参数 μ 的先验分布和后验分布具有完全相同的分布类型正态分布, 只是参数不同而已, 此时称 μ 的先验分布是其后验分布的共轭先验分布, 即如果一个参数的先验分布与后验分布具有相同的分布类型, 则称该先验分布是其相应后验分布的共轭先验分布.

均值已知、方差未知　如果假设正态分布的均值 μ 是已知的, 如何寻求方差 σ^2 的后验分布? 为此先介绍 Gamma 分布 (Gamma distribution) 和逆 Gamma 分布 (inverse Gamma distribution) 函数的有关性质. Gamma 分布由两个参数 a 和 b 决定, 其中 $a>0$ 为形状参数, $b>0$ 为刻度参数, 相应的密度函数为

$$p(x)=\frac{b^a}{\Gamma(a)}x^{a-1}\exp(-bx) \tag{10.5.5}$$

或简记为随机变量 X 服从 Gamma 分布, 即

$$X\sim \mathrm{Ga}(a,b)$$

设 $Z=X^{-1}$, 通过概率运算得到 Z 的密度函数为

$$p(z)=\frac{b^a}{\Gamma(a)}z^{-a-1}\exp(-b/z) \tag{10.5.6}$$

即逆 Gamma 分布, 或简记为随机变量 Z 服从逆 Gamma 分布, 即

$$Z\sim \mathrm{IG}(a,b)$$

在正态分布均值 μ 是已知的前提条件下, 方差 σ^2 的共轭先验分布通常取为逆 Gamma 分布, 即

$$p(\sigma^2)=\frac{b^a}{\Gamma(a)}(\sigma^2)^{-a-1}\exp(-b/\sigma^2) \tag{10.5.7}$$

其中参数 a 和 b 称为超参数. 实际上, 当均值 μ 为常数时, 似然函数 (10.5.1) 与逆 Gamma 分布 (10.5.7) 的联合密度, 即 σ^2 的后验分布为

$$\begin{aligned}
p(\sigma^2|\mu,y)&\propto L(y|\sigma^2)p(\sigma^2)\\
&=\left(\frac{1}{\sqrt{2\pi\sigma^2}}\right)^n\exp\left\{-\frac{1}{2\sigma^2}\sum_{i=1}^n(y_i-\mu)^2\right\}\frac{b^a}{\Gamma(a)}(\sigma^2)^{-a-1}\exp(-b/\sigma^2)\\
&\propto(\sigma^2)^{-n/2}\exp\left\{-\frac{1}{2\sigma^2}\sum_{i=1}^n(y_i-\mu)^2\right\}(\sigma^2)^{-a-1}\exp(-b/\sigma^2)\\
&=(\sigma^2)^{-a_*-1}\exp\left\{-\frac{b_*}{\sigma^2}\right\}
\end{aligned} \tag{10.5.8}$$

其中 $a_*=a+n/2, b_*=\frac{1}{2}\sum_{i=1}^n(y_i-\mu)^2+b$. 从 (10.5.8) 不难看出, σ^2 的后验分布仍是参数为 (a_*,b_*) 的逆 Gamma 分布, 即 $\mathrm{IG}(a_*,b_*)$. 所以说, $p(\sigma^2)$ 是当正态分布均值 μ 已知时方差 σ^2 的共轭先验分布.

均值未知、方差未知 当均值 μ 和方差 σ^2 都未知时, 可以结合前面两种情况得到后验分布. 这样只需把先验分布 $p(\mu,\sigma^2)$ 看作方差的条件分布, 即

$$p(\mu,\sigma^2)=p(\mu|\sigma^2)p(\sigma^2) \tag{10.5.9}$$

然后结合上面的两个步骤中的计算结果得到参数 μ 和 σ^2 在给定观测数据 y 条件下的后验分布满足

$$p(\mu,\sigma^2|y)\propto p(\mu|\sigma^2,y)p(\sigma^2|\mu,y)\propto N(\mu_*,\sigma_*)\mathrm{IG}(a_*,b_*) \tag{10.5.10}$$

由公式 (10.5.10) 可以给出参数 μ 和 σ^2 的完全条件分布, 即参数 μ 的完全条件分布为

$$p(\mu|\sigma^2,y)\propto N(\mu_*,\sigma_*^2)\quad (\text{正态分布}) \tag{10.5.11}$$

参数 σ^2 的完全条件分布为

$$p(\sigma^2|\mu,y)\propto \mathrm{IG}(a_*,b_*)\quad (\text{逆 Gamma 分布}) \tag{10.5.12}$$

利用 (10.5.11) 和 (10.5.12) 给出的两个条件分布进行抽样, 就可获得一个 Gibbs 随机数列, 从而获得 μ 和 σ^2 的抽样值.

为了确定正态分布两个未知参数的完全条件分布, 首先需要确定这两个未知参数先验分布中的四个未知超参数, 这也是一个比较困难的问题, 这里就不介绍了. 下面只考虑最简单情形, 即给定四个超参数 $\mu_0=0,\sigma_0^2=1,a=2,b=1$. 为了说明 Gibbs 抽样技术的有效性, 我们通过模拟数据加以验证. 为此从正态分布 $N(1,4^2)$ 中随机产生样本量为 30 的样本观测值, 即样本量 $n=30$. 这样就可以根据上面介绍的步骤实施 Gibbs 抽样. 下面介绍与文献 [122] 中相同的数值实现步骤和相同的 MATLAB 程序. 任意设定未知参数的初始取值为 $\theta^{(0)}=(0,2)$, 下面的 MATLAB 程序 (MCMC-Gibbs1.m) 实现了一维正态分布两个参数 μ 和 σ 的 Gibbs 抽样, 得到了相应的随机数列. 图 10.5.1 给出了 9000 次 burn-in 期后的 Gibbs 随机数列和相应的直方图, 由此可以看出, Gibbs 随机数列的均值和标准差与真实值 $(\mu,\sigma)=(1,4)$ 非常接近.

剩下的一个问题是我们希望知道先验分布是如何影响估计值的精确性的, 即得到的参数估计值是否依赖超参数的选取. 为了说明这一点, 我们在图 10.5.2 中给出了正态分布两个参数先验分布和后验分布的数值实现, 比较图 10.5.2 和图 10.5.1 可以看出, 尽管未知参数先验信息的均值与真实值相差很远, 但最终得到的后验分布却与 Gibbs 随机数列确定的参数分布非常接近. 这就说明了当未知参数的共轭先验分布已知时, 就能得到该参数的完全条件分布, 从而实施 Gibbs 抽样技术得到未知参数较为精确的估计值. Gibbs 抽样技术具有过程简单、容易数值实现等优点.

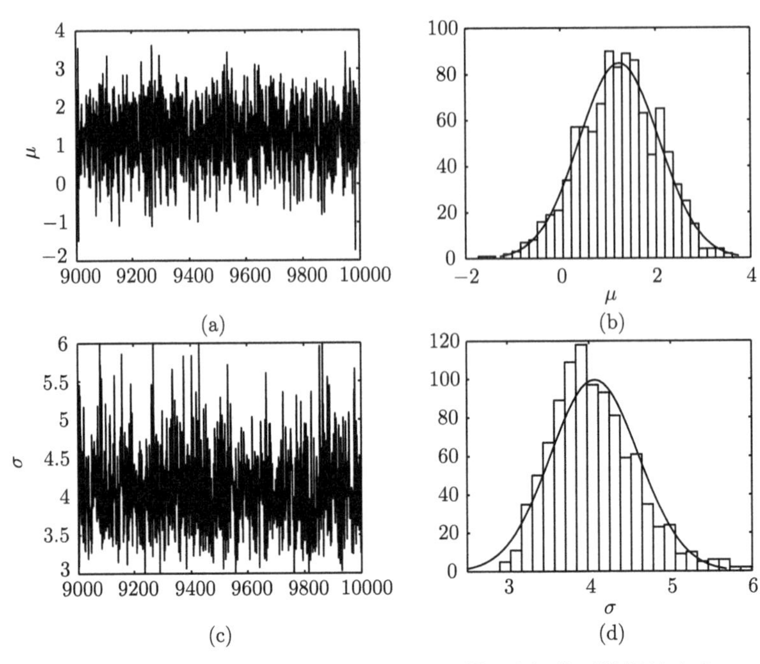

图 10.5.1　一维正态分布中参数 μ 和 σ 的 Gibbs 取样, 随机数列模拟长度为 $M = 10000$, burn-in 期 $m = 9000$. 第 1 列给出了两个参数最后 1000 次模拟的随机数列, 第 2 列给出了相应的直方图

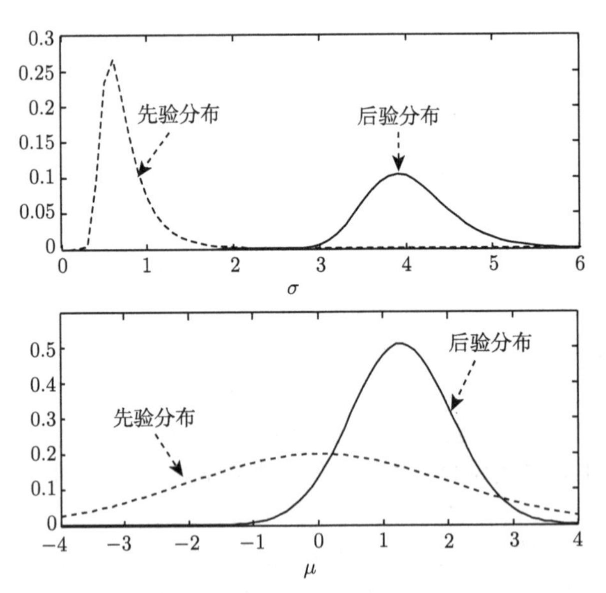

图 10.5.2　参数 μ 和 σ 的先验分布和后验分布的比较

虚线辨识先验分布, 实线为后验分布

```
% 利用模拟数据和 Gibbs 取样方法估计正态分布期望μ 和方差σ^2 的 MATLAB 程序
% MCMC-Gibbs1.m
clear all
clc
clf

n=30; % 样本长度
randn('state', 10);% 随机数
Y = 4 * randn(1,n) + 1;% 模拟样本数据, 其中 μ = 1, σ = 4;
m=9000; M=10000; %burn-in 期和最大循环步骤;
mus =[]; sigmas =[];% 定义估计值的输出向量;
suma = sum(Y);% 计算样本的和
mu = 0; sigma = 2; % 设定待估参数的初始值;
a=2;b=1;mu0=0;tau0=1;% 设定超参数

%Gibbs 取样方法的具体步骤
for i= 1:M
   s0=sigma/sqrt(n);A=1/s0^2+1/tau0^2;
   B=1/n*suma/s0^2+mu0/tau0^2;
   C=b+1/2*sum ((y - mu).^2);
   newmu = sqrt(2/(A)) * randn + (B)/(A);% 从完全条件分布 (10.5.11) 中取样参数 μ;
   newsigma = (1/gamrnd(a + n/2, 1/C))^(1/2);% 从完全条件分布 (10.5.12) 中取样参数 σ;
   mus = [mus newmu];% 存储参数 μ;
   sigmas = [sigmas newsigma];% 存储参数 σ;
   mu=newmu; sigma=newsigma;% 更新参数 μ 和 σ;
end

%MCMC 分析
figure(1)
subplot(2,2,1)% 输出 μ 的 Gibbs 随机数列
plot(m:M, mus(m:M), 'black')
ylabel('\mu','FontSize',16,'rotation',0);
subplot(2,2,3)% 输出 σ 的 Gibbs 随机数列
plot(m:M, sigmas(m:M), 'black')
ylabel('\sigma','FontSize',16,'rotation',0);

subplot(2,2,2)% 参数 μ 的直方图
```

```
histfit(mus(m:M),30);
xlabel('\mu','FontSize',16,'rotation',0);
subplot(2,2,4)% 参数 σ 的直方图
histfit(sigmas(m:M),30);
xlabel('\sigma','FontSize',16,'rotation',0);
```

10.6 Metropolis-Hastings 算法

Gibbs 抽样技术在完全条件分布已知或易于求出的情况下是一种行之有效的 MCMC 参数实现方法. 但在实际应用过程中, 由于未知参数比较多, 要想得到所有参数的完全条件分布几乎是不可能的, 这种情形下 Gibbs 抽样方法就失效了. 此时就需要应用 MCMC 中的另外一种常用的方法即 Metropolis-Hastings 算法. MH 算法是比 Gibbs 抽样更一般化的 MCMC 方法, 最初由 Metropolis 等在 1953 年提出, 后来经过 Hastings 在 1970 年扩展完善, 现如今该方法在生物数学各领域的模型确定、参数估计和数据分析等方面具有非常广泛的应用. 这里我们就其最简单的情形和基本思想向大家做个介绍, 有兴趣的读者可以参考文献 [40, 122].

MH 算法的基本思想是根据 Markov 链中状态转移的一个跳跃规则, 产生平稳分布为后验分布的 Markov 链, 比如假设 MCMC 链的当前状态为 $\theta^t = (\theta_1^{(t)}, \cdots, \theta_n^{(t)})$, 则 Markov 链的下一状态的取值由如下两个步骤产生.

第一步 从一个建议分布 $q_i(\theta_i'|\theta_i^{(t)}, \theta_{-i})$ 中抽样候选值 θ_i', 其中

$$\boldsymbol{\theta}_{-i} = \left(\theta_1^{(t+1)}, \cdots, \theta_{i-1}^{(t+1)}, \theta_{i+1}^{(t)}, \cdots, \theta_n^{(t)}\right)$$

第二步 利用一个接受概率 $\alpha_i(\theta_i', \theta_i^{(t)})$ 来判断是否接受当前取样值 θ_i', 如果接受, 则 $\theta_i^{(t+1)} = \theta_i'$, 否则拒绝该次取样并且 $\theta_i^{(t+1)} = \theta_i^{(t)}$(即该链在这一步没有移动), 由此, MH 算法也称为接受–拒绝方法.

当未知参数个数比较多时, 如果每次从建议分布 $q_i(\theta_i'|\theta_i^{(t)})$ 取样一个参数的样本并更新该参数, 就会使得抽样过程非常复杂或计算量非常大. 所以我们有时可以从同一个建议分布中一次取样多个参数的样本, 称为联合更新. 这样在构造 Markov 链时就有两种不同的 MH 取样方法: 单参数更新和联合更新. 单参数更新是指一次只更新一个参数, 联合更新是指一次更新多个或所有待估计的未知参数. 下面只介绍联合更新方法的具体步骤, 单参数更新方法参看文献 [122]. 联合更新方法的具体步骤为

(1) 初始化: 给定初始值向量 $\boldsymbol{\theta}^{(0)} = (\theta_1^{(0)}, \theta_2^{(0)}, \theta_3^{(0)}, \cdots, \theta_n^{(0)})$ 和初始时刻 $t = 0$;

(2) 循环:

(i) 从建议分布 $q(\theta'|\theta^{(t)})$ 中抽取 θ';

(ii) 从均匀分布 $U(0,1)$ 中抽取随机数 u;

(iii) 如果 $u \leqslant \alpha(\theta', \theta^{(t)})$, 则

$$\theta^{(t+1)} = \theta', \quad \text{接受候选值;}$$

否则

$$\theta^{(t+1)} = \theta^{(t)}, \quad \text{拒绝候选值;}$$

(iv) $t = t + 1$;

(v) 经过一个 Burn-in 期后每 s 次循环后存储 $\theta^{(t+1)}$;

(3) 判断终止条件: 当 t 充分大后结束循环 (MCMC 链收敛为止).

MCMC 链收敛的判别标准很多, 可以根据观察、数学方法比如 Geweke 收敛性判别等 [40, 122]. 从 MH 取样的具体步骤我们知道, 实现 MH 方法的关键是接受概率 $\alpha(\theta', \theta)$ 的确定和建议分布 $q(\theta'|\theta)$ 的选取, 下面分别加以简单说明.

10.6.1 接受概率的确定

假设 θ 是 Markov 链的当前取样值, 从建议分布 $q(\theta'|\theta)$ 取样 θ', 如果建议分布 $q(\theta'|\theta)$ 满足关系

$$q(\theta'|\theta)p(\theta|Y) = q(\theta|\theta')p(\theta'|Y) \tag{10.6.1}$$

则称 $q(\theta'|\theta)$ 具有可逆性, 或者说选取的建议分布 $q(\theta'|\theta)$ 是一个正确的 Markov 链的转移核 (transition kernel). 然而等式 (10.6.1) 在大多数情况下并不成立, 则下面的情形之一一定发生

$$q(\theta'|\theta)p(\theta|Y) > q(\theta|\theta')p(\theta'|Y) \tag{10.6.2}$$

或

$$q(\theta'|\theta)p(\theta|Y) < q(\theta|\theta')p(\theta'|Y) \tag{10.6.3}$$

此时为了保证建议分布 $q(\theta'|\theta)$ 具有可逆性, 需要在不等式 (10.6.2) 或 (10.6.3) 中大的一边乘以一个概率为 $\alpha(\theta', \theta)(< 1)$ 的因子, 例如对于不等式 (10.6.2) 有

$$q(\theta'|\theta)p(\theta|Y)\alpha(\theta', \theta) = q(\theta|\theta')p(\theta'|Y) \tag{10.6.4}$$

此时 $q(\theta'|\theta)\alpha(\theta', \theta)$ 可近似地视为转移核. 在这种情形下接受取样 θ' 的概率为

$$\alpha(\theta', \theta) = \frac{q(\theta|\theta')p(\theta'|Y)}{q(\theta'|\theta)p(\theta|Y)} \tag{10.6.5}$$

同样对于不等式 (10.6.3), 如果在右边乘以概率 $\alpha(\theta', \theta)$ 则有等式

$$q(\theta'|\theta)p(\theta|Y) = q(\theta|\theta')p(\theta'|Y)\alpha(\theta', \theta) \tag{10.6.6}$$

此时 $q(\theta'|\theta)$ 视为转移核, 这样接受取样 θ' 的概率为 1.

综上所述, 定义取样 θ' 的接受概率为

$$\alpha(\theta',\theta)=\min\left\{1,\frac{q(\theta|\theta')p(\theta'|Y)}{q(\theta'|\theta)p(\theta|Y)}\right\} \tag{10.6.7}$$

利用相同的方法, 可以得到一次更新一个参数或几个参数的接受概率的计算公式, 比如如果我们采用单参数更新方法, 即一次更新一个参数, 那么更新参数被接受的接受概率为

$$\alpha_i(\theta_i',\theta_i,\theta_{-i})=\min\left\{1,\frac{q_i(\theta_i|\theta_i',\theta_{-i})p(\theta_i'|\theta_{-i},Y)}{q_i(\theta_i'|\theta_i,\theta_{-i})p(\theta_i|\theta_{-i},Y)}\right\} \tag{10.6.8}$$

10.6.2 建议分布的选取

从接受概率的计算公式可以看出, 更新参数的接受概率的大小取决于建议分布的选取. 建议分布的选取在一定程度上决定了参数更新的快慢和速度, 所以选择合适的建议分布在实现 MH 算法时就显得非常重要了. 在实际应用中如何选取建议分布呢? 总的原则就是使得更新参数的接受概率能够维持在一定水平上并且计算起来比较方便. 常见的选取方法有下面的几种.

Metropolis 取样或对称分布　Metropolis 在实现其提出的算法的同时建议利用具有如下对称性的建议分布

$$q(\theta'|\theta)=q(\theta|\theta')$$

如果选取具有对称性的建议分布, 接受概率 α 的计算公式 (10.6.7) 不依赖建议分布, 从而简化为

$$\alpha(\theta',\theta)=\min\left\{1,\frac{p(\theta'|Y)}{p(\theta|Y)}\right\} \tag{10.6.9}$$

那什么样的建议分布具有上述对称性质呢? 不难想到的一种情形是当建议分布 $q(\theta'|\theta)$ 关于 θ' 和 θ 仅依赖于二者绝对值的差 $|\theta'-\theta|$ 时, 则一定有 $q(\theta'|\theta)=q(\theta|\theta')$. 常见的具有对称性的建议分布 $q(\theta'|\theta)$ 取如下 θ 为均值、方差为常数的正态分布密度函数

$$q(\theta'|\theta)\propto\exp\left(-\frac{(\theta'-\theta)^2}{2}\right) \tag{10.6.10}$$

随机游走 (random walk) 取样　随机游走取样是在应用中采用得最多的一种参数更新方法, 它操作方便, 易于控制. 当前取样值和候选值满足如下关系

$$\theta'=\theta+\omega \tag{10.6.11}$$

其中 ω 是一个随机变量且不依赖 MCMC 链 $\theta^{(t)}$. 假设 ω 的分布函数具有一般形式 f_ω, 每次从该分布中独立取样 ω, 就得到参数的候选值. 当建议分布满足

$$q(\theta'|\theta)=f_\omega(\theta'-\theta)$$

则分布函数 f_ω 关于原点是对称的, 此时 MCMC 链 $\theta^{(t)}$ 也具有对称性. 此时具有随机游走取样方法的建议分布满足 Metropolis 取样方法的条件, 接受概率可以简化为 (10.6.9) 的形式. 常见的具有对称性的建议分布有均值为零的正态分布和以零为中心的均匀分布.

独立取样 独立取样方法的基本思想是候选值与当前取样值之间是相互独立的, 即在选取候选值 θ' 时不依赖于当前取样值 θ, 即 $q(\theta'|\theta) = q(\theta')$, 此时更新参数的接受概率变为

$$\alpha(\theta', \theta) = \min\left\{1, \frac{q(\theta)p(\theta'|Y)}{q(\theta')p(\theta|Y)}\right\} \tag{10.6.12}$$

从接受概率 $\alpha(\theta', \theta)$ 的计算公式 (10.6.7) 知分布 $p(\theta|Y)$ 在整个计算过程中只以商的形式 $\dfrac{p(\theta'|Y)}{p(\theta|Y)}$ 出现. 所以在整个计算过程中分布 $p(\theta|Y)$ 精确的形式是不必要的. 特别地, 不依赖未知参数的常数项可以省去. 如果 $p(\theta|Y)$ 是后验分布时 (通常是这样的), 由于

$$p(\theta|Y) \propto L(Y|\theta)p(\theta)$$

因此, 在计算过程中可以去掉似然函数 $L(Y|\theta)$ 和先验分布 $p(\theta)$ 中的任何不依赖于参数 θ 的常数因子, 这样可以在很大程度上简化计算, 提高运算速度.

比较 MCMC 的两种实现方法 (Gibbs 取样和 MH 算法), 可以发现它们各有优缺点. 一般标准是只有当参数的完全条件分布的标准形式没法获得时, 才采用 MH 算法. 在应用中, 如果参数向量 θ 维数较大, 只有其中一部分参数可以得到标准的完全条件分布, 则可以对这部分参数利用 Gibbs 取样方法进行抽样, 对余下的那部分参数仍然利用 MH 算法进行抽样, 即在整个参数估计和 MCMC 实现过程中同时利用两种不同的方法.

事实上, 无论采用哪种算法, 都要面对先验分布 $p(\theta)$ 的选取问题. 我们说先验信息是我们对未知参数取值范围或服从什么分布的一个初步判断, 是事先设定的. 所以说, 在实现 MCMC 方法之前, 必须选定未知参数的先验分布. 首先确定先验分布的最简单的方法是通过经验给出主观概率, 其次可以先给出分布形式, 然后利用历史数据计算超参数. 另外两种常用且非常有效的方法是选取共轭先验分布和无信息 (non-information) 先验分布. 无信息先验分布即没有信息可用的时候给出的先验分布, 没有信息可用理解为对任何取值都没有偏爱, 因此可以取“均匀”分布作为未知参数的先验分布, 通常称为 Bayes 假设, 又称为 Laplace (拉普拉斯) 先验. 比如对生物数学模型中的未知参数我们只知道它们是大于零的常数, 并不知道具体的取值范围, 此时不妨假设

$$p(\theta) = \text{常数} \quad \text{或} \quad p(\theta) \propto 1, \ \theta \in \Theta$$

更多的先验分布选取方法可以参考文献 [40, 122].

10.6.3　应用举例

例 10.6.1　已知一列样本量为 K 的观测数据来源于一个均值为 μ 和方差为 σ^2 的正态总体. 如果对两个未知参数 μ 和 σ 选择无信息的先验分布, 并利用随机游走的取样方法同时更新它们, 给出在当前取样值为 $\theta=(\mu,\sigma)$ 时候选值 $\theta'=(\mu',\sigma')$ 的接受概率的计算公式.

解　根据联合更新的具体步骤, 首先需要计算后验分布 $p(\mu,\sigma|\boldsymbol{Y})$, 根据 Bayes 公式有

$$p(\mu,\sigma|\boldsymbol{Y})\propto L(\boldsymbol{Y}|\mu,\sigma)p(\mu,\sigma)$$

因此只需确定似然函数和先验分布即可. 根据要求我们选择下面的无信息先验分布,

$$p(\mu,\sigma)=p(\mu|\sigma)p(\sigma),\quad p(\mu|\sigma)\propto \text{常数},\quad p(\sigma)\propto\frac{1}{\sigma}$$

由于样本量为 K, 即 $\boldsymbol{Y}=(y_1,y_2,\cdots,y_K)^{\mathrm{T}}$, 由已知得该观测数据是来源于正态分布的样本观测值, 则似然函数为

$$\begin{aligned}L(\boldsymbol{Y}|\mu,\sigma)&=\prod_{i=1}^{K}\frac{1}{\sqrt{2\pi\sigma^2}}\exp\left[-\frac{(y_i-\mu)^2}{2\sigma^2}\right]\\&\propto\frac{1}{\sigma^K}\exp\left[-\sum_{i=1}^{K}\frac{(y_i-\mu)^2}{2\sigma^2}\right]\end{aligned}$$

结合似然函数和先验分布得到后验分布为

$$p(\mu,\sigma|\boldsymbol{Y})\propto\frac{1}{\sigma^{K+1}}\exp\left[-\sum_{i=1}^{K}\frac{(y_i-\mu)^2}{2\sigma^2}\right]$$

如果采用随机游走 (即对称建议分布) 同时更新两个参数 μ 和 σ, 则接受概率的计算公式为

$$\begin{aligned}\alpha(\theta',\theta)&=\min\left\{1,\frac{p(\mu',\sigma'|\boldsymbol{Y})}{p(\mu,\sigma|\boldsymbol{Y})}\right\}\\&=\min\left\{1,\frac{\dfrac{1}{(\sigma')^{K+1}}\exp\left[-\displaystyle\sum_{i=1}^{K}\frac{(y_i-\mu')^2}{2(\sigma')^2}\right]}{\dfrac{1}{\sigma^{K+1}}\exp\left[-\displaystyle\sum_{i=1}^{K}\frac{(y_i-\mu)^2}{2\sigma^2}\right]}\right\}\\&=\min\left\{1,\left(\frac{\sigma}{\sigma'}\right)^{K+1}\exp\left[-\sum_{i=1}^{K}\frac{(y_i-\mu')^2}{2(\sigma')^2}+\sum_{i=1}^{K}\frac{(y_i-\mu)^2}{2\sigma^2}\right]\right\}\end{aligned}$$

其中 $\theta = (\mu, \sigma)$ 和 $\theta' = (\mu', \sigma')$.

在 MCMC 方法发展的过程中, 人们根据建议分布、接受概率和先验信息的不同确定方法和具体实际问题的需要, 发展并改进了现有的 MCMC 方法. 那么如何评价已发展方法的优劣: 比如收敛速度、估计的精确性和计算成本等. 为了说明这些问题, 可以利用已知模型进行模拟, 并利用模拟的数据对参数进行估计. 这样做的好处就是我们知道参数的真实值, 通过比较估计值和真实值的差异就能确定相应算法的有效性.

然而, 我们预先知道的通常是统计观测或实验数据, 比如渔业资源管理中的年度产量、某地区甲型 H1N1 流感的每天在院医治人数或每天新报告病例数等, 而不是模型或模型中的参数. 需要解决的问题是如何根据现有的统计观测或实验数据预测所研究对象的未来发展趋势, 比如年度产量的变化规律、某地区甲型 H1N1 流行趋势预测等. 为此我们首先需要提出符合研究对象发展变化规律的数学模型, 并利用现有的数据估计模型中的未知参数 (包括初始值), 进而确定模型并实现模型的预测、评估等功能. 而实现这一目标的核心问题是如何选择合适的候选模型并估计模型中的未知参数. 下面先给出一个简单应用实例加以说明. 更具体复杂的应用问题在第 11 章给出.

例 10.6.2 寻找拟合表 10.6.1 中给出的鳗鱼年产量统计数据的离散模型, 并利用 MH 方法估计模型中的未知参数.

为了选择合适的备选模型来拟合表 10.6.1 中的统计数据, 首先需要观察数据的发展趋势符合什么样的增长规律比如指数、S 型增长等. 为此先画出表 10.6.1 中的数据随时间的变化关系, 如图 10.6.1, 然后分析数据的特点.

表 10.6.1 从 1983 年到 2003 年瑞典鳗鱼年产量的统计数据

年份	1983	1984	1985	1986	1987	1988	1989
产量/吨	2	15	47	59	104	233	190
年份	1990	1991	1992	1993	1994	1995	1996
产量/吨	179	160	195	192	182	158	184
年份	1997	1998	1999	2000	2001	2002	2003
产量/吨	215	232	253	311	228	190	194

表 10.6.1 中或图 10.6.1 中给出的数据反映的是鳗鱼的年产量, 而不是鳗鱼的存储量. 由于年度产量总是与渔业年度存储量成正比例, 可以近似地利用年产量替代鳗鱼的年度存储量. 可是选择什么样的一个备选模型来模拟图 10.6.1 中的数据? 从表 10.6.1 和图 10.6.1 可以看出数据具有如下三个特征: ① 统计数据只给出年度产量, 即一年才有一个数据; ② 年度产量具有 S 型曲线即密度制约效应; ③ 年度产量上下波动比较强, 数据统计具有很强的随机干扰或随机误差.

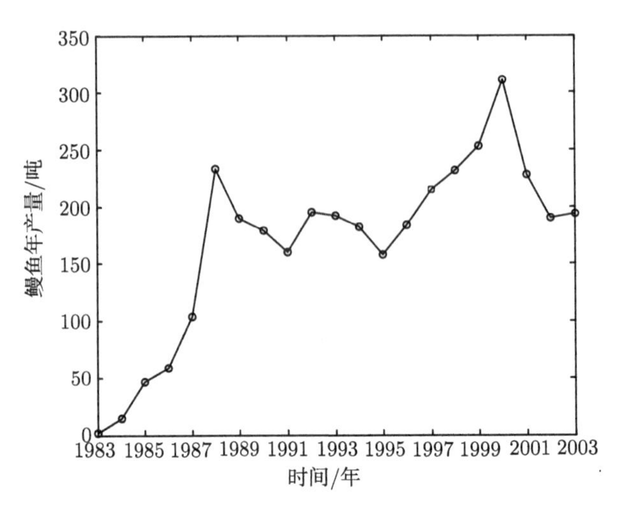

图 10.6.1　从 1983 年到 2003 年间瑞典鳗鱼年产量统计数据

第一个特征说明可以利用离散模型, 第二个特征说明可以采用具有密度制约因素的离散单种群模型比如 Ricker 模型或 Beverton-Holt 模型. 究竟哪一个模型更合适, 这涉及模型选择的问题, 已经超出了本书的范围, 就不作介绍了. 这里不妨假设选取一般性的 Beverton-Holt 模型

$$n_{t+1}=\frac{an_t}{1+(bn_t)^q} \tag{10.6.13}$$

作为候选模型, 其中参数 a,b,q 是未知的, 需要根据表 10.6.1 中数据进行估计.

由于统计数据存在随机误差, 它与真实数据是不一样的. 如果用 N_t 表示未知的真实年度产量, Y_t 表示年度统计产量 (随机变量), 此时

$$\boldsymbol{Y}=(Y_1,Y_2,\cdots,Y_{21})^{\mathrm{T}}$$

这样表 10.6.1 中的数据为 $\boldsymbol{Y}$ 的一组样本统计值. 此时第 t 年的产量可以看成服从以第 t 年表 10.6.1 中给定的产量为参数的 Poisson 分布, 所以整个统计数据就是一个 Poisson 过程. 因此在给定 t 年度真实产量为 n_t 的条件下统计产量为 y_t 的概率为

$$Pr\{Y_t=y_t|N_t=n_t\}=p(y_t|n_t(a,b,n_1))=\frac{n_t^{y_t}}{y_t!}\mathrm{e}^{-n_t} \tag{10.6.14}$$

并且各个年度产量的统计是相互独立的.

如果鳗鱼的年度产量符合模型 (10.6.13) 中所描述的变化规律, 那么只要知道参数 a,b,q 和初始值 n_1 就可以利用数值求解得到第二年、第三年以及以后各年的真实产量. 但是问题是参数 a,b,q 和初始值 n_1 的值目前是未知的, 我们需要借助本节介绍的方法加以估计. 为了简化问题, 不妨固定参数 $q=4$. 因此整个问题中需

要估计的未知参数为 a, b 和 n_1. 由于模型刻画的是鳗鱼的增长规律, 所以这三个参数都必须是非负的, 即参数的状态空间为 $[0, +\infty)^3$. 记似然函数为 $L(\boldsymbol{Y}|a, b, n_1)$, 并选取无信息先验分布, 即 $p(a, b, n_1) \propto$ 常数, 则联合后验分布概率为

$$\begin{aligned} p(a, b, n_1|\boldsymbol{Y}) &\propto L(\boldsymbol{Y}|a, b, n_1)p(a, b, n_1) \\ &\propto \prod_{i=1}^{21} p(y_i|n_i(a, b, n_1)) \\ &\propto \prod_{i=1}^{21} \frac{n_i^{y_i}}{y_i!}\mathrm{e}^{-n_i} \end{aligned} \tag{10.6.15}$$

有了后验分布概率的解析表达式, 在选取随机游走方法更新未知参数时, 我们可以通过设计 MATLAB 程序实现联合更新方法的具体步骤, 从而得到三个未知参数的估计值. 任意选定初始，当然这还必须符合先验信息, 比如都是正数、n_1 应该在 2 的附近以及稳定的年产量应该在模型 (10.6.13) 正平衡态附近. 设三个参数的初始值为 $(a, b, n_1) = (0.5, 0.001, 1)$, MATLAB 程序 (MCMC-BH1.m) 实现了上述算法 (该程序和例子与文献 [122] 中给出的相同), 得到了三个待估计参数 a, b 和 n_1 的估计量. 图 10.6.2 给出了 20000 次 MCMC 循环后三个参数各自的随机数列和直方图. 从随机数列图可以看出, 尽管初始值离真实值很远, 但随机数列能在很少的取样后趋于稳定状态. 取 Burn-in 期为 5000, 计算最后 15000 次的平均值, 得到三个参数的估计值分别为

$$a = 1.9718, \quad b = 0.0048, \quad n_1 = 8.0823$$

利用上述估计的三个参数重新运行模型 (10.6.13), 得到相应的年度产量的预测值. 从图 10.6.3 可以看出, 如果我们忽略随机因素对统计数据的影响, 得到的结论与观测值是比较相近的. 当然如果在模型 (10.6.13) 中考虑随机扰动项, 就能得到更加可行的预测值了.

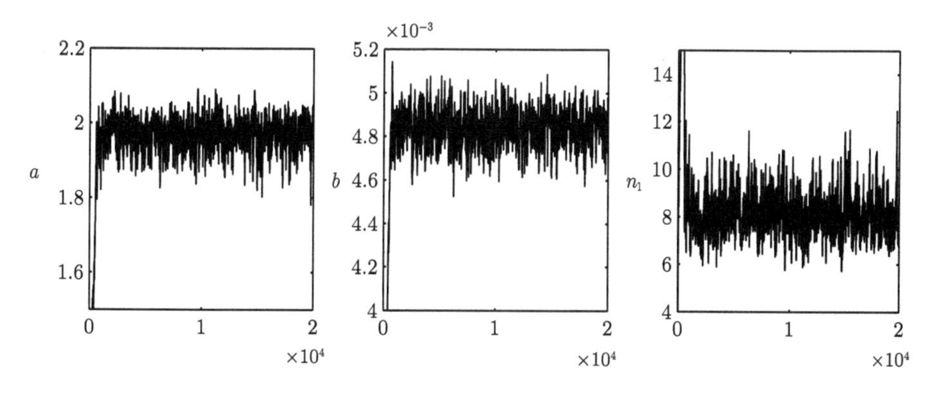

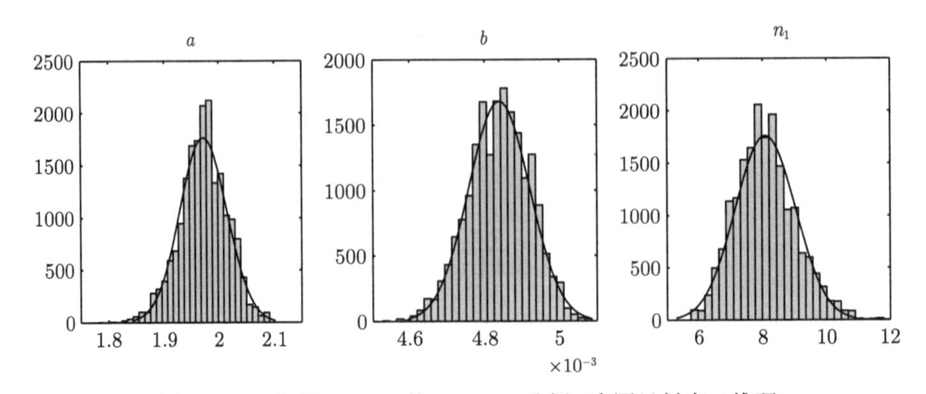

图 10.6.2　参数 a, b, n_1 的 MCMC 分析 (彩图见封底二维码)

第一行分别为三个参数的随机数列, 第二行分别为三个参数相应 MCMC 的直方图

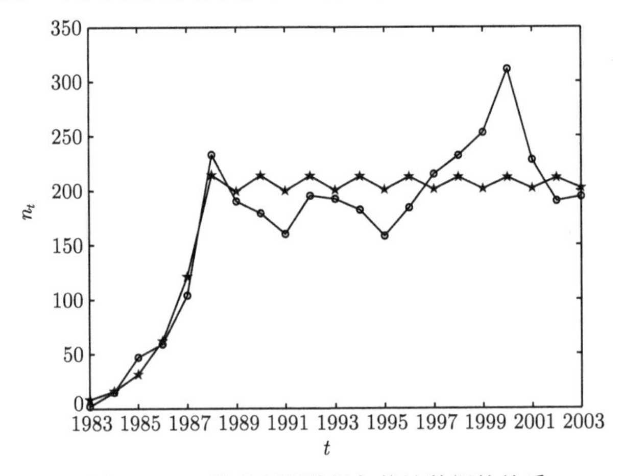

图 10.6.3　模型预测数据与统计数据的关系

★ 表示模型预测数据; ○ 为统计数据

%利用真实数据和 MH 算法确定离散模型 (10.6.13) 的 MATLAB 程序

```
%MCMC-BH1.m
function MHBevertonHolt
Y=[2, 15, 47,59,104,233,190,179,160,195,192,182,158,184,215,232,253,311,228,190,194]';
a=0.5;b=0.001; n1=1;% 参数初始值
Olik=Loglik(a,b,n1,Y);% 计算对数似然函数
w=[0.1, 0.0001,1]; % 随机漫步最大变化范围
N=20000; m=5000;%MCMC 循环次数和 burn-in 期
MHPar=zeros(N+1,3); MHPar(1,:)=[a,b,n1];
%——MH 算法和随机漫步更新参数
for i=2:N+1
   NPar=[a,b,n1]+w.*(2*rand(1,3)-1);% 随机生成候选参数
```

```
    Na=NPar(1);Nb=NPar(2);Nn1=NPar(3);
    if (Na>0 & Nb>0 & Nn1>0) % 接受-拒绝
    Nlik=Loglik(Na, Nb, Nn1,Y);% 利用新计算对数似然函数
    alpha=min(1, exp(Nlik-Olik));% 计算接受概率
        if rand<alpha
            a=Na;b=Nb;n1=Nn1;
            Olik=Nlik;
        end
    end
    MHPar(i,:)=[a,b,n1];
end
%—— 计算待估参数的均值
a=mean(MHPar(m:end,1)); b=mean(MHPar(m:end,2)); n1=mean(MHPar(m:end,3));
figure(1);%MCMC 分析
%—— 输出三个参数的随机序列
subplot(2,3,1);plot(MHPar(:,1));
ylabel('a','FontSize',16,'rotation',0);
subplot(2,3,2);plot(MHPar(:,2));
ylabel('b','FontSize',16,'rotation',0);
subplot(2,3,3); plot(MHPar(:,3));
ylabel('n1','FontSize',16,'rotation',0);
%—— 输出三个参数随机序列的直方图
subplot(2,3,4);histfit(MHPar(M:end,1),30);
ylabel('a','FontSize',16,'rotation',0);
subplot(2,3,5);histfit(MHPar(M:end,2),30);
ylabel('b','FontSize',16,'rotation',0);
subplot(2,3,6);histfit(MHPar(M:end,3),30);
ylabel('n1','FontSize',16,'rotation',0);
%—— 计算对数似然函数子程序
function [NLik]=Loglik(a,b,n1,Y)
n=realpop(a,b,n1);% 调用子程序
NLik=sum(log(n).*(Y)-n-gammaln(Y+1));
%—— 离散模型迭代求解子程序
function [n]=realpop(a,b,n1)
n=zeros(21,1);n(1)=n1;
for t=2:21 % 对于给定的初始 n1 求 t = 2--21 的解
  n(t)=a*n(t-1)/(1+(b*n(t-1)).^4);
end
```

习 题 十

10.1 假设一场足球比赛的输赢可以用参数为 p 的 Bernoulli 分布刻画, 其中参数 p 表示成功的概率. 随机取样 40 场足球比赛的结果, 表示为 $(x_1, x_2, \cdots, x_{40})$, 其中 $x_i = 0$ 表示输球, $x_i = 1$ 表示赢球. 请利用极大似然估计方法估计参数 p.

10.2 验证参数为 λ 的 Poisson 分布的共轭先验分布是参数为 (a, b) 的 Gamma 分布. 设 $\lambda = 1$, 然后从 Poisson 分布中随机生成样本为 30 的样本观测值, 利用 Gibbs 取样技术设计相应的 MATLAB 程序估计参数 λ.

10.3 利用随机游走更新参数的方法和模拟样本长度为 30 的观测数据, 设计一个 MATLAB 程序实现 MH 算法来估计例 10.6.1 中正态分布中两个未知参数即均值 μ 和方差 σ^2.

第11章 研究实例

通过前面章节的学习,我们对很多实际问题的基本建模思想、理论分析技巧有了一个比较全面的了解,但是如何综合运用这些方法和技巧解决问题或数据驱动的实际问题,没有得到很好的解决.因此,本章将通过三个应用研究实例,向读者介绍如何根据一个具有实际意义的生物问题,提炼成数学模型,通过数学理论或统计分析反过来解释生物问题,预测生物个体的未来发展趋势或疾病的流行情况,评估某种管理策略、控制策略的有效性等.基于此,我们选择与我们实际生活密切关联的三个典型实例向大家系统介绍,其中包括:封校策略在控制 2009 年甲型 H1N1 传染病中的作用和有效性如何?影响 2014 年广州登革热疫情大暴发的关键因子是什么?西安市雾霾污染物动态变化是如何影响流感样病例数以及如何设计防空减排措施最为有效?

11.1 2009 年封校策略与甲型 H1N1 流感的控制

2009 年 3 月中旬,美国和墨西哥等国家发生甲型 H1N1 流感疫情,随后的 3 个多月,疫情在全球迅速蔓延.我国自 2009 年 5 月 11 日报告首例甲型 H1N1 流感确诊病例以来,疫情持续发展.疫情暴发后,卫生和疾病控制部门吸取了 SARS 的控制经验和教训,迅速采取了一系列的预防控制措施,这使得 2009 年 8 月份以前的发展趋势比较平稳,如图 11.1.1 所示.但是在秋季学校开学以后出现了聚集性疫情,形成了一个小的暴发高峰.由图 11.1.1 可以看出从 9 月份开始病例数开始激增,直到 10 月 28 日后 (以当天发病人数超过 3000 人为标志),逐步达到了最高峰,高水平的发病态势持续到了年底.新年之后,逐渐消退.截至 2010 年 1 月 31 日,全国 31 个省份累计报告甲型 H1N1 流感确诊病例 12.6 万例,其中境内感染 12.5 万例,境外输入 1225 例;已治愈 11.8 万例,在院治疗 6416 例,居家治疗 459 例,死亡病例 775 例.

甲型 H1N1 流感是一种因甲型流感病毒引起的急性、人畜共患呼吸道传染性疾病.主要传播途径是通过谈话、打喷嚏和附着在被污染物表面的飞沫,而空气不是主要传播途径.人感染甲型 H1N1 流感后的临床早期症状与普通流感类似,包括发热、咳嗽、喉痛、头痛、发冷和疲劳等,有时还会出现腹泻或呕吐、肌肉痛或疲倦、眼睛发红等症状.部分患者病情可迅速进展,突然高热且体温可能超过 39 ℃,甚至继发严重肺炎、急性呼吸窘迫综合征、呼吸衰竭及多器官损伤,最终导致死亡.

研究表明, 人感染甲型 H1N1 流感病毒后, 传染期为发病前 1 天至发病后 7 天. 若病例发病 7 天后仍有发热症状, 表示仍具有传染性. 儿童, 尤其是幼儿的传染期可能长于 7 天. 人感染甲型 H1N1 流感的潜伏期一般为 1 天至 7 天左右, 较流感、禽流感潜伏期长.

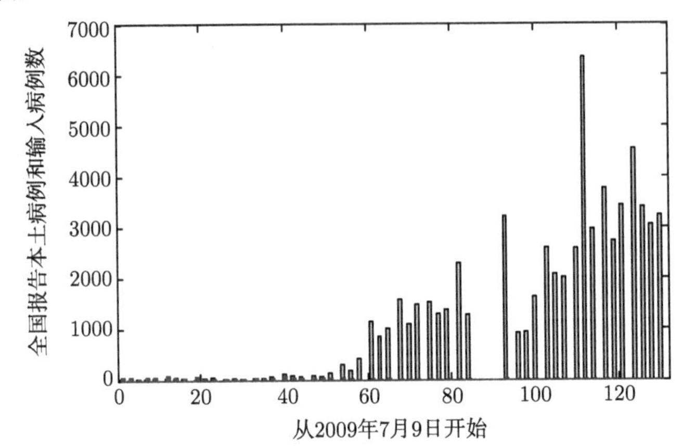

图 11.1.1　中国内地从 2009 年 7 月 9 日开始每天 (或每两天或每三天或每周报告) 本土病例和输入病例数

灰色为本土病例, 黑色为输入病例

(彩图见封底二维码)

自 2009 年甲流暴发以来, 国家卫生部门和疾病控制部门采用了如下的防控策略: ① 密切跟踪接触者, 加强对密切接触者和疑似病例的隔离和确诊; ② 实行分类收治的治疗措施, 加强重症病例救治工作; ③ 加强公共场所卫生管理, 广泛开展个人卫生防治; ④ 实施甲流疫苗接种; ⑤ 减少人员流动, 防止交叉感染; ⑥ 对集聚性暴发的高校实施封校策略. 事实表明这些控制措施是十分有效的. 但是在流感暴发期间我们知道封校策略的实施, 会给高校正常的教学和生活带来很多负面影响, 这样从管理、经济等诸多方面对高校都不利的情况下就自然地对封校策略产生了争议: 是封校还是不封校以及什么时候封校和如何封校? 特别地, 当新的突发传染病暴发以后, 是否需要采用封校策略?

当一个新型的病毒在某个种群中传播时, 传染病动力学或公共卫生学通常关心的问题是反映这种病毒或疾病传播程度的基本再生数 R_0 (具体定义参看第 4 章) 是多少? 疾病在传播过程中的主要流行学参数如疾病的染病周期、感染率，潜伏期等是多少? 防治中各个措施的有效性如何? 以及防治方案对今后新的传染病的来临有何有意义的建议, 即能从此次传染病防治过程中获得什么样的经验和教训? 要回答上述问题常用且有效的方法是根据甲型 H1N1 流感的传播机理建立合适的数学模型, 并利用监测数据估计模型参数, 分析控制策略的有效性. 特别地, 我们希望通过数据和理论分析探讨封校策略的有效性和对控制突发传染病的必要性.

11.1.1 数据特点

我们从中国卫计委网站、陕西省卫生厅网站和西安一所医院获得了不同的数据, 如图 11.1.2 和图 11.1.3. 国家卫生部和陕西省卫生厅在甲流暴发初期每天都公布疫情统计数据, 稍后改成每两天或每三天报告一次疫情统计数据, 周末没有报告. 后来每周国家卫生部才报告一次疫情统计数据. 这样从疫情数据统计上就明显的有报告滞后, 滞后时间为一到两天. 对于全国内地和陕西省的累积在院治疗人数呈现一个共同的特点: 在 2009 年国庆长假以前由于秋季新学期的开学, 甲流 H1N1 感染人数出现一个小高峰, 而且绝大多数病例都是学校的在校学生. 由于严格的防控措施, 比如跟踪隔离、封校、治疗和个人防护 (个人卫生和戴口罩等), 疫情在达到第一个小高峰后迅速下降. 但是感染人数从国庆长假以后又迅速反弹, 出现了新的更大的感染高潮, 造成我国各省份报告病例数出现第二个大高潮. 此双峰的感染曲线不同于季节性流感, 因为在国庆期间我国大部分地区没有明显的气候变化.

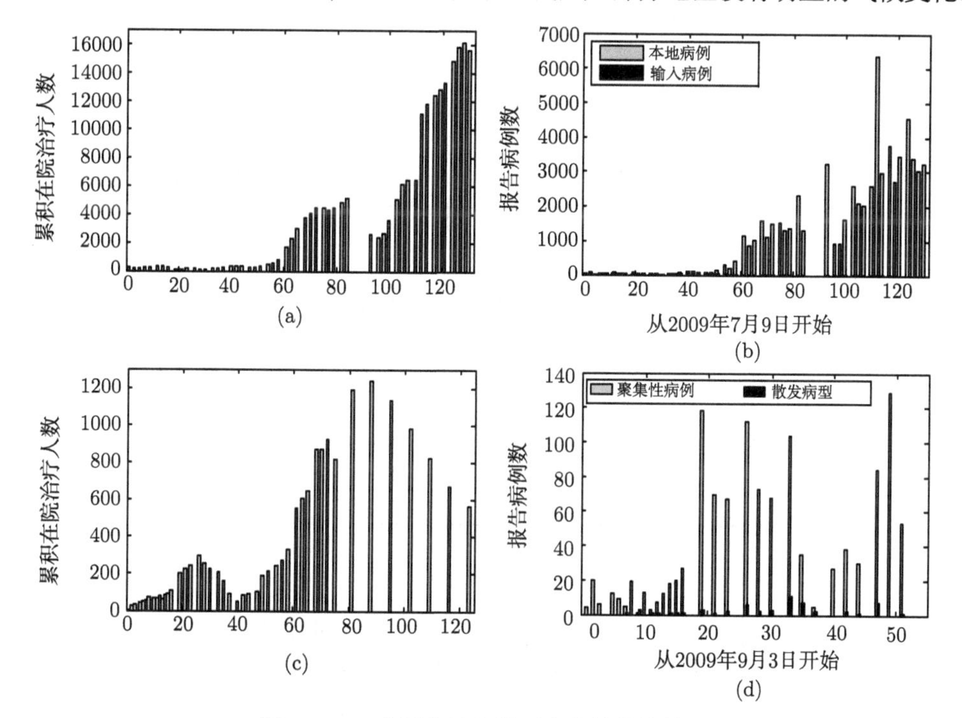

图 11.1.2 中国内地和陕西省疫情统计情况

(a) 中国内地从 2009 年 7 月 9 日开始每天 (或每两天或每三天或每周) 报告累积在院治疗人数; (b) 中国内地从 2009 年 7 月 9 日开始每天 (或每三天或每周) 报告本土病例和输入病例数; (c) 陕西省从 2009 年 9 月 3 日开始每天 (或每两天或每三天) 报告累积在院治疗人数; (d) 陕西省从 2009 年 9 月 3 日开始每天 (或每两天或每三天) 报告集聚性病例和零星病例数

那是什么原因造成这一现象的发生? 直观感觉有如下几个原因: 在国庆节小长假期间: ① 大多数学校封校措施的停止; ② 由于探亲访友引起的人口流动性激增; ③ 局部控制措施减弱等.

陕西省的疫情还呈现另一个特点: 由于西安市高校集中, 秋季开学以来, 部分高校相继发生甲型 H1N1 流感疫情. 从 2009 年 9 月 3 日西安某高校 (XUAS) 暴发甲流以来, 直到 9 月下旬陕西省的疫情呈指数增长趋势, 如图 11.1.2(c). 特别地, 从 9 月 3 日到 9 月 21 日这 19 天的时间内陕西省总共报实验室确诊病例 307 例, 其中 293 例被隔离在西安某医院接受治疗. 在这 293 例中集聚性暴发最严重的是四所学校: 分别是学校甲 (XUEST, 49 例); 学校乙 (XUAS, 43 例); 学校丙 (XITC, 52 例) 和学校丁 (MS-XUEST, 28 例), 如图 11.1.3(b), 而且这四个学校是相继暴发, 时间间隔约为 4—6 天, 并有一定的重合. 图 11.1.3(c) 给出了从 9 月 3 日到 9 月 21 日的每天累积在院治疗人数. 截至 2010 年 2 月 7 日, 陕西省累积报告甲型 H1N1 流感实验室确诊病例 5858 例.

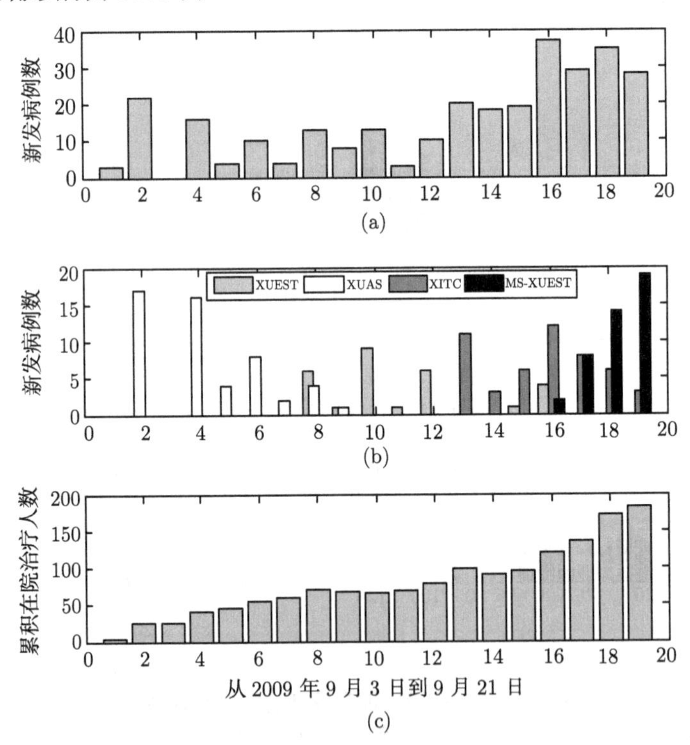

图 11.1.3　西安某医院疫情统计情况

(a) 从 2009 年 9 月 3 日开始每天报告新发病例数; (b) 四所学校报告新发病例数;

(c) 从 2009 年 9 月 3 日开始每天报告累积在院治疗人数

(彩图见封底二维码)

11.1.2　数学模型和参数估计

首先建立刻画甲流传播特点的传染病数学模型, 并在模型中引入上面提到的预防控制策略. 特别地, 我们希望在模型中考虑密切跟踪措施、封校策略、诊断和治疗以及个人卫生防疫等措施对甲流防控的影响. 这里我们不考虑疫苗的影响, 这是因为在一个新发传染病的初期, 通常来说是没有有效的疫苗的.

为了实施封校策略, 我们把问题集中在西安市的高校. 当甲流病例在一个高校发现和暴发后, 学校立即采用封校策略, 此时不允许学生进出学校, 也不允许社会上的人员进入, 并对必须进出的人员进行详细的体温检测和登记. 最自然的方法就是着眼于每一个学校, 建立相应的模型, 然后考虑学校与学校之间以及学校与社会一般人群之间的流动. 由于西安市高校数量超过 50 所以上, 这样模型会非常复杂, 对这方面感兴趣的读者可以参考文献 [125]. 我们这里向大家介绍一种简单的处理办法, 即把高校看成一个整体, 高校以外的人群看成另一个整体 (称为一般人群). 在早期, 西安市的甲流主要集中在学校, 属于集聚性暴发 (数据特点), 这样我们可以利用高校群体刻画西安市早期甲流的传播规律, 从国庆长假开始, 利用高校和一般人群来刻画.

高校人群的数学模型　首先建立一个基于高校人群的甲流传播模型, 并在模型中考虑隔离密切接触者、隔离确诊者和个人卫生防疫策略. 暴露在甲流病毒的易感个体是否被感染取决于该个体采用的个体防护措施. 一旦被感染, 该个体移动到潜伏类 E_u. 经过潜伏期后该个体要么进入没有症状的感染类 A_u (由于没法确定该类人口的统计特征, 模型中不考虑这一类人口), 要么进入有症状的 I_u (潜伏期为 1~7 天), 直到其康复或死亡而进入移除类 R_u, 如图 11.1.4. 有症状类中的一部分将在

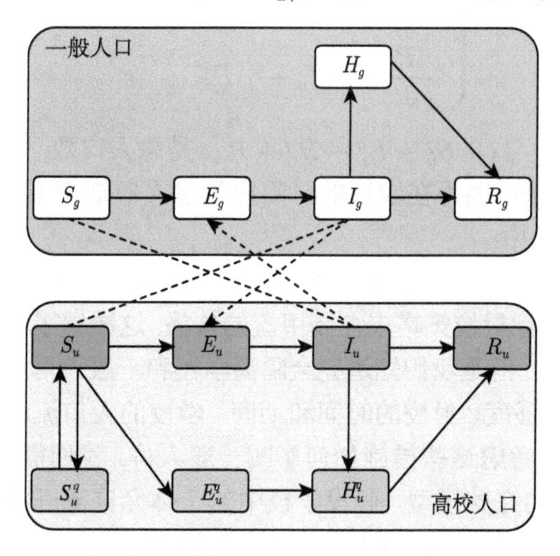

图 11.1.4　甲流 H1N1 在西安市高校和一般人口中传播流程图 (彩图见封底二维码)

医院接受治疗, 记为 H_u 类. 当密切跟踪措施在高校内部实施, 暴露在病毒环境中的比例为 q_u 的个体在他们变成感染者类之前被隔离, 被隔离的人群中没有被感染的进入 S_u^q 类, 被感染的进入被隔离的潜伏类 E_u^q. 具有密切跟踪措施的传染病模型的建立参考文献 [60]. 最后在 E_u^q 类的个体将进入医院接受治疗, 在 S_u^q 内的个体经过一段时间的隔离后重新回到 S_u 类, 隔离时间通常是 7 天. 当暴露在病毒中的个体进行了自我保护措施 (个人卫生、戴口罩等), 假定比例为 ϕ_u 的易感类成功地得到保护而不会被感染. 进一步假定那些被隔离和治疗的个体不会再感染其他人群, 并作如下记号 $P_{Su}=\beta_u c_u(1-\phi_u)+c_u q_u(1-\beta_u)$, $P_{Eu}=\beta_u c_u(1-q_u)(1-\phi_u)$, $Q_{Su}=(1-\beta_u)c_u q_u$, $Q_{Eu}=\beta_u c_u q_u(1-\phi_u)$. 综合上面的讨论和图 11.1.4 给出的高校人群流程图得到下面的模型

$$
\begin{cases}
\dfrac{\mathrm{d}S_u}{\mathrm{d}t}=-\dfrac{P_{Su}S_uI_u}{N_u}+\lambda S_u^q\\
\dfrac{\mathrm{d}E_u}{\mathrm{d}t}=\dfrac{P_{Eu}S_uI_u}{N_u}-\delta_1E_u\\
\dfrac{\mathrm{d}I_u}{\mathrm{d}t}=\delta_1E_u-(\delta_2+\gamma_1)I_u\\
\dfrac{\mathrm{d}S_u^q}{\mathrm{d}t}=\dfrac{Q_{Su}S_uI_u}{N_u}-\lambda S_u^q\\
\dfrac{\mathrm{d}E_u^q}{\mathrm{d}t}=\dfrac{Q_{Eu}S_uI_u}{N_u}-\delta_1E_u^q\\
\dfrac{\mathrm{d}H_u^q}{\mathrm{d}t}=\delta_2I_u+\delta_1E_u^q-\gamma_2H_u^q\\
\dfrac{\mathrm{d}R_u}{\mathrm{d}t}=\gamma_1I_u+\gamma_2H_u^q
\end{cases}
\tag{11.1.1}
$$

其中 $N_u=S_u+E_u+I_u+S_u^q+E_u^q+H_u^q+R_u$ 是总人口数, 并且假定其为一个常数, 这种假设是合理的, 因为在较短的时间内学生人口规模不会发生变化. 模型参数意义列在表 11.1.1 中.

高校和一般人群联合数学模型 在陕西省甲流暴发的早期, 报告病例主要来自学校. 大多数学校实行封校策略来控制甲流的传播, 这减缓了甲流病毒从学校或社区向一般人群的扩散. 但是我们知道完全隔离学校和一般人群之间的流动是不可能的, 那问题是封校的强度、封校的时间和期间、学校的人口流动等如何影响整个人群的甲流疫情. 为了考虑这些措施如何影响一般人群, 我们需要推广模型 (11.1.1) 到如图 11.1.4 所示的完整模型. 假设学校中的个体允许离开校园一段时间然后返回, 一般人群不允许进入学校. 不失一般性, 我们假设暴露在病毒中的学生个体离开学校进入一般人群的平均比例为 h (离校率). 根据流程图 11.1.4 得到模型

$$
\begin{cases}
\dfrac{\mathrm{d}S_u}{\mathrm{d}t}=-\dfrac{P_{Su}S_uI_u}{N_u}-\dfrac{P_{Sg}S_uI_g}{N_g}+\lambda S_u^q\\
\dfrac{\mathrm{d}E_u}{\mathrm{d}t}=\dfrac{P_{Eu}S_uI_u}{N_u}+\dfrac{P_{Eg}S_uI_g}{N_g}-\delta_1E_u\\
\dfrac{\mathrm{d}I_u}{\mathrm{d}t}=\delta_1E_u-(\delta_2+\gamma_1)I_u\\
\dfrac{\mathrm{d}S_u^q}{\mathrm{d}t}=\dfrac{Q_{Su}S_uI_u}{N_u}+\dfrac{Q_{Sg}S_uI_g}{N_g}-\lambda S_u^q\\
\dfrac{\mathrm{d}E_u^q}{\mathrm{d}t}=\dfrac{Q_{Eu}S_uI_u}{N_u}+\dfrac{Q_{Eg}S_uI_g}{N_g}-\delta_1E_u^q\\
\dfrac{\mathrm{d}H_u^q}{\mathrm{d}t}=\delta_2I_u+\delta_1E_u^q-\gamma_2H_u^q\\
\dfrac{\mathrm{d}R_u}{\mathrm{d}t}=\gamma_1I_u+\gamma_2H_u^q\\
\dfrac{\mathrm{d}S_g}{\mathrm{d}t}=-\dfrac{\beta_0S_g(I_g+hI_u)}{N_g}\\
\dfrac{\mathrm{d}E_g}{\mathrm{d}t}=\dfrac{\beta_0S_g(I_g+hI_u)}{N_g}-\delta_1E_g\\
\dfrac{\mathrm{d}I_g}{\mathrm{d}t}=\delta_1E_g-(\delta_2+\gamma_1)I_g\\
\dfrac{\mathrm{d}H_g}{\mathrm{d}t}=\delta_2I_g-\gamma_2H_g\\
\dfrac{\mathrm{d}R_g}{\mathrm{d}t}=\gamma_1I_g+\gamma_2H_g
\end{cases}
\tag{11.1.2}
$$

表 11.1.1 模型 (11.1.1) 和 (11.1.2) 参数定义和参数取值

参数	定义	第一波 (来源, 标准差)	第二波 (来源, 标准差)
β	一次接触传播概率	0.3936 (LS, 0.02)	0.3936 (LS, 0.01)
c_u	高校人口的接触率 (天$^{-1}$)	10 (LS, 0.2)	10 (LS, 0.1)
c_g	一般人口接触率 (天$^{-1}$)	0	4 (LS, 0.02)
q_u	高校人口的隔离率 (天$^{-1}$)	0.0862 (LS, 0.02)	0.0862 (LS, 0.02)
q_g	一般人口的隔离率 (天$^{-1}$)	0	0.08 (LS, 0.02)
ϕ_u	高校人口个人预防有效率 ([0, 1])	0.1 (固定, 0.02)	0.05 (LS, 0.02)
ϕ_g	一般人口个人预防有效率 ([0, 1])	0	0.05 (LS, 0.02)
λ	隔离易感类重新回到易感类的速率	1/7 (CDC, 0.02)	0.3 (LS, 0.01)
δ_1	潜伏类的移出率 (天$^{-1}$)	1/3.45 ([125], 0.02)	0.55 (LS, 0.01)
δ_2	诊断率 (天$^{-1}$)	0.689 (LS, 0.02)	0.689 (LS, 0.01)
γ_1	感染者的移出率 (天$^{-1}$)	1/6.56 (数据, 0.02)	0.48 (LS, 0.01)
γ_2	治疗类的移出率 (天$^{-1}$)	1/7.48 (数据, 0.02)	0.085 (LS, 0.01)
h	封校强度参数	0	1/5 (LS, 0.02)

注: LS 表示利用最小二乘法估计得到, CDC 表示中国预防控制中心.

其中 N_u 表示学校人群规模, 且 $N_u=(1-h)S_u+(1-h)E_u+(1-h)I_u+S_u^q+E_u^q+H_u^q+(1-h)R_u$. N_g 表示一般人群规模, 且 $N_g=S_g+E_g+I_g+H_g+R_g+hS_u+hE_u+hI_u+hR_u$, 缩写记号为 $P_{Su}=(1-h)^2[\beta c_u(1-\phi_u)+c_uq_u(1-\beta)]$, $P_{Eu}=(1-h)^2\beta c_u(1-q_u)(1-\phi_u)$, $Q_{Su}=(1-h)^2(1-\beta)c_uq_u$, $Q_{Eu}=(1-h)^2\beta c_uq_u(1-\phi_u)$, $P_{Sg}=(1-h)[\beta c_g(1-\phi_g)+c_gq_g(1-\beta)]$, $P_{Eg}=(1-h)\beta c_g(1-q_g)(1-\phi)$, $Q_{Sg}=(1-h)(1-\beta)c_gq_g, Q_{Eg}=(1-h)\beta c_gq_g(1-\phi_g)$, $\beta_0=\beta c_g(1-\phi_g)$. 模型 (11.1.2) 可以用来研究封校的强度和时长对甲流波峰的影响以及局部控制措施, 比如隔离、治疗和个人防护等对整个疫情的影响.

11.1.3　控制再生数和参数估计

控制再生数　首先计算模型 (11.1.1) 和模型 (11.1.2) 的基本再生数, 它是刻画甲型流感是否暴发并形成地方病的临界参数. 实际上在上述两个模型中, 特别是在模型 (11.1.2) 中如果离校率 $h=0$, 则高校人群和一般人群称为两个孤立的人群. 因此如果能先计算出模型 (11.1.2) 的基本再生数, 再令 $h=0$ 就能够得到模型 (11.1.1) 的控制再生数计算公式. 这里称为控制再生数是因为从一开始, 非常严格的控制措施就已经实施. 在没有控制措施下的再生数称为基本再生数.

根据 12.7 节介绍的次代矩阵法来计算相对复杂模型 (11.1.2) 的控制再生数是有效的. 首先模型 (11.1.2) 存在疾病消除平衡态

$$\boldsymbol{E}_0=(S_u(0),0,0,0,0,0,0,S_g(0),0,0,0,0)$$

记矩阵

$$\boldsymbol{F}=\begin{pmatrix} 0 & \dfrac{P_{Eu}}{1-h} & 0 & 0 & 0 & \dfrac{P_{Eg}S_u(0)}{S_g(0)+hS_u(0)} & 0 \\ 0 & 0 & 0 & 0 & 0 & 0 & 0 \\ 0 & \dfrac{Q_{Eu}}{1-h} & 0 & 0 & 0 & \dfrac{Q_{Eg}S_u(0)}{S_g(0)+hS_u(0)} & 0 \\ 0 & 0 & 0 & 0 & 0 & 0 & 0 \\ 0 & \dfrac{\beta_0hS_g(0)}{S_g(0)+hS_u(0)} & 0 & 0 & 0 & \dfrac{\beta_0S_g(0)}{S_g(0)+hS_u(0)} & 0 \\ 0 & 0 & 0 & 0 & 0 & 0 & 0 \\ 0 & 0 & 0 & 0 & 0 & 0 & 0 \end{pmatrix}$$

和

$$
\boldsymbol{V}=\begin{pmatrix}
\delta_1 & 0 & 0 & 0 & 0 & 0 & 0\\
-\delta_1 & \delta_2+\gamma_1 & 0 & 0 & 0 & 0 & 0\\
0 & 0 & \delta_1 & 0 & 0 & 0 & 0\\
0 & -\delta_2 & -\delta_1 & \gamma_2 & 0 & 0 & 0\\
0 & 0 & 0 & 0 & \delta_1 & 0 & 0\\
0 & 0 & 0 & 0 & -\delta_1 & \delta_2+\gamma_1 & 0\\
0 & 0 & 0 & 0 & 0 & -\delta_2 & \gamma_2
\end{pmatrix}
$$

这样可以根据公式 $R_c^{ug}=\rho(\boldsymbol{F}\boldsymbol{V}^{-1})$ 计算得到模型 (11.1.2) 的基本控制再生数为

$$
R_c^{ug}=\frac{A_6+A_1+\sqrt{A_6^2-2A_1A_6+A_1^2+4A_5A_2}}{2(\delta_2+\gamma_1)}
$$

其中

$$
A_1=\frac{P_{Eu}}{1-h},\quad A_2=\frac{P_{Eg}S_u(0)}{S_g(0)+hS_u(0)},\quad A_3=\frac{Q_{Eu}}{1-h}
$$

$$
A_4=\frac{Q_{Eg}S_u(0)}{S_g(0)+hS_u(0)},\quad A_5=\frac{\beta_0 hS_g(0)}{S_g(0)+hS_u(0)},\quad A_6=\frac{\beta_0 S_g(0)}{S_g(0)+hS_u(0)}
$$

特别地, 如果离校率 $h=0$, 即有 $A_5=0, A_6=\beta_0$, 此时

$$
R_c^{ug}=\frac{A_6+A_1+\sqrt{A_6^2-2A_1A_6+A_1^2}}{2(\delta_2+\gamma_1)}=\max\left\{\frac{P_{Eu}}{\delta_2+\gamma_1},\frac{\beta_0}{\delta_2+\gamma_1}\right\}
$$

因此高校人群模型 (11.1.1) 的控制再生数计算公式为

$$
R_c^u=\frac{\beta_u c_u(1-q_u)(1-\phi_u)}{\delta_2+\gamma_1}=\frac{P_{Eu}}{\delta_2+\gamma_1} \tag{11.1.3}
$$

在没有非药物控制措施, 即 $q_u=\phi_u=\delta_2=0$ 时, R_c^u 变为基本再生数 $R_0^u=\beta_u c_u/\gamma_1$.

参数估计 如何利用已有的数据比如医院监测数据来估计模型 (11.1.1) 的未知参数? 首先必须确定哪些是已知的, 哪些是未知的. 从医院得到的数据可以知道甲流感染者在医院接受治疗的时间, 即从阳性转阴性的时间, 住院时间长短. 早期, 患者从阳性转到阴性后还需观察一段时间, 所以住院时间比治疗时间长. 从阳性转到阴性的平均时间是 6.56 天 ($\gamma_1=1/6.56$), 方差为 1.65 天, 平均住院时间为 7.48 天 ($\gamma_2=1/7.48$), 方差为 1.66 天, 如图 11.1.5. 甲流的潜伏期 (即从 E_u 到 I_u 的时间) 固定为常数 3.45 天 ($\delta_1=1/3.45$) [125].

为了直接估计传染病中的关键参数 R_c^u (计算公式为 (11.1.3)), 我们注意到在甲流暴发的早期, 易感人群总数与所有人口总数之比 S/N 接近 1. 利用这一关系

简化模型 (11.1.1), 得到

$$
\begin{cases}
\dfrac{\mathrm{d}E_u}{\mathrm{d}t} = R_c^u(\delta_2+\gamma_1)I_u - \delta_1 E_u \\
\dfrac{\mathrm{d}I_u}{\mathrm{d}t} = \delta_1 E_u - (\delta_2+\gamma_1)I_u \\
\dfrac{\mathrm{d}E_u^q}{\mathrm{d}t} = \dfrac{q(\delta_2+\gamma_1)}{1-q}R_c^u I_u - \delta_1 E_u^q \\
\dfrac{\mathrm{d}H_u^q}{\mathrm{d}t} = \delta_2 I_u + \delta_1 E_u^q - \gamma_2 H_u^q
\end{cases}
\tag{11.1.4}
$$

一旦我们得到模型 (11.1.4) 的参数值, 可以再利用模型 (11.1.1) 来估计易感人群规模 $S_u(0)$ 等未知参数.

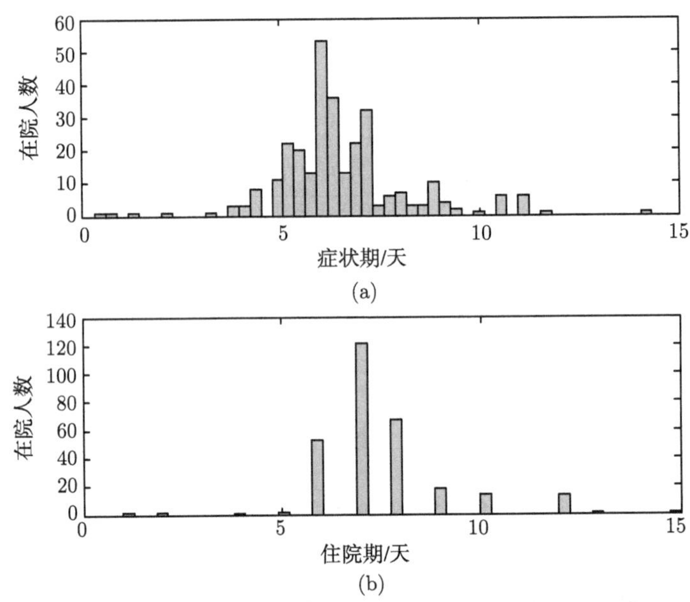

图 11.1.5 利用医院统计数据估计甲流的治疗时间和住院时间 (彩图见封底二维码)

我们采用了第 10 章介绍的 MCMC 方法和极大似然估计法估计了 R_0^u, 这里不作相似介绍, 只给出表 11.1.2 所述的估计结果. 基于模型 (11.1.4) 和从 9 月 3 日到 21 日的 19 个数据点得到基本控制再生数 R_c^u 的均值为 1.688, 95% 的置信区间为 (1.576, 1.8), 隔离率 q_u 的均值为 0.261, 诊断率 δ_2 的均值为 1.842. 早期暴露在病毒中的易感者人群数量估计为 138210, 如表 11.1.2. 注意到 $S_u(0)$ 要远比西安市甚至比西安市高校的人口总数要低得多, 这从一个侧面反映了早期控制措施是非常有效的. 如果考虑不同的时间点以及数据的长度得到不同的估计, 特别地, 我们选取了四个不同数据长度估计了模型参数, 并拟合了相应的数据, 如图 11.1.6.

利用第 10 章给出的似然函数, 如果续代时间为 4 天, 得到了控制再生数 R_c^u 的均值为 1.663, 95% 的置信区间为 (1.273, 2.053). 当续代时间从 2.5 天到 4 天变化时得到不同的估计, 如表 11.1.2. 估计结果也说明 R_c 的估计值对续代时间比较敏感.

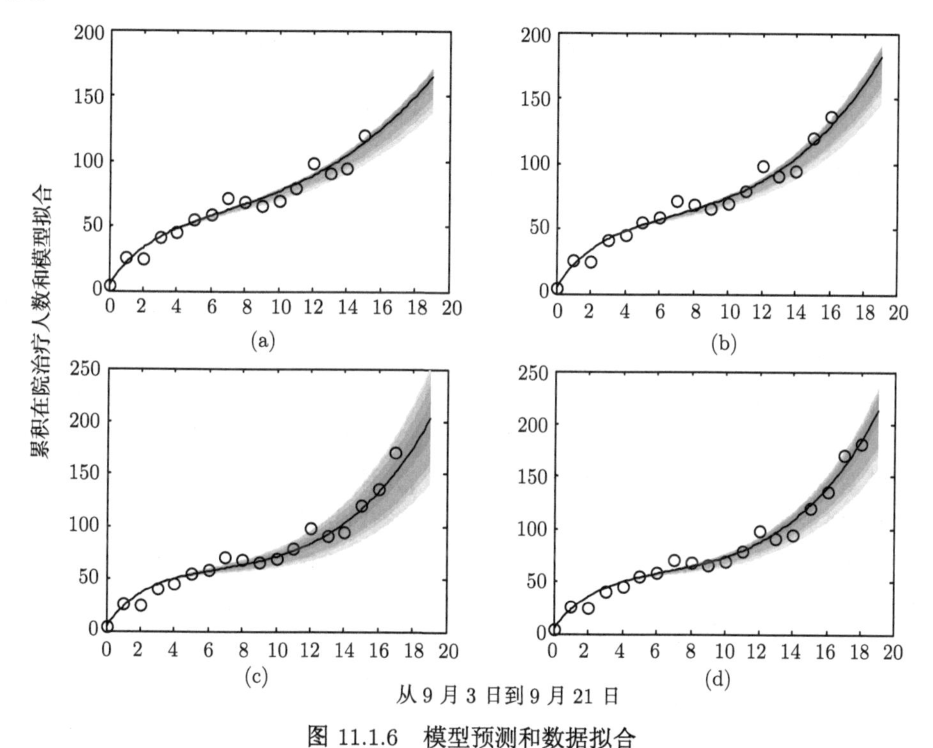

图 11.1.6　模型预测和数据拟合

(a) 9 月 3 日 — 18 日; (b) 9 月 3 日 — 19 日; (c) 9 月 3 日 — 20 日; (d) 9 月 3 日 — 21 日. 圆圈表示实际数据, 实线为模型预测值. 灰色区域从里到外分别表示 50%, 90%, 95% 和 99% 置信区间

(彩图见封底二维码)

表 11.1.2　利用医院统计数据估计得到的高校模型参数

参数	9 月 3 日—18 日		9 月 3 日—19 日		9 月 3 日—20 日		9 月 3 日—21 日	
	均值	标准差	均值	标准差	均值	标准差	均值	标准差
R_c^u(M)	1.431	0.087	1.548	0.071	1.717	0.070	1.688	0.057
q_u	0.261	0.194	0.264	0.200	0.250	0.194	0.261	0.199
δ_2	1.901	0.586	1.867	0.579	1.844	0.576	1.842	0.576
$S_u(0)$	140550	42650	140090	42790	135780	45400	138210	43779
$E_u(0)$	9	6	8	4	6	4	6	4
$I_u(0)$	6	5	4	3	3	2	3	2
$S_u^q(0)$	3808	3863	4559	4383	15901	10950	7208	6561
$E_u^q(0)$	48	13	58	9	70	7	68	6

续表

参数	9 月 3 日 —18 日		9 月 3 日 —19 日		9 月 3 日 —20 日		9 月 3 日 —21 日	
	均值	标准差	均值	标准差	均值	标准差	均值	标准差
$R_c^u(L, 2.5)$	1.363	0.097	1.335	0.089	1.322	0.081	1.273	0.075
$R_c^u(L, 3)$	1.481	0.105	1.455	0.097	1.437	0.089	1.375	0.081
$R_c^u(L, 3.5)$	1.617	0.115	1.598	0.106	1.577	0.097	1.501	0.088
$R_c^u(L, 4)$	1.784	0.127	1.772	0.118	1.751	0.108	1.663	0.098

注: $R_c(M)$ 为基于模型得到的估计, $R_c(L,d)$ 表示平均续代时间为 L 并基于似然函数得到的估计. 其中 $(\delta_1,\gamma_1,\gamma_2,\lambda,\phi)=\left(\frac{1}{3.45},\frac{1}{6.56},\frac{1}{7.48},\frac{1}{7},0.1\right)$.

11.1.4　结论分析与经验教训

结论分析　为了研究封校策略和其他局部控制措施的有效性问题, 特别是研究这些措施对陕西省甲流暴发高峰期和暴发程度的影响, 以及在两个波峰形成过程中的作用, 我们首先利用模型 (11.1.1) 来拟合从 9 月 3 日到 10 月 1 日的数据点, 利用模型 (11.1.2) 来拟合从 10 月 1 日到 12 月 20 日的数据. 然后在不同的时间点上改变模型 (11.1.2) 中的参数离校率 h, 隔离率 q_u, 诊断率 δ_2 以及个人卫生防护比例 ϕ_g, 以此研究模型的动态行为, 从而得到控制措施对甲流暴发的影响.

首先考虑封校时间长短对甲流暴发高峰时间的影响. 在图 11.1.7(a) 中, 考虑开始时刻 (即 9 月 3 日) 离校率 $h=0$, 直到第 15 天、20 天、29 天和 38 天离校率从零变为 1/5, 得到图中不同颜色的曲线. 这些曲线说明: 如果封校时间越长, 甲流暴发的高峰就越靠后. 如果从一开始就不采用封校策略, 陕西省的甲流疫情就不会出现像数据点那样显示的两个波峰的情形, 只会出现一个提前了很多的单峰情形. 这一结果说明封校时间越长, 越有利于延缓甲流高峰期的到来, 这为卫生防疫部门、政府决策部门赢得宝贵时间, 比如疫苗研发生产时间、资源分配时间等.

其次考虑封校强度对甲流暴发的影响. 此时在图 11.1.7(b) 中, 固定封校策略实施的时间长短, 即封校策略从一开始就实施, 直到国庆小长假开始 (2009 年 10 月 1 日) 取消封校策略, 即允许高校学生进出校园, 但离校率不一样. 这里我们选取了 5 个不同的离校率 h, 分别是 $1, 1/2, 1/5, 1/10, 1/30$. 结论显示离校率越低, 甲流高峰到来的时间越晚.

上面的数值研究说明了封校强弱和封校时间长短对甲流疫情的影响, 另一个问题是封校除了会给学校管理部门和学校正常的生活造成负面影响以外, 还会对学校内部或一般人群的甲流疫情有什么影响呢? 为了说明这一点, 我们把高校人群和一般人群在院治疗人数分开给出, 如图 11.1.8(a) 所示 (图 11.1.8(a) 与图 11.1.7(a) 完全相同, 只是分开画而已). 从图 11.1.8(a) 可以看出, 提前解除封校策略, 将轻微降低校内感染人数, 但一般人群感染人数将提前很多达到感染高峰. 这是不利于传染病控制的. 这说明封校或解除封校对甲流在一般人群达到高峰的时间有着重要的影响.

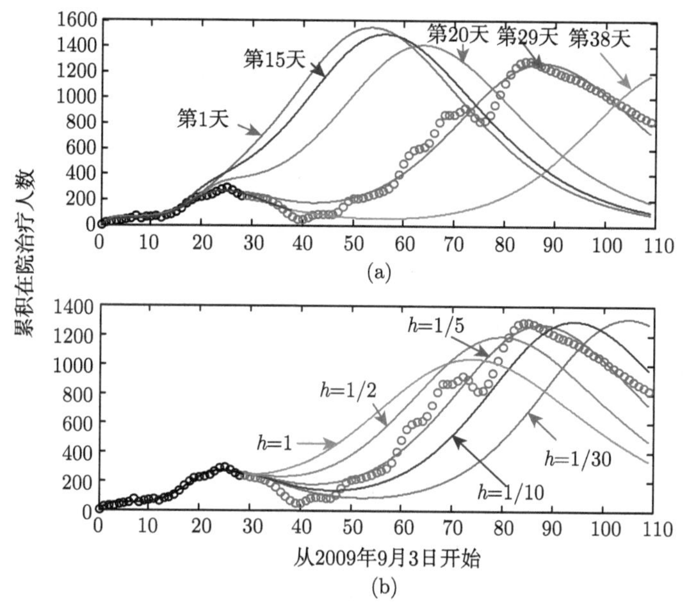

图 11.1.7 利用最小二乘法实施封校策略后模型和数据的最佳拟合

(a) 封校时间长短对暴发高峰时间和暴发程度的影响, 其中第 n 天表示封校策略在第 n 天停止, 即从那一天离校率从零增加到 1/5; (b) 高校人口流动对甲流暴发高峰和暴发程度的影响. 我们利用模型 (11.1.1) 来拟合从 9 月 3 日到 10 月 1 日的数据点, 利用模型 (11.1.2) 来拟合从 10 月 1 日到 12 月 20 日的数据

(彩图见封底二维码)

最后考虑局部控制措施比如离校率 h, 隔离率 q_u, 诊断率 δ_2 以及个人卫生防护比例 ϕ_g 等对陕西甲流暴发的影响. 我们利用与图形 (图 11.1.8(a)) 相同的数值模拟方法, 即在封校措施解除的同时, 将刻画局部控制措施的三个参数 q_u, δ_2 和 ϕ_g 同时增加 10%, 得到如图 11.1.8(b) 所示的数值结果. 结论显示, 加大局部控制措施很大程度上降低了甲流感染的人数.

经验教训 通过对甲流疫情控制措施的分析, 我们得到如下启示:

(1) 封校时间长短决定甲流高峰期到来的时间, 即封校策略的实施有效地延缓了甲流高峰的到来;

(2) 局部控制措施能有效地降低感染人数;

(3) 封校措施实施越早越好, 太晚封校对延迟高峰的到来没有太大的影响 [125].

总之, 无论一个新发传染病首先暴发在校园与否, 封校策略都是必要的. 如果从外面暴发, 封校能有效地阻止其传入学校; 如果是从学校开始暴发, 封校能有效地延迟一般人群的暴发高峰, 这为卫生管理、疾病控制、医疗研究机构提供宝贵的决策、药物研制、资源分配等的时间. 但是在实施封校策略的同时, 一定要加强各地的局部控制措施, 比如加强密切跟踪、隔离、筛查疑似病例、治疗和个人卫生防护等措施, 这是因为只有这些局部控制措施才能有效地减少新发感染人数. 总的经验就是: 在实施封校策略的同时加强局部控制措施是早期控制突发性传染病的最有效措施.

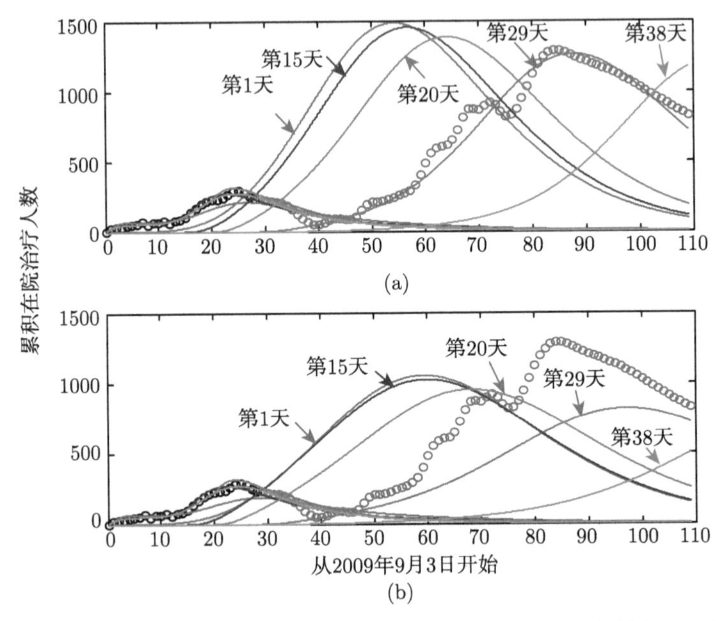

图 11.1.8　(a) 与图 11.1.7 一致; (b) 局部控制措施比如隔离率 q_u, 诊断率 δ_2, 个人卫生防护比例 ϕ_g 对暴发高峰时间和程度的影响. 在模拟中我们同时增加这三个参数 10%

(彩图见封底二维码)

11.2　2014 年广州登革热疫情大暴发关键因子分析

登革热是一种由蚊子叮咬传播引起的急性蚊媒传染病, 临床表现为高热、头痛、肌肉与骨关节剧烈酸痛、皮疹、出血倾向、淋巴结肿大等, 重症患者可能出现休克、出血甚至死亡. 登革热广泛流行于热带和亚热带地区, 是东南亚地区儿童死亡的主要原因之一. 登革热被认为是世界上流行最广泛的传染病之一, 世界上 128 个国家的 39 亿人受到登革热的威胁, 每年有 3.9 亿人被感染. 我国自 1978 年以来, 几乎每年都有登革热病例报告, 表现为间断性流行, 有每隔 4 年至 7 年发生一次流行的趋势, 主要在广东、云南等地流行. 每年 7 月至 11 月是广东省登革热疫情高发期. 1997 年以后, 我国登革热疫情得到一定的控制, 但 2013 年开始, 登革热发病率明显上升. 2005 年至 2014 年我国共报道登革热感染病例 55114 例, 其中 94% 来自广东, 且 83% 的病例来自广州市. 2014 年登革热流行规模达到 1986 年以来的新高, 广东省卫生健康委员会从 9 月 22 日起每天通报登革热最新疫情, 2014 年 9 月 23 日全省报告新增登革热病例 881 例, 截至 9 月 24 日零时, 全省共有 17 个地级市以上报告登革热病例 7497 例, 累计病例数较去年同期上升 1263.09%, 截至 10 月 20 日广东省登革发病人数达到 38753 人, 疫情的严重性引起了高度关注.

作为一种蚊媒传播的疾病, 气候 (温度、湿度、降雨量) 对登革热疫情的发展至关重要. 首先, 夏季是全球登革热的高发季节, 亚洲、非洲和南美洲多个国家和地区都有大量病例报告. 由国家质量监督局检验检疫总局官网信息显示, 截至 2014 年 7 月, 马来西亚累计登革热病例 5 万多例, 死亡 94 例, 斯里兰卡确诊登革热病例 2 万多例, 菲律宾确诊 3 万多例, 死亡 100 多人. 众所周知, 登革热是急性蚊媒传染病, 2014 年的厄尔尼诺现象导致气温升高, 降雨间断出现, 温度和湿度都非常适合传播登革热的伊蚊生长. 同时, 雨水导致环境中的积水增多, 给蚊子滋生提供了最佳场所. 因此, 温度和湿度的升高也是 2014 年登革热暴发的原因之一. 温度、湿度等气候因素是影响登革热传播的重要因素已经成为人们的共识, 然而, 如何科学地分析这些影响因素对登革热疫情的影响, 从而为公共卫生部门政策的制定提供帮助呢?

探究哪些因素是造成这次广州市登革热大暴发的主要原因, 评估天气因素对登革热疫情发展的影响, 给出影响登革热疫情的重要气候指标从而为公共卫生部门政策制定提供依据是本节的主要目的. 首先, 建立考虑气候因素的蚊子的阶段结构模型以及登革热的传播模型, 然后, 根据收集到的数据估计模型的重要参数, 最后, 根据估计得到的参数进行数值实验, 分析温度、总降雨量、降雨量的短期分布和长期分布对有效再生数的影响.

11.2.1 数学模型

对蚊媒传染病的数学模型研究早在 1970 年就已经开始了, 经典的蚊媒传播模型是 Ross-Macdonald 模型, 在模型中将蚊子和人分别分为易感者和染病者, 研究细菌或病毒在蚊子和人之间的传播模式 (参见第 4 章). 这里我们不列出登革热的传播模型, 而是直接考察表征疾病暴发或灭绝的重要阈值, 即再生数. 第 4 章中阐明了基本再生数 R_0 在传染病模型中具有非常重要的地位, 它表示在疾病传染初期, 一个染病者在其染病周期内平均感染的下一代染病者的个数. 与基本再生数类似的另一个概念是有效再生数 $R(t)$, 它表示 t 时刻一个染病者在其染病周期内能够感染的下一代染病者的个数. 在考虑传染率、死亡率、出生率等参数随时间变化时, 或者考虑控制措施的有效性时, 有效再生数往往比基本再生数更具有实际意义. 由于登革热是一种蚊媒传播疾病, 蚊子的生长周期受温度和降雨量的影响, 并且蚊子对人的叮咬率, 叮咬一次传染的概率等也受温度影响, 而温度、降雨量是随时间变化的量, 因此研究登革热的有效再生数是具有实际意义的.

设 $a(t)$ 表示蚊子对人的叮咬率, $b_h(t)$ 表示叮咬一次蚊子传染人的概率, $b_m(t)$ 表示叮咬一次人传染蚊子的概率, $\mu_2(t)$ 表示成蚊的死亡率, $n(t)$ 表示蚊子的潜伏期, T_h 表示人的染病周期, $N_M(t)$ 表示成蚊的数量, N_H 表示人的数量. $a(t)b_hT_hN_M(t)/N_H$ 表示一个染病者能够传染多少个蚊子, $a(t)b_m(t)\exp(-\mu_2(t)n(t))/\mu_2(t)$ 表示一个染病的蚊子能够传染多少个人. 由有效再生数的定义得

$$R(t) = a^2(t)b_h(t)b_m(t)\exp(-\mu_2(t)n(t))T_hN_M(t)/\mu_2(t)N_H \tag{11.2.1}$$

这里

$$a(t) = a_1T(t) + a_2, \quad 12.4 \leqslant T(t) \leqslant 32$$

$$n(t) = a_3 + \exp(a_4 - a_5T(t))$$

$$b_m(t) = \begin{cases} a_6(T(t)) - a_7, & 12.4 \leqslant T(t) \leqslant 26.1 \\ 1, & 26.1 < T(t) \leqslant 32.5 \end{cases}$$

$$b_h(t) = a_8(T(t))(T(t) - 12.286)\sqrt{32.461 - T(t)}, \quad 12.286 \leqslant T(t) \leqslant 32.461$$

参数形式可参见文献 [14, 41, 68].

为了刻画蚊子的数量 $N_M(t)$, 引入蚊子的阶段结构模型:

$$\begin{cases} M_{IM}'(t) = b(t)M_A(t) - d(t)M_{IM}(t) - \mu_1(t)M_{IM}(t) \\ M_A'(t) = d(t)M_{IM}(t) - \mu_2(t)M_A(t) \\ W'(t) = \lambda(t) - \delta W(t) \end{cases} \tag{11.2.2}$$

其中 M_{IM} 表示幼虫阶段的蚊子数量指标, M_A 表示成熟阶段的蚊子数量指标, $b(t)$ 表示蚊子的出生率, $d(t)$ 表示蚊子从幼虫到成蚊的成熟率, $\mu_1(t)$ 表示蚊子幼虫的死亡率, W 表示湿度指标, $\lambda(t)$ 表示降雨量, δ 表示水分蒸发的速率. 参数的具体形式如下

$$b(t) = b_0 + \frac{E_{\max}}{1 + \exp\left(-\dfrac{W(t) - E_{\text{mean}}}{E_{\text{var}}}\right)}$$

$$\mu_i(t) = 1 - \mu_{0i}\exp - \left(\frac{T(t) - T_0}{v}\right)^2$$

$$d(t) = A\frac{T(t)+K}{298.15}\frac{\exp\left(\dfrac{HA}{1.987}\left(\dfrac{1}{298.15} - \dfrac{1}{T(t)+K}\right)\right)}{1 + \exp\left(\dfrac{HH}{1.987}\left(\dfrac{1}{TH} - \dfrac{1}{T(t)+K}\right)\right)}$$

其中 $T(t)$ 表示第 t 天的温度, 其余参数值参见表 11.2.1. 需要注意的是, 这里 M_{IM} 和 M_A 只表示蚊子幼虫阶段和成熟阶段的数量波动情况, 并不是实际数量, 因此成

蚊数量记为 $N_M = cM_A$, c 为常数. 将 N_M 代入有效再生数的表达式 (11.2.1) 即可将温度和降雨量对蚊子生长阶段的影响嵌入传播过程中.

表 11.2.1 模型中参数的定义与取值

参数	定义 (单位)	取值
b_0	出生率的基础值	2.4337
$E_{\max}$	最大出生率	2.9147
E_{mean}	出生率达到 $E_{\max}$ 的 50% 时湿度指标的值	0.0024
E_{var}	方差	4.0471
A	假设关键酶无温度失活时的发展速度	0.1508
HA	酶催化反应的活化焓 (cal mol^{-1})	39949.6
HH	与酶的高温失活相关的焓变化 (cal mol^{-1})	28007.4
K	以开氏单位表示的空气温度	273.15
TH	50% 的酶被高温灭活的温度	298.8704
μ_{01}	幼蚊存活率的基础值	0.9514
μ_{02}	成蚊存活率的基础值	0.5943
T_{01}	幼蚊生存的最适温度	16.0427
v_1	幼蚊的方差	6.2841
T_{02}	成蚊生存的最适温度	21.0372
v_2	成蚊的方差	13.4776
δ	水分蒸发的速率	0.6094

11.2.2 数据特点

天气数据 为了研究天气因素对登革热疫情的影响, 我们从天气网 (http: // weather.org/ weatherorg_records _and_averages.htm) 上收集到了 2012 年至 2017 年的历史天气数据, 包括每天的最高温度和最低温度, 从而计算得到相应的日平均温度和温差. 通过假设温度在最高温度和最低温度之间呈正弦曲线变化, 可以计算得到一天内任何时间点的温度.

病例数 从 1989 年开始登革热已经被宣布为依法呈报的传染病. 因此, 登革热病例数可以从广州 CDC 的监测系统中获得. 我们收集到了在 2014 年 9 月 22 日到 10 月 30 日之间广州市每天报道的新发病例数和累积病例数, 以及 2015 年至 2017 年的少量数据 (表 11.2.2 和图 11.2.1(a), (b)).

表 11.2.2 2012 年至 2017 年总病例数和输入病例数

年份	2012	2013	2014	2015	2016	2017
总病例数	154 [17]	1332 [17]	37340①	99②	177③(10.23)	79③(8.23)
输入病例数	15	83		45		36

注: ① http://www.gzcdc.org.cn/News/View.aspx?id=1904;

② http://news.timedg.com/2016-01/17/20338950.shtml;

③ http://www.gdwst.gov.cn/

蚊媒数据　从 2002 年起广州市一直系统地采用传统的监测方法对伊蚊幼虫指标进行监测. 布雷图指数是对伊蚊密度进行监测的常用指标, 具体监测方法为: 在每个区, 选定一至三个街道作为布雷图指数监测点, 每天对选定的至少 50 间房屋内的容器进行检测. 布雷图指数就是根据每 100 间房屋有幼蚊和蚊卵的阳性容器数来计算. 2014 年 9 月 22 日至 10 月 30 日期间, 广州市 CDC 几乎每天都报告雷图指数监测数据, 2015 年至 2017 年几乎每周报告雷图指数的监测数据 (图 11.2.1(c)).

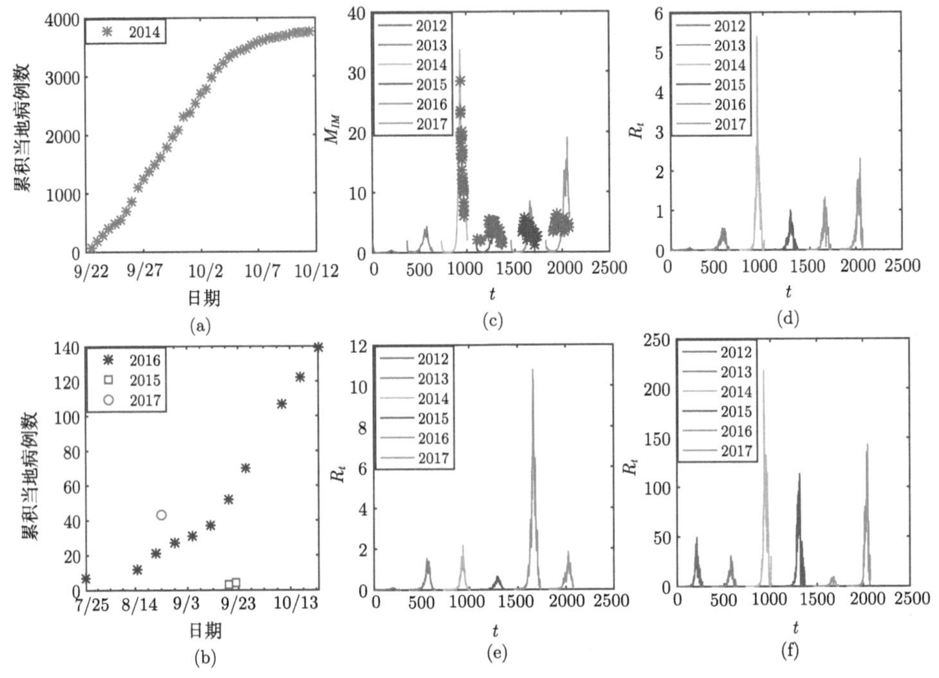

图 11.2.1　(a)—(b) 累积病例数. (c) 布雷图指数 (星号) 和蚊子模型的模拟结果. (d) 有效再生数的估计结果. (e) 与 (f) 2012 年至 2017 年的有效再生数. (e) 2012 年至 2016 年温度固定为平均温度. (f) 年降雨量数据取为 2012 年至 2016 年的平均降雨量

(彩图见封底二维码)

11.2.3　参数估计

蚊子模型的参数可以由蚊子的布雷图指数的数据拟合模型中的 M_{IM} 得到, 参数取值见表 11.2.1, 细节参见文献 [140]. 传播模型中, 假设传染周期 T_h 为 5 天, 其余参数由第 10 章介绍的 MCMC 方法估计. 设 $\theta = (c/N_h, a_1, a_2, a_3, a_4, a_5, a_6, a_7, a_8)$, 为了估计参数 θ, 下面我们主要给出未知参数的似然函数. 假设第 t 天的本土新发病例数为 i_t, p_j 为第 j 天续代时间的概率, 则第 t 天的平均新发病例数为

$$\phi_t = \Lambda_t R(t) = R(t) \sum_{j=1}^{\min(t,k)} p_j i_{t-j}$$

假设 i_t 服从均值为 ϕ_t 的 Poisson 分布, 即 $i_t \sim \mathrm{Pois}(\phi_t)$, 则未知参数的似然函数为

$$L(\theta) = \prod_{t=1}^{39} \frac{\exp(-\phi_t)\phi_t^{i_t}}{\Gamma(i_t+1)}$$

其中 $\Gamma(x)$ 为 Gamma 函数, 假设续代时间的分布是均值为 14, 方差为 2 的 Gamma 分布 [57], 且最大续代时间 $k = 20$, 取无信息先验分布, 代入 2014 年的新发病例数据, 利用 MH 算法可得参数的估计值, 见表 11.2.3. 估计得到的有效再生数见图 11.2.1(d).

表 11.2.3 MCMC 参数估计结果

	均值	标准差	Geweke 收敛判别
c/N_h	5.7621	2.4118	0.97758
a_1	0.016045	0.0017109	0.98439
a_2	0.069927	0.0116	0.91554
a_3	3.6499	0.14362	0.9819
a_4	4.8494	0.34425	0.98539
a_5	0.16352	0.016408	0.9658
a_6	0.060611	0.0057082	0.95442
a_7	0.59654	0.058383	0.96456
a_8	0.0014409	0.00031471	0.90031

11.2.4 气象因子对有效再生数的影响分析

为了研究降雨和温度对蚊虫数量和登革热传播的影响, 我们研究了温度或降雨量的数据分别取 2012 年至 2016 年的平均值, 蚊虫种群和有效再生数如何变化. 换言之, 我们通过使用降水 (或温度) 的均值来研究温度 (或降水) 的影响. 图 11.2.1(e) 给出了当温度数据取 2012 年至 2016 年的平均温度时的模拟结果. 结果表明, 2013 年和 2016 年的有效再生数比图 11.2.1(d) 中的要大, 尤其是 2016 年的有效再生数最大. 这表明, 2016 年的降水对蚊子繁殖有很大贡献. 重复上述过程, 将年降雨量数据取为 2012 年至 2016 年的平均降雨量, 并绘制有效再生数, 图 11.2.1 每年的有效再生数比不取平均时要大, 特别是 2014 年的有效再生数仍然是最大的. 这表明, 2014 年的气温对研究期间蚊虫繁殖和登革热传播最为有利. 由图 11.2.1(f) 可知, 降雨量取平均时, 2016 年的有效再生数最小, 这意味着 2016 年的温度对登革热的传播最不利. 这就是为什么 2016 年疫情不那么严重的原因.

为了进一步分析温度对登革热传播的影响, 我们在图 11.2.2 中给出了关于日平均温度和日降雨量的有效再生数的等高线图. 我们假定每天降雨量和温度都是相等

的. 将模型 (11.2.2) 和公式 (11.2.1) 运行到第 30 天, 并保存在第 2、5、8、10、20 和 30 天的再生数的值, 变化每天的降雨量和温度可画出有效再生数的等高线. 等高线图表明: 温度的升高对有效再生数影响较大而且是瞬时的. 由图 11.2.2(a)—(b) 可知, 当温度相对较低 (低于 25℃左右) 或非常高 (高于 33℃左右) 时, 增加日降雨量几乎不会影响有效再生数的值. 而对于适宜的温度 (25℃ 至 33℃之间), 日降雨量的变化对有效再生数影响很大, 但影响在几天后才显现出来 (图 11.2.2(c)—(f)), 即降雨量的变化与有效再生数增加之间存在几天的时滞. 因此, 对登革热传播的最有利温度约为 30℃, 而非常高或低的温度不利于登革热传播. 也可以从图 11.2.2(c)—(f) 中观察到, 有效再生数最大值的最佳温度随时间逐渐变大, 这与蚊子生存的最佳温度相对较小 (约 27℃ [140]), 而登革热传播的最佳温度相对较大 (约 32℃ [140]) 这与事实相一致, 即在最初的模拟中只有很少的蚊子和单个感染者, 温度最初主要影响蚊子的生长, 然后随着蚊子数量的增加, 不仅影响蚊子的繁殖还影响蚊子的叮咬率以及每次叮咬的传播概率. 此外, 比较图中的 R_t 值表明, 连续降雨数天可能不会导致 R_t 显著增加, 而连续降雨超过 20 天将导致 R_t 显著增加.

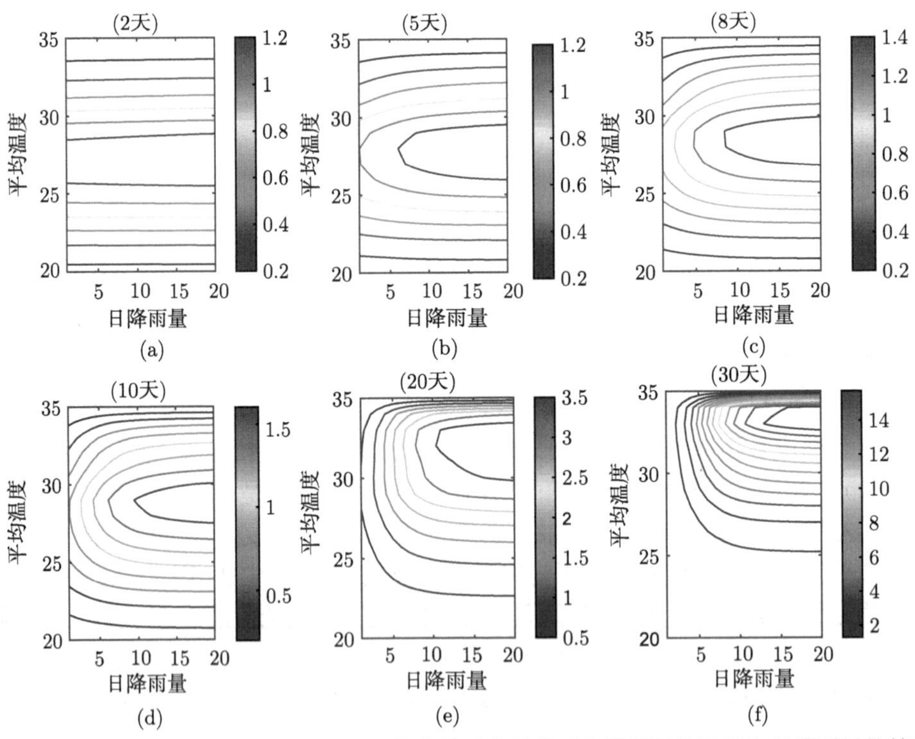

图 11.2.2　第 2、5、8、10、20 和 30 天的有效再生数关于参数日平均温度和日降雨量的等高线图 (彩图见封底二维码)

为了研究降雨对登革热疫情的影响, 我们主要分析降雨量的分布对有效再生数的影响. 这里降雨量的分布我们分为短期分布和长期分布两种情况. 对于短期分布, 我们主要研究一个月的降雨量分布情况对有效再生数的影响. 为此我们首先分析降雨量的短期分布对有效再生数是否有较明显的影响. 固定总的降雨天数为 10 天, 从 1 到 30 无放回地抽取 10 个随机数作为降雨的日期, 可以得到一组降雨量的短期分布. 这样反复抽取 50 组 (图 11.2.3), 对于每一组分布, 我们固定温度为 30℃, 假设每天降雨量相等, 总的降雨量从 1 到 200 变化时计算这一个月内产生的蚊媒数量. 如图 11.2.3, 当总的降雨量增大时, 蚊媒数量呈上涨趋势, 但对于不同的降雨分布, 相同总降雨量下蚊媒数量也有相当大的差别. 例如, 当总降雨量为 200 时, 某些降雨分布下蚊媒数量达到了 60 左右, 而某些降雨分布下蚊媒数量只有 30 左右. 这说明降雨量的短期分布对于蚊媒数量有较明显地影响, 因此对有效再生数也会有较大影响.

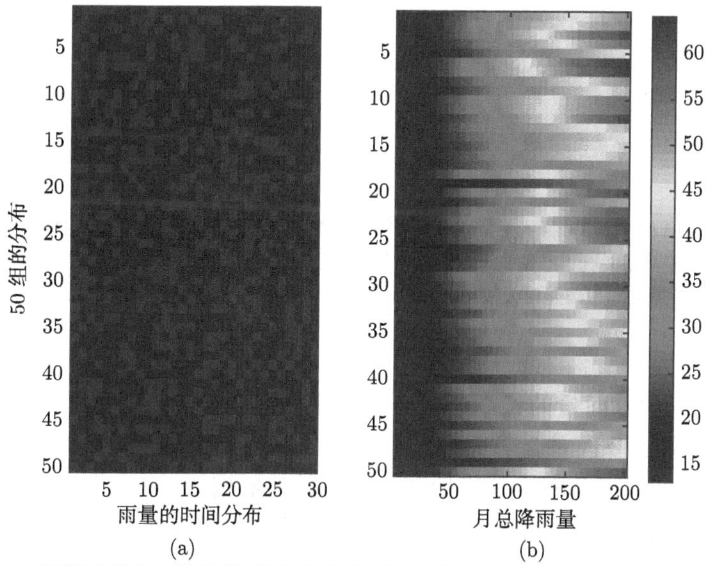

图 11.2.3 (a) 月降雨分布. 蓝色表示没下雨, 红色表示下雨; (b) 不同降雨分布下一个月产生的蚊子总数随总降雨量的变化 (彩图见封底二维码)

其次我们来具体考察什么样的短期分布更有利于登革热的传播. 我们固定总的降雨量为 100, 200, 300, 变化降雨天数由 1 天到 30 天, 来观察蚊媒数量和有效再生数的变化情况. 这里我们考虑两种情况, 第一种是随机降雨, 这时我们仍然是从 1 到 30 无放回地抽取随机数作为降雨日期; 第二种是规则降雨, 即 k 天降一次雨, $k = 1, 2, 3, 5, 6, 10, 30$. 如图 11.2.4, 我们发现, 当降雨天数增大时, 蚊媒数量和有效再生数的均值是增大的, 特别地, 当隔一两天下一次雨时是最有利于蚊媒滋生和登革热的传播.

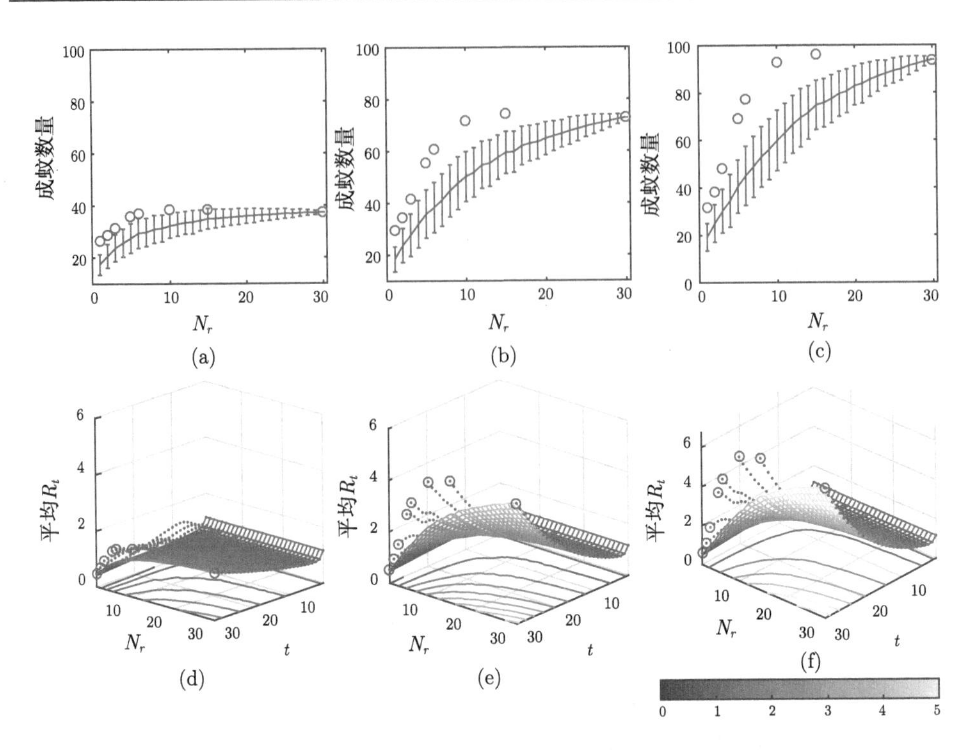

图 11.2.4 (a)—(c) 一个月内产生的蚊子数量随降雨天数 N_r 的变化

蓝色线表示随机降雨情况下产生蚊子数量的均值和标准差, 红色圆圈表示规则降雨情况下的蚊子数量. (d)—(f) 有效再生数的均值随降雨天数 N_r 和时间的变化, 蓝色表示随机降雨情况, 红色表示规则降雨情况 (彩图见封底二维码)

下面来考虑降雨量的长期分布对登革热疫情的影响, 这里长期分布我们取年分布. 首先, 总的降雨量、降雨天数和每天的温度取为 2012 年到 2016 年广州市数据的均值. 从贝塔分布中随机抽取随机数并映射到 $[1, 365]$ 作为降雨日期, 从而给出降雨量的年分布. 对于不同的降雨量年分布, 计算并观察有效再生数的值. 图 11.2.5(a)—(f) 给出了降雨量分布及 150 组降雨量分布下有效再生数的均值和标准差. 从图 11.2.5(a)—(f), 降雨量的峰值从春季变化到夏季再到秋季, 我们发现有效再生数先增大后减小. 降雨量峰值在夏季 (六、七月份) 时, 有效再生数最大. 这说明夏季出现降雨量高峰时, 登革热大暴发的风险较高. 进一步地, 我们想知道峰值在夏季时, 分布的峰度对有效再生数有何影响. 由此我们从不同峰度的贝塔分布中抽样, 并比较其有效再生数. 由图 11.2.6 得, 降雨量分布的峰度太大或太小, 即分布太集中或太分散, 都不利于登革热的传播. 因此, 我们得到降雨量的年分布峰值在夏季并且峰度适中时是最有利于蚊媒滋生和登革热的传播, 即此时登革热大暴发的风险最高.

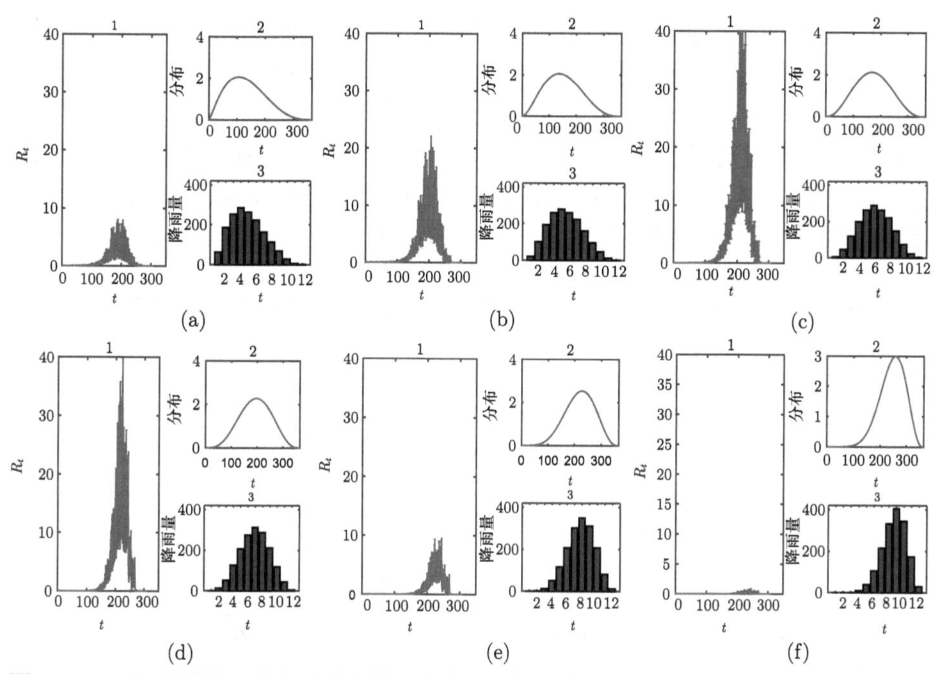

图 11.2.5　① 不同降雨分布下的有效再生数. 红色线表示 150 组随机降雨分布下有效再生数的均值, 蓝色线表示标准差. ② 用来产生降雨数据的分布. ③ 150 组降雨数据的分布. 用来随机抽样的贝塔分布分别为: (a) Be(2.24, 4), (b) Be(2.8, 4), (c) Be(3.54, 4), (d) Be(4.55, 4), (e) Be(6, 4), (f) Be(8.29, 4) (彩图见封底二维码)

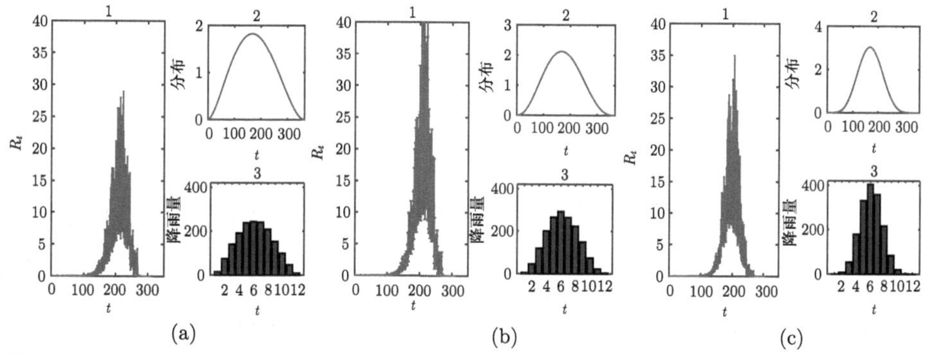

图 11.2.6　① 不同降雨分布下的有效再生数. 红色线表示 150 组随机降雨分布下有效再生数的均值, 蓝色线表示标准差. ② 用来产生降雨数据的分布. ③ 150 组降雨数据的分布. 用来随机抽样的贝塔分布分别为: (a) Be (2.69, 3), (b) Be (3.54, 4), (c) Be (6.92, 8) (彩图见封底二维码)

以上数值研究表明降雨量的短期分布和长期分布对登革热的传播都有较大影响, 那么能否由此给出近年来广州市气候对登革热疫情影响的排序呢? 为了给出合理的排序, 我们总结以上分析可以得到登革热疫情大小的指标包括: 较大的总降雨量, 较大的降雨天数, 夏季出现降雨量高峰且年降雨量分布峰度适宜. 因此我们首先给出各年份温度、总降雨量和总降雨天数的排序, 其次通过降雨量的实际数据与模拟数据的相关性分析得到年降雨分布的排序. 具体排序见表 11.2.4.

表 11.2.4　2012—2016 年广州市降雨情况对登革热有效再生数影响的排序

	第一	第二	第三	第四	第五
温度	2014	2015	2012	2013	2016
总降雨量	2016(2117.3*)	2015(1856.8)	2014(1629.4)	2013(1535.6)	2012(1131.8)
总降雨天数	2016(162**)	2015(140)	2014(137)	2013(130)	2012(111)
年降雨分布	2013	2014	2016	2012	2015

注: * 总降雨量; ** 总降雨天数.

综上所述, 我们得出结论: 降雨是影响登革热疫情的一个重要因素, 总降雨量大可能导致大的疫情暴发, 但总降雨量不是决定疫情大小的唯一因素, 降雨量的分布情况也是决定疫情大小的重要指标之一. 数值研究表明 6 月下旬到 8 月的降雨出现峰值可导致比其他任何月份出现降雨峰值时更大的有效再生数. 实际上, 广州月平均气温的峰值是 6—8 月. 因此, 我们的研究结果表明: 在高温季节大量降雨有利于登革热的传播. 特别是在 6—8 月多雨、高温的广州, 适宜的月降水分布 (即每一两天有一次频繁降雨) 会导致相对较大的有效再生数, 从而导致更多新的登革热感染. 此外, 研究结果表明降雨对有效再生数的影响存在时滞, 而且最佳年降雨分布峰值与新发病例峰值 (9 月底) 之间也存在时滞, 因此这些结果为登革热传播的早期预警提供了有力的依据.

11.3　雾霾防控与流感样病例数据的多尺度模型分析

2013 年, 雾霾 (smog) 成为年度关键词, 此年 1 月份 4 次严重雾霾过程笼罩全国 30 个省 (区、市), 而北京 1 月份只有 5 天不是雾霾天. 霾是由空气中的灰尘、硫酸、硝酸、有机碳氢化合物等粒子组成的, 它能使大气浑浊, 视野模糊并导致能见度降低. 当水平能见度小于 10000 m 时, 称这种非水成物组成的气溶胶系统造成的视程障碍为霾. 2014 年 1 月 4 日, 国家减灾办、民政部首次将危害健康的雾霾天气纳入 2013 年自然灾情进行通报. 2014 年 2 月 20—26 日, 北京市持续 7 天的重度雾霾天气导致部分监测站点 PM2.5 浓度超过 550 μg/m^3, 达到空气质量指标 (AQI) 评价的浓度上限, 即“爆表”. 近年来中国特别是我国西部地区正面临最严重的空

气污染问题 [85, 95, 126].

据统计, 2015 年 11 月和 12 月全国共集中出现了 11 次大范围持续性强霾过程. 2015 年最严重的一次强霾过程发生在 11 月 27 日至 12 月 1 日之间, 涉及华北以及山东和河南等省份, 具有强度大、范围广、雾与霾混合、能见度持续偏低、影响大等特点. 11 月 30 日, 北京、河北局部地区 AQI 指标最高超过 900 $\mu g/m^3$, 北京琉璃河监测站高达 976 $\mu g/m^3$. 2017 年 1 月 10 日中国气象局发布的《2016 年中国气候公报》显示: 2016 年我国出现了 8 次大范围、持续性久的中到重度霾的天气过程. 尽管较 2015 年少 3 次, 但是 2016 年入冬后持久雾霾天气影响全国多个地区, 很多城市严重污染天数和 AQI 指标持续增加, 如图 11.3.1 的西安市 AQI 指标近 6 年变化情况. 2016 年 12 月 16 日至 21 日, 华北、黄淮等地出现了持续时间最长、影响范围最广、污染程度最重的霾天气过程, 普遍处于中到重度污染当中. 2016 年 12 月 17 日 14 时, 华北地区、黄淮地区和江淮地区受霾影响总区域约为 75 万平方公里, 影响包括京津冀、山西、陕西、河南等 11 个省市在内的地区.

人类社会经济活动必然会排放包括 PM2.5 在内的大量细微颗粒污染物, 在特定的气象条件与地理位置下, 当排放量超出大气循环能力, 细颗粒物浓度将持续积聚，就极易出现大范围的雾霾. 比如: 西安北邻黄土高原、南邻秦岭山脉、西部和东南部山脉密集, 导致东北风极易将外来污染输入关中盆地, 再加上特殊地形和气候条件不利于污染物扩散, 不仅加剧了雾霾的肆虐, 而且受地形阻隔盘桓不去. 同时, 西安机动车保有量约 255 万辆, 机动车尾气对 2015 年西安市大气颗粒物 PM2.5 的贡献约为 21.4%, 包括冶金、窑炉与锅炉、机电制造业、建材生产在内的燃煤污染, 以及包括西安在内的北方城市冬季烧煤供暖所产生的废气等一系列人类活动也会加重大气的污染. 因此, 雾霾是特定气候条件与人类活动共同作用的结果. 如

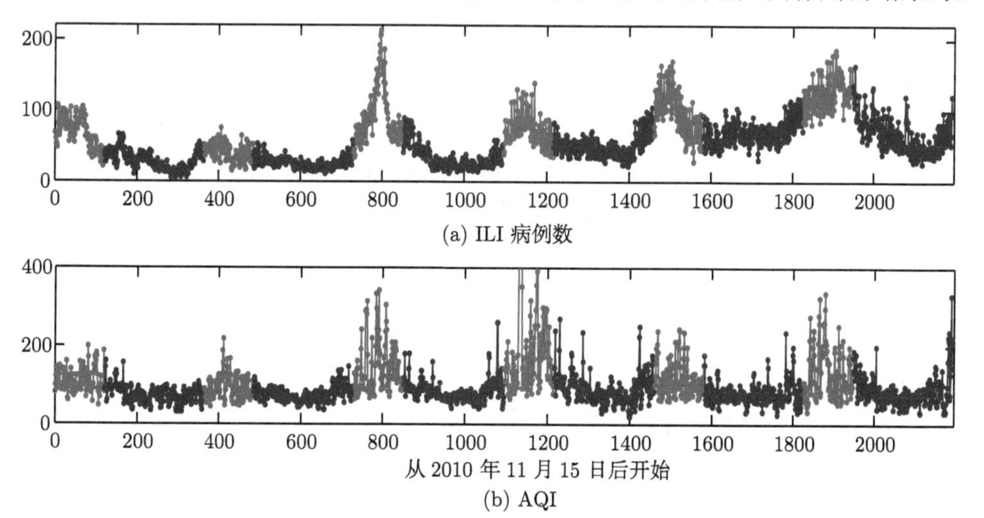

(a) ILI 病例数

(b) AQI

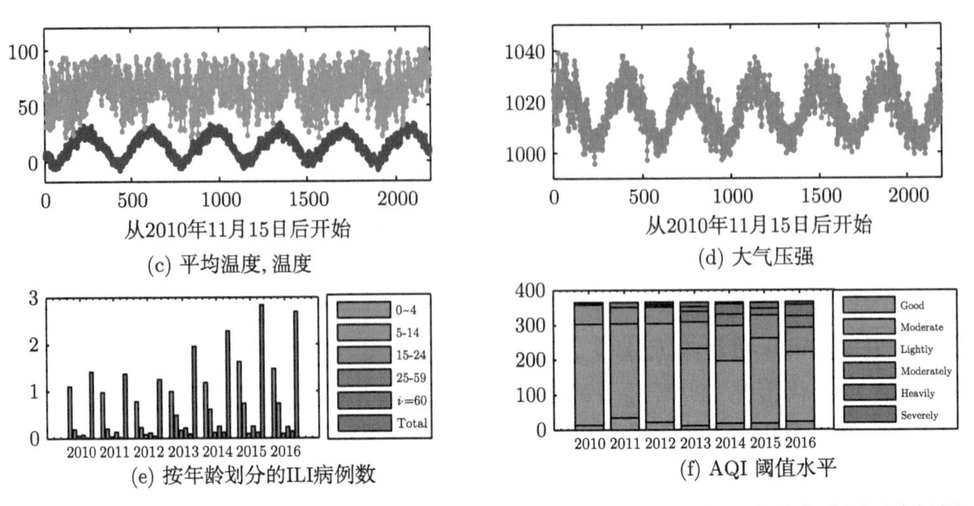

图 11.3.1 (a) 从 2010 年 11 月 15 日到 2016 年 11 月 14 日陕西省 7 个哨点监测医院新报告 ILI 病例数. (b) 西安 AQI 监测指标. (c)—(d) 平均温度、湿度和压强. (e) ILI 病例数的年龄分布特征. (f) AQI 监测指标每年严重程度天数的分布情况. 其中图 (a) 和 (b) 中的粉色曲线表示当年的 11 月 15 日到次年的 3 月 15 日的时间区间 (彩图见封底二维码)

图 11.3.1(b) 所示: 西安市每年 11 月 15 日到次年的 3 月 15 日供暖期间, AQI 指标明显高于其他时间. 根据 AQI 数据, 2016 年 12 月 17 日西安雾霾指数排名全球达到第 5 位和全国第 4 位.

11.3.1 雾霾与典型疾病的关联

美国环保署 2009 年发布《关于空气颗粒物综合科学评估报告》指出 [85, 95, 126]: 大量的科学研究结果证实大气细粒子能吸附大量致癌物质和基因毒性诱变物质, 给人体健康带来包括死亡率升高、慢性病加剧、呼吸系统及心脏系统疾病恶化、改变人体的免疫结构等不可忽视的负面影响. 2012 年发表在《美国呼吸与重症护理医学杂志》的研究结果表明: 面对严重的空气污染, 人类的心脏比肺更脆弱 [85, 95, 126]. 随着科技的快速发展和发现低浓度污染物对人体影响能力的不断加强, 我们发现空气污染不仅与呼吸病死亡有关, 也与包括心脏病在内的其他疾病密切相关 [85, 95, 126]. 2013 年《欧洲心脏杂志》发表的成果揭示了患有急性冠脉综合征的患者如果暴露在含有 2.5 μm 可吸入颗粒物的空气中, 死亡率将上升. 2013 年 11 月, 世界卫生组织宣布空气污染物是地球上“最危险的环境致癌物质之一”.

特别地, ① 雾霾天气易诱发呼吸系统疾病. 这主要是因为雾霾的组成成分包括数百种大气化学颗粒物质, 容易引发支气管哮喘、阻塞性肺气肿、慢性支气管炎、鼻炎等呼吸系统疾病; ② 雾霾天气易诱发心血管系统疾病. 这主要是因为雾霾天气会降低大气的气压, 此时在室外活动, 会造成血压升高、呼吸急促、胸闷等症状, 特别是会诱发老年人出现急、慢性心脏、血管等疾病; ③ 雾霾天气增加传染病的发生率. 雾霾天气会降低太阳的光照穿透度, 影响近地层紫外线的杀菌作用, 使得传染性疾病病毒的活性增强, 从而导致发生率增加, 传染病增多. 因此, 雾霾天气对人体的危害不可小视, 特别是对儿童的影响更为严重, 如图 11.3.1 中总流感样病例数与 0—4 岁儿童流感样病例数.

如何量化、评估和预测雾霾与上述典型疾病的复杂关系和相互影响是一个具有重要现实意义和挑战的科学问题, 近年来得到了高度重视和初步研究. 国内空气污染物与疾病的相关性近年也得到了广泛关注和研究. 下面我们根据自身的研究成果, 向大家介绍如何就雾霾与流感样病例数复杂关联和相互影响这一实际问题, 通过收集数据、发展模型、分析模型和估计参数并实现模型拟合, 研究包括减排等防控措施对降低雾霾监测指标以及流感样病例数的作用, 并提出合理的减排防控方案, 服务于国家绿色生态建设.

11.3.2 AQI 的动力学模型及其数据分析

为了实现研究雾霾污染物指标动态变化对流感样病例数的动态影响, 首先必须建立能够反映西安市 AQI 指标的动力学模型. 其核心思想就是能够刻画西安市供暖季节与一年中其他时间段之间的区别, 为后面研究减排防控策略的有效性提供条件.

因此, 为了方便, 我们把图 11.3.1 中粉色区域或图 11.3.2 中的供暖时间段称为坏季节, 而其他时段称为好季节. 把供暖、汽车尾气等污染物的排放称为影响 AQI 变化的输入率, 风、雨等气象因子以及自然清除称为影响 AQI 变化的清除率. 基于上述假设, 则 AQI 的动态变化过程可用如下的一维微分方程刻画

$$\frac{\mathrm{d}F(t)}{\mathrm{d}t} = c(t) - \mu(t)F(t) \tag{11.3.1}$$

其中 $c(t)$ 为污染物的输入率, 包括工业和汽车等的常年释放率 (记为常数 c_0), 也包括冬季供暖等特定季节的额外输入率 (记为 c_a). 因此, 根据好坏季节的定义, 输入率函数 $c(t)$ 可以定义为如下一般形式的分段函数:

$$c(t) = \begin{cases} c_0 + c_a, & t \in [T_1, T_2] \\ c_0, & t \in [T_2, Y_{\text{end}}] \end{cases} \tag{11.3.2}$$

这里 T_1 和 T_2 分别表示冬季供暖季节的起始时间和结束时间, 而 Y_{end} 表示一年中好季节的结束时间. 作为特殊应用和实际数据来源, 我们仅限定考虑陕西省西安市, 因此在不考虑其他因素的情况下一年中的坏季节即当年的 11 月 15 日至次年的 3 月 15 日, 好季节为次年的 3 月 15 日至 11 月 14 日 (图 11.3.2). 所以这里考虑

的年周期是 $[T_1, Y_{\text{end}}]$, 而不是我们通常的自然年. 函数 $\mu(t)$ 是由气象因子所影响的污染物清除率. 如果仅考虑好季节和坏季节的周期变化, 则清除率函数可定义为如下的周期函数:

$$\mu(t) = \mu_0 + \mu_1 \sin(\omega t + \phi_0) \tag{11.3.3}$$

其中 $\omega = 2\pi/365$ (周期性假设有利于后面计算基本再生数). 但是, 如果考虑到每年雾霾污染物指标即 AQI 逐年增加且坏季节时间区间变宽的特点, 我们采用如下与时间有关的清除率函数:

$$\mu(t) = \mu_0 + (\mu_1 + \mu_2 t) \sin(\omega t + \phi_0) \tag{11.3.4}$$

其中 μ_2 刻画振幅是如何增加的, 且能根据实际数据加以估计.

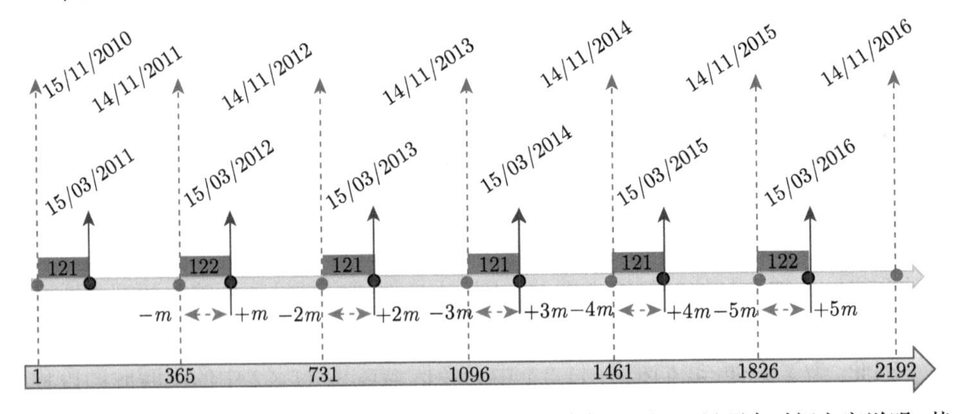

图 11.3.2　雾霾监测指标 AQI 从当年 11 月 15 日到次年 3 月 15 日研究时间方案说明, 其中 m 是一个刻画逐年雾霾天数增加的参数 (彩图见封底二维码)

这里用到的 AQI 监测指标数据来源于网站 www.tianqihoubao.com, 从 2010 年 11 月 15 日到 2016 年 11 月 14 日之间的监测数据如图 11.3.1(b). 目前政府机构区分优良天气的阈值水平共六个区间, 分别是优 (0, 50)、良 (51, 100)、轻度污染 (101, 150)、中度污染 (151, 200)、重度污染 (201, 300)、严重污染 (301, 500). 当 AQI 指标超过 500 后为爆表.

方程 (11.3.1) 是一个线性微分方程, 容易直接求解得到 AQI 的分段函数表达式. 如果记 $c_h = c_0 + c_a$, $n = 0, 1, 2, \cdots$, 则有

$$F(t) = \begin{cases} \mathrm{e}^{-\int_{nT+T_1}^{t} \mu(\tau)\mathrm{d}\tau} \left(F(nT+T_1) + \displaystyle\int_{nT+T_1}^{t} c_h \mathrm{e}^{\int_{nT+T_1}^{\varepsilon} \mu(\tau)\mathrm{d}\tau} \mathrm{d}\varepsilon \right), \\ \quad t \in [nT+T_1, nT+T_2] \\ \mathrm{e}^{-\int_{nT+T_2}^{t} \mu(\tau)\mathrm{d}\tau} \left(F(nT+T_2) + \displaystyle\int_{nT+T_2}^{t} c_0 \mathrm{e}^{\int_{nT+T_2}^{\varepsilon} \mu(\tau)\mathrm{d}\tau} \mathrm{d}\varepsilon \right), \\ \quad t \in [nT+T_2, (n+1)T+T_1] \end{cases} \tag{11.3.5}$$

因此,

$$F(nT+T_2)=\mathrm{e}^{-\int_{nT+T_1}^{nT+T_2}\mu(\tau)\mathrm{d}\tau}\left(F(nT+T_1)+\int_{nT+T_1}^{nT+T_2}c_h\mathrm{e}^{\int_{nT+T_1}^{\varepsilon}\mu(\tau)\mathrm{d}\tau}\mathrm{d}\varepsilon\right)$$

$$\begin{aligned}F((n+1)T+T_1)=&\mathrm{e}^{-\int_{nT+T_2}^{(n+1)T+T_1}\mu(\tau)\mathrm{d}\tau}\left(F(nT+T_2)+\int_{nT+T_2}^{(n+1)T+T_1}c_0\mathrm{e}^{\int_{nT+T_2}^{\varepsilon}\mu(\tau)\mathrm{d}\tau}\mathrm{d}\varepsilon\right)\\=&\mathrm{e}^{-\int_{nT+T_1}^{(n+1)T+T_1}\mu(\tau)\mathrm{d}\tau}F(nT+T_1)\\&+\mathrm{e}^{-\int_{nT+T_1}^{(n+1)T+T_1}\mu(\tau)\mathrm{d}\tau}\int_{nT+T_1}^{nT+T_2}c_h\mathrm{e}^{\int_{nT+T_1}^{\varepsilon}\mu(\tau)\mathrm{d}\tau}\mathrm{d}\varepsilon\\&+\mathrm{e}^{-\int_{nT+T_2}^{(n+1)T+T_1}\mu(\tau)\mathrm{d}\tau}\int_{nT+T_2}^{(n+1)T+T_1}c_0\mathrm{e}^{\int_{nT+T_2}^{\varepsilon}\mu(\tau)\mathrm{d}\tau}\mathrm{d}\varepsilon\\=&\mathrm{e}^{-\int_{T_1}^{T+T_1}\mu(\tau)\mathrm{d}\tau}F(nT+T_1)+\mathrm{e}^{-\int_{T_1}^{T+T_1}\mu(\tau)\mathrm{d}\tau}\int_{T_1}^{T_2}c_h\mathrm{e}^{\int_{T_1}^{\varepsilon}\mu(\tau)\mathrm{d}\tau}\mathrm{d}\varepsilon\\&+\mathrm{e}^{-\int_{T_2}^{T+T_1}\mu(\tau)\mathrm{d}\tau}\int_{T_2}^{T+T_1}c_0\mathrm{e}^{\int_{T_2}^{\varepsilon}\mu(\tau)\mathrm{d}\tau}\mathrm{d}\varepsilon\end{aligned}$$

故当清除率函数 $\mu(t)$ 为周期函数时, 解函数 $F(t)$ 是一个周期解当且仅当 $F((n+1)T+T_1)=F(nT+T_1)$. 所以, 模型 (11.3.1) 存在一个周期解, 记为 $F^*(t)$ 且

$$\begin{aligned}F^*(t)=&\ \mathrm{e}^{-\int_{T_1}^{T+T_1}\mu(\tau)\mathrm{d}\tau}\left(F^*(T_1)+\int_{T_1}^{T_2}c_h\mathrm{e}^{\int_{T_1}^{\varepsilon}\mu(\tau)\mathrm{d}\tau}\mathrm{d}\varepsilon\right)\\&+\mathrm{e}^{-\int_{T_2}^{T+T_1}\mu(\tau)\mathrm{d}\tau}\int_{T_2}^{T+T_1}c_0\mathrm{e}^{\int_{T_2}^{\varepsilon}\mu(\tau)\mathrm{d}\tau}\mathrm{d}\varepsilon\end{aligned}\tag{11.3.6}$$

和

$$F^*(T_1)=\frac{\mathrm{e}^{-\int_{T_1}^{T+T_1}\mu(\tau)\mathrm{d}\tau}\int_{T_1}^{T_2}c_h\mathrm{e}^{\int_{T_1}^{\varepsilon}\mu(\tau)\mathrm{d}\tau}\mathrm{d}\varepsilon+\mathrm{e}^{-\int_{T_2}^{T+T_1}\mu(\tau)\mathrm{d}\tau}\int_{T_2}^{T+T_1}c_0\mathrm{e}^{\int_{T_2}^{\varepsilon}\mu(\tau)\mathrm{d}\tau}\mathrm{d}\varepsilon}{1-\mathrm{e}^{-\int_{T_1}^{T+T_1}\mu(\tau)\mathrm{d}\tau}}$$

为了后面估计传染病模型的基本再生数, 我们首先选取数据区间为 2013 年 11 月 15 日到 2016 年 11 月 14 日, 并对模型作周期性假设. 在条件 (11.3.3) 下拟合模型 (11.3.1)—(11.3.2), 未知参数的估计值及其置信区间列在表 11.3.1 中. 模型拟合效果及其相应的置信区间估计如图 11.3.3.

表 11.3.1 参数值和初始值

参数	定义	均值 V_p, V_{np}	标准差估计 V_p, V_{np}	方法
c_0	污染物常规输入率常数	70, 90	—	假设
c_h	坏季节污染物输入常数	100, 100	—	假设
μ_0	清除率常数	0.79, 0.89	0.011, 0.007	MCMC

续表

参数	定义	均值 V_p, V_{np}	标准差估计 V_p, V_{np}	方法
μ_1	清除率常数	0.15, 0.0325	0.013, 0.012	MCMC
μ_2	清除率常数	0, 0.0001	0, 5.9×10^{-6}	MCMC
ϕ	清除率常数	3.71, 3.75	0.084, 0.05	MCMC
β_1	传染率常数	0.0027, 0.0036	0.0006, 0.001	MCMC
c_2	防控获得的最大保护率	0.209, 0.616	0.143, 0.124	MCMC
σ	疾病进展率	1/3 day^{-1}	—	[125]
γ_s	有症状感染者的恢复率	0.139, 0.14	0.003, 0.003	MCMC
γ_a	无症状感染者的恢复率	0.036, 0.02	0.004, 0.0002	MCMC
δ	感染者发展到有症状的比例	0.077, 0.499	0.013, 0.052	MCMC
θ	无症状感染者传播率的调节因子	0.4, 0.4	—	假设
k_2	饱和常数	2.762, 2.853	1.154, 1.123	MCMC
$S(0)$	易感者初始数	6175, 680	1104, 168	MCMC
$E(0)$	潜伏类初始数	778, 115	149, 12	MCMC
$I_s(0)$	有症状感染者初始数	38, 68	—	数据
$I_a(0)$	无症状感染者初始数	546,450	255, 156	MCMC

注: V_p 表示在周期假设下的估计值而 V_{np} 表示在非周期假设下的估计值.

根据非周期性假设所做的估计能够为考虑空气污染物逐年变坏的趋势进行估计和拟合, 为后面的预测和防控减排策略的探讨提供依据, 为此我们考虑整个数据区间并采用 (11.3.4) 所定义的非周期函数 $\mu(t)$. 采用参数估计的 MCMC 方法, 在条件 (11.3.4) 下拟合模型 (11.3.1)—(11.3.2), 我们得到最佳的模型拟合及其参数估计, 如表 11.3.1 和图 11.3.4(a). 由拟合图可以看出, 在当前的排放和干预政策下, 不仅坏季节区间逐年加大, 而且污染指标逐年增加. 因此, 在现有的排放和减排策略下, 空气污染可能会变得越来越严重, 主要体现在污染天数增加和严重污染天数增多等方面.

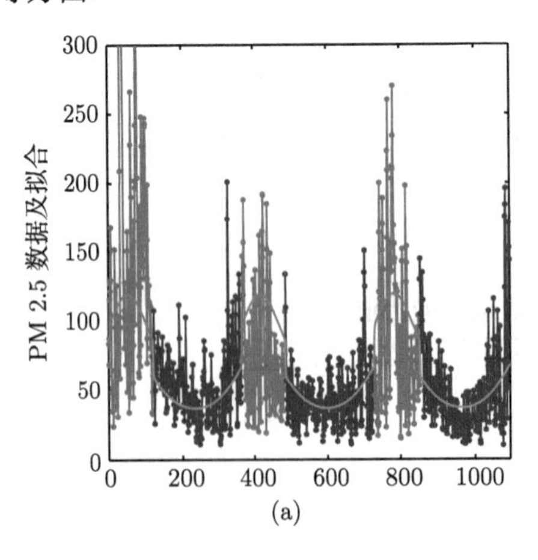

(a)

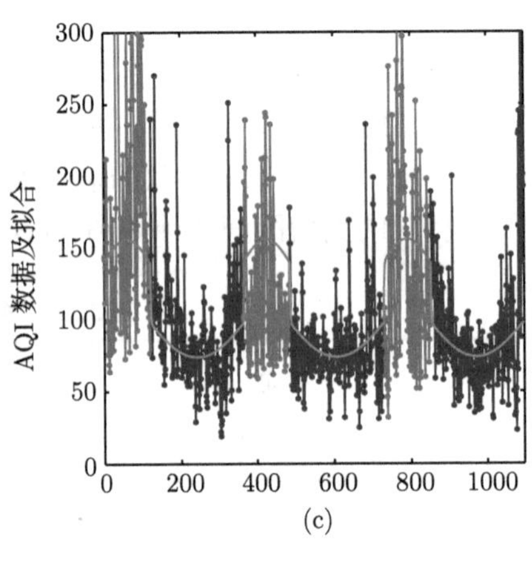

(c)

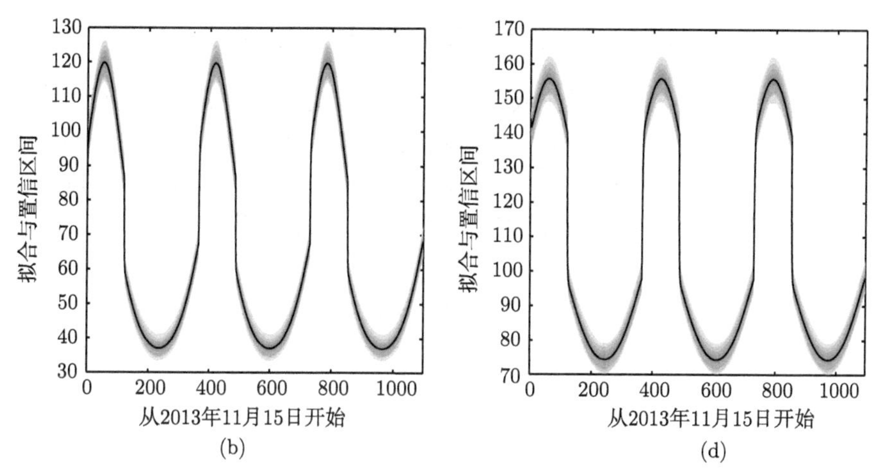

图 11.3.3 周期假设下的参数估计和最佳拟合 (彩图见封底二维码)

数据区间为 2013 年 11 月 15 日到 2016 年 11 月 14 日. (a) 和 (b) 基于 PM2.5 的参数估计与模型拟合; (c) 和 (d) 基于 AQI 的参数估计与模型拟合. 实线表示均值拟合. 灰色区域从黑到亮分别表示 50%, 90%, 95% 和 99% 置信区间

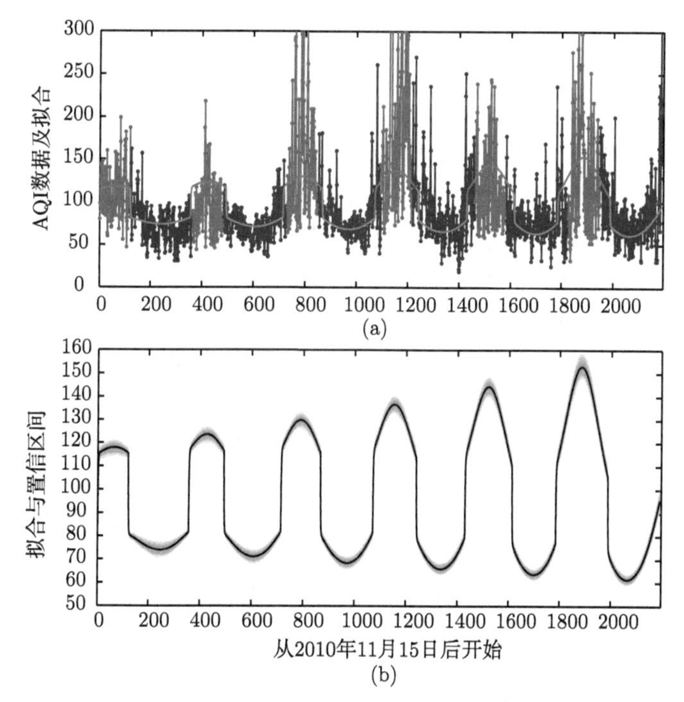

图 11.3.4 非周期假设下基于 AQI 的参数估计和最佳拟合

数据区间为 2010 年 11 月 15 日到 2016 年 11 月 14 日. 实线表示均值拟合, 灰色区域从黑到亮分别表示 50%, 90%, 95% 和 99% 置信区间

(彩图见封底二维码)

11.3.3　流感样病例数与 AQI 耦合多尺度动力学模型及数据分析

由第 4 章传染病模型的建立我们知道, 根据疾病的传播机理, 可以采用不同的仓室模型刻画不同类型的传染病. 基于流感的机理和相应的公共卫生干预措施, 我们采用文献 [4] 中相似的 SEIS 型传染病模型. 在此模型中, 人群分为易感类 (S)、潜伏类 (E)、有症状和无症状感染类 (I_s 和 I_a), 即有如下模型:

$$\begin{cases} \dfrac{\mathrm{d}S}{\mathrm{d}t} = -\lambda(t) + \gamma_s I_s + \gamma_a I_a \\ \dfrac{\mathrm{d}E}{\mathrm{d}t} = \lambda(t) - \sigma E \\ \dfrac{\mathrm{d}I_s}{\mathrm{d}t} = \delta\sigma E - \gamma_s I_s \\ \dfrac{\mathrm{d}I_a}{\mathrm{d}t} = (1-\delta)\sigma E - \gamma_a I_a \end{cases} \tag{11.3.7}$$

其中传染率函数 $\lambda(t)$ 是与 AQI 有关的且选取标准接触率函数

$$\lambda(t) = \beta(F(t))(1 - g(F(t)))S\frac{I_s + \theta I_a}{N} \tag{11.3.8}$$

这里 N 表示总人口数且是一个常数 (没有考虑出生和死亡), 其他参数和变量的解释如表 11.3.1. 该模型的一个关键假设是依赖于 AQI 的传播概率和基于 AQI 的个体行为改变, 即雾霾天气对于呼吸道或流感疾病的传播有双重效应. 为了帮助大家理解这一假设, 我们从下面两个方面加以解释: 一方面在雾霾天气, 污染物颗粒容易引起呼吸道疾病并降低患者的抵抗力, 从而增加传播概率. 也就是说传播概率可以看成一个基于 AQI 的函数, 为了简洁, 这里假设是一个基于 AQI 的线性函数, 即 $\beta = \beta(F(t)) = \beta_1 F(t)$. 另一方面, 由于有雾霾天气的预警, 更多的人会选择戴口罩或减少外出, 这样可以降低接触率而减少感染. 因此, 可以用一个调节因子 $(1 - g(F(t)))$ 来刻画雾霾天气导致人们的行为改变, 且 g 应该是一个关于 $F(t)$ 的增函数, 并满足 $0 < g(F(t)) < 1$ 和 $g(0) = 0$. 为了便于理解, 取如下的饱和函数 $g(F(t)) = \dfrac{c_2 F(t)}{k_2 + F(t)}$, 满足 $0 < c_2 < 1$ 且 k_2 为饱和常数. 在上面的假设下, 我们实现了雾霾方程与传染病方程的耦合, 进而为不同监测下多尺度数据的耦合提供了条件.

在雾霾方程周期性假设下, 传染病模型 (11.3.7) 是一个周期系统, 可以根据周期系统的相关知识计算该模型的基本再生数 [138]. 为此记 $G(t) = \beta(F(t))(1-g(F(t)))$, 模型 (11.3.7) 变为

$$\begin{cases} \dfrac{\mathrm{d}S}{\mathrm{d}t} = -G(t)S\dfrac{I_s+\theta I_a}{N} + \gamma_s I_s + \gamma_a I_a \\ \dfrac{\mathrm{d}E}{\mathrm{d}t} = G(t)S\dfrac{I_s+\theta I_a}{N} - \sigma E \\ \dfrac{\mathrm{d}I_s}{\mathrm{d}t} = \delta\sigma E - \gamma_s I_s \\ \dfrac{\mathrm{d}I_a}{\mathrm{d}t} = (1-\delta)\sigma E - \gamma_a I_a \end{cases} \tag{11.3.9}$$

容易得到模型 (11.3.9) 存在一个全局渐近稳定的疾病消除平衡态 $(\hat{S},0,0,0)$.

根据文献 [138] 中的记号, 有

$$\boldsymbol{\mathcal{F}}(t,x)=\begin{pmatrix} G(t)S(I_s+\theta I_a)/N \\ 0 \\ 0 \\ 0 \end{pmatrix}, \quad \boldsymbol{\mathcal{V}}(t,x)=\begin{pmatrix} \sigma E \\ -\delta\sigma E+\gamma_s I_s \\ -(1-\delta)\sigma E+\gamma_a I_a \\ G(t)S(I_s+\theta I_a)/N-\gamma_s I_s-\gamma_a I_a \end{pmatrix}$$

这样系统 (11.3.9) 等价于下面的系统:

$$\frac{\mathrm{d}}{\mathrm{d}t}x(t) = \boldsymbol{\mathcal{F}}(t,x) - \boldsymbol{\mathcal{V}}(t,x) \tag{11.3.10}$$

其中 $x=(E,I_s,I_a,S)$. 明显地, 文献 [138] 中的条件 (A1)—(A5) 成立. 进一步记 $f(t,x(t)) = \boldsymbol{\mathcal{F}}(t,x) - \boldsymbol{\mathcal{V}}(t,x)$ 和 $M(t) = \dfrac{\partial f_4(t,x^*(t))}{\partial x_4}$, 其中 $x^*(t)=(0,0,0,\hat{S})$ 是一个疾病消除周期解且 x_i 是 $f(t,x(t))$ 的第 i 个分量. 因此, $r(\Phi_M(\omega))<1$, 即文献 [138] 中的条件 (A6) 成立.

令 $\bar{\boldsymbol{F}}(t) = \left(\dfrac{\partial \mathcal{F}_i(t,x^*(t))}{\partial x_j}\right)_{1\leqslant i,\ j\leqslant 3}$ 和 $\boldsymbol{V}(t) = \left(\dfrac{\partial \mathcal{V}_i(t,x^*(t))}{\partial x_j}\right)_{1\leqslant i,\ j\leqslant 3}$, 其中 $\boldsymbol{\mathcal{F}}_i(t,x)$ 和 $\boldsymbol{\mathcal{V}}_i(t,x)$ 分别是 $\mathcal{F}(t,x)$ 和 $\mathcal{V}(t,x)$ 的第 i 个分量. 则有

$$\bar{\boldsymbol{F}}(t) = \begin{pmatrix} 0 & G(t) & G(t)\theta \\ 0 & 0 & 0 \\ 0 & 0 & 0 \end{pmatrix}, \quad \boldsymbol{V} = \begin{pmatrix} \sigma & 0 & 0 \\ -\delta\sigma & \gamma_s & 0 \\ -(1-\delta)\sigma & 0 & \gamma_a \end{pmatrix}$$

令 $\boldsymbol{Y}(t,x)$ 是下面系统的一个 3×3 矩阵解

$$\frac{\mathrm{d}\boldsymbol{Y}(t,s)}{\mathrm{d}t} = -\boldsymbol{V}(t)\boldsymbol{Y}(t,s), \quad 对任意 \ t\geqslant s, \quad \boldsymbol{Y}(s,s)=\boldsymbol{I}$$

其中 $\boldsymbol{I}$ 是一个 3×3 单位矩阵. 因此, 文献 [138] 中的条件 (A7) 成立.

令 C_T 是序 Banach 空间中具有最大模范数的从 R 到 R^3 的所有 T-周期解的集合, 定义正锥 $C_T^+ := \{\phi \in C_T : \phi(t) \geqslant 0, \forall t \in R\}$. 进而定义如下线性算子 $L : C_T \to C_T$:

$$(L\phi)(t) = \int_0^\infty \boldsymbol{Y}(t, t-a)\bar{\boldsymbol{F}}(t-a)\phi(t-a)\mathrm{d}a, \quad \forall t \in R, \quad \phi \in C_T$$

由此, 基本再生数定义为该线性算子的谱半径, 即

$$R_0 := \rho(L)$$

定义如下的 T_l-周期系统

$$\frac{\mathrm{d}\omega}{\mathrm{d}t} = \left(-\boldsymbol{V}(t) + \frac{1}{\Lambda}F(t)\right)\omega, \quad t \in R$$

其中参数 $\Lambda \in (0, \infty)$, $\boldsymbol{W}(t, \Lambda)$ 为该系统的单值矩阵. 由于 $F(t)$ 是非负的且 $-\boldsymbol{V}(t)$ 是合作矩阵, 所以 $r(\boldsymbol{W}(T_l, \Lambda))$ 对所有的 $\Lambda \in (0, \infty)$ 是连续的和非增的, 且满足 $\lim\limits_{\Lambda \to \infty} r(\boldsymbol{W}(T_l, \Lambda)) < 1$. 为了数值计算和估计基本再生数, 我们首先需要利用数据对模型在周期性假设下估计未知参数.

陕西省疾控中心为我们提供了与雾霾监测时间范围一致的流感样病例数, 该数据包括每天报告病例数 (即体温超过 38℃, 咳嗽或咽喉疼痛的病例), 如图 11.3.1(a) 所示, 相应的年龄分布如图 11.3.1(e) 所示, 由此可知儿童受雾霾影响最大. 结合 AQI 动力学方程的参数估计和流感样病例数, 采用同样的参数估计方法, 得到模型 (11.3.7) 未知参数的估计值和置信区间, 如表 11.3.1 所示. 然后根据基本再生数的计算公式, 计算出周期假设下西安市的基本再生数为 $R_0 = 2.4067$.

同样, 也可在 AQI 动力学方程非周期假设下, 利用所有数据区间估计模型 (11.3.7) 未知参数和置信区间, 如表 11.3.1 所示, 为了避免重复, 相应的拟合效果这里不再给出, 后面分析减排防控措施对雾霾和流感样病例数的影响时再呈现拟合图形.

11.3.4 减排防控措施对雾霾和流感样病例数的影响

前面两节对基本模型进行了未知参数估计、模型拟合和相应的数学分析. 基于上述参数集合, 我们可以研究强化防控减排措施、个人行为改变等对空气污染物指标、流感样病例数的影响. 问题是如何将强化防控减排措施、个人行为改变等与模型参数结合起来? 这需要大家对模型参数的具体生物学含义有明确的认识和了解, 比如强化防控与减排措施体现在污染物常规输入率常数 c_0 和坏季节污染物输入常数 $c_h(c_h = c_0 + c_a)$ 两个关键参数上, 其中 c_0 可以体现西安市的常规机动车限行, 而 c_a 则体现了由于雾霾天气严重即坏季节采取的临时措施. 简单理解就是

常规连续性减排防控措施体现在参数 c_0 上, 而间歇性防控减排措施体现在参数 c_a 上. 传染率 β_1 和防控获得的最大保护率 c_2 等不仅与 AQI 有关, 也与雾霾天气人们戴口罩、减少外出等行为改变有关. 因此, 降低这四个参数的大小就反映了一个地区防控减排措施实施的方案和强度, 借助数学模型就能帮助分析这些措施的有效性. 下面我们具体分析如何实现并评估减排防控措施对雾霾和流感样病例数的影响.

在表 11.3.2 中我们详细地列出了减低释放率参数 c_0 和 c_a 对 2017 年、2018 年、2019 年污染天数 (轻度污染及其以上污染天数的总和) 的影响, 比如当常规输入率常数分别降到原来的 90%, 80%, 70% 时, 2017 年污染天数分别下降 7.87%, 20.37%, 33.8%. 然而, 如果只是在雾霾严重天数加强减排防控措施, 即 c_a 分别降到原来的 90%, 80%, 70% 时, 2017 年污染天数分别下降 2.78%, 6.48%, 11.57%. 通过比较不难看出, 仅在污染严重时间加强减排措施的效果与常年连续的实施减排控制措施的效果相差甚远, 其他年度也是一样. 因此, 连续持久、保持一定强度的控制措施往往能够收到较好的防控效果. 从图 11.3.5 中的解曲线能够更加明显地看出两种措施的巨大差别.

进一步, 根据已有的参数估计值, 当降低释放率参数 c_0 到其估计值的 90%, 80% 和 70% 能够有效降低流感样病例数, 比如对于 2017 年分别降低了 7.94%, 16.55% 和 25.74% (图 11.3.5(c)); 然而减低 c_a 到其估计值的 90%, 80% 和 70% 仅仅降低流感样病例数的 1.73%, 3.55% 和 5.47% (图 11.3.5(d)). 同样说明持久性的减排措施能够更加有效地降低流感样病例. 为了比较效果, 数值分析降低传染率参数 β_1 到其当前值的 90%, 80% 和 70% 能够降低流感样病例数的 10.39%, 22.25% 和 36.65% (图 11.3.6(a) 和表 11.3.2); 增加防控获得的最大保护率 c_2 10%, 20% 和 30% 将降低流感样病例数 16.32%, 35.61% 和 58.86% (图 11.3.6(b) 和表 11.3.2). 更多的关于 2018 年和 2019 年雾霾天数和流感样病例数的影响见表 11.3.2.

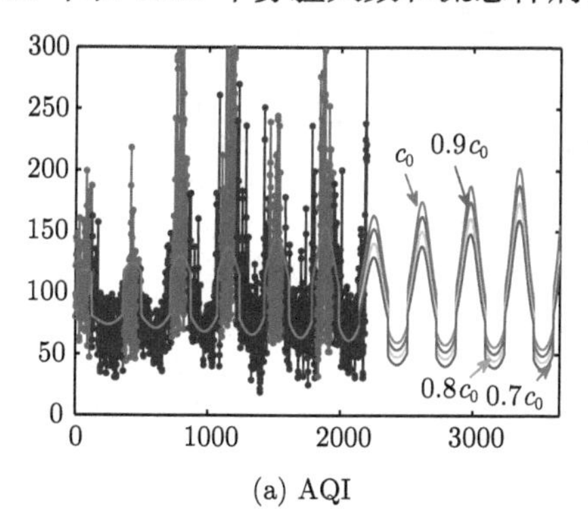

(a) AQI

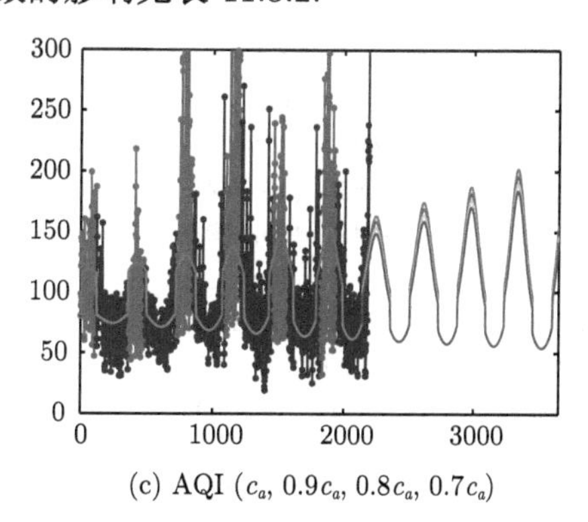

(c) AQI (c_a, $0.9c_a$, $0.8c_a$, $0.7c_a$)

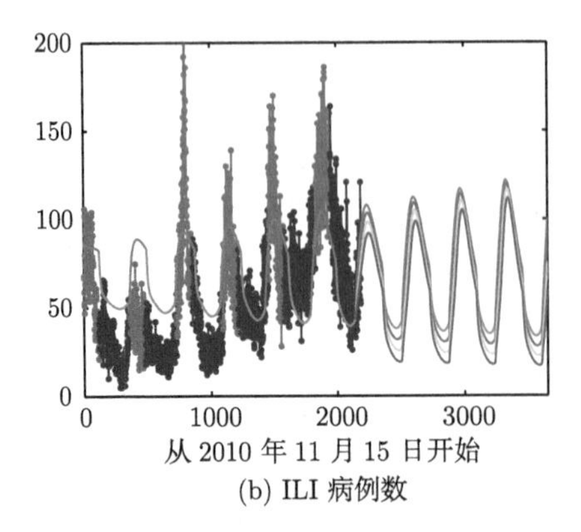

(b) ILI 病例数

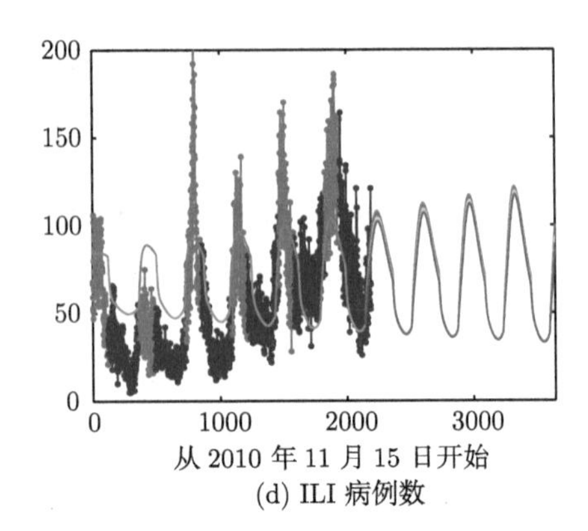

(d) ILI 病例数

图 11.3.5　拟合和预测干预措施下 AQI ((a) 与 (c)) 和流感样病例数 ((b) 与 (d)) 的动态变化趋势

其中绿色、红色、黄色和蓝色曲线分别表示: (a) 在 100% c_0, 90% c_0, 80% c_0 和 70% c_0 下 AQI 的预测; (b) 在 100% c_0, 90% c_0, 80% c_0 和 70% c_0 下流感样病例数的预测; (c) 在 100% c_a, 90% c_a, 80% c_a 和 70% c_a 下 AQI 的预测; (d) 在 100% c_a, 90% c_a, 80% c_a 和 70% c_a 下流感样病例数的预测 (彩图见封底二维码)

表 11.3.2　干预措施下雾霾天数或流感样病例数的变化

参数变化	预测 2017 年污染天数 (降低率)	预测 2018 年污染天数 (降低率)	预测 2019 年污染天数 (降低率)
$90\%c_0$	199 (7.87%)	199 (7.44%)	197 (7.51%)
$80\%c_0$	172 (20.37%)	174 (19.07%)	175 (17.84%)
$70\%c_0$	143 (33.80%)	149 (30.70%)	153 (28.11%)
$90\%c_a$	210 (2.78%)	209 (2.79%)	207 (2.82%)
$80\%c_a$	202 (6.48%)	201 (6.51%)	200 (6.10%)
$70\%c_a$	191 (11.57%)	192 (10.70%)	190 (10.80%)
参数变化	预测 2017 年流感样病例数 (降低率)	预测 2018 年流感样病例数 (降低率)	预测 2019 年流感样病例数 (降低率)
$90\%c_0$	24078 (7.94%)	24401 (7.61%)	24669 (7.33%)
$80\%c_0$	21826 (16.55%)	22134 (16.19%)	22477 (15.56%)
$70\%c_0$	19421 (25.74%)	19555 (25.96%)	19994 (24.89%)
$90\%c_a$	25703 (1.73%)	25968 (1.67%)	26188 (1.63%)
$80\%c_a$	25226 (3.55%)	25502 (3.44%)	25732 (3.34%)
$70\%c_a$	24722 (5.47%)	25009 (5.31%)	25250 (5.15%)
$90\%\beta_1$	23437 (10.39%)	23759 (10.04%)	24043 (9.68%)
$80\%\beta_1$	20336 (22.25%)	20570 (22.12%)	20961 (21.26%)
$70\%\beta_1$	16831 (36.65%)	16615 (37.09%)	17151 (35.57%)

续表

参数变化	预测 2017 年污染天数(降低率)	预测 2018 年污染天数(降低率)	预测 2019 年污染天数(降低率)
$1.1\times C_2$	21965 (16.02%)	22273 (15.67%)	22604 (15.09%)
$1.2\times C_2$	16840 (35.61%)	16637 (37.01%)	17165 (35.52%)
$1.3\times C_2$	10760 (58.86%)	8349 (68.39%)	8715 (67.39%)

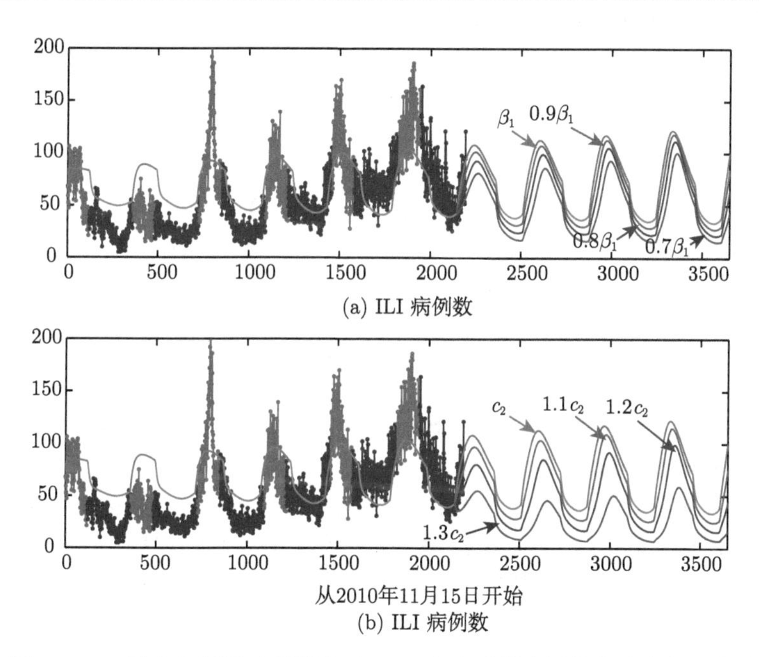

图 11.3.6 拟合和预测干预措施下 AQI 和流感样病例数的动态变化趋势

其中绿色、红色、紫色和蓝色在图 (a) 表示 100% β_1, 90% β_1, 80% β_1 和 70% β_1 下流感样病例数的预测; (b) 表示在 100% c_2, 110% c_2, 120% c_2 和 130% c_2 下流感样病例数的预测

(彩图见封底二维码)

本研究实例从日常生活中人们非常关注的社会问题即环境污染入手, 建立 AQI 动态变化和流感传播动力学方程, 旨在向大家介绍如何把一个实际问题抽象成数学问题, 然后采用数学、统计学和计算方法等工具对模型进行分析、参数估计和模型拟合等. 特别地, 我们详细介绍了 AQI 动力学方程的构建和模型参数拟合, 以及如何耦合 AQI 的动态变化与流感传播动力学方程, 研究防控减排等措施对 AQI 和流感样病例数的影响, 而实现研究目的.

研究发现: 工业和汽车减排对改善空气质量、降低流感样病例数具有非常重要的作用, 但是如何实施减排措施是一个复杂多因素优化问题. 尽管如此, 上面的研究结论强调了减排和人们在雾霾气象条件下个体行为改变的重要性, 特别是要想实现蓝天计划, 持久性的减排措施比仅仅是基于雾霾严重天气而采取的间歇性防控措施重要得多.

最后想强调的是, 本研究实例用到的知识点比较广, 包括微分方程的有关线性理论、周期系统的稳定性分析、参数估计和相应的数值计算技巧等. 有关的证明和参数估计过程没有详细列举, 只是指出有关的核心参考文献, 这不仅有利于读者认真查找文献、阅读文献, 自身寻求解决问题的办法, 也是有利于从事这方面研究的学生去学习如何发现问题并解决问题.

习 题 十 一

11.1　给出下面固定时刻脉冲微分方程

$$\begin{cases} \left.\begin{aligned} &\frac{\mathrm{d}x(t)}{\mathrm{d}t}=x(t)[a-\delta x(t)-by(t)] \\ &\frac{\mathrm{d}y(t)}{\mathrm{d}t}=y(t)[cx(t)-d] \end{aligned}\right\} t\neq nT \\ \left.\begin{aligned} &x(nT^{+})=q_1x(nT) \\ &y(nT^{+})=q_2y(nT)+\tau \end{aligned}\right\} t=nT \end{cases}$$

害虫根除周期解的存在性和全局渐近稳定性的充分条件. 其中 δ 相应于害虫种群环境容纳量参数, 其他参数和模型变量与模型 (3.5.1) 一致.

11.2　由于甲流患者在潜伏期的最后一天或两天时间内也具有传染性, 这样需要把潜伏类分成两类, 如图 11.2 题所示. 如果不考虑密切跟踪隔离措施, 而只考虑对潜伏类和发病类进行隔离, 请建立如图所示的传染病数学模型, 解释模型参数意义, 并根据次代矩阵法求出模型基本控制再生数的公式.

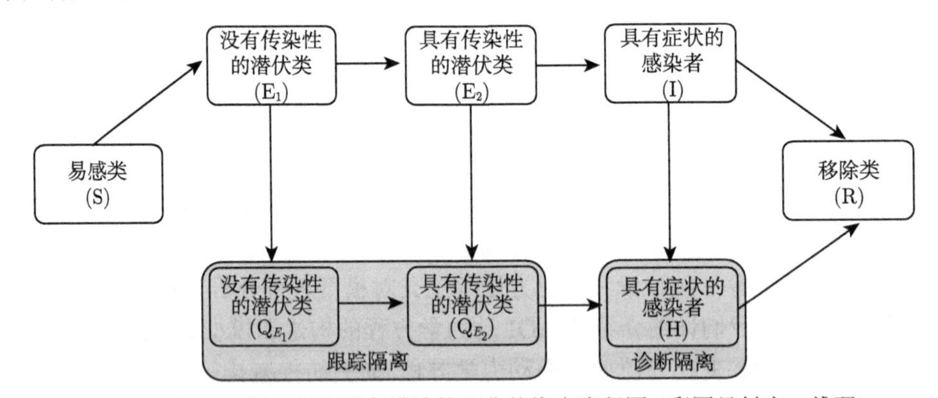

图 11.2 题　具有隔离措施的经典传染病流程图 (彩图见封底二维码)

11.3　利用 MATLAB 编程, 给出模型 (11.3.1) 预测的具体结果, 并收集 2017 年、2018 年和 2019 年的数据, 与模型的预测结果进行比较, 进而校正模型.

11.4　结核的感染与发病是与经济状况、生活条件和医疗水平密切相关, 我国东南沿海地区和城市的经济发展、生活条件和医疗水平都明显好于一些农村. 最近我国每年的流动人口数量非常多, 将我国总人口分为经济发达地区和农村两个群体, 建立模型研究人口流动对我国结核传播的影响.

11.5 我国痢疾每月的发病人数如下表所示, 建立模型预测以后的发病情况.

我国每月痢疾的发病人数

月	2005	2006	2007	2008
1	12541	10437	712198	10953
2	10123	10439	10198	9633
3	15192	151417	13694	13431
4	19765	720412	18356	18033
5	35054	33608	32326	32392
6	56837	48395	748144	39692
7	82291	66866	60290	48076
8	83717	75594	63686	46493
9	63430	59638	47581	38758
10	40568	44193	30007	28067
11	25960	25593	19156	17498
12	17376	17254	15962	13431

第12章　预 备 知 识

为了使本书具有封闭性和完整性, 我们在此归纳、总结本书需要用到的差分方程、常微分方程、随机微分方程、脉冲微分方程、积分差分方程的基本知识, 以及生物数学模型持久性定义和传染病模型基本再生数的计算.

12.1　差分方程基础知识

系统介绍差分方程的书籍并不多见, 国内早期主要有王联和王慕秋的专著《常差分方程》和近期周义仓及其合作者编著的《差分方程及其应用》. 本节涉及的有关差分方程基础知识的详细内容, 可以参考文献 [1,16,58,94,122,139,147].

12.1.1　一维差分方程

考虑如下的一阶差分方程

$$N_{t+1} = f(N_t) \tag{12.1.1}$$

其中函数 f 满足: $f : [0,\infty) \to [0,\infty)$ 且 f 在 $[0,\infty)$ 上是连续的, 方程 (12.1.1) 的初始条件为 N_0.

由方程 (12.1.1) 和初始条件 N_0 所确定的序列: $N_0, N_1, N_2, \cdots$ 称为方程 (12.1.1) 满足初始条件 N_0 的解. 如果方程 (12.1.1) 对任意以 N_0' 为初始条件的解 $N_0', N_1', N_2', \cdots$ 和任意给定的 $\varepsilon > 0$, 都存在 $\delta > 0$, 使得当 $|N_0 - N_0'| < \delta$ 时对所有的 t 都有 $|N_t - N_t'| < \varepsilon$ 成立, 则称解 $N_0, N_1, N_2, \cdots$ 是稳定的. 如果存在 $\delta > 0$, 只要 $|N_0 - N_0'| < \delta$, 就有 $\lim\limits_{t\to\infty} |N_t - N_t'| = 0$, 则称解 $N_0, N_1, N_2, \cdots$ 是吸引的. 如果解 $N_0, N_1, N_2, \cdots$ 既是稳定的, 又是吸引的, 则称它是渐近稳定的. 如果解 $N_0, N_1, N_2, \cdots$ 稳定但不渐近稳定, 则称它是中性稳定的. 如果对任意的 $t \in N^+$, 都有 $N_t = N^*$, 则称 N^* 为平衡态 (不动点或平衡点).

显然, 满足等式

$$N^* = f(N^*)$$

的 N^* 就是方程 (12.1.1) 的平衡态.

若存在 $p > 0$, 使得对任意的 $t \in N^+$, $N_{t+p} = N_t$ 都成立, 但对任一 $0 < q < p$, $N_{t+q} \neq N_t$, 则称方程存在 p-周期解或 p 点环. 集合 B 是方程 (12.1.1) 的不变集是指以此集合 B 中的元素为初始的解仍在集合 B 中. 吸引子是指这样一个集合: 当

$t \to \infty$ 时, 在任何一个有界集上出发的非定常解的所有轨道都趋于它, 即吸引子是一个映射 (如解映射) 的稳定不变集. 奇怪吸引子是一种特殊的吸引子, 其吸引域中相点运动均向该点吸引子逼近, 而吸引子内部相点运动是非周期的, 并且具有以下基本特征:

(1) 该系统存在局部具正的 Lyapunov 指数, 从而其相点至少在相当靠近之后又以指数速度分离;

(2) 足够长时间后任意两相点可以任意靠近;

(3) 该吸引子集合具分数维结构.

由此可见, 奇怪吸引子是一个稳定的不变集合, 其次是奇怪的, 这个集合是一个无限点集, 集中任意点的任意次映射都不再回到自身.

对于方程 (12.1.1) 及给定的初始条件 N_0, 我们希望能够定性地研究它的解的动态行为. 例如, 它的解是否趋于某个平衡态, 是否趋于某个周期解, 或者是否有更复杂的动力学行为? 若方程 (12.1.1) 描述的是人口增长, 则显然有 $f(0) = 0$, 则 0 就是一个平衡态. 下面介绍分析差分方程平衡态稳定性的两种方法, 即图解法和线性化分析法.

1. 图解法 (蛛网模型方法)

对差分方程 (12.1.1), 可以用蛛网模型方法 (图解法) 来研究它的动力学行为, 蛛网模型的基本思想如下 (图 12.1.1):

(1) 在 (N_t, N_{t+1})-平面中画 $N_{t+1} = N_t$ 与 $N_{t+1} = f(N_t)$ 的图像, 这两条曲线的交点就是方程 (12.1.1) 的平衡态, 如图 12.1.1 所示 (在图中我们根据平衡态 N^* 与函数 $f(N)$ 最大值点处 N_m 的关系给出了两种情况).

(2) 选定初始值 N_0, 在 (N_t, N_{t+1})-平面内从点 (N_0, N_0) 出发.

(3) 过点 (N_0, N_0) 作垂直于横轴的直线, 与曲线 $N_{t+1} = f(N_t)$ 相交于点 $(N_0, f(N_0)) = (N_0, N_1)$.

(4) 再过点 (N_0, N_1) 作平行于横轴的直线, 与对角线 $N_{t+1} = N_t$ 相交于点 (N_1, N_1).

(5) 过点 (N_1, N_1) 作垂直于横轴的直线, 与曲线 $N_{t+1} = f(N_t)$ 相交于点 $(N_1, f(N_1)) = (N_1, N_2)$.

(6) 重复上述过程可以得到点 (N_2, N_2), 如此继续下去直到从初始值出发的解的动力学行为趋势走向变得明确, 如图 12.1.1(a) 所示.

(7) 如果需要, 可以从不同的初始值出发, 重复上述过程.

通过上述过程得到如图 12.1.1(a) 所示的解曲线, 可以看出平衡态相对于初始 N_0 出发的解是稳定的. 由此可见, 图解法能够研究一维差分平衡态的稳定性和周期解的存在性与稳定性等, 此方法比较直观、容易操作. 但对形式比较复杂的 f 函数就不太适用了.

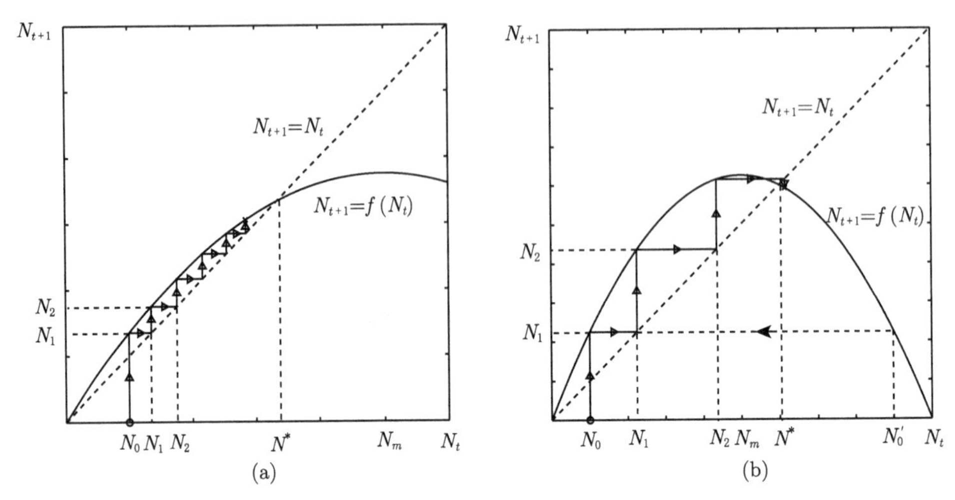

图 12.1.1 图解法分析模型 (12.1.1) 平衡态的稳定性和系统的解动态行为

该图形法称为蛛网模型方法. (a) 当 $N^* < N_m$ 时的情形; (b) 当 $N^* > N_m$ 时的情形

2. 线性化分析法

由于只考虑平衡态 N^* 的局部稳定性, 也即只需考虑其充分小的邻域内其他解的走势. 为此作变换 $n = N - N^*$, 其中 $N^* = f(N^*)$, 由方程 (12.1.1) 可得

$$n_{t+1} = f(N^* + n_t) - f(N^*) = f'(N^*)n_t + o(n_t)$$

这里 $o(n_t)$ 表示 n_t 的高阶无穷小量. 由于 n_t 充分小, 故高阶项是可以忽略的. 此时在 N^* 的邻域内方程 (12.1.1) 解的动力学行为与如下线性方程的解的动力学行为等价

$$n_{t+1} = f'(N^*)n_t \doteq Rn_t \tag{12.1.2}$$

利用迭代法容易得到: 对任意初始 n_0 其解可表示为 $n_t = n_0R^t$. 令 $\lambda = R$, 当 $\lambda < -1$ 时, 方程 (12.1.2) 的零平衡态 (方程 (12.1.1) 的平衡态 N^*) 是振动不稳定; 当 $-1 < \lambda < 0$ 时, 方程 (12.1.2) 的零平衡态 (方程 (12.1.1) 的平衡态 N^*) 是振动渐近稳定的; 当 $0 < \lambda < 1$ 时, 方程 (12.1.2) 的零平衡态 (方程 (12.1.1) 的平衡态 N^*) 是单调渐近稳定的; 当 $1 < \lambda$ 时, 方程 (12.1.2) 的零平衡态 (方程 (12.1.1) 的平衡态 N^*) 是单调不稳定的. 综上, 平衡态 N^* 渐近稳定的条件是

$$|\lambda| = |f'(N^*)| < 1 \tag{12.1.3}$$

当 $\lambda = 1$ 时, 平衡态是稳定的但不渐近稳定. 实际上, $\lambda = f'(N^*)$ 是系统在平

衡态 N^* 处的特征值, 以后就简称 $f'(N^*) \doteq f'_{N^*}$ 为特征值. 在图 12.1.2 中给出了一维差分方程线性化稳定性类型及其特征根之间的关系.

振动不稳定 | 振动稳定 | 单调稳定 | 单调不稳定 → $\lambda = f'(N^*)$

-1 0 1

图 12.1.2 一维差分方程线性稳定性分析示意图

12.1.2 一维差分方程的分支与混沌

考虑含单参数 μ 的一维差分方程

$$N_{t+1} = f(N_t, \mu) \tag{12.1.4}$$

的动态行为. 显然, 该方程解的动力学行为会随着参数 μ 的变化而变化. 例如, 随着 μ 的递增超过某个值 μ_c , 如果特征值 f'_{N^*} 也相应地从小于 1 增加并在 $\mu > \mu_c$ 时大于 1, 这样平衡态就从单调稳定变为单调不稳定, 即平衡态的稳定性当参数变化时发生了改变, 此时我们说方程 (12.1.4) 在 $\mu = \mu_c$ 处发生了分支. 描述方程解随参数 μ 变化的动力学行为 (平衡点、周期轨道、稳定性等) 的图形称为分支图, 使解的动力学行为发生变化的点 (N_c, μ_c) 称为分支点. 常见的四类分支有: 鞍结点分支、跨临界分支、叉形分支和倍周期分支. 这四类分支在微分方程模型也经常出现, 下面通过具体的方程分别对这几类分支作简单介绍.

鞍结点分支 鞍结点分支是指控制参数变化过程中, 系统因形成鞍结点而出现的分支. 鞍结点分支的典型例子是

$$N_{t+1} = f(N_t, u) = N_t - N_t^2 + \mu \tag{12.1.5}$$

理论分析显示当 $\mu < 0$ 时, 无平衡态; 当 $\mu > 0$ 时, 有两个平衡态 $N^* = \pm\sqrt{\mu}$, 并且正平衡态是稳定的, 负平衡态是不稳定的; 当 $\mu = 0$ 时, 两个平衡态重合. 分支点是 $(N, \mu) = (N_c, \mu_c) = (0, 0)$, 这里 $f(0, 0) = 0$, 且在分支点特征值 $f_N(0, 0) = 1$ (下面为了简洁, 记 f_N 和 f_μ 分别表示函数对变量 N 和 μ 的偏导数, 二阶或混合偏导数用相似的记号), 则称方程 (12.1.5) 在分支点 (N_c, μ_c) 发生了鞍结点分支, 如图 12.1.3 和图 12.1.4 所示.

在点 (N_c, μ_c) 发生鞍结点分支的条件是

$$f(N_c, \mu_c) = 0, \quad f_N(N_c, \mu_c) = 1, \quad f_\mu(N_c, \mu_c) \neq 0, \quad f_{NN}(N_c, \mu_c) \neq 0$$

例如, 在描述害虫增长的模型中, 如果害虫突然大规模暴发, 一般就会发生这样的分支.

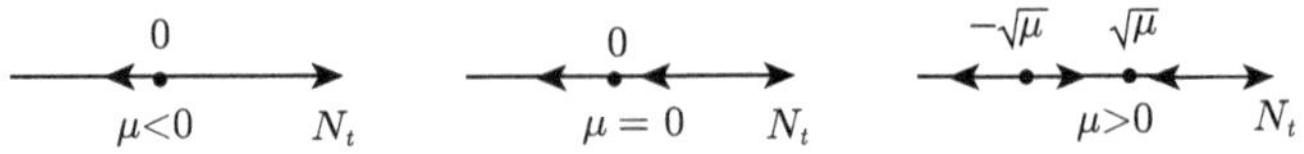

图 12.1.3　一维差分方程 (12.1.5) 的轨线拓扑分类

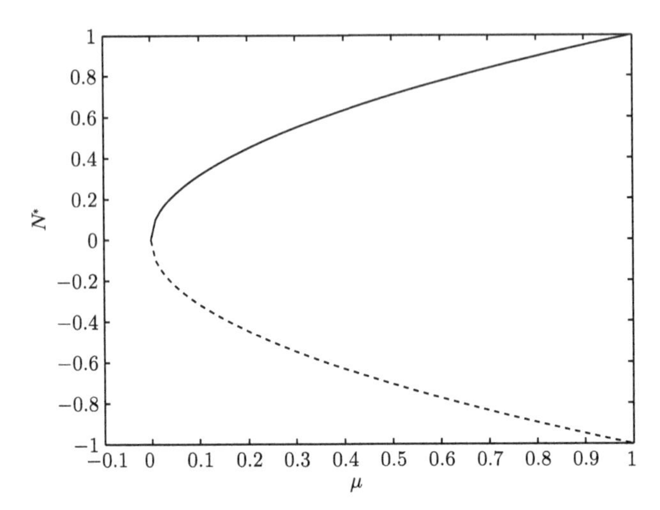

图 12.1.4　一维差分方程 (12.1.5) 的鞍结点分支示意图

实线表示稳定, 虚线表示不稳定

跨临界分支　跨临界分支的典型方程是

$$N_{t+1} = f(N_t, u) = N_t + \mu N_t - N_t^2 \tag{12.1.6}$$

这个方程对任意的参数值 μ 存在两个平衡态: 一个是零平衡态 $N^* = 0$; 另一个是非零平衡态 $N^* = \mu$. 当 $\mu < 0$ 时, $N^* = 0$ 是稳定的, $N^* = \mu$ 是不稳定的; 当 $\mu > 0$ 时, $N^* = 0$ 是不稳定的, 而 $N^* = \mu$ 是稳定的; 当 $\mu = 0$ 时, 两个平衡态重合. 分支点是 $(N, \mu) = (N_c, \mu_c) = (0, 0)$, 且在分支点处特征值 $f_N(0, 0) = 1$. 分析发现在分支点 $\mu = \mu_c$ 的两侧, 两个平衡态 0 和 μ 的稳定性发生交换, 这样称方程 (12.1.6) 在分支点 (N_c, μ_c) 发生了跨临界分支, 如图 12.1.5 所示.

在点 (N_c, μ_c) 发生跨临界分支的条件是

$$f(N_c, \mu_c) = 0, \quad f_N(N_c, \mu_c) = 1, \quad f_\mu(N_c, \mu_c) = 0, \quad f_{N\mu}(N_c, \mu_c) \neq 0$$

$$f_{NN}(N_c, \mu_c) \neq 0$$

例如, 在传染病模型中, 当刻画疾病持久与否的临界参数即基本再生数 $R_0 = 1$ 时, 模型在零平衡态处会发生跨临界分支.

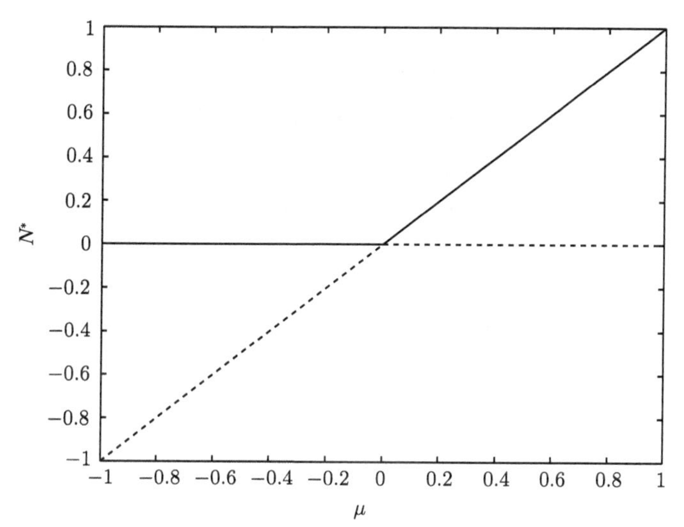

图 12.1.5 一维差分方程 (12.1.6) 的跨临界分支示意图

实线表示稳定, 虚线表示不稳定

叉形分支 叉形分支的典型方程是

$$N_{t+1} = N_t + \mu N_t - N_t^3 \tag{12.1.7}$$

当 $\mu < 0$ 时, 它有一个零平衡态 $N^* = 0$ 并且是稳定的; 当 $\mu > 0$ 时, 它有三个平衡态, 分别是零平衡态 $N^* = 0$ 和非零平衡态 $N^* = \pm\sqrt{\mu}$, 其中 $N^* = 0$ 是不稳定的, $N^* = \pm\sqrt{\mu}$ 是稳定的. 分支点是 $(N, \mu) = (N_c, \mu_c) = (0, 0)$, 且在分支点处特征值 $f_N(0, 0) = 1$, 则称方程 (12.1.7) 在分支点 (N_c, μ_c) 发生了叉形分支, 如图 12.1.6.

在点 (N_c, μ_c) 发生叉形分支的条件是

$$f(N_c, \mu_c) = 0, \quad f_N(N_c, \mu_c) = 1, \quad f_\mu(N_c, \mu_c) = 0, \quad f_{NN}(N_c, \mu_c) = 0$$

$$f_{N\mu}(N_c, \mu_c) \neq 0, \quad f_{NNN}(N_c, \mu_c) \neq 0$$

在生物数学中, 叉形分支在倍周期分支中起着重要的作用.

倍周期分支 倍周期分支的典型方程是

$$N_{t+1} = -N_t - \mu N_t + N_t^3 \tag{12.1.8}$$

对所有的 μ 方程 (12.1.8) 有零平衡态 $N^* = 0$, 其他平衡态满足等式 $N^2 = \mu + 2$, 由此得到在点 $(N, \mu) = (0, -2)$ 发生叉形分支 (前面已介绍). 另一个分支点是 $(N, \mu) = (N_c, \mu_c) = (0, 0)$, 在这个分支点处的特征值为 $f_N(0, 0) = -1$. 在这分支点处零平衡态失去了稳定性, 从振动稳定转换为振动不稳定, 而且当 $\mu > \mu_c$ 时, 系统没有稳定的平衡态. 此时, 方程的解将会表现出怎样的动力学行为呢? 为此, 考虑 f 的二次

复合 $f^2 = f \circ f$, 易见, 当 $\mu > 0$ 时, 在平凡分支曲线上, $f_N < -1$, $(f^2)_N > 1$, 且此时 f^2 发生叉形分支. f^2 有两个新的平衡态 N_1^*, N_2^*, 但它们不是 f 的平衡态. 唯一的解释是: N_1^*, N_2^* 是 f 的周期为 2 的解, 且该周期解在 N_1^* 与 N_2^* 之间振动. 周期为 2 的稳定轨道在平凡平衡态 $(0,0)$ 处发生了分支, 则称方程 (12.1.8) 在分支点 (N_c, μ_c) 发生了倍周期分支. 在点 (N_c, μ_c) 发生倍周期分支的条件是

$$f(N_c, \mu_c) = 0, \quad f_N(N_c, \mu_c) = -1, \quad f^2_\mu(N_c, \mu_c) = 0, \quad f^2_{NN}(N_c, \mu_c) = 0$$

$$f^2_{N\mu}(N_c, \mu_c) \neq 0, \quad f^2_{NNN}(N_c, \mu_c) \neq 0$$

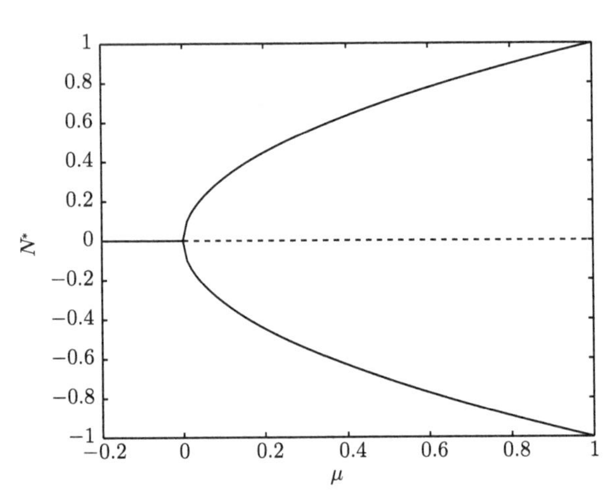

图 12.1.6　一维差分方程 (12.1.7) 的叉形分支示意图

实线表示稳定, 虚线表示不稳定

可以证明, 在一般条件下, 由 f^2 有两个平衡态 N_1^*, N_2^* 可以导出 f^4 的稳定平衡态, 然后用同样的方法也可以导出 f^8 的稳定平衡态, 如此继续做下去, 当 μ 大于某个值 μ_∞ 时, 将会发生大量的倍周期分支, 系统的解将表现出非常复杂的动力学行为, 包括混沌现象.

在表示人口增长的模型中, 如果 f 为凸函数, 分支参数为基本再生数, 模型一般就会出现倍周期分支, 因此, 有理由相信, 在生态系统中也会出现混沌现象. 但从统计结果来看, 系统出现不可预测的动力学行为很难说是因为发生了混沌还是仅仅因为随机性. 在生态系统和其他的生物系统中, 混沌现象是否能被观察到还一直是有争议的.

12.1.3　Jury 判据

从上面的介绍可以看出, 对于一维差分方程，模型可能出现非常复杂的动力学行为, 这样利用数学理论进行分析就比较困难了. 特别是对于高维的非线性差分方

程模型, 有时进行完整的理论分析几乎是不可能的. 所以对于高维差分方程, 我们需要的是如下平衡态局部稳定性的判定准则.

考虑 n 维线性差分方程

$$\boldsymbol{N}_{t+1} = \boldsymbol{B}\boldsymbol{N}_t \tag{12.1.9}$$

这里的 $\boldsymbol{N}$ 表示 n 维向量, $\boldsymbol{B}$ 是 $n \times n$ 的矩阵. 下面给出判别系统 (12.1.9) 零解稳定性的充要条件. 为此寻找模型 (12.1.9) 形式为

$$\boldsymbol{N}_t = \lambda^t \boldsymbol{c}$$

的解, 其中 $\boldsymbol{c}$ 是一个 n 维向量. 将 $\boldsymbol{z}_n = \lambda^n \boldsymbol{c}$ 代入方程 (12.1.9) 并消去 λ^t 可得

$$(\boldsymbol{B} - \lambda \boldsymbol{I})\boldsymbol{c} = \boldsymbol{0} \tag{12.1.10}$$

显然, 对任何的 λ, 上面的方程都有一个解 $\boldsymbol{c} = \boldsymbol{0}$, 但当 λ 是矩阵 $\boldsymbol{B}$ 的一个特征值, $\boldsymbol{c}$ 为相应的特征向量时, $\boldsymbol{N}_t = \lambda^t \boldsymbol{c}$ 是方程 (12.1.9) 的一个非平凡解. 此时, 矩阵 $\boldsymbol{B} - \lambda \boldsymbol{I}$ 是奇异的, 即

$$\det(\boldsymbol{B} - \lambda \boldsymbol{I}) = 0 \tag{12.1.11}$$

这是一个 n 次多项式, 有 n 个根, 如果这 n 个根互不相同 (对生物数学模型, 一般都成立), 分别记为 λ_1, λ_2, $\cdots$, λ_n, 那么方程 (12.1.9) 的解的一般形式是

$$\boldsymbol{N}_t = \sum_{i=1}^{n} A_i \lambda_i^t \boldsymbol{c}_i$$

这里 $\boldsymbol{c}_i$ 为相应于特征值 λ_i 的特征向量, $A_i\,(i = 1,\ 2, \cdots, n)$ 是由初始条件确定的任意常数. 这样, 如果 $|\lambda_i| < 1\,(i = 1,\ 2, \cdots, n)$, 那么 $|\boldsymbol{N}_t| \to 0\,(t \to \infty)$; 如果存在某个 $|\lambda_i| > 1$, 且 $A_i \neq 0$, 那么 $|\boldsymbol{N}_t| \to \infty\,(t \to \infty)$.

二维差分方程 Jury 判据　当 $n = 2$ 时, 即 $\boldsymbol{B}$ 为二阶方阵时, 特征方程 (12.1.11) 为

$$\lambda^2 + a_1\lambda + a_2 = 0$$

其中 $a_1 = -\mathrm{tr}\boldsymbol{B}$, $a_2 = \det \boldsymbol{B}$, 零解渐近稳定 (即 $|\lambda_i| < 1,\ i = 1, 2$) 的充分必要条件是 (Jury 判据)

$$\begin{cases} 1 + a_1 + a_2 > 0 \\ 1 - a_1 + a_2 > 0 \\ 1 - a_2 > 0 \end{cases} \tag{12.1.12}$$

特别地, 如果 $1 + a_1 + a_2 = 0$, 则存在一个特征值 $\lambda = 1$; 如果 $1 - a_1 + a_2 = 0$, 则存在一个特征值 $\lambda = -1$; 如果 $|a_1| < 1 + a_2,\ a_2 = 1$, 则存在一对位于单位圆上共轭的特征根.

三维差分方程 Jury 判据　当 $n>2$ 时, 仍然可以推导出相应的 Jury 判据, 但随着 n 的增加会变得越来越复杂, 例如, 当 $n=3$ 时, 特征方程为 $\lambda^3+a_1\lambda^2+a_2\lambda+a_3=0$, 此时零解渐近稳定的充分必要条件为 (Jury 判据)

$$|a_1+a_3|<a_2+1,\quad |a_3|<1,\quad |a_2-a_3a_1|<|1-a_3^2| \tag{12.1.13}$$

12.1.4　非线性差分方程的线性化稳定性

在这一节考虑如下的二维差分系统

$$N_{t+1}=f(N_t,P_t),\quad P_{t+1}=g(N_t,P_t) \tag{12.1.14}$$

对于非线性二维模型 (12.1.14), 首先介绍一些定义.

对于 (N,P)-平面中的曲线 Γ, 如果 $(N_0,P_0)\in\Gamma$, 对任意的 $t\in[0,\infty)$ 都有 $(N_t,P_t)\in\Gamma$, 则称曲线 Γ 为不变曲线. 若从不变曲线 Γ 附近出发的轨线仍在 Γ 的附近, 则称不变曲线 Γ 是稳定 (或轨道稳定) 的. 进一步, 当 $t\to\infty$ 时, 解与轨线的距离趋向于零, 则称不变曲线 Γ 是渐近 (轨道) 稳定的. 详细的定义参考文献 [139].

平衡态的线性化系统　假设点 (N^*,P^*) 为系统 (12.1.14) 的平衡态, 则它满足

$$N^*=f(N^*,P^*),\quad P^*=g(N^*,P^*)$$

令 $(n,p)=(N,P)-(N^*,P^*)$, 将系统在平衡态 (N^*,P^*) 处进行线性化可得

$$\begin{cases} n_{t+1}=\dfrac{\partial f}{\partial N}(N^*,P^*)n_t+\dfrac{\partial f}{\partial P}(N^*,P^*)p_t+o\left(\sqrt{n_t^2+p_t^2}\right)\\[2mm] p_{t+1}=\dfrac{\partial g}{\partial N}(N^*,P^*)n_t+\dfrac{\partial g}{\partial P}(N^*,P^*)p_t+o\left(\sqrt{n_t^2+p_t^2}\right)\end{cases} \tag{12.1.15}$$

此方程在平衡态附近的动力学行为与如下方程的解的动力学行为相似

$$\boldsymbol{n}_{t+1}=\boldsymbol{J}^*\boldsymbol{n}_t \tag{12.1.16}$$

这里 $\boldsymbol{n}$ 是列向量 $(n,p)^{\mathrm{T}}$, $\boldsymbol{J}$ 是 Jacobian 矩阵, 即

$$\boldsymbol{J}(N,P)=\begin{pmatrix} f_N(N,P) & f_P(N,P)\\ g_N(N,P) & g_P(N,P)\end{pmatrix}$$

$\boldsymbol{J}^*=\boldsymbol{J}(N^*,P^*)$. 根据二维线性差分模型的 Jury 条件 (12.1.12) 可知, 如果下面条件

$$|\mathrm{tr}\boldsymbol{J}^*|<\det\boldsymbol{J}^*+1,\quad \det\boldsymbol{J}^*<1 \tag{12.1.17}$$

成立, 则模型 (12.1.14) 平衡态是渐近稳定的.

12.1.5 Lyapunov 稳定性定理

关于零解或平衡态稳定、吸引和渐近稳定的定义前面已经给出. 在介绍 Lyapunov 稳定性定理之前, 我们先介绍 Lyapunov 函数的一些相关定义, 这些定义对于后面要介绍的微分方程稳定性和脉冲微分方程稳定性理论都适用.

定义 12.1.1 连续函数 $\phi:[0,\infty)\to R^+$ 被称为 K 类函数, 如果 $\phi(0)=0$ 且在 $[0,\infty)$ 上是严格递增的, 简记为 $\phi\in K$.

如果 $\phi: R^+\to R^+$, $\phi\in K$, 且有 $\lim\limits_{r\to\infty}\phi(r)=+\infty$, 则称函数 ϕ 为无穷大 K 类函数.

定义 12.1.2 如果存在 K 类函数 $\phi(\|x\|)$, 使得函数 $V(x,t)$ 在其定义域内, 有

$$\phi(\|x\|)\leqslant V(x,t)$$

成立, 且 $V(0,t)=0$, 则称 $V(x,t)$ 是其定义域内的正定函数. 如果 $V(x,t)\geqslant 0$, 则称 $V(x,t)$ 是其定义域上的半正定函数.

同样地, 可以给出 $V(x,t)$ 是负定和半负定的定义. 有了上面的两个定义, 我们可以给出最基本的 Lyapunov 稳定性定理.

定理 12.1.1 如果存在正定的函数 $V(N,t)$, 使得 $\triangle V(N,t)\leqslant 0$, 则差分方程

$$N_{t+1}=f(N_t)$$

的零解是稳定的.

如果存在正定的函数 $V(N,t)$, 使得 $\triangle V(N,t)$ 是负定的, 则上述差分方程的零解是渐近稳定的.

12.2 常微分方程基础知识

系统地介绍常微分方程理论的书籍比较全面, 主要有两个方面的内容: 一是微分方程稳定性理论, 这方面的主要参考秦元勋、王慕秋和王联的《运动稳定性理论与应用》[112], 其他的还可参考文献 [16, 56, 90]; 二是微分方程定性理论, 这方面适合生物数学学生参考的文献有张锦炎和冯贝叶的专著《常微分方程几何理论与分支问题》[144], 其他的还可参考文献 [16, 90].

12.2.1 一维常微分方程

考虑如下初值问题的一维常微分方程

$$\frac{\mathrm{d}N(t)}{\mathrm{d}t}=f(N(t)),\quad N(0)=N_0 \tag{12.2.1}$$

微分方程 (12.2.1) 平衡态及其稳定性的定义同差分方程的类似, 此处从略. 要注意的是微分方程的平衡态 N^* 满足的方程是 $f(N^*)=0$. 关于一维微分方程平衡态稳定性的判别方法有三种: 图解法、积分法和线性化方法.

图解法　我们以 $f(N)=rN\left(1-\dfrac{N}{K}\right)$ 为例, 利用图解法分析其稳定性. 如图 12.2.1 所示, 当 $N\in(0,K)$ 时, N 值递增趋向于平衡态 K. 当 $N>K$ 时, N 值递减趋向于平衡态 K. 这样平衡态 N^* 的稳定性完全由函数 $f(N)$ 在其附近的导函数值确定, 即如果 $f'(N^*)<0$, 则模型 (12.2.1) 的平衡态 N^* 是稳定的; 如果 $f'(N^*)>0$, 则平衡态 N^* 是不稳定的. 而且图 12.2.1 还说明了解的长效行为, 即平衡态的渐近稳定性问题.

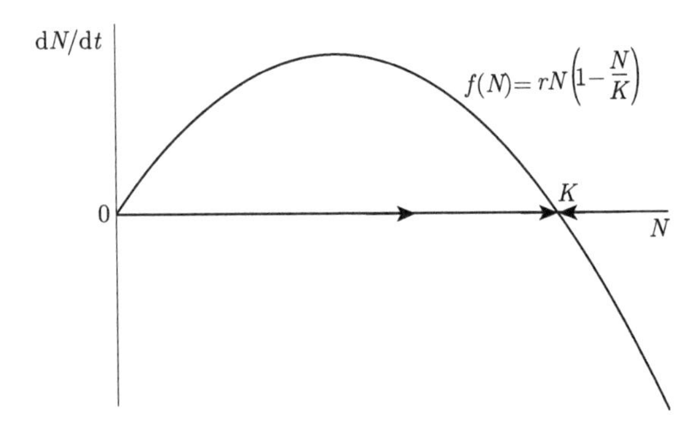

图 12.2.1　图解法说明一维微分方程 (12.2.1) 平衡态的稳定性

积分法　对方程 (12.2.1) 两边同时积分并利用初始条件, 可得

$$t=\int_0^t \mathrm{d}t=\int_{N_0}^{N}\frac{\mathrm{d}N}{f(N)}$$

由此可知, 当 $t\to\infty$ 时, $N\to\pm\infty$ 或某一平衡态 (f 的零点), 同时还可以知道趋近速度的快慢.

线性化方法　假定 N^* 是方程 (12.2.1) 的平衡态, 令 $n=N-N^*$, 将方程在平衡态 N^* 处进行线性化, 可得

$$\frac{\mathrm{d}n}{\mathrm{d}t}=f(N^*+n)=f'(N^*)n+o(n) \tag{12.2.2}$$

这里 $o(n)$ 表示 n 的高阶无穷小量, 因此可以忽略. 此时方程 (12.2.2) 在平衡态 N^* 附近的动力学行为与如下方程的解的动力学行为相似

$$\frac{\mathrm{d}n}{\mathrm{d}t}=f'(N^*)n \tag{12.2.3}$$

该方程的解为 $n(t) = n_0\exp(f'(N^*)t)$. 于是, 当 $f'(N^*) < 0$ 时, 零平衡态是渐近稳定的; 当 $f'(N^*) > 0$ 时, 零平衡态是不稳定的; 而当 $f'(N^*) = 0$ 时, 零平衡态的稳定性由高阶的非线性项来决定.

12.2.2 二维常微分方程组

这一节介绍如何利用已有的数学工具分析二维微分方程组所刻画的生物数学模型. 为此考虑由如下两个常微分方程构成的系统

$$\begin{cases} \dot{U} = f(U, V) \\ \dot{V} = g(U, V) \end{cases} \tag{12.2.4}$$

相应的初始条件为

$$U(0) = U_0, \quad V(0) = V_0$$

对于微分方程组, 周期解及其稳定性和轨道稳定性的定义同差分方程的类似, 此处从略. 下面给出极限环的定义: 如果一个周期解是其他一些解当 $t \to \pm\infty$ 时的极限, 则称该周期解为一个极限环. 极限环是一个孤立的闭轨线, 即在其充分小的邻域内不再有其他的闭轨线. 对系统 (12.2.4) 平衡态的存在性和局部稳定性分析主要有以下两种方法.

图解法 (相平面) (U, V)-平面称为相平面, 解在相平面内随参数 t 变化的曲线称为相轨线, 图解法的步骤如下:

(1) 在相平面中, 画出满足 $f = 0$ 的曲线, 并找出使 $f < 0$ 的区域和 $f > 0$ 的区域; 对 g 也作类似的处理. 其中 $f = 0$ 和 $g = 0$ 的曲线分别称为方程 (12.2.4) 的铅直等倾线和水平等倾线.

(2) 满足 $f = g = 0$ 的点就是平衡态, 即两等倾线的交点就是平衡态.

(3) 在满足 $f > 0$ 和 $g > 0$ 的区域里, U 和 V 都是递增的, 在该区域里用指向右上方向的箭头做标注, 对其他所有区域也分别用相应的箭头做标注.

(4) 在满足 $f = 0$ 的等倾线上, U 既不递增也不递减, 当 $g > 0$ 时, 在满足 $f = 0$ 的等倾线上用向上的箭头做标注, 当 $g < 0$ 时, 在满足 $f = 0$ 的等倾线上用向下的箭头做标注, 对满足 $g = 0$ 的等倾线也做类似的处理.

(5) 根据以上所标注的箭头, 在相平面中, 描绘出解轨线的大致图形.

例如, 当 $f = U(1 - V)$, $g = 0.3V(U - 1)$ 时, 利用上面的步骤可以得到如图 12.2.2 所示的相空间图像, 它描述了模型解的基本走向和趋势.

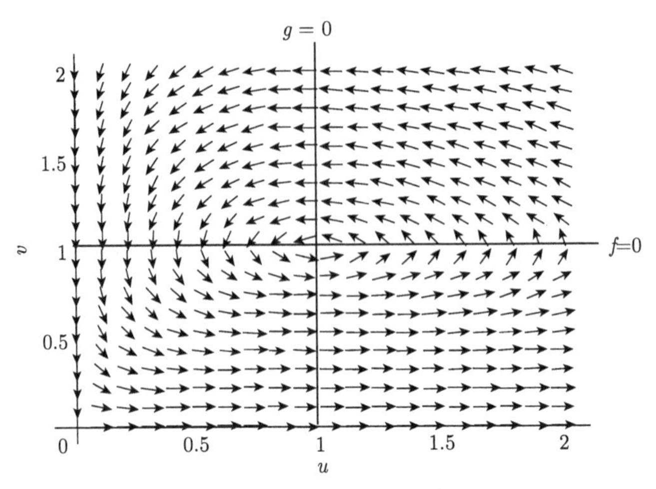

图 12.2.2　图解法应用举例

线性稳定性分析　令 (U^*, V^*) 是系统 (12.2.4) 的平衡态, 即 (U^*, V^*) 满足 $f(U^*, V^*) = g(U^*, V^*) = 0$. 令 $u = U - U^*$, $v = V - V^*$, 将系统 (12.2.4) 在平衡态 (U^*, V^*) 处线性化, 并假定 u, v 充分小并忽略高阶项, 于是可以得到如下的线性系统

$$\begin{cases} \dot{u} = f_U(U^*, V^*)u + f_V(U^*, V^*)v \\ \dot{v} = g_U(U^*, V^*)u + g_V(U^*, V^*)v \end{cases} \tag{12.2.5}$$

令 $\boldsymbol{J}(U, V)$ 为系统 (12.2.5) 在 (U, V) 处的 Jacobian 矩阵, 则上式可化为

$$\dot{\boldsymbol{w}} = \boldsymbol{J}^* \boldsymbol{w} \tag{12.2.6}$$

这里 $\boldsymbol{w}$ 是向量 $(u, v)^{\mathrm{T}}$, $\boldsymbol{J}^* = \boldsymbol{J}(U^*, V^*)$, 系统 (12.2.6) 在点 (U^*, V^*) 附近的动力学行为完全由 $\boldsymbol{J}^*$ 的特征值来决定. 可以证明只要 $\boldsymbol{J}^*$ 的两个特征值都没有零实部, 那么忽略高阶项是合理的, 并且在平衡态附近非线性系统的动力学行为与其线性系统的动力学行为类似.

令 $\beta = \mathrm{tr}\boldsymbol{J}^*$, $\gamma = \det\boldsymbol{J}^*$, 则 $\boldsymbol{J}^*$ 的特征方程为 $\lambda^2 - \beta\lambda + \gamma = 0$. 设 $\delta = \mathrm{disc}\boldsymbol{J}^*$, 其中 disc 表示 $\boldsymbol{J}^*$ 的特征方程的判别式, 由 $\boldsymbol{J}^*$ 的特征值的实部的符号即可判断平衡态 (U^*, V^*) 的稳定性.

定理 12.2.1 (平面系统平衡态的稳定性与特征值的关系)　(1) 如果 $\gamma < 0$, 那么系统 (12.2.6) 的零平衡态是一个鞍点, 矩阵 $\boldsymbol{J}^*$ 有两个异号的实特征值.

(2) 如果 $\gamma > 0$, $\delta > 0$, $\beta < 0$, 那么系统 (12.2.6) 的零平衡态是一个稳定的结点, 矩阵 $\boldsymbol{J}^*$ 有两个负的实特征值.

(3) 如果 $\gamma > 0$, $\delta > 0$, $\beta > 0$, 那么系统 (12.2.6) 的零平衡态是一个不稳定的结点, 矩阵 $\boldsymbol{J}^*$ 有两个正的实特征值.

(4) 如果 $\gamma > 0$, $\delta < 0$, $\beta < 0$, 那么系统 (12.2.6) 的零平衡态是一个稳定的焦点, 矩阵 $\boldsymbol{J}^*$ 有一对共轭的且有负实部的特征值.

(5) 如果 $\gamma > 0$, $\delta < 0$, $\beta > 0$, 那么系统 (12.2.6) 的零平衡态是一个不稳定的焦点, 矩阵 $\boldsymbol{J}^*$ 有一对共轭的且有正实部的特征值.

(6) 如果 $\gamma > 0$, $\delta < 0$, $\beta = 0$, 那么系统 (12.2.6) 的零平衡态是一个中心, 矩阵 $\boldsymbol{J}^*$ 有一对共轭的纯虚特征值.

上面定理的前五条结论对于非线性系统 (12.2.4) 也类似地成立, 当系统 (12.2.5) 满足定理结论的最后一条时, 平衡态 (U^*, V^*) 可能是系统 (12.2.4) 的中心, 也可能是稳定或不稳定的焦点, 此时需要通过高阶的非线性项来判断.

定理 12.2.2 (二维系统的 Routh-Hurwitz 判据) 一元二次方程

$$\lambda^2 + a_1\lambda + a_2 = 0 \tag{12.2.7}$$

的两个根均有负实部的充要条件是

$$a_1 > 0, \quad a_2 > 0 \tag{12.2.8}$$

由此可知, 系统 (12.2.5) 的零平衡态渐近稳定的充要条件是

$$\beta < 0, \quad \gamma > 0 \tag{12.2.9}$$

这里 $\beta = \mathrm{tr}\boldsymbol{J}^*$, $\gamma = \det\boldsymbol{J}^*$. 如果 (12.2.9) 中的两个不等式有一个不成立, 那么零平衡态就是不稳定的.

12.2.3 Poincaré-Bendixson 理论和 Dulac 判别法

定理 12.2.3 (Poincaré-Bendixson 定理) 对于系统 (12.2.4), 若 f 和 g 是 Lipschitz 连续的, 且当 $t \to \infty$ 时, 方程的解 (U, V) 有界, 那么, 当 $t \to \infty$ 时, (U, V) 要么趋近于某一个平衡态, 要么趋近于系统的某一个周期解; 当 $t \to -\infty$ 时, 也有相同的结论.

定理 12.2.4 (Bendixson 环域定理) 如果存在两条闭曲线 L_1, L_2 构成如图 12.2.3 所示的环域 D, 使得系统 (12.2.4) 任何与 L_1, L_2 相交的正半轨均穿入 (出) 环形区域 D, 且 D 内不含系统的平衡态, 则在 D 内至少存在此系统的一条闭轨线 Γ, 而且 L_2 一定位于 Γ 的内部.

上述两个定理给出了平面系统 (12.2.4) 周期解或极限环的存在性判别方法, 下面的定理给出了平面系统不存在闭轨线的判别方法.

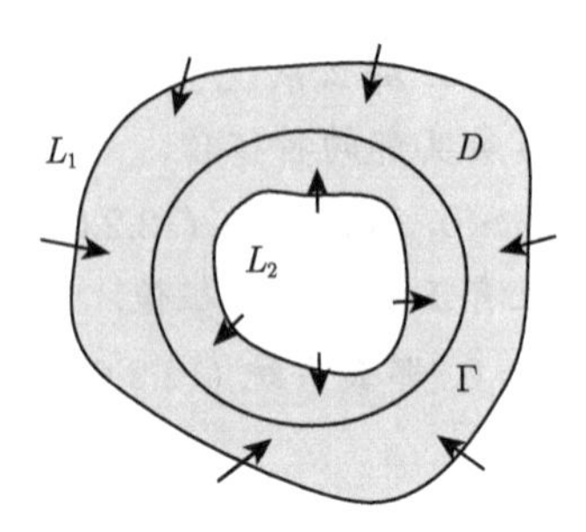

图 12.2.3 Bendixson 环域定理示意图 (彩图见封底二维码)

定理 12.2.5 (Dulac 判别法) 假定 Ω 是 (U,V)- 平面中的一个单连通区域, $f,\ g \in C^1(\Omega)$, 若在 Ω 内存在函数 $B \in C^1(\Omega)$, 使

$$\frac{\partial(Bf)}{\partial U}+\frac{\partial(Bg)}{\partial V}\geqslant 0\,(\leqslant 0),\quad (U,V)\in\Omega$$

且不在 Ω 的任一子区域上恒为零, 则系统 (12.2.4) 不存在全部位于 Ω 内的周期轨线和具有有限个奇点的奇异闭轨线.

12.2.4 高维微分方程组

这一节我们考虑如下的高维微分方程组的初值问题

$$\dot{\boldsymbol{x}}=\boldsymbol{f}(\boldsymbol{x}),\quad \boldsymbol{x}(0)=\boldsymbol{x}_0 \tag{12.2.10}$$

这里 $\boldsymbol{x}=(x_1,x_2,\cdots,x_n)^{\mathrm{T}}$, $\boldsymbol{f}=(f_1,f_2,\cdots,f_n)^{\mathrm{T}}$ 为 n 维向量. 对于系统 (12.2.10) 的分析主要采用线性化稳定性分析法, 下面主要介绍这种方法及与这种方法有关的 Routh-Hurwitz 判据.

线性化稳定性分析和 Routh-Hurwitz 判据 把二维微分方程组的线性化稳定性分析应用到高维微分方程组, 可以得到类似的结论, 即如果其线性化系统的矩阵的特征值均具有负实部, 则系统的平衡态是渐近稳定的. 我们同样可以使用相应的 Routh-Hurwitz 判据来判断特征方程根的符号. 例如, 当 $n=3$ 时, 特征方程的一般形式为

$$\lambda^3+a_1\lambda^2+a_2\lambda+a_3=0$$

它的根均具有负实部的充要条件是

$$a_1>0,\quad a_3>0,\quad a_1a_2-a_3>0 \tag{12.2.11}$$

对于 n 阶多项式方程

$$\lambda^n+a_1\lambda^{n-1}+a_2\lambda^{n-2}+\cdots+a_{n-1}\lambda+a_n=0 \tag{12.2.12}$$

下面给出一般性的 Routh-Hurwitz 判据.

Routh-Hurwitz 判据 (a) 方程 (12.2.12) 所有根均具有负实部的充要条件是

$$H_k = \begin{vmatrix} a_1 & a_3 & a_5 & \cdots & a_{2k-1} \\ 1 & a_2 & a_4 & \cdots & a_{2k-2} \\ 0 & a_1 & a_3 & \cdots & a_{2k-3} \\ 0 & 1 & a_2 & \cdots & a_{2k-4} \\ \vdots & \vdots & \vdots & & \vdots \\ 0 & 0 & 0 & \cdots & a_k \end{vmatrix} > 0, \quad k = 1,\ 2, \cdots, n$$

其中当 $j > n$ 时, 补充定义 $a_j = 0$.

(b) 方程 (12.2.12) 所有根均具有负实部的必要条件是

$$a_j > 0, \quad j = 1,\ 2,\ \cdots,\ n$$

(c) 方程 (12.2.12) 所有根均具有负实部的必要条件是

$$a_i a_{i+1} > a_{i-1} a_{i+2}, \quad i = 1,\ 2,\ \cdots,\ n-2 \quad (a_0 = 1)$$

充分条件为

$$a_{i-1} a_{i+2} \leqslant 0.4655 a_i a_{i+1}, \quad i = 1,\ 2,\ \cdots,\ n-2$$

(当 $n = 5$ 时, 应去掉上式中的等号.)

12.2.5 Lyapunov 稳定性定理

常微分方程 Lyapunov 稳定性理论中的正定函数和 K 类函数的定义与差分方程中的定义一致, 这里不再重复. 对于系统 (12.2.10), 设函数 $V: R^n \to R$ 是 $\Omega \subset R^n$ 内连续可微的正定 Lyapunov 函数, 且它沿系统轨线的导数 $\dot{V}(\boldsymbol{x})$ 可以表示为

$$\begin{aligned} \left.\frac{\mathrm{d}V(\boldsymbol{x}(t))}{\mathrm{d}t}\right|_{(12.2.10)} &= \frac{\partial V}{\partial x_1}\frac{\mathrm{d}x_1}{\mathrm{d}t} + \frac{\partial V}{\partial x_2}\frac{\mathrm{d}x_2}{\mathrm{d}t} + \cdots + \frac{\partial V}{\partial x_n}\frac{\mathrm{d}x_n}{\mathrm{d}t} \\ &= \sum_{k=1}^{n} \frac{\partial V}{\partial x_k} f_k(\boldsymbol{x}) \doteq \dot{V}(\boldsymbol{x}) \end{aligned} \tag{12.2.13}$$

(12.2.13) 称为函数 $V(\boldsymbol{x})$ 沿着系统 (12.2.10) 轨线的全导数.

定理 12.2.6 若在原点的邻域 U 内存在正定 (负定) 函数 $V(\boldsymbol{x})$, 使得 $\dot{V}(\boldsymbol{x})$ 是半负定 (半正定) 的, 则系统 (12.2.10) 的零解是稳定的; 当 $\dot{V}(\boldsymbol{x})$ 是负定 (正定) 的, 则系统 (12.2.10) 的零解是渐近稳定的.

由于判断 $\dot{V}(\boldsymbol{x})$ 严格小于零即负定是比较困难的. 而通常来说, 判断 $\dot{V}(\boldsymbol{x})$ 半负定比较容易. 想要通过半负定来判定零解的渐近稳定性, 我们需要下面的 LaSalle 不变集原理.

定理 12.2.7 (LaSalle不变集原理) 若在原点的邻域 U 内存在正定函数 $V(\boldsymbol{x})$, 使得 $\dot{V}(\boldsymbol{x})$ 是半负定的, 且如果集合

$$M = \{\boldsymbol{x} | \dot{V}(\boldsymbol{x}) = 0\}$$

内除原点 $\boldsymbol{x} = 0$ 外不包含系统的其他任何轨线, 则系统 (12.2.10) 的零解是渐近稳定的.

12.2.6 常微分方程的分支理论

对于含有参数的常微分方程系统

$$\dot{x} = f(x, \mu) \tag{12.2.14}$$

其平衡态的稳定性可由该点的 Jacobian 矩阵的特征值来决定. 如果它的所有特征值均具有负实部, 那么该平衡态是渐近稳定的; 如果它至少有一个具有正实部的特征值, 那么该平衡态就是不稳定的. 下面介绍当参数 μ 发生变化时, 系统的动力学行为是如何改变的.

特征值为零时的分支 与差分方程 $x_{t+1} = x_t + f(x_t, \mu)$ 类似, 当一维常微分方程

$$\dot{x} = f(x, \mu) \tag{12.2.15}$$

在某点的特征值为 0 时, 平衡态随参数 μ 变化的曲线在该点也可能发生鞍结点分支、跨临界分支和叉形分支. 一阶常微分方程系统不会发生倍周期分支. 下面分别给出在点 (x_c, μ_c) 发生鞍结点分支、跨临界分支和叉形分支的条件及其典型例子. 与差分方程类似, 在跨临界分支和叉形分支中, 仍假定其中一条平衡态曲线为平凡的, 即 $x = 0$.

(1) 鞍结点分支

$$f(x_c, \mu_c) = 0, \quad f_x(x_c, \mu_c) = 0, \quad f_\mu(x_c, \mu_c) \neq 0, \quad f_{xx}(x_c, \mu_c) \neq 0$$

鞍结点分支经典的例子为 $\dot{x} = \mu - x^2$.

(2) 跨临界分支 (假定其中一个分支为 $x = 0$)

$$f(x_c, \mu_c) = 0, \quad f_x(x_c, \mu_c) = 0, \quad f_\mu(x_c, \mu_c) = 0, \quad f_{x\mu}(x_c, \mu_c) \neq 0, \quad f_{xx}(x_c, \mu_c) \neq 0$$

跨临界分支经典的例子为 $\dot{x} = \mu x - x^2$.

(3) 叉形分支 (假定其中一个分支为 $x = 0$)

$$f(x_c, \mu_c) = 0, \quad f_x(x_c, \mu_c) = 0, \quad f_\mu(x_c, \mu_c) = 0, \quad f_{xx}(x_c, \mu_c) = 0$$

$$f_{x\mu}(x_c,\mu_c)\neq 0,\quad f_{xxx}(x_c,\mu_c)\neq 0$$

叉形分支经典的例子为 $\dot{x}=\mu x-x^3$.

Hopf 分支 对于二维及其以上的常微分方程系统还可能发生 Hopf 分支. Hopf 分支的典型例子是

$$\begin{cases}\dot{x}=\mu x-\omega y-x(x^2+y^2)\\ \dot{y}=\omega x+\mu y-y(x^2+y^2)\end{cases}\tag{12.2.16}$$

这里 $\boldsymbol{\omega}$ 是一个常数, 分支点为 $(x,y,\mu)=(0,0,0)$, 在点 $(0,0,\mu)$ 处, 系统的 Jacobian 矩阵的特征值为 $\mu\pm i\omega$. 在极坐标 (R,ϕ) 中 (其中 $R^2=x^2+y^2$, $\phi=\arctan(y/x)$), 方程 (12.2.16) 可化为如下的极坐标形式

$$\dot{R}=\mu R-R^3,\quad \dot{\phi}=\omega\tag{12.2.17}$$

它有一个平凡解 $R=0\,(\forall\mu)$, 当 $\mu>0$ 时, 还有一个周期解 $R=\sqrt{\mu}$, $\phi=\omega t$. 当 $\mu<0$ 时, $R=0$ 是稳定的; 当 $\mu>0$ 时, $R=0$ 是不稳定的; 而当 $\mu>0$ 时, 周期解 $R=\sqrt{\mu}$, $\phi=\omega t$ 是稳定的. 更一般的描述是, 假定对于任意的 μ, 常微分方程系统都有一个解为 $x^*=0$, 当 μ 在 μ_c 附近时, Jacobian 矩阵 $\boldsymbol{J}^*=\boldsymbol{J}(x^*,\mu)$ 有一对共轭的特征值 $\lambda(\mu)$和$\bar{\lambda}(\mu)$, 其他所有特征值均有负实部, 且当 $\mu=\mu_c$ 时, $\lambda(\mu)$ 和 $\bar{\lambda}(\mu)$ 为纯虚数. 对于二维系统也就是要求, 当 $\mu=\mu_c$ 时, $\mathrm{tr}\boldsymbol{J}^*=0$, $\det\boldsymbol{J}^*>0$. 进一步假定当 $\mu>\mu_c$ 时, $\mathrm{Re}\lambda(\mu)>0$. 那么, 存在 μ_c 的一个单侧邻域 ($\mu<\mu_c$ 或 $\mu>\mu_c$), 使得对于其中的任意一种情形, 系统都有一个周期解. 周期解的稳定性有以下两种情形:

亚临界情形 即当 $\mu<\mu_c$ 时, 系统存在一个不稳定的周期解, 且此时零解是稳定的.

超临界情形 即当 $\mu>\mu_c$ 时, 系统存在一个稳定的周期解, 且此时零解是不稳定的.

以上两种情形发生分支的条件比较烦琐. 为简化分析, 对系统进行坐标平移, 使得分支点为原点 $(x,y,\mu)=(0,0,0)$, 当 $\mu=0$ 时, 平移后的系统变为

$$\begin{pmatrix}\dot{x}\\ \dot{y}\end{pmatrix}=\begin{pmatrix}0&-\omega\\ \omega&0\end{pmatrix}\begin{pmatrix}x\\ y\end{pmatrix}+\begin{pmatrix}f(x,y,0)\\ g(x,y,0)\end{pmatrix}$$

定义

$$\begin{aligned}a=&\frac{1}{16}(f_{xxx}+f_{xyy}+g_{xxy}+g_{yyy})\\ &+\frac{1}{16\omega}(f_{xy}(f_{xx}+f_{yy})-g_{xy}(g_{xx}+g_{yy})-f_{xx}g_{xx}+f_{yy}g_{yy})\end{aligned}$$

在原点计算 a 的值, 则超临界情形的条件是 $a<0$.

12.3 脉冲微分方程基础知识

脉冲现象在自然界中随处可见, 比如渔业资源管理中的脉冲式投放鱼苗、收获、禁渔期的实施; 有害生物控制时天敌的引入、杀虫剂的喷洒等都会突然改变种群的数量, 进而影响种群原有的增长规律; 癌细胞治疗、化疗、流行病控制的预防接种等都具有很强的瞬时性; 在疾病治疗过程中采用不同的给药方式, 包括一次静脉推注、一次血管外给药、多剂量静脉推注、静脉滴注和血管外给药都是瞬间完成的; 在微生物培养过程中, 通常会在一定的时间间隔加入营养基而维持反应平衡. 而脉冲微分方程对刻画生物种群的连续变化和人为因素的瞬间作用提供了自然的描述.

脉冲微分方程是近几年发展起来的新兴学科, 在生物数学领域的应用非常广泛, 这方面的主要内容参考文献 [6–8, 67, 122].

12.3.1 脉冲微分系统的一个实例

假设没有人工干预条件下农业害虫在田间的自然增长规律服从 Malthus 增长规律, 即

$$\frac{\mathrm{d}x}{\mathrm{d}t} = rx \tag{12.3.1}$$

其中常数 r 为种群的内禀增长率. 容易看出, 当该害虫的内禀增长率 $r > 0$ 时, 其数量呈指数方式增长, 最终趋向于无穷. 控制害虫的一个常用的方法是化学控制, 即在一定的时间点上喷洒一定剂量的农药, 以达到控制害虫的目的.

不妨假设喷洒农药发生在 $t = \tau_k$ 时刻, 并且在该时刻杀死害虫的数量与在该时刻害虫的数量成正比, 比例系数为 p, 满足 $0 \leqslant p \leqslant 1$, 其中 $p = 0$ 表示没有控制, $p = 1$ 表示种群完全被杀死. 这样在 $t = \tau_k$ 时刻, 害虫的数量从 $x(\tau_k)$ 瞬间降低到 $(1-p)x(\tau_k)$, 即

$$x(\tau_k^+) = (1-p)x(\tau_k) \tag{12.3.2}$$

其中 $x(\tau_k)$ 和 $x(\tau_k^+)$ 分别为脉冲前、后害虫种群的数量.

结合微分方程 (12.3.1) 和脉冲条件 (12.3.2), 得到下面的脉冲微分方程

$$\begin{cases} \dfrac{\mathrm{d}x(t)}{\mathrm{d}t} = rx(t), & t \neq \tau_k \\ x(\tau_k^+) = qx(\tau_k), & t = \tau_k \end{cases} \tag{12.3.3}$$

其中 $q = 1 - p$ 为每次喷洒杀虫剂后害虫的残存率. 为了考虑问题方便, 我们考虑周期脉冲, 即存在 T 使得对所有的 $k \in \mathcal{K}$ 有 $\tau_{k+1} = \tau_k + T$. 脉冲微分方程 (12.3.3)

的解是分段连续的, 如图 12.3.1 所示. 我们把具有 (12.3.3) 形式的方程称为**固定时刻脉冲微分方程**.

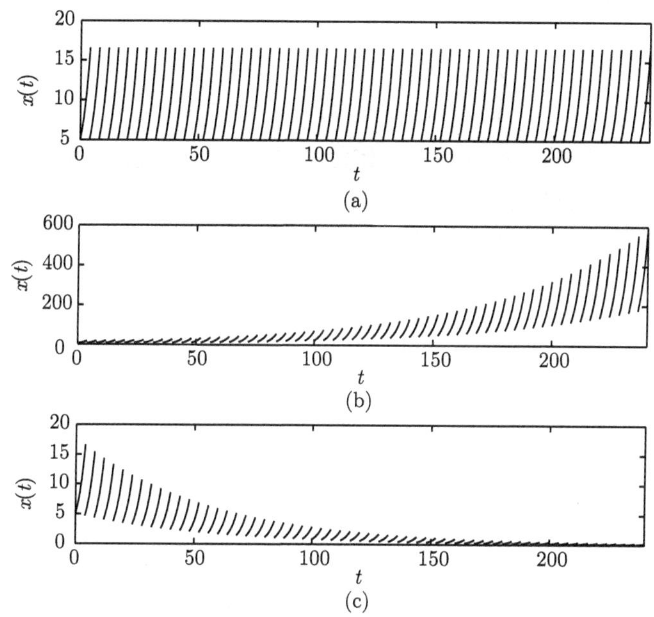

图 12.3.1 脉冲微分方程 (12.3.3) 解的三种情形

参数值为 $r=0.3, T=4$: (a) 周期解, 残存率为 $q=0.3012$; (b) 指数增加, 残存率为 $q=0.32$; (c) 指数递减, 残存率为 $q=0.28$

在任何脉冲区间 $(\tau_k, \tau_{k+1}]$ 上模型 (12.3.3) 的解可表示为

$$x(t)=x(\tau_k^+)\mathrm{e}^{r(t-\tau_k)}, \quad t\in(\tau_k,\tau_{k+1}], \quad k\in\mathcal{K} \tag{12.3.4}$$

当 $t=\tau_{k+1}$ 时实施脉冲效应, 则有

$$x(\tau_{k+1}^+)=qx(\tau_k^+)\mathrm{e}^{rT} \tag{12.3.5}$$

如果记 $M_{k+1}=x(\tau_{k+1}^+)$, 则有如下的差分方程模型

$$M_{k+1}=q\mathrm{e}^{rT}M_k\triangleq RM_k, \quad M_0=N_0, \quad k\in\mathcal{K} \tag{12.3.6}$$

根据差分方程的稳定性分析知道只要每次喷洒杀虫剂后害虫的残存率和脉冲周期足够小, 使得 $R<1$, 害虫数量就能得到控制并最终趋向于零. 如图 12.3.1(c), 当残存率 $q=0.28$, 脉冲周期为 4 时, 害虫将以指数方式趋向于零.

上面的例子说明只要当杀虫剂的有效性足够好, 就能控制害虫使得数量趋向于零. 实际上要使种群数量趋向于零是比较困难的, 主要是因为脉冲周期小就意味着喷洒杀虫剂的频率增加, 害虫产生抗性的可能性增大, 从而导致残存率增加. 更为实际的控制措施是控制害虫数量小于一定的阈值, 也就是说, 只有当害虫数量达到一定阈值时才采用化学控制. 不妨假设阈值为 $x_{\max}$, 这样得到如下的脉冲微分方程

$$\begin{cases} \dfrac{\mathrm{d}x(t)}{\mathrm{d}t} = rx(t), & x < x_{\max} \\ x(\tau_k^+) = qx(\tau_k), & x = x_{\max} \end{cases} \tag{12.3.7}$$

把具有 (12.3.7) 形式的方程称为**状态依赖脉冲微分方程**或**自治的脉冲微分方程**.

由于要求种群的初始数量不超过给定的上限 $x_{\max}$, 因此可以通过求解模型 (12.3.7) 来确定什么时候种群数量达到上限 $x_{\max}$. 模型 (12.3.7) 没有脉冲影响时的解析解为

$$x(t) = x_0\mathrm{e}^{rt} \tag{12.3.8}$$

假设种群数量第一次达到 $x_{\max}$ 的时间为 τ_1, 则等式

$$x(\tau_1) = x_0\mathrm{e}^{r\tau_1} = x_{\max} \tag{12.3.9}$$

成立. 关于 τ_1 求解得

$$\tau_1 = \frac{1}{r}\ln\left(\frac{x_{\max}}{x_0}\right) \tag{12.3.10}$$

即在时间 τ_1 实施脉冲控制, 使得种群数量从 $x(\tau_1)$ 下降到 $x(\tau_1^+) = (1-p)x(\tau_1) = (1-p)x_{\max}$. 从 τ_1 开始, 模型 (12.3.7) 的解将在 τ_2 时刻再一次到达 $x_{\max}$, 其中

$$x(\tau_2) = x(\tau_1^+)\mathrm{e}^{r(\tau_2-\tau_1)} = x_{\max}$$

上式关于 τ_2 求解得

$$\tau_2 = \tau_1 + \frac{1}{r}\ln\left(\frac{1}{1-p}\right) \tag{12.3.11}$$

由此看出, $\tau_2 - \tau_1$ 完全由模型参数决定而不依赖初始状态. 因此, 如果记 $\tau_2 - \tau_1$ 的差值为 T, 从 τ_1 开始, 每间隔周期 T 就要实施一次脉冲控制, 即模型存在 T-周期解.

12.3.2　脉冲微分系统的一般形式

根据上面两个特殊的例子, 下面我们给出脉冲微分方程及其解的一般性定义. 设 Ω 为生物演化过程的相空间, 如种群的状态集记为 P_t, 表示在 t 时刻种群演化过程的状态, 并假设该演化状态由 n 个参数决定, 则相点 P_t 表示 $n+1$ 维空间 R^{n+1} 上的点 (t,x), Ω 属于 R^n, 空间 $R\times\Omega$ 称为演化过程的增广相空间. 假设生物演化过程的规律满足如下描述:

(a) 微分方程

$$\frac{\mathrm{d}x}{\mathrm{d}t} = f(t\ ,x), \quad x \notin M_t \tag{12.3.12}$$

其中 $t \in R, x = (x_1, \cdots, x_n)' \in \Omega,\ f : R \times \Omega \to R^n$;

(b) 集合 $M_t, N_t \subset \Omega, \forall t \in R$;

(c) 映射 $A_t : M_t \to N_t, \forall t \in R$.

设 $x(t)$ 为方程 (12.3.12) 满足初始条件为 $x(t_0) = x_0$ 的解. 点 P_t 在增广相空间中的运动过程如下: P_t 从初始点 (t_0, x_0) 出发, 沿着方程 (12.3.12) 的解曲线 $(t, x(t))$ 运动, 直到 $\tau_1 > t_0$, 点 P_t 到达集合 M_t, 在时刻 τ_1 的映射 A_{τ_1} 立刻将点 P_t 从位置 $P_{\tau_1} = (\tau_1, x(\tau_1))$ 跳到 $(\tau_1, x_1^+) \in N_{\tau_1}, x_1^+ = A_{\tau_1}(x(\tau_1))$. 点 P_t 再继续沿着方程 (12.3.12) 的解曲线 $(t, x(t))$ 运动, 且初始条件为 $x(\tau_1) = x_1^+$, 直到再次到达集合 M_t, 如此继续.

由关系 (a), (b), (c) 刻画的生物演化过程被称为**脉冲微分系统**. 在增广相空间由点 P_t 所描述的曲线称为积分曲线, 定义该积分曲线的函数 $x(t)$ 称为脉冲微分系统的解, 点 P_t 到达集合 M_t 的时刻 τ_k 称为脉冲时刻. 我们假设脉冲微分系统的解在脉冲时刻是左连续函数, 即 $x(\tau_k^-) = x(\tau_k)$.

由于集合 M_t, N_t 及映射 A_t 选择的任意性可以生成许多不同的脉冲微分系统. 这里只介绍满足关系 $\phi(t, x) = 0$ 时发生脉冲的微分系统, 即当相点 (t, x) 到达满足方程 $\phi(t, x) = 0$ 的曲面 σ 时发生脉冲. 将这类系统表示为

$$\begin{cases} \dfrac{\mathrm{d}x}{\mathrm{d}t} = f(t, x), & \phi(t, x) \neq 0 \\ \Delta x = I(t, x), & \phi(t, x) = 0 \end{cases} \tag{12.3.13}$$

集合 M_t, N_t 及映射 A_t 满足关系:

$$M_t = (t, x) \in R \times \Omega : \phi(t, x) = 0, \quad N_t = R \times \Omega$$

$$A_t : M_t \to N_t, \quad (t, x) \to (t, x + I(t, x))$$

其中 $I : R \times \Omega \to \Omega$, 当 $\phi(\tau_k, x(\tau_k)) = 0$ 时, 对应解 $x(t)$ 的脉冲时刻为 $t = \tau_k$, 则

$$\Delta x(\tau_k) = x(\tau_k^+) - x(\tau_k) = I(\tau_k, x(\tau_k))$$

记 $x(t; t_0, x_0)$ 为系统 (12.3.13) 的解, 且 $x(t_0; t_0, x_0) = x_0$.

根据前面介绍的 Malthus 增长的脉冲微分方程和本书涉及的脉冲微分方程的类型, 我们介绍系统 (12.3.13) 的两类特殊脉冲微分系统.

固定时刻脉冲微分系统 一般形式如下

$$\begin{cases} \dfrac{\mathrm{d}x}{\mathrm{d}t} = f(t, x), & t \neq \tau_k \\ \Delta x = I_k(x), & t = \tau_k \end{cases} \tag{12.3.14}$$

设脉冲时刻由满足 $\tau_k < \tau_{k+1}$ 的时间序列 τ_k 决定, 其中 $k \in K \subset Z$. 对于 $t \in (\tau_k, \tau_{k+1}]$ 系统 (12.3.14) 的解 $x(t)$ 满足方程 $\mathrm{d}x/\mathrm{d}t = f(t,x)$, 且当 $t = \tau_k$ 时, $x(t)$ 满足关系 $x(\tau_k^+) = x(\tau_k) + I_k(x(\tau_k))$. 模型 (12.3.3) 就是系统 (12.3.14) 的一个特例.

自治脉冲微分系统　一般形式如下

$$\begin{cases} \dfrac{\mathrm{d}x}{\mathrm{d}t} = f(x), & x \notin \sigma \\ \Delta x = I(x), & x \in \sigma \end{cases} \tag{12.3.15}$$

其中 σ 为一个 $n-1$ 维的多面体, 并包含于相空间 $\Omega \subset R^n$ 中.

当相空间的点 $x(t)$ 到达多面体 σ 时, 系统 (12.3.15) 发生脉冲. 若 σ 由方程 $\phi(x) = 0$ 确定, 则 (12.3.15) 可写为

$$\begin{cases} \dfrac{\mathrm{d}x}{\mathrm{d}t} = f(x), & \phi(x) \neq 0 \\ \Delta x = I(x), & \phi(x) = 0 \end{cases} \tag{12.3.16}$$

脉冲微分方程 (12.3.7) 就是系统 (12.3.16) 的特例. 这两类脉冲系统的解是分段连续函数, 且在脉冲时刻为间断点. 系统 (12.3.14) 的所有解有相同的间断点, 但是系统 (12.3.15) 或 (12.3.16) 的不同解有不同的间断点, 系统 (12.3.15) 和 (12.3.16) 解的这些特性使得对它们的研究有所不同. 系统 (12.3.15) 实际上具有自治性, 即对所有 $t_0 \in R,\ x_0 \in \Omega,\ t > t_0$, 有 $x(t; t_0, x_0) = x(t - t_0; 0, x_0)$. 自治的平面脉冲系统周期解轨道稳定和具有渐近相图的性质有下面主要结论.

定理 12.3.1 (相似的 Poincaré 准则)　称系统

$$\begin{cases} \left.\begin{aligned} \dfrac{\mathrm{d}x}{\mathrm{d}t} &= P(x,y) \\ \dfrac{\mathrm{d}y}{\mathrm{d}t} &= Q(x,y) \end{aligned}\right\} \phi(x,y) \neq 0 \\ \left.\begin{aligned} \Delta x &= a(x,y) \\ \Delta y &= b(x,y) \end{aligned}\right\} \phi(x,y) = 0 \end{cases}$$

的 T-周期解 $x = \xi(t), y = \eta(t)$ 是轨道渐近稳定和具有渐近相图的性质, 如果该系统在周期解处的乘子 μ_2 满足条件 $|\mu_2| < 1$. 其中

$$\mu_2 = \prod_{k=1}^{q} \Delta_k \exp\left\{ \int_0^T \left[\frac{\partial p}{\partial x}(\xi(t), \eta(t)) + \frac{\partial Q}{\partial y}(\xi(t), \eta(t)) \right] \mathrm{d}t \right\}$$

$$\Delta_k = \frac{P_+\left(\dfrac{\partial b}{\partial y}\dfrac{\partial \phi}{\partial x} - \dfrac{\partial b}{\partial x}\dfrac{\partial \phi}{\partial y} + \dfrac{\partial \phi}{\partial x} \right) + Q_+\left(\dfrac{\partial a}{\partial x}\dfrac{\partial \phi}{\partial y} - \dfrac{\partial a}{\partial y}\dfrac{\partial \phi}{\partial x} + \dfrac{\partial \phi}{\partial y} \right)}{P\dfrac{\partial \phi}{\partial x} + Q\dfrac{\partial \phi}{\partial y}}$$

和 $P, Q, \frac{\partial a}{\partial x}, \frac{\partial a}{\partial y}, \frac{\partial b}{\partial x}, \frac{\partial b}{\partial y}, \frac{\partial \phi}{\partial x}, \frac{\partial \phi}{\partial y}$ 为 μ_2, Δ_k 在点 $(\xi(\tau_k), \eta(\tau_k))$ 上的值, 且 $P_+ = P(\xi(\tau_k^+), \eta(\tau_k^+))$, $Q_+ = Q(\xi(\tau_k^+), \eta(\tau_k^+))$.

12.3.3 线性脉冲微分系统

下面的主要内容参考文献 [7,8]. 设给定序列 τ_k $(k \in Z)$ 满足条件:

假设 1 $\tau_k < \tau_{k+1}$ $(k \in Z)$ 且 $\lim\limits_{k \to \pm\infty} \tau_k = \pm\infty$.

设 $m, n, r \in N, D \subset R, F \subset R^{n \times m}$ $(F \subset C^{n \times m})$. 记 $PC(D, F)$ 为分段连续函数 $\psi: D \to F$ 的集合, 其对于 $t \in D, t \neq \tau_k$ 左连续, 在点 $\tau_k \in D$ 不连续且为第一类间断点. 记 $PC^r(D, F)$ 为具有导数 $\frac{\mathrm{d}^r \psi}{\mathrm{d}t^r} \in PC(D, F)$ 的函数 $\psi: D \to F$ 集合.

考虑线性齐次脉冲微分系统

$$\begin{cases} \dfrac{\mathrm{d}x}{\mathrm{d}t} = A(t)x, & t \neq \tau_k \\ \Delta \boldsymbol{x} = \boldsymbol{B}_k \boldsymbol{x}, & t = \tau_k \end{cases} \tag{12.3.17}$$

系统 (12.3.17) 的参数满足下面新的假设.

假设 2 $A(\cdot) \in PC(R, C^{n \times n}), \boldsymbol{B}_k \in C^{n \times n} (k \in Z)$.

定理 12.3.2 如果假设 1 和假设 2 成立, 则对任意的 $(t_0, x_0) \in R \times C^n$ (其中 $x(t_0^+) = x_0$), 系统 (12.3.17) 存在唯一的解 $x(t), t > t_0$. 进一步, 若 $\det(\boldsymbol{E} + \boldsymbol{B}_k) \neq 0$ $(k \in Z)$, 则解对于所有的 $t \in R$ 都成立.

设 $\det(\boldsymbol{E} + \boldsymbol{B}_k) \neq 0$ $(k \in Z)$, 函数

$$x_1(t), \cdots, x_n(t) \tag{12.3.18}$$

为定义在 R 上系统 (12.3.17) 的解, $\boldsymbol{X}(t) = \big(x_1(t), \cdots, x_n(t)\big)$ 为函数矩阵, 其列为 (12.3.17) 的解. 我们注意到解 $x_1(t), \cdots, x_n(t)$ 在 R 上线性无关, 当且仅当存在 $t_0 \in R$, 使得 $\det \boldsymbol{X}(t_0) \neq 0$. 在这种情况下我们称 $\boldsymbol{X}(t)$ 为系统 (12.3.17) 的一个基解矩阵, 且具有如下结论.

定理 12.3.3 如果假设 1 和假设 2 成立, $\det(\boldsymbol{E} + \boldsymbol{B}_k) \neq 0$ $(k \in Z)$ 及 $\boldsymbol{X}(t)$ 为系统 (12.3.17) 的一个基解矩阵, 则

(1) 对于任意常数矩阵 $\boldsymbol{B} \in C^{n \times n}$, 函数 $\boldsymbol{X}(t)\boldsymbol{B}$ 为系统 (12.3.17) 的一个解.

(2) 若 $Y: R \to C^{n \times n}$ 是系统 (12.3.17) 的一个解, 则存在唯一的矩阵 $\boldsymbol{B} \in \mathbb{C}^{n \times n}$ 使得 $\boldsymbol{Y}(t) = \boldsymbol{X}(t)\boldsymbol{B}$.

假设 3 存在一个时间 T 和正整数 q 使得系统 (12.3.17) 中的参数满足

$$A(t+T) = A(t), \quad \boldsymbol{B}_{k+q} = \boldsymbol{B}_k, \quad \tau_{k+q} = \tau_k + T, \ k \in Z$$

即系统 (12.3.17) 是一个 T 周期线性齐次脉冲微分方程.

这样如果假设 1、假设 2 和假设 3 成立, 则每一个 (12.3.17) 的基解矩阵都可以表示为如下形式

$$\boldsymbol{X}(t)=\phi(t)\mathrm{e}^{\boldsymbol{\Lambda}t},\quad t\in R \tag{12.3.19}$$

这里 $\Lambda\in C^{n\times n}$ 是常值矩阵, 矩阵 $\phi(t)\in PC^1(R,C^{n\times n})$ 是非奇异的和 T 周期的. 把满足条件 $\boldsymbol{X}(t+T)=\boldsymbol{X}(t)\boldsymbol{M}$ 的矩阵 $\boldsymbol{M}$ 称作系统 (12.3.17) 相应于基解矩阵的单值矩阵 (monodromy matrix), 它的特征根 $\mu_1,\mu_2,\cdots,\mu_n$ 称为系统 (12.3.17) 的 Floquet 乘子 (multipliers). 可以证明系统 (12.3.17) 所有的单值矩阵都相似且有相同的特征根. 这样可以选取 (12.3.17) 的任一个基解矩阵 $\boldsymbol{X}(t)$ 并按公式

$$\boldsymbol{M}=\boldsymbol{X}^{-1}(t_0)\boldsymbol{X}(t_0+T)$$

计算单值矩阵. 如果取 $\boldsymbol{X}(0^+)=\boldsymbol{I}$ 为单位矩阵, 则 $\boldsymbol{M}=\boldsymbol{X}(T)$.

定理 12.3.4 如果假设 1、假设 2 和假设 3 成立, 则 T- 周期的线性脉冲方程 (12.3.17) 的零解是:

(i) 稳定的, 当且仅当所有 (12.3.17) 的特征乘子 $\mu_j(j=1,\cdots,n)$ 满足不等式 $|\mu_j|\leqslant 1$, 并且 $|\mu_j|=1$ 的那些特征根的重数都为 1;

(ii) 渐近稳定的, 当且仅当所有 (12.3.17) 的乘子 $\mu_j(j=1,\cdots,n)$ 满足 $|\mu_j|<1$;

(iii) 不稳定的, 如果有某些 $j=1,\cdots,n$ 使得 $|\mu_j|>1$.

12.3.4 脉冲不等式系统

下面介绍脉冲微分方程的比较定理和 Gronwall 不等式.

定理 12.3.5 设函数 $u\in PC'(R_+,R)$ 满足不等式系统

$$\begin{cases}\dfrac{\mathrm{d}u(t)}{\mathrm{d}t}\leqslant p(t)u(t)+f(t), & t\neq\tau_k,\ t>0\\ u(\tau_k^+)\leqslant d_ku(\tau_k)+h_k, & t=\tau_k,\ \tau_k>0\\ u(0^+)\leqslant u_0\end{cases}$$

其中 $p,f\in PC(R_+,R)$, $d_k\geqslant 0,h_k,u_0$ 都为常数, 则对于 $t>0$

$$u(t)\leqslant u_0\prod_{0<\tau_k<t}d_k\exp\left(\int_0^t p(s)\mathrm{d}s\right)+\int_0^t\prod_{s\leqslant\tau_k<t}d_k\exp\left(\int_s^t p(\tau)\mathrm{d}\tau\right)f(s)\mathrm{d}s$$
$$+\sum_{0<\tau_k<t}\prod_{\tau_k<\tau_j<t}d_j\exp\left(\int_{\tau_k}^t p(\tau)\mathrm{d}\tau\right)h_k$$

定理 12.3.6 对于 $t>0$, 设函数 $u\in PC(R_+,R_+)$ 满足不等式

$$u(t)\leqslant u_0+\int_0^t p(s)u(s)\mathrm{d}s+\sum_{0<\tau_k<t}\beta_ku(\tau_k)$$

其中 $p \in PC(R_+, R_+)$ 及 $\beta_k \geqslant 0, u_0$ 为常数, 则

$$u(t) \leqslant u_0 \prod_{0<\tau_k<t}(1+\beta_k)\exp\left(\int_0^t p(s)\mathrm{d}s\right)$$

考虑脉冲微分方程组

$$\begin{cases} x'(t) = f(t,x), & t \neq nT \\ x(t^+) = x(t) + I_n(x), & t = nT \\ x(0^+) = x_0, & n \in Z_+ \end{cases} \tag{12.3.20}$$

并作如下假设:

(A_1) $T > 0$, 当 $n \to \infty$ 时, $t \to \infty$;

(A_2) $R_+ = [0, +\infty), R_+^k = \{x \in R^k : x \geqslant 0\}$. $f : R_+ \times R_+^k \to R_+^k$ 在 $(nT, (n+1)T] \times R_+^k$ 上是连续的, 并且对任意的 $x \in R_+^k$, 有

$$\lim_{(t,y)\to(nT,x)} f(t,y) = f(nT^+, x)$$

(A_3) $I_n : R_+^k \to R_+^k$.

定义 12.3.1 设 $V : R_+ \times R_+^k \to R_+$, 若

(i) V 在 $(nT, (n+1)T] \times R_+^k$ 上连续并且对任意的 $x \in R_+^k$ 有

$$\lim_{(t,y)\to(nT,x)} V(t,y) = V(nT^+, x)$$

存在;

(ii) V 关于 x 满足局部 Lipschitz 条件,

则称 $V \in V_0$.

定义 12.3.2 设 $V \in V_0$, 对 $(t,x) \in (nT, (n+1)T] \times R_+^k$ 关于模型 (12.3.20) 的右上导数定义为

$$D^+V(t,x) = \lim_{h\to 0^+}\sup \frac{1}{h}[V(t+h, x+hf(t,x)) - V(t,x)]$$

定理 12.3.7 (比较定理) 假设 $V : R_+ \times R_+^k \to R_+$, 且 $V \in V_0$, 考虑下列模型

$$\begin{cases} D^+V(t,x) \leqslant g(t, V(t,x)), & t \neq nT \\ V(t, x(t^+)) \leqslant \psi_n(V(t,x)), & t = nT \end{cases} \tag{12.3.21}$$

其中 $g : R_+ \times R_+ \to R$ 满足 (A_2), 且 $\psi_n : R_+ \to R_+$ 是非减的. 令 $u(t)$ 是下列一维脉冲微分方程在 $[0, +\infty)$ 上的最大解, 且

$$\begin{cases} u'(t) = g(t,u), & t \neq nT \\ u(t^+) = \psi_n(u(t)), & t = nT \\ u(0^+) = u_0 \geqslant 0 \end{cases} \tag{12.3.22}$$

那么 $V(0^+,x_0)\leqslant u_0$, 进而有 $V(t,x(t))\leqslant u(t)$, $t\geqslant 0$, 其中 $u(t)$ 是模型 (12.3.22) 在 $[0,+\infty)$ 上的任意解.

12.4　随机微分方程基本知识

随机现象无处不在, 众多确定性生物模型都可认为是随机模型某种意义下的均值模型. 比如本书 4.9 节向大家介绍的随机 SIS 模拟模型以及生物数学模型参数估计章节中介绍的大多数模型等. 本节主要综述本书中用到的有关随机微分方程和随机脉冲微分方程的几个定义和 Itô 公式 [131]. 为此, 设 $(\Omega,\ \mathcal{F},P)$ 是一个完备的概率空间, 其中 σ 代数 $\mathcal{F}$ 是由 Ω 的某些子集构成的集簇, 使得 $(\Omega,\mathcal{F})$ 为一个可测空间和 P 为定义在该可测空间的概率测度. 设 $X(t)$ 是定义在样本空间 Ω 上的 $\mathcal{F}$ 可测的实值函数, $B(t)$ 是定义在这个概率空间上的标准布朗运动. 关于布朗运动和白噪声, 有如下定义.

定义 12.4.1　设一维实值连续 $\mathcal{F}_t$ 适应的随机过程 $B(t)$ 满足 $B(0)=0$, 对任意 $0\leqslant s<t<\infty$, $B(t)-B(s)$ 服从均值为零, 方差为 $t-s$ 的正态分布, 并且 $B(t)-B(s)$ 与 $\mathcal{F}_t$ 独立, 则 $B(t)$ 称为布朗运动或维纳过程.

定义 12.4.2　设 $\xi(t)$ 是一个平稳过程, 对任意 $0\leqslant s<t<\infty$, $\mathbb{E}\xi(t)=\mu$, $\operatorname{cov}(\xi(t),\xi(s))=\sigma^2\delta(t-s)$, 称 $\xi(t)$ 是一个白噪声. 特别地, 当 $\mu=0$, $\sigma^2=1$ 时, 称 $\xi(t)$ 为标准白噪声. 对独立白噪声, 当 $\xi(t)$ 服从正态分布时, 称 $\xi(t)$ 为正态白噪声.

定义 12.4.3　设 $\{\mathcal{N}_t\}$ 是 Ω 上的单调递增的 σ 代数族, 过程 $g(t,\omega):[0,\infty)\times\Omega\to R$ 如果满足对任意的 $t\geqslant 0$, 函数 $\omega\to g(t,\omega)$ 是 N_t 可测的, 则称过程 $g(t,\omega)$ 是 $\mathcal{N}_t$ 适应的.

有时为了方便, 用 B_t 表示 $B(t)$, 其他的也类似. Itô 积分所要求的函数类具有下面的性质.

定义 12.4.4　设 $\mathcal{V}=\mathcal{V}(S,T)=\{f(t,\omega):[0,\infty)\times\Omega\to R\}$ 且函数 f 满足:

(1) f 是 $\mathcal{B}\times\mathcal{F}$ 可测的, 其中 $\mathcal{B}$ 是 $[0,\infty)$ 上的 Borel σ 代数;

(2) f 是 $\mathcal{F}_t$ 适应的;

(3) $E\left[\int_S^T f(t,\omega)^2\mathrm{d}t\right]<\infty$.

考虑如下一般形式的 Itô 一维随机微分方程:

$$\mathrm{d}X(t)=f(t,X(t))\mathrm{d}t+g(t,X(t))\mathrm{d}B(t)\tag{12.4.1}$$

由 Itô 随机微分方程的解释, 上面的方程等价于下面的随机积分方程:

$$X(t)=X(0)+\int_0^t f(s,X(s))\mathrm{d}s+\int_0^t g(s,X(s))\mathrm{d}B(s)\tag{12.4.2}$$

例 12.4.1 考虑第 2 章介绍的 Malthus 人口增长模型

$$\frac{\mathrm{d}N(t)}{\mathrm{d}t}=r(t)N(t),\quad N(0)=N_0$$

其中 $r(t)=r+\alpha W(t)$, $W(t)$ 为白噪声, α 为常数. 由 Itô 随机微分方程 (12.4.1), 这个方程等价于如下随机微分方程

$$\mathrm{d}N(t)=rN(t)\mathrm{d}t+\alpha N(t)\mathrm{d}B(t) \tag{12.4.3}$$

从形式上看, 白噪声 $W(t)$ 用 $\dfrac{\mathrm{d}B(t)}{\mathrm{d}t}$ 取代.

定理 12.4.1 (Itô 等距公式和一个重要性质) 对任意的 $f\in\mathcal{V}(S,T)$ 有

$$\mathbb{E}\left[\left(\int_0^T f(t,\omega)\mathrm{d}B(t)\right)^2\right]=E\left[\int_0^T f^2(t,\omega)\mathrm{d}t\right] \tag{12.4.4}$$

和一个重要的性质

$$\mathbb{E}\left[\int_S^T f(t,\omega)\mathrm{d}B(t)\right]=0$$

定理 12.4.2 (一维 Itô 公式) 设 $X(t)$ 是 Itô 过程, 满足微分方程

$$\mathrm{d}X_t=f\mathrm{d}t+g\mathrm{d}B_t$$

假设 $F(t,x)$ 是二阶连续可微的实值函数, 则 $Y_t=F(t,X_t)$ 仍是 Itô 过程且满足随机微分方程

$$\mathrm{d}Y_t=\widetilde{f}(t,X_t)\mathrm{d}t+\widetilde{g}(t,X_t)\mathrm{d}B_t$$

$$\widetilde{f}(t,X_t)=\left[F_t+F_xf+\frac{1}{2}F_{xx}g^2\right](t,X_t),\quad \widetilde{g}(t,X_t)=[F_xg](t,X_t)$$

上述 Itô 公式计算过程中出现的 $(\mathrm{d}X_t)^2=(\mathrm{d}X_t)(\mathrm{d}X_t)$ 由下面的规则来执行:

$$\mathrm{d}t\cdot\mathrm{d}t=\mathrm{d}t\cdot\mathrm{d}B_t=\mathrm{d}B_t\cdot\mathrm{d}t=0,\quad \mathrm{d}B_t\cdot\mathrm{d}B_t=\mathrm{d}t$$

定理 12.4.3 (重对数律) B_t 是概率空间上的标准布朗运动, 则

$$\limsup_{t\to\infty}\frac{B_t}{\sqrt{2t\log\log t}}=1,\ \text{a.s.}$$

定义 12.4.5 (随机稳定性) 如果对任意 $\varepsilon>0$, 都有

$$\lim_{x\to 0}\mathcal{P}\left(\sup_{[s,\infty)}|X(t;s,x)|\geqslant\varepsilon\right)=0$$

则称随机微分方程的零解是随机稳定的, 其中 $X(t;s,x)$ 是随机微分方程满足初值为 $X(s)=x$ 的解.

有关随机微分方程的其他稳定性定义, 可以参考文献 [131]. 另外, 关于固定时刻脉冲随机微分方程的解, 我们有下面的定义.

定义 12.4.6 考虑如下固定时刻脉冲随机微分方程

$$\begin{cases} \mathrm{d}X(t)=f(t,X(t))\mathrm{d}t+g(t,X(t))\mathrm{d}B_1(t), & t\neq\tau_k \\ X(t_k^+)-X(t_k)=B_kX(t_k), & t=\tau_k \end{cases}$$

初值为 $X(0)$. 随机过程 $X(t)$ 称为该脉冲随机微分方程的解, 如果:

(1) $X(t)$ 是 $\mathcal{F}_t$ 适应过程, 并且在区间 (τ_k,τ_{k+1}) 上连续. $f(t,X(t))\in\mathcal{L}^1(\mathcal{R}_+;\mathcal{R}^n)$, $g(t,X(t))\in\mathcal{L}^2(\mathcal{R}_+;\mathcal{R}^n)$, 其中 $\mathcal{L}^k(\mathcal{R}_+;\mathcal{R}^n)$ 是随机函数族, 满足对任意 $T>0$, $\int_0^T|f(t)|^k\mathrm{d}t<\infty$ a.s.;

(2) 对任意 τ_k, $X(\tau_k^+)=\lim\limits_{t\to\tau_k^+}X(t)$, $X(\tau_k^-)=\lim\limits_{t\to\tau_k^-}X(t)$, 并且 $X(\tau_k)=X(\tau_k^-)$ 依概率 1 成立;

(3) 对所有 $t\in(\tau_k,\tau_{k+1}]$, $X(t)$ 满足积分方程

$$X(t)=X(\tau_k^+)+\int_{\tau_k}^t f(s,X(s))\mathrm{d}s+\int_{\tau_k}^t g(s,X(s))\mathrm{d}B(s)$$

并且在任意脉冲时刻 $t=t_k$ 满足脉冲条件.

12.5 积分差分方程的行波解

本节简要归纳本书用到的连续扩散离散增长积分差分方程模型行波解的定义和计算方法. 为此, 考虑下面一般积分差分方程 [65]

$$N_{n+1}(x)=\int_{-\infty}^{+\infty}L(x-y)F(N_n(y))\mathrm{d}y \tag{12.5.1}$$

其中 $N_n(x)$ 表示在第 n 世代空间位置 x 的种群数量, $L(x-y)$ 表示分布核函数, 一种最简单的情形是定义为如下的指数分布函数

$$L(x-y)=\begin{cases} \alpha\mathrm{e}^{\alpha(x-y)}, & x<y \\ 0, & x>y \end{cases} \tag{12.5.2}$$

$F(N_n(y))$ 表示物种依赖于空间位置的增长函数, 如第 2 章常见的 Beverton-Holt 或 Ricker 函数.

定义 12.5.1 方程 (12.5.1) 的行波解定义为 $N_{n+1}(x) = N_n(x+c)$ 形式的解, 其中 c 为波速. 行波解的一些特殊类型是定常解, 即 $c=0$ 及 N 与时间 n 无关, 此时定常解又叫平衡解或稳态解.

为了讨论系统 (12.5.1) 行波解的存在性, 我们对模型做如下假设: 存在常数 $b > N^* = F(N^*)$, 使得:

(F1) $F \in C([0,b],[0,b])$, $F(N^*) - N^* = F(0) = 0$, $F'(0) > 1$, 且存在 $L_0 > 0$ 满足 $|F(N_1) - F(N_2)| \leqslant L_0|N_1 - N_2|$, $\forall N_1, N_2 \in [0,b]$.

(F2) 当 $N \in [0,b]$ 时, $F'(0)N \geqslant F(N)$ 成立; 当 $N \in (0,N^*)$ 时, $F(N) > N$ 成立; 当 $N \in (N^*,b]$ 时, $F(N) < N$ 成立.

(F3) 存在常数 $\sigma \in (0,1]$, 满足

$$\lim_{N\to 0^+} \sup[F'(0) - F(N)/N]N^{-\sigma} < +\infty$$

(F4) (a1) 当 $N \in [0,N^*)$ 时, $F(N) < 2N^* - N$ 成立; 当 $N \in (N^*,b]$ 时, $F(N) > 2N^* - N$ 成立.

(a2) $F'(N^*) < -1$.

上面关于函数 F 的基本假设与差分方程部分关于平衡态 N^* 的稳定性基本假设一致. 分布核函数 $L(x)$ 满足下面的条件:

(L1) $L(x)$ 是实数集 R 上的非负勒贝格可测函数且有

$$\int_{-\infty}^{+\infty} L(y)\mathrm{d}y = 1, \quad L(-x) = L(x), \quad x \in R$$

(L2) 当 $\lambda \in [0,\lambda_0)$ 时, 可得

$$\int_{-\infty}^{+\infty} \mathrm{e}^{\lambda y} L(y)\mathrm{d}y < +\infty$$

以及

$$\lim_{\lambda\to\lambda_0} \int_{-\infty}^{+\infty} \mathrm{e}^{\lambda y} L(y)\mathrm{d}y = +\infty$$

其中 $\lambda_0 > 0$ 且有可能为无穷大.

根据行波解的定义 $N_{n+1}(x) = N_n(x+c)$ 可知

$$N_n(x+c) = \int_{-\infty}^{+\infty} L(x-y)F(N_n(y))\mathrm{d}y$$

观察上式左右两端可知只与世代 n 有关, 因此为了方便可以在上式中忽略 n 得到行波解满足

$$N(x+c) = \int_{-\infty}^{+\infty} L(x-y)F(N(y))\mathrm{d}y \tag{12.5.3}$$

而且关于行波解的存在性和稳定性我们有下面的主要结论.

定理 12.5.1　假设条件 (L1), (L2) 与 (F1)—(F3) 成立, 则存在一个正常数 c^*, 使得当 $c \geqslant c^*$ 时, 系统 (12.5.1) 有一个行波解 $N \in C(R,[0,b])$ 且满足

$$0 < \lim_{\xi \to +\infty} \inf N(\xi) = \alpha \leqslant N^* \leqslant \lim_{\xi \to +\infty} \sup N(\xi) = \beta \leqslant b$$

此外, $\alpha = \beta = N^*$ 成立或者 $\alpha < N^* < \beta$ 成立. 也就是说, 在正无穷大处行波解要么收敛于正平衡态, 要么在正平衡态附近振荡. 进一步, 如果 (F4) 中的 (a1) 条件成立, 则对于任意的 $c \geqslant c^*$, 有 $\alpha = \beta = N^*$; 如果 (F4) 中的 (a2) 条件成立, 则对于任意的 $c \geqslant c^*$, 有 $\alpha < N^* < \beta$.

记 $F^+(N) = \max\limits_{0 \leqslant u \leqslant N} F(u)$, $0 \leqslant N \leqslant b$, 可知函数 $F^+(N)$ 是连续非减的. 记 $F^-(N) = \min\limits_{N \leqslant u \leqslant \omega} F(u), 0 \leqslant u \leqslant \omega$. 进一步记 ω 为方程 $F^+(N) = N$ 的最小解, σ 为方程 $F^-(N) = N$ 的最小解, 则有下面的主要结论.

定理 12.5.2　假设条件 (L1), (L2) 与 (F1)—(F3) 成立, 若系统 (12.5.1) 的初始函数 $N_0(x)$ 满足条件:

$$N_0(x) \neq 0, \quad \lim_{x \to \infty} N_0(x) = 0, \quad 0 \leqslant N_0(x) \leqslant \omega$$

时, 则系统 (12.5.1) 的最小波速为

$$c^* = \inf_{\mu > 0} \left\{ \frac{1}{\mu} \ln \left[\int_{-\infty}^{+\infty} \mathrm{e}^{\mu y} k(y) \mathrm{d}y \right] \right\}$$

定理 12.5.3　假设条件 (L1), (L2) 与 (F1)—(F3) 成立, 则当 $c \geqslant c^*$ 时, 模型有行波解 $N_t(x) = N(x+c)$, 且对任意 x, 满足 $N(x) \leqslant \omega$, $N(+\infty) = 0$ 和 $\liminf\limits_{x \to -\infty} N(x) \geqslant \sigma$. 当 $c < c^*$ 时, 则不存在满足条件 $N(\infty) = 0$ 和 $\liminf\limits_{x \to -\infty} N(x) > 0$ 的行波解 $N(x+c)$.

上面的定理给出了系统行波解的存在性和稳定性, 下面在假设系统行波解存在的前提下, 给出一个行波解波形的近似求法. 为了估计波形, 利用 (12.5.2) 中给出的分布核函数 $L(x)$, 将 (12.5.2) 代入方程 (12.5.3) 得

$$N(x+c) = \alpha \int_x^{+\infty} \mathrm{e}^{\alpha(x-y)} F(N(y)) \mathrm{d}y \tag{12.5.4}$$

对上面方程两边同时求导可得

$$N'(x+c) + \alpha[F(N(x)) - N(x+c)] = 0$$

令 $z \equiv \dfrac{x}{c}$, 对上述方程步长单位化, 得

$$\varepsilon N'(z+1) + [F(N(z)) - N(z+1)] = 0 \tag{12.5.5}$$

其中 $\varepsilon \equiv \dfrac{1}{\alpha c}$. 为简单起见, 我们只考虑向左移动的波形. 因此, 有下面关系式

$$\lim_{z\to-\infty} N(z) = 0, \quad \lim_{z\to+\infty} N(z) = K \tag{12.5.6}$$

其中 $0, K$ 分别是差分方程 $N_{n+1} = F(N_n)$ 的两个平衡态. 并且假设

$$N(0) = \frac{K}{2} \tag{12.5.7}$$

当传播速度 $c \to \infty$ 时, $\varepsilon \to 0$, 方程 (12.5.5) 可以看成关于 ε 的扰动问题. 因此, 对 $N(z;\varepsilon)$ 展开, 可得

$$N(z;\varepsilon) = N_0(z) + \varepsilon N_1(z) + \cdots \tag{12.5.8}$$

(12.5.8) 代入 (12.5.5), 对 ε 对比系数, 可得

$$N_0(z+1) = F\left(N_0(z)\right) \tag{12.5.9}$$

$$N_1(z+1) = F'\left(N_0(z)\right) N_1(z) + N_0'(z+1) \tag{12.5.10}$$

$$\cdots\cdots$$

根据 (12.5.6) 和 (12.5.7), 规定

$$N_0(-\infty) = 0, \quad N_0(+\infty) = K, \quad N_0(0) = \frac{K}{2} \tag{12.5.11}$$

$$N_i(-\infty) = 0, \quad N_i(+\infty) = 0, \quad N_i(0) = 0, \quad i = 1, 2, \cdots \tag{12.5.12}$$

根据 (12.5.9)—(12.5.12) 可得近似波形.

12.6 生物数学模型持久性定义

下面我们在常微分方程所描述的种群动力系统中引入持续生存的几个概念, 详细介绍参考文献 [22, 23]. 传染病动力系统中关于疾病的持久性以及其他类型系统如脉冲微分方程可以给出相应的概念.

对于种群动力系统

$$\frac{\mathrm{d}x_i}{\mathrm{d}t} = f_i(t, x_1, x_2, \cdots, x_n), \quad i = 1, 2, \cdots, n \tag{12.6.1}$$

假定 f_i 在集合

$$R_+^n = \{(x_1, x_2, \cdots, x_n) | x_i \geqslant 0, i = 1, 2, \cdots, n\}$$

上满足解的存在唯一性条件, 于是过任意点 $x_0 \in R_+^n$, 系统 (12.6.1) 都存在满足初始条件 $x(0) = x_0$ 的右行饱和解 $\boldsymbol{x} = \psi(t, x_0) = (\psi_1(t, x_0), \psi_2(t, x_0), \cdots, \psi_n(t, x_0)), t \in \mathcal{J}$, 这里 $\mathcal{J}$ 表示解的存在最大区间.

为了叙述方便，我们总假设解的存在区间为无穷大, 即 $\mathcal{J} = [0, \infty)$.

定义 12.6.1 若对任意 $x \in \mathrm{int} R_+^n$ 和所有的 $i(1 \leqslant i \leqslant n)$ 有

$$\lim_{t\to\infty} \sup \psi_i(t, x) > 0$$

则称系统 (12.6.1) 弱持续生存 (weak persistence);

若

$$\lim_{t\to\infty} \inf \psi_i(t, x) > 0$$

则称系统 (12.6.1) 强持续生存 (strong persistence);

若

$$\lim_{t\to\infty} \inf \frac{1}{t} \int_0^t \psi_i(s, x) \mathrm{d}s > 0$$

则称系统 (12.6.1) 平均持续生存 (persistence in mean);

若存在正数 δ (δ 与 x 无关), 使

$$\lim_{t\to\infty} \inf \psi_i(t, x) > \delta$$

则称系统 (12.6.1) 一致持续生存 (uniform persistence);

若系统 (12.6.1) 一致持续生存，并且它的所有解有界, 即存在 $0 < \varrho$ 使得

$$\delta \leqslant \lim_{t\to\infty} \inf \psi_i(t, x) \leqslant \lim_{t\to\infty} \sup \psi_i(t, x) \leqslant \varrho$$

则称系统 (12.6.1) 永久持续生存 (permanence).

12.7 传染病模型基本再生数的计算

本节介绍传染病模型中一种比较通用的基本再生数的求法, 它实际上是再生矩阵 (next generation matrix) 的谱半径. 最早由 Diekmann 等 [34] 在 1990 年提出来的, 到 2002 年 van den Driessche 和 Watmough[135] 给出了较为简便的计算方法. 不失一般性, 我们假设 n 维向量 $x = (x_1, \cdots, x_n)^{\mathrm{T}}$ 中的每个分量 $x_i \geqslant 0$, 表示特定仓室中个体的数量 (比如易感者或染病者). 为了在数学上处理方便, 将 n 个仓室中的前 m 个仓室对应感染者个体. 定义 X_S 为所有无病状态的集合, 即

$$X_S = \{\boldsymbol{x} \geqslant 0 | x_i = 0, i = 1, \cdots, m\}$$

为了计算基本再生数, 区分新感染的人和其他类型人群的变化是十分重要的. 令 $\mathcal{F}_i(\boldsymbol{x})$ 为仓室 i 的新感染者的出现率, $\mathcal{V}_i^+(\boldsymbol{x})$ 为个体通过其他方式向仓室 i 的转移率, $\mathcal{V}_i^-(\boldsymbol{x})$ 为个体移出仓室 i 的率. 假设每个函数对每个变量都是二阶连续可微的. 具有非负初始条件的传染病模型可以表示为下面的一般形式:

$$\dot{x}_i = f_i(\boldsymbol{x}) = \mathcal{F}_i(\boldsymbol{x}) - \mathcal{V}_i(\boldsymbol{x}), \quad i = 1, \cdots, n \tag{12.7.1}$$

其中 $\mathcal{V}_i(\boldsymbol{x}) = \mathcal{V}_i^-(\boldsymbol{x}) - \mathcal{V}_i^+(\boldsymbol{x})$ 且满足下面的假设条件 (A1)—(A5). 因为每个函数代表个体的定向转移, 所以它们都是非负的. 因此,

(A1) 如果 $\boldsymbol{x} \geqslant 0$, 则有 $\mathcal{F}_i(\boldsymbol{x}) \geqslant 0, \mathcal{V}_i^+(\boldsymbol{x}) \geqslant 0, \mathcal{V}_i^-(\boldsymbol{x}) \geqslant 0, i = 1, \cdots, n$.

如果一个仓室是空的, 则仓室中既不会有个体因为死亡或感染移出也不会因为其他方式移出.

(A2) 如果 $x_i = 0$, 则 $\mathcal{V}_i^-(\boldsymbol{x}) = 0$. 特别地，如果 $\boldsymbol{x} \in X_S$, 则 $\mathcal{V}_i^-(\boldsymbol{x}) = 0, i = 1, \cdots, m$.

考虑满足条件 (A1) 和 (A2) 的传染病模型 (12.7.1). 如果 $x_i = 0$, 则 $f_i(\boldsymbol{x}) \geqslant 0$, 且非负区域 $\{x_i : x_i \geqslant 0, i = 1, \cdots, n\}$ 是前向不变的, 并对于任意的非负的初始条件都有唯一的非负解.

下一个条件由简单的事实得出, 即非感染仓室的感染的发生率是 0.

(A3) 如果 $i > m$, 则 $\mathcal{F}_i = 0$.

为了确保无病的子空间是不变集, 我们假设如果个体是无病的则将保持无病状态. 就是说, 没有染病者移入 (密度无关). 这个条件如下:

(A4) 如果 $\boldsymbol{x} \in X_S$, 则 $\mathcal{F}_i(\boldsymbol{x}) = 0, \mathcal{V}_i^+(\boldsymbol{x}) = 0,\ i = 1, \cdots, m$.

最后的假设是关于无病或疾病消除平衡态的稳定性条件. 为此定义方程 (12.7.1) 的疾病消除平衡点为无病模型 (即 (12.7.1) 限制在 X_S 中) 的 (局部渐近) 稳定的平衡态. 注意这里并不需要假设模型有唯一的无病平衡点. 考虑无病平衡点 $\boldsymbol{x}_0$ 附近的动态变化规律: 如果种群在无病平衡点附近 (即引入少量的染病者没有形成地方病), 则根据如下线性系统种群将会回到无病平衡态

$$\dot{\boldsymbol{x}} = \boldsymbol{D}f(\boldsymbol{x}_0)(\boldsymbol{x} - \boldsymbol{x}_0) \tag{12.7.2}$$

其中 $\boldsymbol{D}f(\boldsymbol{x}_0)$ 为无病平衡点 $\boldsymbol{x}_0$ 处的导数 $[\partial f_i/\partial x_j]$ (即 Jacobian 矩阵). 当没有新感染者的时候我们主要关注疾病消除平衡态是稳定的情形, 即有如下假设:

(A5) 如果 $\mathcal{F}(\boldsymbol{x})$ 为零, 则 $\boldsymbol{D}f(\boldsymbol{x}_0)$ 的所有特征根都有负实部.

根据上面的条件我们可以根据下面的引理拆分 $\boldsymbol{D}f(\boldsymbol{x}_0)$.

引理 12.7.1 *如果 $\boldsymbol{x}_0$ 是方程 (12.7.1) 的无病平衡点, $f_i(\boldsymbol{x})$ 满足 (A1)—(A5),*

则 $\boldsymbol{D}\mathcal{F}(\boldsymbol{x}_0)$ 和 $\boldsymbol{D}\mathcal{V}(\boldsymbol{x}_0)$ 可以分解为

$$\boldsymbol{D}\mathcal{F}(\boldsymbol{x}_0)=\begin{pmatrix}\boldsymbol{F} & 0\\ 0 & 0\end{pmatrix},\quad \boldsymbol{D}\mathcal{V}(\boldsymbol{x}_0)=\begin{pmatrix}\boldsymbol{V} & 0\\ \boldsymbol{J}_3 & \boldsymbol{J}_4\end{pmatrix}$$

其中 $\boldsymbol{F}$ 和 $\boldsymbol{V}$ 为 $m\times m$ 矩阵, 可表示为

$$\boldsymbol{F}=\left[\frac{\partial\mathcal{F}_i}{\partial x_j}(\boldsymbol{x}_0)\right],\quad \boldsymbol{V}=\left[\frac{\partial\mathcal{V}_i}{\partial x_j}(\boldsymbol{x}_0)\right],\quad 1\leqslant i,j\leqslant m$$

进一步, $\boldsymbol{F}$ 是非负的, $\boldsymbol{V}$ 是非奇异的 $\boldsymbol{M}$ 矩阵并且 $\boldsymbol{J}_4$ 的所有特征值都有正实部.

基本再生数 R_0 是当所有人都是易感者时一个染病者在平均患病期内所能传染人数的均值. 如果 $R_0<1$ 则一个染病者在他的患病期内平均传染的个体数小于 1, 传染病不能暴发. 相反地, 若 $R_0>1$ 则每个染病者平均传染的人数大于 1, 则疾病能够入侵种群. 对于只有一个染病仓室的情况 R_0 就是感染率和平均染病时间的简单乘积. 但是, 对于更复杂的或有若干个染病仓室的模型 R_0 的这种简单的启发式的定义是不够的, 需要进一步研究.

为了研究一个"典型"的染病者的变化规律, 我们考虑没有再感染的线性系统 (12.7.2) 的动力学行为, 即

$$\dot{\boldsymbol{x}}=-\boldsymbol{D}\mathcal{V}(\boldsymbol{x}_0)(\boldsymbol{x}-\boldsymbol{x}_0)\tag{12.7.3}$$

由 (A5) 知这个系统的无病平衡点局部渐近稳定. 因此模型 (12.7.3) 可以用来研究少量的感染者引入无病平衡种群的变化规律. 令 $\psi_i(0)$ 为仓室 i 中的初始染病者数量, 令 $\boldsymbol{\psi}(t)=(\psi_1(t),\cdots,\psi_m(t))^{\mathrm{T}}$ 为 t 时间后仍然留在染病仓室中的初始染病者的数量, 即向量 $\boldsymbol{\psi}$ 为 $\boldsymbol{x}$ 的前 m 个分量. $\boldsymbol{D}\mathcal{V}(\boldsymbol{x}_0)$ 的划分表明 $\boldsymbol{\psi}(t)$ 满足 $\boldsymbol{\psi}'(t)=-\boldsymbol{V}\boldsymbol{\psi}(t)$, 有唯一的解 $\boldsymbol{\psi}(t)=\mathrm{e}^{-\boldsymbol{V}t}\boldsymbol{\psi}(0)$. 由引理 12.7.1 得 $\boldsymbol{V}$ 是非奇异的 $\boldsymbol{M}$ 矩阵, 所以它是可逆的并且它的特征值都有正实部. 因此, 从零到无穷积分 $\boldsymbol{F}\boldsymbol{\psi}(t)$ 得到由初始的染病者所感染的新的染病者的期望值, 即 $\boldsymbol{F}\boldsymbol{V}^{-1}\boldsymbol{\psi}(0)$. 因为 $\boldsymbol{F}$ 是非负的并且 $\boldsymbol{V}$ 是非奇异的 $\boldsymbol{M}$ 矩阵, 则 $\boldsymbol{V}^{-1}$ 和 $\boldsymbol{F}\boldsymbol{V}^{-1}$ 也是非负的.

为了解释 $\boldsymbol{F}\boldsymbol{V}^{-1}$ 的各个元素并给出 R_0 的有意义的定义, 考虑在一个无病的种群中引入一个染病者到仓室 k 的情况. $\boldsymbol{V}^{-1}$ 的第 (j,k) 元素是这个染病个体在它的生命期在仓室 j 中度过的平均时间, 假设种群保持在无病平衡状态附近并且没有再感染. 矩阵 $\boldsymbol{F}$ 的第 (i,j) 元素是仓室 j 中的染病者产生了属于仓室 i 的新染病者的率. 所以, 乘积矩阵 $\boldsymbol{F}\boldsymbol{V}^{-1}$ 的第 (i,k) 元素为由最初引入仓室 k 的染病者所产生的仓室 i 中的新染病者的平均数量. 我们称 $\boldsymbol{F}\boldsymbol{V}^{-1}$ 为模型的再生矩阵 (next generation matrix), 并且令

$$R_0=\rho(\boldsymbol{F}\boldsymbol{V}^{-1})\tag{12.7.4}$$

其中定义 $\rho(\boldsymbol{A})$ 为矩阵 $\boldsymbol{A}$ 的谱半径. 下面的定理说明这样定义的基本再生数 R_0 确实是决定疾病是否流行的阈值.

定理 12.7.1 考虑模型 (12.7.1), $f_i(\boldsymbol{x})$ 满足 (A1)—(A5). 设 $\boldsymbol{x}_0$ 是系统无病平衡点, 则当 $R_0<1$ 时, $\boldsymbol{x}_0$ 是局部渐近稳定的, 当 $R_0>1$ 时, $\boldsymbol{x}_0$ 是不稳定的, 其中 R_0 由式 (12.7.4) 定义.

作为例子考虑由 Feng 和 Velasco-Hernandez 提出的关于登革热的媒介–宿主模型. 该模型耦合了宿主的 SIS 模型和媒介的 SI 模型. 四个仓室分别对应染病的宿主 (I)、染病的媒介 (V)、易感的宿主 (S) 和易感的媒介 (M). 宿主通过接触染病的媒介而被感染, 媒介又反过来通过接触染病的宿主而被感染, 感染率分别为 $\beta_s SV$ 和 $\beta_m MI$, 则简化的数学模型为

$$\begin{cases} \dot{I}=\beta_s SV-(b+\gamma)I \\ \dot{V}=\beta_m MI-cV \\ \dot{S}=b-bS+\gamma I-\beta_s SV \\ \dot{M}=c-cM-\beta_m MI \end{cases} \tag{12.7.5}$$

其中 $b>0$ 是宿主的净增长率 (出生率减去死亡率), $c>0$ 是媒介的净增长率 (出生率减去死亡率). 因此, 无病平衡点为 $\boldsymbol{x}_0=(0,0,1,1)^{\mathrm{T}}$, 由上述的讨论可知矩阵 $\boldsymbol{F}$ 和 $\boldsymbol{V}$ 分别为

$$\boldsymbol{F}=\begin{pmatrix} 0 & \beta_s \\ \beta_m & 0 \end{pmatrix}, \quad \boldsymbol{V}=\begin{pmatrix} b+\gamma & 0 \\ 0 & c \end{pmatrix}$$

易知矩阵 $\boldsymbol{V}$ 是非奇异的, 这样确定模型 (12.7.5) 的临界动力学行为的基本再生数为

$$R_0=\sqrt{\frac{\beta_s\beta_m}{c(b+\gamma)}}$$

参考文献

[1] Agarwal R P. Difference equations and inequalities: theory, methods, and applications[M]. 2nd ed. New York: Marcel Dekker, INC., 2000.

[2] Alon U. An introduction to systems biology: design principles of biological circuits[M]. London: Chapman & Hall/CRC, 2007.

[3] Allen L, Burgin A. Comparison of deterministic and stochastic SIS and SIR models in discrete time[J]. Mathematical Biosciences, 2000, 163: 1-33.

[4] Anderson R, May R. Infections diseases of humans: dynamics and control[M]. Oxford: Oxford University Press, 1991.

[5] Bailey N. The mathematical theory of infectious diseases and its applications[M]. 2nd ed. London: Griffin, 1975.

[6] Bainov D, Simeonov P. Systems with impulse effect[M]. Chichester: Ellis, Horwood Ltd, 1982.

[7] Bainov D, Simeonov P. Systems with impulse effect: Stability theory and applications[M]. Ellis Horwood series in Mathematics and Its Applications, Chichester: Ellis Horwood, Limited/John Wiley & Sons, 1989.

[8] Bainov D, Simeonov P. Impulsive differential equations: periodic solutions and applications[M]. Pitman Monographs and Surveys in Pure and Applied Mathematics 66, England: 1993.

[9] Berkovitz L. Optimal control theory[M]. New York: Spring-Verlag, 1974.

[10] Berryman A. Principles of population dynamics and their application[M]. London: Taylor & Francis Group, 1999.

[11] Berryman A. On principles, laws and theory in population ecology [J]. Oikos, 2010, 103(3): 695-701.

[12] Bonhoeffer S, May R, Shaw G, et al. Virus dynamics and drug therapy[J]. Proceedings of the National Academy of Sciences, 1997, 94(13): 6971-6976.

[13] Borosh I, Talpaz H. On the timing and application of pesticides: comment[J]. American Journal of Agricultural Economics, 1974, 56(3): 642-643.

[14] Brady O, Golding N, Pigott D, et al. Global temperature constraints on Aedes aegypti and Ae. albopictus persistence and competence for dengue virus transmission[J]. Parasites & Vectors, 2014, 7: 338.

[15] Bray D. Molecular networks: the top-down view[J]. Science, 2003, 301: 1864-1865.

[16] Britton N. Essential mathematical biology[M]. London: Springer-Verlag, 2003.

[17] Cao Q, Luo L, Jing Q, et al. Epidemiological characteristics of dengue fever in Guangzhou City (2012—2013)[J]. Strait Journal of Preventive Medicine, 2014, 20: 1007-2705.

[18] Capasso V. Mathematical structures of epidemic systems[M]. Berling, Heidelberg: Springer-Verlag, 1993.

[19] Castro-Santis R, Córdova-Lepe F, Chambio W. An impulsive fishery model with environmental stochasticity. Feasibility[J]. Mathematical Biosciences, 2016, 277: 71-76.

[20] Caswell H. Matrix population models[M]. Encycolopedia of Envlron Metrics, 2001.

[21] Chay T. Chaos in a three-variable model of an excitable cell[J]. Physica D: Nonlinear Phenomena, 1985, 16: 233-242.

[22] 陈兰荪, 陈键. 非线性生物动力系统[M]. 北京: 科学出版社, 1993.

[23] 陈兰荪, 宋新宇, 陆征一. 数学生态学模型与研究方法[M]. 成都: 四川科学技术出版社, 2006.

[24] Twyman R. 高级分子生物学要义. 陈淳, 等译. 北京: 科学出版社, 2000.

[25] Clancy D, O'Neill P, Pollett P. Approximations for the long-term behavior of an open-population epidemic model. Methodology and Computing in Applied Probability[J]. 2001, 3: 75-95.

[26] Clark C. Mathematical bioeconomics: the optimal management of renewable resources[M]. New York: John Wiley & Sons, 1990.

[27] Coleman B. Nonautonomous logistic equations as models of the adjustment of populations to environmental change[J]. Mathematical Biosciences, 1979, 45: 1-19.

[28] Coleman B. On optimal intrinsic growth rates for populations in periodically changing environments[J]. Journal of Mathematical Biology, 1981, 12: 343-354.

[29] Corless R, Gonnet G, Hare D, et al. On the Lambert W function[J]. Advances in Computational Mathematics, 1996, 5: 329-359.

[30] Cushing J. An introduction to structured population dynamics[J]. CBMS-NSF Regional Conference Series in Applied Mathematics, 1998, 71: 1-10.

[31] Davidson E. Genomic regulatory systems[M]. San Diego: Academic Press, 2001.

[32] De Jong H. Modeling and simulation of genetic regulatory systems: A literature review[J]. Journal of Computational Biology, 2002, 9: 67-103.

[33] Denison D, Holmes C, Mallick B, et al. Bayesian methods for nonlinear classification and regression[M]. New York: John Wiley & Sons, 2002.

[34] Diekmann O, Heesterbeek J, Metz J. On the definition and the computation of the basic reproduction ratio R_0, in models for infectious diseases in heterogeneous populatons[J]. Journal of Mathematical Biology, 1990, 28: 365-382.

[35] Diekmann O, Heesterbeek J. Mathematical epidemiology of infectious diseases: model building, analysis and interpretation[M]. New York: John Wiley & Son, 2000.

[36] D'innocenzoa A, Paladinia F, Renna L. A numerical investigation of discrete oscillating epidemic models[J]. Physica A, 2006, 364: 497-512.

[37] 范金城, 吴可法. 统计推断导引[M]. 北京: 科学出版社, 2001.

[38] Fisher M, Goh B, Vincent T. Some stability conditions for discrete-time single species models[J]. Bulletin of Mathematical Biology, 1979, 41: 861-875.

[39] Yakubu A, Franke J. Discrete-time SIS epidemic model in a seasonal environment[J]. SIAM Journal on Applied Mathematics, 2006, 66: 1563-1587.

[40] Gamerman D, Lopes H. Markov Chain Monto Carlo: stochastic simulation for Bayesian inference[M]. 2nd ed. London New York: Taylor & Francis Group, 2006.

[41] Liu-Helmersson J, Stenlund H, Wider-Smith A, Rocklov J. Vectorial capacity of *Aedes aegypti*: effects of temperature and implications for global dengue epidemic potential[J]. PLoS One, 2014, 9(3): e89783.

[42] Garvie M. Finite-difference schemes for reaction-diffusion equations modeling predator-prey interactions in MATLAB[J]. Bulletin of Mathematical Biology, 2007, 69: 931-956.

[43] Gibaldi M, Perrier D. Pharmacokinetics[M]. New York: Marcel Dekker, 1975.

[44] Gillespie D. Exact stochastic simulation of coupled chemical reactions[J]. The Journal of Physical Chemistry, 1977, 81: 2340-2361.

[45] Godfrey K, Fitch W. On the identification of Michaelis-Menten elimination parameters from a single dose-response curve[J]. Journal of Pharmacokinetics and Biopharmaceutics, 1984, 12: 193-221.

[46] Goh B. Management and analysis of biological populations[M]. Amsterdam: Elsevier Scientific Publishing Company, 1980.

[47] Goldbeter A. A model for circadian oscillations in the Drosophila period protein (PER)[J]. Proceedings: Biological Sciences, 1995, 261: 319-324.

[48] Griffith J. Mathematics of cellular control processes Ⅱ. Negative feedback to one gene[J]. Journal of Theoretical Biology, 1968, 20(2): 202-208.

[49] Griffith J. Mathematics of cellular control processes Ⅱ. Positive feedback to one gene[J]. Journal of Theoretical Biology, 1968, 20(2): 209-216.

[50] Guckenheimer J, Holmes P. Nonlinear oscillations, dynamical systems and bifurcations of vector fields[M]. Berlin, Heidelberg, New York, Tokyo: Springer Verlag, 1990.

[51] 郭涛. 新编药物动力学[M]. 北京: 中国科学技术出版社, 2005.

[52] Hall D, Norgaard R. On the timing and application of pesticides[J]. American Journal of Agricaltural Economics, 1973, 55: 198-201.

[53] Hodgkin A, Huxley A. A quantitative description of membrane current and its application to conduction and excitation in nerve[J]. The Journal of Physiology, 1952, 117: 500-544.

[54] Hall D, Norgssrd R. On the timing and application of pesticides: reply[J]. American Journal of Agricultural Economics, 1974, 56: 644-645.

[55] Holling C. The functional response of predators to prey density and its role in mimicry and population regulation[J]. Memoirs of the Entomological Society of Canada, 1965, 97(45): 1-60.

[56] 黄琳. 稳定性理论[M]. 北京: 北京大学出版社, 1992.

[57] Jing Y, Wang X, Tang S, et al. Data informed analysis of 2014 dengue fever outbreak in Guangzhou: impact of multiple environmental factors and vector control[J]. Journal of Theoretical Biology, 2017, 416: 161-179.

[58] Jury E. Inners and stability of dynamic systems[M]. New York: Wiley, 1974.

[59] Kauffman S. At home in the universe: the search for laws of self-organization and complexity[M]. London: Penguin, 1995.

[60] Keeling M, Rohani P, Pourbohloul B. Modeling infectious diseases in humans and animals[J]. Clinical Infectious Diseases, 2008, 47(6): 864-865.

[61] Kermack W, Mckendrick A. Contributions to the mathematical theory of epidemics[J]. Proceedings of the Royal Society A, 1927, 115: 700-721.

[62] Kermack W, Mckendrick A. Contributions to the mathematical theory of epidemics[J]. Proceedings of the Royal Society A, 1932, 138: 55-83.

[63] Kermack W, Mckendrick A. Contributions to the mathematical theory of epidemics[J]. Proceedings of the Royal Society A, 1933, 141: 94-122.

[64] Korobeinikov A. Global properties of basic virus dynamics models[J]. Bulletin of Mathematical Biology, 2004, 66: 879-883.

[65] Kot M. Elements of mathematical ecology[M]. Cambridge: Cambridge University Press, 2001.

[66] Kuang Y. Delay differential equations with applications in population dynamics[M]. Boston: Academic Press, 1993.

[67] Lakshmikantham V, Bainov D, Simeonov P. Theory of impulsive differential equations[M]. Singapore: World Scientific Series in Modern Mathematics, Vol. 6, 1989.

[68] Lambrechts L, Paaijmans K, Fansiri T, et al. Impact of daily temperature fluctuations on dengue virus transmission by Aedes aegypti[J]. Proceedings of the National Academy of Sciences of the United States of America, 2011, 108: 7460-7465.

[69] Leenheer P, Smith H. Virus dynamics: a global analysis[J]. SIAM Journal on Applied Mathematics, 2003, 63: 1313-1327.

[70] Leloup J, Goldbeter A. A model for circadian rhythms in *Drosophila* incorporating the formation of a complex between the PER and TIM proteins[J]. Journal of Biological Rhythms, 1998, 13: 70-87.

[71] Leloup J, Goldbeter A. Chaos and birhythmicity in a model for circadian oscillations of the PER and TIM proteins in drosophila[J]. Journal of Theoretical Biology, 1999, 198: 445-459.

[72] Leslie P. On the use of matrices in certain population mathematics[J]. Biometrika, 1945, 33: 183-212.

[73] Leslie P. Some further notes on the use of matrices in certain population mathematics[J]. Biometrika, 1948, 35: 213-245.

[74] Levin S. Dispersion and population interactions[J]. The American Naturalist, 1974, 108: 207-228.

[75] Levy J. 艾滋病病毒与艾滋病的发病机理[M]. 3 版. 邵一鸣, 等译. 北京: 科学出版社, 2010.

[76] 梁文权, 李高, 刘建平. 生物药剂学与药物动力学[M]. 3 版. 北京: 人民卫生出版社, 2009.

[77] Liang J, Tang S. Optimal dosage and economic threshold of multiple pesticide applications for pest control[J]. Mathematical and Computer Modelling, 2010, 51: 487-503.

[78] Liang J, Tang S, Cheke R, Wu J. Adaptive release of natural enemies in a pest-natural enemy system with pesticide resistance [J]. Bulletin of Mathematical Biology, 2013, 75: 2167-2195.

[79] Liang J, Tang S, Nieto J, Cheke R. Analytical methods for detecting pesticide switches with evolution of pesticide resistance[J]. Mathematical Biosciences, 2013, 245: 249-257.

[80] Liang J H, Tang S, Cheke R A, Wu J. Models for determining how many natural enemies to release inoculatively in combinations of biological and chemical control with pesticide resistance[J]. Journal of Mathematical Analysis and Applications, 2015, 422: 1479-1503.

[81] 刘来福, 程书肖, 李仲来. 生物统计[M]. 2 版. 北京: 北京师范大学出版社, 2007.

[82] 刘昌孝, 刘定远. 药物动力学概论[M]. 北京: 中国学术出版社, 1984.

[83] 刘璐菊, 王春娟. 一个有快慢进展的 TB 模型的全局稳定性分析[J]. 数学的实践与认识, 2007, 37(21): 63-69.

[84] Liu L, Zhao X, Zhou Y. A tuberculosis model with seasonality[J]. Bulletin of Mathematical Biology, 2010, 72: 931-952.

[85] Liu T, Zhang Y, Xu Y, et al. The effects of dust-haze on mortality are modified by seasons and individual characteristics in Guang zhou, China[J]. Environmental Pollution, 2014, 187: 116-123.

[86] Lotka A. Undamped oscillations derived from the law of mass action [J]. Journal of the American Chemical Society, 1920, 42(8): 1595-1599.

[87] 马世骏. 谈农业害虫的综合防治 [J]. 昆虫学报, 1976, 19: 129-141.

[88] Ma Z, Zhou Y, Wu J. Modeling and dynamics of infectious diseases[M]. Beijing: High Education Press & World Scientific, 2009.

[89] 马知恩, 周义仓, 王稳地, 等. 传染病动力学的数学建模与研究[M]. 北京: 科学出版社, 2004.

[90] 马知恩, 周义仓. 常微分方程定性与稳定性方法[M]. 北京: 科学出版社, 2001.

[91] Marino S, Hogue I, Ray C, et al. A methodology for performing global uncertainty and sensitivity analysis in systems biology[J]. Journal of Theoretical Biology, 2008, 254: 178-196.

[92] Marcus M, Minc H. A survey of matrix theory and matrix inequalities[M]. Boston: Allyn & Bacon, 1964.

[93] May R. Simple mathematical models with very complicated dynamics[J]. Nature. 1976, 261: 459-467.

[94] May R, Oster G. Bifurcations and dynamic complexity in simple ecological models[J]. The American Naturalist, 1976, 110: 573-599.

[95] Menon S, Hansen S, Nazarenko J, Luo L. Climate effects of black carbon aerosols in China and India[J]. Science, 2002, 297: 2250-2253.

[96] Mckendrick A. Applications of mathematics to medical problems[J]. Proceedings of the Edinburgh Mathematical Society, 1926, 40: 98-130.

[97] Murray J. Mathematical biology[M]. 2nd ed. New York: Springer-Verlag, 1989.

[98] Nicholson A. Compensatory reactions of populations to stresses, and their evolutionary significance[J]. Australian Journal of Zoology, 1954, 2: 1-8.

[99] Nicholson A. An outline of the dynamics of animal populations[J]. Australian Journal of Zoology, 1954, 2: 9-65.

[100] Nicholson A. The self adjustment of populations to change[J]. Cold Spring Harbor Symposia on Quantitative Biology, 1957, 22(7): 153-173.

[101] Nisbet R, Gurney W. Modelling fluctuating populations[M]. Chichester, New York: Wiley, 1982.

[102] Nisbet R, Gurney W. The formulation of age-structure models[M]//Hallam T G, Levin SA, ed. Mathematical Ecology. Berlin: Springer-Verlag, 1986, 95-115.

[103] Notari R. Biopharmaceutics and clinical pharmacokinetics[M]. New York: Marcel Dekker, 1987.

[104] Novak B, Csikasz-Nagy A, Gyorffy B et al. Model scenarios for evolution of the eukaryotic cell cycle[J]. Philosophical Transactions of the Royal Society B: Biological Sciences, 1998, 353(1378): 2063-2076.

[105] Nowak M, May R. Virus dynamics: Mathematical principles of immunology and virology[M]. Oxford: Oxford University Press, 2000.

[106] Nurse P. A long twentieth century of the cell cycle and beyond[J]. Cell, 2000, 100: 71-78.

[107] Odum E. Fundamentals of ecology[M]. Philadelphia: Saunders, 1953.

[108] Perelson A, Nelson P. Mathematical analysis of HIV-1 dynamics in vivo[J]. SIAM Review, 1999, 41: 3-44.

[109] Perelson A, Neumann A, Markowita M, et al. HIV-1dynamics in vivo: virion clearance rate, infected cell life-span,and viral generation time[J]. Science, 1996, 271: 1582-1586.

[110] Pielou E. Mathematical ecology[M]. New York: Wiley, 1977.

[111] Pianka E. Competition and niche theory[C]//May R. ed. Theoretical ecology: Principles and applications. Oxford: Blackwells Scientific, 1981: 167-196.

[112] 秦元勋, 王慕秋, 王联. 运动稳定性理论与应用 [M]. 北京: 科学出版社, 1981.

[113] Rowland M, Tozer T. Clinical pharmacokinetics: Concepts and applications[M]. 3rd ed. Baltimore, MD: Williams & Wilkins, 1995.

[114] Ruoff P, Loros J. The relationship between FRQ-protein stability and temperature compensation in the Neurospora circadian clock [J]. Proceedings of the National Academy of Sciences of the United States of America, 2005, 102: 17681-17686.

[115] Ruoff P, Vinsjevik M, Monnerjahn C, et al. The Goodwin model: simulating the effect of light pulses on the circadian Sporulation rhythm of Neurospora Crassa[J]. Journal of Theoretical Biology, 2001, 209: 29-42.

[116] Shulgin B, Stone L, Agur Z. Pulse vaccination strategy in the SIR epidemic model[J]. Bulletin of Mathematical Biology, 1998, 60: 1-26.

[117] Smith J. Models in ecology[M]. Cambridge: Cambridge University Press, 1974.

[118] Solovev V, Firsov A. Pharmacokinetics[M]. Moscow: Medicine, 1980.

[119] Tang S, Cheke R. Stage-dependent impulsive models of integrated pest management (IPM) strategies and their dynamic consequences[J]. Journal of Mathematical Biology, 2005, 50: 257-292.

[120] Tang S, Chen L. Density-dependent birth rate, birth pulses and their population dynamic consequences[J]. Journal of Mathematical Biology, 2002, 44: 185-199.

[121] Tang S, Chen L. Modelling and analysis of integrated pest management strategy[J]. Discrete and Continuous Dynamical Systems B, 2004, 4: 759-768.

[122] 唐三一, 肖燕妮. 单种群生物动力系统[M]. 北京: 科学出版社, 2008.

[123] Tang S, Xiao Y. One-compartment model with Michaelis-Menten elimination kinetics and therapeutic window: an analytical approach[J]. Journal of Pharmacokinetics & Pharmacodynamics, 2007, 34: 807-827.

[124] Tang S, Xiao Y, Chen L, et al. Integrated pest management models and their dynamical behaviour[J]. Bulletin of Mathematical Biology, 2005, 67: 115-135.

[125] Tang S, Xiao Y, Yang Y, et al. 2010. Community-based measures for mitigating the 2009 H1N1 pandemic in China[J]. PLoS ONE, 2010, 5: 1-11(e10911).

[126] Tang S, Yan Q, Shi W, et al. Measuring the impact of air pollution on respiratory infection risk in China[J]. Environmental Pollution, 2018, 232: 477-486.

[127] Thomas R. Laws for the dynamics of regulatory networks[J]. The International Journal of Developmental Biology, 1998, 42(3): 479-485.

[128] Thomas R, Thieffry D, Kaufman M. Dynamical behaviour of biological regulatory networks I: Biological role of feedback loops and practical use of the concept of the loop-characteristic state[J]. Bulletin of Mathematical Biology, 1995, 57: 247-276.

[129] Tyson J, Novak B. Regulation of the eukaryotic cell cycle: molecular antagonism, hysteresis, and irreversible transitions[J]. Journal of Theoretical Biology, 2001, 210: 249-263.

[130] Tyson J, Novak B, Odell G, et al. Chemical kinetic theory: understanding cell-cycle regulation[J]. Trends in Biochemical Sciences, 1996, 21: 89-96.

[131] Tuckwell H. Elementary applications of probability theory[M]. Chapman and Hall, 1995.

[132] Turing A. The chemical basis of morphogenesis[J]. Philosophical Transactions of the Royal Society of London Series B, 1952, 237: 37-72.

[133] Van Lenteren J. Integrated pest management[M]. London: Chapman and Hall, 1995.

[134] Van Lenteren J. Success in biological control of arthropods by augmentation of natural enemies[C]//Wratten S, Gurr G. ed. Measures of Success in Biological Control. Dordrecht: Kluwer Academic Publishers, 2000.

[135] Van Den Driessche P, Watmough J. Reproduction numbers and subthreshold endemic equilibria for compartmental models of disease transmission[J]. Mathematical Biosciences, 2002, 180: 29-48.

[136] Volterra V. Variations and fluctuations of the number of individuals in animal species living together[C]//Chapman R N, Animal ecology. New York: McGraw Hill, 1931.

[137] Wagner J. Fundamentals of clinical pharmacokinetics. Drug Intelligence Publications, 1975.

[138] Wang W, Zhao X. Threshold dynamics for compartmental epidemic models in periodic environments[J]. Journal of Dynamics and Differential Equations, 2008, 20: 699-717.

[139] 王联, 王慕秋. 常差分方程[M]. 乌鲁木齐: 新疆大学出版社, 1991.

[140] Wang X, Tang S, Cheke R. A stage structured mosquito model incorporating effects of precipitation and daily temperature fluctuations[J]. Journal of Theoretical Biology, 2016, 411: 27-36.

[141] White L, Pagano M. A likelihood-based method for real-time estimation of the serial interval and reproductive number of an epidemic[J]. Statistics in Medicine, 2008, 27: 2999-3016.

[142] Xiao Y, Chen D, Qin H. Optimal impulsive control in periodic ecosystem[J]. Systems & Control Letters, 2006, 55: 558-565.

[143] Xiao Y, Zhao T, Tang S. Dynamics of an infectious diseases with media/psychology induced non-smooth incidence[J]. Mathematical Biosciences and Engineering, 2013, 10(2): 445-461.

[144] 张锦炎, 冯贝叶. 常微分方程几何理论与分支问题[M]. 北京: 北京大学出版社, 2000.

[145] 郑师章, 吴千红, 王海波, 等. 普通生态学: 原理, 方法和应用[M]. 上海: 复旦大学出版社, 1994.

[146] Zhou Y, Khan K, Feng Z, et al. Projection of tuberculosis incidence with increasing immigration trends[J]. Journal of Theoretical Biology, 2008, 254: 215-228.

[147] 周义仓, 曹慧, 肖燕妮. 差分方程及其应用[M]. 北京: 科学出版社, 2014.

[148] 周义仓, 靳祯, 秦军林. 常微分方程及其应用[M]. 北京: 科学出版社, 2003.

[149] 朱慧明, 韩玉启. 贝叶斯多元统计推断理论[M]. 北京: 科学出版社, 2006.